1	Grundlagen	15
2	Schwerpunkt	36
3	Tragwerke	46
4	Schnittreaktionen bei Balken	60
5	Räumliche Probleme	73
6	Reibung und Haftung zwischen starren Körpern	78
7	Prinzip der virtuellen Arbeit für starre Körper	86
8	Grundlagen der Festigkeitslehre	96
9	Flächenmomente	129
10	Zug – Druck	146
11	Biegung gerader Balken (Träger)	169
12	Querkraftschub	204
13	Torsion von Stäben	232
14	Festigkeitshypothesen	268
15	Verformung elastischer Systeme – Energiemethoden	279
16	Stabilitätsfall Stabknickung	292
17	Berechnungen zur Dauerfestigkeit	305
18	Grundelemente der Kinematik und Kinetik	321
19	Kinematik	327
20	Kinetik des materiellen Punktes	354
21	Kinetik des Punkthaufens	367
22	Trägheits- und Zentrifugalmomente von Körpern	370
23	Kinetik des starren Körpers	382
24	Einige Prinzipien der Mechanik	398
25	Stoß fester Körper	413
26	Schwingungen	425
27	Anlagen	479
28	Literaturverzeichnis	533
29	Sachwortverzeichnis	536

Winkler/Aurich
Taschenbuch der Technischen Mechanik

Taschenbuch der Technischen Mechanik

begründet von
Dipl.-Ing. Johannes Winkler und
Prof. Dr. Horst Aurich

weitergeführt von
Dr.-Ing. Ludwig Rockhausen und
Dr. paed. Joachim Laßmann

8., neu bearbeitete Auflage

Mit zahlreichen Bildern und Tabellen

Fachbuchverlag Leipzig
im Carl Hanser Verlag

Das Kapitel 17 Berechnungen zur Dauerfestigkeit wurde
von Frau Dr.-Ing. I. Römhild, Technische Universität Dresden, verfasst.

Bibliografische Information Der Deutschen Bibliothek

Die Deutsche Bibliothek verzeichnet diese Publikation in der Deutschen Nationalbibliografie; detaillierte bibliografische Daten sind im Internet über http://dnb.ddb.de abrufbar.

ISBN 3-446-22870-5

Die Wiedergabe von Gebrauchsnamen, Handelsnamen, Warenbezeichnungen usw. in diesem Werk berechtigt auch ohne besondere Kennzeichnung nicht zu der Annahme, dass solche Namen im Sinne der Warenzeichen- und Markenschutz-Gesetzgebung als frei zu betrachten wären und daher von jedermann benutzt werden dürften.

Dieses Werk ist urheberrechtlich geschützt.
Alle Rechte, auch die der Übersetzung, des Nachdrucks und der Vervielfältigung des Buches oder Teilen daraus, vorbehalten. Kein Teil des Werkes darf ohne schriftliche Genehmigung des Verlages in irgendeiner Form (Fotokopie, Mikrofilm oder ein anderes Verfahren), auch nicht für Zwecke der Unterrichtsgestaltung, reproduziert oder unter Verwendung elektronischer Systeme verarbeitet, vervielfältigt oder verbreitet werden.

Einbandbild: HOCHTIEF AG Essen

Fachbuchverlag Leipzig im Carl Hanser Verlag
© 2006 Carl Hanser Verlag München Wien
http://www.hanser.de/taschenbuecher
Projektleitung: Dipl.-Phys. Jochen Horn
Herstellung: Renate Roßbach
Umschlaggestaltung: Parzhuber & Partner Werbeagentur München
Satz: Satzherstellung Dr. Steffen Naake, Chemnitz
Druck und Bindung: Kösel, Krugzell
Printed in Germany

Vorwort

Die Mechanik ist das älteste Teilgebiet der klassischen Physik. Sie befasst sich mit der Bewegung und der Deformation von materiellen Körpern unter dem Einfluss von Kräften.

Die Mechanik wird nach unterschiedlichen Gesichtspunkten klassifiziert, z. B. nach der prinzipiellen Aufgabenstellung in Theoretische Mechanik und *Technische Mechanik* (*TM*). Die TM ist, wie das Attribut aussagt, vorrangig auf die Ingenieurwissenschaften ausgerichtet. Ein weiteres Klassifizierungsmerkmal sind die physikalischen Eigenschaften der Körper. In diesem Nachschlagewerk geht es um feste Körper – *Festkörpermechanik*.

Die Anwendung von Kenntnissen und Methoden der TM bildet einen wesentlichen Bestandteil der Arbeit von Konstrukteuren, Berechnungsingenieuren und Materialfachleuten. Daher wird diesem Fach entsprechend dem jeweiligen Studiengang ein hoher Stellenwert beigemessen.

Zur Unterstützung der Bearbeitung einschlägiger Aufgaben in Forschung und Entwicklung, Projektierung und Konstruktion während des Studiums und in der Praxis wurde dieses Taschenbuch – nunmehr in 8. Auflage – unter Berücksichtigung bisheriger Ausgaben der inzwischen verstorbenen Autoren im Wesentlichen neu bearbeitet. Als Nachschlagewerk dient es dem Zweck, bestimmte Sachverhalte übersichtlich, schnell und sicher aufzufinden und grundlegende Zusammenhänge zu erfassen, welche durch zahlreiche Beispiele erläutert und untersetzt werden. Die Beispiele haben nicht nur Übungscharakter, sondern dienen auch der Einarbeitung in das Fach sowie einer Vertiefung der Zusammenhänge, womit ein besseres Verständnis über das Verhalten von mechanischen Bauteilen und Baugruppen erreicht wird. Darüber hinaus existieret ein Anlagenteil, in welchem Einflussgrößen, Tabellenwerte, Formelzusammenstellungen u. Ä. enthalten sind, die für die Berechnungen benötigt werden. Außerdem enthält Anlage A2 ein Verzeichnis der benutzten Abkürzungen.

Der prinzipielle Ablauf der Berechnung mechanischer Systeme gliedert sich in Problemanalyse der Aufgabe, mechanische Modellbildung (Idealisierungen), mathematische Modellbildung, Lösung des mathematischen Problems (analytisch, numerisch) und Rückkopplung (Interpretation und Bewertung der Ergebnisse im Hinblick auf die Aufgabe). Von der Kompliziertheit des Problems und der Zielstellung der Berechnungsaufgabe hängt die Modellbildung ab.

In kaum einem anderen Fach der Ingenieurausbildung muss so früh und umfassend die Lösung einer Berechnungsaufgabe vorgenommen werden. Da aber erst ein entsprechendes „Modellwissen" vorliegen muss, wird meist das mechanische Modell vorgegeben.

Will oder muss man hinsichtlich des mechanischen Verhaltens des für ein technisches System benutzten Modells quantitative Aussagen machen, so ist es unumgänglich, sich der Sprache und der Möglichkeiten der Mathematik zu bedienen. Die Nutzung dieses „Werkzeugs" setzt für die TM gewisse Grundkenntnisse der Höheren Mathematik (z. B. Vektor- und Matrixalgebra, Differenzialgleichungen usw.) voraus. Einige Bemerkungen und Hinweise zur hier benutzten Notation sind in Anlage A1 zusammengefasst. In der *Statik* werden die auf einen starren Körper (Bauteil, Tragwerk) wirkenden und die durch sie hervorgerufenen Reaktionen untersucht.

Dabei nehmen das Schnittprinzip und die Gleichgewichtsbedingungen eine zentrale Stellung ein. Mit ihrer Hilfe werden die Aufgaben der Statik – und darauf aufbauend – weitere Aufgaben der TM gelöst.

In der *Festigkeitslehre* wird die Annahme starrer Körper fallen gelassen. Die Bewegung eines deformierbaren Körpers wird durch die Verschiebungen der materiellen Körperpunkte relativ zu einem Ausgangszustand beschrieben. Die Deformation infolge einer Belastung (Kräfte, Temperatur) bewirkt eine Änderung der Gestalt und der Größe des Körperelements – die Verzerrung. Der Zusammenhang zwischen Verzerrung und Spannung wird durch Werkstoffmodelle beschrieben (z. B. HOOKE'sches Gesetz für linear-elastisches Verhalten). Für heutige Berechnungsmethoden ist die Ermittlung des Verschiebungs-, Spannungs- und Verzerrungszustandes als Funktion des Ortes und der Zeit typisch (Lösung sog. Feldprobleme). Der Vergleich der vorhandenen Beanspruchungen mit den Versagensgrenzen dient der Ermittlung von Sicherheiten bzw. Sicherheitsreserven. Die Schädigung von Bauteilen ist u. a. von der Beanspruchungshöhe, dem Werkstoff sowie vom Beanspruchungs-Zeit-Ablauf (Ermüdung durch zyklische Beanspruchung) abhängig. Die Festigkeitslehre ist somit für das funktionsgerechte (kraftflussgerechte, beanspruchungsgerechte, verformungsgerechte) Gestalten mechanischer Bauteile eine notwendige Grundlage.

In der *Kinetik*, die auch einen Einblick in das Gebiet der *mechanischen Schwingungen* bietet, wird die statische Wirkungsbedingung eines zeitlich konstanten Bewegungszustandes (einschließlich des Ruhezustandes) verlassen. Daher ist die *Kinematik* vorangestellt, die für die Kinetik benötigt wird bzw. bei ihrer Anwendung auf zu lösende Aufgaben zu beachten ist. Hinsichtlich der Kinetik werden vor allem die Berechnungsmodelle *Punktmasse, Punkthaufen, starrer Körper* behandelt. Dabei wurde auf die elementare Matrixalgebra zurückgegriffen, um insbesondere bei räumlichen Problemen der Kinematik und Kinetik eine kompaktere und für die Anwendung i. Allg. praktikablere Darstellung zu erreichen.

Auf ausführliche Herleitungen der Zusammenhänge und ihrer mathematischen Formulierung sowie auf detaillierte Lösungsdurchführungen wird in allen Abschnitten verzichtet, um den Umfang eines handlichen Taschenbuches nicht zu überschreiten. Dazu sind Fach- und Lehrbücher zur TM, die z. B. auch im gleichen Verlag erschienen, besser geeignet.

Der Inhalt des Taschenbuches und seine fachmethodische Darstellung orientiert sich an der gängigen Lehrpraxis.

Besonders bedanken möchten wir uns bei dem verantwortlichen Lektor, Herrn Dipl.-Phys. J. Horn vom Fachbuchverlag Leipzig im Carl Hanser Verlag, für seine Betreuung während der Bearbeitung dieser Auflage und bei Herrn Dr. S. Naake, Chemnitz, für die Gestaltung und den Satz. Für die Ausarbeitung des Kapitels zur Dauerfestigkeit sei Frau Dr. I. Römhild, Dresden, gedankt. Weiterhin gilt unser Dank Frau G. Richter, Herrn U. Kroll und Frau K. Dost für die Anfertigung einer Reihe neu gestalteter Bilder.

Wir hoffen, dass auch diese Auflage des Taschenbuches weiterhin einen breiten Nutzerkreis anspricht und zur Lösung entsprechender Aufgaben beiträgt. In diesem Sinne sind wir für alle Hinweise zur Verbesserung des Buches dankbar.

Chemnitz, Oktober 2005   Joachim Laßmann,
Ludwig Rockhausen

Inhaltsverzeichnis

Mechanik starrer Körper: Statik

Einführung		15
1	**Grundlagen**	**15**
1.1	Kraft F	15
1.2	Axiome der Mechanik	18
1.3	Zentrale Kraftsysteme, Äquivalenzprinzip	19
1.4	Allgemeine Kraftsysteme und das Moment einer Kraft	22
	1.4.1 Moment eines Kräftepaares	22
	1.4.2 Moment einer Kraft bez. eines Punktes	23
	1.4.3 Parallelverschiebung einer Kraft – Versetzungsmoment	27
1.5	Reduktion eines allgemeinen Kräftesystems	28
1.6	Schnittprinzip	30
	1.6.1 Anwendung des Schnittprinzips	31
	1.6.2 Gleichgewichtsbedingungen	33
2	**Schwerpunkt**	**36**
2.1	Massenmittelpunkt, Volumenschwerpunkt	36
2.2	Schwerpunkt für spezielle Körper	38
	2.2.1 Schwerpunkt eines homogenen flächenförmigen Körpers (Flächenschwerpunkt), statisches Moment	38
	2.2.2 Schwerpunkt homogener linienförmiger Körper (Linienschwerpunkt)	39
2.3	Berechnung des Schwerpunktes für zusammengesetzte Körper	40
2.4	Rotationskörper, Guldin'sche Regeln	42
2.5	Resultierende einer Streckenlast (Linienlast)	44
3	**Tragwerke**	**46**
3.1	Begriffsbestimmungen	46
3.2	Einteilige Tragwerke	48
3.3	Mehrteilige ebene Tragwerke	51
3.4	Ebene Fachwerke	54
	3.4.1 Allgemeines	54
	3.4.2 Berechnung der Stab- und Lagerkräfte	56
	3.4.2.1 Knotenschnittverfahren	56
	3.4.2.2 RITTER'sches Schnittverfahren	58
4	**Schnittreaktionen bei Balken**	**60**
4.1	Definition der Schnittreaktionen (SR)	60
4.2	Vorgehensweise bei der Ermittlung von Schnittreaktionen	63
4.3	Anwendungen	64
4.4	Beziehungen zwischen Belastungsintensität, Querkraft und Biegemoment am geraden Träger	70

5 Räumliche Probleme ... 73
5.1 Gleichgewichtsbedingungen, Lagerarten ... 73
5.2 Schnittreaktionen beim geraden Träger ... 75

6 Reibung und Haftung zwischen starren Körpern ... 78
6.1 Reibungskraft bei Gleiten und Haftkraft beim Haften ... 78
    6.1.1 Bewegungswiderstände zwischen Festkörpern ... 78
    6.1.2 Haftung (Haftreibung) ... 80
    6.1.3 Reibung (Gleitreibung) ... 80
6.2 Seilreibung (Umschlingungsreibung) und Seilhaftung ... 84

7 Prinzip der virtuellen Arbeit für starre Körper ... 86
7.1 Arbeit ... 87
7.2 Virtuelle Verrückung, virtuelle Arbeit ... 87
7.3 Prinzip der virtuellen Arbeit (PdvA) ... 88
7.4 Anwendungen ... 89

Mechanik deformierbarer Körper: Festigkeitslehre (Elastostatik)

Einführung ... 95

8 Grundlagen der Festigkeitslehre ... 96
8.1 Spannungen, Spannungszustand ... 96
8.2 Koordinatentransformation ... 100
8.3 Ebener Spannungszustand (ESZ) ... 102
    8.3.1 Definition ... 102
    8.3.2 Spannungen im Punkt P bei ebener Drehung der Basis ... 103
    8.3.3 Invarianten des Spannungstensors ... 105
    8.3.4 Zweiachsiger Spannungszustand bei Linientragwerken ... 105
8.4 Anwendungen ... 106
8.5 Verschiebung, Verzerrung, Verzerrungszustand ... 108
    8.5.1 Kinematik der Deformation ... 109
    8.5.2 Verzerrungen ... 110
        8.5.2.1 Dehnung ε ... 110
        8.5.2.2 Verzerrungs-Verschiebungs-Beziehungen ... 112
        8.5.2.3 Kompatibilitätsbedingungen ... 114
        8.5.2.4 Volumendehnung, mittlere Dehnung ... 114
    8.5.3 Koordinatentransformation ... 114
8.6 Stoffgesetz für elastisches Materialverhalten ... 116
    8.6.1 Materialverhalten ... 116
    8.6.2 HOOKE'sches Gesetz ... 117
        8.6.2.1 Zugversuch ... 118
        8.6.2.2 Querkontraktion ... 119

        8.6.2.3   Thermische Dehnungen, Gesamtdehnungen 120
        8.6.2.4   Elastizitätsgesetz für Schubbeanspruchung 121
        8.6.2.5   Werkstoffkennwerte 122
        8.6.2.6   Verallgemeinertes HOOKE'sches Gesetz 122
        8.6.2.7   Anwendungen 124
8.7   Grundbeanspruchungen 127
8.8   Äquivalenzbedingungen am Balken 128

9   Flächenmomente **129**

9.1   Allgemeines, Koordinatensysteme 130
9.2   Flächenträgheitsmomente 131
        9.2.1   Definition 131
        9.2.2   Transformation von Flächenträgheitsmomenten bei parallel orientierten Koordinatensystemen – Satz von Steiner 132
        9.2.3   Transformation der Flächenträgheitsmomente bei zueinander gedrehten Koordinatensystemen 133
        9.2.4   Hauptträgheitsmomente, Hauptträgheitsachsen und Invarianten . . . 134
9.3   Flächenträgheitsmomente zusammengesetzter Flächen 135
9.4   Abgeleitete Größen 139
9.5   Kennwertermittlung für einige ausgewählte Querschnitte 140
        9.5.1   L-Profil 140
        9.5.2   Symmetrischer Querschnitt 142
        9.5.3   Dünnwandiger Querschnitt 144

10   Zug – Druck **146**

10.1 Der Stab als eindimensionales Bauteil 146
10.2 Spannungsberechnung 146
        10.2.1 Spannungen in einer Schnittfläche senkrecht zur Stabachse 146
        10.2.2 Spannungen im Schrägschnitt 148
10.3 Verformungsberechnung 149
        10.3.1 Verschiebungen, Verzerrungen 149
        10.3.2 Längenänderung 150
10.4 Anwendungen 151
10.5 Flächenpressung – Kontaktspannung 159
        10.5.1 Flächenpressung bei ebenen Kontaktflächen 159
        10.5.2 Flächenpressung bei gekrümmten Kontaktflächen 161
        10.5.3 Flächenpressung bei Linien- oder Punktkontakt (HERTZ'sche Pressung) 163
        10.5.4 Rollreibung 165

11   Biegung gerader Balken (Träger) **169**

11.1 Begriffe und Voraussetzungen 169
        11.1.1 Einteilung der Biegung 169
        11.1.2 Voraussetzungen, Annahmen 170

11.2 Spannungsberechnung 172
   11.2.1 Normalspannungen bei Biegung mit Längskraft 172
   11.2.2 Anwendungen 175
11.3 Verformungsberechnung 182
   11.3.1 Verformung durch Biegemomente und ungleichmäßige Temperaturänderung – Biegelinie 182
      11.3.1.1 Verschiebungsgrößen 182
      11.3.1.2 Verformungsberechnung bei Biegung um eine Hauptachse 183
      11.3.1.3 Näherungsweise Bestimmung der Biegeverformungen . . 187
   11.3.2 Anwendungen 191

12 Querkraftschub **204**
12.1 Scherbeanspruchung 205
   12.1.1 Mittlere Scherspannung 205
12.2 Schubspannungen bei Biegung 210
   12.2.1 Spannungsberechnung für Vollquerschnitte 210
   12.2.2 Anwendungen auf verschiedene Verbindungstechniken 215
12.3 Verformungen des schubweichen Balkens 219
12.4 Querkraftschub beim dünnwandig offenen Profil 222
   12.4.1 Schubflussberechnung 223
   12.4.2 Schubmittelpunkt 226
   12.4.3 Anwendungen 227

13 Torsion von Stäben **232**
13.1 Voraussetzungen und Grundlagen 233
13.2 Spannung und Verformung bei freier Torsion – ein Überblick 236
13.3 Torsion von Vollquerschnitten 237
   13.3.1 Kreis- und Kreisringquerschnitte 237
   13.3.2 Anwendungen 241
   13.3.3 Beliebige Vollquerschnitte (ohne Rotationssymmetrie) 247
13.4 Freie Torsion dünnwandiger Querschnitte 250
   13.4.1 Geschlossene (einzellige) Profile 251
   13.4.2 Mehrzellige Hohlprofile 255
   13.4.3 Dünnwandig offene Querschnitte 258
      13.4.3.1 Torsion des schmalen Rechteckprofils 259
      13.4.3.2 Torsion eines aus schmalen Rechtecken zusammengesetzten Profils 261
      13.4.3.3 Anwendungen 263
13.5 Gültigkeitsbereich und Abschätzformeln bei freier Torsion 266

14 Festigkeitshypothesen **268**
14.1 Einführung 268
14.2 Spannungszustand bei Linientragwerken 269
14.3 Deformationsverhalten beim Versagen 270

14.4 Klassische Festigkeitshypothesen 272
    14.4.1 Hauptspannungshypothese 272
    14.4.2 Schubspannungshypothese 273
    14.4.3 Gestaltänderungsenergiehypothese 274
14.5 Anwendungen 275

15 Verformung elastischer Systeme – Energiemethoden 279
15.1 Einführung 279
15.2 Äußere Arbeit, Formänderungsenergie, Ergänzungsenergie 279
    15.2.1 Äußere Arbeit 279
    15.2.2 Formänderungsenergie 280
    15.2.3 Ergänzungsenergie 281
15.3 Zum Satz von CASTIGLIANO/MENABREA 282
15.4 Anwendungen 284

16 Stabilitätsfall Stabknickung 292
16.1 Allgemeines 292
16.2 Elastisches Knicken gerader Stäbe (Knicken nach EULER) 295
16.3 Knicken im inelastischen Bereich 297
16.4 Anwendungen 298

17 Berechnungen zur Dauerfestigkeit 305
17.1 Festigkeitswerte für Werkstoffproben 305
17.2 Festigkeitsmindernde bzw. beanspruchungserhöhende Einflussfaktoren bei Bauteilen 306
17.3 Dauerfestigkeit von Achsen und Wellen 308
    17.3.1 Größeneinflussfaktoren 308
    17.3.2 Oberflächenfaktoren (Rauheit, Verfestigung) 308
    17.3.3 Kerbwirkungszahl 310
    17.3.4 Formzahl 314
    17.3.5 Gesamteinflussfaktor 314
    17.3.6 Gestaltfestigkeit 314
    17.3.7 Nachweis der Sicherheit zur Vermeidung von Dauerbrüchen 318
    17.3.8 Anwendungsbeispiel................................. 319

Kinematik und Kinetik

Einführung 321

18 Grundelemente der Kinematik und Kinetik 321
18.1 Grundbegriffe 321
18.2 Hinweise zur Lösung von Aufgaben und zur Überführung des technischen Systems in ein Berechnungsmodell 325

19 Kinematik ... 327
19.1 Grundgrößen und geradlinige Bewegung ... 327
   19.1.1 Gleichförmige Bewegung ... 329
   19.1.2 Gleichmäßig beschleunigte Bewegung ... 329
   19.1.3 Ungleichmäßig beschleunigte Bewegung ... 330
   19.1.4 Beispiel zur geradlinigen Bewegung ... 332
19.2 Krummlinige Bewegung ... 338
   19.2.1 Darstellung in kartesischen Koordinaten ... 338
   19.2.2 Darstellung in Zylinderkoordinaten ... 342
19.3 Gezwungene Bewegung eines Punktes ... 343
   19.3.1 Bewegung eines Punktes auf gegebener Fläche ... 343
   19.3.2 Bewegung auf gegebener Bahnkurve ... 344
19.4 Kinematik des starren Körpers und Relativbewegung ... 346
   19.4.1 Allgemeine Bewegung des starren Körpers ... 346
   19.4.2 Relativbewegung eines Punktes ... 349
   19.4.3 Ebene Bewegung ... 350
   19.4.4 Anwendungen ... 351

20 Kinetik des materiellen Punktes ... 354
20.1 Impuls, dynamisches Grundgesetz, kinetische Energie ... 354
20.2 Arbeit, Leistung ... 363
20.3 Potenzial, potenzielle Energie ... 366

21 Kinetik des Punkthaufens ... 367
21.1 Schwerpunktsätze ... 368
21.2 Drall, Drallsatz ... 369
21.3 Kinetische Energie, Potenzial ... 370

22 Trägheits- und Zentrifugalmomente von Körpern ... 370
22.1 Massenträgheitsmoment für parallele Achsen ... 371
22.2 Trägheitsradius, Schwungmoment, reduzierte Masse ... 371
22.3 Massenträgheitsmomente und Deviationsmomente bezüglich eines orthogonalen Achsensystems ... 373
22.4 Berechnung der Massenträgheits- und Deviationsmomente eines allgemeinen Zylinders mit paralleler Grund- und Deckfläche ... 374
22.5 Wechsel des Bezugspunktes, STEINER'scher Satz ... 376
22.6 Drehtransformation, Hauptträgheitsmomente, Hauptträgheitsachsen ... 378
22.7 Experimentelle Bestimmung von Trägheitsmomenten ... 381

23 Kinetik des starren Körpers ... 382
23.1 Impuls, Drall, kinetische Energie ... 382
23.2 Drehung um eine feste Achse, Fliehkraft, Euler'sche dynamische Gleichungen ... 387
23.3 Kreiselbewegung ... 392

24 Einige Prinzipien der Mechanik ... 398
24.1 Impulssatz und Drallsatz ... 398
24.2 Dynamisches Gleichgewicht und Prinzip von d'Alembert ... 400
24.3 Arbeitssatz ... 405
24.4 Energieerhaltungssatz ... 406
24.5 Die Lagrange'schen Bewegungsgleichungen ... 410
24.6 Das Hamilton'sche Prinzip ... 413

25 Stoß fester Körper ... 413
25.1 Begriffserklärungen, Klassifikation der Stöße ... 414
25.2 Gerader zentraler Stoß ... 416
   25.2.1 Vollkommen unelastischer Stoß ($k = 0$) ... 417
   25.2.2 Vollkommen elastischer Stoß ($k = 1$) ... 417
   25.2.3 Stoß gegen eine Wand ... 418
   25.2.4 Versuch zur Bestimmung der Stoßzahl k ... 418
25.3 Schiefer zentraler Stoß ... 419
25.4 Exzentrischer Stoß ... 420
25.5 Exzentrischer Stoß drehbar befestigter Körper ... 421
   25.5.1 Stoß einer Punktmasse m_1 gegen einen drehbar befestigten Körper ... 422
   25.5.2 Lagerbelastung beim Stoß gelagerter Körper, Stoßmittelpunkt ... 423

26 Schwingungen ... 425
26.1 Kinematik des Schwingers ... 425
   26.1.1 Periodische Schwingungen ... 425
   26.1.2 Harmonische Schwingungen ... 428
26.2 Freie ungedämpfte Schwingungen des linearen Schwingers mit einem Freiheitsgrad ... 431
   26.2.1 Schwingungsdifferenzialgleichung, Eigenfrequenz, Periodendauer 431
   26.2.2 Rückstellkraft, Federschaltungen, Rayleighsches Verfahren ... 433
   26.2.3 Lösung der Schwingungsdifferenzialgleichung ... 439
26.3 Gedämpfte Schwingungen des linearen Schwingers mit einem Freiheitsgrad ... 439
   26.3.1 Geschwindigkeitsproportionale Dämpfung ... 439
   26.3.2 Dämpfung durch Coulomb'sche Reibung ... 441
26.4 Erzwungene Schwingungen des Systems mit einem Freiheitsgrad ... 443
   26.4.1 Stationäre Schwingungen bei harmonischer Erregung ... 443
   26.4.2 Instationäre Schwingungen ... 448
   26.4.3 Einschaltvorgänge ... 449
26.5 Freie Schwingungen des linearen Systems mit n Freiheitsgraden ... 454
   26.5.1 Differenzialgleichungen der Bewegung, Frequenzgleichung, Schwingungsform ... 454
   26.5.2 Berechnung der Eigenfrequenzen der elastisch aufgestellten Maschine ... 457
   26.5.3 Torsions-, Längs- und Biegeschwingungen ... 459

26.6 Erzwungene Schwingungen linearer Systeme mit n Freiheitsgraden bei harmonischer Erregung 463
26.7 Rheolineare Schwingungen 465
    26.7.1 Freie rheolineare Schwingungen 467
    26.7.2 Erzwungene rheolineare Schwingungen 469
26.8 Nichtlineare Schwingungen 469
    26.8.1 Phasendiagramm 470
    26.8.2 Freie Schwingungen des nichtlinearen Schwingers 473
    26.8.3 Erzwungene Schwingungen des nichtlinearen Schwingers 474

Anlagen **479**

Literaturverzeichnis **533**

Sachwortverzeichnis **536**

Mechanik starrer Körper: Statik 1

Einführung

Die Technische Mechanik (TM) nimmt Bezug auf die vom Menschen geschaffene *technische Umwelt* (Bauteile, Konstruktionen als materielle Körper). Diese wird mittels zweckmäßiger Idealisierungen in Form von Berechnungsmodellen erfasst und so einer Untersuchung zugänglich gemacht.

Ein *starrer* Körper ist eine Modellvorstellung eines Festkörpers, der unter dem Einfluss einer Belastung keine Deformationen erfährt. Die Abstände beliebiger Punkte eines starren Körpers bleiben bei jeder Belastung und Bewegung konstant. Mit dieser nützlichen Idealisierung lassen sich eine Reihe von technischen Aufgaben mit hinreichender Genauigkeit lösen.

Die Statik ist die Lehre vom *Gleichgewicht* der Kräfte (als Oberbegriff für Kräfte und Momente) am ruhenden oder geradlinig gleichförmig bewegten starren Körper oder Teilen davon. Die auf einen Körper einwirkende Belastung (hier äußere Kräfte) rufen neben den Reaktionskräften an den Lagerstellen (äußere Kräfte) auch Reaktionskräfte im Inneren (innere Kräfte), die *Beanspruchung*, hervor. Für die Beanspruchung gibt es eine globale und eine lokale Beschreibung. Die globale Beschreibung – die *Schnittreaktionen* – soll in der Statik, die lokale Beschreibung – die *Spannungen* – in der Mechanik deformierbarer Körper behandelt werden.

1 Grundlagen

1.1 Kraft F

Die *Kraft* ist das Modell einer physikalischen Wechselwirkung zwischen zwei Körpern oder zwischen Feldern und Körpern; Beispiele sind die Gewichts- und Muskelkraft. Die Kraft ist somit eine physikalische Erscheinung, die an ihrer Wirkung erkannt wird. Jede physikalische Größe, die mit der Gewichtskraft im Gleichgewicht stehen kann, ist eine Kraft.

Einteilung von Kräften

Die Kräfte (und somit jede einzelne Kraft) lassen sich nach verschiedenen Gesichtspunkten unterscheiden:
- nach ihrer Herkunft in *eingeprägte Kräfte* (Aktionskräfte) oder *Reaktionskräfte* (Zwangskräfte): Eingeprägte Kräfte sind entweder vorgegeben bzw. lassen sich über ein physikalisches Gesetz berechnen, z. B. Gravitationskraft oder elektrostatische Kraft.

Kinematische Bedingungen, z. B. eine vorgegebene Verschiebung oder ein Lager, schränken die Bewegungsmöglichkeiten von Körpern ein und werden durch zunächst unbekannte (und mit dem Schnittprinzip sichtbar gemachte) Reaktionskräfte realisiert.

- nach ihrer Lage bzw. Stellung zum Körper in *innere* und *äußere* Kräfte: die Unterscheidung hängt von den Systemgrenzen ab. Innere Kräfte sind die innerhalb bzw. zwischen den Elementen des Systems wirkenden Kräfte. Äußere Kräfte sind von außen auf das System einwirkende Kräfte.
- nach der Art der Einwirkung (Angriffsbereich): Die Wechselwirkung zwischen Körpern wird durch Kräfte beschrieben, die auf unterschiedliche Angriffsbereiche wirken. Die räumlich verteilte Kraft ist die *Massenkraft* oder *Volumenkraft* und die flächenhaft verteilte Kraft ist die *Flächenkraft*. Beide sind in der Realität auftretende Kraftwirkungen. Die linienhaft verteilte Kraft ist die *Linienkraft* oder *Streckenlast* und die punktförmig auftretende Kraft ist die *Einzelkraft*. Beide sind Idealisierungen. In der Statik wird überwiegend mit Einzelkräften operiert.

Kraft als Vektor

Ein großer Teil der physikalischen Größen in der TM sind Vektoren und können grafisch wie analytisch dargestellt werden; die grafische Darstellung erfolgt heute mehr aus didaktischer Sicht.

Die Kraft $\vec{F}$ ist ein *gebundener* Vektor und besitzt einen festen Angriffspunkt, vgl. Bild 1.1. In der Statik der starren Körper lässt sich eine Einzelkraft entlang der Wirkungslinie ohne Wirkungsänderung verschieben. Man spricht dann von einem *linienflüchtigen* Vektor. Dieser ist gegeben durch folgende Angaben:
1. einer skalaren Maßzahl (mit Maßeinheit, z. B. $1\,\mathrm{N} = 1\,\mathrm{kg} \cdot \mathrm{m/s^2}$),
2. der Richtung bzw. Wirkungslinie (WL) und
3. dem Richtungs- bzw. Wirkungssinn.

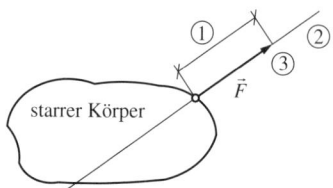

Bild 1.1

Darstellung eines Kraftvektors in einem kartesischen Koordinatensystem (Basis), vgl. Bild 1.2

▶ *Hinweis*: Zur benutzten Notation eines Vektors, vgl. Anlage A1.

$$\vec{F} = \vec{F}_x + \vec{F}_y + \vec{F}_z \qquad (\vec{F}_x, \vec{F}_y, \vec{F}_z \text{ Komponenten})$$
$$= F_x \vec{e}_x + F_y \vec{e}_y + F_z \vec{e}_z \qquad (F_x, F_y, F_z \text{ Koordinaten})$$
$$= \mathbf{e}^\mathsf{T} \mathbf{F} = \mathbf{F}^\mathsf{T} \mathbf{e}$$

mit

$$\mathbf{e} = \begin{bmatrix} \vec{e}_x \\ \vec{e}_y \\ \vec{e}_z \end{bmatrix} = \begin{bmatrix} \vec{e}_x, \vec{e}_y, \vec{e}_z \end{bmatrix}^{\mathrm{T}}$$

als Spaltenmatrix der kartesischen Basisvektoren und

$$\mathbf{F} = \begin{bmatrix} F_x \\ F_y \\ F_z \end{bmatrix} = \begin{bmatrix} F_x, F_y, F_z \end{bmatrix}^{\mathrm{T}} = F \begin{bmatrix} \cos\alpha \\ \cos\beta \\ \cos\gamma \end{bmatrix}$$

als Spaltenmatrix der kartesischen Koordinaten von $\vec{F}$.

Betrag (als Invariante) der Kraft:

$$|\vec{F}| = \sqrt{\vec{F}\cdot\vec{F}} = \sqrt{\mathbf{F}^{\mathrm{T}}\mathbf{F}} = \sqrt{F_x^2 + F_y^2 + F_z^2}$$

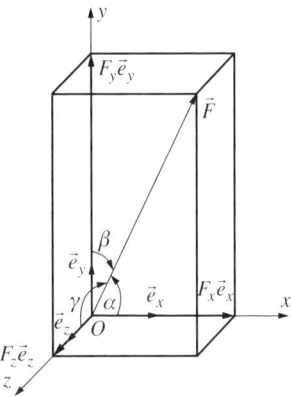

Bild 1.2

Begriffe und Vorzeichendefinition (gilt allgemein für Vektoren):

Begriffe:

In der Darstellung $\vec{F} = F\vec{e}_F$ besteht das Produkt aus einer vorzeichenbehafteten skalaren Maßzahl F und einem Einheitsvektor $\vec{e}_F$, durch welchen die Richtung und der positive Richtungssinn der Kraft definiert sind.

Die Vektoren $\vec{F}_x$, $\vec{F}_y$, $\vec{F}_z$ sind die auf das System der kartesischen Basisvektoren $\mathbf{e} = [\vec{e}_x, \vec{e}_y, \vec{e}_z]^{\mathrm{T}}$ bezogenen *vektoriellen Komponenten* von $\vec{F}$. $\mathbf{F} = [F_x, F_y, F_z]^{\mathrm{T}}$ sind die skalaren Maßzahlen der vektoriellen Komponenten, die die lineare Abhängigkeit eines Vektors von den Basisvektoren ausdrücken. Diese skalaren Maßzahlen nennt man auch skalare Komponenten bzw. Koordinaten des Vektors. Für einen Ortsvektor sind z. B. die skalaren Komponenten die Koordinaten des Punktes. Hier sei auf die Bem. in Anlage A1 hingewiesen, dass im Ingenieurbereich oft auf die korrekte begriffliche Trennung von Komponente und Koordinate verzichtet wird, d. h., man spricht manchmal auch dann von Komponenten, wenn Koordinaten gemeint sind.

Vorzeichendefinition:

Durch den Einheitsvektor wird der positive Wirkungssinn festgelegt. Jede Kraft bzw. -komponente, die mit einem definierten Wirkungssinn übereinstimmt, hat eine positive, andernfalls eine negative Komponente.

Die skalare Maßzahl bzw. Koordinate in einer Rechnung ist positiv oder negativ, je nachdem ob der Richtungssinn der Komponente mit der des Basisvektors übereinstimmt oder entgegen gerichtet ist. Die Koordinaten stellen die senkrechte Projektion des Kraftvektors auf die durch einen Einheitsvektor vorgegebene Richtung dar, d. h., sie folgen aus einem Skalarprodukt und sind damit vorzeichenbehaftet, z. B. ist $F_x = \vec{F} \cdot \vec{e}_x$.

1.2 Axiome der Mechanik

Ein Axiom (griech. Grundsatz) ist eine Aussage,
- deren Wahrheit durch die Erfahrung bestätigt bzw. durch die Praxis bewiesen ist, d. h. als absolut gewiss betrachtet werden kann,
- die eines Beweises nicht fähig (ableitbar) ist,
- die Bestandteil eines Axiomensystems ist und die zusammen mit anderen Aussagen dieser Art an den Anfang einer aufzubauenden Theorie gestellt wird.

Newton'sche Axiome

1. Axiom: *Trägheitsgesetz* (schon 1638 von GALILEI formuliert)
    Ein kräftefreier Körper beharrt im Zustand der Ruhe oder der gleichförmig geradlinigen Bewegung.
2. Axiom: *Impulssatz* (und Drehimpulssatz, vgl. Teil Kinetik) (DESCARTES, BELANGER, NEWTON)
    Die zeitliche Änderung der Bewegungsgröße (Impuls) ist gleich der einwirkenden resultierenden Kraft.
3. Axiom: *Wechselwirkungsprinzip* (NEWTON * 1643, † 1727)
    Zu jeder Kraft gibt es eine gleich große Gegenkraft, d. h. die eine kann als Reaktion der anderen aufgefasst werden.
4. Axiom: *Überlagerungsprinzip* (schon von STEVIN formuliert, erweitert von VARIGNON und NEWTON):
    Erfahrungsgesetz vom Parallelogramm der Kräfte.

Zwei Kräfte dürfen immer dann zusammengefasst werden, wenn sie gleichzeitig am gleichen Punkt angreifen; umgekehrt darf eine Kraft $\vec{F}$ in zwei vorgegebene Richtungen zerlegt werden.

Zusammenfassen von zwei Kräften: $\vec{F}_1 + \vec{F}_2 = \vec{F}_R$

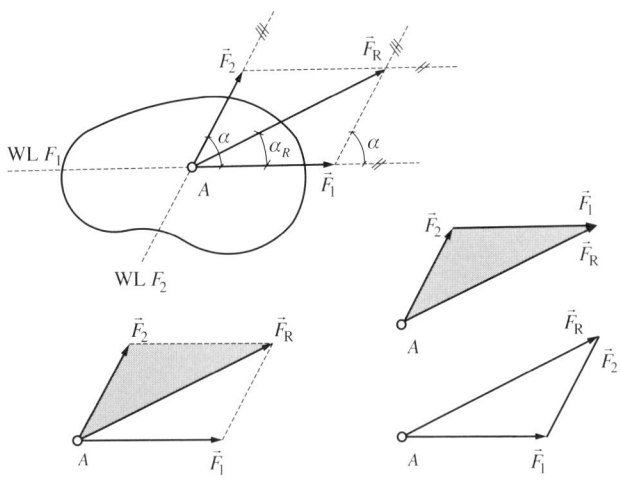

Bild 1.3

Zerlegen einer Kraft: $\vec{F} \Rightarrow \vec{F}_1, \vec{F}_2$

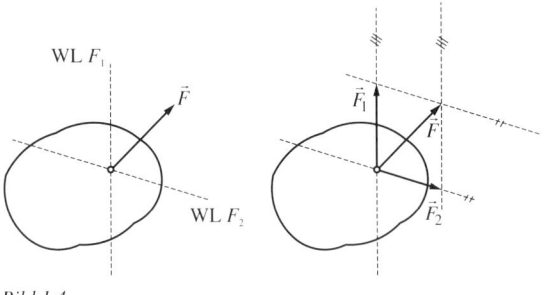

Bild 1.4

1.3 Zentrale Kraftsysteme, Äquivalenzprinzip

Kraftsysteme klassifiziert man nach den *Angriffspunkten* der Kräfte.

Das *zentrale Kräftesystem* ist eine Gruppierung von Kräften mit gleichem Angriffspunkt. Für Kräfte am starren Körper (linienflüchtige Vektoren) gilt deshalb als Kriterium der gemeinsame Schnittpunkt ihrer Wirkungslinien, vgl. Bild 1.5.

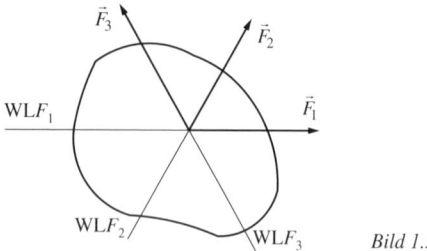

Bild 1.5

Durch die wiederholte Anwendung des vierten Axioms können die Kräfte zu einer einzigen Kraft, der resultierenden Kraft (Resultierende) $\vec{F}_R$, zusammengefasst werden; es gilt das kommutative Gesetz, vgl. Bild 1.6.

$$\vec{F}_R = \sum_i \vec{F}_i$$
$$= \vec{e}_x \sum_i F_{ix} + \vec{e}_y \sum_i F_{iy} + \vec{e}_z \sum_i F_{iz}$$
$$= \vec{e}_x F_{Rx} + \vec{e}_y F_{Ry} + \vec{e}_z F_{Rz}$$
$$= [\vec{e}_x,\ \vec{e}_y,\ \vec{e}_z]^T \begin{bmatrix} F_{Rx} \\ F_{Ry} \\ F_{Rz} \end{bmatrix}$$

bzw.
$$\vec{F}_R = \sum_i \mathbf{e}^T \mathbf{F}_i = \mathbf{e}^T \sum_i \mathbf{F}_i$$
$$= \mathbf{e}^T \mathbf{F}_R$$
$$\mathbf{F}_R = \begin{bmatrix} F_{Rx} \\ F_{Ry} \\ F_{Rz} \end{bmatrix} = \sum_i \begin{bmatrix} F_{ix} \\ F_{iy} \\ F_{iz} \end{bmatrix}$$

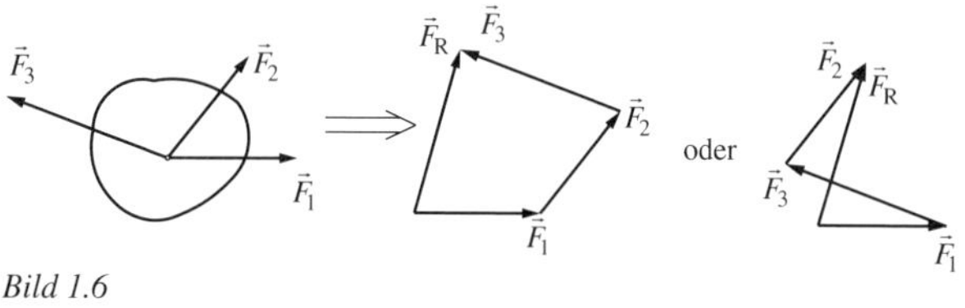

Bild 1.6

Das *Äquivalenzprinzip* bez. eines *starren* Körpers besagt, dass zwei Kraftsysteme genau dann äquivalent (statisch gleichwertig, Zeichen: ↔) sind, wenn ihre mechanischen Wirkungen identisch sind. Die Resultierende als Einzelkraft ist demzufolge äquivalent zu einem zentralen Kraftsystem. Man spricht hierbei auch von der Reduktion eines Kraftsystems auf die Einzelkraft $\vec{F}_R$.

1.3 Zentrale Kraftsysteme, Äquivalenzprinzip

Beispiel: Für die Kräfte $\vec{F}_i = F_{ix}\vec{e}_x + F_{iy}\vec{e}_y + 0 \cdot \vec{e}_z$, $i = 1, \ldots, 4$, ist die resultierende Kraft $\vec{F}$ zu ermitteln.

Gegeben:

i	1	2	3	4
F_{ix} in N	120	200	0	-100
F_{iy} in N	80	-200	60	0

Gesucht: $\vec{F}_R$, $|\vec{F}_R|$, α_R

Lösung:

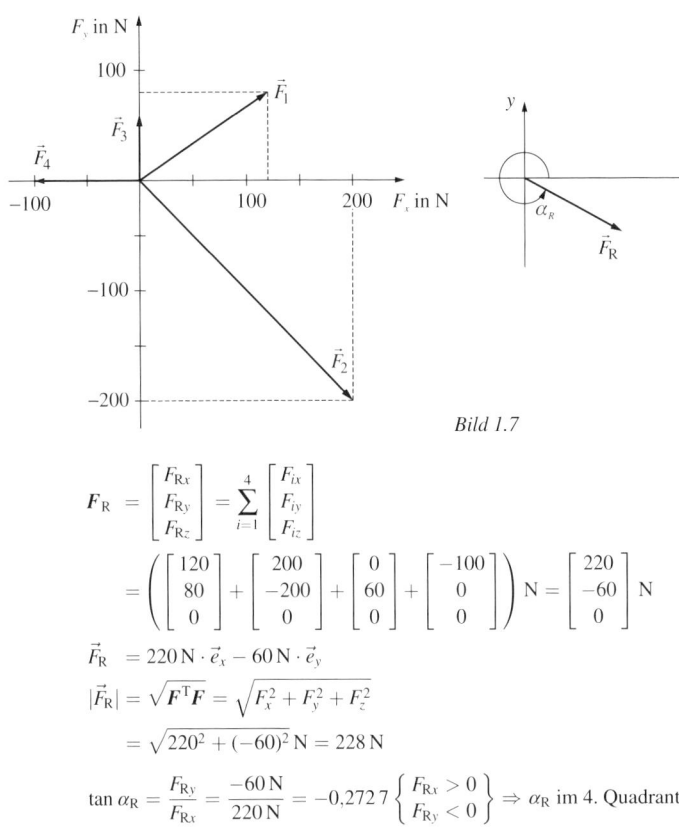

Bild 1.7

$$\boldsymbol{F}_R = \begin{bmatrix} F_{Rx} \\ F_{Ry} \\ F_{Rz} \end{bmatrix} = \sum_{i=1}^{4} \begin{bmatrix} F_{ix} \\ F_{iy} \\ F_{iz} \end{bmatrix}$$

$$= \left(\begin{bmatrix} 120 \\ 80 \\ 0 \end{bmatrix} + \begin{bmatrix} 200 \\ -200 \\ 0 \end{bmatrix} + \begin{bmatrix} 0 \\ 60 \\ 0 \end{bmatrix} + \begin{bmatrix} -100 \\ 0 \\ 0 \end{bmatrix} \right) \text{N} = \begin{bmatrix} 220 \\ -60 \\ 0 \end{bmatrix} \text{N}$$

$\vec{F}_R = 220\,\text{N} \cdot \vec{e}_x - 60\,\text{N} \cdot \vec{e}_y$

$|\vec{F}_R| = \sqrt{\boldsymbol{F}^T \boldsymbol{F}} = \sqrt{F_x^2 + F_y^2 + F_z^2}$

$\phantom{|\vec{F}_R|} = \sqrt{220^2 + (-60)^2}\,\text{N} = 228\,\text{N}$

$\tan \alpha_R = \dfrac{F_{Ry}}{F_{Rx}} = \dfrac{-60\,\text{N}}{220\,\text{N}} = -0{,}272\,7 \left\{ \begin{array}{l} F_{Rx} > 0 \\ F_{Ry} < 0 \end{array} \right\} \Rightarrow \alpha_R$ im 4. Quadrant

$\alpha_R = 344{,}7°$

1.4 Allgemeine Kraftsysteme und das Moment einer Kraft

Unter einem *allgemeinen Kraftsystem* versteht man eine aus beliebig vielen Einzelkräften mit unterschiedlichen Angriffspunkten wirkende Kräftegruppe am starren Körper (vgl. Bild 1.8), deren Verteilung keinerlei Restriktionen unterworfen ist. Die von einem allgemeinen Kraftsystem auf einen starren Körper ausgeübte Wirkung lässt sich i. Allg. nicht allein durch die Wirkung der Resultierenden vollständig erfassen. Dazu ist eine neue Grundgröße, das *Moment*, einzuführen.

▶ *Anmerkung*: Der Begriff „Moment" ist verschieden belegt, z. B. Kraftmoment, statisches Moment, Biegemoment, Torsionsmoment und nicht nur auf starre Körper begrenzt.

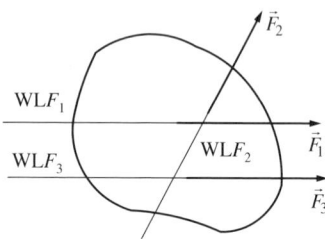

Bild 1.8

1.4.1 Moment eines Kräftepaares

Ein spezielles Kraftsystem, das *Kräftepaar*, besteht aus zwei Kräften mit gleichem Betrag, parallelen Wirkungslinien, aber entgegengesetztem Richtungssinn, vgl. Bild 1.9:

Resultierende:
$$\vec{F}_R = \vec{F}_1 + \vec{F}_2 = 0 \quad \Rightarrow \quad \vec{F} = \vec{F}_1 = -\vec{F}_2$$

Momentenvektor:
$$\vec{M}^O = \vec{r}_1 \times \vec{F}_1 + \vec{r}_2 \times \vec{F}_2 = (\vec{r}_1 - \vec{r}_2) \times \vec{F} = \vec{r}_{21} \times \vec{F}$$

Da $\vec{r}_{21} = \vec{r}_1 - \vec{r}_2$ unabhängig vom Bezugspunkt ist, gilt

$$\vec{M} = \vec{r}_{21} \times \vec{F} = M\vec{e}_e$$

$\vec{e}_e$ Normalen-Einheitsvektor der von $\vec{r}_{21} = (\vec{r}_1 - \vec{r}_2)$ und $\vec{F}$ aufgespannten Ebene

Betrag:
$$|\vec{M}| = |\vec{F}|\,|\vec{r}_{21}|\sin(\vec{F},\vec{r}_{21})$$
$$= Fh$$

h ist hierbei der senkrechte Abstand der beiden parallelen Wirkungslinien und wird auch Hebelarm genannt.

Die Wirkung eines Kräftepaares auf einen starren Körper besteht in dem Bestreben, ihn zu drehen (z. B. Lenkrad). Das Kräftepaar selbst wird auch Moment genannt.

Eigenschaften eines Momentes: Ein Moment darf am starren Körper sowohl längs seiner Wirkungslinie (wie die Kraft), aber auch parallel zu ihr verschoben werden. Die Wirkung am starren Körper ist unabhängig vom Angriffspunkt des Momentes. Man spricht auch vom *freien* Vektor.

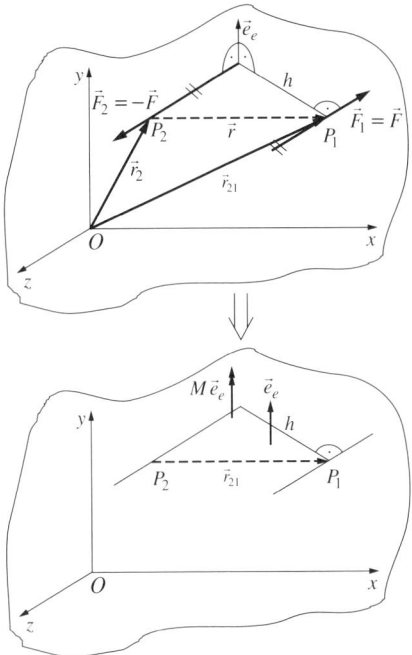

Bild 1.9

Diese Unabhängigkeit wird bei der Reduktion von Kraftsystemen genutzt. Da es unendlich viele Kräftepaare gibt, die dieselbe Momentenwirkung besitzen, nennt man sie äquivalente Kräftepaare.

1.4.2 Moment einer Kraft bez. eines Punktes

Betrachtet man die Kraft als gebundenen Vektor, so hat sie einen festen Angriffspunkt P. Die mathematische Beschreibung erfolgt durch den Kraftvektor $\vec{F}$ und den Vektor $\vec{r}$ mit seinem Anfangs- bzw. Bezugspunkt A, vgl. Bild 1.10. Die Momentenwirkung des gebundenen Vektors $\vec{F}$ bez. des Punktes A ist definiert durch das Moment $\vec{M}^A$.

24   1 Grundlagen

Momentenvektor:

$$\vec{M}^A = \vec{r} \times \vec{F}$$
$$= M^A \vec{e}_e$$

$\vec{e}_e$ Normalen-Einheitsvektor

Betrag des Momentes:

$$|\vec{M}^A| = |\vec{F}|\,|\vec{r}|\sin\alpha$$
$$= F l$$

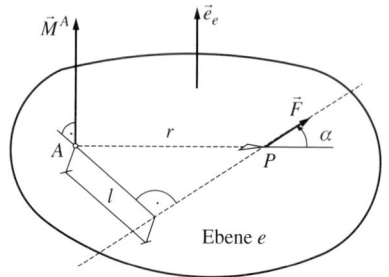

Bild 1.10

Der Momentenvektor $\vec{M}^A$ bez. des Punktes A steht senkrecht auf der durch $\vec{r}$ und $\vec{F}$ aufgespannten Ebene (Normalen-Einheitsvektor $\vec{e}_e$). Dabei bilden $\vec{r}$, $\vec{F}$, $\vec{M}^A$ ein Rechtssystem.

▶ *Anmerkung*: Obwohl das Moment ein freier Vektor ist, ist das Moment einer Kraft abhängig von der Lage des Bezugspunktes. Das Moment ist gleich null, wenn die Wirkungslinie der Kraft durch den Bezugspunkt läuft.

Darstellung des Momentenvektors (in einer kartesischen Basis, vgl. Bild 1.11):

Komponenten:

$$\vec{M}^A = \vec{M}^A_x + \vec{M}^A_y + \vec{M}^A_z$$
$$= M^A_x \vec{e}_x + M^A_y \vec{e}_y + M^A_z \vec{e}_z = \mathbf{e}^\mathrm{T} \mathbf{M}^A = \mathbf{M}^{A\,\mathrm{T}} \mathbf{e}$$

Hierbei ist

$$\mathbf{M}^A = \begin{bmatrix} M^A_x \\ M^A_y \\ M^A_z \end{bmatrix} = \begin{bmatrix} M^A_x,\ M^A_y,\ M^A_z \end{bmatrix}^\mathrm{T}$$

die Spaltenmatrix der Koordinaten von $\vec{M}^A$.

Mit
$$\vec{r}_A + \vec{r} = \vec{r}_P \Rightarrow \vec{r} = \vec{r}_P - \vec{r}_A = r_x \vec{e}_x + r_y \vec{e}_y + r_z \vec{e}_z = \mathbf{e}^T \mathbf{r} = \mathbf{r}^T \mathbf{e}$$

$$\mathbf{r} = \begin{bmatrix} r_x \\ r_y \\ r_z \end{bmatrix} = \begin{bmatrix} x_P - x_A \\ y_P - y_A \\ z_P - z_A \end{bmatrix} = \begin{bmatrix} r_x, r_y, r_z \end{bmatrix}^T$$

ergibt sich für den Momentenvektor:

$$\vec{M}^A = \vec{r} \times \vec{F} = \mathbf{e}(\tilde{\mathbf{r}} \mathbf{F}) = \mathbf{e}^T \mathbf{M}^A$$

$$\mathbf{M}^A = \tilde{\mathbf{r}} \mathbf{F} = \begin{bmatrix} 0 & -r_z & r_y \\ r_z & 0 & -r_x \\ -r_y & r_x & 0 \end{bmatrix} \begin{bmatrix} F_x \\ F_y \\ F_z \end{bmatrix} = \begin{bmatrix} -r_z F_y + r_y F_z \\ r_z F_x - r_x F_z \\ -r_y F_x + r_x F_y \end{bmatrix} = \begin{bmatrix} M_x^A \\ M_y^A \\ M_z^A \end{bmatrix}$$

- Zur Definition des Tilde-Operators .˜. (hier $\tilde{\mathbf{r}}$) vgl. auch Anlage A1.

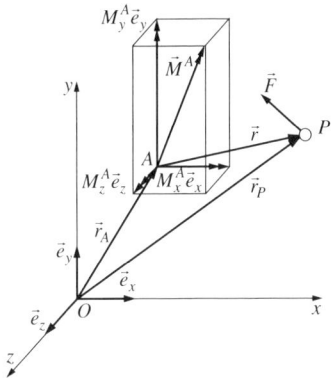

Bild 1.11

Für $A \equiv O$ wird $\vec{r}_A = \vec{0}$, d. h. es gilt $\vec{M}^O = \vec{r}_P \times \vec{F}$.

Betrag:
$$\left| \vec{M}^A \right| = \sqrt{\vec{M}^A \cdot \vec{M}^A} = \sqrt{\mathbf{M}^{A^T} \mathbf{M}^A} = \sqrt{\left(M_x^A\right)^2 + \left(M_y^A\right)^2 + \left(M_z^A\right)^2}$$

Beispiel: Es ist das Moment $\vec{M}^B$ der Kraft $\vec{F} = \mathbf{e}^T \mathbf{F}$, die im Punkt O angreift, bez. des Punktes B zu bestimmen.

Gegeben: $\mathbf{F} = \begin{bmatrix} F_x \\ F_y \\ F_z \end{bmatrix} = \begin{bmatrix} 200 \\ 100 \\ 0 \end{bmatrix}$ N, $B(x, y, z) = B(3, 4, 0)$ cm

Gesucht: $\vec{M}^B = \mathbf{e}^T \mathbf{M}^B$

26   1 Grundlagen

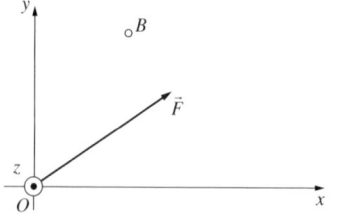

Bild 1.12

Lösung:

Hier gilt $P \equiv 0, A \equiv B$:

$$\vec{r} = 0 - \vec{r}_B \quad \text{bzw.} \quad \mathbf{r} = -\mathbf{r}_B, \quad \mathbf{r} = \begin{bmatrix} r_x \\ r_y \\ r_z \end{bmatrix} = \begin{bmatrix} -3 \\ -4 \\ 0 \end{bmatrix} \text{cm}$$

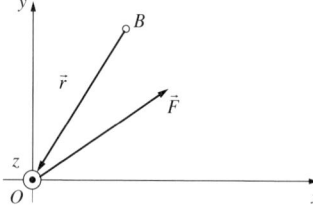

Bild 1.13

Variante 1:

$$\vec{M}^B = \begin{vmatrix} \vec{e}_x & \vec{e}_y & \vec{e}_z \\ r_x & r_y & r_z \\ F_x & F_y & F_z \end{vmatrix} = \begin{vmatrix} \vec{e}_x & \vec{e}_y & \vec{e}_z \\ r_x & r_y & 0 \\ F_x & F_y & 0 \end{vmatrix} = \vec{e}_z \begin{vmatrix} r_x & r_y \\ F_x & F_y \end{vmatrix}$$

$$= \vec{e}_z (F_y r_x - F_x r_y) = M_z^B \vec{e}_z$$

$$M_z^B = (-300 + 800) \text{ N} \cdot \text{cm} = 5 \text{ N} \cdot \text{m}$$

Variante 2:

$$\vec{M}^B = \mathbf{e}^T \mathbf{M}^B = \mathbf{e}^T \tilde{\mathbf{r}} \mathbf{F}$$

$$= \begin{bmatrix} \vec{e}_x, \vec{e}_y, \vec{e}_z \end{bmatrix} \begin{bmatrix} -r_z F_y + r_y F_z \\ r_z F_x - r_x F_z \\ -r_y F_x + r_x F_y \end{bmatrix} = \begin{bmatrix} \vec{e}_x, \vec{e}_y, \vec{e}_z \end{bmatrix} \begin{bmatrix} 0 \\ 0 \\ -r_y F_x + r_x F_y \end{bmatrix}$$

$$= \vec{e}_z(-r_y F_x + r_x F_y) = M_z^B \vec{e}_z$$

Ergebnis: $\mathbf{M}^O = [0, 0, M_z^B]^T = [0, 0, 5]^T \text{ N} \cdot \text{m}$

Liegen Kraftvektor $\vec{F}$ und Vektor $\vec{r}$ in einer Ebene (hier x, y-Ebene), so sind deren dazu senkrechten Komponenten (hier in z-Richtung) gleich null. Für das Moment jedoch sind nur diejenigen Komponenten verschieden von null, die auf dieser Ebene senkrecht stehen.

1.4.3 Parallelverschiebung einer Kraft – Versetzungsmoment

Die Parallelverschiebung einer Kraft ist eine spezielle Art der Kräftereduktion, vgl. Bild 1.14.

Problem: Eine Kraft $\vec{F}$, deren WL in der Ausgangslage durch A geht, soll parallel so verschoben werden, dass ihre WL jetzt durch den Punkt B läuft und die gleiche Wirkung hervorruft.

Äquivalenzprinzip: Damit das Kraftsystem A (Kraftvektor $\vec{F}$ mit Angriffspunkt A) und das Kraftsystem B (Kraftvektor mit der nach B verschobenen Kraft $\vec{F}$) äquivalent sind, muss außer der Kraft $\vec{F}$ in B noch ein Moment $\vec{M}^B$, das so genannte *Versetzungsmoment*, angreifen.

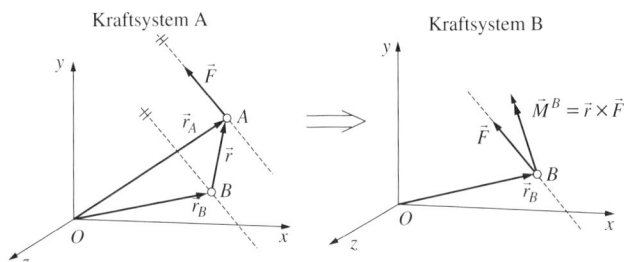

Bild 1.14

Äquivalenzbedingung: $\vec{F}_{\text{in }A} \leftrightarrow \vec{F}_{\text{in }B} \wedge \vec{M}^B$ mit $\vec{M}^B = (\vec{r}_A - \vec{r}_B) \times \vec{F}_{\text{in }B} = \vec{r} \times \vec{F}_{\text{in }B}$

Beispiel: Die Kraft $\vec{F}$, deren WL durch den Punkt P läuft, ist parallel so zu verschieben, dass ihre WL durch den Punkt A geht, vgl. Bild 1.15. Welche Größe hat das Versetzungsmoment $\vec{M}^A$?

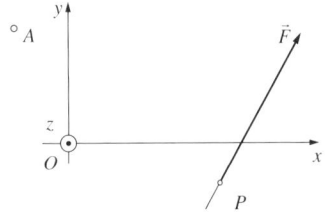

Bild 1.15

Gegeben: $\vec{F} = \mathbf{e}^\mathsf{T} \mathbf{F}$ mit $\mathbf{F} = \begin{bmatrix} F_x \\ F_y \\ F_z \end{bmatrix} = \begin{bmatrix} 20 \\ 40 \\ 0 \end{bmatrix}$ N

$P(x, y, z) = P(5, -3, 0)\,\text{m}, \qquad A(x, y, z) = A(-2, 4, 0)\,\text{m}$

Gesucht: $\vec{M}^A$

28 1 Grundlagen

Lösung:

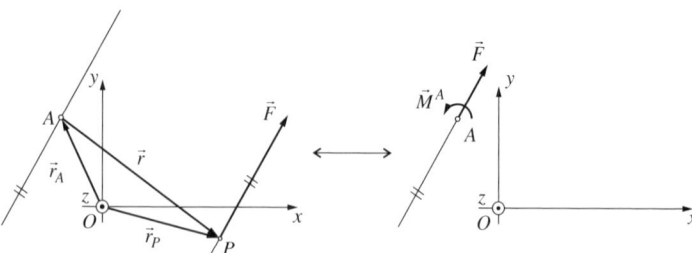

Bild 1.16

Vektor $\vec{r}$:

$$\vec{r} = \vec{r}_P - \vec{r}_A, \quad \boldsymbol{r} = \begin{bmatrix} r_x \\ r_y \\ r_z \end{bmatrix} = \begin{bmatrix} 5+2 \\ -3-4 \\ 0 \end{bmatrix} \text{cm} = \begin{bmatrix} 7 \\ -7 \\ 0 \end{bmatrix} \text{cm}$$

Versetzungsmoment:

$$\vec{M}^A = \mathbf{e}^\mathrm{T} \boldsymbol{M}^A = \mathbf{e}^\mathrm{T}(\tilde{\boldsymbol{r}} \boldsymbol{F})$$
$$= [\vec{e}_x, \vec{e}_y, \vec{e}_z] \begin{bmatrix} -r_z F_y + r_y F_z \\ r_z F_x - r_x F_z \\ -r_y F_x + r_x F_y \end{bmatrix} = [\vec{e}_x, \vec{e}_y, \vec{e}_z] \begin{bmatrix} 0 \\ 0 \\ -r_y F_x + r_x F_y \end{bmatrix}$$
$$= \vec{e}_z (140 + 280)\,\mathrm{N}\cdot\mathrm{m} = 420\,\mathrm{N}\cdot\mathrm{m}\,\vec{e}_z$$

1.5 Reduktion eines allgemeinen Kräftesystems

Das allgemeine räumliche Kraftsystem, vgl. Bild 1.17, lässt sich i. Allg. auf eine resultierende Kraft und ein resultierendes Moment reduzieren. Das resultierende Moment ist vom Bezugspunkt abhängig; die resultierende Kraft dagegen davon unabhängig (invariant).

Resultierende Kraft:

$$\vec{F}_\mathrm{R} = \sum_i \vec{F}_i, \quad \boldsymbol{F}_\mathrm{R} = \sum_i \boldsymbol{F}_i$$
$$F_{\mathrm{R}x} = \sum_i F_{ix}, \quad F_{\mathrm{R}y} = \sum_i F_{iy}, \quad F_{\mathrm{R}z} = \sum_i F_{iz}$$

Resultierendes Moment bez. eines beliebigen Punktes:

- Bezugspunkt O (Koordinatenursprung):

$$\vec{M}_\mathrm{R}^O = \sum_i \vec{M}_i^O = \sum_i \vec{r}_{Pi} \times \vec{F}_i, \quad \boldsymbol{M}_\mathrm{R}^O = \sum_i \boldsymbol{M}_i^O = \sum_i \tilde{\boldsymbol{r}}_{Pi} \boldsymbol{F}_i$$

1.5 Reduktion eines allgemeinen Kräftesystems

Unter Einbeziehung von Einzelmomenten bzw. diskreten Momenten M_j ergibt sich:

$$\vec{M}_R^O = \sum_i \vec{r}_{Pi} \times \vec{F}_i + \sum_j \vec{M}_j$$

$$\boldsymbol{M}_R^O = \sum_i \tilde{\boldsymbol{r}}_{Pi} \boldsymbol{F}_i + \sum_j \boldsymbol{M}_j \qquad M_{Rx}^O = \sum_i (F_{iz} y_i - F_{iy} z_i) + \sum_j M_{jx}$$

$$M_{Ry}^O = \sum_i (F_{ix} z_i - F_{iz} x_i) + \sum_j M_{jy}$$

$$M_{Rz}^O = \sum_i (F_{iy} x_i - F_{ix} y_i) + \sum_j M_{jz}$$

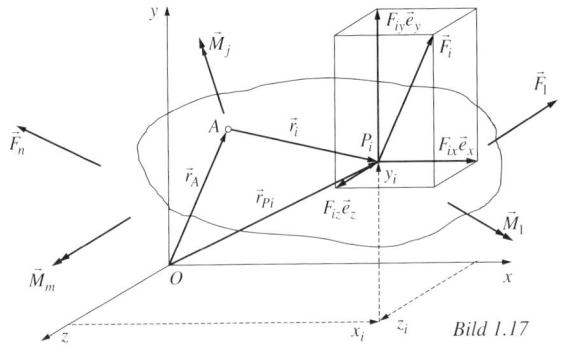

Bild 1.17

- Bezugspunkt A:

  Vektor $\vec{r}$:
  $$\vec{r}_i = \vec{r}_{Pi} - \vec{r}_A, \qquad \boldsymbol{r}_i = \boldsymbol{r}_{Pi} - \boldsymbol{r}_A$$

  Momentenvektor:
  $$\boldsymbol{M}_R^A = \sum_i \tilde{\boldsymbol{r}}_i \boldsymbol{F}_i + \sum_j \boldsymbol{M}_j = \sum_i \tilde{\boldsymbol{r}}_{Pi} \boldsymbol{F}_i - \tilde{\boldsymbol{r}}_A \boldsymbol{F}_R + \sum_j \boldsymbol{M}_j = \boldsymbol{M}_R^O - \tilde{\boldsymbol{r}}_A \boldsymbol{F}_R$$

Beispiel: An dem Bauteil greifen die Kräfte $\vec{F}_i$ an. Es sind die resultierende Kraft $\vec{F}_R$ und das resultierende Moment $\vec{M}_R^O$ zu ermitteln.

Gegeben:

i		1	2	3	4	5
P_i	x_i in cm	20	24	10	0	−4
	y_i in cm	−2	20	30	20	0
F_i in N		400	500	300	600	300

Gesucht: $\vec{F}_R$, $\vec{M}_R^O$

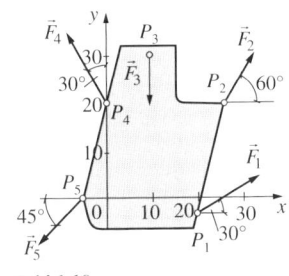

Bild 1.18

Lösung:

$$\vec{F}_R = \mathbf{e}^T \boldsymbol{F}_R, \qquad \boldsymbol{F}_R = \sum_i \boldsymbol{F}_i = \sum_i \begin{bmatrix} F_{ix} \\ F_{iy} \\ F_{iz} \end{bmatrix}, \qquad \mathbf{e}^T = \begin{bmatrix} \vec{e}_x, \vec{e}_y, \vec{e}_z \end{bmatrix}$$

$$\boldsymbol{F}_R = \begin{bmatrix} F_1 \cos 30° + F_2 \cos 60° - F_4 \sin 30° - F_5 \cos 45° \\ F_1 \sin 30° + F_2 \sin 60° - F_3 + F_4 \cos 30° - F_5 \sin 45° \\ 0 \end{bmatrix}$$

$$\boldsymbol{F}_R = \begin{bmatrix} 346 + 250 - 300 - 212 \\ 200 + 433 - 300 + 520 - 212 \\ 0 \end{bmatrix} \mathrm{N} = \begin{bmatrix} 84 \\ 641 \\ 0 \end{bmatrix} \mathrm{N}$$

$$\vec{F}_R = 84\,\mathrm{N}\,\vec{e}_x + 641\,\mathrm{N}\,\vec{e}_y, \qquad |\vec{F}| = 646\,\mathrm{N}$$

$$\vec{M}_R^O = \mathbf{e}^T \boldsymbol{M}_R^O, \qquad \boldsymbol{M}_R^O = \sum_i \tilde{\boldsymbol{r}}_i \boldsymbol{F}_i = \sum_i \begin{bmatrix} F_{iz} y_i - F_{iy} z_i \\ F_{ix} z_i - F_{iz} x_i \\ F_{iy} x_i - F_{ix} y_i \end{bmatrix}$$

$$\boldsymbol{M}_R^O = \begin{bmatrix} M_{Rx}^O, & M_{Ry}^O, & M_{Rz}^O \end{bmatrix}^T = \begin{bmatrix} 0, & 0, & \sum_i (F_{iy} x_i - F_{ix} y_i) \end{bmatrix}^T$$

$$\sum_i F_{iy} x_i = (200 \cdot 20 + 433 \cdot 24 - 300 \cdot 10 + 212 \cdot 4)\,\mathrm{N}\cdot\mathrm{m} = 122{,}4\,\mathrm{N}\cdot\mathrm{m}$$

$$\sum_i F_{ix} y_i = (-346 \cdot 2 + 250 \cdot 20 - 300 \cdot 20)\,\mathrm{N}\cdot\mathrm{m} = -16{,}92\,\mathrm{N}\cdot\mathrm{m}$$

$$M_{Rz}^O = 139{,}32\,\mathrm{N}\cdot\mathrm{m}$$

$$\vec{M}_R = 139{,}32\,\mathrm{N}\cdot\mathrm{m}\,\vec{e}_z$$

1.6 Schnittprinzip

Das mechanische Modell eines Tragsystems lässt sich durch drei Elemente charakterisieren, die erst in ihrem Zusammenwirken dessen gewünschte Funktion ermöglichen:
- das Tragwerk (mechanische Bauteile und Bauteilverbindungen),
- die Lagerung des Tragwerks (unterschiedliche Lager und deren Kombination, Führungen),
- die Belastung (hier äußere Kräfte).

Das Tragwerk muss die einwirkende Belastung aufnehmen, weiterleiten und über die Lager an die Umgebung abgeben. Zur Gestaltung bzw. Auswahl der entsprechenden Bauteile müssen die Kräfte *im* Tragwerk sowie *an* den Lagern ermittelt werden. Dazu ist das *gedankliche* Trennen, das Schneiden an beliebigen bzw. ausgewählten Stellen erforderlich. Durch die gedankliche, aber *stets geschlossene* Schnittführung am *Originalsystem* wird ein überschaubares Teilsystem aus seiner Umgebung herausgetrennt, d. h., es wird „*freigeschnitten*", wodurch Bindungen gelöst werden. Das Ersetzen dieser Bindungen geschieht durch das Einführen und Antragen von *Reaktionskräften* (als Oberbegriff für Kräfte und Momente). Die Reaktions- *und* eingeprägten Kräfte werden in freigeschnittenen Teilsystem, dem sog. *Freikörperbild* (FKB), sichtbar und sind damit der weiteren Bearbeitung zugänglich.

Die Reaktionskräfte am freigeschnittenen Teilsystem ersetzen die Wirkung, die das weggeschnittene Teilsystem ausübt. Zum Beispiel sind in diesem Sinne Lagerreaktionen die Kraft- bzw. Momentenwirkungen *vom* Lager *auf* das Tragwerk. Die mechanische Wechselwirkung kommt im dritten Axiom, dem Wechselwirkungsprinzip, zum Ausdruck. Auf beiden „freigeschnittenen" Seiten, den gegenüberliegenden *Schnittufern*, müssen deshalb die Reaktionskräfte mit entgegengesetztem Wirkungssinn angetragen werden; beim Zusammenfügen heben sie sich gegenseitig auf. Das Antragen der Reaktionskräfte hinsichtlich ihres Wirkungssinns ist in Bezug auf die Wirkungslinie beliebig, darf aber während der Aufgabenlösung nicht mehr geändert werden. Vielfach kann der Wirkungssinn gar nicht vorausgesagt werden, sondern erst das Ergebnis gibt Auskunft über den tatsächlichen Wirkungssinn. Dieser wird repräsentiert durch das Vorzeichen, welches sich aus der Rechnung in Verbindung mit dem gewählten Wirkungssinn ergibt.

Ein starrer Körper hat relativ zu anderen Körpern folgende Bewegungsmöglichkeiten:
- die Verschiebungen (Translation) sowie
- die Verdrehungen (Rotation).

Damit sind folgende Wirkungen an der Schnittstelle denkbar:
- Verhinderung einer oder mehrerer (Relativ-)Verschiebungen, z. B. infolge eines Lagers ⇒ Kraft als Reaktionsgröße,
- Verhinderung einer oder mehrerer (Relativ-)Verdrehungen, z. B. infolge einer Führung ⇒ Moment als Reaktionsgröße.

Sind bei einem Bauteil alle (Relativ-)Bewegungsmöglichkeiten durch seine Lagerung bzw. durch andere Körper ver- bzw. behindert, dann bilden die eingeprägten Kräfte und die Reaktionsgrößen eine *Gleichgewichtsgruppe*.

1.6.1 Anwendung des Schnittprinzips

Seile und *Stäbe* (eindimensionale Bauteile)

Durch das Seil bzw. den Stab wird ein Schnitt geführt und vereinbart, dass die Seil- bzw. Stabkräfte als Zugkräfte (vom Schnitt weggerichtet) angetragen werden; die Wirkungslinie ist durch das Bauteil vorgegeben, vgl. folgendes Beispiel.

▶ *Anmerkung*:
- Ein Seil kann nur Zugkräfte übertragen, d. h. für die Seilkraft gilt: $F_s > 0$ (Vorzeichen positiv).
- Ein Stab, der beidseitig drehbar gelenkig gelagert ist, kann sowohl Zug- als auch Druckkräfte übertragen; $F_s < 0$ bedeutet, dass der Stab auf Druck beansprucht wird.

Für die Anwendung des Schnittprinzips noch einige Hinweise, vgl. auch die nachfolgenden Beispiele:

32 1 Grundlagen

- Der Schnitt, der schwungvolle „Kringel", ist in das Originalsystem einzutragen.
- Die Schnittführung muss in sich geschlossen sein; zumindest bei ebenen Problemen lässt sich der Kringel als geschlossene Linie darstellen.
- Durch das Freischneiden werden die zunächst inneren Kräfte (Bindungsbzw. Kontaktkräfte) zu äußeren Kräften.
- An allen Schnittstellen sind entsprechend dem mechanischen Modell (Bauteilidealisierung, z. B. Seil, Stab, Lagerung) die zugeordneten Schnittkräfte anzutragen.
- Am Freikörperbild (FKB) dürfen die Kräfte entlang der Wirkungslinie verschoben, zu Resultierenden zusammengefasst oder in Komponenten zerlegt werden; danach darf vom bearbeiteten Teilsystem kein erneutes gebildet werden ⇒ das Freischneiden erfolgt immer am Originalsystem.

Beispiel: Für den Stabzweischlag (in der Ebene) ist das FKB zu zeichnen.

Gegeben: F, α, β

Gesucht: FKB

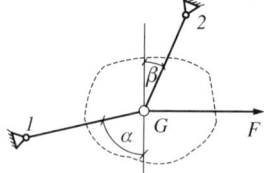

Bild 1.19

FKB:

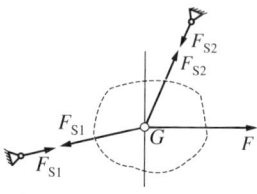

Bild 1.20

zentrales Kräftesystem:

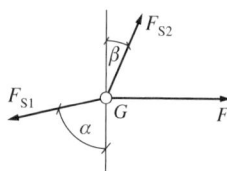

Bild 1.21

Reibungsfreier (ideal glatter) *Kontakt* zwischen Körper und Unterlage

Der Schnitt erfolgt zwischen Körper und Unterlage. Die Wirkungslinie dieser Reaktionskraft verläuft normal (senkrecht) zur gemeinsamen Tangentialebene von Körper und Unterlage; sie wird deshalb Normalkraft genannt. Der Richtungssinn entspricht der einer Druckkraft und die Kontaktbedingung lautet damit $F_N > 0$; eine Normalkraft $F_N \leq 0$ würde ein Abheben von der Unterlage bedeuten (Kontaktverlust).

1.6 Schnittprinzip 33

Beispiel: Für die Kugel in einer starren Rinne ist das FKB zu zeichnen.

Gegeben: F_G, α, β, R

Gesucht: FKB

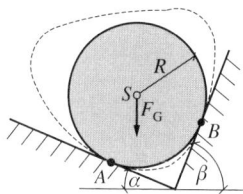

Bild 1.22

FKB: zentrales Kräftesystem:

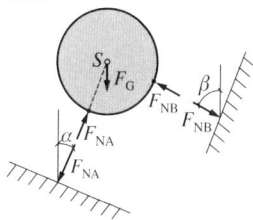
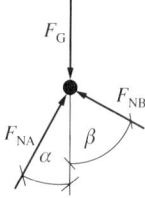

Bild 1.23   *Bild 1.24*

Weitere mechanische Modelle und ihre Freikörperbilder, wie Loslager, Festlager und der Balken mit seinen Schnittkräften werden später in den einzelnen Kapiteln behandelt.

1.6.2 Gleichgewichtsbedingungen

Bilden die *bekannten* eingeprägten Kräfte und die *unbekannten* Reaktionskräfte eine Gleichgewichtsgruppe, dann heben sich die Wirkungen gegeneinander auf, d. h., die Gesamtwirkung am starren Körper wird zu null. Das Mittel zum Auffinden der Unbekannten, der gesuchten Reaktionskräfte sind die Gleichgewichtsbedingungen (GGB). Diese lassen sich einfach mithilfe des Freikörperbildes (FKB) formulieren:

Ein Kräftesystem befindet sich im Gleichgewicht, wenn sowohl
- die resultierende Kraft $\vec{F}_R$ als auch
- das resultierende Moment $\vec{M}_R^A$ bez. eines willkürlich wählbaren Bezugspunktes A gleich null sind.

In vektorieller Formulierung:

$$\vec{F}_R = \vec{0}, \qquad \vec{M}_R^A = \vec{0}$$

34 1 Grundlagen

▶ *Anmerkung*: Zur Begründung der GGB lässt sich das zweite NEWTON'sche Axiom heranziehen. Ein Körper befindet sich im statischen Gleichgewicht, wenn er unter Einwirkung von Kräften nicht beschleunigt wird.

Die Anzahl der GGB entspricht den prinzipiellen Bewegungsmöglichkeiten eines Körpers. Diese werden durch sechs Komponenten eindeutig beschrieben: drei Translationen in Richtung der Koordinatenachsen und drei Rotationen um diese Achsen.

- Im allgemeinen räumlichen Fall gibt es pro freigeschnittenem Teilsystem somit sechs GGB: drei Kräftegleichungen und drei Momentengleichungen. Bezüglich einer kartesischen Basis und Bezugspunkt O lauten sie:

$$F_R = \sum_i F_i = o, \qquad M_R^O = \sum_i M^O = \sum_i \tilde{r}_{Pi} F_i + \sum_j M_j = o$$

oder ausführlich:

$$F_{Rx} = \sum_i F_{ix} = 0, \qquad M_{Rx}^O = \sum_i (F_{iz} y_i - F_{iy} z_i) + \sum_j M_{jx} = 0$$

$$F_{Ry} = \sum_i F_{iy} = 0, \qquad M_{Ry}^O = \sum_i (F_{ix} z_i - F_{iz} x_i) + \sum_j M_{jy} = 0$$

$$F_{Rz} = \sum_i F_{iz} = 0, \qquad M_{Rz}^O = \sum_i (F_{iy} x_i - F_{ix} y_i) + \sum_j M_{jz} = 0$$

- Im allgemeinen ebenen Fall gibt es drei GGB: zwei Kräftegleichungen und eine Momentengleichung, z. B. in der x, y-Ebene lauten diese:

$$F_{Rx} = \sum_i F_{ix} = 0, \qquad F_{Ry} = \sum_i F_{iy} = 0$$

$$M_{Rz}^O = \sum_i (F_{iy} x_i - F_{ix} y_i) + \sum_j M_{jz} = 0$$

oder symbolisch:

$$\rightarrow: \qquad \uparrow: \qquad \curvearrowleft O :$$

Da die Basis beliebig gedreht werden kann, lassen sich theoretisch unendlich viele GGB formulieren. Von der unendlichen Zahl der möglichen Gleichungen sind nur jeweils sechs im Raum bzw. drei in der Ebene linear voneinander unabhängig, d. h., es können mit den GGB in der Statik nur sechs bzw. drei unbekannte Größen bestimmt werden.

Bei zentralen Kräftesystemen entfallen jeweils die Momentengleichungen (Momentengleichgewicht ist identisch erfüllt), sodass nur noch drei (räumlicher Fall) bzw. zwei Kräftegleichungen (ebener Fall) zur Verfügung stehen.

Der praktisch wesentlichste Anwendungsbereich der GGB liegt in der Statik darin, dass es mit ihnen möglich ist, die Reaktionskräfte an Lagern oder im Inneren belasteter Bauteile zu berechnen.

Beispiel: Ein homogener Block der Masse m ist nach Skizze gelagert. Es sind die Lagerkräfte zu ermitteln.

Gegeben: $F_G = mg$, a

Gesucht: F_{S1}, F_{S2}, F_B

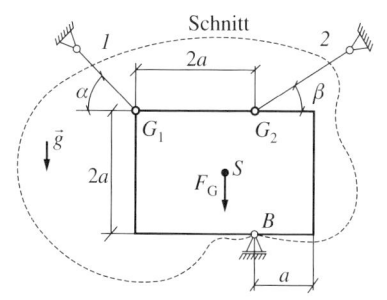

Bild 1.25

Lösung:

FKB:

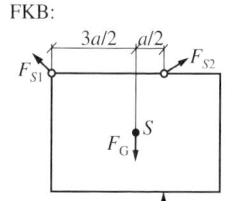

Bild 1.26

GGB:

$\rightarrow$: $\quad -F_{S1} \cos \alpha + F_{S2} \cos \beta = 0$ \hfill (1)

$\uparrow$: $\quad F_{S1} \sin \alpha + F_{S2} \sin \beta + F_B - F_G = 0$ \hfill (2)

$\circlearrowleft G_2$: $\quad -F_{S1} \sin \alpha \, 2a + F_G \dfrac{a}{2} = 0$ \hfill (3)

Ergebnisse für $\alpha = \beta = 45°$:

Aus (1) $F_{S1} = F_{S2}$, aus (3) $F_{S2} = 0{,}354 F_G$, aus (2) $F_B = 0{,}5 F_G$

Abschließender Hinweis:

Die o. a. Formulierung der GGB wird häufig als „Standardform" der GGB bezeichnet. Bei einem allgemeinen räumlichen bzw. ebenen Kräftesystem ist es unter Einhaltung bestimmter Bedingungen möglich, anstelle von Kräftegleichungen weitere Momentengleichungen zu formulieren, um dann vorteilhaft bestimmte Unbekannte unmittelbar berechnen zu können. Dafür stehen folgende alternative Formulierungen des Gleichgewichts zur Verfügung:

- zwei Momentengleichungen, ein Kräftegleichgewicht

  Bedingung: Die Verbindungslinie der Momentenbezugspunkte darf *nicht senkrecht* zu der Richtung sein, in welcher das Kräftegleichgewicht formuliert wird.

  $\circlearrowleft G_2$: s. Gl. (3)

  $\circlearrowleft B$: $\quad F_{S1} \cos \alpha \, 2a - F_{S1} \sin \alpha \, 2a - F_{S2} \cos \beta \, 2a + F_G \dfrac{a}{2} = 0$ \hfill (4)

  $\uparrow$: s. Gl. (2)

- drei Momentengleichungen

Bedingung: Die drei Momentenbezugspunkte dürfen *nicht alle auf einer Geraden* liegen, da sonst eine resultierende Kraft F_R auf dieser Geraden nicht ausgeschlossen wäre.

$\circlearrowleft G_2$: s. Gl. (3)

$\circlearrowleft B$: s. Gl. (4)

$\circlearrowleft G_1$: $F_{S2} \sin \beta \, 2a + F_B 2a - F_G \dfrac{3}{2} a = 0$ (5)

2 Schwerpunkt

2.1 Massenmittelpunkt, Volumenschwerpunkt

Ein Tragsystem wird durch die Elemente Tragwerk, Lagerung und die Belastung beschrieben. Das Tragwerk bzw. Bauteil besitzt eine Reihe von Eigenschaften, die für die Klassifizierung von mechanischen Modellen und somit für weitere Berechnungen benötigt werden. Zu diesen zählen u. a. die geometrischen Eigenschaften, wie Körperform, Querschnitt und Masseverteilung im Körper.

Die Kraftwirkung (Wechselwirkung) zwischen zwei Körpern geschieht entweder durch unmittelbaren Kontakt (Kontaktkräfte) oder zwischen einem Körper und dem Kraftfeld des anderen (ohne Berührung).

Auf ein sich an der Erdoberfläche ($r \approx R_{\text{Erde}} = 6\,380\,\text{km}$) befindliches Masseteilchen dm wirkt eine aus der Gravitations- und Fliehkraftwirkung ($\Omega_{\text{Erde}} \approx 2\pi/24\,\text{h}$) resultierende Kraft der Größe $d\vec{F}_G = \vec{g}\,dm$. An der Erdoberfläche und in Einklang mit vielen technischen Sachverhalten ist $g = 9{,}81\,\text{m/s}^2$, $\vec{g} = g\vec{e}_R$ ($\vec{e}_R$ Einheitsvektor in Richtung der Erdbeschleunigung $\vec{g}$).

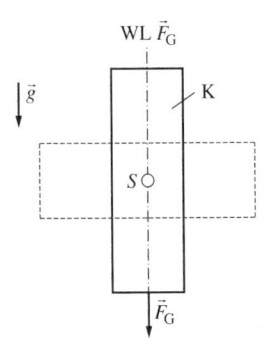

Bild 2.1

2.1 Massenmittelpunkt, Volumenschwerpunkt

Eine weitere Vereinbarung beruht auf folgender Relation: Abmessungen des Körpers K $\ll R_{\text{Erde}}$. Damit verlaufen alle Gewichtskräfte $\mathrm{d}\vec{F}_{\text{G}}$ an den Volumenelementen $\mathrm{d}V$ des Körpers parallel. Die volumförmig verteilten Gewichtskräfte $\mathrm{d}\vec{F}_{\text{G}}$ lassen sich zu einer resultierenden Einzelkraft, der Gewichtskraft $\vec{F}_{\text{G}}$, zusammenfassen. Ihre Wirkungslinie verläuft parallel zu den $\mathrm{d}\vec{F}_{\text{G}}$ und heißt *Schwereachse*. Bei beliebiger Lage und Orientierung des Körpers im Raum haben alle Schwereachsen des Körpers einen Punkt gemeinsam, den *Schwerpunkt S*, vgl. Bild 2.1. In diesem kann somit das volumförmig verteilte Gewicht durch die Einzelkraft $\vec{F}_{\text{G}}$ ersetzt und angetragen werden.

Für die Berechnung des Schwerpunktes (Bild 2.2) von Körpern (Massenmittelpunkt) sollen folgende Vereinbarungen bez. der benutzten Koordinatensysteme getroffen werden:

- $\bar{x}, \bar{y}, \bar{z}$: Achsen eines beliebigen kartesischen Koordinatensystems mit Ursprung $\overline{O}$,
- x, y, z: Achsen desjenigen kartesischen Koordinatensystems, dessen Ursprung mit dem Schwerpunkt zusammenfällt: $O \equiv S$; dies sind die *Schwerpunkt-* bzw. *Schwereachsen*.

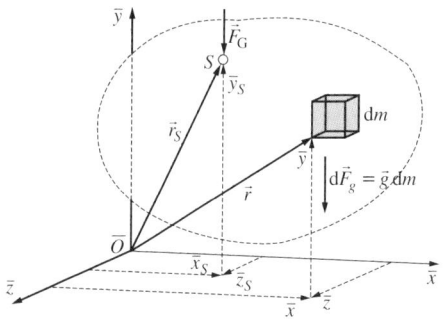

Bild 2.2

Für die Berechnung des Schwerpunktes gilt folgende Äquivalenzaussage:

Die resultierende Gewichtskraft F_{G} muss das gleiche Moment bez. $\overline{O}$ wie die räumlich verteilte Kraft erzeugen.

Damit ergibt sich für die Kraft:

$$\vec{F}_{\text{G}} = \int \mathrm{d}\vec{F}_{\text{G}}, \quad \mathrm{d}\vec{F}_{\text{G}} = \vec{g}\,\mathrm{d}m = \vec{g}\varrho(\bar{x},\bar{y},\bar{z})\,\mathrm{d}V$$

Und aus der Momentenäquivalenz bei mindestens zwei verschiedenen Orientierungen des Körpers im Schwerefeld folgt für die Lage des Schwerpunktes:

$$\bar{r}_S = \frac{1}{F_{\text{G}}} \int \vec{r}\,\mathrm{d}F_{\text{G}} = \frac{1}{m} \int_m \vec{r}\,\mathrm{d}m$$

bzw.

$$\bar{\vec{r}}_S = \frac{1}{m} \int_m \bar{\vec{r}}\,\mathrm{d}m, \quad \bar{r}_S = [\bar{x}_S, \bar{y}_S, \bar{z}_S]^{\text{T}}, \quad \bar{\vec{r}} = [\bar{x}, \bar{y}, \bar{z}]^{\text{T}}$$

Die Berechnung des Schwerpunktes bei veränderlicher Dichte ($\varrho \neq$ konst.) ist i. Allg. ein nur numerisch lösbares mathematisches Problem.

Für einen *homogenen* Körper (Dichte $\varrho =$ konst.) wird die Lage des Schwerpunktes nur von der Körperform bestimmt. Dieser Schwerpunkt wird auch *Volumenschwerpunkt* genannt. Für ihn gilt:

$$\bar{r}_S = \frac{1}{V} \int_V \bar{r} \, dV$$

Schwerpunkt eines aus homogenen Teilkörpern zusammengesetzten Körpers

Lassen sich Körper aus Teilkörpern mit jeweils bekannten Teil-Schwerpunkten zusammensetzen, so kann zur Bestimmung des Gesamt-Schwerpunktes die Integration gegen eine Summation ausgetauscht werden:

$$\bar{r}_S = \frac{1}{m} \sum_i \bar{r}_{Si} m_i, \qquad m = \sum_i m_i \qquad \text{bzw.}$$

$$\bar{r}_S = \frac{1}{V} \sum_i \bar{r}_{Si} V_i, \qquad V = \sum_i V_i$$

▶ *Anmerkung*: Bei der Berechnung des Schwerpunktes können *Aussparungen* als *negative Teilkörper* aufgefasst werden. Dies gilt für alle Schwerpunktarten (Masse, Volumen, Fläche, Linie).

2.2 Schwerpunkt für spezielle Körper

2.2.1 Schwerpunkt eines homogenen flächenförmigen Körpers (Flächenschwerpunkt), statisches Moment

Ein homogener flächenförmiger Körper lässt sich näherungsweise als dünne Schale vorstellen, deren konstante Dicke h viel kleiner ist als die übrigen Abmessungen des Körpers. Mit $\varrho =$ konst. gilt $dm = \varrho h \, dA$, wobei dA ein sich bei $\bar{r} = \mathbf{e}^T r$ befindliches Flächenelement der Schalenmittelfläche darstellt. Damit folgen aus den o. a. Gleichungen:

$$\bar{r}_S = \frac{1}{A} \int_A \bar{r} \, dA \qquad \text{bzw.} \qquad \bar{r}_S = \frac{1}{A} \sum_i \bar{r}_{Si} A_i, \qquad A = \sum_i A_i$$

Diese Gleichungen gelten natürlich auch für den Sonderfall ebener Flächen. Für eine dünne Scheibe (vgl. Bild 2.3) als flächenhaft ausgedehnten Körper gelten folgende Vereinbarungen: ebene Mittelfläche, Dicke $h \ll$ gegenüber den sonstigen Abmessungen, Mittelfläche liege in der Ebene $\bar{x} = 0$. Damit gilt:

$$\bar{x}_S = 0, \qquad \bar{y}_S = \frac{1}{A} \int_A \bar{y} \, dA, \qquad \bar{z}_S = \frac{1}{A} \int_A \bar{z} \, dA$$

2.2 Schwerpunkt für spezielle Körper

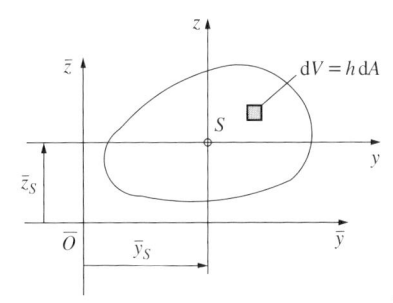

Bild 2.3

Statisches Moment

Die Ausdrücke in den Zählern der Schwerpunkt-Formeln werden auch als Momente bezeichnet, z. B. Gewicht · Abstand. Das *statische Moment* der Fläche oder Flächenmoment ersten Grades ist wie folgt definiert:

$$S_{\bar{z}} = \int_A \bar{y}\,dA, \quad S_{\bar{y}} = \int_A \bar{z}\,dA \quad \text{bzw.} \quad S_{\bar{z}} = \sum_i \bar{y}_i A_i, \quad S_{\bar{y}} = \sum_i \bar{z}_i A_i$$

▶ *Anmerkung*:
- Die statischen Momente bez. der Schwereachsen sind gleich null:
  $S_z = 0, \quad S_y = 0.$
- Bei symmetrischen Flächen (vgl. Beispiel im Bild 2.4) liegt der Schwerpunkt S auf der Symmetrieachse, bei doppeltsymmetrischen im Schnittpunkt der Symmetrieachsen.

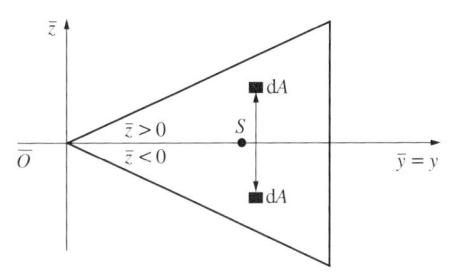

Bild 2.4

2.2.2 Schwerpunkt homogener linienförmiger Körper (Linienschwerpunkt)

Für den Fall eines eindimensionalen Körpers (z. B. Drahtgebilde mit $A = $ konst.) (Bild 2.5) gelten folgende Beziehungen:

$$\bar{r}_S = \frac{1}{l}\int_l r\,ds \quad \text{bzw.} \quad \bar{r}_S = \frac{1}{l}\sum_i \bar{r}_{Si} l_i$$

40   2 Schwerpunkt

$$l = \sum_i l_i$$

l Länge der Mittellinie
ds Differenzial der Bogenlänge

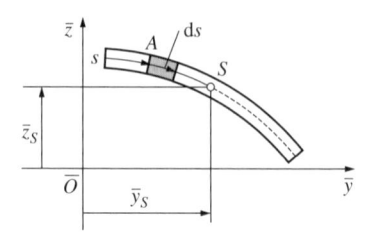

Bild 2.5

Beispiel: Für einen Viertelkreisbogen, der in der $\bar{y},\bar{z}$-Ebene mit dem Krümmungsmittelpunkt $\overline{O}$ liegt, sind die Koordinaten des Linienschwerpunktes zu ermitteln.

Gegeben: r

Gesucht: $\bar{y}_S, \bar{z}_S$

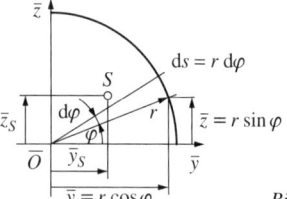

$ds = r\, d\varphi$
$\bar{z} = r \sin\varphi$
$\bar{y} = r \cos\varphi$

Bild 2.6

Lösung:

$$\bar{r}_S = \frac{1}{l} \int_l \bar{r}\, ds \qquad l = \int_{s=0}^{l} ds = \int_{\varphi=0}^{\pi/2} r\, d\varphi = \frac{\pi}{2} r$$

$$\bar{y}_S = \frac{1}{l} \int_l \bar{y}\, ds \qquad \bar{y}_S = \frac{1}{l} \int_{\varphi=0}^{\pi/2} r\cos\varphi\, r\, d\varphi = \frac{r^2}{l} \sin\varphi \Big|_0^{\pi/2} = \frac{2r}{\pi}$$

$$\bar{z}_S = \frac{1}{l} \int_l \bar{z}\, ds \qquad \bar{z}_S = \frac{1}{l} \int_{\varphi=0}^{\pi/2} r\sin\varphi\, r\, d\varphi = -\frac{r^2}{l} \cos\varphi \Big|_0^{\pi/2} = \frac{2r}{\pi}$$

2.3 Berechnung des Schwerpunktes für zusammengesetzte Körper

Für zwei häufig vorkommende Fälle – die in einer Ebene liegende Linie sowie die ebene Fläche – seien hier nochmals die Beziehungen zur Ermittlung der Schwerpunktkoordinaten für den Fall aufgeführt, dass sie sich aus Teilkörpern mit jeweils bekannter Schwerpunktlage zusammensetzen lassen (für ausgewählte einfache Flächen und Linien vgl. Anlage S1):

2.3 Berechnung des Schwerpunktes für zusammengesetzte Körper

Linienzug in der $\bar{y}, \bar{z}$-Ebene

$$\bar{y}_S = \frac{1}{l} \sum_i \bar{y}_{Si} l_i$$

$$\bar{z}_S = \frac{1}{l} \sum_i \bar{z}_{Si} l_i$$

$$l = \sum_i l_i$$

Zusammengesetzte Fläche in der $\bar{y}, \bar{z}$-Ebene

$$\bar{y}_S = \frac{1}{A} \sum_i \bar{y}_{Si} A_i$$

$$\bar{z}_S = \frac{1}{A} \sum_i \bar{z}_{Si} A_i$$

$$A = \sum_i A_i$$

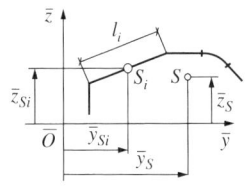

Bild 2.7   *Bild 2.8*

Beispiel: Für das Blechteil nach Bild 2.9 sind die Koordinaten des Linien- (Index L) und Flächenschwerpunktes (Index A) zu ermitteln.

Gegeben: a

Gesucht: $\bar{y}_{SL}, \bar{z}_{SL}, \bar{y}_{SA}, \bar{z}_{SA}$

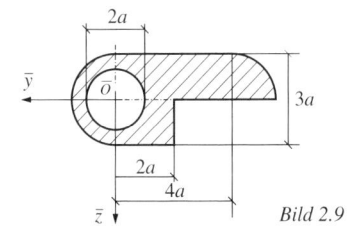

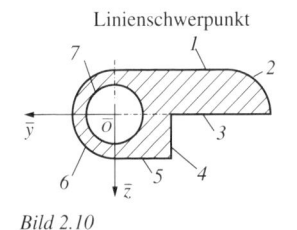

Bild 2.9

Linienschwerpunkt

Bild 2.10

i	l_i in a	$\bar{y}_{Si}$ in a	$\bar{z}_{Si}$ in a	$\bar{y}_{Si} l_i$ in a^2	$\bar{z}_{Si} l_i$ in a^2
1	4	−2	−1,5	−8	−6
2	2,356	−4,955	−0,955	−11,674	−2,250
3	3,5	−3,75	0	−13,125	0
4	1,5	−2	0,75	−3	1,125
5	2	−1	1,5	−2	3
6	4,712	0,955	0	4,5	0
7	6,283	0	0	0	0
Σ	24,351			−33,299	−4,125

$$\bar{y}_{SL} = \frac{-33{,}299\, a^2}{24{,}351\, a} = -1{,}37\, a, \qquad \bar{z}_{SL} = \frac{-4{,}125\, a^2}{24{,}351\, a} = -0{,}17\, a$$

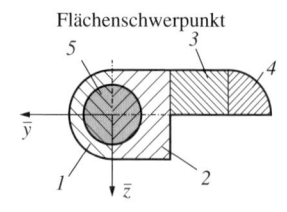

Flächenschwerpunkt

Bild 2.11

i	A_i in a^2	$\bar{y}_{Si}$ in a	$\bar{z}_{Si}$ in a	$\bar{y}_{Si}A_i$ in a^3	$\bar{z}_{Si}A_i$ in a^3
1	3,534	0,637	0	2,25	0
2	6	−1	0	−6	0
3	3	−3	−0,75	−9	−2,25
4	1,767	−4,637	−0,637	−8,194	−1,126
5	−3,142	0	0	0	0
Σ	11,159			−20,944	−3,376

$$\bar{y}_{SA} = \frac{-20,944 a^2}{11,159 a} = -1,88 a, \qquad \bar{z}_{SA} = \frac{-3,376 a^2}{11,159 a} = -0,3 a$$

2.4 Rotationskörper, GULDIN'sche Regeln

Die Mantelfläche bzw. das Volumen von rotationssymmetrischen Körpern (Bild 2.12) können mithilfe der Schwerpunktkoordinate $\bar{x}_{SL}$ der erzeugenden Linie oder Kurve bzw. $\bar{x}_{SA}$ der erzeugenden Fläche berechnet werden. Umgekehrt können bei gegebener Mantelfläche A_M der Linienschwerpunkt (Koordinate $\bar{x}_{SL}$) bzw. bei gegebenem Volumen V der Flächenschwerpunkt (Koordinate $\bar{x}_{SA}$) berechnet werden.

▶ *Bedingung*: Die Rotationsachse, hier $\bar{y}$-Achse, darf die erzeugende Linie bzw. erzeugende Fläche nicht schneiden.

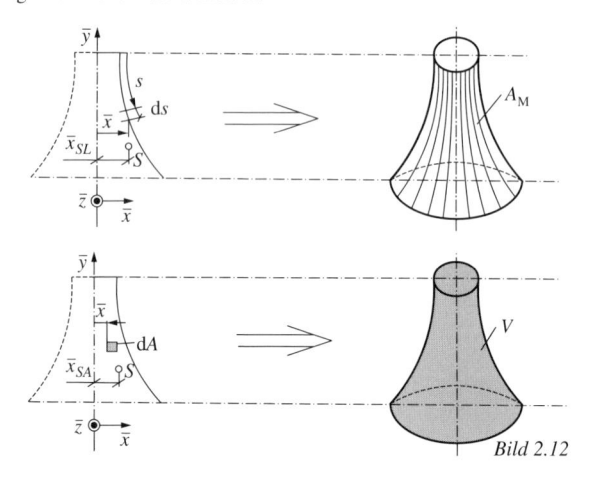

Bild 2.12

- GULDIN'sche Regel für die Mantelfläche A_M bzw. Linienschwerpunkt $\bar{x}_{SL}$ bez. der $\bar{y}$-Achse:

$$A_M = \int dA_M = 2\pi \int_l \bar{x}\, ds = 2\pi\, \bar{x}_{SL}\, l \qquad \text{bzw.} \qquad \bar{x}_{SL} = \frac{A_M}{2\pi l}$$

2.4 Rotationskörper, Guldin'sche Regeln

Die Mantelfläche ergibt sich somit als Produkt aus dem Schwerpunktsweg $2\pi \bar{x}_{SL}$ und der Länge l der erzeugenden Kurve.

- GULDIN'sche Regel für das Volumen V bzw. Flächenschwerpunkt $\bar{x}_{SA}$ bez. der $\bar{y}$-Achse:

$$V = \int dV = 2\pi \int_A \bar{x}\, dA = 2\pi\, \bar{x}_{SA} A \qquad \text{bzw.} \qquad \bar{x}_{SA} = \frac{V}{2\pi A}$$

Das Volumen des entstandenen Drehkörpers ergibt sich somit als Produkt aus dem Schwerpunktsweg $2\pi\bar{x}_{SA}$ und dem Flächeninhalt A der erzeugenden Fläche.

Beispiel: Für das Stanzteil nach Bild 2.13 sind die Koordinaten des Linienschwerpunktes zu ermitteln.

Gegeben: a

Gesucht: $\bar{x}_{SL}, \bar{y}_{SL}$

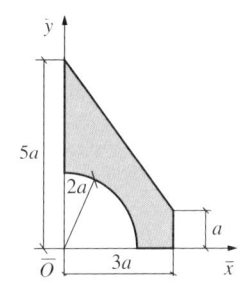

Bild 2.13

Lösung:

Bestimmung von $\bar{x}_{SL}$ bei Rotation um die $\bar{y}$-Achse

Der Rotationskörper setzt sich aus einem Zylinder und einem Kegel zusammen, wobei im Inneren eine Halbkugel entsteht. Alle Mantelflächen sind zu addieren.

i		A_M	l_i
1	Halbkugel	$8a^2\pi$	$a\pi$
2	Kreisring	$5a^2\pi$	a
3	Zylinder	$6a^2\pi$	a
4	Kegel	$15a^2\pi$	$5a$
5	–	0	$3a$
Σ		$34a^2\pi$	$(10+\pi)a$

$$x_{SL} = \frac{A_M}{2\pi l} = \frac{34a^2\pi}{(10+\pi)\,a \cdot 2\pi} = 1{,}29 a$$

Bestimmung von $\bar{y}_{SL}$ bei Rotation um die $\bar{x}$-Achse

Der Rotationskörper setzt sich aus den Mantelflächen von *4* (Kegelstumpf), *3* (Kreisscheibe), *1* (Halbkugel) und *5* (Kreisring) zusammen.

44 2 Schwerpunkt

i		A_M	l_i
1	Halbkugel	$8a^2\pi$	$a\pi$
2	–	0	a
3	Kreisscheibe	$a^2\pi$	a
4	Kegelstumpf	$30a^2\pi$	$5a$
5	Kreisring	$21a^2\pi$	$3a$
Σ		$60a^2\pi$	$(10+\pi)a$

$$y_{SL} = \frac{A_M}{2\pi l} = \frac{60a^2\pi}{2\pi(10+\pi)a} = 2{,}28a$$

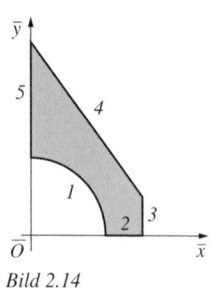

Bild 2.14

2.5 Resultierende einer Streckenlast (Linienlast)

In der Realität sind alle Lasten, die auf das Tragwerk (Bauteil) einwirken, über
- eine Fläche (z. B. Schneelast) oder
- das Volumen (z. B. Eigengewicht)

verteilt.

In solchen Fällen, bei denen zwei Hauptabmessungen klein gegenüber der dritten sind (sog. Linientragwerke, z. B. Seil, Stab, Träger), ist es zweckmäßig, solche Lasten als Linienlasten zu idealisieren.

Symbolische Darstellung

$$dF(x) = q(x)\,dx$$

$q(x)$ Intensität der Streckenlast mit der Dimension Kraft/Länge

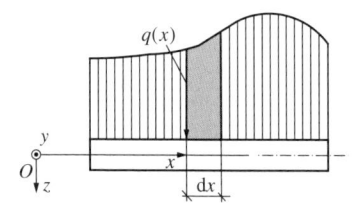

Bild 2.15

Beispiel: Beschreibung des Eigengewichts eines Trägers (Balkens) ($\vec{g} = g\vec{e}$, vgl. Bild 2.16)

$$dF_G = g\,dm = \varrho g A(x)\,dx = q(x)\,dx$$
$$\Rightarrow q(x) = \varrho g A(x)$$

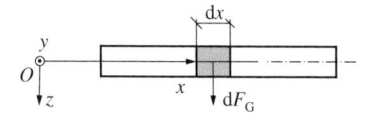

Bild 2.16

2.5 Resultierende einer Streckenlast (Linienlast)

Zusammenfassung der Streckenlast zu einer resultierenden Einzelkraft (vgl. Bild 2.17)

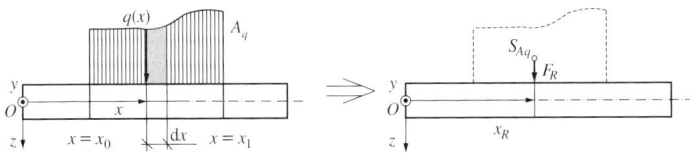

Bild 2.17

Lösung über Äquivalenzbetrachtung

- Äquivalenz für die Kräfte in vertikaler Richtung: $F_R = \int\limits_{x=x_0}^{x_1} q(x)\,dx$

  Geometrische Interpretation:

  $$F_R \mathrel{\widehat{=}} A_q$$

  A_q so genannte Lastfläche

- Äquivalenz für die Momente bez. O: $-F_R x_R = -\int [q(x)\,dx\,x]$

  $$\Rightarrow x_R = \frac{1}{F_R} \int q(x) x\,dx$$

  geometrische Interpretation:

  $$\int \underbrace{q(x)\,dx}_{\mathrel{\widehat{=}}\, dA_q} x = S_y \quad \text{(Statisches Moment der Lastfläche)}$$

  $$x_R \mathrel{\widehat{=}} \frac{S_y}{A_q}$$

  x_R x-Koordinate des Schwerpunktes S_{A_q} der Lastfläche

Beispiele:
- Konstante Streckenlast (sog. Rechtecklast), vgl. Bild 2.18

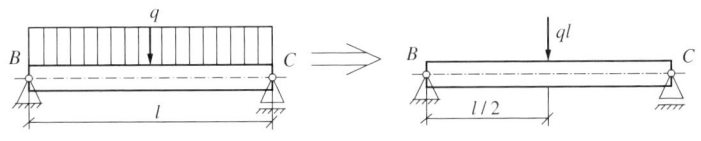

Bild 2.18

- Linear veränderliche Streckenlast (sog. Dreiecklast), vgl. Bild 2.19

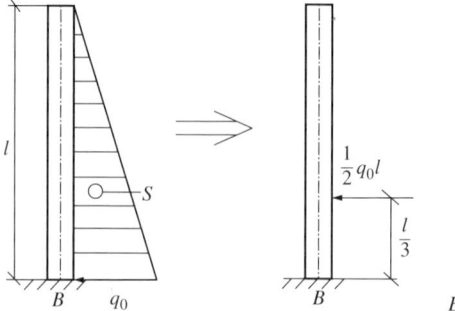

Bild 2.19

Zusammenfassung
- Die Resultierende F_R einer Streckenlast entspricht in ihrem Betrag dem Inhalt der Lastfläche A_q.
- Die Wirkungslinie der Resultierenden verläuft durch den Schwerpunkt S_{Aq} der Lastfläche.

3 Tragwerke

3.1 Begriffsbestimmungen

Ein *Tragwerk* (vgl. Abschnitt 1.6) ist eine bautechnische Konstruktion, die sich über die Lagerung auf Fundamente oder andere massive Körper abstützt und der Lastaufnahme und -übertragung dient. Eine Anwendung dieses Begriffs auf Probleme des Maschinenbaues erfolgt durch dessen sinngemäße Übertragung, z. B. auf die in einem Gehäuse gelagerte Getriebewelle.

Ein Tragsystem kann aus verschiedenen Elementen aufgebaut sein. Zur Untersuchung wird es als mechanisches Modell abgebildet, wobei im Rahmen der Statik die Modell-Elemente starre Körper sind, vgl. Bild 3.1. Dazu wird das technische Gebilde auf seine Grundstruktur reduziert (Verlauf der Schwereachse, Mittelfläche u. a.), die jeweilige Lagerung idealisiert (oft durch Lagersymbole gekennzeichnet) sowie die äußere Belastung vorgegeben (Lastannahmen).

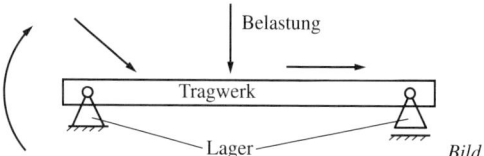

Bild 3.1

Es werden folgende Tragwerke unterschieden:
- *Linientragwerke*, die aus eindimensionalen Bauteilen (Längenabmessungen deutlich größer als Querschnittsabmessungen) aufgebaut sind. Solche Bauteile sind: Seile, Stäbe, Balken (gekrümmter Balken = Bogen). Der Sonderfall der ebenen Linientragwerke ist dadurch gekennzeichnet, dass alle Tragwerkelemente und alle Kräfte in einer Ebene liegen.
Spezielle Linientragwerke sind das Fachwerk (Abschnitt 3.4), der Rahmen (in einer Ebene abgewinkelte, starr miteinander verbundene Balken; Belastung in der Ebene), das Rost (ebenes Tragwerk, das senkrecht zu seiner Ebene belastet wird).
- *Flächentragwerke*, die aus zweidimensionalen Bauteilen (Bauteildicke klein gegenüber den anderen Hauptabmessungen) aufgebaut sind. Für solche Bauteile unterscheidet man folgende mechanische Modelle: Scheiben (Belastungen in der ebenen Mittelfläche), Platten (Belastung erfolgt senkrecht zur ebenen Mittelfläche), Schalen (mit einer im unbelasteten Zustand gekrümmten Mittelfläche, Belastungen tangential sowie senkrecht zu ihr).

Unter dem *Freiheitsgrad f* versteht man die Anzahl der voneinander unabhängigen Koordinaten zur eindeutigen Beschreibung der Lage eines mechanischen Systems. Jeder ungefesselte starre Körper besitzt im Raum sechs Freiheitsgrade ($f = 6$), bei ebener Bewegung drei Freiheitsgrade ($f = 3$).

Beispiel: Ebenes Problem

Es gibt:
- 2 Translationen, beschrieben durch die Verschiebungskomponenten $\vec{u}_x, \vec{u}_y$ sowie
- 1 Rotation, beschrieben durch den Drehwinkel $\vec{\varphi}_z$ (bzw. kurz: $\vec{\varphi}$).

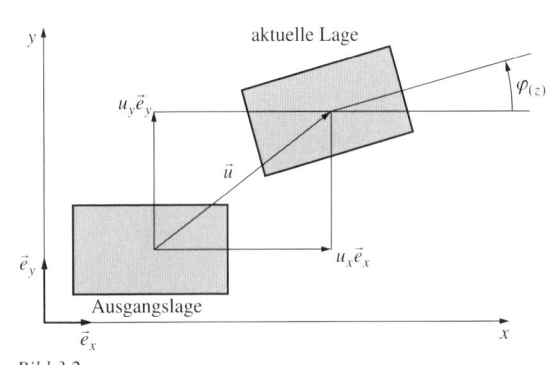

Bild 3.2

Der Freiheitsgrad eines Systems wird durch Bindungen bzw. Fesselungen reduziert. Diese werden durch Lager- und Verbindungselemente verursacht. Die Wertigkeit von Lager- und Verbindungselementen entspricht der Anzahl der durch sie verhinderten Bewegungsmöglichkeiten. Ihnen zugeordnet sind Reaktionsgrößen, also Kräfte und Momente, die zur Verhinderung von Bewegungen in den Lager- und Verbindungselementen erforderlich sind. Insbesondere bedeutet die Verhinderung einer Verschiebung $\vec{u}$ eine Reaktionskraft $\vec{F}$, die parallel zu $\vec{u}$ wirken muss. Wird eine Drehung verhindert, so wird das durch ein entsprechendes Reaktionsmoment $\vec{M}$ realisiert. Zur Ermittlung der Reaktionsgrößen ist das Freischneiden des Systems erforderlich (Abschnitt 1.6). Dazu erfolgt ein gedankliches Lösen der Fesselungen bei gleichzeitigem Ersetzen ihrer Wirkungen durch die zugeordneten Reaktionsgrößen.

Es gilt der folgende Satz:

- Werden alle Bewegungsmöglichkeiten durch die Lager- und Verbindungselemente verhindert, dann bilden die Belastung und die Reaktionsgrößen eine *Gleichgewichtsgruppe*.

- Unter *statischer Bestimmtheit* (bzw. *Unbestimmtheit*) eines Tragwerks versteht man die Eigenschaft der Berechenbarkeit der Reaktionsgrößen allein aus den statischen GGB. Ein Tragwerk ist statisch bestimmt, wenn für dieses $f = 0$ gilt.

3.2 Einteilige Tragwerke

Ein einteiliges (oder einfaches) Tragwerk besteht aus einem (starren) Körper, der über die Lagerung mit seiner Umgebung verbunden ist. Man unterscheidet dabei zwischen ebenen und räumlichen Tragwerken. Die Wertigkeit eines Lagers kann im ebenen Fall Werte von 1 bis 3 und im räumlichen Fall von 1 bis 6 annehmen, vgl. Tabelle 3.1. Bei der Lagerung eines Tragwerks werden die einzelnen Lagerarten so kombiniert und angeordnet, dass eine eindeutige Kraftaufnahme erfolgen kann. Im räumlichen Fall sind die aufgeführten Lager in Tabelle 3.1 nur eine begrenzte Auswahl.

Im Folgenden wird sich hier auf den ebenen Fall beschränkt; die Behandlung des räumlichen Problems erfolgt im Kapitel 5.

In der Ebene gibt es drei linear voneinander unabhängige GGB (Abschnitt 1.6.2), also ist hier eine Lagerung mit insgesamt drei möglichen Lagerreaktionen (LR) statisch bestimmt. Lagerungen mit mehr als drei möglichen Lagerreaktionen sind dementsprechend statisch unbestimmt und bei weniger als drei handelt es sich um einen Mechanismus. Das nachfolgende Bild 3.3 zeigt Beispiele für statisch bestimmt bzw. statisch unbestimmt gelagerte einteilige Tragwerke.

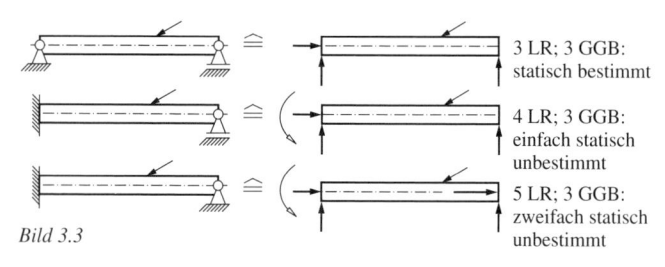

Bild 3.3

3 LR; 3 GGB: statisch bestimmt

4 LR; 3 GGB: einfach statisch unbestimmt

5 LR; 3 GGB: zweifach statisch unbestimmt

Tabelle 3.1 Beispiele von Lagern

Lagerart	Symbol	Lagerreaktionen Ebene	Lagerreaktionen Raum
Loslager		F_{Bz} ↑ $u_{Bz}=0$ (einwertig)	F_{By}, F_{Bz} z. B.: $u_{By}=0$, $u_{Bz}=0$ (zweiwertig)
Pendelstab, Seil (nur bei Zugbelastung wirksam)		$F_{B\xi}$ $u_{B\xi}=0$ (einwertig)	$u_{B\xi}=0 \Rightarrow F_{B\xi}$ wirkt in Richtung der Stabachse (einwertig)
Festlager		F_{Bx}, F_{Bz} $u_{Bx}=0$, $u_{Bz}=0$ (zweiwertig)	F_{Bx}, F_{By}, F_{Bz} z. B.: $u_{Bi}=0$ (dreiwertig)
(feste) Einspannung		F_{Bx}, F_{Bz}, M_B $u_{Bx}=0$, $u_{Bz}=0$ $\varphi_{By}=0$ (dreiwertig)	M_{Bx}, M_{By}, M_{Bz}, F_{Bx}, F_{By}, F_{Bz} $u_{Bi}=0$, $\varphi_{Bi}=0$ $i=x,y,z$ (sechswertig)
Führung		F_{Bx}, M_B $u_{Bx}=0$, $\varphi_{By}=0$ (zweiwertig)	F_{Bx}, M_{By}, M_{Bz} z. B.: $u_{Bx}=0$ $\varphi_{By}=0$, $\varphi_{Bz}=0$ (dreiwertig)

Im Falle von statisch unbestimmt gelagerten Tragwerken sind die GGB zur Ermittlung der Lagerreaktionen nicht ausreichend. Es müssen zusätzliche Aussagen über elastische Deformationen des Tragsystems herangezogen werden. Dafür stellt die Festigkeitslehre (Elastostatik) die notwendigen Zusammenhänge und Berechnungsmethoden bereit (vgl. Teil Festigkeitslehre). Die Vorteile einer statisch unbestimmten Lagerung bestehen in z. T. kleineren elastischen

Deformationen des Tragwerks und eine Funktionsbeeinträchtigung der Lagerung braucht nicht zum vollständigen Ausfall zu führen (Sicherheitstechnik). Die Nachteile sind, dass bei Temperatureinflüssen und im Zusammenspiel von Fertigungs- und Montagetoleranzen zusätzliche Reaktionskräfte auftreten.

Folgende Lösungsschritte sind für die Ermittlung der Lagerreaktionen eines statisch bestimmt gelagerten einteiligen ebenen Tragwerks, dessen Berechnungsmodell vorliegt, erforderlich:
- Freischneiden mit dem Ergebnis FKB
- Formulieren der GGB und Lösen des linearen Gleichungssystems
- Bewerten der Ergebnisse.

Beispiel: Gerader Träger mit Einzelkräften sowie Fest- und Loslager, vgl. Bild 3.4

Gegeben: $F_1 = 2\,000$ N
$F_2 = 500$ N
$a = 1$ m, $\alpha = 30°$

Gesucht: Lagerkräfte F_A, F_B

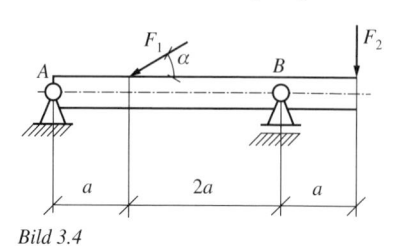

Bild 3.4

Lösung:
- Aufgabe liegt bereits als Berechnungsmodell vor
- Freischneiden: FKB

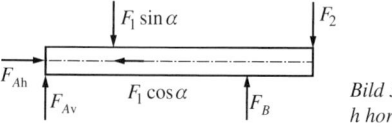

Bild 3.5
h horizontal, v vertikal

- GGB

$\rightarrow: F_{Ah} - F_1 \cos \alpha = 0$ 3 Unbekannte (F_{Ah}, F_{Av}, F_B)
$\uparrow: F_{Av} - F_1 \sin \alpha + F_B - F_2 = 0$ 3 unabhängige Gleichungen
$\circlearrowleft A: -F_1 \sin \alpha \, a + F_B 3a - F_2 4a = 0$ $\Rightarrow$ lösbar (statisch bestimmt)

Wählt man das Festlager als Bezugspunkt, so entsteht eine Gleichung, aus der man unmittelbar die Lagerkraft des Loslagers berechnen kann.

- Ergebnisse

$F_{Ah} = F_1 \cos \alpha$ $= 1\,732$ N

$F_B = \dfrac{1}{3}(F_1 \sin \alpha + 4 F_2)$ $= 1\,000$ N

$F_{Av} = F_1 \sin \alpha + F_2 - F_B = \dfrac{1}{3}(2 F_1 \sin \alpha - F_2) = \;\; 500$ N

$|\vec{F}_A| = \sqrt{F_{Ah}^2 + F_{Av}^2}$ $= 1\,803$ N

3.3 Mehrteilige ebene Tragwerke

Mehrteilige ebene Tragwerke bestehen aus miteinander *gelenkig* verbundenen (starren) Scheiben, die entsprechend den statischen Erfordernissen zusätzlich gelagert sind. Der Begriff *Scheibe* wird hier als verallgemeinerte Bezeichnung für einteilige ebene Tragwerke benutzt, bei denen die Belastung in der Tragwerkebene liegt. In diesem Sinne können auch freigeschnittene Gelenke als (ausdehnungslose) Scheiben aufgefasst werden.

Gelenke verbinden die einzelnen Körper. Je nachdem, welche Relativbewegungen zwischen ihnen verhindert bzw. zugelassen werden, unterscheidet man verschiedene Gelenktypen. Für ebene Tragwerke gibt es die in Tabelle 3.2 angegebenen Varianten.

Tabelle 3.2

Gelenk	Symbol	verhinderte Relativbewegung	Gelenkreaktionen
Drehgelenk (Scharniergelenk)		$\Delta u_\xi, \Delta u_\eta$ (zweiwertig)	
Einfach-Schubgelenk		$\Delta u_\eta, \Delta \varphi$ (zweiwertig)	
Zweifach-Schubgelenk		$\Delta \varphi$ (einwertig)	
Drehschub-Gelenk		Δu_η (einwertig)	

Bei dem Sonderfall, dass
- in einem Gelenk jeweils nur zwei Scheiben miteinander verbunden sind und
- an den Gelenken keine äußeren Kräfte eingeleitet werden,

kann der gedachte Schnitt durch die Gelenke geführt werden, wobei dann die Gelenke selbst nicht als separate Körper betrachtet, sondern je zur Hälfte den sie verbindenden Körpern zugeordnet werden. Ein Beispiel dafür zeigt Bild 3.6.

Hinsichtlich der Lager- und Gelenkreaktionen wird das folgende Axiom zu Grunde gelegt:

- Ein mehrteiliges Tragwerk befindet sich im Gleichgewicht, wenn jeder vollständig freigeschnittene Körper für sich im Gleichgewicht ist.

Bild 3.6

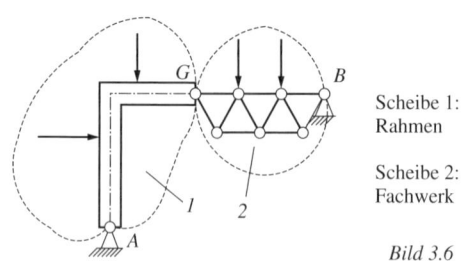

Dieses Axiom gilt sowohl für ebene als auch für beliebige räumliche Tragwerke.

Damit lassen sich folgende Lösungsschritte angeben:
- Freischneiden jeder Scheibe: Lagerung entfernen, Gelenke trennen (bzw. ebenfalls freischneiden); Antragen der Reaktionsgrößen, dabei gilt das Wechselwirkungsprinzip ⇒ FKB,
- Formulieren der GGB für jede Scheibe.

Für das im Bild 3.6 dargestellte Tragsystem ergeben sich folgende FKB:

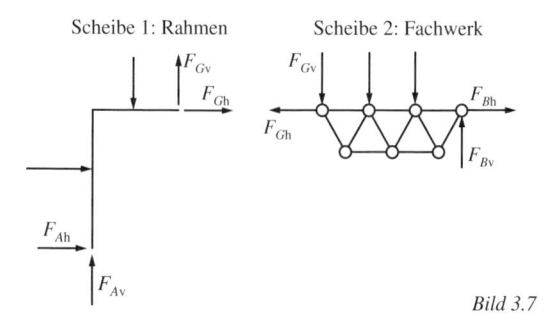

Bild 3.7

Entsprechend der in Abschnitt 3.1 gegebenen Begriffsvereinbarung der statischen Bestimmtheit bzw. Unbestimmtheit kann für ebene mehrteilige Tragwerke eine Beziehung zu ihrer Berechnung formuliert werden:

$$n = w - 3s$$

n Grad der statischen Unbestimmtheit
s Anzahl der Scheiben ($3s$ GGB)
$w = \sum w_j$ Anzahl der Wertigkeiten aller Lager und Verbindungen
   (Anzahl der unbekannten Reaktionsgrößen)

Dann gilt:
$n > 0$ Tragwerk n-fach statisch unbestimmt (vgl. Teil Festigkeitslehre)
$n = 0$ Tragwerk statisch bestimmt
$n < 0$ System beweglich (Mechanismus, $f = |n|$)

Ein spezielles, häufig anzutreffendes mehrteiliges Tragwerk ist der so genannte Dreigelenkbogen, vgl. Bild 3.8. Dieser besteht aus zwei über ein Drehgelenk miteinander verbundenen Scheiben, die jede für sich noch mit einem Festlager gelagert ist.

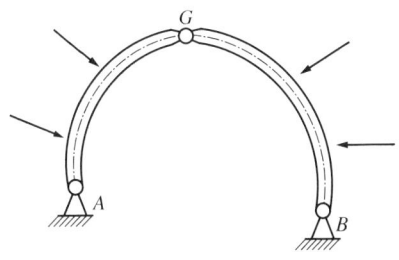

Bild 3.8

Beispiel: Für zwei gelenkig miteinander verbundene Rahmen sind die Lager- und Gelenkreaktionen zu ermitteln.

Gegeben: $F = 1\,\text{kN}$, $q = 1\,\text{kN/m}$
$a = 1\,\text{m}$

Gesucht: Lager- und Gelenkreaktionen

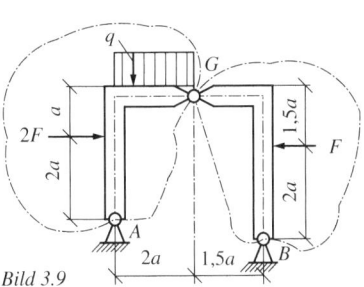

Bild 3.9

Lösung:

- Prüfen der statischen Unbestimmtheit: $n = w - 3s = 6 - 3 \cdot 2 = 0 \Rightarrow$ statisch bestimmt

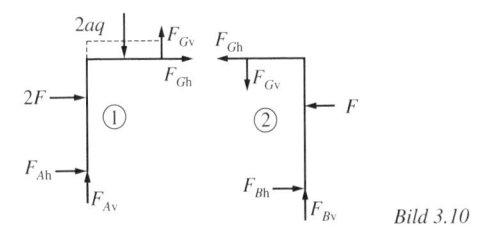

- FKB (Trennen im Gelenk)

Bild 3.10

- GGB

① →: $F_{Ah} + 2F + F_{Gh} = 0$

↑: $F_{Ah} - 2qa + F_{Gh} = 0$

↻A: $-2F \cdot 2a - 2qa \cdot a - F_{Gh} \cdot 3a + F_{Gv} \cdot 2a = 0$

② →: $-F_{Gh} - F + F_{Bh} = 0$

↑: $-F_{Gv} + F_{Bv} = 0$

↻B: $F_{Gh} \cdot 3{,}5a + F_{Gv} \cdot 1{,}5a + F \cdot 2a = 0$

- Die Auflösung des linearen Gleichungssystems von 6 Gleichungen für die 6 Unbekannten F_{Ah}, F_{Av}, F_{Gh}, F_{Gv}, F_{Bh}, F_{Bv} liefert:

$$F_{Gh} = -\frac{1}{23}(20F + 6qa) \approx -1{,}130\,4\,\text{kN}$$

$$F_{Gv} = \frac{1}{23}(16F + 14qa) \approx 1{,}304\,3\,\text{kN}$$

$$F_{Ah} = \frac{1}{23}(-26F + 6qa) \approx -0{,}869\,6\,\text{kN}$$

$$F_{Av} = -\frac{1}{23}(16F - 32qa) \approx 0{,}695\,6\,\text{kN}$$

$$F_{Bh} = \frac{1}{23}(3F - 6qa) \approx -0{,}130\,4\,\text{kN}$$

$$F_{Bv} = \frac{1}{23}(16F + 14qa) \approx 1{,}304\,3\,\text{kN}$$

Das negative Vorzeichen bedeutet, dass der tatsächliche Richtungssinn entgegen der Annahme ist.

3.4 Ebene Fachwerke

3.4.1 Allgemeines

Ein ebenes Fachwerk (FW) ist ein spezielles ebenes mehrteiliges Tragwerk, das aus drehgelenkig miteinander verbundenen *geraden Stäben* (Pendelstützen) aufgebaut ist, wobei die Lasten (Kräfte) nur an den reibungsfrei vorausgesetzten Drehgelenken angreifen. Diese Gelenke werden bei FW als *Knoten* bezeichnet.

In der Praxis sind Knoten i. Allg. keine Gelenke, sondern Niet-, Schraub- oder Schweißverbindungen (Hochspannungsmasten, Brücken), vgl. Bild 3.11. Die Idealisierung der Knoten als Gelenke liefert bei schlanken Stäben erfahrungsgemäß keine großen Berechnungsfehler, vereinfacht die Berechnung aber erheblich.

Einen als FW modellierten Dachbinder zeigt Bild 3.12. Es besteht aus 11 Stäben (arabische Ziffern) und 7 Knoten (römische Ziffern). Die äußeren Kräfte F_1 bis F_5 resultieren z. B. aus Schneelasten, die auf die Knoten I, II, IV, VI und VII reduziert wurden.

Bild 3.11

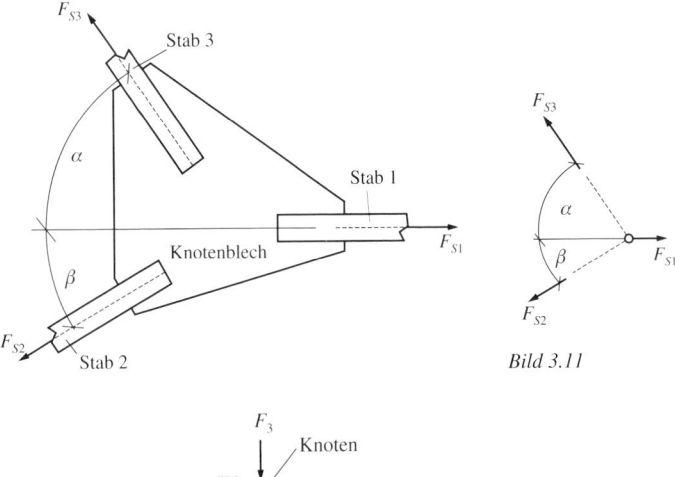

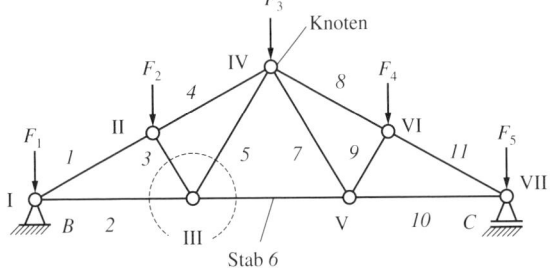

Bild 3.12

Da die Fachwerkstäbe wie Pendelstützen wirken, übertragen sie auch nur Längskräfte (Zug/Druck).

Zur Untersuchung der statischen Bestimmtheit werden alle Knoten des FW vollständig freigeschnitten („Ringschnitt", vgl. z. B. Knoten III des Dachbinders in Bild 3.12). Dabei werden die durch den Schnitt sichtbar gemachten Stabkräfte als Zugkräfte angetragen, vgl. Bild 3.13. Das Gleichgewicht für jeden Stab ist von vornherein erfüllt, wenn die entsprechende Stabkraft F_{Si} an beiden Enden des i-ten Stabes als Zugkraft angesetzt wird, vgl. Bild 3.14.

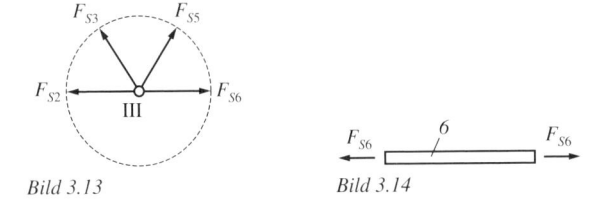

Bild 3.13

Bild 3.14

Da die Knoten als ausdehnungslose Scheiben aufgefasst werden können, entsteht durch ihr Freischneiden pro Knoten eine zentrale Kräftegruppe. Dadurch lassen sich pro Knoten zwei voneinander unabhängige GGB mit den am Knoten angreifenden Stabkräften und äußeren Kräften aufstellen, d. h. bei k Knoten gibt es beim ebenen FW $2k$ GGB.

Entsprechend dem in Abschnitt 3.3 formulierten Axiom ist ein FW dann im Gleichgewicht, wenn jeder Knoten für sich im Gleichgewicht ist. Damit folgt für den Grad der statischen Unbestimmtheit n:

$$n = w + s - 2k$$

k Anzahl der Knoten
$w = \sum w_j$ Wertigkeit der Lager
s Anzahl der Stäbe
$w + s$ Anzahl der Unbekannten

Es gilt auch hier:
$n > 0$ FW statisch unbestimmt
$n = 0$ FW statisch bestimmt
$n < 0$ System ist kein FW, sondern ein Mechanismus

3.4.2 Berechnung der Stab- und Lagerkräfte

Traditionell gibt es zur Ermittlung der Lager- und Stabkräfte eines FW sowohl analytische als auch grafische Verfahren (z. B. CREMONA-Plan). Die Bedeutung grafischer Lösungsverfahren ist jedoch aufgrund der Entwicklung der Computertechnik einschließlich entsprechender Software stark zurückgegangen, sodass hier auf ihre Darstellung verzichtet wird.

Es existieren zwei grundsätzliche Lösungsverfahren für statisch bestimmte FW:
- Berechnung aller Stab- und Lagerkräfte nach dem *Knotenschnittverfahren* (auch Knotenpunktverfahren genannt) $\Rightarrow$ allg. anwendbares Verfahren,
- Berechnung ausgewählter Stabkräfte $\Rightarrow$ RITTER*'sches Schnittverfahren*.

3.4.2.1 Knotenschnittverfahren

Der Grundgedanke dieses Verfahrens wurde bereits im Abschnitt 3.4.1 erläutert. Folgende Lösungsschritte werden empfohlen:
- Stäbe und Knoten zweckmäßig nummerieren, vgl. Abschnitt 3.4.1,
- Freischneiden jedes Knotens, Stabkräfte als Zugkräfte ansetzen,
- Formulieren der GGB für jeden Knoten $\Rightarrow F_{Si}$ und Lagerkräfte als Ergebnisse der Lösung des linearen Gleichungssystems.

Im Hinblick auf die Lösung des linearen Gleichungssystems ist es in vielen Fällen sinnvoll, die Lagerkräfte statisch bestimmt gelagerter FW vorweg zu berechnen, da dann bei gezielter Vorgehensweise an jedem Schnittbild bereits die zugehörigen unbekannten Stabkräfte berechnet werden können.

Beispiel: Für das FW-Modell eines Rampendaches sollen die Stab- und Lagerkräfte ermittelt werden. Die Dach- und Schneelast ist auf die Obergurtknoten aufgeteilt worden.

Gegeben: F, $\alpha = 30°$
Gesucht: F_{Ax}, F_{Ay}, F_B
F_{Si} ($i = 1, \ldots, 7$)

Bild 3.15

Lösung:
- Grad der statischen Unbestimmtheit: $n = w + s - 2k = (2 + 1) + 7 - 2 \cdot 5 = 0$
  $\Rightarrow$ FW ist statisch bestimmt

- FKB

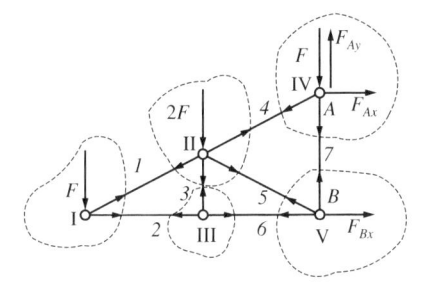

Bild 3.16

- GGB für jeden Knoten

Knoten/GGB	F_{S1}	F_{S2}	F_{S3}	F_{S4}	F_{S5}	F_{S6}	F_{S7}	F_{Ax}	F_{Ay}	F_{Bx}	Belastung
I $\rightarrow$:	$F_{S1}\cos\alpha$	$+F_{S2}$									$= 0$
$\uparrow$:	$F_{S1}\sin\alpha$										$-F = 0$
II $\rightarrow$:	$-F_{S1}\cos\alpha$			$+F_{S4}\cos\alpha$	$+F_{S5}\cos\alpha$						$= 0$
$\uparrow$:	$-F_{S1}\sin\alpha$		$-F_{S3}$	$+F_{S4}\sin\alpha$	$-F_{S5}\sin\alpha$						$-2F = 0$
III $\rightarrow$:		$-F_{S2}$				$+F_{S6}$					$= 0$
$\uparrow$:			F_{S3}								$= 0$
IV $\rightarrow$:				$-F_{S4}\cos\alpha$				$+F_{Ax}$			$= 0$
$\uparrow$:				$-F_{S4}\sin\alpha$			$-F_{S7}$		$+F_{Ay}$		$-F = 0$
V $\rightarrow$:					$-F_{S5}\cos\alpha$	$-F_{S6}$				$+F_{Bx}$	$= 0$
$\uparrow$:					$F_{S5}\sin\alpha$		$+F_{S7}$				$= 0$

Aus dieser Anordnung lässt sich bereits gut der Aufbau des als Matrizengleichung

$$Mf_u = f$$

formulierten linearen Gleichungssystems erkennen. Dabei werden in der Spaltenmatrix f_u die Unbekannten und in f die äußeren eingeprägten Kräfte („Belastungsvektor") zusammengefasst, also:

$$f_u = [F_{S1}, F_{S2}, F_{S3}, F_{S4}, F_{S5}, F_{S6}, F_{S7}, F_{Ax}, F_{Ay}, F_{Bx}]^T \quad \text{und}$$
$$f = F[0, 1, 0, 2, 0, 0, 0, 1, 0, 0]^T$$

Entsprechend der Anordnung der Unbekannten in f_u ist die quadratische Koeffizientenmatrix M, die in der Statik die Geometrie widerspiegelt, aufgebaut:

$$M = \begin{bmatrix} \cos\alpha & 1 & 0 & 0 & 0 & 0 & 0 & 0 & 0 & 0 \\ \sin\alpha & 0 & 0 & 0 & 0 & 0 & 0 & 0 & 0 & 0 \\ -\cos\alpha & 0 & 0 & \cos\alpha & \cos\alpha & 0 & 0 & 0 & 0 & 0 \\ -\sin\alpha & 0 & -1 & \sin\alpha & -\sin\alpha & 0 & 0 & 0 & 0 & 0 \\ 0 & -1 & 0 & 0 & 0 & 1 & 0 & 0 & 0 & 0 \\ 0 & 0 & 1 & 0 & 0 & 0 & 0 & 0 & 0 & 0 \\ 0 & 0 & 0 & -\cos\alpha & 0 & 0 & 0 & 1 & 0 & 0 \\ 0 & 0 & 0 & -\sin\alpha & 0 & 0 & -1 & 0 & 1 & 0 \\ 0 & 0 & 0 & 0 & -\cos\alpha & -1 & 0 & 0 & 0 & 1 \\ 0 & 0 & 0 & 0 & \sin\alpha & 0 & 1 & 0 & 0 & 0 \end{bmatrix}$$

Die Lösung dieses linearen Gleichungssystems (z. B. mittels handelsüblicher Mathematik-Software) liefert:

$$f_u = F[\ 2,\ \ -1{,}73,\ \ 0,\ \ 4,\ \ -2,\ \ -1{,}73,\ \ 1,\ \ 3{,}46,\ \ 4,\ \ -3{,}46\ ]^T$$

	↑	↑	↑	↑	↑	↑	↑	↑	↑	↑
	F_{S1}	F_{S2}	F_{S3}	F_{S4}	F_{S5}	F_{S6}	F_{S7}	F_{Ax}	F_{Ay}	F_{Bx}
		Druck-stab	Null-stab							entgegen der Annahme

Dieses Ergebnis gilt für beliebiges F, sofern nicht die Grenzen der zulässigen Spannungen (vgl. Teil Festigkeitslehre) bzw. die Knicksicherheit druckbelasteter Stäbe überschritten wird.

3.4.2.2 RITTER'sches Schnittverfahren

Interessiert man sich nicht für alle Stabkräfte, so lassen sich mithilfe des RITTER'schen Schnittes die inneren Kräfte dreier nicht am selben Knoten angelenkter Stäbe ermitteln. Dazu wird das ebene FW derart durch einen gedachten Schnitt in zwei Teile zerlegt, dass diese drei Stäbe, von denen lediglich zwei parallel zueinander liegen dürfen, geschnitten werden. Da beide FW-Teile für sich im Gleichgewicht stehen müssen, hat man $2 \cdot 3 = 6$ GGB zur Bestimmung der Lager- und Stabkräfte zur Verfügung. Wurden die Lagerkräfte schon vorher bestimmt, so reicht es aus, nur für einen der beiden FW-Teile die GGB aufzustellen.

Beispiel: Für das FW sollen die Lager- und die Stabkräfte 1, 3 und 5 ermittelt werden.

Gegeben: F, a
Gesucht: F_{Ah}, F_{Av}
F_{S1}, F_{S3}, F_{S5}

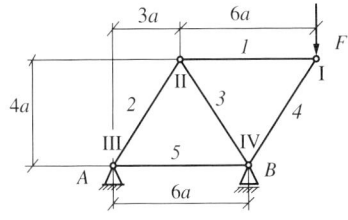

Bild 3.17

Lösung:
- Statische Unbestimmtheit: $n = w + s - 2k = 3 + 5 - 2 \cdot 4 = 0 \Rightarrow$ FW statisch bestimmt

Da das FW auch äußerlich statisch bestimmt gelagert ist ($n = w - 3s = 3 - 3 \cdot 1 = 0$), sollen hier vor Anwendung des RITTER'schen Schnittes die Lagerkräfte ermittelt werden.

- FKB (Lagerkräfte)

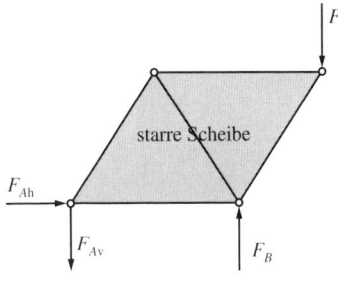

Bild 3.18

- FKB (Stabkräfte)

$F_B = \frac{3}{2} F$

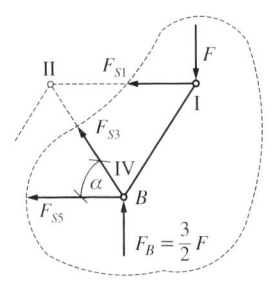

Bild 3.19

- GGB (Lagerkräfte)

  $\rightarrow: F_{Ah} = 0$

  $\circlearrowleft A: F_B \cdot 6a - F \cdot 9a = 0 \Rightarrow F_B = \dfrac{3}{2}F$

  $\circlearrowleft B: F_{Av} \cdot 6a - F \cdot 3a = 0 \Rightarrow F_{Av} = F_A = \dfrac{1}{2}F$

- GGB (Stabkräfte)

  $\circlearrowleft IV: F_{S1} \cdot 4a - F \cdot 3a = 0$

  $\circlearrowleft II: -F \cdot 6a + F_B \cdot 3a - F_{S5} \cdot 4a = 0$

  $\uparrow: F_{S3} \sin\alpha + F_B - F = 0$

Die Stabkräfte folgen mit $\sin\alpha = \dfrac{4a}{\sqrt{(3a)^2 + (4a)^2}} = \dfrac{4}{5}$ hieraus zu:

$$F_{S1} = \dfrac{3}{4}F, \qquad F_{S3} = -\dfrac{5}{8}F, \qquad F_{S5} = -\dfrac{3}{8}F$$

4 Schnittreaktionen bei Balken

4.1 Definition der Schnittreaktionen (SR)

Die auf ein Tragwerk bzw. Bauteil einwirkende Belastung (hier nur äußere Kräfte) ruft neben den
- (äußeren) Reaktionskräften und -momenten an den Lagerstellen auch
- Reaktionskräfte und -momente im Inneren des Bauteils

hervor, vgl. Bild 4.1.

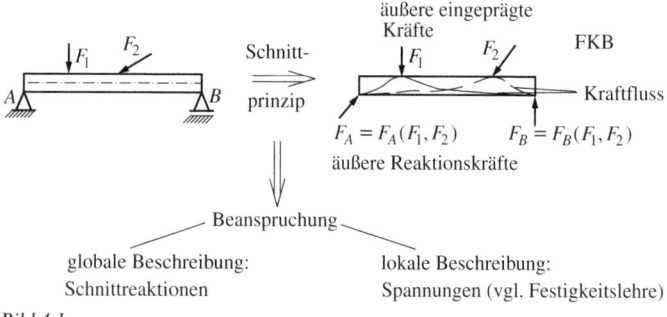

Bild 4.1

Für den „Weg", den die Kräfte im Tragwerk zwischen Krafteintritt und -austritt nehmen, hat man die Modellvorstellung „*Kraftfluss*" eingeführt. Den Kraftfluss als innere Kraftübertragungslinien stellt man sich analog zu den

4.1 Definition der Schnittreaktionen (SR)

Stromlinien bei stationär strömender Flüssigkeit vor. Die äußeren eingeprägten Kräfte bilden über den Kraftfluss mit den äußeren Reaktionskräften einen Gleichgewichtszustand. Diese Modellvorstellung „Kraftfluss" ist allgemein für das Verständnis mechanischer Beanspruchungen eine große Hilfe und stellt deshalb ein Grundprinzip für das funktionsgerechte Gestalten von Bauteilen dar.

Die durch den Kraftfluss bedingten inneren Kräfte und Momente – die *Schnittreaktionen (SR)* – sind hierbei Resultierende, d. h. Integrale der Spannungsverteilung über die Schnittfläche.

Die Ermittlung von Schnittreaktionen erfolgt nur für bestimmte Bauteilformen bzw. mechanische Modelle; hier wird sich auf den geraden Balken beschränkt.

Die Kräfte (oder die Spannungen), die im Inneren des Tragwerks wirken, werden mithilfe des Schnittprinzips (Abschnitt 1.6) bestimmt. Dabei wird das Tragwerk an der interessierenden Stelle gedanklich in zwei Teile zerschnitten und die Wirkung des jeweils „anderen" Teils durch die Schnittreaktionen ersetzt. Es wird folgendes Axiom genutzt:

- Ein Körper ist insgesamt im Gleichgewicht, wenn jeder von ihm abgetrennte Teil für sich im Gleichgewicht ist.

Das Gleichgewicht für beide Teile bleibt somit nur erhalten, wenn die ursprünglich inneren Kräfte als äußere Kräfte auf die Schnittfläche aufgebracht werden, vgl. Bild 4.2.

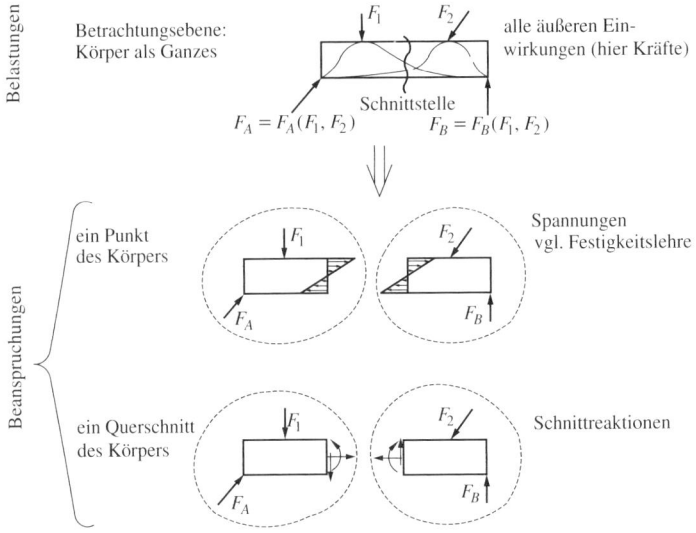

Bild 4.2

Die Schnittreaktionen treten nunmehr als äußere Kräfte in den GGB auf. Die Schnittreaktionen an beiden Schnittufern müssen entsprechend dem Wechselwirkungsprinzip verschwinden, wenn der gedachte Schnitt rückgängig gemacht wird.

Bezugskoordinatensystem und Definition der SR:

Zur Definition und ortsabhängigen Beschreibung der SR werden die beiden in Bild 4.3 gezeigten Koordinatensysteme (Rechtssysteme) verwendet.

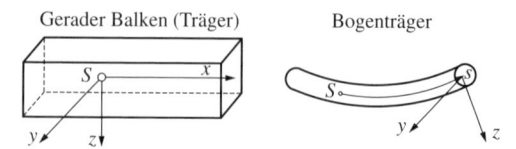

Gerader Balken (Träger)　　　　Bogenträger

Bild 4.3 x bzw. s Längskoordinate ($\widehat{=}$ Verbindungslinie der Querschnittsschwerpunkte S); y, z Querschnittkoordinaten (y = 0 und z = 0 beschreibt Lage von S)

Dazu seien noch folgende Hinweise gegeben:
- Das jeweils verwendete rechtshändige orthogonale Koordinatensystem ist stets in Zusammenhang mit den Beziehungen und Formeln der Festigkeitslehre (Spannungen, Verzerrungen) zu sehen, wobei die Koordinatenbezeichnung in der Literatur uneinheitlich ist.
- Im Allgemeinen können drei Schnittkräfte und drei Schnittmomente als SR (oder auch als Oberbegriff Schnittkräfte) auftreten. Damit ist die Schnittstelle äquivalent einer (festen) Einspannung (keine Relativbewegung).
- Die unmittelbare Berechnung der SR eines Balkentragwerks ist bei innerer statischer Bestimmtheit mit den GGB möglich, wenn alle äußeren Kräfte (somit auch die Lagerkräfte) bekannt sind.

Vorzeichenvereinbarung:

In derjenigen Schnittfläche, deren Normaleneinheitsvektor $\vec{n}$ in positive x-Richtung zeigt ($\vec{n} = \vec{e}_x$), werden die positiven SR in Richtung der positiven Koordinatenachsen eingeführt („positives Schnittufer").

Ebene Probleme

Häufig werden ebene Probleme bearbeitet. Dann sind (bei entsprechender Festlegung der Koordinatenrichtungen) nur die drei SR *Längskraft N*,

positives Schnittufer　　　　　　　negatives Schnittufer

Wechselwirkungsprinzip

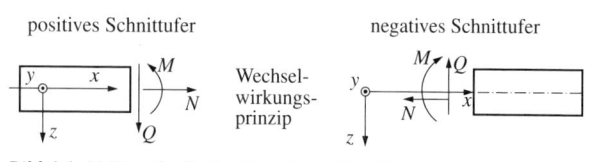

Bild 4.4 N Längskraft; $Q_{(z)}$ Querkraft; $M_{(y)}$ Biegemoment

Querkraft Q_z und *Biegemoment* M_y vorhanden. Da hier keine Verwechslungsgefahr besteht, werden oft die Indizes weggelassen, vgl. Bild 4.4.

Die SR werden nach ihrer Wirkrichtung bzw. dem Deformationseffekt, den sie am elastischen Balken hervorrufen, bezeichnet.

4.2 Vorgehensweise bei der Ermittlung von Schnittreaktionen

Lokale Koordinatensysteme

Um in der Festigkeitslehre die maximale Beanspruchung eines Trägers ermitteln zu können, ist es erforderlich, die maximalen Werte der SR sowie die Orte, an denen sie vorhanden sind, zu kennen. Basis für die zuverlässige Lösung dieses Problems ist die Untersuchung des SR-Verlaufs, d. h. die Darstellung der SR als Funktion längs der Trägerachse.

Im Zusammenhang damit, dass

- hinsichtlich der Belastung Einzelkräfte, Einzelmomente und Streckenlasten sowie
- hinsichtlich der Kontur gerade oder gekrümmte Träger-Längsachsen als auch Abwinklungen und Verzweigungen

vorkommen können, ergibt sich, dass die N-, Q- bzw. M-Verläufe an den Stellen der Belastungs- und Konturänderung Sprünge oder Knicke aufweisen. Dementsprechend kann der Verlauf der SR längs der Trägerachse i. Allg. nicht ganzheitlich, sondern nur bereichsweise durch stetige Funktionen beschrieben werden. Hierzu verwendet man zweckmäßigerweise *lokale Koordinatensysteme* x_k, y_k, z_k für $k = 1, 2, \ldots$ Dabei entspricht x_k stets der Längskoordinate im Schnittbereich k. Meist legt man einen einheitlichen, fortlaufenden Richtungssinn für alle x_k fest (in Analogie zu einem durchströmten Rohrleitungssystem). Bei kreisbogenförmig gekrümmten Trägerteilen tritt an die Stelle von x_k die Bogenkoordinate s_k, die zum jeweiligen Zentriwinkel φ proportional ist. Dazu im Bild 4.5 ein Illustrationsbeispiel zur Bereichseinteilung.

▶ *Anmerkung*:
- Man wählt alle x_k so, dass sie mit $x_k = 0$ beginnen.
- Alle z_k sollen zweckmäßigerweise in dasselbe Flächengebiet „unterhalb" der Längsachse weisen (alle positiven y_k-Richtungen zeigen aus der Zeichenebene heraus).

Verfahrensweise zur Berechnung der Schnittreaktionen eines Tragwerks

Schritt 1: Ermittlung der Lager- und Gelenkkräfte.

Schritt 2: Einteilung in Bereiche und Festlegung der lokalen Koordinatensysteme (Bereichskoordinatensysteme).

Schritt 3: Schnitt an beliebiger Stelle innerhalb des jeweils betrachteten Bereichs. Aufeinander folgend werden in jedem Bereich $N(x_k), Q(x_k), M(x_k)$ aus den GGB für das jeweils bei x_k „zerschnittene" Tragwerk bestimmt. Dabei bezieht man sich auf das einfachere der jeweils entstehenden beiden Teile.

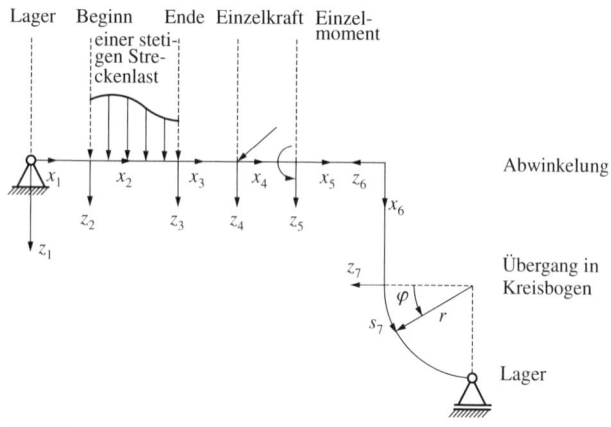

Bild 4.5

Aus Zweckmäßigkeitsgründen wird bei der Ermittlung des Biegemomentes $M(x_k)$ immer die Schnittstelle als Momentenbezugspunkt gewählt.

Schritt 4: Berechnung von Werten an besonderen Stellen und zusammenhängende Darstellung der Funktionsverläufe. Von besonderer Bedeutung sind dabei Ort und Größe der maximalen SR (meist hinsichtlich ihres Betrags).

4.3 Anwendungen

Beispiel: Für den geraden Träger sind die SR zu ermitteln.

Gegeben: $F_1, F_2, a, \alpha = 30°$

Gesucht: Für $F_1 = 4F$ und $F_2 = F$;
die SR-Verläufe;
Ort und Größe von $|M|_{max}$

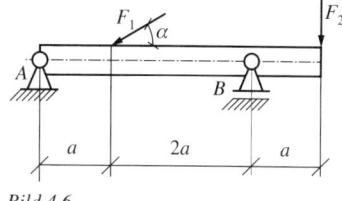

Bild 4.6

Lösung:

Ermittlung der Lagerkräfte

- FKB (Gesamtsystem)

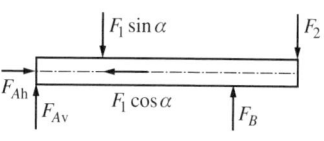

Bild 4.7

- GGB

  $\rightarrow: F_{Ah} - F_1 \cos\alpha = 0$

  $\stackrel{\curvearrowleft}{A}: F_B \cdot 3a - F_1 \sin\alpha\, a - F_2 \cdot 4a = 0$

  $\stackrel{\curvearrowright}{B}: F_{Av} \cdot 3a - F_1 \sin\alpha \cdot 2a + F_2 a = 0$

- Ergebnisse

  $F_{Ah} = 2\sqrt{3}F$

  $F_B = 2F$

  $F_{Av} = F$

Ermittlung der SR

- Bereichseinteilung
  Bereich 1: $0 \leq x_1 \leq a$
  Bereich 2: $0 \leq x_2 \leq 2a$
  Bereich 3: $0 \leq x_3 \leq a$

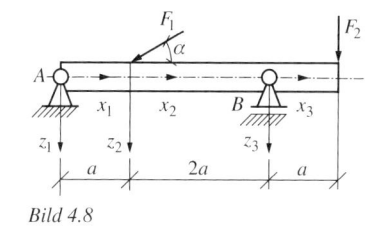

Bild 4.8

- SR-Berechnung

Beachte: Schnittführung jeweils **innerhalb** des Bereichs; die Schnittstelle wird durch die Pfeilspitze von x_k beschrieben.

Bereich 1: Schnitt bei x_1; positives Schnittufer

– FKB (Bild 4.9)

– GGB

  $\rightarrow: F_{Ah} + N(x_1) = 0$

  $\uparrow: F_{Av} - Q(x_1) = 0$

  $\stackrel{\curvearrowleft}{} : -F_{Av} x_1 + M(x_1) = 0$

– Ergebnisse

  $N(x_1) = -F_{Ah} = -3{,}46 F$

  $Q(x_1) = F_{Av} = F$

  $M(x_1) = F_{Av} x_1 = Fa\left(\dfrac{x_1}{a}\right)$

Bild 4.9

Bereich 2: Schnitt bei x_2; positives Schnittufer

– FKB

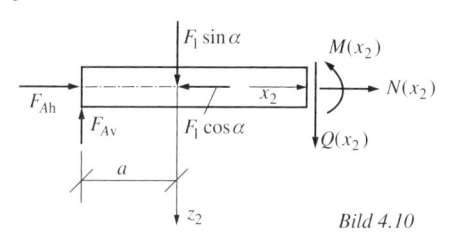

Bild 4.10

- GGB

$$\rightarrow: F_{Ah} - F_1 \cos\alpha + N(x_2) = 0$$
$$\uparrow: F_{Av} - F_1 \sin\alpha - Q(x_2) = 0$$
$$\curvearrowleft: -F_{Av}(a + x_2) + F_1 \sin\alpha\, x_2 + M(x_2) = 0$$

- Ergebnisse

$$N(x_2) = F_1 \cos\alpha - F_{Ah} = 0$$
$$Q(x_2) = F_{Av} - F_1 \sin\alpha = -F$$
$$M(x_2) = F_{Av}(a + x_2) - F_1 \sin\alpha\, x_2$$

Bereich 3: Schnitt bei x_3

- FKB

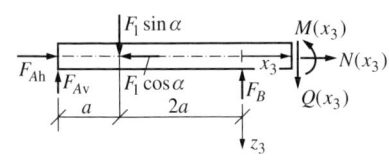

Bild 4.11

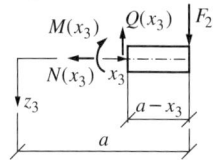

Für negatives Schnittufer gilt:
- GGB

$$\rightarrow: -N(x_3) = 0$$
$$\uparrow: Q(x_3) - F_2 = 0$$
$$\curvearrowleft: -M(x_3) - F_2(a - x_3) = 0$$

- Ergebnisse

$$N(x_3) = 0$$
$$Q(x_3) = F_2 = F$$
$$M(x_3) = -F_2(a - x_3) = \left(\frac{x_3}{a} - 1\right) Fa$$

- Werteberechnung und grafische Darstellung

Bereich	1		2		3	
	$x_1 = 0$	$x_1 = a$	$x_2 = 0$	$x_2 = 2a$	$x_3 = 0$	$x_3 = a$
N/F	$-3{,}46$	$-3{,}46$	0	0	0	0
Q/F	1	1	-1	-1	1	1
M/Fa	0	1	1	-1	-1	0

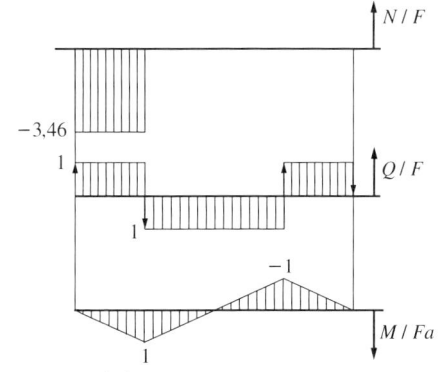

Bild 4.12 $|M|_{\max} = Fa$ an der Angriffsstelle von F_1 sowie bei B

Fazit: An der Angriffsstelle einer Einzelkraft senkrecht zur Trägerachse ergeben sich
- ein Sprung im Q-Verlauf um den Betrag der Einzelkraft,
- ein Knick im M-Verlauf,
- an einem freien Trägerende und einem Trägerende mit gelenkigem Lager gilt $M = 0$, falls kein äußeres Moment eingeleitet wird.

Beispiel: Für den Träger mit einer Streckenlast konstanter Intensität sind die SR zu ermitteln.

Gegeben: $q =$ konst., l
Gesucht: Lagerkräfte, SR-Verläufe, Ort und Größe von $|M|_{\max}$

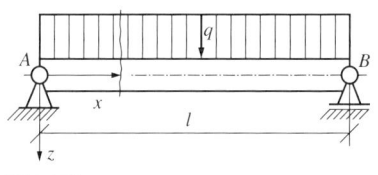

Bild 4.13

Lösung:

- FKB

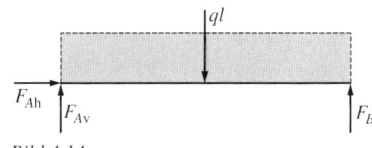

Bild 4.14

- Ergebnisse

    $F_{Ah} = 0$

    $F_{Av} = F_A$

    $F_A = F_B = ql/2$

- Bereichseinteilung: nur ein einziger Bereich ($0 \leq x \leq l$)

4 Schnittreaktionen bei Balken

- SR-Bestimmung

  Wegen $F_{Ah} = 0$ ist offensichtlich $N(x) \equiv 0$.

  – FKB (Bild 4.15)
  – GGB

  $\uparrow: F_A - qx - Q(x) = 0$

  $\curvearrowleft: -F_A x + qx\dfrac{x}{2} + M(x) = 0$

  – Ergebnisse

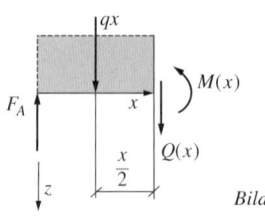

  $Q(x) = q\left(\dfrac{l}{2} - x\right)$

  $M(x) = \dfrac{qx}{2}(l - x)$

  Bild 4.15

- Grafische Darstellung

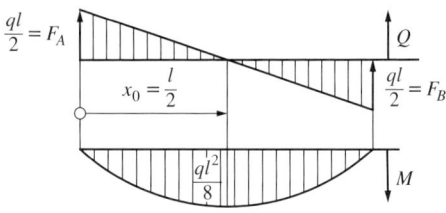

  Bild 4.16

  Bestimmung von $|M|_{\max}$:

  $\left.\dfrac{dM(x)}{dx}\right|_{x=x_0} = 0: \quad \left.\left(\dfrac{ql}{2} - qx\right)\right|_{x=x_0} = \left(\dfrac{l}{2} - x_0\right)q = 0 \Rightarrow$

  $x_0 = \dfrac{l}{2} \Rightarrow M_{\max} = M(x = x_0) = \dfrac{ql^2}{8}$

▶ *Anmerkung*:

$$\left.\left(\dfrac{ql}{2} - qx\right)\right|_{x=x_0} \widehat{=} Q(x = x_0) = 0$$

Fazit: An der Stelle des Extremwertes für M ist $Q = 0$ – oder umgekehrt: an der Querkraft-Nullstelle hat das Biegemoment ein Extremum.

Beispiel: Für den Bogenträger sind die SR-Verläufe zu ermitteln.

Gegeben: F, r
Gesucht: $N(\varphi), Q(\varphi), M(\varphi)$

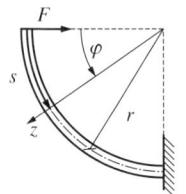

Bild 4.17

Lösung:

Bei diesem Beispiel ist eine unmittelbare Ermittlung der SR möglich, indem nach dem Schnitt bei $s = r\varphi$ das positive Schnittufer betrachtet wird. Die Definition der positiven Richtungen der SR am Bogenträger ist analog zum geraden Träger (Bild 4.18).

Zur Ermittlung von N und Q verwenden wir nicht wie bisher die GGB in horizontaler und vertikaler Richtung, sondern zweckmäßigerweise die Richtungen entsprechend der Winkellage φ. Dadurch tritt in jeder GGB nur eine unbekannte SR auf (entkoppelte Gleichungen).

- FKB (Bild 4.18)
- GGB

  $\searrow: F\sin\varphi + N(\varphi) = 0$

  $\nearrow: F\cos\varphi - Q(\varphi) = 0$

  Zur Bestimmung des Biegemomentes $M(\varphi)$ wird unmittelbar der Hebelarm von F bez. der Schnittstelle bestimmt.

  $\curvearrowleft: M(\varphi) - Fr\sin\varphi = 0$

- Ergebnisse

  $N(\varphi) = -F\sin\varphi$

  $Q(\varphi) = F\cos\varphi$

  $M(\varphi) = Fr\sin\varphi$

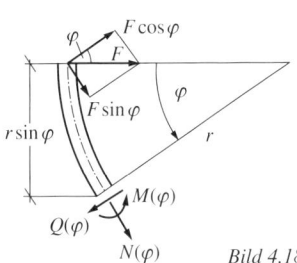

Bild 4.18

- Werteberechnung und grafische Darstellung

φ	0°	30°	45°	60°	90°
N/F	0	−0,5	−0,71	−0,87	−1
Q/F	1	0,87	0,71	0,5	0
M/Fr	0	0,5	0,71	0,87	1

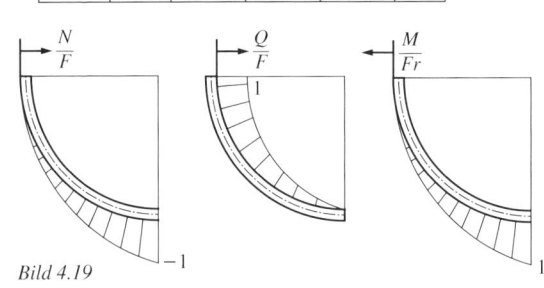

Bild 4.19

Erläuterungen:
- Die Kraft F verursacht an ihrer Angriffsstelle im Träger nur eine Querkraft.
- Mit zunehmenden Winkel φ erfolgt eine Ausbildung von N als Druckaufbau bei Abbau von Q sowie Ausbildung von M.

- Im Einspannquerschnitt $\varphi = \pi/2$ ist $Q = 0$ sowie N und M entsprechend den Lagerkräften (Bild 4.20)

$$N(\varphi = \pi/2) = -F = F_A$$
$$M(\varphi = \pi/2) = Fr = M_A$$

Bild 4.20

Diskussion:
- Kraftangriffsstelle: $F \| Q \Rightarrow N = 0$
- Einspannung: $F \| N \Rightarrow Q = 0$
- Hebelarm wächst entsprechend $r \sin \varphi \Rightarrow M$ in der Einspannung maximal
- Am freien Trägerende gilt $M = 0$.

4.4 Beziehungen zwischen Belastungsintensität, Querkraft und Biegemoment am geraden Träger

Zwischen q, Q, M bestehen allgemeine Beziehungen, die sich aus GGB an einem differenziell kleinen Trägerabschnitt herleiten lassen.

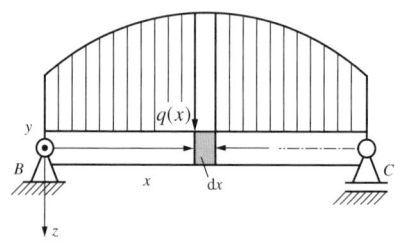

Bild 4.21 Belastungsintensität q bei dem Koordinatenwert x: $q = q(x)$

Bild 4.22 zeigt die vergrößerte Darstellung des freigeschnittenen Trägerabschnittes der differenziellen Länge dx. Man erkennt:
- Die Lastverteilung längs dx wird genähert als „Rechtecklast" aufgefasst, vgl. Bild 4.22.
- Eine Normalkraft N ist hier nicht vorhanden.

GGB

$$\uparrow: \quad Q(x) - q(x)\,dx - [Q(x) + dQ(x)] = 0$$
$$\curvearrowleft S_2: \; -M(x) - Q(x)\,dx + q(x)\,dx\frac{dx}{2} + [M(x) + dM(x)] = 0$$

4.4 Belastungsintensität, Querkraft und Biegemoment am geraden Träger

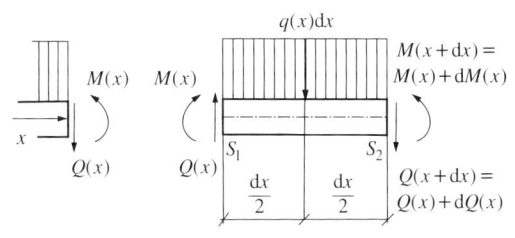

Bild 4.22

Aus ihnen folgen bei Vernachlässigung eines von höherer Ordnung kleinen Terms die Beziehungen zwischen Belastungsintensität, Querkraft und Biegemoment:

$$\frac{dQ(x)}{dx} = -q(x) \quad \text{und} \quad \frac{dM(x)}{dx} = Q(x) \quad \text{bzw.}$$

$$\frac{d^2M(x)}{dx^2} = \frac{dQ(x)}{dx} = -q(x)$$

▶ *Anmerkung*: Diese Gleichungen gelten so für die z,x-Ebene; für die y,x-Ebene ergeben sich analoge Beziehungen, jedoch mit anderen Vorzeichen.

Diese Relationen sind einfache Differenzialgleichungen für die Schnittgrößen $Q(x)$ und $M(x)$, die sich direkt integrieren lassen, wenn $q(x)$ bekannt ist.

Es ergibt sich:

$$dQ(x) = -q(x)\,dx$$

$$Q(x) = -\int q(x)\,dx + C_1$$

$$dM(x) = Q(x)\,dx = -\int q(x)\,dx + C_1$$

$$M(x) = \int Q(x)\,dx + C_2 = \int \left[-\int q(x)\,dx\right] dx + C_1 x + C_2$$

▶ *Anmerkung*: Diese Formeln ermöglichen eine direkte Bestimmung von Q und M für solche Funktionen $q(x)$, die sich geschlossen integrieren lassen. Die Integrationskonstanten sind dann aus den *Randbedingungen* (RB) bzw. *Übergangsbedingungen* (ÜB) an den Bereichsgrenzen für Q bzw. M zu bestimmen.

Die Extremwertbestimmung für $M(x)$ führt auf

$$\left.\frac{dM(x)}{dx}\right|_{x=x_0} \stackrel{!}{=} 0$$

Dies entspricht gemäß obiger Zusammenhänge

$$Q(x = x_0) \stackrel{!}{=} 0$$

● An der Querkraft-Nullstelle hat das Biegemoment einen (lokalen) Extremwert.

Wenn $|M|_{\max}$ gesucht wird, sind auch die Bereichsgrenzen zu untersuchen!

4 Schnittreaktionen bei Balken

Zugeordnete Charakteristika von Belastung und Beanspruchung (dargestellt durch die SR):

	$q(x)$	$Q(x)$	$M(x)$
lastfrei	0	konstant	linear
Rechtecklast	konstant	linear	quadratisch
Dreiecklast	linear	quadratisch	kubisch

Beispiel: (vgl. auch Beispiel S. 67)

Für den Träger mit einer Streckenlast konstanter Intensität sind die SR zu ermitteln.

Gegeben: $q = $ konst., l
Gesucht: Lagerkräfte, SR-Verläufe, Ort und Größe von $|M|_{max}$

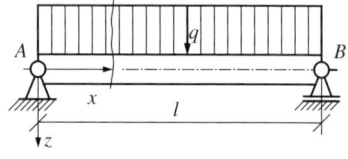

Bild 4.23

Lösung:

- allgemeine Lösung

$$q(x) = q = \text{konst.}$$

$$Q(x) = -\int q\,dx + C_1 = -qx + C_1$$

$$M(x) = \int Q\,dx + C_2 = -\frac{qx^2}{2} + C_1 x + C_2$$

- spezielle Lösung

RB:

$$M(x=0) = 0: \Rightarrow C_2 = 0$$

$$M(x=l) = 0: \Rightarrow -\frac{ql^2}{2} + C_1 l = 0 \Rightarrow C_1 = \frac{ql}{2}$$

Damit wird:

$$Q(x) = q\left(\frac{l}{2} - x\right) = ql\left(\frac{1}{2} - \frac{x}{l}\right)$$

$$M(x) = \frac{qx}{2}(l-x) = \frac{ql^2}{2}\left(1 - \frac{x}{l}\right)\frac{x}{l}$$

- Werteberechnung und grafische Darstellung

Querkraft

$$Q(x=0) = \frac{1}{2}ql, \qquad Q(x=l) = -\frac{1}{2}ql$$

Maximales Biegemoment

$$Q(x=x_0) = \left.\frac{dM(x)}{dx}\right|_{x=x_0} = 0: \quad \frac{q}{2}(l - 2x_0) = 0 \Rightarrow x_0 = \frac{l}{2}$$

$$|M|_{max} = |M(x=x_0)| = \frac{q}{2}\frac{l}{2}\left(l - \frac{l}{2}\right) = \frac{1}{8}ql^2$$

grafische Darstellung

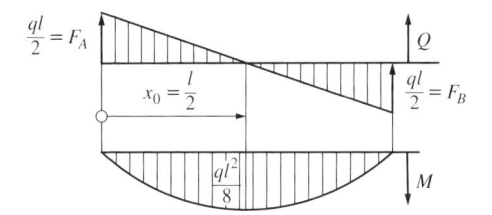

$$\frac{ql}{2} = F_A \qquad x_0 = \frac{l}{2} \qquad \frac{ql}{2} = F_B$$

$$\frac{ql^2}{8} \quad M$$

Bild 4.24

5 Räumliche Probleme

5.1 Gleichgewichtsbedingungen, Lagerarten

Ein großer Teil der im Maschinen- und Gerätebau auftretenden Probleme ist räumlicher Natur. Diese resultiert entweder aus
- der räumlichen Struktur des Bauteils bzw. Tragwerks und/oder
- der räumlichen Struktur der Belastung.

Die Untersuchungsmethodik der räumlichen Probleme ist vom Prinzip her völlig gleichartig wie bei ebenen Problemen. Es sind nur jeweils alle „Effekte" in der dritten Richtung mit zu erfassen.

Gegenüberstellung einiger charakteristischer Merkmale bei ebenen und räumlichen Problemen:

	eben	räumlich
Anzahl der Freiheitsgrade eines starren Körpers	3	6
GGB für jeweils einen freigeschnittenen Körper	3	6
Wertigkeit der Lager ($\Rightarrow$ Fesselung von Freiheitsgraden)	1 bis 3	1 bis 6
Anzahl der Schnittreaktionen am Balken	3	6

Die beim Freischneiden anzutragenden Lager- und Gelenkreaktionen richten sich – wie im ebenen Fall auch – nach den behinderten Bewegungen (Lager) bzw. Relativbewegungen (Gelenke) bei mehrteiligen Tragwerken, vgl. Kapitel 3.

Beispiel: Bei dem räumlichen Tragwerk nach Bild 5.1 erfolgt die Belastung durch eine Streckenlast konstanter Intensität q, den Kräften F_1 und F_2 und ein Moment M. Im Lager A wird das Tragwerk durch ein nicht verschiebbares Kugelgelenk, in B durch eine und in C durch zwei Pendelstützen gelagert. Es sind die Lagerkräfte gesucht.

Gegeben: F_1, F_2, M, q, a
Gesucht: Lagerkräfte

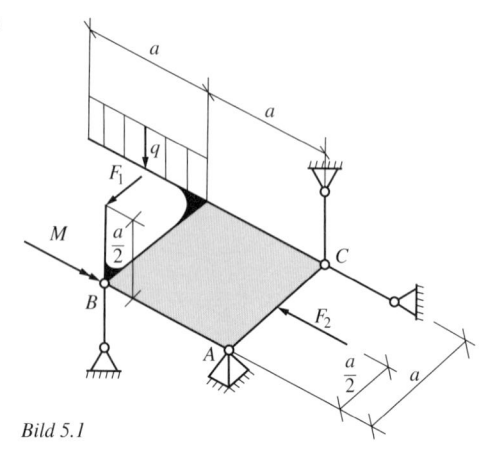

Bild 5.1

Lösung:

- FKB

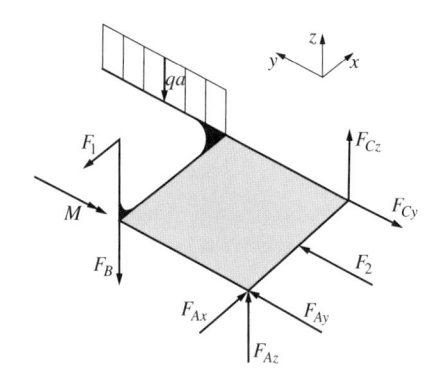

Bild 5.2

- GGB

$$x \;\nearrow: \; F_{Ax} - F_1 = 0 \tag{1}$$

$$y \;\nwarrow: \; F_{Ay} - F_{Cy} + F_2 = 0 \tag{2}$$

$$z \;\uparrow: \; F_{Az} - F_B + F_{Cz} - qa = 0 \tag{3}$$

$$AC \;\nearrow: \; -F_B a - qa \cdot \frac{3}{2}a = 0 \tag{4}$$

$$BA \;\nwarrow: \; -F_{Cz} a - F_1 \frac{a}{2} - M + qa \cdot a = 0 \tag{5}$$

$$A \;\curvearrowleft: \; -F_{Cy} a + F_2 \frac{a}{2} + F_1 a = 0 \tag{6}$$

6 GGB und 6 Unbekannte $\Rightarrow$ statisch bestimmt

- Die Auflösung dieses linearen Gleichungssystems liefert:

$$F_{Ax} = F_1, \quad F_{Ay} = F_1 - \frac{1}{2}F_2, \quad F_{Az} = \frac{1}{2}F_1 + \frac{M}{a} - \frac{3}{2}qa$$

$$F_B = -\frac{3}{2}qa$$

$$F_{Cy} = F_1 + \frac{1}{2}F_2, \quad F_{Cz} = qa - \frac{1}{2}F_1 - \frac{M}{a}$$

5.2 Schnittreaktionen beim geraden Träger

Die Definition der Schnittreaktionen (SR) an den beiden Schnittufern erfolgt in Analogie zum ebenen Fall, vgl. Bild 5.3.

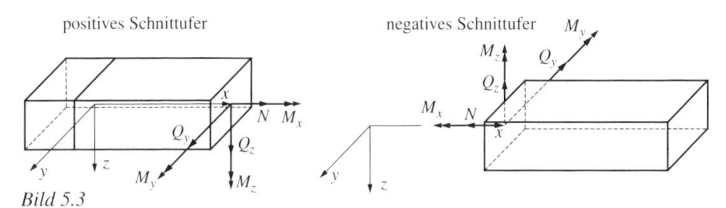

Bild 5.3

Als positives Schnittufer wird wieder dasjenige bezeichnet, dessen Normaleneinheitsvektor $\vec{n}$ der Schnittfläche in positive x-Richtung zeigt.

Als SR treten auf:
N Normalkraft,
Q_y, Q_z Querkräfte in y- bzw. z-Richtung,
M_y, M_z Biegemomente um y- bzw. z-Achse (manchmal auch M_{by}, M_{bz} bezeichnet),
M_x Torsionsmoment (oft auch M_t bzw. T).

Die Querkraftkomponenten Q_y, Q_z können zu einer resultierenden Querkraft $Q = \sqrt{Q_y^2 + Q_z^2}$ und die beiden Komponenten M_y, M_z zu einem resultierenden Biegemoment $M = \sqrt{M_y^2 + M_z^2}$ zusammengefasst werden.

Wie im ebenen Fall gilt:
- positive SR zeigen am positiven Schnittufer in positive Koordinatenrichtung,
- Einteilung der Bereiche, Definition der Bereichs-Koordinatensysteme sowie Vorgehensweise zur Ermittlung der SR analog zum ebenen Fall,
- x_i-Achse $\hat{=}$ Träger-Längsachse (Schwereachse), y_i-, z_i-Achsen jetzt beliebig (als Rechtssystem), jedoch meist parallel zu den beim Tragwerk auftretenden Vorzugsrichtungen (evtl. auch Richtungen der Querschnittshauptachsen, vgl. Abschnitt Flächenträgheitsmomente im Teil Festigkeitslehre).

Beispiel: Für den in C eingespannten, orthogonal abgewinkelten Träger nach Bild 5.4, der an seinem freien Ende belastet ist, sind die SR zu ermitteln.

Gegeben: $F, M = Fa, a$
Gesucht: SR

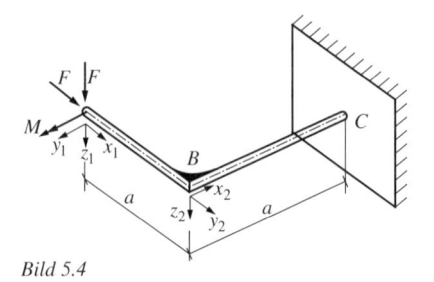

Bild 5.4

Lösung:

Da hier die LR explizit nicht gesucht sind und diese hier auch nicht für die Ermittlung der SR benötigt werden, wird auf ihre Bestimmung verzichtet.

Entsprechend der Einteilung in 2 Schnittbereiche (die beiden geraden Trägerstücke) werden die Bereichs-Koordinatensysteme festgelegt, vgl. Bilder 5.5 und 5.6. Die Berechnung der SR wird wieder bereichsweise vorgenommen. Da die LR vorher nicht berechnet wurden, ist es hier zwingend, diejenigen Trägerteile für die Aufstellung der GGB zu nutzen, die das positive Schnittufer tragen.

Bereich 1: $0 \leqq x_1 \leqq a$

- FKB
- GGB

$$x \searrow: N(x_1) + F = 0$$
$$y \nearrow: Q_y(x_1) = 0$$
$$z \downarrow: Q_z(x_1) + F = 0$$
$$x \searrow: M_x(x_1) = 0$$
$$y \swarrow: M + Fx_1 + M_y(x_1) = 0$$
$$z \downarrow: M_z(x_1) = 0$$

Bild 5.5

- Ergebnisse

$$N(x_1) = -F \quad \text{(konstant)}$$
$$Q_z(x_1) = -F \quad \text{(konstant)}$$
$$M_y(x_1) = -M - Fx_1 \quad \text{(linear veränderlich)}$$
$$\quad\quad\quad = -F(a + x_1)$$
$$\quad\quad\quad = -Fa\left(1 + \frac{x_1}{a}\right)$$

Bereich 2: $0 \leq x_2 \leq a$
- FKB

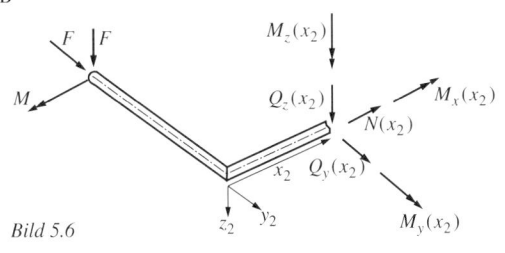

Bild 5.6

- GGB

$$x \nearrow: N(x_2) + F = 0$$
$$y \searrow: Q_y(x_2) + F = 0$$
$$z \downarrow: Q_z(x_2) + F = 0$$
$$x \nearrow: M_x(x_2) - M - Fa = 0$$
$$y \searrow: M_y(x_2) + Fx_2 = 0$$
$$z \downarrow: M_z(x_2) - Fx_2 = 0$$

- Ergebnisse

$$Q_y(x_2) = -F \quad \text{(konstant)}$$
$$Q_z(x_2) = -F \quad \text{(konstant)}$$
$$M_x(x_2) = M + Fa = 2Fa \quad \text{(konstant)}$$
$$M_y(x_2) = -Fx_2 = -Fa\frac{x_2}{a} \quad \text{(linear veränderlich)}$$
$$M_z(x_2) = Fx_2 = Fa\frac{x_2}{a} \quad \text{(linear veränderlich)}$$

Grafische Darstellung der auf F bzw. Fa bezogenen Verläufe:

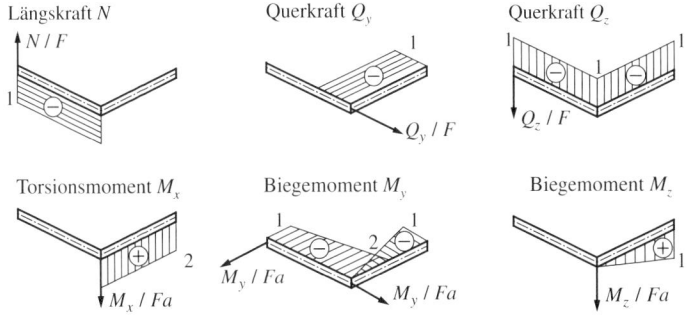

Längskraft N

Querkraft Q_y

Querkraft Q_z

Torsionsmoment M_x

Biegemoment M_y

Biegemoment M_z

Bild 5.7

6 Reibung und Haftung zwischen starren Körpern

6.1 Reibungskraft bei Gleiten und Haftkraft beim Haften

6.1.1 Bewegungswiderstände zwischen Festkörpern

Bei Bewegung
1. zweier Festkörper gegeneinander bzw.
2. eines Festkörpers in einem flüssigen oder gasförmigen Medium

tritt ein Bewegungswiderstand auf. Einfache Beispiele dafür sind:
- Verschieben einer Kiste auf rauem Boden (Festkörper/ Festkörper),
- Schwimmen eines Schiffes im Wasser (Festkörper/Flüssigkeit),
- Fahren eines Ballons in der Luft (Festkörper/Gas).

In allen drei Fällen treten im jeweiligen Kontaktbereich über die Kontaktfläche verteilte Reibungskräfte auf, die am (freigeschnittenen) Körper entgegengesetzt zum Richtungssinn seiner Relativgeschwindigkeit orientiert sind (Bewegungswiderstand). Meist wird vereinfachend eine resultierende, in der gemeinsamen Tangentialebene liegende Reibungskraft $F_T = F_R$ angenommen, vgl. Bild 6.1.

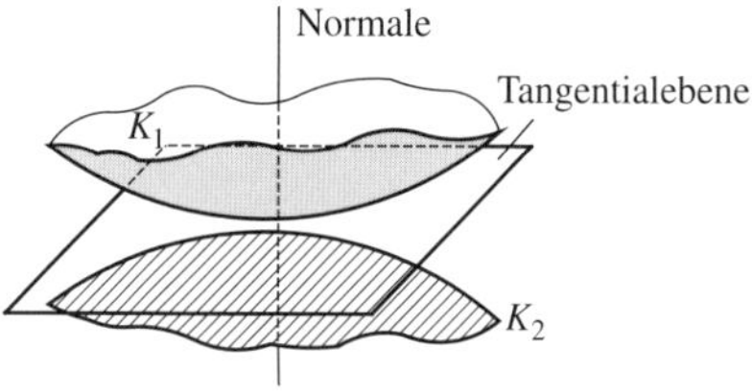

Bild 6.1

Die Reibung ist neben dem Verschleiß und der Schmierung ein Teilgebiet der Tribologie. Sie ist die Wissenschaft und Technik von aufeinander einwirkenden Oberflächen in Relativbewegung, vgl. auch DIN 50 323.

Technische Beispiele im Maschinenbau für das Auftreten von Reibung sind:
- Bewegungsübertragung (z. B. Gleitlager, Wälzlager),
- Bewegungshemmung (Kupplung, Bremsen),
- Materialtransport (Rad/Schiene, Reifen/Straße).

In der Statik wird nur der erste Problemkreis (s. o.) behandelt, d. h. es wird lediglich der Kontakt Festkörper/Festkörper betrachtet. Das Ausschließen der Verformbarkeit bedeutet, dass sich auf Reibung zwischen starren Körpern beschränkt wird. Die Rollreibung setzt deformierbare Körper voraus und wird deshalb erst in Abschnitt 10.5.4 behandelt.

Als Ursache der Reibung kommen physikalische Gegebenheiten an der Kontaktstelle der aufeinander gepressten Körper K_1, K_2 in Frage (Bild 6.2). Die Reibung ist (wie der Verschleiß) keine alleinige Werkstoff-, sondern eine Systemeigenschaft (Tribosystem), deren Größe von zahlreichen Parametern anhängt. Die Erfahrung lehrt, dass die Reibkraft an der Kontaktstelle neben der *Werkstoffpaarung* auch abhängig ist von:

- der Oberflächenstruktur (rau, glatt),
- dem Reibungszustand (Festkörper-, Misch-, Flüssigkeitsreibung),
- der übertragenen Normalkraft $F_N > 0$ (im Sinne einer Druckkraft).

Das Problem der mathematischen Herleitung eines physikalisch begründeten, allgemein gültigen Reibungsgesetzes ist z. Z. noch nicht gelöst. In der Praxis bewährt hat sich jedoch die durch Versuche vielfältigster Art ermittelte Relation

$$|\vec{F}_R| \sim F_N, \qquad F_N > 0.$$

Der Betrag der Reibungskraft $|\vec{F}_R|$ ändert sich proportional zur Normalkraft F_N an der Kontaktstelle. Dabei treten F_R und F_N an der Kontaktstelle der freigeschnittenen Körper K_1, K_2 im Sinne des Wechselwirkungsprinzips (also paarweise) auf.

Im Weiteren soll punktförmiger Kontakt zwischen den starren Körpern K_1 und K_2 vorausgesetzt werden, wobei K_2 fest und K_1 anfangs ruhend sei.

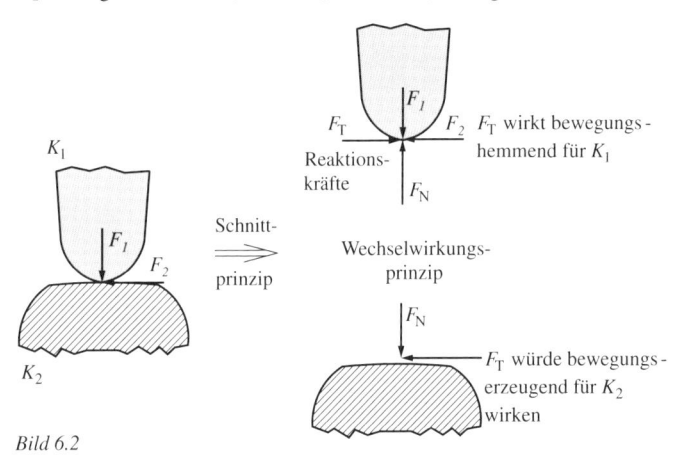

Bild 6.2

Aus dem Gedankenexperiment, dass F_2 von null beginnend monoton wächst, folgt:

Eine Bewegung von K_1 tritt erst auf, wenn F_2 einen charakteristischen Wert überschreitet;

$$\rightarrow: F_T - F_2 = 0$$

also gilt $F_T = F_2$ für den Zustand der Ruhe.

Entsprechend dem relativen Bewegungszustand der Körper K_1, K_2 muss man also unterscheiden:
- $v_{rel} = 0$ zwischen K_1, K_2: *Haftung* (Haftreibung) $\Rightarrow F_T = F_H$,
- $v_{rel} \neq 0$ zwischen K_1, K_2: *Reibung* (falls Beschleunigung beträchtlich $\Rightarrow$ dynamisch bedingte Kräfte berücksichtigen) $\Rightarrow F_T = F_R$.

6.1.2 Haftung (Haftreibung)

Die Haftkraft F_H ist eine in der Tangentialebene der Kontaktstelle von K_1 und K_2 wirkende *Reaktionskraft*, die ebenfalls dem Wechselwirkungsprinzip unterliegt.

Es gilt folgendes empirisches Gesetz (PARENT, COULOMB):

$$|F_\mathrm{H}| \leqq \mu_0 F_\mathrm{N}$$

$$|F_\mathrm{H}|_\mathrm{max} = \mu_0 F_\mathrm{N}$$

μ_0 Haftkoeffizient
$F_\mathrm{N} > 0$ Normalkraft als positive Druckkraft

- Bei *statisch bestimmten* Systemen folgt F_H aus den statischen GGB, kann jedoch den Betragsmaximalwert $\mu_0 F_\mathrm{N}$ nicht übersteigen, wenn der Haftzustand erhalten bleiben soll.
- Bei *statisch unbestimmten* Problemen sind i. Allg. Verformungsbetrachtungen erforderlich, d. h. derartige Aufgaben sind im Rahmen der Starrkörper-Statik korrekt nicht lösbar. In manchen derartigen Fällen hilft man sich mit der Annahme des „Grenzhaften", d. h., es wird angenommen, dass an allen Kontaktstellen des freigeschnittenen Körpers gleichzeitig der jeweilige Maximalwert $|F_\mathrm{H}|_\mathrm{max} = \mu_0 F_\mathrm{N}$ auftritt, wobei der Richtungssinn entgegen der kinematisch möglichen Relativbewegung (im Sinne der Bewegungsverhinderung) angesetzt wird, vgl. Beispiel S. 82.

6.1.3 Reibung (Gleitreibung)

Die Reibungskraft F_R ist eine *eingeprägte* Kraft an der Kontaktstelle von K_1, K_2, die an den beiden freigeschnittenen Körpern der vorhandenen Relativgeschwindigkeit entgegen wirkt.

Für die Festkörperreibung (Reibung zwischen Stoffbereichen mit Festkörpereigenschaften in unmittelbarem Kontakt) und bei Relativbewegungen mit mäßiger sowie nahezu unveränderter Geschwindigkeit, wie sie im Maschinenbau meist vorliegen, verwendet man das COULOMB'sche Reibungsgesetz [COULOMB (* 1736, † 1806 Paris), AMONTONS]:

$$\vec{F}_\mathrm{R} = -\mu F_\mathrm{N} \frac{\vec{v}_\mathrm{rel}}{|\vec{v}_\mathrm{rel}|}$$

$$|\vec{F}_\mathrm{R}| = \mu F_\mathrm{N}, \qquad F_\mathrm{N} > 0$$

$\dfrac{\vec{v}_\mathrm{rel}}{|\vec{v}_\mathrm{rel}|}$ Einheitsvektor in Richtung von $\vec{v}_\mathrm{rel}$
μ Gleitreibungskoeffizient

Damit hat man sowohl für Haften als auch für die Gleitreibung zwei ähnlich strukturierte, experimentell ermittelte Kraftgesetze zur Verfügung. Für vergleichbare Kontaktbedingungen gilt stets: $\mu < \mu_0$.

MORIN hat das COULOMB'sche Gesetz durch umfangreiche Versuche geprüft und für viele Werkstoffpaarungen die Reibungskoeffizienten angegeben.

6.1 Reibungskraft bei Gleiten und Haftkraft beim Haften

▶ *Konsequenz*: Bei gleicher Normalkraft $F_N > 0$ ist der Bewegungswiderstand während des Gleitens kleiner als die maximale Haftkraft. Dies ist insbesondere dann von Bedeutung, wenn mit einem Wechsel vom Haft- in den Gleitzustand oder umgekehrt zu rechnen ist. Ist z. B. Haften erforderlich, aber Gleiten eingetreten, so muss, um wieder Haften zu erzielen, entweder F_N oder μ vergrößert werden. Meist sind dazu spezielle technische Einrichtungen erforderlich. (ABS: Verhinderung von Rutschen (Gleiten), weil dann F_R kleiner ist!).

Beispiel: Eine Rolle vom Gewicht F_G wird von einem Stab und durch eine raue schräge Wand gehalten. In welchen Grenzen darf l/R liegen, damit ein Abrutschen der Rolle ausgeschlossen ist?

Gegeben: $\alpha = 65°; \mu_0 = 0{,}3; F_G$
Gesucht: F_N im Kontaktpunkt
$(l/R)_{\min,\max}$ für Haften
Stabkraft F_S für $(l/R) = 0{,}1$
Haftkraft $|F_H|$ für $(l/R) = 0{,}1$

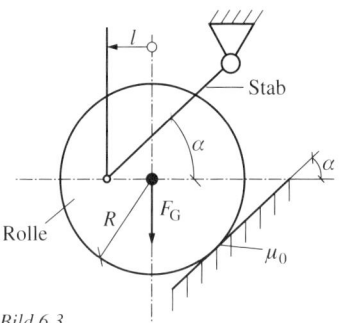

Bild 6.3

Lösung:
- FKB

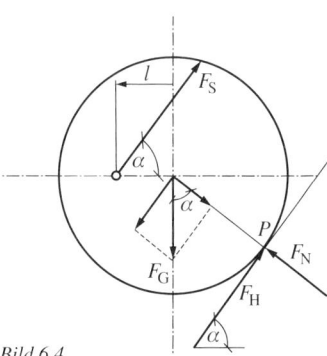

Bild 6.4

- GGB

$$\nearrow: \quad F_S - F_G \sin\alpha + F_H = 0, \quad \text{mit } |F_H| \leqq \mu_0 F_N \quad (1)$$

$$\searrow: \quad F_G \cos\alpha - F_N = 0 \quad (2)$$

$$\overset{\curvearrowleft}{P}: \quad F_G \sin\alpha \, R - F_S(R + l \sin\alpha) = 0 \quad (3)$$

- Ergebnisse

$F_N = 0{,}423\, F_G$, $\qquad F_S(l/R = 0{,}1) \approx 0{,}831\, F_G$

$F_H(l/R = 0{,}1) = 0{,}075\,3\, F_G$

$(l/R)_{max} = 0{,}179$, $\qquad (l/R)_{min} = -0{,}135\,41$

Beispiel: Eine Leiter der Länge l (als starrer masseloser Balken angenommen) ist gemäß Skizze (Bild 6.5) an eine Wand angelegt. Wie groß muss der Winkel α sein, damit eine Person vom Gewicht F_G auf der Leiter bis oben hin steigen kann, ohne dass die Gefahr des Rutschens besteht? Dynamische Kräfte infolge der Bewegung seien vernachlässigbar.

Gegeben: $F_G, l, \mu_{0A}, \mu_{0B}$
Gesucht: Winkel α so, damit kein Wegrutschen der Leiter eintritt

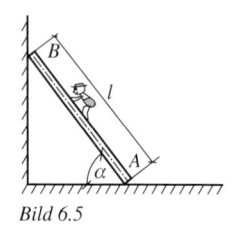

Bild 6.5

Lösung:
- FKB (Freischneiden der Leiter bei bel. Steiglänge l_S)

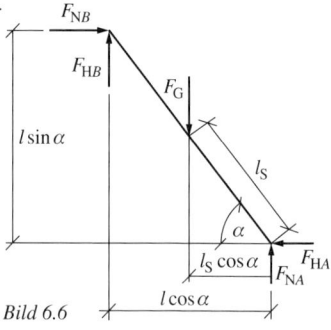

Bild 6.6

- GGB

$\rightarrow: F_{NB} - F_{HA} = 0 \qquad (1)$

$\uparrow: F_{HB} - F_G + F_{NA} = 0 \qquad (2)$

$\circlearrowleft A: -F_{NB}\, l \sin\alpha - F_{HB}\, l \cos\alpha + F_G\, l_S \cos\alpha = 0 \qquad (3)$

Damit stehen drei Gleichungen für die 4 unbekannten Kräfte zur Verfügung, d. h., das Problem ist einfach statisch unbestimmt. Unter der Annahme des *Grenzhaftens* (Richtungssinn von F_{HA} und F_{HB} wurden bereits im FKB im Sinne der Bewegungsbehinderung angesetzt) gelten noch die beiden Gleichungen

$F_{HA} = \mu_{0A} F_{NA} \qquad (4)$

$F_{HB} = \mu_{0B} F_{NB} \qquad (5)$

6.1 Reibungskraft bei Gleiten und Haftkraft beim Haften 83

Setzt man außerdem $l_S = l_{S\,max} = l$ (Bedingung für vollständiges Begehen), so lassen sich aus den 5 Gleichungen die 5 Unbekannten F_{NA}, F_{HA}, F_{NB}, F_{HB}, $\alpha = \alpha_{Grenz}$ ermitteln. Die Auflösung des Gleichungssystems (1) bis (5) liefert schließlich für den Grenzwinkel:

$$\alpha_{Grenz} = \arctan(1/\mu_{0A})$$

Fazit: Je geringer der Wert von μ_{0A}, desto größer muss der Grenzwinkel α_{Grenz} werden, um ein Wegrutschen zu vermeiden. Also gilt für sicheres Begehen der Leiter:

$$\pi/2 > \alpha \geqq \alpha_{Grenz}$$

Beispiel: Welchen Betrag muss die Kraft F haben, wenn nach Überwindung der Haftkräfte die Last F_L gleichförmig gehoben werden soll? Die Gewichte von Stab und Keil werden gegenüber der Last vernachlässigt.

Gegeben: F_L, a, b, d, $d \ll (a+b)$, μ
Gesucht: F

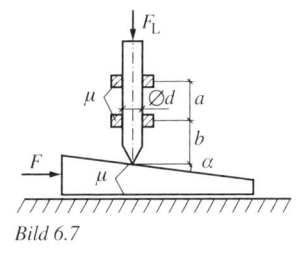

Bild 6.7

Lösung:
- FKB

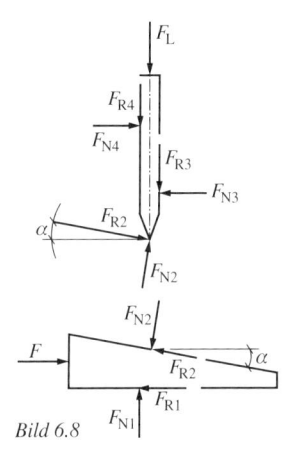

Bild 6.8

- GGB

Gleitreibungskräfte: $F_{Ri} = \mu F_{Ni}$; $i = 1, \ldots, 4$

Stab:

$\rightarrow$: $F_{N2} \sin\alpha + F_{R2} \cos\alpha - F_{N3} + F_{N4} = 0$ \hfill (1)

$\uparrow$: $F_{N2} \cos\alpha - F_{R2} \sin\alpha - F_{R3} - F_{R4} - F_L = 0$ \hfill (2)

Wegen $d \ll (a+b)$ kann angenommen werden, dass die Kräfte am Stab an der Mittellinie angreifen.

$$\circlearrowleft P: F_{N3}b - F_{N4}(a+b) = 0 \tag{3}$$

Keil:

$$\rightarrow: F - F_{R1} - F_{R2}\cos\alpha - F_{N2}\sin\alpha = 0 \tag{4}$$

$$\uparrow: F_{N1} + F_{R2}\sin\alpha - F_{N2}\cos\alpha = 0 \tag{5}$$

- Auflösung

$$\left.\begin{array}{l}(4): F = \mu F_{N1} + F_{N2}(\sin\alpha + \mu\cos\alpha) \\ (5): F_{N1} = F_{N2}(\cos\alpha - \mu\sin\alpha)\end{array}\right\} \Rightarrow$$

$$F = F_{N2}\left[(1-\mu^2)\sin\alpha + 2\mu\cos\alpha\right]$$

$$(3): F_{N3} = F_{N4}\frac{a+b}{b}$$

$$\left.\begin{array}{l}(1): F_{N2}(\sin\alpha + \mu\cos\alpha) - F_{N4}\dfrac{a}{b} = 0 \\ (2): F_{N2}(\cos\alpha - \mu\sin\alpha) - F_{N4}\mu\dfrac{a+2b}{b} = F_L\end{array}\right\} \Rightarrow$$

$$F_{N2} = \frac{F_L a}{\left[(1-\mu^2)a - 2\mu^2 b\right]\cos\alpha - 2\mu(a+b)\sin\alpha}$$

$$\Rightarrow F = \frac{\left[(1-\mu^2)\sin\alpha + 2\mu\cos\alpha\right]a}{\left[(1-\mu^2)a - 2\mu^2 b\right]\cos\alpha - 2\mu(a+b)\sin\alpha} F_L$$

6.2 Seilreibung (Umschlingungsreibung) und Seilhaftung

Wird über eine Kreisscheibe ein schmiegsames dünnes Seil oder Band gelegt und dieses straff gespannt, so entsteht ein Anpressdruck. Hieraus resultiert, dass zwischen Seil und Scheibe Reibungskräfte auftreten, wenn eine Relativgeschwindigkeit zwischen Scheibe und Band existiert. Man unterscheidet dabei zwischen den beiden in Bild 6.9 gezeigten Fällen.

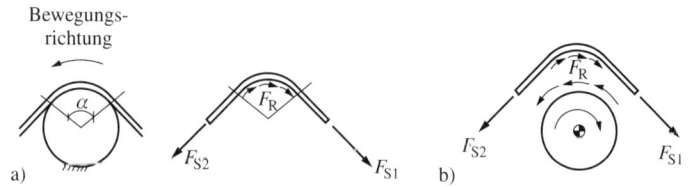

Bild 6.9 a) Bewegtes Seil und feststehende Scheibe; b) sich drehende Scheibe und feststehendes Seil

6.2 Seilreibung (Umschlingungsreibung) und Seilhaftung 85

Unter den Voraussetzungen, dass für die Seil- bzw. Banddicke $d \ll r$ gilt und die Fliehkraft des Seiles vernachlässigbar ist, folgt aus den GGB am herausgeschnittenen differenziellen Seilelement (vgl. Bild 6.10) eine Differenzialgleichung erster Ordnung für die Seilkraft $F_S(\varphi)$ [zur Herleitung vgl. z. B. /GH-90/].

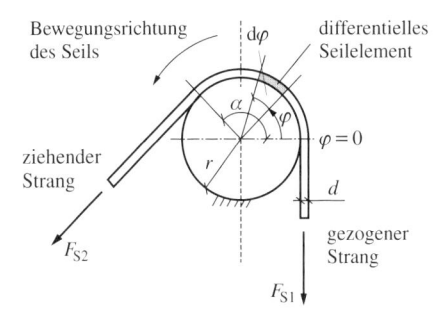

Bild 6.10

Unter der Voraussetzung, dass μ über den Umschlingungswinkel α konstant ist, lässt sich die Differenzialgleichung mittels Trennung der Variablen integrieren. Bei Beachtung der Randbedingungen

$$F_S(\varphi = 0) = F_{S1} > 0 \quad \text{und} \quad F_S(\varphi = \alpha) = F_{S2} > 0$$

ergibt sich die EULER-EYTELWEIN'sche Gleichung:

$$F_{S2} = F_{S1}\, e^{\mu \alpha}$$

Im Falle des Haftens gilt die Relation:

$$F_{S1}\, e^{-\mu_0 \alpha} \leqq F_{S2} \leqq F_{S1}\, e^{\mu_0 \alpha}$$

Beispiel: Die Bandbremse nach Bild 6.11 soll ein gleichmäßiges Absenken der Last mg gewährleisten. Welche Bremskraft ist dazu erforderlich?

Gegeben: mg, r, R, μ
Gesucht: F

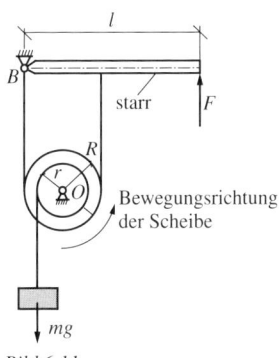

Bild 6.11

Lösung:

- FKB

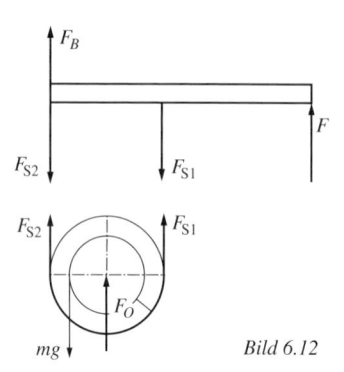

Bild 6.12

In den FKB von Hebel und Scheibe wurde beim Freischneiden beachtet, dass infolge der Drehrichtung der Scheibe die größere Seilkraft F_{S2} im linken und die kleinere im rechten Trum wirkt.

- GGB

Hebel:

$$\uparrow: \quad F_B - F_{S2} - F_{S1} + F = 0 \tag{1}$$

$$\circlearrowleft B: -F_{S1}\,2R + Fl = 0 \tag{2}$$

Scheibe:

$$\uparrow: \quad F_{S2} - mg + F_O + F_{S1} = 0 \tag{3}$$

$$\circlearrowleft 0: -F_{S2}R + mgr + F_{S1}R = 0 \tag{4}$$

Hinzu kommt mit $\alpha = \pi$ die Seilreibungsbeziehung:

$$F_{S2} = F_{S1}\,e^{\mu\pi} \tag{5}$$

Das sind 5 Gleichungen für die 5 unbekannten Kräfte F, F_{S1}, F_{S2}, F_B, F_O. Das Auflösen dieses linearen Gleichungssystems liefert die erforderliche Bremskraft:

$$F = \frac{2mgr}{l(e^{\mu\pi} - 1)}$$

Auf die Angabe der restlichen Kräfte sei hier verzichtet.

7 Prinzip der virtuellen Arbeit für starre Körper

Eine mögliche Vorgehensweise zur Ermittlung von Lager- und Schnittreaktionen ist die der Nutzung von GGB (vollständiges Freischneiden erforderlich!), vgl. Kapitel 3. Die dazu alternative Vorgehensweise ist die der Verwendung von Energieaussagen.

7.1 Arbeit

Wirkt auf auf einen Körper eine *Kraft* ein, so ist diese bestrebt, den Körper zu *verschieben*. Wirkt auf einen Körper ein *Moment* ein, so ist dieses bestrebt, den Körper zu *verdrehen*. Kommt die Bewegung zustande, wird Arbeit verrichtet.

Das Arbeitsdifferenzial dW ist eine skalare Größe und ergibt sich aus dem Skalarprodukt der Kraft $\vec{F}$ mit der differenziellen Änderung $d\vec{r}$ des Ortsvektors $\vec{r}$ vom Kraftangriffspunkt, vgl. Bild 7.1.

$$dW = \vec{F} \cdot d\vec{r} = |\vec{F}| \cos \alpha \, ds = F_t \, ds$$

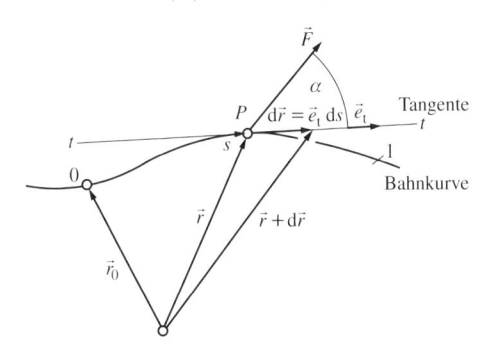

Bild 7.1

Eine Integration entlang der Bahnkurve des Kraftangriffspunktes liefert die längs des Weges $(s - s_0)$ verrichtete Arbeit:

$$W = \int_{s_0}^{s} F_t \, ds, \qquad F_t = \vec{F} \cdot \vec{e}_t$$

Analog zur Arbeit einer Kraft gilt für das Arbeitsdifferenzial eines Momentes:

$$dW = \vec{M} \cdot d\vec{\varphi}$$

Hierbei ist $d\vec{\varphi} = \vec{e}_d \, d\varphi$ der Vektor der infinitesimalen Drehungen des starren Körpers mit $\vec{e}_d$ als Einheitsvektor zur Beschreibung der Richtung der augenblicklichen Drehachse des starren Körpers und $d\varphi$ als dessen infinitesimale Drehung um diese Achse.

7.2 Virtuelle Verrückung, virtuelle Arbeit

Unter einer virtuellen (lat. virtus = Möglichkeit) Verrückung (Verschiebung $\delta \vec{u}$ oder Verdrehung $\delta \vec{\varphi}$) versteht man eine
- gedachte, also nicht unbedingt eintretende,
- infinitesimal kleine (also wie Differenziale zu behandelnde),
- mit den geometrischen Bindungen des Systems verträgliche und
- zeitlose

Lageänderung von starren Körpern.

Mathematisch stellen die virtuellen Verschiebungen eine Variation des Verschiebungszustandes eines Körpers bei festgehaltener Zeit ($\delta t \equiv 0$) dar. Das δ-Symbol für virtuelle Änderungen entstammt dabei aus der Variationsrechnung. Sei z. B. $\vec{u} = \vec{u}(x, y, z, t)$, dann gilt für das Differenzial der wirklichen Verschiebung

$$d\vec{u} = \frac{\partial \vec{u}}{\partial x} dx + \frac{\partial \vec{u}}{\partial y} dy + \frac{\partial \vec{u}}{\partial z} dz + \frac{\partial \vec{u}}{\partial t} dt$$

während sich die virtuelle Verschiebung gemäß

$$\delta \vec{u} = \frac{\partial \vec{u}}{\partial x} \delta x + \frac{\partial \vec{u}}{\partial y} \delta y + \frac{\partial \vec{u}}{\partial z} \delta z$$

darstellen lässt.

Jede Bewegung lässt sich nach EULER in
- die translatorische Bewegung mit der Geschwindigkeit eines gewählten Punktes des starren Körpers sowie
- eine Drehbewegung um diesen Punkt (momentaner Drehpunkt)

zerlegen, vgl. dazu auch das entsprechende Kapitel im Teil Dynamik.

Bei dieser Vorgehensweise sind
- $\delta \vec{u}_P$ die virtuelle Verschiebung des Bezugspunktes P und
- $\delta \vec{\varphi}$ die virtuelle Verdrehung des starren Körpers.

Mit $\vec{F}$ als in P angreifende resultierende Kraft und $\vec{M}^P$ als resultierendes Moment der auf den starren Körper wirkenden Kraftgrößen ergibt sich für die virtuelle Arbeit:

$$\delta W = \vec{F} \cdot \delta \vec{u}_P + \vec{M}^P \cdot \delta \vec{\varphi}$$

7.3 Prinzip der virtuellen Arbeit (PdvA)

Das PdvA besagt:

Ein mechanisches System (in der Statik bestehend aus starren Körpern) befindet sich dann im Gleichgewicht, wenn die virtuelle Arbeit der *eingeprägten Kräfte und Momente* für jede virtuelle Verrückung gleich null ist, d. h., es muss

$$\delta W \equiv \sum_i \vec{F}_i \, \delta \vec{u}_i + \sum_j \vec{M}_j \cdot \delta \varphi_j \stackrel{!}{=} 0$$

erfüllt sein. (Die allgemeine Formulierung des PdvA erfolgte bereits 1717 durch JOHANN BERNOULLI.) Hierbei sind

$\vec{F}_i$ eingeprägte Kräfte,
$\delta \vec{u}_i$ virtuelle Verschiebungen der Kraftangriffspunkte,
$\vec{M}_j$ eingeprägte Momente,
$\delta \vec{\varphi}_j$ virtuelle Verdrehungen der Körper.

Das PdvA ist ein Grundprinzip der Mechanik im Sinne eines Axioms (Abschnitt 1.2). Seine Anwendung führt auf Gleichgewichtsaussagen, d. h., das PdvA und die GGB sind gleichrangige Axiome.

Ein praktischer Vorteil des PdvA gegenüber den GGB besteht darin, dass meist kein vollständiges Freischneiden erforderlich ist und die Reaktionskräfte, die starren Bindungen zugeordnet sind, keine Arbeit verrichten und deshalb nicht in die Betrachtungen eingehen. Das betrachtete System muss aber für die Anwendung dieses Prinzips mindestens *einen Freiheitsgrad* haben. Das PdvA kann u. a. zur Lösung folgender Aufgaben herangezogen werden:
- Bestimmung unbekannter eingeprägter Kräfte in einem Gleichgewichtssystem,
- Ermittlung von Reaktionen in einem Gleichgewichtssystem, indem man unter Anwendung des Schnittprinzips die betreffende(n) kinematische(n) Bindung(en) löst und sie durch unbekannte „eingeprägte" Kräfte ersetzt,
- Bestimmung der Gleichgewichtslagen von Mechanismen.

Für den Sonderfall der ebenen Bewegung (hier parallel zur x, y-Ebene) gilt insbesondere:

$$\delta W \equiv \sum_i \left(F_{ix}\delta u_{ix} + F_{iy}\delta u_{iy} \right) + \sum_j M_{jz}\delta \varphi_{jz} \stackrel{!}{=} 0$$

Hierbei sind alle Größen bez. der positiven Koordinatenrichtungen entsprechend vorzeichenbehaftet einzusetzen bzw. die einzelnen Arbeitsanteile sind dann positiv (negativ), wenn Kraftgrößen und virtuelle Verrückungen zueinander gleichgerichtet (entgegengerichtet) sind.

7.4 Anwendungen

Beispiel: Ein bei B drehbar gelagerter starrer Hebel wird an seinen beiden Enden durch Kräfte F_1, F_2 belastet. Gesucht ist der Zusammenhang zwischen den Kräften so, dass für die betrachtete Lage des Hebels statisches Gleichgewicht herrscht.

Gegeben: l_1, l_2
Gesucht: Beziehung zwischen F_1 und F_2 für Gleichgewichtszustand

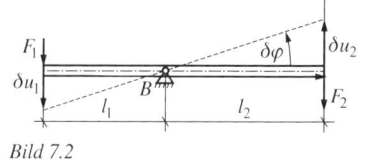

Bild 7.2

Lösung:

Wie aus Bild 7.2 zu erkennen, wurden als virtuelle Verrückungen die Verschiebungen δu_1, δu_2 sowie die Drehung $\delta \varphi$ eingeführt. Diese sind aber nicht unabhängig voneinander, denn es gelten mit $\delta \varphi \ll 1$ ($\sin(\delta \varphi) \approx \tan(\delta \varphi) \approx \delta \varphi$) die beiden Zwangsbedingungen (ZB):

$$\delta u_1 = l_1 \delta \varphi, \qquad \delta u_2 = l_2 \delta \varphi$$

▶ *Zwangsbedingungen*: Das sind Gleichungen, die die eingeführten Koordinaten – hier die virtuellen Verrückungen – miteinander verknüpfen. Man gewinnt sie aus kinematischen bzw. Geometriebetrachtungen (vgl. entsprechende Abschnitte im Teil Dynamik).

7 Prinzip der virtuellen Arbeit für starre Körper

Die Formulierung der virtuellen Arbeit liefert hier in Verbindung mit dem PdvA:

$$\delta W \equiv F_1 \delta u_1 + (-F_2) \delta u_2 \stackrel{!}{=} 0$$

Einsetzen der ZB ergibt

$$(F_1 l_1 - F_2 l_2) \delta \varphi = 0$$

Da $\delta\varphi$ beliebig, aber $\delta\varphi \neq 0$ vorausgesetzt wird, muss zur Erfüllung dieser Gleichung der Klammerausdruck null sein, also die Beziehung

$$F_1 l_1 = F_2 l_2$$

gelten (ein aus der Physik wohlbekanntes Ergebnis!).

Beispiel: Für die zentrische Schubkurbel nach Bild 7.3 (Kurbelradius r, Pleuellänge l) ist für eine beliebige Getriebestellung die Relation zwischen Kolbenkraft F und dem an der Kurbelwelle wirkenden Moment M im Gleichgewichtszustand zu bestimmen.

Gegeben: r, l

Gesucht: Relation zwischen F und M für Gleichgewichtszustand

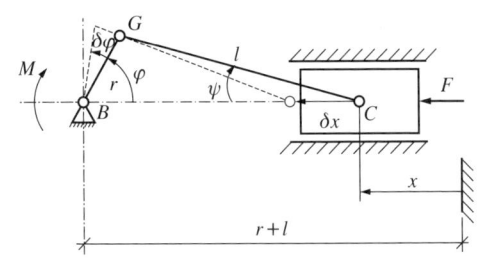

Bild 7.3

Lösung:

Zur Lagebeschreibung wurden die Lagekoordinaten φ, ψ, x eingeführt. Da der Mechanismus zwangläufig (Freiheitsgrad = 1) ist, sind diese Koordinaten (und ihre Änderungen) nicht voneinander unabhängig, sodass auch hier ZB existieren.

Das PdvA liefert zunächst:

$$\delta W \equiv F \delta x - M \delta \varphi \stackrel{!}{=} 0$$

Um den Zusammenhang zwischen δx und $\delta \varphi$ herzustellen, werden die ZB aus obigem Bild in Form von Längenbilanzen abgelesen und wie folgt formuliert:

horizontal:

$$r + l = r \cos \varphi + l \cos \psi + x$$

vertikal:

$$r \sin \varphi = l \sin \psi$$

Hieraus folgt unter Nutzung des Kurbel-Koppel-Verhältnisses $\lambda = r/l$ und wegen $\cos \psi = \sqrt{1 - \sin^2 \psi}$ eine Beziehung für $x(\varphi)$:

$$x(\varphi) = r(1 - \cos \varphi) + l \left(1 - \sqrt{1 - \lambda^2 \sin^2 \varphi} \right)$$

Wegen

$$\delta x = \frac{\partial x}{\partial \varphi} \delta \varphi = x'(\varphi) \cdot \delta \varphi = \left[r \sin \varphi \left(1 + \frac{\lambda \cos \varphi}{\sqrt{1 - \lambda^2 \sin^2 \varphi}} \right) \right] \delta \varphi$$

ergibt sich aus dem PdvA:

$$\left[Fr \sin \varphi \left(1 + \frac{\lambda \cos \varphi}{\sqrt{1 - \lambda^2 \sin^2 \varphi}} \right) - M \right] \delta \varphi = 0$$

Da die Erfüllung dieser Gleichung für $\delta \varphi \neq 0$ nur möglich ist, wenn der Ausdruck in der eckigen Klammer null wird, folgt hieraus:

$$M(\varphi) = Fr \left(1 + \frac{\lambda \cos \varphi}{\sqrt{1 - \lambda^2 \sin^2 \varphi}} \right) \sin \varphi$$

Beispiel: Mit dem PdvA sind die Lager- und Schnittreaktionen für das Tragwerk nach Bild 7.4 zu ermitteln. Der statisch bestimmt gelagerte Gelenkträger wird durch eine Streckenlast konstanter Intensität q, eine Einzelkraft F und ein diskretes Moment M_1 belastet.

Gegeben: q, F, M_1, a, b, c
Gesucht: M_A, F_{Ah},
Schnittmoment $M(x)$
zwischen A, B

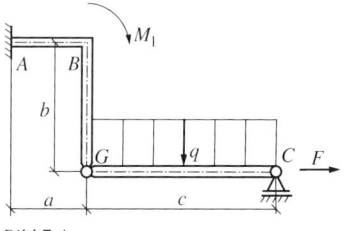

Bild 7.4

Lösung:

Prinzipiell wäre eine gleichzeitige Bestimmung der gesuchten Größen durch Einführung dreier voneinander unabhängiger virtueller Verrückungen möglich. Für die praktische Anwendung des PdvA ist es jedoch vorteilhaft, jeweils nur eine Bindung zu lösen. Dann entsteht aus dem Tragwerk ein Mechanismus mit einem Freiheitsgrad, was bei der Aufstellung der Zwangsbedingungen von Vorteil ist. Außerdem geht auch nur eine Unbekannte in die virtuelle Arbeit ein, die damit unabhängig von den anderen, evtl. noch zu bestimmenden gesuchten Reaktionsgrößen ermittelt werden kann.

Berechnung von M_A

Damit die zu bestimmende Reaktionsgröße (hier M_A) in der Arbeitsgleichung einen von null verschiedenen Anteil liefert, muss die ihr zugeordnete Bindung gelöst werden, vgl. die Aussagen in Abschnitt 7.3. Konkret bedeutet das hier, dass jetzt die ursprünglich durch die Einspannung bei A verhinderte Drehung in Form der virtuellen Verrückung $\delta\varphi$ zugelassen wird, d. h., aus der Einspannung wird ein Festlager und das Einspannmoment M_A vorübergehend zum „eingeprägten" Moment (Bild 7.5).

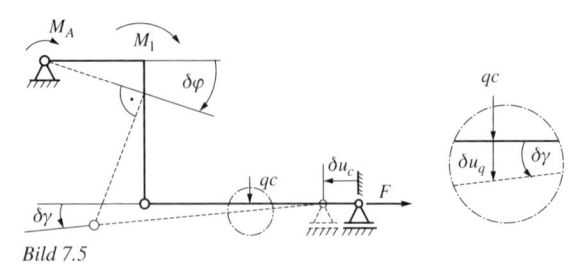

Bild 7.5

Als Arbeitsgleichung (PdvA) ergibt sich:

$$\delta W \equiv M_A\,\delta\varphi + M_1\,\delta\varphi + qc\,\delta u_q - F\,\delta u_C = 0$$

Aus Bild 7.5 können folgende geometrische Beziehungen (ZB) zwischen den virtuellen Verrückungen abgelesen werden ($\delta\varphi \ll 1$):

$$a\,\delta\varphi = c\,\delta\gamma \Rightarrow \delta\gamma = \frac{a}{c}\,\delta\varphi, \qquad \delta u_C = b\,\delta\varphi$$

$$\delta u_q = \frac{1}{2}c\,\delta\gamma = \frac{1}{2}a\,\delta\varphi$$

Werden diese Beziehungen in die Arbeitsgleichung eingesetzt, so folgt:

$$\left(M_A + M_1 + \frac{1}{2}qac - Fb\right)\delta\varphi = 0$$

Wegen $\delta\varphi \neq 0$ ergibt sich aus dem Nullsetzen der Klammer:

$$M_A = Fb - M_1 - \frac{1}{2}qac$$

Berechnung von F_{Ah}

Dazu wird die Bindung von A in horizontaler Richtung gelöst und die horizontale Lagerkraftkomponente F_{Ah} als „eingeprägte" Kraft eingeführt (Bild 7.6).

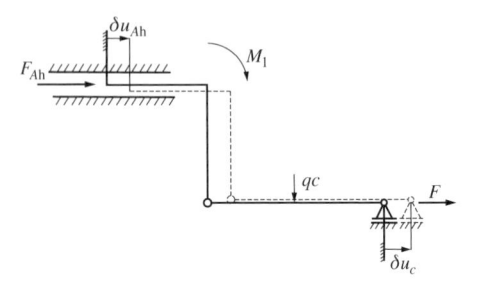

Bild 7.6

7.4 Anwendungen

Die Formulierung der Arbeitsgleichung liefert zunächst:

$$\delta W \equiv F_{Ah}\,\delta u_{Ah} + F\,\delta u_C = 0$$

Als ZB gilt entsprechend Bild 7.6:

$$\delta u_{Ah} = \delta u_C$$

Somit ergibt sich:

$$(F_{Ah} + F)\delta u_C = 0$$

Woraus wegen $\delta u_C \neq 0$ sofort $F_{Ah} = -F$ folgt.

In analoger Vorgehensweise könnten auch noch die vertikale Lagerkraft F_{Av} und die Lagerkraft F_C im Loslager bestimmt werden, worauf hier verzichtet werden soll.

Berechnung des Schnittmomentes $M(x)$ für $x \in [0, a]$

Die durch die Ortskoordinate x festgelegte Schnittstelle, die lokal wie eine feste Einspannung wirkt, wird jetzt durch ein Scharniergelenk ersetzt, wodurch aus dem Tragwerk ein Mechanismus wird. Die virtuelle Drehung $\delta\varphi$ beschreibt hierbei die dem Schnittmoment $M(x)$ zugeordnete gelöste Bindung (Bild 7.7).

$M(x)$ wirkt als „eingeprägtes" Moment entsprechend dem Schnittprinzip auf die beiden am Gelenk aufgetrennten Tragwerksteile. Die natürlich dabei auch sichtbar werdenden Gelenkkräfte F_{Gh} und F_{Gv} verrichten jedoch am System keine Arbeit, da ihr Angriffspunkt nicht verschoben wird.

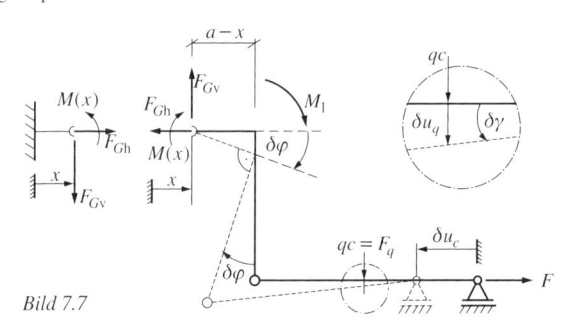

Bild 7.7

Die Bilanz der einzelnen Arbeitsanteile (PdvA) liefert:

$$\delta W \equiv M(x)\delta\varphi + M_1\delta\varphi + qc\delta u_q - F\delta u_C = 0$$

Als ZB findet man unter Beachtung von $\delta\varphi \ll 1$:

$$\left.\begin{array}{r}(a-x)\delta\varphi = c\,\delta\gamma \\ b\,\delta\varphi = \delta u_C \\ \dfrac{c}{2}\delta\gamma = \delta u_q\end{array}\right\} \Rightarrow \quad \delta u_q = \dfrac{a-x}{2}\delta\varphi$$

Einsetzen in die Arbeitsgleichung und Ausklammern von $\delta\varphi$ ergibt:

$$\left[M(x) + M_1 - Fb + \dfrac{qc}{2}(a-x)\right]\delta\varphi = 0$$

Wegen $\delta\varphi \neq 0$ muss zur Erfüllung dieser Gleichung der in eckigen Klammern stehende Ausdruck zu null werden, woraus das gesuchte, vom Ort abhängige Schnittmoment zu

$$M(x) = -M_1 + Fb - \frac{qc}{2}(a - x)$$

folgt. Wie man sofort sieht, gilt

$$M_A = M(x = 0) = Fb - M_1 - \frac{qca}{2}$$

Mechanik deformierbarer Körper: Festigkeitslehre (Elastostatik)

Einführung

In der Festigkeitslehre wird das in der Statik benutzte Modell vom starren Körper aufgegeben und ein *elastisch deformierbarer Körper* als Kontinuum herangezogen. Dies ermöglicht bei Wirkung einer Belastung die Ermittlung der *Beanspruchung* und *Deformation* (Verformung).

Die Beanspruchung wird lokal durch die mechanischen *Spannungen* beschrieben, welche auf gedachte körperinnere Schnittflächen bezogene Kräfte, also innere Flächenkräfte sind. Die Deformation wird durch geometrisch-kinematische Größen beschrieben. Dies sind die *Verschiebungen* und *Verzerrungen*, wobei sich die Verzerrungen (*Dehnungen* und *Gleitungen*) aus den Verschiebungen durch Differenziation ergeben.

Für die Beschreibung von Deformation und Spannung werden zweckmäßigerweise zwei Zustände unterschieden: der *undeformierte* Ausgangszustand gegenüber dem *aktuellen, deformierten Zustand*. Im Weiteren wird der aktuelle oder momentane Zustand betrachtet.

Die Spannungen (Kräfte) und die Verzerrungen (Geometrie) stehen über ein *Elastizitätsgesetz* (Materialgesetz) in einem Zusammenhang. Im Fall des ideal elastischen Körpers ist dies das HOOKE'*sche Gesetz*, welches anschaulich von der elastischen Feder her bekannt ist.

Wie schon in der Statik werden hier lediglich Linientragwerke, also Tragwerke, die aus Stäben und geraden Balken bestehen, betrachtet.

Die Aufgaben der Festigkeitslehre lassen sich wie folgt beschreiben:
1. Die der Dimensionierung von Bauteilen zugrunde liegende Beanspruchung (Spannung) muss in jedem Punkt (lokal) ermittelt werden, um einen Vergleich zwischen berechneter und ertragbarer (zulässiger) Beanspruchung durchführen zu können.
2. Auch die Berechnung der tatsächlich eintretenden Verformung ist von technischem Interesse. Zum Beispiel kann bei Lagern oder auch beim Eingriff von Zahnrädern ein Vergleich zwischen vorhandener und zulässiger Verformung zur Funktionsgewährleistung notwendig werden.
3. Ein großer Teil der in der Technik anfallenden Probleme ist statisch unbestimmt. Die Ermittlung der Lager- und Schnittreaktionen an solchen statisch unbestimmten Konstruktionen ist Basis für die Berechnung von Spannungen und Verformungen.
4. Bei Bauteilen mit spezieller geometrischer Form tritt bei Erreichen einer bestimmten, auch vom Werkstoff abhängigen Druckbeanspruchung ein

plötzliches Versagen auf – der sog. Stabilitätsverlust (z. B. das Knicken von Stäben, das Kippen von Biegestäben, das Beulen von Platten u. a.). Eine Untersuchung des Stabilitätsverhaltens in bestimmten Bereichen hinsichtlich des Materialverhaltens wird vorgenommen.

Zusammenfassung:

Die Beurteilung der Bauteilbeanspruchung durch mechanische (auch thermische u. a.) Einflüsse hinsichtlich Belastbarkeit, Funktionstüchtigkeit und letztendlich die Lebensdauer stützt sich auf Versuchsergebnisse aus Werkstoff- und Bauteilprüfungen. Dabei geht es um eine sinnvolle Verknüpfung von Beanspruchung und Beanspruchbarkeit des betrachteten Bauteils. Hierzu stehen umfangreiche Werkstoff- und Bauteilkennwerte aus statischen und zyklischen Versuchen zur Verfügung. Auf eine Übereinstimmung zwischen Versuchsergebnissen und Berechnungen ist besonders zu achten.

8 Grundlagen der Festigkeitslehre

8.1 Spannungen, Spannungszustand

Spannungen

Die Spannungen sind – wie die Kräfte – Modellvorstellungen. Es wird ein beliebig belasteter Körper betrachtet, welcher sich im Gleichgewicht befindet. Denkt man sich ein aus dem beanspruchten Körper herausgeschnittenes infinitesimales Volumenelement (Elementarquader), so werden die inneren Kräfte als Schnittkräfte in den Elementflächen (Schnittflächen) sichtbar gemacht (vgl. Bild 8.1).

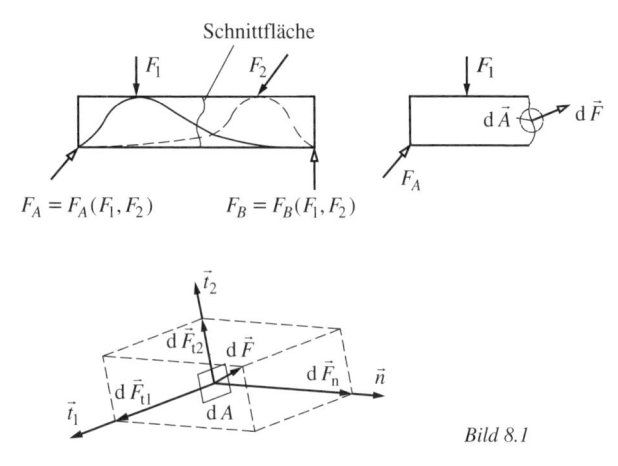

Bild 8.1

8.1 Spannungen, Spannungszustand

Schnittprinzip:
- Unterteilung der Schnittfläche A in gerichtete Flächenelemente $\mathrm{d}\vec{A}$,
- jedes Flächenelement überträgt eine Schnittkraft $\mathrm{d}\vec{F}$
  - *Bemerkung*:
    - $\mathrm{d}\vec{F}$ wurde in Bild 8.1 nur an einem Flächenelement angetragen,
    - Betrag und Richtung von $\mathrm{d}\vec{F}$ hängen von der Richtung von $\mathrm{d}\vec{A}$ ab.

Bezeichnungen:

$\mathrm{d}A$ Betrag des Flächenelements $\mathrm{d}\vec{A}$
$\vec{n}$ Normaleneinheitsvektor des Flächenelements; kennzeichnet die Richtung von $\mathrm{d}A$ ($\mathrm{d}\vec{A} = \mathrm{d}A\,\vec{n}$)
$\vec{t}_1, \vec{t}_2$ in der Schnittfläche liegende Tangenteneinheitsvektoren
$\mathrm{d}\vec{F}_n$ Komponente von $\mathrm{d}\vec{F}$ normal zu $\mathrm{d}\vec{A}$
$\mathrm{d}\vec{F}_t$ Komponente von $\mathrm{d}\vec{F}$ tangential zu $\mathrm{d}\vec{A}$

Definition der Spannungen

- Normalspannung:

$$\vec{\sigma} = \frac{\mathrm{d}\vec{F}_n}{\mathrm{d}A} = \sigma\,\vec{n}$$

  übertragene Normalkraft pro Flächeneinheit

- Schubspannungen:

$$\vec{\tau}_1 = \frac{\mathrm{d}\vec{F}_{t1}}{\mathrm{d}A} = \tau_1\,\vec{t}_1, \qquad \vec{\tau}_2 = \frac{\mathrm{d}\vec{F}_{t2}}{\mathrm{d}A} = \tau_2\,\vec{t}_2$$

  übertragene Tangentialkraft (Schubkraft) pro Flächeneinheit

Die Dimension der Spannung ist Kraft/Fläche; Einheit $\mathrm{N/mm^2 = MPa}$.

Die Spannungen sind vektorielle Größen (wie die Kraft), die die lokale (örtliche) Beanspruchung des Bauteils kennzeichnen.

Indizierung der Spannungen

Die in jeder der Schnittflächen eines Elementarquaders wirkende Schnittkraft wird durch drei Komponenten ausgedrückt. Werden diese auf die jeweilige Schnittfläche bezogen, ergeben sich pro Schnittfläche drei Spannungskomponenten, d. h. also insgesamt neun Spannungen.

Die Orientierung jeder Schnittfläche wird durch ihren Normaleneinheitsvektor $\vec{n}$ bestimmt, der zweckmäßigerweise jeweils parallel zu einer der Koordinatenrichtungen $\mathbf{e} = [\vec{e}_x, \vec{e}_y, \vec{e}_z]^\mathrm{T}$ eines kartesischen Koordinatensystems (allg. orthonormiertes Rechts-Basisvektorensystems) verläuft.

Die in den Schnittflächen auftretenden Spannungskomponenten σ_{ij} lassen sich nach Bild 8.2 aufteilen.

8 Grundlagen der Festigkeitslehre

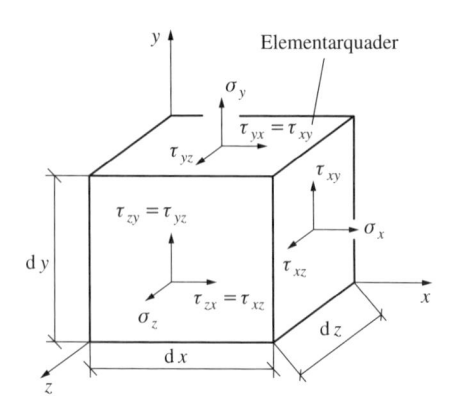

Bild 8.2

- Normalspannungen für $i = j$:
  $\sigma_{xx} = \sigma_x$, $\sigma_{yy} = \sigma_y$, $\sigma_{zz} = \sigma_z$
- Schubspannungen für $i \neq j$:
  $\sigma_{xy} = \tau_{xy}$, $\sigma_{yz} = \tau_{yz}$, $\sigma_{xz} = \tau_{xz}$, $\sigma_{yx} = \tau_{yx}$, $\sigma_{zy} = \tau_{zy}$, $\sigma_{zx} = \tau_{zx}$

Der erste Index i gibt an, in welche Koordinatenrichtung ($i = x, y, z$) der jeweilige Flächen-Normaleneinheitsvektor ($\vec{n}_x = \vec{e}_x$, $\vec{n}_y = \vec{e}_y$, $\vec{n}_z = \vec{e}_z$) zeigt.

Der zweite Index j kennzeichnet die Richtung der Spannung.

- Die *Normalspannung* steht senkrecht auf einer Schnittfläche.
- Die zwei *Schubspannungen* liegen in einer Schnittfläche.

Vorzeichenvereinbarung (vgl. Abschnitt 4.1)

Die Spannungskomponenten sind positiv (negativ), wenn sie am positiven (negativen) Schnittufer in positive (negative) Koordinatenrichtung zeigen.

Ein Schnittufer ist positiv (negativ), wenn der nach außen weisende Normaleneinheitsvektor $\vec{n}$ dieser Schnittfläche in positive (negative) Koordinatenrichtung zeigt.

Spannungszustand

Die neun Spannungen (Komponenten) an den positiven Schnittufern beschreiben den so genannten räumlichen *Spannungszustand* (Bild 8.2) in einem materiellen Punkt eines Körpers. Sie sind die kartesischen Komponenten eines Tensors 2. Stufe (vgl. Anlage A1), den man *Spannungstensor* nennt. Schubspannungen, die sich nur durch vertauschte Indizes unterscheiden, nennt man einander zugeordnet. Aus dem Momentengleichgewicht am Elementarquader ergibt sich der *Satz von der Gleichheit der zugeordneten Schubspannungen*: $\tau_{ij} = \tau_{ji}$. Damit gilt $\sigma_{ij} = \sigma_{ji}$, d. h. der Spannungstensor ist symmetrisch und besitzt 6 voneinander unabhängige Spannungen.

Der Spannungstensor genügt wie alle Tensoren 2. Stufe bestimmten Transformationseigenschaften und lässt sich als (3×3)-Matrix darstellen:

$$\boldsymbol{\sigma} = \begin{bmatrix} \sigma_x & \tau_{xy} & \tau_{xz} \\ \tau_{xy} & \sigma_y & \tau_{yz} \\ \tau_{xz} & \tau_{yz} & \sigma_z \end{bmatrix} = \boldsymbol{\sigma}^{\mathrm{T}}$$

Für eine andere Orientierung der Koordinatenachsen ergibt sich für denselben Körperpunkt ein Spannungstensor mit anderen Komponenten; er beschreibt aber den gleichen Spannungszustand.

Die Spannungen sind i. Allg. orts- und zeitabhängige tensorielle Größen, d. h. es ist $\sigma_{ij} = \sigma_{ij}(x, y, z, t)$ und man spricht von einem *Spannungsfeld*. Ist das Spannungsfeld nur ortsveränderlich (soll hier betrachtet werden), so liegt ein stationäres oder statisches Feld vor. Sind die Spannungen nach Betrag und Richtung konstant, so liegt ein *homogener* Spannungszustand vor (Beispiel: glatter Zugstab).

Hauptspannungen und -achsen

Die „Kraftflusslinien" (vgl. Abschnitt 4.1) stellen das Richtungsfeld der Hauptrichtungen der Beanspruchung eines Körpers dar. Die auftretenden Spannungen am Elementarquader hängen somit von der Orientierung des gewählten Koordinatensystems (und damit der Schnittflächen) relativ zu den Kraftflusslinien ab. Damit lässt sich folgender Satz aufstellen:

Es gibt in jedem Punkt eines Körpers orthogonale Achsen (1, 2, 3), die Spannungs-*Hauptachsen* (Hauptspannungsrichtungen), bei denen in den zugehörigen Schnittflächen (Hauptspannungsebenen) die Normalspannungen extremal und die Schubspannungen τ_{ij} zu null (schubspannungsfrei) werden, vgl. Bild 8.3. Diese Spannungen nennt man *Hauptspannungen* σ_i; meist in der Reihung $\sigma_1 \geq \sigma_2 \geq \sigma_3$. Die zugehörigen positiven Richtungen bilden ein orthogonales System – das Hauptachsensystem (HAS mit den Richtungen $\vec{e}_1, \vec{e}_2, \vec{e}_3$); bez. dieses HAS nimmt der Spannungstensor die Form einer Diagonalmatrix an.

Ausgangssystem: (spezielles) gedrehtes orthonormiertes Koordinatensystem:

x, y, z-Koordinatensystem 1, 2, 3-Koordinatensystem $\equiv$ HAS

$$\boldsymbol{\sigma} = \begin{bmatrix} \sigma_x & \tau_{xy} & \tau_{xz} \\ \tau_{xy} & \sigma_y & \tau_{yz} \\ \tau_{xz} & \tau_{yz} & \sigma_z \end{bmatrix} \qquad \overline{\boldsymbol{\sigma}} = \begin{bmatrix} \sigma_1 & 0 & 0 \\ 0 & \sigma_2 & 0 \\ 0 & 0 & \sigma_3 \end{bmatrix} = \mathrm{diag}\,[\sigma_1, \sigma_2, \sigma_3]$$

Damit gibt es zwei Möglichkeiten, den Spannungszustand zu beschreiben:
- im willkürlich gewählten x, y, z-Koordinatensystem durch sechs Spannungskomponenten oder
- im Hauptachsensystem durch drei Hauptspannungen mit ihren zugehörigen Richtungen im Raum.

Die Ermittlung der Hauptspannungen und -achsen führt auf die Lösung eines speziellen linearen Matrix-Eigenwertproblems (siehe z. B. /Ba-01/).

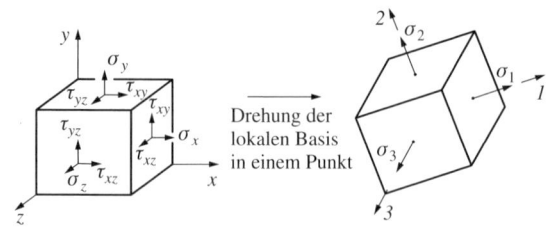

Bild 8.3

- Die extremalen Schubspannungen τ_1, τ_2, τ_3 finden wir in Schnitten, deren Normale senkrecht zu einer Hauptachse und unter $\pi/4$ zu den beiden anderen steht; diese Schnitte sind i. Allg. nicht normalspannungsfrei. Die Beträge der extremalen Schubspannungen ergeben sich zu:

$$\tau_1 = \left|\frac{\sigma_2 - \sigma_3}{2}\right|, \qquad \tau_2 = \left|\frac{\sigma_3 - \sigma_1}{2}\right|, \qquad \tau_3 = \left|\frac{\sigma_1 - \sigma_2}{2}\right|$$

- Mehrachsigkeit des Spannungszustandes

  Die „Mehrachsigkeit" des Spannungszustandes lässt sich (nur!) durch die Anzahl der von null verschiedenen Hauptspannungen festlegen. Ein *mehrachsiger Spannungszustand* liegt dann vor, wenn mindestens zwei Hauptspannungen verschieden von null sind.

Beim allgemeinen räumlichen oder dreiachsigen Spannungszustand sind alle drei Hauptspannungen von null verschieden, beim zweiachsigen oder ebenen Spannungszustand sind zwei Hauptspannungen verschieden von null und beim einachsigen Spannungszustand tritt nur eine von null verschiedene Hauptspannung auf. Ein Sonderfall ist der hydrostatische Spannungszustand, bei dem alle drei Hauptspannungen gleich groß sind.

8.2 Koordinatentransformation

Für viele Festigkeitsberechnungen ist die Bestimmung von mechanischen Kenngrößen (z. B. der Spannungen) bez. zweier orthonormierter Basissysteme, die gegeneinander verdreht sind, von großer Bedeutung.

Vereinbarung: Die Basisvektoren spannen die Achsen kartesischer Koordinatensysteme auf.

Transformation von Vektoren bei orthonormierter Basis (vgl. Bild 8.4)

Referenzsystem, „alte" Basis:

$$\mathbf{e} = \left[\vec{e}_x, \vec{e}_y, \vec{e}_z\right]^T$$

gedrehte Basis, „neue" Basis:

$$\overline{\mathbf{e}} = \left[\vec{e}_\xi, \vec{e}_\eta, \vec{e}_\zeta\right]^T$$

Vektor:
$$\vec{r} = \mathbf{e}^\mathrm{T} \mathbf{r} = \bar{\mathbf{e}}^\mathrm{T} \bar{\mathbf{r}}$$

Zusammenhang zwischen den Basisvektoren:
$$\bar{\mathbf{e}} = \mathbf{C}\mathbf{e}, \qquad \mathbf{e} = \mathbf{C}^\mathrm{T} \bar{\mathbf{e}}$$

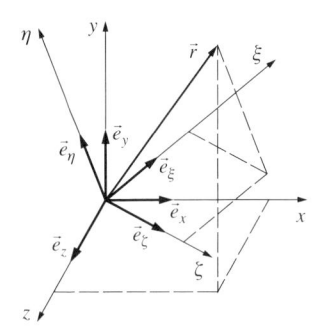

Bild 8.4

Transformationsmatrix $\mathbf{C}$

- Die Transformationsmatrix ist eine orthogonale Matrix, für welche gilt:

  $\mathbf{C}^{-1} = \mathbf{C}^\mathrm{T}$ (orthogonal) und $\det \mathbf{C} = +1$ (Rechtssystem)

- Die Elemente (Transformationskoeffizienten) der Transformationsmatrix sind:

  $c_{ij} = \cos(\vec{e}_i, \vec{e}_j), \qquad i = \xi, \eta, \zeta$ und $j = x, y, z$

  $$\Rightarrow \mathbf{C} = \begin{bmatrix} c_{\xi x} & c_{\xi y} & c_{\xi z} \\ c_{\eta x} & c_{\eta y} & c_{\eta z} \\ c_{\zeta x} & c_{\zeta y} & c_{\zeta z} \end{bmatrix}$$

- Die Berechnung der Koordinaten eines Vektors bez. der gedrehten Basis aus denen bez. des Referenzsystems folgt aus dem Zusammenhang zwischen den Basisvektoren:

  $\vec{r} = \mathbf{e}^\mathrm{T} \mathbf{r} = \bar{\mathbf{e}}^\mathrm{T} \mathbf{C} \mathbf{r} = \bar{\mathbf{e}}^\mathrm{T} \bar{\mathbf{r}} \quad \Rightarrow \bar{\mathbf{r}} = \mathbf{C}\mathbf{r}; \quad$ Umkehrung: $\mathbf{r} = \mathbf{C}^\mathrm{T} \bar{\mathbf{r}}$

  Diese hier für den Ortsvektor vorgenommene Transformation gilt für alle Vektoren, also z. B. für Kräfte, Momente, Verschiebungen usw.

- Sonderfall der ebenen Drehung des KS, vgl. Bild 8.5:

  $$\begin{bmatrix} \vec{e}_\xi \\ \vec{e}_\eta \\ \vec{e}_\zeta \end{bmatrix} = \begin{bmatrix} \cos\varphi\,\vec{e}_x + \sin\varphi\,\vec{e}_y \\ -\sin\varphi\,\vec{e}_x + \cos\varphi\,\vec{e}_y \\ \vec{e}_z \end{bmatrix} = \begin{bmatrix} \cos\varphi & \sin\varphi & 0 \\ -\sin\varphi & \cos\varphi & 0 \\ 0 & 0 & 1 \end{bmatrix} \begin{bmatrix} \vec{e}_x \\ \vec{e}_y \\ \vec{e}_z \end{bmatrix}$$

  $$\Rightarrow \mathbf{C} = \begin{bmatrix} \cos\varphi & \sin\varphi & 0 \\ -\sin\varphi & \cos\varphi & 0 \\ 0 & 0 & 1 \end{bmatrix}$$

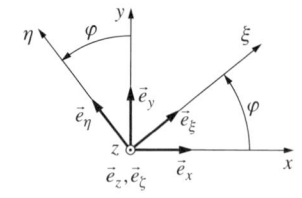

Bild 8.5

Transformation eines Tensors 2. Stufe, dargestellt am Spannungstensor

$$\overline{\boldsymbol{\sigma}} = \boldsymbol{C}\boldsymbol{\sigma}\boldsymbol{C}^{\mathrm{T}} \quad \text{bzw.} \quad \boldsymbol{\sigma} = \boldsymbol{C}^{\mathrm{T}}\overline{\boldsymbol{\sigma}}\boldsymbol{C}$$

Beispiel: Ebene Transformation beim ebenen Spannungszustand

$$\boldsymbol{\sigma} = \begin{bmatrix} \sigma_\xi & \tau_{\xi\eta} & \tau_{\xi\zeta} \\ \tau_{\xi\eta} & \sigma_\eta & \tau_{\eta\zeta} \\ \tau_{\xi\zeta} & \tau_{\eta\zeta} & \sigma_\zeta \end{bmatrix} = \begin{bmatrix} \sigma_\xi & \tau_{\xi\eta} & 0 \\ \tau_{\xi\eta} & \sigma_\eta & 0 \\ 0 & 0 & 0 \end{bmatrix}$$

$$= \begin{bmatrix} \cos\varphi & \sin\varphi & 0 \\ -\sin\varphi & \cos\varphi & 0 \\ 0 & 0 & 1 \end{bmatrix} \begin{bmatrix} \sigma_x & \tau_{xy} & 0 \\ \tau_{xy} & \sigma_y & 0 \\ 0 & 0 & 0 \end{bmatrix} \begin{bmatrix} \cos\varphi & -\sin\varphi & 0 \\ \sin\varphi & \cos\varphi & 0 \\ 0 & 0 & 1 \end{bmatrix}$$

Diese Matrizenmultiplikation ergibt über einige Zwischenschritte die im Abschnitt 8.3.2 angegebenen Formeln für $\sigma_\xi, \sigma_\eta, \tau_{\xi\eta}$.

8.3 Ebener Spannungszustand (ESZ)

8.3.1 Definition

Gegenüber dem einachsigen Spannungszustand haben der zwei- und dreiachsige eine größere Relevanz. Die Bedeutung des ESZ drückt sich u. a. darin aus, dass räumliche Tragwerke sich vielmals in eben beanspruchte Bauteile gliedern lassen. In der Konstruktionstechnik haben solche Bauweisen, wie Fachwerkbauweise, Balkenbauweise, Plattenbauweise Eingang gefunden, die mit einem ebenen Spannungszustand korrespondieren. Dieser Spannungszustand liegt z. B. vor

- in Linientragwerken (Balken) bei zusammengesetzter Beanspruchung durch Normalkraft-, Biegemoment-, Querkraft- und Torsionsbeanspruchung,
- in Flächentragwerken, wie Scheiben, dünnwandigen Behältern, Gehäusen, Deckenplatten und
- an lastfreien Oberflächen (z. B. Ausgang von Ermüdungsrissen).

Zu bemerken ist, dass in eben beanspruchten Bauteilen infolge von fertigungstechnischen Einflüssen, von Inhomogenitäten des Werkstoffs sowie durch die örtliche Lasteintragung auch örtlich begrenzt räumliche Spannungszustände vorliegen können.

Der Sonderfall des ebenen Spannungszustandes tritt am Elementarquader dann auf, wenn eine der drei Schnittebenen spannungsfrei ist, oder anders

8.3 Ebener Spannungszustand (ESZ)

formuliert, wenn alle Spannungen in Richtung einer Koordinatenachse gleich null sind, vgl. Bild 8.6.

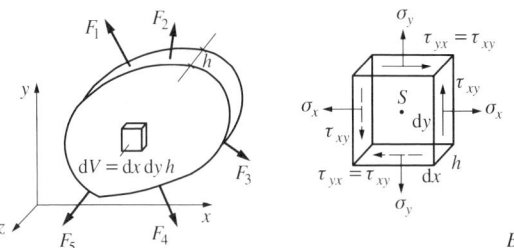

Bild 8.6

Somit ist der ebene Spannungszustand z. B. in einer Scheibe mit einer Mittelebene bei $z =$ konst. durch die Spannungskomponenten σ_x, σ_y, τ_{xy} vollständig bestimmt.

8.3.2 Spannungen im Punkt P bei ebener Drehung der Basis

Für den ebenen Spannungszustand soll der Einfluss der Schnittrichtung auf die Spannungen dargestellt werden. Damit werden die Spannungen bez. der gedrehten Basis mit denen der Referenzbasis verknüpft, vgl. Bild 8.7.

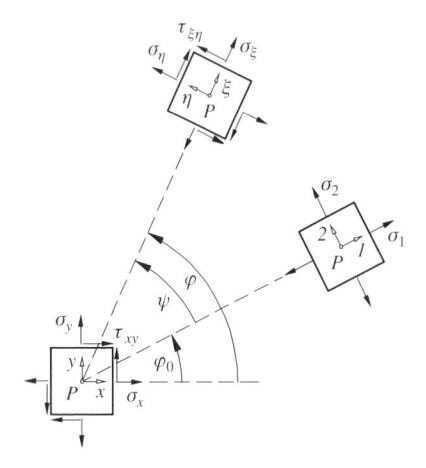

Bild 8.7

Aus der Transformation ergeben sich folgende Beziehungen:

$$\sigma_\xi = \frac{1}{2}\left(\sigma_x + \sigma_y\right) + \frac{1}{2}\left(\sigma_x - \sigma_y\right)\cos 2\varphi + \tau_{xy}\sin 2\varphi$$
$$= \frac{1}{2}(\sigma_1 + \sigma_2) + \frac{1}{2}(\sigma_1 - \sigma_2)\cos 2\psi$$

$$\sigma_\eta = \frac{1}{2}\left(\sigma_x + \sigma_y\right) - \frac{1}{2}\left(\sigma_x - \sigma_y\right)\cos 2\varphi - \tau_{xy}\sin 2\varphi$$
$$= \frac{1}{2}(\sigma_1 + \sigma_2) - \frac{1}{2}(\sigma_1 - \sigma_2)\cos 2\psi$$
$$\tau_{\xi\eta} = -\frac{1}{2}\left(\sigma_x - \sigma_y\right)\sin 2\varphi + \tau_{xy}\cos 2\varphi$$
$$= -\frac{1}{2}(\sigma_1 - \sigma_2)\sin 2\psi$$

Darstellung des Spannungszustandes in einem Punkt P des Körpers:
- Bekannt sei der Spannungszustand im Punkt P des Bauteils; dargestellt im x, y-KS (Referenzbasis):

$$\boldsymbol{\sigma} = \begin{bmatrix} \sigma_x & \tau_{xy} & 0 \\ \tau_{xy} & \sigma_y & 0 \\ 0 & 0 & 0 \end{bmatrix} \quad \text{bzw. kürzer} \quad \boldsymbol{\sigma} = \begin{bmatrix} \sigma_x & \tau_{xy} \\ \tau_{xy} & \sigma_y \end{bmatrix}$$

- Wird nun das achsenparallele Flächenelement mit dem Winkel φ um die z-Achse gedreht, so hat der Spannungstensor, beschrieben im ξ, η-KS (gedrehte Basis), folgendes Aussehen:

$$\overline{\boldsymbol{\sigma}} = \begin{bmatrix} \sigma_\xi & \tau_{\xi\eta} & 0 \\ \tau_{\xi\eta} & \sigma_\eta & 0 \\ 0 & 0 & 0 \end{bmatrix}$$

- Für einen Winkel $\varphi = \varphi_0$ (φ_0 Richtungswinkel der 1-Achse) hat der Spannungstensor, beschrieben im HAS, folgendes Aussehen:

$$\overline{\boldsymbol{\sigma}}(\varphi = \varphi_0) = \begin{bmatrix} \sigma_1 & 0 & 0 \\ 0 & \sigma_2 & 0 \\ 0 & 0 & 0 \end{bmatrix},$$

$$\sigma_{1,2} = \frac{1}{2}\left(\sigma_x + \sigma_y\right) \pm \sqrt{\left(\frac{\sigma_x - \sigma_y}{2}\right)^2 + \tau_{xy}^2}, \quad \tan\varphi_0 = \frac{\tau_{xy}}{\sigma_x - \sigma_2}$$

- Für den Winkel $\varphi = \varphi_0 \pm \pi/4$ bzw. $\psi = \pm\pi/4$ ergibt sich der Spannungstensor mit der extremalen Schubspannung bez. des $\xi_\text{M}, \eta_\text{M}$-KS:

$$\overline{\boldsymbol{\sigma}}\left(\varphi = \varphi_0 \pm \frac{\pi}{4}\right) = \overline{\boldsymbol{\sigma}}\left(\psi = \pm\frac{\pi}{4}\right) = \begin{bmatrix} \sigma_M & \mp\tau_{\max} & 0 \\ \mp\tau_{\max} & \sigma_M & 0 \\ 0 & 0 & 0 \end{bmatrix}$$

$$\sigma_M = \frac{1}{2}\left(\sigma_x + \sigma_y\right) = \frac{1}{2}(\sigma_1 + \sigma_2);$$

$$\tau_{\max} = \sqrt{\left(\frac{\sigma_x - \sigma_y}{2}\right)^2 + \tau_{xy}^2} = \frac{\sigma_1 - \sigma_2}{2}$$

Ein und derselbe Spannungszustand im Punkt P wird somit entsprechend der unterschiedlichen Bezugssysteme nur durch verschiedene Komponenten dargestellt.

8.3.3 Invarianten des Spannungstensors

Dem Spannungstensor lassen sich gegenüber einer Koordinaten-Transformation unveränderliche Größen zuordnen, die *Invarianten* des Spannungstensors. Durch Addition der Gln. für σ_ξ und σ_η erhält man:

$$\sigma_\xi + \sigma_\eta = \sigma_x + \sigma_y = \sigma_1 + \sigma_2$$

Aus diesen Gln. lässt sich weiterhin ableiten:

$$\sigma_\xi \sigma_\eta - \tau_{\xi\eta}^2 = \sigma_x \sigma_y - \tau_{xy}^2 = \sigma_1 \sigma_2$$

Mit diesen Invarianten ist es u. a. möglich, einfache Kontrollen der Berechnung vorzunehmen.

Bei Erweiterung auf den räumlichen Spannungszustand ergeben sich folgende Spannungs-Invarianten:

- 1. Invariante: Summe der Elemente der Hauptdiagonalen

$$I_1^\sigma = \sigma_x + \sigma_y + \sigma_z = \sigma_1 + \sigma_2 + \sigma_3$$

- 2. Invariante: Summe der zweireihigen Unterdeterminanten

$$I_2^\sigma = \begin{vmatrix} \sigma_x & \tau_{xy} \\ \tau_{xy} & \sigma_y \end{vmatrix} + \begin{vmatrix} \sigma_x & \tau_{xz} \\ \tau_{xz} & \sigma_z \end{vmatrix} + \begin{vmatrix} \sigma_y & \tau_{yz} \\ \tau_{yz} & \sigma_z \end{vmatrix} = \begin{vmatrix} \sigma_1 & 0 \\ 0 & \sigma_2 \end{vmatrix} + \begin{vmatrix} \sigma_2 & 0 \\ 0 & \sigma_3 \end{vmatrix} + \begin{vmatrix} \sigma_1 & 0 \\ 0 & \sigma_3 \end{vmatrix}$$

- 3. Invariante: Determinante des Spannungstensors

$$I_3^\sigma = \begin{vmatrix} \sigma_x & \tau_{xy} & \tau_{xz} \\ \tau_{xy} & \sigma_y & \tau_{yz} \\ \tau_{xz} & \tau_{yz} & \sigma_z \end{vmatrix} = \begin{vmatrix} \sigma_1 & 0 & 0 \\ 0 & \sigma_2 & 0 \\ 0 & 0 & \sigma_3 \end{vmatrix}$$

8.3.4 Zweiachsiger Spannungszustand bei Linientragwerken

Das Linientragwerk „gerader Balken" hat für die weiteren Ausführungen eine besondere Bedeutung. Wie schon erwähnt, tritt bei zusammengesetzter Beanspruchung eines Balkens durch Normal-, Biegemoment-, Querkraft- und Torsionsbeanspruchung ein zweiachsiger Spannungszustand auf. Dieser lässt sich für den Fall, dass die x-Richtung mit der Schwereachse des Balkens übereinstimmt, durch folgende Belegung des Spannungstensors beschreiben:

$$\boldsymbol{\sigma} = \begin{bmatrix} \sigma_x & \tau_{xy} & \tau_{xz} \\ \tau_{xy} & 0 & 0 \\ \tau_{xz} & 0 & 0 \end{bmatrix}$$

Die Hauptspannungen und die extremale Schubspannung ergeben sich hierbei zu:

$$\sigma_{1,3} = \frac{\sigma_x}{2} \pm \sqrt{\left(\frac{\sigma_x}{2}\right)^2 + \tau_{xy}^2 + \tau_{xz}^2}, \qquad \sigma_2 = 0, \qquad \tau_{max} = \frac{\sigma_1 - \sigma_3}{2}$$

8.4 Anwendungen

Beispiel: Überlagerung zweier Beanspruchungszustände (vgl. Bild 8.8)

Durch experimentelle Untersuchungen sind in einem Bauteil infolge ausgewählter unterschiedlicher Belastungen zwei Spannungszustände im Punkt P bekannt.
Gegeben:

Spannungszustand im Fall a), dargestellt im x, y, z-KS:

$$\boldsymbol{\sigma}^{(a)} = \begin{bmatrix} -460 & 0 & 0 \\ 0 & 140 & 0 \\ 0 & 0 & 0 \end{bmatrix} \frac{\text{N}}{\text{mm}^2}$$

Spannungszustand im Fall b), dargestellt im ξ, η, ζ-KS bei $\varphi = 30°$:

$$\overline{\boldsymbol{\sigma}}^{(b)}(\varphi = 30°) = \begin{bmatrix} 770 & -162 & 0 \\ -162 & 230 & 0 \\ 0 & 0 & 0 \end{bmatrix} \frac{\text{N}}{\text{mm}^2}$$

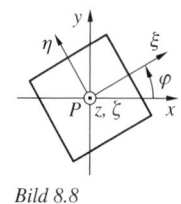

Bild 8.8

▶ *Bemerkung*: Das *Superpositionsgesetz* erlaubt, die Gesamtlösung eines Problems, analog der Lösung von linearen Differenzialgleichungen bei Aufteilung in die homogene und partikuläre Lösung, durch Überlagerung (Superposition) zu erzielen. Wegen der Linearität der Beziehungen können komplexe Beanspruchungs- und Verformungszustände in einfache aufgespalten, getrennt behandelt und die Ergebnisse überlagert werden (vgl. Abschnitt 8.6.2.3).

Es sind die Hauptspannungen und -richtungen sowie die extremale Schubspannung zu ermitteln, wenn beide Beanspruchungen überlagert werden.

Gesucht: $\boldsymbol{\sigma}, \varphi_0, \overline{\boldsymbol{\sigma}}(\varphi = \varphi_0), \overline{\boldsymbol{\sigma}}\left(\varphi = \varphi_0 \pm \dfrac{\pi}{4}\right)$

Lösung:

- Koordinatentransformation (ebene Drehung):

$$\boldsymbol{\sigma}^{(b)} = \boldsymbol{C}^\text{T} \overline{\boldsymbol{\sigma}}^{(b)} \boldsymbol{C} = \begin{bmatrix} 775{,}3 & 152{,}8 & 0 \\ 152{,}8 & 224{,}7 & 0 \\ 0 & 0 & 0 \end{bmatrix} \frac{\text{N}}{\text{mm}^2} \quad \text{mit}$$

$$\boldsymbol{C} = \begin{bmatrix} \cos\varphi & \sin\varphi & 0 \\ -\sin\varphi & \cos\varphi & 0 \\ 0 & 0 & 1 \end{bmatrix}$$

- Superpositionsprinzip (Spannungen, wie auch Dehnungen werden in den jeweiligen Koordinatenrichtungen addiert, vgl. Abschnitt 8.6.2.3):

$$\boldsymbol{\sigma} = \boldsymbol{\sigma}^{(a)} + \boldsymbol{\sigma}^{(b)} = \begin{bmatrix} -460 & 0 & 0 \\ 0 & 140 & 0 \\ 0 & 0 & 0 \end{bmatrix} \frac{\text{N}}{\text{mm}^2} + \begin{bmatrix} 775{,}3 & 152{,}8 & 0 \\ 152{,}8 & 224{,}7 & 0 \\ 0 & 0 & 0 \end{bmatrix} \frac{\text{N}}{\text{mm}^2}$$

$$= \begin{bmatrix} 315{,}3 & 152{,}8 & 0 \\ 152{,}8 & 364{,}7 & 0 \\ 0 & 0 & 0 \end{bmatrix} \frac{\text{N}}{\text{mm}^2}$$

- Hauptspannungen:

$$\sigma_{1,2} = \frac{\sigma_x + \sigma_y}{2} \pm \sqrt{\left(\frac{\sigma_x - \sigma_y}{2}\right)^2 + \tau_{xy}^2}$$

$$= 340 \pm 154{,}8 \, \frac{\text{N}}{\text{mm}^2} \left\{ \begin{array}{l} \sigma_1 = 494{,}8 \, \dfrac{\text{N}}{\text{mm}^2} \\ \sigma_2 = 185{,}2 \, \dfrac{\text{N}}{\text{mm}^2} \end{array} \right\}$$

$$\overline{\boldsymbol{\sigma}}(\varphi = \varphi_0) = \begin{bmatrix} 494{,}8 & 0 & 0 \\ 0 & 185{,}2 & 0 \\ 0 & 0 & 0 \end{bmatrix} \frac{\text{N}}{\text{mm}^2}$$

$$\tan \varphi_0 = \frac{\tau_{xy}}{\sigma_x - \sigma_2} = \frac{152{,}8}{315{,}3 - 185{,}2} = 1{,}17$$

$$\Rightarrow \varphi_0 = 49{,}6°$$

- extremale Schubspannung ($\varphi = \varphi_0 + \pi/4$):

$$\left. \begin{array}{l} \tau_{\max} = \dfrac{\sigma_1 - \sigma_2}{2} = 154{,}8 \, \dfrac{\text{N}}{\text{mm}^2} \\ \sigma_{\text{M}} = \dfrac{\sigma_1 + \sigma_2}{2} = 340 \, \dfrac{\text{N}}{\text{mm}^2} \end{array} \right\}$$

$$\overline{\boldsymbol{\sigma}}(\varphi = \varphi_0 \pm \pi/4) = \begin{bmatrix} 340 & \mp 154{,}8 & 0 \\ \mp 154{,}8 & 340 & 0 \\ 0 & 0 & 0 \end{bmatrix} \frac{\text{N}}{\text{mm}^2}$$

- Kontrolle: $I_1^\sigma = \sigma_x + \sigma_y = \sigma_{\xi\text{M}} + \sigma_{\eta\text{M}} = \sigma_1 + \sigma_2 = 680 \, \text{N/mm}^2$

Beispiel: Ebener Spannungszustand bei einem dünnwandigem Rohr (vgl. Bild 8.9)

Ein dünnwandiges Rohr ($h \ll d$) wird durch Aufwickeln und Schweißen (Stumpfnaht) eines Stahlbandes (Breite b) hergestellt. Es soll durch die Längsspannung σ_l und die Torsionsschubspannung τ_t beansprucht werden. Welchen Wert muss die Torsionsschubspannung haben, damit in der Schweißnaht kein Schub auftritt?

Gegeben: $d = 240 \, \text{mm}, b = 360 \, \text{mm}, \sigma_l = 400 \, \text{N/mm}^2$

Gesucht: τ_t

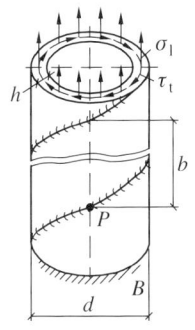

Bild 8.9

Lösung:

FKB Spannungen

Bild 8.10

Bild 8.11

$$\tan \varphi = \frac{b}{\pi d}$$

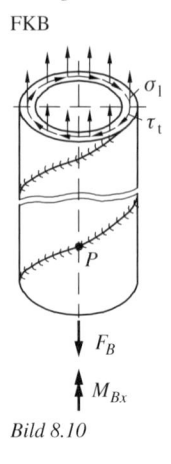

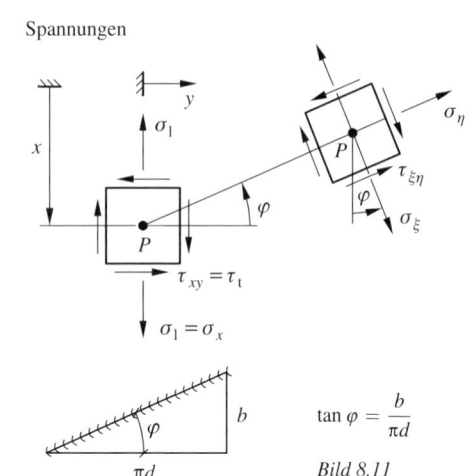

GGB:

$\uparrow: \sigma_1 \pi d h - F_B = 0$

$\stackrel{\curvearrowleft}{\uparrow}: M_{Bx} - \tau_t \pi d h \frac{d}{2} = 0$

Ebene Transformation der Spannungen

$$\tau_{\xi \eta} = -\frac{1}{2} \left(\sigma_x - \sigma_y \right) \sin 2\varphi + \tau_{xy} \cos 2\varphi$$

$$= -\frac{1}{2} \sigma_1 \sin 2\varphi + \tau_t \cos 2\varphi$$

$$\tau_{\xi \eta} = 0: \quad -\frac{1}{2} \sigma_1 \sin 2\varphi + \tau_t \cos 2\varphi = 0$$

$$\tau_t = \frac{\sin 2\varphi}{2 \cos 2\varphi} \sigma_1 = \frac{1}{2} \tan 2\varphi \, \sigma_1 = \frac{1}{2} \cdot \frac{2 \tan \varphi}{1 - \tan^2 \varphi} \sigma_1$$

$$= \frac{b/(\pi d)}{1 - \left(b/(\pi d)\right)^2} \sigma_1 = 247{,}4 \, \text{N/mm}^2$$

8.5 Verschiebung, Verzerrung, Verzerrungszustand

Die Belastung eines Bauteils durch Kräfte und/oder Temperaturänderungen führen zu *Verzerrungen*, welche die Änderung der Gestalt und/oder des Volumens beschreiben. Beide, die Gestalt- und/oder Volumenänderung werden als *Deformation* oder *Verformung* bezeichnet, vgl. Bild 8.12. Zur Beschreibung der Deformation eines Körpers werden i. Allg. der Verschiebungsvektor und ein Verzerrungstensor benutzt.

Bild 8.12

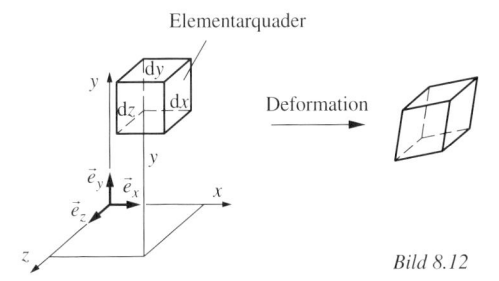

Die Verzerrungen sind u. a. von folgenden Einflüssen abhängig:
- Ort des betrachteten materiellen Punktes (i. Allg. keine Gleichverteilung),
- Art und Größe der Beanspruchung (Schnittreaktionen, z. B. Längskraft, Biegemoment sowie ortsunabhängige oder -abhängige Temperaturänderung),
- Bauteilgeometrie (Abmessungen, Gestalt),
- Materialeigenschaften,
- Randbedingungen.

8.5.1 Kinematik der Deformation

Die grundlegende Größe zur Beschreibung der Deformation bzw. der Bewegung eines festen Körpers und somit seiner materiellen Teilchen (Punkte, Partikel) ist die *Verschiebung* $\vec{u}$, vgl. Bild 8.13.

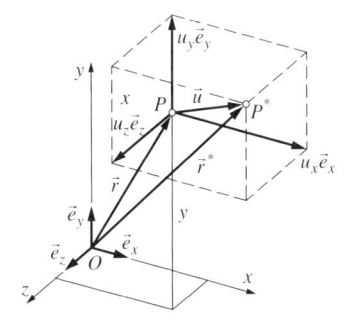

Bild 8.13

In einem raumfesten kartesischen Koordinatensystem lässt sich jeder materielle Punkt P des Körpers in der Referenzlage durch den Ortsvektor $\vec{r} = \mathbf{e}^T r$ mit $r = [x, y, z]^T$ kennzeichnen. Dieser beschreibt den undeformierten Ausgangszustand zum Zeitpunkt $t = t_0$.

Bei einer Deformation des Körpers erfährt i. Allg. jeder materielle Punkt P eine Verschiebung $\vec{u}$, sodass seine neue Lage durch den zum Raumpunkt P^* zeigenden Ortsvektor $\vec{r}^* = \vec{r} + \vec{u}$ beschrieben wird. Dieser deformierte Zustand wird auch als Augenblickszustand oder *Momentanzustand* bezeichnet. Damit ist die Deformation eines Körpers durch den jedem Punkt *P* zugeordneten Verschiebungsvektor $\vec{u} = \mathbf{e}^T \boldsymbol{u}$ mit den Koordinaten

$$\boldsymbol{u} = u(\boldsymbol{r},t) = \boldsymbol{r}^*(t) - \boldsymbol{r} = \begin{bmatrix} u_x(x,y,z) \\ u_y(x,y,z) \\ u_z(x,y,z) \end{bmatrix} = \begin{bmatrix} x^*(t) - x \\ y^*(t) - y \\ z^*(t) - z \end{bmatrix}$$

bestimmt.

Die Gesamtheit der Verschiebungsvektoren aller materiellen Punkte heißt *Verschiebungsfeld* des Körpers, das bei zeitlich veränderlicher Belastung ein zeitvariables Vektorfeld darstellt.

Wenn die Verschiebungen aller Punkte gleich sind (keine Verzerrungen), liegt reine Translation eines starren Körpers vor – die so genannte *Starrkörperverschiebung*.

8.5.2 Verzerrungen

Der Verschiebungsvektor $\vec{u}$ eignet sich allein nicht zur Beschreibung der Verzerrung in einem Punkt des Körpers. Der Zusammenhang zwischen Verschiebung und Verzerrung ist i. Allg. nichtlinear. Für viele technische Belange wird jedoch die „geometrisch lineare Theorie" als völlig hinreichend zu Grunde gelegt. Bei der linearen Theorie werden die GGB im undeformierten Zustand formuliert (Theorie 1. Ordnung). Deshalb wird sich in der Festigkeitslehre auf kleine Verzerrungen beschränkt, d. h. kleine Verschiebungen u_i (klein gegenüber den Körperabmessungen) und kleine Verschiebungsgradienten $\partial u_i / \partial x_j$ (z. B. $\partial u_x / \partial x = u_{x,x} \ll 1$).

Zur Definition der Verzerrungen wird der Begriff eines *materiellen Linienelements* – der geradlinige Abstand zweier unmittelbar benachbarter materieller Punkte – benutzt.

Damit definiert man die *Verzerrung* (vgl. auch Bild 8.15) als
- die Längenänderung eines materiellen Linienelements und/oder
- die Winkeländerung zwischen zwei materiellen Linienelementen, die senkrecht aufeinander stehen und einen gemeinsamen Scheitelpunkt besitzen, das so genannte Winkelelement.

Zur geometrisch-anschaulichen Deutung werden eingeführt:
- die *Dehnung* ε als bezogene (relative) Längenänderung und
- die *Gleitung* γ (Schubverzerrung, Schiebung, Winkelverzerrung) als Änderung des ursprünglich rechten Winkels.

8.5.2.1 Dehnung ε

Die Dehnung ist wie folgt definiert:

$$\varepsilon = \frac{\text{neuer Abstand} - \text{ursprünglicher Abstand}}{\text{ursprünglicher Abstand}}$$

8.5 Verschiebung, Verzerrung, Verzerrungszustand

- Vorzeichen: Ein positiver Dehnungswert resultiert aus einer Verlängerung des materiellen Linienelements, ein negativer aus einer Verkürzung (Stauchung).
- Indizierung: Die Verzerrungsgrößen werden i. Allg. nach der Richtung des materiellen Linienelements im undeformierten Zustand (Referenzlage) indiziert. Wie schon bei den Spannungen geschieht dies mit Indizes, welche die Koordinatenrichtungen angeben. Analog zu den Normalspannungen werden die Dehnungen üblicherweise mit nur einem Index indiziert: $\varepsilon_{xx} = \varepsilon_x$, $\varepsilon_{yy} = \varepsilon_y$, $\varepsilon_{zz} = \varepsilon_z$.
- Maßeinheit: Die dimensionslose Verzerrungsgröße Dehnung wird häufig in den Einheiten µm/m, Prozent % oder Promille ‰ angegeben.

Der lineare Zusammenhang zwischen Verschiebung u_x und Verzerrung ε_x am Stab (Anmerkung: Beim Zug-/Druckstab treten nur Dehnungen auf), vgl. Bild 8.14, ergibt sich wie folgt:

$$\varepsilon_x(x) = \frac{\overline{P^*Q^*} - \overline{PQ}}{\overline{PQ}} = \frac{[dx + u_x(x) + du_x(x) - u_x(x)] - dx}{dx}$$

Das liefert schließlich:

$$\varepsilon_x(x) = \frac{du_x(x)}{dx}$$

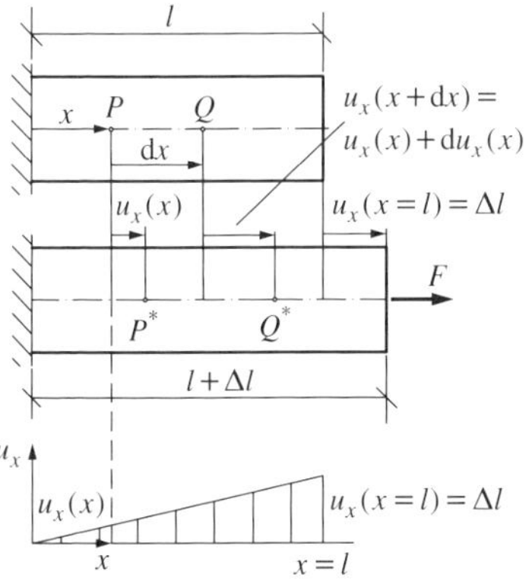

Bild 8.14

Für den Sonderfall einer konstanten Längskraft $N = F$ und konstante Querschnittsfläche ist $u_x(x)$ eine lineare Funktion von x (vgl. Bild 8.14):

$$u_x(x) = \frac{(l + \Delta l) - l}{l} x = \frac{\Delta l}{l} x \quad \text{und} \quad \varepsilon_x(x) = \frac{du_x(x)}{dx} = \frac{\Delta l}{l} = \text{konst.}$$

Dies gilt bis zu einer Belastung, bei der es im Zugversuch zur Einschnürung (siehe Werkstofftechnik) kommt. Bei Druckbeanspruchung wird der Gültigkeitsbereich meist vorher infolge Knicken beschränkt, vgl. Kapitel 16.

8.5.2.2 Verzerrungs-Verschiebungs-Beziehungen

Den Zusammenhang zwischen Verschiebungen und Verzerrungen nennt man *Verzerrungs-Verschiebungs-Beziehungen* oder kinematische Beziehungen. Die geometrischen Verhältnisse sind im Bild 8.15 für den ebenen Fall dargestellt. Das rechteckig vorausgesetzte Flächenelement $dA = dx \cdot dy$ ist im undeformierten Zustand durch die Punkte P, Q, R festgelegt. Unter Belastung nimmt es den deformierten Zustand, dargestellt durch die Punkte P^*, Q^*, R^*, ein.

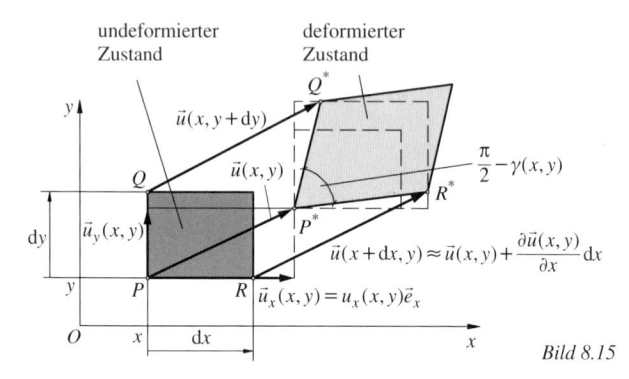

Bild 8.15

Dehnung:

$$\varepsilon_x(x,y) = \frac{\overline{P^*R_x^*} - \overline{PR}}{\overline{PR}} = \frac{[dx + u_x(x+dx,y) - u_x(x,y)] - dx}{dx}$$

Die TAYLOR-Reihe für $u_x(x+dx,y) = u_x(x,y) + \frac{\partial u_x(x,y)}{\partial x} dx + \ldots$ wird nach dem zweiten Reihenglied abgebrochen. Über einige Zwischenschritte ergibt sich:

$$\varepsilon_x(x,y) = \frac{\partial u_x(x,y)}{\partial x}$$

Gleitung:

- Indizierung: Wie schon bei den Dehnungen hängt die Indizierung von der Lage der materiellen Linienelemente ab. Die Gleitungen erhalten analog zu den Schubspannungen einen Doppelindex. Der erste Index kennzeichnet die Bezugsrichtung, der zweite die Richtung bei einer Drehung der Bezugsrichtung im mathematisch positiven Sinn um $\pi/2$. Liegen z. B. die beiden Linienelemente in der x,y-Ebene im undeformierten Zustand parallel zu den kartesischen Koordinatenachsen, wird die Gleitung mit γ_{xy} bezeichnet.

$$\gamma_{xy} = \alpha_{xy} + \alpha_{yx} \quad \text{mit}$$

$$\tan \alpha_{xy}(x,y) \approx \alpha_{xy}(x,y) = \frac{\overline{P^*R_y^*}}{\overline{P^*R_x^*}} = \frac{u_y(x+dx,y) - u_y(x,y)}{dx + u_x(x+dx,y) - u_x(x,y)}$$

Nach einigen Zwischenschritten (Reihenentwicklung, vgl. oben) erhält man $\alpha_{xy}(x, y) = \dfrac{\partial u_y(x, y)}{\partial x}$ und analog $\alpha_{yx}(x, y) = \dfrac{\partial u_x(x, y)}{\partial y}$. Damit ergibt sich die Gleitung zu:

$$\gamma_{xy}(x, y) = \frac{\partial u_x(x, y)}{\partial y} + \frac{\partial u_y(x, y)}{\partial x}$$

- Vorzeichen: Die Gleitung γ_{xy} ist positiv, wenn sich der ursprünglich rechte Winkel in P verkleinert.
- Maßeinheit: Angabe der dimensionslosen Verzerrungsgröße Gleitung in Bogenmaß (rad) oder wie die Dehnung in % oder ‰.

Beim Flächenelement wird somit das totale Differenzial (siehe Zug/Druckstab) zum partiellen Differenzial (als Kurzschreibweise wird die Symbolik $u_{i,j} = \partial u_i / \partial x_j$ verwendet). Werden analoge Betrachtungen für die anderen Ebenen (x, z- sowie y, z-Ebene) durchgeführt, ergeben sich folgende Verzerrungsgrößen:

- Dehnungen:

$$\varepsilon_x = \frac{\partial u_x}{\partial x} = u_{x,x}, \qquad \varepsilon_y = \frac{\partial u_y}{\partial y} = u_{y,y}, \qquad \varepsilon_z = \frac{\partial u_z}{\partial z} = u_{z,z}$$

- Gleitungen:

$$\gamma_{xy} = \frac{\partial u_x}{\partial y} + \frac{\partial u_y}{\partial x} = u_{x,y} + u_{y,x} \qquad \gamma_{yz} = \frac{\partial u_y}{\partial z} + \frac{\partial u_z}{\partial y} = u_{y,z} + u_{z,y}$$

$$\gamma_{xz} = \frac{\partial u_x}{\partial z} + \frac{\partial u_z}{\partial x} = u_{x,z} + u_{z,x}$$

Zusammenfassend lässt sich mit $\varepsilon_{xy} = \dfrac{1}{2}\gamma_{xy}$, $\varepsilon_{xz} = \dfrac{1}{2}\gamma_{xz}$, $\varepsilon_{yz} = \dfrac{1}{2}\gamma_{yz}$ schreiben:

$$\varepsilon_{ij} = \frac{1}{2}\left(\frac{\partial u_i}{\partial x_j} + \frac{\partial u_j}{\partial x_i}\right) = \frac{1}{2}\left(u_{i,j} + u_{j,i}\right)$$

mit $i, j = x, y, z$ und $x_x \equiv x, \quad x_y \equiv y, \quad x_z \equiv z$

Die Gesamtheit der Dehnungen und Gleitungen, die dem materiellen Punkt P eines Körpers zugeordnet sind, wird als *Deformations-* oder *Verzerrungszustand* in diesem Punkt bezeichnet.

Analog zu den 9 Spannungskomponenten σ_{ij} (6 unter Beachtung des Satzes von der Gleichheit zugeordneter Schubspannungen) bilden die 9 Verzerrungskomponenten ε_{ij} den *Verzerrungstensor* bez. der vorgegebenen kartesischen Basis $\boldsymbol{e}$. Er ist wie der Spannungstensor *symmetrisch*, d. h. es gilt $\boldsymbol{\varepsilon} = \boldsymbol{\varepsilon}^\mathrm{T}$. Für den Verzerrungstensor sind folgende Matrixdarstellungen gebräuchlich:

$$\boldsymbol{\varepsilon} = \begin{bmatrix} \varepsilon_x & \dfrac{1}{2}\gamma_{xy} & \dfrac{1}{2}\gamma_{xz} \\ \dfrac{1}{2}\gamma_{xy} & \varepsilon_y & \dfrac{1}{2}\gamma_{yz} \\ \dfrac{1}{2}\gamma_{xz} & \dfrac{1}{2}\gamma_{yz} & \varepsilon_z \end{bmatrix} \qquad \text{oder} \qquad \varepsilon_{ij} = \begin{bmatrix} \varepsilon_x & \varepsilon_{xy} & \varepsilon_{xz} \\ \varepsilon_{xy} & \varepsilon_y & \varepsilon_{yz} \\ \varepsilon_{xz} & \varepsilon_{yz} & \varepsilon_z \end{bmatrix}$$

Der Faktor $1/2$ steht aus Zweckmäßigkeitsgründen: $\varepsilon_{ij} = 1/2 \cdot \gamma_{ij}$ für $i \neq j$, vgl. oben.

8.5.2.3 Kompatibilitätsbedingungen

In der Ebene stehen den zwei Verschiebungsfunktionen drei Verzerrungen gegenüber. Will man aus den Verzerrungen die Verschiebungen ermitteln, müssen zur „Integrabilität" so genannte *Verträglichkeits-* bzw. *Kompatibilitätsbedingungen* erfüllt sein, die man im ebenen Fall wie folgt erhält:

$$\gamma_{xy} = \frac{\partial u_x}{\partial y} + \frac{\partial u_y}{\partial x} \Rightarrow \frac{\partial^2 \gamma_{xy}}{\partial x \partial y} = \frac{\partial^3 u_x}{\partial x \partial y^2} + \frac{\partial^3 u_y}{\partial x^2 \partial y} \stackrel{!}{=} \frac{\partial^2 \varepsilon_x}{\partial y^2} + \frac{\partial^2 \varepsilon_y}{\partial x^2}$$

Diese Kompatibilitätsbedingung gewährleistet den stetigen Zusammenhang im Körper und lautet in Kurzschreibweise:

$$\varepsilon_{x,yy} + \varepsilon_{y,xx} - \gamma_{xy,xy} = 0$$

Im räumlichen Fall gibt es drei Verschiebungsfunktionen (3 Komponenten des Verschiebungsfeldes) und 6 Verzerrungsfunktionen (6 Komponenten des Verzerrungstensors). Weiterhin lassen sich 6 Kompatibilitätsbedingungen finden, von denen jedoch nur 3 voneinander unabhängig sind.

8.5.2.4 Volumendehnung, mittlere Dehnung

Analog zur Dehnung lässt sich eine relative Volumenänderung – die *Volumendehnung e* – definieren:

$$e = \frac{d\overline{V} - dV}{dV}$$

$dV = dx\,dy\,dz$ Volumenelement des undeformierten Körpers
$d\overline{V} = d\overline{x}\,d\overline{y}\,d\overline{z}$ Volumenelement des deformierten Körpers

Unter der Voraussetzung kleiner Verzerrungen ($\varepsilon_x, \varepsilon_y, \varepsilon_z \ll 1$) ergibt sich die Volumendehnung als Summe der Diagonalelemente des Verzerrungstensors (d. h. als Spur und somit als 1. Invariante des Verzerrungstensors I_1^ε):

$$e = \varepsilon_x + \varepsilon_y + \varepsilon_z$$

Weiterhin wird noch eine *mittlere Dehnung* e_m als arithmetisches Mittel der Dehnungen $\varepsilon_x, \varepsilon_y, \varepsilon_z$ eingeführt:

$$e_m = \frac{1}{3}e$$

8.5.3 Koordinatentransformation

Für viele Festigkeitsberechnungen ist es – wie beim Spannungszustand – notwendig, den Deformationszustand in bestimmten Richtungen des Bauteils zu kennen. Es gelten die Transformationsbeziehungen aus Abschnitt 8.2.

8.5 Verschiebung, Verzerrung, Verzerrungszustand

Verschiebungen:
$$\bar{u} = Cu, \quad u = C^T\bar{u}; \quad u = \begin{bmatrix} u_x \\ u_y \\ u_z \end{bmatrix}, \quad \bar{u} = \begin{bmatrix} u_\xi \\ u_\eta \\ u_\zeta \end{bmatrix}$$

Verzerrungen:
$$\bar{\varepsilon} = C\varepsilon C^T, \quad \varepsilon = C^T\bar{\varepsilon}C; \quad \varepsilon = \begin{bmatrix} \varepsilon_x & \varepsilon_{xy} & \varepsilon_{xz} \\ \varepsilon_{xy} & \varepsilon_y & \varepsilon_{yz} \\ \varepsilon_{xz} & \varepsilon_{yz} & \varepsilon_z \end{bmatrix}, \quad \bar{\varepsilon} = \begin{bmatrix} \varepsilon_\xi & \varepsilon_{\xi\eta} & \varepsilon_{\xi\zeta} \\ \varepsilon_{\xi\eta} & \varepsilon_\eta & \varepsilon_{\eta\zeta} \\ \varepsilon_{\xi\zeta} & \varepsilon_{\eta\zeta} & \varepsilon_\zeta \end{bmatrix}$$

Da der Spannungstensor und der Verzerrungstensor Tensoren gleicher Stufe sind, gelten auch die gleichen Transformationsbeziehungen. Analoge Fragestellungen wie beim Spannungstensor führen auf die Hauptdehnungen und -richtungen sowie auf die extremale Gleitung. Auch die drei Invarianten haben gleichen Aufbau.

Für isotropes Material (Werkstoffverhalten unabhängig von der Richtung) fallen Hauptdehnungs- und Hauptspannungsrichtungen zusammen.

Der Verzerrungszustand wird wie der Spannungszustand im Hinblick auf die „Mehrachsigkeit" durch die Anzahl der von null verschiedenen Hauptdehnungen klassifiziert. Ein Sonderfall ist der zweiachsige oder ebene Verzerrungszustand (EVZ) in P. Für diesen sollen die Transformationsbeziehungen bei ebener Drehung der Basis dargestellt werden, vgl. Bild 8.16.

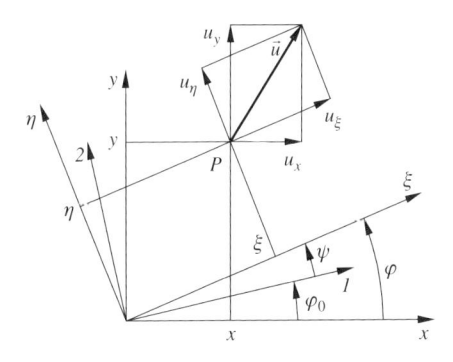

Bild 8.16

Verschiebungen:
$$C = \begin{bmatrix} \cos\varphi & \sin\varphi & 0 \\ -\sin\varphi & \cos\varphi & 0 \\ 0 & 0 & 1 \end{bmatrix}$$

$$\bar{u} = Cu: \quad \bar{u} = \begin{bmatrix} u_\xi \\ u_\eta \\ u_\zeta \end{bmatrix} = \begin{bmatrix} u_x\cos\varphi + u_y\sin\varphi \\ -u_x\sin\varphi + u_y\cos\varphi \\ u_z \end{bmatrix}$$

Verzerrungen:
$$\bar{\varepsilon} = C\varepsilon C^T$$

Referenzbasis:
$$\mathbf{e} = [\vec{e}_x, \vec{e}_y, \vec{e}_z]^T, \quad (x,y,z\text{-KS}) \qquad \boldsymbol{\varepsilon} = \begin{bmatrix} \varepsilon_x & \varepsilon_{xy} & 0 \\ \varepsilon_{xy} & \varepsilon_y & 0 \\ 0 & 0 & 0 \end{bmatrix}$$

gedrehte Basis:
$$\bar{\mathbf{e}} = [\vec{e}_\xi, \vec{e}_\eta, \vec{e}_\zeta]^T, \quad (\xi,\eta,\zeta\text{-KS}) \qquad \bar{\boldsymbol{\varepsilon}} = \begin{bmatrix} \varepsilon_\xi & \varepsilon_{\xi\eta} & 0 \\ \varepsilon_{\xi\eta} & \varepsilon_\eta & 0 \\ 0 & 0 & 0 \end{bmatrix}$$

Transformation im Punkt P: $\xi, \eta \leftrightarrow x, y \leftrightarrow 1, 2$:

$$\begin{aligned}
\varepsilon_\xi &= u_{\xi,\xi} = \frac{1}{2}(\varepsilon_x + \varepsilon_y) + \frac{1}{2}(\varepsilon_x - \varepsilon_y)\cos 2\varphi + \varepsilon_{xy}\sin 2\varphi \\
&= \frac{1}{2}(\varepsilon_1 + \varepsilon_2) + \frac{1}{2}(\varepsilon_1 - \varepsilon_2)\cos 2\psi \\
\varepsilon_\eta &= u_{\eta,\eta} = \frac{1}{2}(\varepsilon_x + \varepsilon_y) - \frac{1}{2}(\varepsilon_x - \varepsilon_y)\cos 2\varphi - \varepsilon_{xy}\sin 2\varphi \\
&= \frac{1}{2}(\varepsilon_1 + \varepsilon_2) - \frac{1}{2}(\varepsilon_1 - \varepsilon_2)\cos 2\psi \\
\varepsilon_{\xi\eta} &= \frac{1}{2}\gamma_{\xi\eta} = \frac{1}{2}(u_{\xi,\eta} + u_{\eta,\xi}) = -\frac{1}{2}(\varepsilon_x - \varepsilon_y)\sin 2\varphi + \varepsilon_{xy}\cos 2\varphi \\
&= -(\varepsilon_1 - \varepsilon_2)\sin 2\psi
\end{aligned}$$

Hauptachsensystem: 1, 2-KS $(\vec{e}_\xi = \vec{e}_1, \vec{e}_\eta = \vec{e}_2)$:

$$\bar{\boldsymbol{\varepsilon}}(\varphi = \varphi_0) = \begin{bmatrix} \varepsilon_1 & 0 & 0 \\ 0 & \varepsilon_2 & 0 \\ 0 & 0 & 0 \end{bmatrix} \quad \text{mit}$$

$$\varepsilon_{1,2} = \frac{1}{2}(\varepsilon_x + \varepsilon_y) \pm \sqrt{\left(\frac{\varepsilon_x - \varepsilon_y}{2}\right)^2 + \varepsilon_{xy}^2}$$

Richtungswinkel der 1-Achse: $\tan \varphi_0 = \dfrac{\varepsilon_{xy}}{\varepsilon_x - \varepsilon_2}$

8.6 Stoffgesetz für elastisches Materialverhalten

Die Gleichgewichtsbedingungen bei den Spannungen sowie die Verschiebungs-Verzerrungs-Beziehungen bei den Deformationen gelten materialunabhängig. Für den Zusammenhang zwischen den Spannungen und Verzerrungen benötigt man *Stoff-* bzw. *Materialgesetze*, die das Materialverhalten (Werkstoffverhalten) beschreiben.

8.6.1 Materialverhalten

Für die Erfassung des unterschiedlichen Materialverhaltens wird in der Mechanik der Begriff *Kontinuum* verwendet. Es ist das Modell für die eigentlich diskret aufgebaute Materie als Menge materieller Punkte mit gleichen Eigenschaften. Oder anders ausgedrückt, anstelle der in einem bestimmten Volumenelement diskret verteilten massebehafteten Atome und Moleküle tritt bei dieser Modellvorstellung das mit Masse kontinuierlich ausgefüllte Raumteil – das Kontinuum. Zum Kontinuum gehören die Materialkonstanten, die seine Deformierbarkeit kennzeichnen. In der Statik wurde das *starre* Kontinuum (starrer Körper) betrachtet. Bewirkt bei einem festen Kontinuum die Beanspruchung eine Änderung der Körpergeometrie unter Beibehaltung des stofflichen Zusammenhalts, so spricht man von einem *deformierbaren* Kontinuum. Es gibt bisher kein Stoffgesetz, welches einheitlich das mechanische Verhalten der Materialien unter den verschiedensten Bedingungen beschreibt. Je nach den vorgenommenen Idealisierungen gibt es unterschiedliche Materialgesetze.

Besteht ein umkehrbar eindeutiger Zusammenhang zwischen Spannung und Verzerrung, nennt man das Material *elastisch*. Bei „kleinen Verzerrungen" kann das Elastizitätsgesetz in der Form $\boldsymbol{\sigma} = \boldsymbol{\sigma}(\boldsymbol{\varepsilon})$ formuliert werden. Die Abhängigkeit der Spannungs- von den Verzerrungskomponenten lässt sich nur experimentell ermitteln (z. B. Zugversuch). Versuche haben gezeigt, dass das Verhältnis zwischen Spannung und Verzerrung bei kleinen Deformationen nahezu konstant ist. Viele Werkstoffe, z. B. metallische, verhalten sich also bei nicht zu großen Beanspruchungen linear elastisch. Es wird deshalb als *linear* elastisches Material (physikalisch linear) bezeichnet, andernfalls als *nichtlinear*.

Weitere Klassifizierungsmerkmale des Materialverhaltens betreffen die Orts- und Richtungsabhängigkeit. Ein Material, das in allen materiellen Punkten gleiche Eigenschaften hat, heißt *homogen*, andernfalls *inhomogen*. Ist das Materialverhalten richtungsunabhängig, dann heißt das Material *isotrop*, andernfalls *anisotrop*.

8.6.2 Hooke'sches Gesetz

Die Erkenntnis eines linearen Zusammenhangs zwischen Kraft und Längenänderung bei verschiedenen Federn wird R. Hooke (1678) zugeschrieben. Er formulierte $F \sim \Delta l$ oder anders ausgedrückt $\sigma \sim \varepsilon$. Nach Einführung einer Proportionalitätskonstanten, dem Elastizitätsmodul E (engl.: Young's modulus; von Th. Young 1807 eingeführt), ergibt sich das Hooke'sche Gesetz in diesem Falle zu:

$$\sigma_x = E \varepsilon_x$$

(einachsiger Spannungszustand). Ob E (zumindest in gewissen Bereichen) eine Konstante ist, lässt sich nur im Versuch bestimmen; E weist eine gewisse Temperaturabhängigkeit auf; für Stähle gilt $E \approx 2{,}1 \cdot 10^5 \, \text{N/mm}^2$.

Der Gültigkeitsbereich des Hooke'schen Gesetzes liegt bei bekannten Werkstoffkennwerten innerhalb $|\sigma| \leq R_{\text{p0,01}}$ bzw. $|\varepsilon| \leq \varepsilon_\text{F}$ wenn ε_F die (elastische) Dehnung an der technischen Elastizitätsgrenze $R_{\text{p0,01}}$ ist.

8.6.2.1 Zugversuch

Der Grundversuch zur Ermittlung von Materialkennwerten in der Werkstoffprüfung ist der Zugversuch (DIN EN 10002). Er dient der Ermittlung von Elastizitäts-, Festigkeits- und Verformungskennwerten unter zügiger Belastung (quasistatisch) an genormten glatten Proben (Rund- oder Flachproben) bei einem einachsigen Spannungszustand. Im Bild 8.17 ist schematisch das Werkstoffverhalten dargestellt.

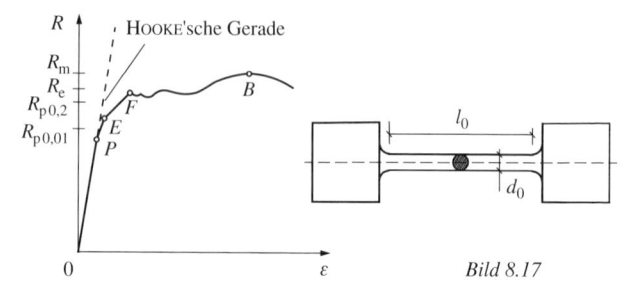

Bild 8.17

Die Bezeichnungen verschiedener Größen in der Mechanik und Werkstoffprüfung ist leider nicht konform. In der Werkstoffprüfung wird die Nennspannung $R = F/S_0$ mit S_0 als Ausgangsfläche (Nennquerschnitt) und die (technische) Dehnung $\varepsilon = (l - l_0)/l$ mit l als aktuelle Messlänge verwendet. Da im Zugversuch die jeweilige Kraft F sowie die Probenverlängerung Δl auf die Ausgangsgrößen S_0 bzw. l_0 bezogen werden, handelt es sich um Nennwerte (und nicht um die wirklichen Werte). Das zügige *Spannungs-Dehnungs-Diagramm* spiegelt das Werkstoffverhalten im Zugversuch wider. Das Werkstoffverhalten lässt sich damit pauschal in ein *zähes* (duktiles) bzw. *sprödes* einteilen, wobei die Übergänge fließend sind.

Die im Bild 8.17 dargestellte Spannungs-Dehnungs-Kurve für Stahl hat folgende ausgezeichnete Punkte: P Proportionalitätsgrenze, E Elastizitätsgrenze, F Fließgrenze (im Zugversuch als Streckgrenze bezeichnet), B Bruchgrenze. Mit diesen Grenzpunkten lassen sich folgende Bereiche unterscheiden:

Linear-elastischer Bereich

Zu Beginn des Versuchs besteht eine Proportionalität zwischen Spannung und elastischer Dehnung. Hier gilt das oben angegebene HOOKE'sche Gesetz. Dieser Bereich bis zur Proportionalitätsgrenze wird auch HOOKE'scher Bereich genannt, und die Gerade OP heißt HOOKE'sche Gerade. Bei Entlastung auf null gehen die Dehnungen vollständig zurück – die Deformation ist reversibel.

Da die Elastizitätsgrenze E messtechnisch kaum erfassbar ist – praktisch fallen die Punkte P und E zusammen – wird mit der Festlegung der technischen Elastizitätsgrenze $R_{p0,01}$ (Spannung bei einer bleibende Dehnung von 0,01 %) gearbeitet; in der Kontinuumsmechanik mit der Anfangsfließspannung σ_{F0}.

8.6 Stoffgesetz für elastisches Materialverhalten

Verfestigungsbereich, Fließbereich

Bei weiterer Laststeigerung über die Elastizitätsgrenze E hinaus ist das Materialverhalten nichtlinear. Der Werkstoff beginnt zu fließen und wird plastisch verformt. Mit zunehmender plastischer Verformung tritt eine Spannungserhöhung infolge einer Werkstoffverfestigung (Bildung von Versetzungen) auf. Der Anstieg der Spannungs-Dehnungs-Kurve wird deutlich geringer durch die plastische Verformung einzelner Bereiche (Mikroplastizität).

An der Fließgrenze F erfolgt der Übergang zum makroskopischen Fließen. Im Zugversuch heißt dieser Wert Streckgrenze R_e. Nach Erreichen dieser Spannung $R_e = F_e/S_0$ wachsen die Dehnungen bei gleich bleibender oder u. U. sogar bei abnehmender Spannung. Der größte bzw. kleinste Wert im Fließbereich nennt man obere (R_{eH}) bzw. untere Streckgrenze (R_{eL}). Für zahlreiche Werkstoffe, wie hochfeste Stähle, ist die Streckgrenze nicht deutlich ausgeprägt. Dafür wird die Dehngrenze $R_{p0.2}$ (Spannung bei einer bleibenden Dehnung von 0,2 %) eingeführt.

Erfolgt eine Zwischenentlastung in diesem Bereich, so tritt eine lineare Rückfederung parallel zur HOOKE'schen Geraden auf. Hierbei geht nur der elastische Teil der Dehnung zurück – es zeigen sich bleibende (plastische) Dehnungen.

Mit weiterer zunehmender Belastung bis zur Bruchgrenze B hat sich das Verfestigungsvermögen des Werkstoffs erschöpft. Die bis B auftretende Dehnung ist über die Probenlänge gleichmäßig verteilt (Gleichmaßdehnung).

Die bei B auftretende Spannung wird als Zugfestigkeit $R_m = F_m/S_0$ bezeichnet; F_m ist die Höchstlast.

Einschnürbereich

Bei Erreichen der Bruchgrenze als Höchstlastpunkt kann die Verfestigung des Werkstoffs die Querschnittsabnahme nicht mehr ausgleichen – die Einschnürung der Probe beginnt und es liegt kein einachsiger Spannungszustand mehr vor. Am Zerreißpunkt erfolgt das Versagen durch Trennung (Bruch) des Werkstoffzusammenhalts; praktisch hat der Zerreißpunkt keine Bedeutung.

8.6.2.2 Querkontraktion

Im Zugversuch treten neben der Dehnung ε_x in Probenlängsrichtung auch Dehnungen ε_y und ε_z in dazu senkrechten Richtungen (Querdehnungen) auf, siehe Bild 8.18.

Im linear-elastischen Bereich sind die Querdehnungen proportional der Längsdehnung. Nach Einführen einer Proportionalitätskonstante ν ergibt sich folgender Zusammenhang unter Annahme mechanischer Isotropie:

$$\frac{b_z^* - b_z}{b_z} = \frac{\Delta b_z}{b_z} = \varepsilon_z = -\nu \varepsilon_x = -\nu \frac{\Delta l}{l}, \quad \text{analog} \quad \varepsilon_y = -\nu \varepsilon_x$$

Bild 8.18

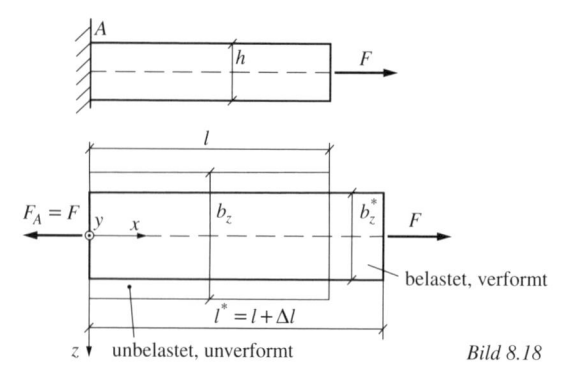

Die Vorzeichen von Längs- und Querdehnung sind verschieden, je nachdem ob eine Kontraktion (Zugbeanspruchung) oder Expansion (Druckbeanspruchung) vorliegt.

Die dimensionslose Konstante ν heißt Querkontraktionszahl (der Kehrwert ist die POISSON'sche Konstante) und stellt wie der Elastizitätsmodul in der physikalisch linearen Theorie eine lastunabhängige Materialkonstante dar: $\nu = |\varepsilon_y/\varepsilon_x|$. Die Querkontraktionszahl liegt für die meisten Materialien etwa zwischen 0,15 und 0,5, zeigt aber wie der Elastizitätsmodul eine gewisse Temperaturabhängigkeit. Für Metalle ist $\nu \approx 0{,}25\ldots 0{,}4$; für Stähle gilt $\nu \approx 0{,}3$. Die elastischen Deformationen unter Zugbeanspruchung sind wegen $\nu < 0{,}5$ mit sehr kleinen Volumenvergrößerungen verbunden: $V^* \approx V$; für $\nu = 0{,}5$ ist das Material inkompressibel. Angaben zu E und ν für weitere Werkstoffe sind in Anlage F1 zu finden.

8.6.2.3 Thermische Dehnungen, Gesamtdehnungen

Thermische Dehnungen

Neben den Beanspruchungen aus mechanischen Belastungen können auch Spannungen und Deformationen durch Temperaturänderungen auftreten. Im Bereich kleiner Verzerrungen gilt die Proportionalität von thermischen Dehnungen und Temperaturänderung:

$$\varepsilon^{th} \sim \Delta T$$

Bei thermischer Isotropie gilt:

$$\varepsilon_x^{th} = \varepsilon_y^{th} = \varepsilon_z^{th} = \alpha\,\Delta T = \alpha(T - T_0)$$

α (linearer) Wärmeausdehnungskoeffizient in K^{-1}, (annähernd temperaturunabhängig); Metalle: $\alpha \approx (0{,}8\ldots 2{,}5)\cdot 10^{-5}\,K^{-1}$
T vorhandene Temperatur in K
T_0 Ausgangstemperatur in K

Gleitungen treten bei Temperaturänderungen nicht auf.

Wird die thermische Dehnung durch eine entsprechende Lagerung nicht behindert, so tritt auch keine thermische Spannung auf – außer bei inhomogener Temperaturverteilung (Gebiet der Thermoelastizität). Bei Behinderung der (auch homogenen) thermischen Dehnung entstehen hingegen Spannungen, die u. U. beträchtlich sein können.

Gesamtdehnungen

Beim gleichzeitigen Auftreten von mechanischen (Längskraft) und thermischen (Temperaturänderung) Belastungen gilt für lineare Probleme das BOLTZMANN'sche *Superpositionsprinzip*. Es besagt, dass „die gesamte Wirkung einer Summe von Ursachen gleich der Summe der Wirkungen jeder Einzelursache ist". Das bedeutet für die Gesamtdehnung:

$$\varepsilon_x = \varepsilon_x^{el}(N) + \varepsilon_x^{th}(\Delta T), \qquad \varepsilon_y, \varepsilon_z \text{ analog}$$

Unter Einbeziehung des HOOKE'schen Gesetzes ergibt sich:

$$\varepsilon_x = \varepsilon_x^{el} + \varepsilon_x^{th} = \frac{\sigma_x}{E} + \alpha\,\Delta T \qquad \varepsilon_y = \varepsilon_y^{el} + \varepsilon_y^{th} = -\nu\frac{\sigma_y}{E} + \alpha\,\Delta T$$

$$\varepsilon_z = \varepsilon_z^{el} + \varepsilon_z^{th} = -\nu\frac{\sigma_z}{E} + \alpha\,\Delta T$$

8.6.2.4 Elastizitätsgesetz für Schubbeanspruchung

Aus Experimenten konnten folgende Feststellungen getroffen werden:
- Gleitungen treten nur bei Schubbeanspruchung ($\tau \neq 0$) auf.
- Die Gleitungen γ_{ij} sind untereinander und von den Dehnungen ε_x, ε_y, ε_z unabhängig.
- Temperaturänderungen ΔT haben keinen Einfluss auf die Gleitungen.

Zwischen Schubspannung τ und Gleitung γ besteht im linear-elastischen Bereich (wahrscheinlich von ST. VENANT formuliert) ein analoger Zusammenhang wie beim HOOKE'schen Gesetz: $\tau_{xy} \sim \gamma_{xy}$.

Nach Einführung der Proportionalitätskonstanten, dem *Gleit-* oder *Schubmodul G*, ergibt sich das Elastizitätsgesetz zu:

$$\tau_{xy} = G\gamma_{xy}$$

G ist wie E eine Werkstoffkonstante und hat die Dimension einer Spannung; für Stähle ist $G \approx 0{,}8 \cdot 10^5\,\text{N/mm}^2$. Der Gleitmodul kann im Torsionsversuch ermittelt werden. Für elastisches und isotropes (richtungsunabhängiges) Material besteht zwischen den Elastizitätskonstanten folgender Zusammenhang:

$$E = 2G(1+\nu)$$

Damit sind für HOOKE'sche Materialien nur zwei Elastizitätskonstanten voneinander unabhängig; anisotrope Materialien können mit bis zu 21 elastischen Konstanten beschrieben werden.

8.6.2.5 Werkstoffkennwerte

Die Werkstoffkennwerte lassen sich in drei Gruppen einteilen:

Elastizitätskonstanten

Die Elastizitätskonstanten E, ν werden mittels Dehnungsmessung bestimmt.

Festigkeitskennwerte

Als *Festigkeit* (siehe Bild 8.19) wird der Spannungswert bezeichnet, den der Werkstoff bis zum Versagen erträgt. Aus dem Zugversuch werden an einer Zugprobe je nach Versagenskriterium
- bei Auftreten plastischer Verformungen die Streckgrenze $R_e(R_{eH}, R_{eL})$ bzw. die Dehngrenze ($R_{p0,2}$) ermittelt (das Ende des HOOKE'schen Bereichs wird durch die technische Elastizitätsgrenze $R_{p0,01}$ festgelegt) und
- bei Bruch die Zugfestigkeit R_m bestimmt.

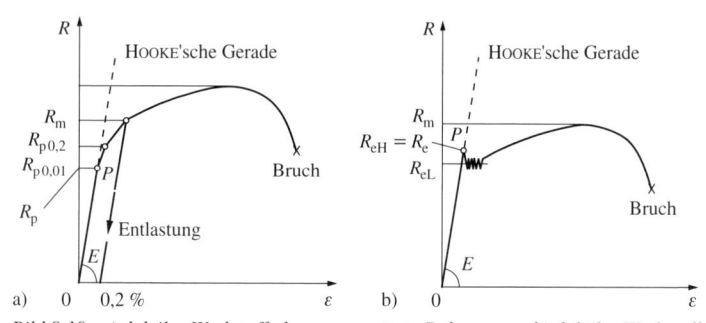

Bild 8.19 a) duktiler Werkstoff ohne ausgeprägte Dehngrenze; b) duktiler Werkstoff mit ausgeprägter Dehngrenze (Streckgrenze)

Verformungskennwerte

Die Eigenschaft des Werkstoffs, sich vor Trennung des Werkstoffzusammenhalts (Bruch) plastisch zu verformen, wird als *Duktilität* bezeichnet. Werkstoffe mit geringer Duktilität werden *spröde* genannt (vgl. Abschnitt 8.6.2.1).

In der Werkstoffprüfung sind folgende Kennwerte definiert: Bruchdehnung, Brucheinschnürung, Gleichmaßdehnung. Sie dienen der Beurteilung der Deformationsfähigkeit des Werkstoffs und gehen nicht direkt in eine Festigkeitsberechnung ein.

8.6.2.6 Verallgemeinertes HOOKE'sches Gesetz

CAUCHY formulierte 1822 das HOOKE'sche Gesetz für den räumlichen Spannungszustand. Mit dem Superpositionsprinzip wird das Elastizitätsgesetz – vielfach als verallgemeinertes HOOKE'sches Gesetz bezeichnet – aus der Überlagerung der einzelnen Gesamtdehnungen gewonnen.

8.6 Stoffgesetz für elastisches Materialverhalten

Das Elastizitätsgesetz für den räumlichen Spannungszustand lässt sich für isotropes und homogenes Material sowie für $\Delta T = \Delta T(x, y, z) = T(x, y, z) - T_0(x, y, z)$ folgendermaßen schreiben:

Verzerrungen als Funktion der Spannungen

$$\varepsilon_x = \frac{1}{E}\left[\sigma_x + \nu\left(\sigma_y - \sigma_z\right)\right] + \alpha\,\Delta T \qquad \gamma_{xy} = \frac{2}{E}(1+\nu)\,\tau_{xy}$$

$$\varepsilon_y = \frac{1}{E}\left[\sigma_y + \nu(\sigma_z - \sigma_x)\right] + \alpha\,\Delta T \qquad \gamma_{yz} = \frac{2}{E}(1+\nu)\,\tau_{yz}$$

$$\varepsilon_z = \frac{1}{E}\left[\sigma_z + \nu\left(\sigma_x - \sigma_y\right)\right] + \alpha\,\Delta T \qquad \gamma_{zx} = \frac{2}{E}(1+\nu)\,\tau_{zx}$$

Spannungen als Funktion der Verzerrungen

$$\sigma_x = \frac{E}{1+\nu}\left[\varepsilon_x + \frac{\nu}{1-2\nu}e\right] - \frac{E}{1-2\nu}\alpha\,\Delta T \qquad \tau_{xy} = G\gamma_{xy}$$

$$\sigma_y = \frac{E}{1+\nu}\left[\varepsilon_y + \frac{\nu}{1-2\nu}e\right] - \frac{E}{1-2\nu}\alpha\,\Delta T \qquad \tau_{yz} = G\gamma_{yz}$$

$$\sigma_z = \frac{E}{1+\nu}\left[\varepsilon_z + \frac{\nu}{1-2\nu}e\right] - \frac{E}{1-2\nu}\alpha\,\Delta T \qquad \tau_{zx} = G\gamma_{zx}$$

mit der Volumendehnung

$$e = \varepsilon_x + \varepsilon_y + \varepsilon_z$$

Das verallgemeinerte HOOKE'sche Gesetz soll noch in Matrizendarstellung formuliert werden, da diese kompakte Form für computergestütze Berechnungen Vorteile bietet. Dazu werden folgende Matrizen eingeführt:

Verzerrungs-Spaltenmatrizen:

$$\check{\boldsymbol{\varepsilon}} = \left[\varepsilon_x, \varepsilon_y, \varepsilon_z, \gamma_{xy}, \gamma_{yz}, \gamma_{zx}\right]^T, \qquad \check{\boldsymbol{\varepsilon}}^{th} = [1, 1, 1, 0, 0, 0]^T\,\alpha\,\Delta T$$

Spannungs-Spaltenmatrix:

$$\check{\boldsymbol{\sigma}} = \left[\sigma_x, \sigma_y, \sigma_z, \tau_{xy}, \tau_{yz}, \tau_{zx}\right]^T$$

(6×6)-Elastizitätsmatrix $\boldsymbol{E}$ mit den Elastizitätskonstanten E, ν:

$$\boldsymbol{E} = \frac{E}{(1+\nu)(1-2\nu)}$$

$$\times \begin{bmatrix} 1-\nu & \nu & \nu & 0 & 0 & 0 \\ \nu & 1-\nu & \nu & 0 & 0 & 0 \\ \nu & \nu & 1-\nu & 0 & 0 & 0 \\ \hline 0 & 0 & 0 & \frac{1}{2}(1-2\nu) & 0 & 0 \\ 0 & 0 & 0 & 0 & \frac{1}{2}(1-2\nu) & 0 \\ 0 & 0 & 0 & 0 & 0 & \frac{1}{2}(1-2\nu) \end{bmatrix}$$

und ihre Inverse:

$$E^{-1} = \frac{1}{E} \left[\begin{array}{ccc|ccc} 1 & -\nu & -\nu & 0 & 0 & 0 \\ -\nu & 1 & -\nu & 0 & 0 & 0 \\ -\nu & -\nu & 1 & 0 & 0 & 0 \\ \hline 0 & 0 & 0 & 2(1+\nu) & 0 & 0 \\ 0 & 0 & 0 & 0 & 2(1+\nu) & 0 \\ 0 & 0 & 0 & 0 & 0 & 2(1+\nu) \end{array} \right]$$

Damit lässt sich das verallgemeinerte HOOKE'sche Gesetz in Matrizenform wie folgt schreiben:

$$\breve{\boldsymbol{\varepsilon}} = \breve{\boldsymbol{\varepsilon}}^{\text{el}} + \breve{\boldsymbol{\varepsilon}}^{\text{th}} = \boldsymbol{E}^{-1}\breve{\boldsymbol{\sigma}} + \breve{\boldsymbol{\varepsilon}}^{\text{th}}, \qquad \breve{\boldsymbol{\sigma}} = \boldsymbol{E}\left[\breve{\boldsymbol{\varepsilon}} - \breve{\boldsymbol{\varepsilon}}^{\text{th}}\right]$$

Für die Hauptdehnungen bzw. -spannungen ändert sich nur die Belegung der Spaltenmatrizen für die Verzerrungen und Spannungen:

$$\breve{\bar{\boldsymbol{\varepsilon}}} = [\varepsilon_1, \varepsilon_2, \varepsilon_3, 0, 0, 0]^{\text{T}}, \qquad \breve{\bar{\boldsymbol{\sigma}}} = [\sigma_1, \sigma_2, \sigma_3, 0, 0, 0]^{\text{T}}$$

8.6.2.7 Anwendungen

Beispiel: 1) Hauptdehnungen, Volumendehnung, Kompressionsmodul

Für den Punkt P (vgl. Bild 8.20) mit zugeordnetem Volumenelement sind die Hauptdehnungen ε_i, die Volumendehnung e und die mittlere Normalspannung σ_{m} $\left(\sigma_{\text{m}} = 1/3(\sigma_1 + \sigma_2 + \sigma_3)\right)$ für folgende Spannungszustände zu ermitteln:
1. einachsig: $\sigma_1 = \sigma$, $\sigma_2 = 0$, $\sigma_3 = 0$,
2. zweiachsig: $\sigma_1 = \sigma_2 = \sigma$, $\sigma_3 = 0$,
3. dreiachsig: $\sigma_1 = \sigma_2 = \sigma_3 = \sigma$ (hydrostatisch),
4. ebener Dehnungszustand: $\varepsilon_3 = 0$, $\sigma_1 = \sigma_2 = \sigma$; neben obigen Größen ist noch σ_3 zu ermitteln.

Kontrolle der Ergebnisse anhand des Kompressionsmoduls $K = \sigma_{\text{m}}/e$.

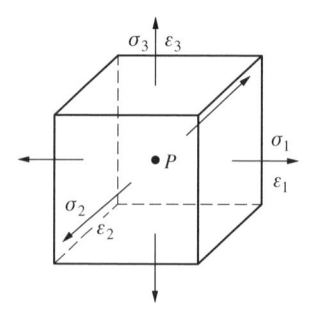

Bild 8.20

Gegeben: σ, E, $\nu = 0{,}3$

Gesucht: e, σ_{m}, K

Lösung:

	ε_1	ε_2	ε_3	e	σ_m	K
1.	$\varepsilon_1 = \dfrac{1}{E}\sigma_1$ $= \dfrac{\sigma}{E}$	$\varepsilon_2 = \varepsilon_3 = -\dfrac{\nu}{E}\sigma_1$ $= -0{,}3\dfrac{\sigma}{E}$		$0{,}4\dfrac{\sigma}{E}$	$0{,}33\sigma$	$K = \dfrac{1}{3 \cdot 0{,}4}E$ $= 0{,}8\bar{3}E$
2.	$\varepsilon_1 = \dfrac{1}{E}(\sigma_1 - \nu\sigma_2),\ \varepsilon_2 = \dfrac{1}{E}(\sigma_1 - \nu\sigma_2)$ $\varepsilon_1 = \varepsilon_2 = (1-\nu)\dfrac{\sigma}{E} = 0{,}7\dfrac{\sigma}{E}$		$\varepsilon_3 = -\dfrac{\nu}{E}(\sigma_1 + \sigma_2)$ $= -2\dfrac{\nu}{E}\sigma$ $= -0{,}6\dfrac{\sigma}{E}$	$0{,}8\dfrac{\sigma}{E}$	$0{,}66\sigma$	$K = \dfrac{2}{3 \cdot 0{,}8}E$ $= 0{,}8\bar{3}E$
3.	$\varepsilon_1 = \varepsilon_2 = \varepsilon_3 = \dfrac{\sigma}{E}[1 - \nu(1+1)] = 0{,}4\dfrac{\sigma}{E}$			$1{,}2\dfrac{\sigma}{E}$	1σ	$K = \dfrac{1}{1{,}2}E$ $= 0{,}8\bar{3}E$
4.	$\varepsilon_3 = \dfrac{1}{E}[\sigma_3 - \nu(\sigma_1 + \sigma_2)],\ \varepsilon_3 = 0:$ $\sigma_3 = \nu(\sigma_1 + \sigma_2) = 2\nu\sigma = 0{,}6\sigma$ $\varepsilon_1 = \dfrac{1}{E}[\sigma_1 - \nu(\sigma_2 + \sigma_3)]$ $= \dfrac{\sigma}{E}[1 - \nu(1 + 0{,}6)] = 0{,}52\dfrac{\sigma}{E} \qquad \varepsilon_2 = \varepsilon_1$			$1{,}04\dfrac{\sigma}{E}$	$0{,}8\bar{6}\sigma$	$K = \dfrac{2{,}6}{3 \cdot 1{,}04}E$ $= 0{,}8\bar{3}E$

Beispiel: 2) Verzerrungs- und Spannungszustand in einem Punkt

In der experimentellen Mechanik werden Dehnungsmessstreifen (DMS) zur Ermittlung des ESZ auf der Bauteiloberfläche eingesetzt, vgl. Bild 8.21. Mit einer 45°-Rosette werden die Dehnungen ε_a, ε_b, ε_c gemessen. Zu bestimmen sind der Verzerrungs- und Spannungszustand in P.

Gegeben: $\varepsilon_a = 60 \cdot 10^{-5}$, $\varepsilon_b = 75 \cdot 10^{-5}$, $\varepsilon_c = -40 \cdot 10^{-5}$, $E = 2{,}1 \cdot 10^5\,\text{N/mm}^2$, $\nu = 0{,}3$

Gesucht: ε_x, ε_y, ε_z, γ_{xy}, ε_1, ε_2, ε_3, σ_x, σ_y, τ_{xy}, φ_0, σ_1, σ_2

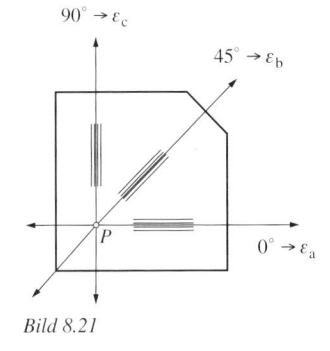

Bild 8.21

Lösung:

Wegen HOOKE für ESZ gilt:

$$\boldsymbol{\varepsilon} = \begin{bmatrix} \varepsilon_x & \varepsilon_{xy} & 0 \\ \varepsilon_{xy} & \varepsilon_y & 0 \\ 0 & 0 & \varepsilon_z \end{bmatrix}$$

Bei ebener Dehnung, also mit

$$C = \begin{bmatrix} \cos\varphi & \sin\varphi & 0 \\ -\sin\varphi & \cos\varphi & 0 \\ 0 & 0 & 1 \end{bmatrix}$$

folgt aus $\bar{\varepsilon} = C\varepsilon C^T$ für ε_ξ:

$$\varepsilon_\xi = \varepsilon_x \cos^2\varphi + \varepsilon_y \sin^2\varphi + \gamma_{xy} \sin\varphi \cos\varphi$$
$$= \frac{1}{2}\left[(\varepsilon_x + \varepsilon_y) + (\varepsilon_x - \varepsilon_y)\cos 2\varphi + \gamma_{xy}\sin 2\varphi\right]$$

Also:

$$\varepsilon_\xi(\varphi = 0°) = \varepsilon_x = \varepsilon_a$$
$$\varepsilon_\xi(\varphi = 45°) = \frac{1}{2}(\varepsilon_x + \varepsilon_y + \gamma_{xy}) = \varepsilon_b$$
$$\Rightarrow \gamma_{xy} = 2\varepsilon_b - \varepsilon_a - \varepsilon_c = 130 \cdot 10^{-5} \,\hat{=}\, 0{,}075° \quad \text{bzw.}$$
$$\varepsilon_{xy} = \frac{1}{2}\gamma_{xy} = 65 \cdot 10^{-5}$$
$$\varepsilon_\xi(\varphi = 90°) = \varepsilon_y = \varepsilon_c$$
$$\check{\varepsilon} = [\varepsilon_x, \varepsilon_y, \gamma_{xy}]^T = 10^{-5}[60, -40, 130]^T$$

Spannungen (HOOKE):

$$\check{\sigma} = E\check{\varepsilon}, \quad (\text{ESZ: } \sigma_z = 0, \tau_{xz} = \tau_{yz} = 0); \quad \Delta T \equiv 0$$

$$\begin{bmatrix} \sigma_x \\ \sigma_y \\ \tau_{xy} \end{bmatrix} = \frac{E}{1-\nu^2} \begin{bmatrix} 1 & \nu & 0 \\ & 1 & 0 \\ \text{symm.} & & \frac{1-\nu}{2} \end{bmatrix} \begin{bmatrix} \varepsilon_x \\ \varepsilon_y \\ \gamma_{xy} \end{bmatrix} = \begin{bmatrix} 111 \\ -51 \\ 105 \end{bmatrix} \text{N/mm}^2;$$

$$\varepsilon_z = -\frac{\nu}{E}(\sigma_x + \sigma_y) = -8{,}6 \cdot 10^{-5}$$

Hauptspannungen (ESZ):

$$\left. \begin{aligned} \sigma_{1,2} &= \frac{1}{2}(\sigma_x + \sigma_y) \pm \sqrt{\frac{(\sigma_x - \sigma_y)^2}{4} + \tau_{xy}^2} \\ &= 30 \pm 132{,}6 \,\text{N/mm}^2 \end{aligned} \right\} \quad \sigma_1 \geqq \sigma_2$$

$$\Rightarrow \bar{\sigma}(\varphi = \varphi_0) = \begin{bmatrix} 162{,}6 & 0 & 0 \\ 0 & -102{,}6 & 0 \\ 0 & 0 & 0 \end{bmatrix} \text{N/mm}^2$$

$$\tan\varphi_0 = \frac{\tau_{xy}}{\sigma_x - \sigma_2} = \frac{105}{111 + 102{,}6} = 0{,}492 \Rightarrow \varphi_0 \approx 26{,}2°$$

Wegen der Isotropie fallen die Hauptdehnungs- und Hauptspannungsrichtungen zusammen.

Hauptdehnungen über HOOKE ($\check{\boldsymbol{\varepsilon}} = \boldsymbol{E}^{-1}\check{\boldsymbol{\sigma}}$):

$$\begin{bmatrix} \varepsilon_1 \\ \varepsilon_2 \\ \varepsilon_3 \end{bmatrix} = \frac{1}{E} \begin{bmatrix} 1 & -\nu \\ -\nu & 1 \\ -\nu & -\nu \end{bmatrix} \begin{bmatrix} \sigma_1 \\ \sigma_2 \end{bmatrix} = 10^{-5} \begin{bmatrix} 92 \\ -72 \\ -8{,}6 \end{bmatrix}$$

Kontrolle:
$$I_1^\varepsilon = \varepsilon_x + \varepsilon_y + \varepsilon_z = \varepsilon_1 + \varepsilon_2 + \varepsilon_3 = 11{,}4 \cdot 10^{-5}$$
$$I_1^\sigma = \sigma_x + \sigma_y = \sigma_1 + \sigma_2 = 60\,\text{N/mm}^2$$

8.7 Grundbeanspruchungen

Wird durch einen belasteten Körper ein vollständiger Schnitt geführt, so erhält man aus den Einzelspannungen aller Elementarquader den Normal- und Schubspannungsverlauf in der gesamten Schnittfläche, vgl. Abschnitt 8.1. Dieser i. Allg. beliebige Verlauf hängt von einer Vielzahl von Parametern, wie Art und Größe der Belastung ab.

In Rahmen dieses Taschenbuches werden vorrangig eindimensionale Modelle, die Linientragwerke Stab und Balken behandelt. Das kennzeichnende Merkmal dieser Modelle ist die Balkenachse, die die Verbindungslinie aller Flächenschwerpunkte darstellt. Unter den Voraussetzungen, dass
- die Querschnittsabmessungen klein gegenüber der Bauteillänge sind,
- die Querschnitte, die im unbelasteten Zustand eben sind und auf der Balkenachse senkrecht stehen, diese Eigenschaften auch im belasteten Zustand haben (Bernoulli-Hypothese) und
- ein linear-elastisches Materialgesetz vorliegt,

sind folgende vereinfachende Annahmen möglich:
- Die Schubspannungen im Balken bleiben so klein, dass die Gleitungen (die zu Querschnittsverwölbungen führen) vernachlässigt werden können (eine Ausnahme bilden die Gleitungen bei Torsionsschubspannungen) und
- es liegt eine ebene Schnittfläche vor.

Damit können Lösungen für die Spannungen, Verzerrungen und ihren Zusammenhang über das Materialgesetz mit einfachen analytischen Ausdrücken gefunden werden.

Viele Festigkeitsberechnungen in der Technik lassen sich auf diese linienartigen Strukturen bei erträglichem Berechnungsaufwand zurückführen. Andererseits werden diese Modelle zur Überschlagsrechnung, Ergebnisverifikation sowie Randbedingungs- und Belastungsermittlung komplizierterer Modelle benutzt.

Die in Linientragwerken auftretenden Beanspruchungen, die so genannten *Grundbeanspruchungen*, vgl. Bild 8.22, sind den Schnittgrößen am Balken zugeordnet:
- Zug (a) bzw. Druck (b),
- reine Biegung (e) und Querkraftbiegung (f),
- Querkraftschub (g),
- Torsion (d).

128 8 *Grundlagen der Festigkeitslehre*

Einen Sonderfall bildet das Stabilitätsproblem Knicken (c) bei Druckbeanspruchung.

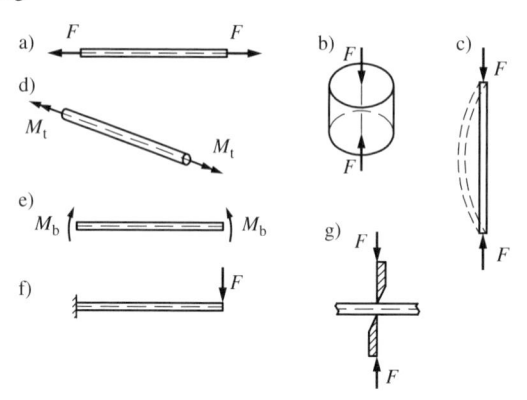

Bild 8.22

Diese Grundbeanspruchungen und die aus ihnen *zusammengesetzten Beanspruchungen*, d. h. wenn mehr als eine Schnittgröße gleichzeitig auftritt, werden später behandelt.

8.8 Äquivalenzbedingungen am Balken

In der Statik, Abschnitt 4.1, wurde formuliert, dass die Schnittreaktionen die Integrale über die Spannungsverteilung im Querschnitt darstellen. Bei Festlegung der Balkenachse als x-Achse und unter Beachtung der Voraussetzungen und Annahmen (vgl. Abschnitt 8.7) wird der Spannungszustand in der Schnittfläche bei Linientragwerken durch die Spannungskomponenten σ_x, τ_{xy} und τ_{xz} beschrieben. Die Zusammenfassung der (unbekannten) Spannungsverteilung zu Schnittgrößen nennt man *Äquivalenzbedingungen*.

In Linientragwerken (gerader Balken) können sechs Schnittreaktionen auftreten, die nach Richtung und Vorzeichen definiert sind, vgl. Bild 8.23. Dabei ist zu beachten, dass zwei verschiedene Querschnittspunkte als Angriffspunkte der Schnittkräfte existieren:
- Flächenschwerpunkt S: Längskraft N und
- Schubmittelpunkt T: Querkräfte Q_y, Q_z.

(Der Unterschied zu S ist meist nur bei dünnwandig offenen Querschnitten relevant).

Für die äquivalenten Schnittreaktionen gelten folgende Zusammenhänge:
- Längskraft:

$$N = \int_A \sigma_x \, dA$$

- Querkräfte:

$$Q_y = \int_A \tau_{xy}\, dA, \qquad Q_z = \int_A \tau_{xz}\, dA$$

- Torsionsmoment:

$$M_x = \int_A \left[(y - y_T)\, \tau_{xz} - (z - z_T)\, \tau_{xy}\right] dA$$

- Biegemomente:

$$M_y = \int_A z\, \sigma_x\, dA, \qquad M_z = -\int_A y\, \sigma_x\, dA$$

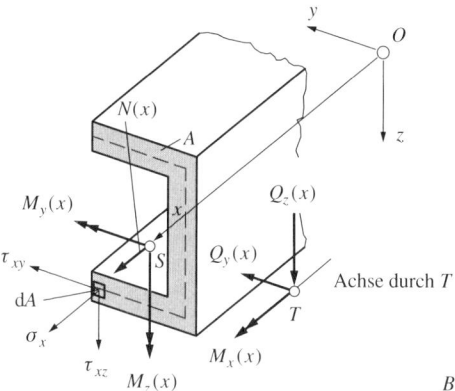

Bild 8.23

▶ *Bemerkung* zur Ermittlung der Schnittreaktionen:

In Erweiterung zur Statik ist es (bes. bei dünnwandig offenen Querschnitten) erforderlich, die Querkräfte im Schubmittelpunkt T angreifen zu lassen (vgl. Bild 8.23). Vorab sei zur Bedeutung des Schubmittelpunktes gesagt, dass äußere Querlasten nur dann kein zusätzliches Torsionsmoment M_x erzeugen, falls ihre Wirkungslinien durch den Schubmittelpunkt laufen. Deshalb gilt die Empfehlung, dass zur Berechnung des Torsionsmomentes M_x das Momenten-Gleichgewicht bez. der Schubmittelpunkt-Achse formuliert wird (Querkräfte gehen dann nicht ein).

9 Flächenmomente

Die Flächenmomente sollen vor den einzelnen Grundbeanspruchungen separat dargestellt werden. Historisch und inhaltlich wären sie bei den entsprechenden Beanspruchungsarten, z. B. die Flächenträgheitsmomente bei der Biegung, einzuordnen.

9.1 Allgemeines, Koordinatensysteme

Zur Ermittlung der Spannungen und Verformungen von Linientragwerken werden neben den Schnittgrößen bestimmte Querschnittskennwerte der Bauteile benötigt; z. B. wird infolge von Längskräften die *Querschnittsfläche* (Flächenmoment „nullter" Ordnung) benötigt. Für die Spannungs- und Verformungsberechnung bez. der anderen Schnittreaktionen sowie bei Stabilitätsuntersuchungen sind weitere Kennwerte erforderlich, die nicht nur von der **Größe**, sondern auch von der **Form** des Querschnitts und von der **Lage zu den Bezugsachsen** abhängen. Dies sind die Flächenmomente erster Ordnung bzw. die *statischen Momente* (vgl. Statik, Abschnitt 2.2.1) mit der Dimension Länge^3 und die Flächenmomente zweiter Ordnung bzw. die *Flächenträgheitsmomente* mit der Dimension Länge^4. Als Formelzeichen für das Flächenträgheitsmoment wird meist I benutzt (Trägheitsradius i); es kommt vom lateinischen Wort *i*nert: träg, träge.

Das Differenzial eines Flächenmomentes ist das Produkt aus Flächenelement dA und einem Abstandsterm hinsichtlich der Bezugsachsen. Je nachdem, ob der Abstand mit der nullten Potenz (nullter Ordnung), linear (erster Ordnung) oder quadratisch (zweiter Ordnung) eingeht, werden die genannten Flächenmomente unterschieden. Ergibt sich der Abstandsfaktor als gemischter Term bez. zweier Bezugsachsen, so wird dieses Flächenzentrifugal- bzw. *Flächendeviationsmoment* genannt. Die Bezeichnung Flächenträgheitsmomente (FTM) soll im Folgenden auch die Deviationsmomente mit beinhalten. Die Flächenmomente für die gesamte ebene Querschnittsfläche werden dann durch Integration erhalten. Die Begriffe Trägheitsmoment und Zentrifugalmoment stehen in Bezug zur Dynamik, obwohl i. Allg. keine direkten Beziehungen zu Trägheits- bzw. Zentrifugalkräften bestehen.

Aus den Flächenmomenten werden bestimmte Kennwerte abgeleitet, die in den verschiedenen Grundbeanspruchungen eine spezielle Bedeutung haben. Dies sind die *axialen Widerstandsmomente W* für die Biegung, die *Trägheitsradien i* bei der Knickung und das *polare Flächenträgheitsmoment* I_p bei der Torsion von Kreis- und Kreisringquerschnitten. Auch für die Berechnung der Koordinaten des Schubmittelpunktes M als Querschnittskennwerte, die aber an dieser Stelle nicht erfolgen soll, werden die Flächenmomente erster und zweiter Ordnung benötigt. Mithilfe der FTM lassen sich auch die Elemente des Trägheitstensors für den allg. Zylinder (vgl. Teil Dynamik) ermitteln.

Im Weiteren erfolgen nur Darlegungen zu den FTM und den daraus abgeleiteten Größen.

Dazu werden drei *Koordinatensysteme* (vgl. auch Bild 2.3 in Abschnitt 2.2.1) eingeführt:
- ein für die Flächen- und Schwerpunktberechnung günstiges, aber beliebiges, in der Ebene der Fläche liegendes $\bar{y},\bar{z}$-KS mit dem Koordinatenursprung O,
- ein dazu paralleles y, z-KS mit dem Schwerpunkt S der Querschnittsfläche als Koordinatenursprung (Schwereachsensystem) und

- ein um einen Winkel φ (im mathematisch positiven Sinn) bez. des y, z-KS gedrehtes η, ζ-KS mit dem Koordinatenursprung S; bei einem bestimmten Winkel $\varphi = \varphi_0$ ergibt sich das 1, 2-Hauptachsensystem (vgl. Bild 9.4).

Die FTM sind in allen Koordinatensystemen formal gleich definiert.

9.2 Flächenträgheitsmomente

9.2.1 Definition

Die FTM einer ebenen Fläche A sind bez. eines beliebigen $\bar{y}, \bar{z}$-KS bzw. bez. eines dazu parallel liegenden y, z-Schweresystems (Fläche A ist Teil einer durch $\bar{x} = x =$ konst. festgelegten Ebene, vgl. Bild 9.1) wie folgt definiert:

$$I_{\bar{y}\bar{y}} = \int_A \bar{z}^2 \, dA, \qquad I_{\bar{z}\bar{z}} = \int_A \bar{y}^2 \, dA, \qquad I_{\bar{y}\bar{z}} = I_{\bar{z}\bar{y}} = -\int_A \bar{y}\bar{z} \, dA$$

$$I_{yy} = \int_A z^2 \, dA, \qquad I_{zz} = \int_A y^2 \, dA, \qquad I_{yz} = I_{zy} = -\int_A yz \, dA$$

Sie bilden (je nach Bezugssystem) die Elemente des Tensors der FTM und lassen sich in den (2×2)-Matrizen

$$\boldsymbol{I}^O = \begin{bmatrix} I_{\bar{y}\bar{y}} & I_{\bar{y}\bar{z}} \\ I_{\bar{y}\bar{z}} & I_{\bar{z}\bar{z}} \end{bmatrix} = \int_A \begin{bmatrix} -\bar{z} \\ \bar{y} \end{bmatrix} \begin{bmatrix} -\bar{z}, & \bar{y} \end{bmatrix} dA$$

$$\boldsymbol{I}^S = \begin{bmatrix} I_{yy} & I_{yz} \\ I_{yz} & I_{zz} \end{bmatrix} = \int_A \begin{bmatrix} -z \\ y \end{bmatrix} \begin{bmatrix} -z, & y \end{bmatrix} dA$$

zusammenfassen.

Die äquatorialen FTM $\left(I_{yy}, I_{\bar{y}\bar{y}}, I_{zz}, I_{\bar{z}\bar{z}}\right)$ sind stets positiv, während die Deviationsmomente $\left(I_{yz}, I_{\bar{y}\bar{z}}\right)$ negativ, null oder positiv sein können. Für Symmetrieachsen verschwinden die Deviationsmomente.

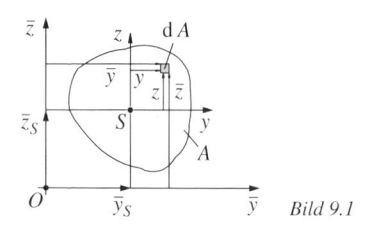

Bild 9.1

Für einige geometrisch einfache Flächen sind die FTM in Anlage F4 zusammengestellt, während die FTM für Normprofile aus den jeweiligen DIN-Blättern entnommen werden, vgl. z. B. Anlage F5 bis Anlage F11. Zu beachten ist dabei jedoch immer, dass die in den Tabellen oder DIN-Blättern benutzten Bezeichnungen meist nicht denjenigen entsprechen, die bei der jeweiligen konkreten Aufgabe Verwendung finden – es muss gedanklich eine entsprechende Zuordnung der einzelnen Größen zueinander erfolgen.

9.2.2 Transformation von Flächenträgheitsmomenten bei parallel orientierten Koordinatensystemen – Satz von Steiner

Aus Bild 9.1 lässt sich für die Koordinaten des Flächenelements dA folgender Zusammenhang ablesen:

$$\bar{y} = \bar{y}_S + y, \qquad \bar{z} = \bar{z}_S + z$$

Einsetzen in die Definitionsgleichung der FTM liefert unter Beachtung von

$$\int_A dA = A, \qquad S_y = \int_A z\,dA = 0, \qquad S_z = \int_A y\,dA = 0$$

(vgl. Abschnitt 2.2.1) die Transformationsbeziehungen für die FTM (Satz von STEINER):

$$\boldsymbol{I}^S = \begin{bmatrix} I_{yy} & I_{yz} \\ I_{yz} & I_{zz} \end{bmatrix} = \begin{bmatrix} I_{\bar{y}\bar{y}} & I_{\bar{y}\bar{z}} \\ I_{\bar{y}\bar{z}} & I_{\bar{z}\bar{z}} \end{bmatrix} - \begin{bmatrix} \bar{z}_S^2 & -\bar{y}_S\bar{z}_S \\ -\bar{y}_S\bar{z}_S & \bar{y}_S^2 \end{bmatrix} A = \boldsymbol{I}^O - \boldsymbol{\Lambda} A$$

bzw.:

$$\boldsymbol{I}^O = \boldsymbol{I}^S + \boldsymbol{\Lambda} A$$

Hierbei treten die in der Matrix $\boldsymbol{\Lambda}$ zusammengefassten Produkte der (vorzeichenbehafteten!) Schwerpunktkoordinaten auf:

$$\boldsymbol{\Lambda} = \begin{bmatrix} -\bar{z}_S \\ \bar{y}_S \end{bmatrix} \begin{bmatrix} -\bar{z}_S, & \bar{y}_S \end{bmatrix} = \begin{bmatrix} \bar{z}_S^2 & -\bar{y}_S\bar{z}_S \\ -\bar{y}_S\bar{z}_S & \bar{y}_S^2 \end{bmatrix}$$

- *Es gilt*: Von allen zueinander parallelen Achsen sind die äquatorialen FTM bez. der Achsen durch den Flächenschwerpunkt S am kleinsten.

Beispiel: Für die Rechteckfläche gemäß Bild 9.2 seien die FTM bez. der Schwereachsen parallel zu den Rändern mit $I_{yy} = bh^3/12$, $I_{zz} = b^3h/12$ und $I_{yz} = 0$ gegeben (vgl. dazu auch Anlage F4). Zu ermitteln sind die FTM dieser Fläche bez. der in Bild 9.2 eingezeichneten Achsen $\bar{y}$ und $\bar{z}$.

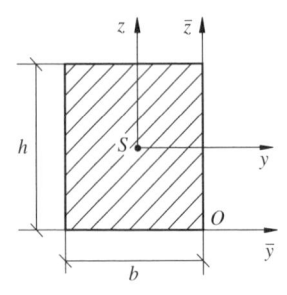

Bild 9.2

Die Koordinaten von S im $\bar{y},\bar{z}$-System lauten: $\bar{y}_S = -b/2$, $\bar{z}_S = h/2$.

Damit folgt:

$$A = \frac{1}{4} \begin{bmatrix} h^2 & bh \\ bh & b^2 \end{bmatrix}$$

Also ergibt sich mit $A = bh$:

$$I^O = \begin{bmatrix} I_{\bar{y}\bar{y}} & I_{\bar{y}\bar{z}} \\ I_{\bar{y}\bar{z}} & I_{\bar{z}\bar{z}} \end{bmatrix} = \frac{1}{12} \begin{bmatrix} bh^3 & 0 \\ 0 & b^3 h \end{bmatrix} + \frac{bh}{4} \begin{bmatrix} h^2 & bh \\ bh & b^2 \end{bmatrix} = \frac{bh}{12} \begin{bmatrix} 4h^2 & 3bh \\ 3bh & 4b^2 \end{bmatrix}$$

9.2.3 Transformation der Flächenträgheitsmomente bei zueinander gedrehten Koordinatensystemen

Wird gegenüber dem y,z-KS ein um den Winkel φ (mathematisch positiv) gedrehtes η,ζ-KS (beide mit S als Ursprung) eingeführt, so kann man aus Bild 9.3 den folgenden Zusammenhang zwischen den Koordinaten von dA finden:

$$\begin{bmatrix} \eta \\ \zeta \end{bmatrix} = \begin{bmatrix} \cos\varphi & \sin\varphi \\ -\sin\varphi & \cos\varphi \end{bmatrix} \begin{bmatrix} y \\ z \end{bmatrix} \quad \text{bzw.}$$

$$\begin{bmatrix} y \\ z \end{bmatrix} = \begin{bmatrix} \cos\varphi & -\sin\varphi \\ \sin\varphi & \cos\varphi \end{bmatrix} \begin{bmatrix} \eta \\ \zeta \end{bmatrix}$$

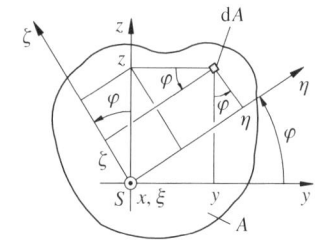

Bild 9.3

Hierbei ist

$$C = C(\varphi) = \begin{bmatrix} \cos\varphi & \sin\varphi \\ -\sin\varphi & \cos\varphi \end{bmatrix} \quad \text{mit}$$

$$C^{-1} = C^T \quad (\text{bzw. } C^T C = C C^T = 1) \quad \text{und}$$

$$C(\varphi = 0) = C(\varphi = 2k\pi) = 1$$

die (orthogonale) Drehtransformationsmatrix für die ebene Drehung, vgl. auch Abschnitt 8.2.

Werden für das η,ζ-KS die FTM analog zu Abschnitt 9.1 gemäß

$$\bar{I}^S = \begin{bmatrix} I_{\eta\eta} & I_{\eta\zeta} \\ I_{\eta\zeta} & I_{\zeta\zeta} \end{bmatrix} = \int_A \begin{bmatrix} -\zeta \\ \eta \end{bmatrix} \begin{bmatrix} -\zeta, & \eta \end{bmatrix} dA$$

eingeführt, so folgt unter Beachtung der Definition von I^S (vgl. Abschnitt 9.2.1) nach dem Einsetzen obiger Koordinatenbeziehungen die Transformationsvorschrift

$$\bar{I}^S = C I^S C^\mathrm{T} \quad \text{bzw.} \quad I^S = C^\mathrm{T} \bar{I}^S C$$

Ausführlich sind diese Gln. (allerdings für den ebenen Spannungszustand) im Abschnitt 8.3.2 angegeben – es müssen nur die entsprechenden Formelzeichen ausgetauscht werden ($\sigma_\xi \hat{=} I_{\eta\eta}$, $\sigma_\eta \hat{=} I_{\zeta\zeta}$, $\tau_{\xi\eta} \hat{=} I_{\eta\zeta}$).

Die hier für den Schwerpunkt S der Fläche angegebenen Beziehungen gelten in gleicher Weise auch für jeden anderen Bezugspunkt.

Bei *Spiegelung* der Fläche an einer Achse kehrt sich das Vorzeichen beim Deviationsmoment um.

9.2.4 Hauptträgheitsmomente, Hauptträgheitsachsen und Invarianten

Die Bestimmung der Extremwerte der Funktionen $I_{\eta\eta}(\varphi)$ und $I_{\zeta\zeta}(\varphi)$ führt auf eine Gl. zur Berechnung des Hauptachsenwinkels φ_0:

$$\tan 2\varphi_0 = \tan\left(2\left(\varphi_0 + \frac{\pi}{2}\right)\right) = \frac{2 I_{yz}}{I_{yy} - I_{zz}}$$

Einsetzen in die Drehtransformationsbeziehung liefert:

$$\bar{I}^S(\varphi = \varphi_0) = \begin{bmatrix} I_1 & 0 \\ 0 & I_2 \end{bmatrix} \Rightarrow \begin{cases} I_{\eta\eta}(\varphi = \varphi_0) = I_1 \\ I_{\zeta\zeta}(\varphi = \varphi_0) = I_2 \\ I_{\eta\zeta}(\varphi = \varphi_0) = 0 \end{cases}$$

mit

$$I_{1,2} = \frac{I_{yy} + I_{zz}}{2} \pm \sqrt{\left(\frac{I_{yy} - I_{zz}}{2}\right)^2 + I_{yz}^2}, \quad I_1 \geqq I_2 \quad \text{(Festlegung)}$$

Für eine eindeutige Zuordnung des Hauptachsenwinkels φ_0 zur Hauptträgheitsachse 1 (Achse mit dem FTM I_1) kann die Formel

$$\tan \varphi_0 = \frac{I_{yz}}{I_{yy} - I_2}$$

benutzt werden. Die Hauptträgheitsachse 2 ist dann gegenüber der positiven y-Achse um den Winkel $\varphi_0 + \pi/2$ gedreht, vgl. Bild 9.4.

Für ein Hauptachsensystem (HA-System) wird das Deviationsmoment null, und die äquatorialen FTM nehmen Extremwerte an; Symmetrieachsen sind stets Hauptträgheitsachsen.

Es existieren zwei Invarianten (Größen, deren Wert sich bei beliebiger Drehung des KS nicht ändert):
- die Spur von $\bar{I}^S$ bzw. I^S (erste Invariante):

$$\mathrm{sp}(\bar{I}^S) = I_{\eta\eta} + I_{\zeta\zeta} = I_{yy} + I_{zz} = I_1 + I_2$$

- die Determinante von $\bar{\boldsymbol{I}}^S$ bzw. $\boldsymbol{I}^S$ (zweite Invariante):

$$\det(\bar{\boldsymbol{I}}^S) = I_{\eta\eta}I_{\zeta\zeta} - I_{\eta\zeta}^2 = I_{yy}I_{zz} - I_{yz}^2 = I_1\,I_2$$

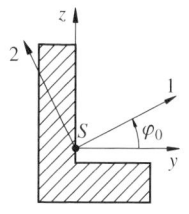

Bild 9.4

9.3 Flächenträgheitsmomente zusammengesetzter Flächen

Aufgrund der Integraldefinition der Flächenmomente ist es möglich, bei ihrer Berechnung die (evtl. kompliziert berandete) Gesamtfläche A in (geometrisch einfache) Teilflächen A_i (i: Nr. der Teilfläche) zu zerlegen, deren FTM bekannt oder leicht zu bestimmen sind. Zweckmäßigerweise werden zunächst alle FTM für ein beliebiges $\bar{y},\bar{z}$-KS ermittelt, wobei die Umrechnung von einem teilflächeneigenen Schweresystem (η_i, ζ_i-KS) auf das $\bar{y},\bar{z}$-System (Drehung, Satz von Steiner) für jede Teilfläche durchgeführt werden muss. Nach erfolgter Summation können dann die in den vorangegangenen Abschnitten beschriebenen Transformationen für die Gesamtfläche vorgenommen werden.

Folgendes Vorgehen wird empfohlen:

- Definition eines beliebigen, in der Ebene der Fläche liegenden $\bar{y},\bar{z}$-KS
- Zerlegung von A in Teilflächen A_i ($A = \sum_i A_i$); Aussparungen werden bei der jeweiligen Summation als negative Summanden aufgefasst
- Bestimmung der Koordinaten $\bar{y}_{Si}, \bar{z}_{Si}$ der Teilflächenschwerpunkte S_i (vgl. Abschnitt 2.2.1)

$$\Rightarrow \boldsymbol{\Lambda}_i = \begin{bmatrix} \bar{z}_{Si}^2 & -\bar{y}_{Si}\bar{z}_{Si} \\ -\bar{y}_{Si}\bar{z}_{Si} & \bar{y}_{Si}^2 \end{bmatrix}$$

- Zweckmäßige Definition teilflächeneigener η_i, ζ_i-Systeme mit S_i als Ursprung und Ermittlung der Richtungswinkel $\varphi_i = \measuredangle(\eta_i, \bar{y})$

$$\Rightarrow \boldsymbol{C}_i = \begin{bmatrix} \cos\varphi_i & \sin\varphi_i \\ -\sin\varphi_i & \cos\varphi_i \end{bmatrix}$$

Für $\varphi_i = 0$ fällt das η_i, ζ_i-System mit dem zum $\bar{y},\bar{z}$-KS parallel liegenden y_i, z_i-System zusammen

- Ermittlung der FTM jeder Teilfläche

$$\Rightarrow \bar{\boldsymbol{I}}_i^{Si} = \begin{bmatrix} I_{\eta_i\eta_i} & I_{\eta_i\zeta_i} \\ I_{\eta_i\zeta_i} & I_{\zeta_i\zeta_i} \end{bmatrix}$$

hierbei Nutzung von Angaben aus Tabellenbüchern und DIN-Blättern, vgl. Anlagen F5 u. a.

- Transformation der FTM jeder Teilfläche und Summation über alle i

$$\Rightarrow I^O = \sum_i \left(I^O\right)_i = \sum_i \left(C_i^T \bar{I}_i^{Si} C_i + \mathbf{\Lambda}_i A_i\right)$$

$$I^S = I^O - \mathbf{\Lambda} A$$

(φ_0, I_1, I_2 vgl. Abschnitt 9.2.4)

Die hier angegebene Abfolge und Berechnungsvorschrift lässt es für die Rechnung „per Hand" zweckmäßig erscheinen, die einzelnen Daten bzw. Schritte tabellarisch zu erfassen, vgl. dazu die Beispiele.

Ist die Lage des Schwerpunktes S der Gesamtfläche schon bekannt, kann natürlich auf das $\bar{y},\bar{z}$-KS verzichtet werden, d. h. es gilt dann $O \equiv S$ und $\mathbf{\Lambda} = \mathbf{0}$.

Hinsichtlich der Aufteilung in Teilflächen sei noch angemerkt, dass es dafür meist mehrere (sinnvolle) Möglichkeiten gibt. Das Ergebnis jedoch muss für alle Aufteilungsvarianten immer dasselbe sein (gleiche Bezugssysteme vorausgesetzt).

Beispiel: Für die in Bild 9.5 gezeigte Fläche sind die Größen A, $\bar{y}_S$, $\bar{z}_S$, I^O, I^S, I_1, I_2 und φ_0 zu ermitteln. Die Länge a sei gegeben.

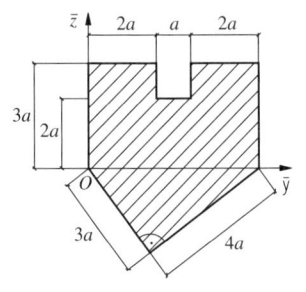

Bild 9.5

- Aufteilung in Teilflächen und Zusammenstellung der Ausgangsdaten (vgl. dazu Anlage F4):

Tabelle 9.1

i	A_i/a^2	$\bar{y}_{Si}/a$	$\bar{z}_{Si}/a$	φ_i	$I_{\eta_i\eta_i}/a^4$	$I_{\zeta_i\zeta_i}/a^4$	$I_{\eta_i\zeta_i}/a^4$
1	15	5/2	3/2	$0°$	$(5 \cdot 27)/12$	$(125 \cdot 3)/12$	0
2	6	34/15	$-12/15$	$36{,}8699°$ (sin $\varphi_2 = 3/5$, cos $\varphi_2 = 4/5$)	$(4 \cdot 27)/36$	$(64 \cdot 3)/36$	$(16 \cdot 9)/72$
3	1	5/2	5/2	$0°$	$1/12$	$1/12$	0

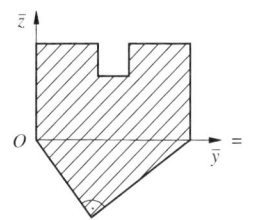

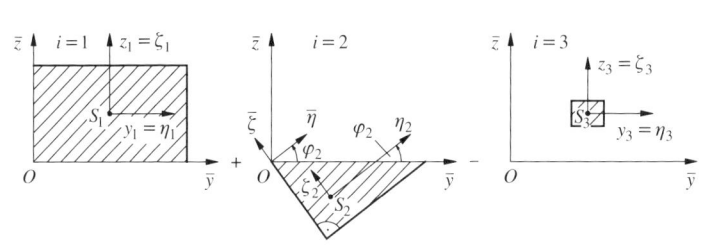

9.3 Flächenträgheitsmomente zusammengesetzter Flächen

Bild 9.6

Hieraus folgt:

$$\boldsymbol{A}_1 = \frac{a^2}{4}\begin{bmatrix} 9 & -15 \\ -15 & 25 \end{bmatrix}, \quad \boldsymbol{A}_2 = \frac{a^2}{125}\begin{bmatrix} 144 & 408 \\ 408 & 1156 \end{bmatrix},$$

$$\boldsymbol{A}_3 = \frac{25a^2}{4}\begin{bmatrix} 1 & -1 \\ -1 & 1 \end{bmatrix},$$

$$\boldsymbol{C}_1 = \boldsymbol{1}, \quad \boldsymbol{C}_2 = \frac{1}{5}\begin{bmatrix} 4 & 3 \\ -3 & 4 \end{bmatrix}, \quad \boldsymbol{C}_3 = \boldsymbol{1}$$

▶ *Bemerkung* zur Ermittlung von $\bar{y}_{S2}, \bar{z}_{S2}$: In dem im Bild 9.6 mit eingezeichneten $\bar{\eta}, \bar{\zeta}$-KS hat S_2 die Koordinaten $\bar{\eta}_{S2} = 4/3 \cdot a$, $\bar{\zeta}_{S2} = -2a$. Die gesuchten Koordinaten $\bar{y}_{S2}, \bar{z}_{S2}$ können dann mithilfe von $\boldsymbol{C}_2$ berechnet werden:

$$\begin{bmatrix} \bar{y}_{S2} \\ \bar{z}_{S2} \end{bmatrix} = \boldsymbol{C}_2^T \begin{bmatrix} \bar{\eta}_{S2} \\ \bar{\zeta}_{S2} \end{bmatrix} = \frac{a}{5}\begin{bmatrix} 4 & -3 \\ 3 & 4 \end{bmatrix}\begin{bmatrix} 4/3 \\ -2 \end{bmatrix} = \frac{a}{15}\begin{bmatrix} 34 \\ -12 \end{bmatrix}$$

- Berechnung der gesuchten Größen:

$$A = \sum_i A_i = a^2(15 + 6 + (-1)) = 20a^2$$

$$\left.\begin{aligned}\bar{y}_S &= \frac{1}{A}\sum_i \bar{y}_{Si}A_i = \frac{a}{20}\left[\frac{5}{2}15 + \frac{34}{15}6 - \left(\frac{5}{2}1\right)\right] = \frac{729}{300}a \\ \bar{z}_S &= \frac{1}{A}\sum_i \bar{z}_{Si}A_i = \frac{a}{20}\left[\frac{3}{2}15 + \left(\frac{-12}{15}\right)6 - \left(\frac{5}{2}1\right)\right] = \frac{57}{75}a\end{aligned}\right\}$$

$$\Rightarrow \boldsymbol{A} = a^2\begin{bmatrix} 0{,}5776 & -1{,}8468 \\ -1{,}8468 & 5{,}9049 \end{bmatrix}$$

9 Flächenmomente

$$I^O = \sum_i \left(C_i^T \bar{I}_i^{Si} C_i + \Lambda_i A_i \right)$$

$$= \left(\frac{a^4}{12} \begin{bmatrix} 135 & 0 \\ 0 & 375 \end{bmatrix} + \frac{a^2}{4} \begin{bmatrix} 9 & -15 \\ -15 & 25 \end{bmatrix} 15a^2 \right)$$

$$+ \left(\frac{a^4}{25} \begin{bmatrix} 4 & -3 \\ 3 & 4 \end{bmatrix} \begin{bmatrix} 216 & 144 \\ 144 & 384 \end{bmatrix} \begin{bmatrix} 4 & 3 \\ -3 & 4 \end{bmatrix} \frac{1}{72} + \frac{a^2}{225} \begin{bmatrix} 144 & 408 \\ 408 & 1156 \end{bmatrix} 6a^2 \right)$$

$$+ (-1) \left(\frac{a^4}{12} \begin{bmatrix} 1 & 0 \\ 0 & 1 \end{bmatrix} + \frac{25a^2}{4} \begin{bmatrix} 1 & -1 \\ -1 & 1 \end{bmatrix} a^2 \right)$$

$$= a^4 \begin{bmatrix} 47{,}4987 & -30{,}976 \\ -30{,}976 & 180{,}568 \end{bmatrix}$$

$$I^S = I^O - \Lambda A = a^4 \begin{bmatrix} 35{,}9467 & 5{,}96 \\ 5{,}96 & 62{,}47 \end{bmatrix}$$

$I_1 = 63{,}7477 a^4, \qquad I_2 = 34{,}669 a^4$

$\tan \varphi_0 = 4{,}6646$

$\Rightarrow \varphi_0 = 1{,}3596 \,\widehat{=}\, 77{,}9°$

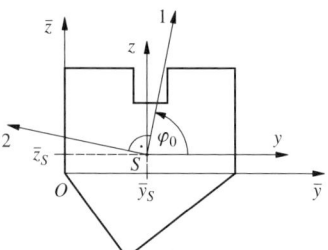

Bild 9.7

Beispiel: Der Querschnitt eines Kastenträgers setzt sich nach Bild 9.8 aus zwei U-Profilen (U 50 DIN 1026, vgl. Anlage F7) zusammen. Gesucht sind die beiden äquatorialen FTM I_{yy} und I_{zz}, wobei der Einfluss der Schweißnähte (nicht dargestellt) zu vernachlässigen ist.

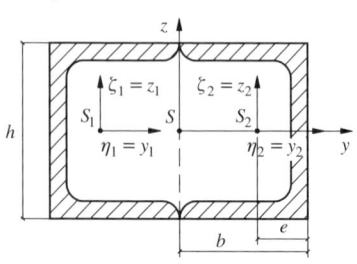

Bild 9.8

Gegeben: $h = 50$ mm, $b = 38$ mm, $e = 13{,}7$ mm

Lösung:

Da es sich um einen doppeltsymmetrischen Querschnitt handelt, ist die Lage von S als Schnittpunkt der Symmetrieachsen bekannt, sodass kein allgemeines $\bar{y}, \bar{z}$-KS benötigt wird, d. h. es gilt $O \equiv S$ sowie $\bar{y} = y, \bar{z} = z$. Außerdem ist wegen der Symmetrie auch $I_{yz} = 0$.

Aus Anlage F7 erhält man (bei Benutzung der hier verwendeten Bezeichnungen):

$A_1 = A_2 = 712 \, \text{mm}^2$

$y_{S1} = -(b-e) = -24{,}3 \, \text{mm}; \quad y_{S2} = b - e = 24{,}3 \, \text{mm}; \quad z_{S1} = z_{S2} = 0$

$I_{\eta_1 \eta_1} = I_{\eta_2 \eta_2} = 26{,}4 \cdot 10^4 \text{mm}^4; \quad I_{\zeta_1 \zeta_1} = I_{\zeta_2 \zeta_2} = 9{,}12 \cdot 10^4 \text{mm}^4;$

$\varphi_1 = \varphi_2 = 0$

Damit ergibt sich wegen

$$C_1 = C_2 = \mathbf{1} \quad \text{und} \quad \boldsymbol{\Lambda}_1 = \boldsymbol{\Lambda}_2 = \begin{bmatrix} 0 & 0 \\ 0 & (b-e)^2 \end{bmatrix} = \begin{bmatrix} 0 & 0 \\ 0 & 24{,}3^2 \end{bmatrix} \, \text{mm}^2$$

$I_{yy} = I_{\eta_1 \eta_1} + I_{\eta_2 \eta_2} = 52{,}8 \cdot 10^4 \text{mm}^4$

$I_{zz} = (I_{\zeta_1 \zeta_1} + y_{S1}^2 A_1) + (I_{\zeta_2 \zeta_2} + y_{S2}^2 A_2)$

$\quad\;\; = 2 \, (9{,}12 \cdot 10^4 + 24{,}3^2 \cdot 712) \, \text{mm}^4 = 102{,}326 \cdot 10^4 \, \text{mm}^4$

Aufgrund der vorliegenden Symmetrie ist das y, z-KS auch HAS. Wegen $I_{zz} > I_{yy}$ gilt:

$I_1 = I_{zz}, \qquad I_2 = I_{yy} \quad \Rightarrow \varphi_0 = \dfrac{\pi}{2}$

9.4 Abgeleitete Größen

Wie bereits in Abschnitt 9.1 erwähnt, treten in den Formeln zu den einzelnen Grundbeanspruchungen geometrische Größen auf, die mit den FTM in Verbindung stehen und denen wegen ihrer Bedeutung eine eigene Bezeichnung gegeben wurde.

Im Zusammenhang mit der einfachen Balkenbiegung (vgl. Abschnitt 11.2.1) werden die *Widerstandsmomente* bei Bezugnahme auf ein y, z-HAS (Ursprung S, $\varphi = 0$) gemäß

$$W_y = \frac{I_{yy}}{|z|_{\max}}, \qquad W_z = \frac{I_{zz}}{|y|_{\max}}$$

mit der Dimension Länge^3 genutzt. Hierbei stellen $|y|_{\max}$ und $|z|_{\max}$ die maximalen Randfaserabstände des Querschnitts (von S aus gemessen) in y- bzw. z-Richtung dar.

Widerstandsmomente sind wie die FTM für viele Querschnittsformen und -größen tabellarisch aufbereitet, vgl. Anlagen F5 bis F11 sowie entsprechende DIN-Blätter.

Bei der Torsion von Stäben mit Kreis- und Kreisringquerschnitten sowie auch in Näherungsformeln für andere Querschnittsformen wird die Summe der beiden äquatorialen FTM – das *polare Flächenträgheitsmoment* I_p – für die Spannungs- und Deformationsermittlung benötigt:

$$I_p = \int_A \left(z^2 + y^2\right) dA = I_{yy} + I_{zz}$$

Man erkennt, dass das polare FTM gleich der ersten Invariante des Tensors der FTM ist, also auch $I_p = I_1 + I_2$ gilt.

Schließlich seien hier noch die so genannten *Trägheitsradien* aufgeführt. Sie werden bei der Behandlung von Knickproblemen schlanker Balken verwendet und sind bei Bezugnahme auf ein y, z-HA-System ($\varphi = 0$) wie folgt definiert:

$$i_y = \sqrt{\frac{I_{yy}}{A}}, \qquad i_z = \sqrt{\frac{I_{zz}}{A}} \qquad \left(\text{oder}: i_{1,2} = \sqrt{\frac{I_{1,2}}{A}}\right)$$

Sie besitzen die Dimension einer Länge.

9.5 Kennwertermittlung für einige ausgewählte Querschnitte

9.5.1 L-Profil

Für das in Bild 9.9 gezeigte L-Profil sind bez. des eingezeichneten $\bar{y}, \bar{z}$-KS die Koordinaten des Schwerpunktes S, die FTM $\boldsymbol{I}^O$ sowie bez. des y, z-Systems die FTM $\boldsymbol{I}^S$ zu bestimmen. Außerdem sind die Hauptträgheitsmomente I_1 und I_2, der Hauptachsenwinkel φ_0 sowie die Invarianten und die Hauptträgheitsradien zu berechnen.

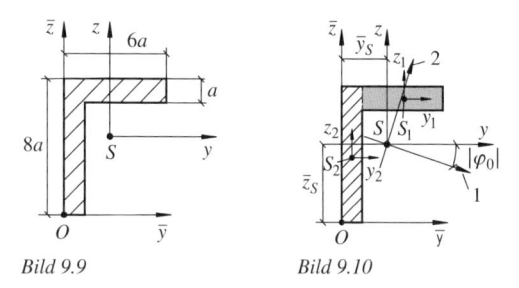

Bild 9.9   *Bild 9.10*

Hinsichtlich der Zerlegung der Fläche gibt es mehrere mögliche (gleichberechtigte) Varianten. Hier soll die Gesamtfläche in zwei schmale („positive") Rechtecke aufgeteilt werden, vgl. Bild 9.10. In dieses Bild wurden auch die Teilflächenschwerpunkte eingezeichnet – die Bestimmung ihrer Koordinaten ist hier unproblematisch. Auch die Definition der teilflächeneigenen Schweresysteme erfolgte entsprechend Bild 9.10 zweckmäßig so, dass $\varphi_1 = \varphi_2 = 0$ und damit $\eta_i = y_i$, $\zeta_i = z_i$ ($i = 1$ bzw. $i = 2$), d. h. $\boldsymbol{C}_1 = \boldsymbol{C}_2 = \boldsymbol{1}$ gilt. Da die y_i, z_i-KS jeweils HASe sind, wird $I_{y_i z_i} = 0$.

In Tabelle 9.2 sind die für die Berechnung erforderlichen Daten (vgl. dazu auch Anlage F4) zusammengefasst.

Tabelle 9.2

i	A_i/a^2	$\bar{y}_{Si}/a$	$\bar{z}_{Si}/a$	$I_{y_iy_i}/a^4$	$I_{z_iz_i}/a^4$
1	5	7/2	15/2	5/12	125/12
2	8	1/2	4	512/12	8/12

Damit wird:

- Fläche, Koordinaten von S

$$A = \sum_i A_i = 13a^2$$

$$\left.\begin{array}{l} \bar{y}_S = \dfrac{1}{A}\sum_i \bar{y}_{Si}A_i = \dfrac{21{,}5a^3}{13a^2} = \dfrac{43}{26}a \\[2mm] \bar{z}_S = \dfrac{1}{A}\sum_i \bar{z}_{Si}A_i = \dfrac{139}{26}a \end{array}\right\}$$

$$\Rightarrow \boldsymbol{\Lambda} = \frac{a^2}{676}\begin{bmatrix} 19\,321 & -5\,977 \\ -5\,977 & 1\,849 \end{bmatrix}$$

- FTM bez. $\bar{y},\bar{z}$-KS

$$\left.\begin{array}{l} I_{\bar{y}\bar{y}} = \sum_i \left(I_{y_iy_i} + \bar{z}_{Si}^2 A_i\right) = \dfrac{5428}{12}a^4 \\[2mm] I_{\bar{z}\bar{z}} = \sum_i \left(I_{z_iz_i} + \bar{y}_{Si}^2 A_i\right) = \dfrac{892}{12}a^4 \\[2mm] I_{\bar{y}\bar{z}} = \sum_i \left(I_{y_iz_i} - \bar{y}_{Si}\bar{z}_{Si}A_i\right) = -\dfrac{1767}{12}a^4 \end{array}\right\}$$

$$\Rightarrow \boldsymbol{I}^O = \frac{a^4}{12}\begin{bmatrix} 5\,428 & -1767 \\ -1767 & 892 \end{bmatrix}$$

- FTM bez. y,z-KS

$$\boldsymbol{I}^S = \boldsymbol{I}^O - \boldsymbol{\Lambda} A = \frac{a^4}{156}\begin{bmatrix} 12\,601 & -5\,040 \\ -5\,040 & 6\,049 \end{bmatrix}$$

- Hauptträgheitsmomente

$$I_{1,2} = \frac{I_{yy} + I_{zz}}{2} \pm \sqrt{\left(\frac{I_{yy} - I_{zz}}{2}\right)^2 + I_{yz}^2}$$

$$\Rightarrow I_1 = 98{,}309 a^4, \qquad I_2 = 21{,}243 a^4$$

- Hauptachsenwinkel

$$\tan\varphi_0 = \frac{I_{yz}}{I_{yy} - I_2} = -0{,}542686 \Rightarrow \varphi_0 = -0{,}497\,21 \mathrel{\widehat{=}} -28{,}9°$$

(vgl. auch Bild 9.10)

- Invarianten

$$I_{yy} + I_{zz} = I_1 + I_2 = I_p = \frac{9\,325}{78}a^4$$

$$I_{yy}I_{zz} - I_{yz}^2 = I_1 I_2 \approx 2\,088{,}34 a^8$$

- Hauptträgheitsradien

$$i_{1,2} = \sqrt{\frac{I_{1,2}}{A}} \Rightarrow i_1 \approx 2{,}75a, \quad i_2 \approx 1{,}278a$$

9.5.2 Symmetrischer Querschnitt

Gegeben ist der in Bild 9.11 dargestellte symmetrische Querschnitt (Maße in mm). Wegen der Symmetrie gilt $\bar{y}_S = 0$ und $I_{yz} = 0$, d.h. das y,z-KS ist gleichzeitig das HAS für den Schwerpunkt. Gesucht sind die Größen: A, $\bar{z}_S$, I_{yy}, I_{zz}, W_y, W_z, i_y, i_z.

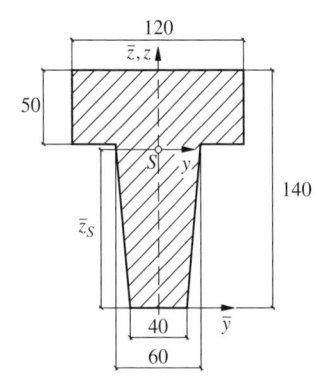

Bild 9.11

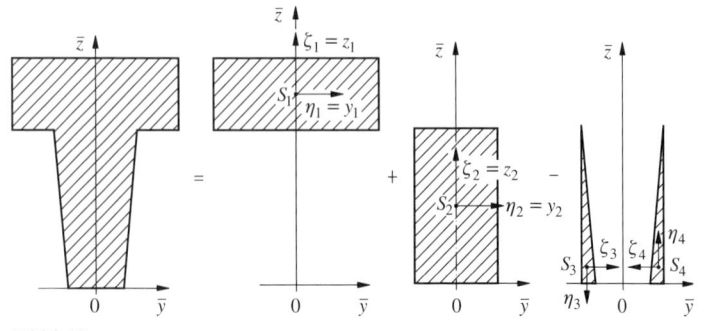

Bild 9.12

9.5 Kennwertermittlung für einige ausgewählte Querschnitte

Hinsichtlich der Zerlegung in Teilflächen wird die in Bild 9.12 vorgenommene Aufteilung vorgenommen; die teilflächeneigenen Schweresysteme wurden wie eingezeichnet festgelegt.

Dann lassen sich (in Verbindung mit Angaben aus Anlage F4) die in Tabelle 9.3 angegebenen Daten zusammenstellen.

Tabelle 9.3

i	$\dfrac{10^{-2}A_i}{\text{mm}^2}$	$\dfrac{10^{-1}\bar{y}_{Si}}{\text{mm}}$	$\dfrac{10^{-1}\bar{z}_{Si}}{\text{mm}}$	$\dfrac{10^{-4}I_{\eta_i\eta_i}}{\text{mm}^4}$	$\dfrac{10^{-4}I_{\zeta_i\zeta_i}}{\text{mm}^4}$	$\dfrac{10^{-4}I_{\eta_i\zeta_i}}{\text{mm}^4}$	φ_i
1	60	0	11,5	125	720	0	0
2	54	0	4,5	364,5	162	0	0
3	4,5	−8/3	3	0,25	20,25	−1,125	$(3/2)\pi$
4	4,5	8/3	3	0,25	20,25	1,125	$(1/2)\pi$

Hieraus folgen die in Tabelle 9.4 angegebenen Matrizen $\boldsymbol{\Lambda}_i$, $\bar{\boldsymbol{I}}_i^{Si}$ und $\boldsymbol{C}_i$:

Tabelle 9.4

	i			
	1	2	3	4
$\dfrac{10^{-2}}{\text{mm}^2}\boldsymbol{\Lambda}_i$	$\begin{bmatrix} 132{,}25 & 0 \\ 0 & 0 \end{bmatrix}$	$\begin{bmatrix} 20{,}25 & 0 \\ 0 & 0 \end{bmatrix}$	$\begin{bmatrix} 9 & 8 \\ 8 & 64/9 \end{bmatrix}$	$\begin{bmatrix} 9 & -8 \\ -8 & 64/9 \end{bmatrix}$
$\dfrac{10^{-4}}{\text{mm}^4}\bar{\boldsymbol{I}}_i^{Si}$	$\begin{bmatrix} 125 & 0 \\ 0 & 720 \end{bmatrix}$	$\begin{bmatrix} 364{,}5 & 0 \\ 0 & 162 \end{bmatrix}$	$\begin{bmatrix} 0{,}25 & -1{,}125 \\ -1{,}125 & 20{,}25 \end{bmatrix}$	$\begin{bmatrix} 0{,}25 & 1{,}125 \\ 1{,}125 & 20{,}25 \end{bmatrix}$
$\boldsymbol{C}_i$	**1**	**1**	$\begin{bmatrix} 0 & -1 \\ 1 & 0 \end{bmatrix}$	$\begin{bmatrix} 0 & 1 \\ -1 & 0 \end{bmatrix}$

Die numerische Auswertung der Vorschrift $\boldsymbol{I}^O = \sum_i \left(\boldsymbol{C}_i^{\mathrm{T}} \bar{\boldsymbol{I}}_i^{Si} \boldsymbol{C}_i + \boldsymbol{\Lambda}_i A_i \right)$ liefert (die Summanden für $i = 3$ und $i = 4$ gehen mit negativem Vorzeichen ein!):

$$\boldsymbol{I}^O = \begin{bmatrix} 9396{,}5 & 0 \\ 0 & 817{,}5 \end{bmatrix} \cdot 10^4 \, \text{mm}^4$$

Für die Umrechnung auf den Schwerpunkt S werden $\bar{z}_S$ und A benötigt:

$$A = \sum_i A_i = 105 \cdot 10^2 \, \text{mm}^2,$$

$$\bar{z}_S = \frac{1}{A} \sum_i \bar{z}_{Si} A_i = \frac{604}{7} \, \text{mm} \approx 86{,}29 \, \text{mm}$$

Damit wird:

$$I_{yy} = I_{\bar{y}\bar{y}} - \bar{z}_S^2 A = 1\,579{,}014 \cdot 10^4 \, \text{mm}^4,$$
$$I_{zz} = I_{\bar{z}\bar{z}} - \bar{y}_S^2 A = I_{\bar{z}\bar{z}} = 817{,}5 \cdot 10^4 \, \text{mm}^4$$

Der Größenvergleich $\left(I_{yy} > I_{zz}\right)$ zeigt:

$$I_1 = I_{yy}, \qquad I_2 = I_{zz}$$

Mit $|z|_{max} = |-\bar{z}_S| = 86{,}29$ mm und $|y|_{max} = 60$ mm ergeben sich die Widerstandsmomente zu:

$$W_y = \frac{I_{yy}}{|z|_{max}} = 182{,}998 \cdot 10^3 \text{ mm}^3, \qquad W_z = \frac{I_{zz}}{|y|_{max}} = 136{,}25 \cdot 10^3 \text{ mm}^3$$

Und die Trägheitsradien haben die Werte:

$$i_y = i_1 = \sqrt{\frac{I_{yy}}{A}} = 38{,}779 \text{ mm}, \qquad i_z = i_2 = \sqrt{\frac{I_{zz}}{A}} = 27{,}903 \text{ mm}$$

9.5.3 Dünnwandiger Querschnitt

Dünnwandige Querschnitte lassen sich in guter Näherung über ihre Profilmittellinie in Verbindung mit einer ihr zugeordneten (im Allgemeinen veränderlichen) Wanddicke beschreiben. Ist die Profilmittellinie nur schwach gekrümmt oder gerade, kann die Beschreibung im Falle abschnittsweise konstanter Wanddicke h mithilfe schmaler Rechtecke der Länge l_i und Breite h_i erfolgen. Der Fehler, der dadurch bei Ecken oder Verzweigungen der Profilmittellinie infolge von Überlappungen entsteht, ist wegen $h_i \ll l_i$ meist vernachlässigbar.

Bild 9.13 zeigt ein solches Profil, das man sich aus drei schmalen Rechtecken zusammengesetzt denken kann. Zu ermitteln sind neben dem Flächeninhalt A die FTM I^ζ, die Hauptträgheitsmomente $I_{1,2}$ sowie der Hauptachsenwinkel φ_0 und das polare FTM I_p.

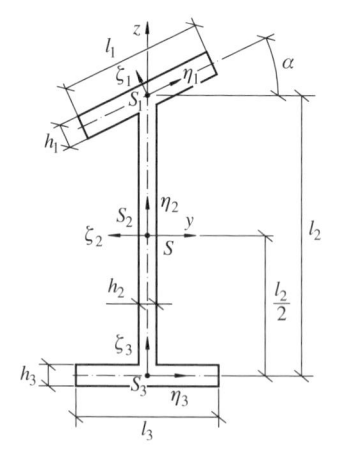

Bild 9.13

Die Lage des Schwerpunktes der Gesamtfläche ist bei Vernachlässigung des oben erwähnten Fehlers von vornherein bekannt – er liegt in der Mitte der

9.5 Kennwertermittlung für einige ausgewählte Querschnitte

Teilfläche 2. Deshalb kann hier auf ein allgemeines $\bar{y}, \bar{z}$-KS verzichtet werden ($O \equiv S$, $\bar{y} \equiv y$, $\bar{z} \equiv z$). Für die teilflächeneigenen η_i, ζ_i-KS gilt:

$$\bar{\boldsymbol{I}}_i^{Si} = \begin{bmatrix} I_{\eta_i\eta_i} & I_{\eta_i\zeta_i} \\ I_{\eta_i\zeta_i} & I_{\zeta_i\zeta_i} \end{bmatrix} = \frac{A_i}{12} \begin{bmatrix} h_i^2 & 0 \\ 0 & l_i^2 \end{bmatrix}; \qquad i = 1, 2, 3$$

Die gegebenen und die aus Bild 9.13 ermittelbaren Daten sind in Tabelle 9.5 zusammengefasst.

Tabelle 9.5

i	$\dfrac{l_i}{\text{mm}}$	$\dfrac{h_i}{\text{mm}}$	$\dfrac{10^{-2} A_i}{\text{mm}^2}$	$\dfrac{10^{-1} y_{Si}}{\text{mm}}$	$\dfrac{10^{-1} z_{Si}}{\text{mm}}$	φ_i
1	200	25	50	0	17,5	$\alpha = \pi/3$
2	350	15	52,5	0	0	$\pi/2$
3	200	25	50	0	$-17,5$	0

Es ergibt sich eine Gesamtfläche von $A = 152,5 \cdot 10^2$ mm^2. Weiterhin folgen die in Tabelle 9.6 angegeben Matrizen:

Tabelle 9.6

	i		
	1	2	3
$\dfrac{10^{-2}}{\text{mm}^2} \boldsymbol{\Lambda}_i$	$\begin{bmatrix} 306,25 & 0 \\ 0 & 0 \end{bmatrix}$	$\boldsymbol{0}$	$\begin{bmatrix} 306,25 & 0 \\ 0 & 0 \end{bmatrix}$
$\dfrac{10^{-4}}{\text{mm}^4} \bar{\boldsymbol{I}}_i^{Si}$	$\dfrac{50}{12} \begin{bmatrix} 6,25 & 0 \\ 0 & 400 \end{bmatrix}$	$\dfrac{52,5}{12} \begin{bmatrix} 2,25 & 0 \\ 0 & 1225 \end{bmatrix}$	$\dfrac{50}{12} \begin{bmatrix} 6,25 & 0 \\ 0 & 400 \end{bmatrix}$
$\boldsymbol{C}_i$	$\begin{bmatrix} 1/2 & \sqrt{3}/2 \\ -\sqrt{3}/2 & 1/2 \end{bmatrix}$	$\begin{bmatrix} 0 & 1 \\ -1 & 0 \end{bmatrix}$	$\boldsymbol{1}$

Die numerische Auswertung liefert:

$$\boldsymbol{I}^S = \begin{bmatrix} I_{yy} & I_{yz} \\ I_{yz} & I_{zz} \end{bmatrix} = \sum_i \left(\boldsymbol{C}_i^T \bar{\boldsymbol{I}}_i^{Si} \boldsymbol{C}_i + \boldsymbol{\Lambda}_i A_i \right)$$

$$= \begin{bmatrix} 37\,266,93 & -710,41 \\ -710,41 & 2\,112,71 \end{bmatrix} 10^4 \text{ mm}^4$$

Hauptträgheitsmomente und Hauptachsenwinkel:

$$I_1 = 17\,591,46 \cdot 10^4 \text{ mm}^4, \qquad I_2 = 2\,098,36 \cdot 10^4 \text{ mm}^4$$
$$\tan \varphi_0 = -0,020\,2 \Rightarrow \varphi_0 = -0,020\,19 \widehat{\approx} -1,16°$$

Polares FTM (erste Invariante):

$$I_p = I_{yy} + I_{zz} = I_1 + I_2 = 39\,379,64 \cdot 10^4 \text{ mm}^4$$

10 Zug – Druck

10.1 Der Stab als eindimensionales Bauteil

Bei eindimensionalen Bauteilen wird je nach Ansatz der Spannungs- bzw. Verformungsverteilung im Querschnitt folgende Einteilung vorgenommen (vgl. auch Statik Abschnitt 3.1): der Stab, das Seil als Sonderfall eines Stabes (kann nur Zugkräfte aufnehmen) und der Balken (Zug/Druck, Biegung und Torsion). Ein spezielles Tragwerk, welches aus Stäben besteht und nur auf Zug/Druck beansprucht wird, ist das Fachwerk (vgl. Statik Abschnitt 3.4).

Der Stab ist ein Bauteil:
- bei dem die Stabachse die Verbindungslinie der Querschnittsschwerpunkte ist; ist sie eine Gerade, so nennt man ihn einen geraden Stab,
- mit Querschnittsabmessungen klein gegenüber der Länge (A = konst. oder in Stablängsrichtung nur schwach veränderlich, d. h. der Winkel zwischen Profilkurventangente und Stabachse sei sehr klein),
- mit einer Lagerung und Belastung derart, dass die Schnittreaktion nur in Richtung der Stabachse auftritt: $N \neq 0 \Rightarrow$ Zug- bzw. Druckstab (bei Druckbeanspruchung soll keine Instabilität durch Ausknicken auftreten),
- bei dem alle Punkte eines Querschnitts $A(x)$ dieselbe Temperaturänderung ΔT erfahren: $\Delta T = \Delta T(x)$.

Die Annahme des linear elastischen Materialverhaltens (HOOKE'sches Gesetz) bleibt bestehen.

10.2 Spannungsberechnung

10.2.1 Spannungen in einer Schnittfläche senkrecht zur Stabachse

Die Spannung in einem beliebigen Punkt des Querschnitts eines stabförmigen Bauteils ergibt sich als Funktion der Schnittreaktionen. Da als Belastung vorerst nur äußere Kräfte in Stablängsrichtung auftreten sollen, entsteht als Schnittreaktion somit lediglich die Längskraft $N = N(x)$; sie greift im Schwerpunkt der Querschnittsfläche an. Für einen Stab mit schwach veränderlichem Querschnitt nach Bild 10.1 ergeben sich entsprechend dem Schnittprinzip die in Bild 10.2 gezeigten FKBr:

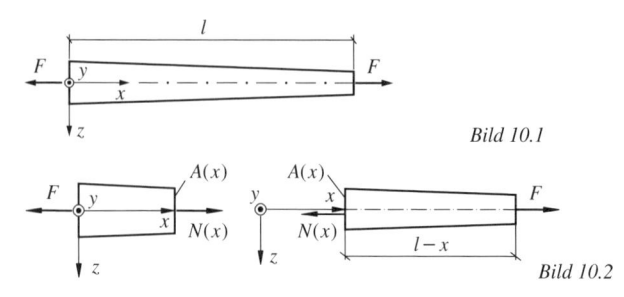

Bild 10.1

Bild 10.2

10.2 Spannungsberechnung

Die Berechnung einer Zug- bzw. Druckbeanspruchung erfolgt unter der Annahme, dass die Spannungen infolge der Längskraft $N(x)$ in allen Punkten des Querschnitts gleich groß sind, d. h. konstante Längsspannungsverteilung vorausgesetzt wird. Die Richtigkeit dieser Annahme lässt sich durch experimentelle Untersuchungen bestätigen. Wie schon in Abschnitt 8.1 definiert, ergibt sich die Spannung nach Bild 10.3 zu:

$$\sigma_x(x) = \frac{dN(x)}{dA} \Rightarrow \int dN(x) = \int_A \sigma_x(x)\,dA$$

$$\Rightarrow N(x) = \sigma_x(x) \int_A dA = \sigma_x(x) A$$

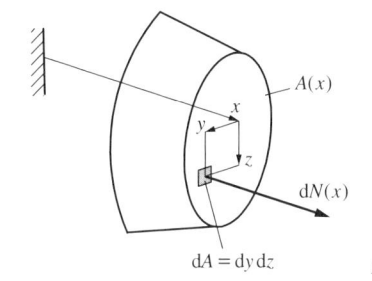

Bild 10.3

Also gilt beim Stab für die Längsspannung: $\sigma_x(x) = \dfrac{N(x)}{A(x)} \begin{cases} > 0 : \text{Zug} \\ < 0 : \text{Druck} \end{cases}$

▶ *Bemerkungen*:
- In einem Stab bei Zug-Druck-Beanspruchung tritt an einem Schnittufer, z. B. $\vec{n} = \vec{e}_x$ (vgl. Statik Abschnitt 4.1), nur eine von null verschiedene Spannung – die Längsspannung σ_x – auf. Der Spannungstensor hat somit folgendes Aussehen:

$$\boldsymbol{\sigma} = \begin{bmatrix} \sigma_x & 0 & 0 \\ 0 & 0 & 0 \\ 0 & 0 & 0 \end{bmatrix} = \text{diag}\,[\sigma_x, 0, 0]$$

Damit ist die Spannung σ_x auch gleich der Hauptspannung σ_1 bei Zug bzw. σ_3 bei Druck (vgl. Abschnitt 8.1), d. h. es liegt ein einachsiger Spannungszustand vor. Entsprechend der Annahme einer konstanten Längsspannungsverteilung über den Querschnitt handelt es sich um einen homogenen Spannungszustand.

- Diese konstante Längsspannungsverteilung erfasst nicht die sog. Eigenkraftgruppen, die durch Krafteinleitungen, vgl. Bild 10.4, entstehen. Nach dem Prinzip von SAINT-VENANT (1855) klingen sie mit der Entfernung von der Einleitungsstelle ab. Für eine *Abklinglänge $\Delta x \geq$ der größten Querschnittsabmessung* wird der verursachte Effekt i. Allg. als abgeklungen betrachtet. Es gibt eine Reihe von „Beweisen" zu diesem Prinzip, aber letzten Endes ist es in der Erfahrung begründet. Die Grenzen seiner Anwendbarkeit müssen von Fall zu Fall ausgelotet werden. Für genauere Berechnungen ist ggf. eine

Untersuchung an den Krafteinleitungsstellen erforderlich. Bei dünnwandigen Bauteilen (Kastenträgern, Schalen usw.) ist besondere Vorsicht geboten.
- Die Bauteile weisen häufig abrupte, signifikante Querschnittsänderungen, wie Nuten, Bohrungen, Einstiche usw. auf. Diese Querschnittsänderungen werden als *konstruktive Kerben* bezeichnet. Diese Kerben stören den gleichmäßigen Kraftfluss durch das Bauteil und haben Spannungsumverteilungen zur Folge, die beträchtlich über den Spannungen liegen, die man nach obiger Berechnung erhält. Bild 10.4 zeigt für einige wichtige Kerbformen die dabei auftretende Spannungsverteilung qualitativ.

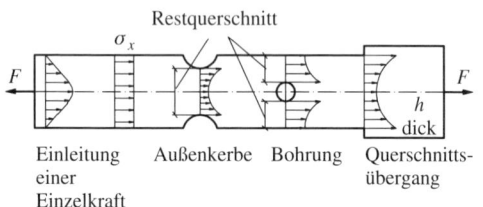

Bild 10.4

Die wirkliche Spannungsverteilung im Kerbgebiet – die Kerbspannungen – sind nicht elementar zu ermitteln und erfordern eine numerische und/oder experimentelle Spannungsermittlung. Für viele praktische Untersuchungen bzw. Überschlagsrechnungen wird nur die größte Spannung benötigt. Das Verhältnis aus größter Hauptspannung $|\sigma_x|_{max}$ (im Bereich der Kerbe) und der nach obiger Beziehung berechneten Spannung σ_x – häufig *Nennspannung* σ_n genannt – beschreibt die formbedingte Spannungserhöhung im Kerbquerschnitt im elastischen Bereich und wird als Formzahl K_t bzw. α_K bezeichnet. Weitere Ausführungen dazu im Kapitel 17 zur Dauerfestigkeit.

10.2.2 Spannungen im Schrägschnitt

Ist der Spannungszustand in den Punkten eines Bauteils für eine beliebige Orientierung des Koordinatensystems bekannt, so können die Spannungen für jede andere Orientierung des Koordinatenachsen berechnet werden. Die Transformation des Spannungstensors wurde bereits im Abschnitt 8.2 beschrieben und lautet:

$$\overline{\boldsymbol{\sigma}} = \boldsymbol{C}\,\boldsymbol{\sigma}\,\boldsymbol{C}^{\mathrm{T}} \quad \text{bzw.} \quad \boldsymbol{\sigma} = \boldsymbol{C}^{\mathrm{T}}\,\overline{\boldsymbol{\sigma}}\,\boldsymbol{C}$$

Bild 10.5

Aus dieser Transformation ergeben sich nach Bild 10.5 bei Vorliegen lediglich der Längsspannung $\sigma_x(x)$ im Punkt P folgende Spannungen in einem dort vorgenommenen Schrägschnitt:

$$\sigma_\xi(x, \varphi) = \frac{1}{2}(1 + \cos 2\varphi)\sigma_x(x) = \cos^2 \varphi \; \sigma_x(x)$$

$$\tau_{\xi\eta}(x, \varphi) = -\frac{1}{2} \sin 2\varphi \; \sigma_x(x)$$

σ_ξ Normalspannung senkrecht zur schrägen Schnittfläche in P
$\tau_{\xi\eta}$ Schubspannung tangential zur schrägen Schnittfläche

10.3 Verformungsberechnung

10.3.1 Verschiebungen, Verzerrungen

Wird ein Stab durch eine äußere Kraft in Längsrichtung (vgl. Bild 10.1) belastet, so erfährt er eine Deformation bzw. Verformung. Die grundlegende Größe zur Beschreibung der Deformation ist die Verschiebung $u_x(x)$, vgl. Bild 10.6. Sie beschreibt die an der Stelle x zugeordnete Verschiebung des Querschnitts $A(x)$ in x-Richtung. Dabei tritt eine Dehnung $\varepsilon_x(x)$ in Längsrichtung auf.

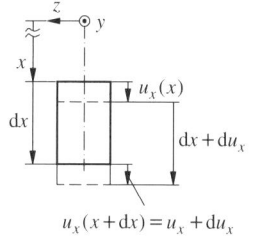

Bild 10.6

Die Verschiebung steht mit den Verzerrungen, hier den Dehnungen (vgl. Abschnitt 8.5.2.2), durch die sog. Verzerrungs-Verschiebungs-Beziehung im Zusammenhang:

$$\varepsilon_x(x) = \frac{(dx + du_x) - dx}{dx} = \frac{du_x(x)}{dx} = u'_x(x) = u_{x,x}$$

In Abschnitt 8.6.2.3 wird das gleichzeitige Auftreten von mechanischen (Längskraft) und thermischen (Temperaturänderungen) Belastungen behandelt. Ein gerader, oberflächenkräftefreier Stab bleibt gerade, wenn keine über den Querschnitt unterschiedlichen lokalen Temperaturänderungen auftreten. Deshalb wird eine Temperaturverteilung $\Delta T = \Delta T(x)$ vorausgesetzt.

Verformungen bzw. Dehnungen können gemäß Abschnitt 8.6.2.3 sowohl mechanisch als auch thermisch bedingt sein, was in der allgemeinen Formulierung des HOOKE'schen Gesetzes berücksichtigt wird. Für die Zug- bzw. Druckbeanspruchung (nur $\sigma_x \neq 0$) ergibt sich:

$$\varepsilon_x(x) = \varepsilon_x^{\text{el}} + \varepsilon_x^{\text{th}} = \frac{\sigma_x(x)}{E} + \alpha \, \Delta T(x) = \frac{N(x)}{EA(x)} + \alpha \, \Delta T(x)$$

$$\varepsilon_y(x) = \varepsilon_z(x) = -\frac{\nu}{E}\sigma_x(x) + \alpha\,\Delta T(x) = -\frac{\nu N(x)}{EA(x)} + \alpha\,\Delta T(x)$$

$$\gamma_{xy} = \gamma_{xz} = \gamma_{yz} = 0$$

ΔT Temperaturänderung
$\alpha\ $ Wärmeausdehnungskoeffizient
EA Dehnsteifigkeit

Hierbei sind $\varepsilon_y(x)$, $\varepsilon_z(x)$ die Dehnungen in den Querrichtungen. Mit den oben angegebenen Verzerrungs-Verschiebungs-Beziehungen ergibt sich die Diffenenzialgleichung für $u_x(x)$:

$$u_x'(x) = \varepsilon_x(x) = \frac{\mathrm{d}u_x(x)}{\mathrm{d}x} = \frac{N(x)}{EA(x)} + \alpha\,\Delta T(x) \quad \text{bzw.} \quad \mathrm{d}u_x = \varepsilon_x(x)\,\mathrm{d}x$$

Wegen $\mathrm{d}u_y = \varepsilon_y(x)\,\mathrm{d}y$ und $\mathrm{d}u_z = \varepsilon_z(x)\,\mathrm{d}z$ folgen dann die Verschiebungsfunktionen zu:

$$u_x(x) = \int \varepsilon_x(x)\,\mathrm{d}x + C_1,$$

$$u_y(x,y) = \varepsilon_y(x)y + C_2, \qquad u_z(x,z) = \varepsilon_z(x)z + C_3$$

Die Integrationskonstanten C_i sind aus den jeweils vorliegenden Rand- oder Übergangsbedingungen (Abk.: RBn) zu ermitteln.

10.3.2 Längenänderung

Infolge der angenommenen, über den Querschnitt konstanten Längsspannungsverteilung $\sigma_x(x)$ müssen an der Stelle x auch gleiche Verschiebungen über den Querschnitt vorliegen. Die gesamte Längenänderung eines Stababschnittes, vgl. Bild 10.7, wird durch folgende („bestimmte") Integration erhalten:

$$\Delta l = \int\limits_{x_1}^{x_2} \varepsilon_x(x)\,\mathrm{d}x = u_x(x=x_2) - u_x(x=x_1)$$

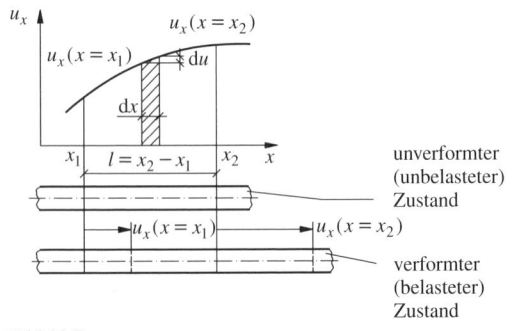

Bild 10.7

Für den Sonderfall, dass die Längskraft $N(x)$, die Querschnittsfläche $A(x)$ und die Temperaturänderung $\Delta T(x)$ bez. x konstant sind, vereinfacht sich die Beziehung mit $l = x_2 - x_1$ zu:

$$\Delta l = \left(\frac{N}{EA} + \alpha \, \Delta T \right) l \qquad \begin{array}{l} > 0 : \text{Verlängerung} \\ < 0 : \text{Verkürzung} \end{array}$$

10.4 Anwendungen

Beispiel: Aufgehängter Stab unter Eigengewicht und zusätzlicher Last

In Stäben (auch Seilen, Kunststoff- und Textilfasern) können sowohl das Eigengewicht als auch eine zusätzliche Last F wirken.

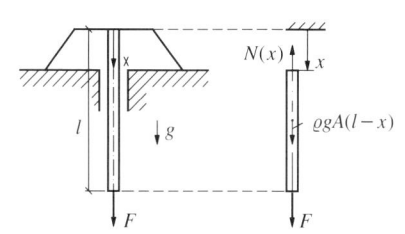

Bild 10.8

Für den in Bild 10.8 gezeigten Stab mit konstantem Querschnitt A, der Dichte ϱ und der Länge l (unbelastet) sind die Längsspannungen $\sigma_x(x)$ und die Verschiebungsfunktion $u_x(x)$ zu ermitteln.

Gegeben: l, A, ϱ, g, E

Gesucht: $\sigma_x(x)$, $u_x(x)$, Δl

Lösung:

Die Längskraft folgt aus der GGB am geschnittenen Stab (hier: Stabteil mit negativem Schnittufer, vgl. Bild 10.8):

$$N(x) = F + \varrho g A(l - x) = F + \varrho g A l \left(1 - \frac{x}{l}\right)$$

Damit ergibt sich die Längsspannung zu:

$$\sigma_x(x) = \frac{N(x)}{A} = \frac{F}{A} + \varrho g l \left(1 - \frac{x}{l}\right)$$

Das Maximum tritt an der Befestigungsstelle $x = 0$ auf: $\sigma_{x\,\text{max}} = \dfrac{F}{A} + \varrho g l$.

Wirkt nur das Eigengewicht (d. h. $F = 0$), lassen sich die zulässige Traglänge $l_{\text{zul}} = \sigma_{\text{zul}}/(\varrho g)$ (bei einer zulässigen Spannung σ_{zul}) bzw. die Reißlänge $l_B = R_m/(\varrho g)$ (in Abhängigkeit der Zugfestigkeit R_m) als spezielle Materialkennwerte ermitteln. Für Baustahl S235JR ($R_m = 260\,\text{N/mm}^2$, $\varrho = 7\,850\,\text{kg/m}^3$) ergibt sich beispielsweise $l_B = 3{,}376$ km. Die Reißlängen für Kunststoff- oder Textilfasern sind i. Allg. größer, z. B. hat Polyamidseide den Wert $l_B \approx (40 \ldots 66)$ km und Viskoseseide $l_B \approx (15 \ldots 28)$ km.

Wegen $\Delta T = 0$ folgt für die Längsverschiebung:

$$du_x = \left[\frac{F}{EA} + \frac{\varrho gl}{E}\left(1 - \frac{x}{l}\right)\right]dx \Rightarrow u_x(x) = \frac{Fl}{EA}\frac{x}{l} - \frac{\varrho gl^2}{2E}\left(1 - \frac{x}{l}\right)^2 + C$$

Als RB ist $u_x(x = 0) = 0$ (Einspannstelle) zu erfüllen. Das liefert für die Integrationskonstante:

$$C = \frac{\varrho gl^2}{2E}$$

Damit gilt:

$$u_x(x) = \frac{Fl}{EA}\frac{x}{l} + \frac{\varrho gl^2}{2E}\left[1 - \left(1 - \frac{x}{l}\right)^2\right]$$

Als Längenänderung ergibt sich:

$$\Delta l = u_x(x = l) - u_x(x = 0) = \frac{Fl}{EA} + \frac{\varrho gl^2}{2E}$$

Beispiel: Stab mit veränderlichem Querschnitt und konstanter Spannung

Für einen einseitig eingespannten Stab nach Bild 10.9a, der in Stablängsrichtung durch sein Eigengewicht und über eine starre Platte durch eine Einzelkraft F auf Druck belastet wird, ist diejenige Profilfunktion $A(x)$ zu ermitteln, die eine über die Länge konstante zulässige Spannung σ_{zul} zur Folge hat.

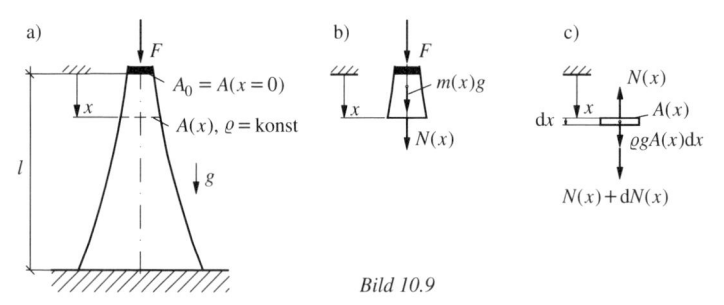

Bild 10.9

Gegeben: l, F, ϱ, g, σ_{zul} (für Zug und Druck gleicher Betrag)

Gesucht.: $A(x)$, $u_x(x)$

Lösung:

Die GGB, die aus Bild 10.9b bzw. Bild 10.9c abgelesen werden können, ergeben:

$$N(x) = -F - m(x)g \quad \text{mit}$$

$$m(x) = \varrho \int_{\xi=0}^{x} A(\xi)\,d\xi, \quad m(x = 0) = 0 \quad \Rightarrow N(x = 0) = -F$$

$$dN(x) = -\varrho g\,A(x)\,dx$$

Für die Längsspannung $\sigma_x(x)$ wird nun gefordert, dass

$$\sigma_x(x) = \frac{N(x)}{A(x)} = -\sigma_{zul} = \text{konst.}, \qquad \sigma_x(x=0) = \frac{-F}{A_0} = -\sigma_{zul}$$

gilt (das Minuszeichen vor σ_{zul} ist erforderlich, weil es sich hier um Druckbeanspruchung handelt). Hieraus folgt:

$$dN(x) = -\sigma_{zul}\, dA(x)$$

was in Verbindung mit der GGB aus Bild 10.9c auf eine einfach zu lösende Differenzialgleichung für $A(x)$ führt:

$$\sigma_{zul}\, dA = \varrho g A\, dx \Rightarrow \frac{dA}{A} = \frac{\varrho g}{\sigma_{zul}} dx \Rightarrow \ln A = \frac{\varrho g}{\sigma_{zul}} x + C$$

Wegen $A(x=0) = A_0 = \dfrac{F}{\sigma_{zul}}$ wird $C = \ln \dfrac{F}{\sigma_{zul}}$. Damit ergibt sich für die Profilfunktion:

$$A(x) = \frac{F}{\sigma_{zul}} \exp\left(\frac{\varrho g}{\sigma_{zul}} x\right)$$

Das gleiche Ergebnis wird erhalten, wenn F und $m(x)g$ als Zugkräfte wirken. Haben jedoch F und g unterschiedlichen Richtungssinn, so gilt:

$$A(x) = \frac{F}{\sigma_{zul}} \exp\left(-\frac{\varrho g}{\sigma_{zul}} x\right)$$

Aufgrund von $\sigma_x = \pm\sigma_{zul}$ („+" für Zug-, „−" bei Druckbeanspruchung) und $\Delta T \equiv 0$ folgt unter Beachtung der Randbedingung $u_x(x=l) = 0$ die Längsverschiebung zu:

$$u_x(x) = \pm\frac{\sigma_{zul}}{E}\left(\frac{x}{l} - 1\right)$$

Beispiel: Beidseitig eingespannter Stab bei gleichmäßiger Erwärmung

Ein aus zwei Teilen mit unterschiedlichen Werkstoffen (Stahl, Kupferlegierung) zusammengesetzter Stab gemäß Bild 10.10 wird nach seinem passgenauen und spannungsfreien Einbau zwischen die beiden starren Wände langsam gleichmäßig um ΔT erwärmt. Zu bestimmen sind die Spannungen in beiden Teilen sowie die Verschiebung des Querschnitts bei C (die Störung der gleichmäßigen Spannungsverteilung in der Nähe des Querschnittsprungs sei zu vernachlässigen).

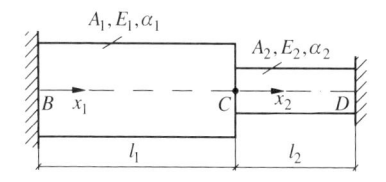

Bild 10.10

Gegeben: $l_1 = 100\,\text{mm}, l_2 = 70\,\text{mm}, A_1 = 200\,\text{mm}^2, A_2 = 150\,\text{mm}^2,$
$\qquad E_1 = 2{,}1 \cdot 10^5\,\text{N/mm}^2, E_2 = 1{,}25 \cdot 10^5\,\text{N/mm}^2,$
$\qquad \alpha_1 = 12 \cdot 10^{-6}\,\text{K}^{-1}, \alpha_2 = 16{,}5 \cdot 10^{-6}\,\text{K}^{-1}, \Delta T = 45\,\text{K}$

Gesucht: $\sigma_x(x_1), \sigma_x(x_2), u_C$

Lösung:

- Freischneiden und Gleichgewicht entsprechend Bild 10.11 liefert: $F_D = F_B$ (eine Gl., aber zwei Unbekannte $\Rightarrow$ einfach statisch unbestimmtes System)

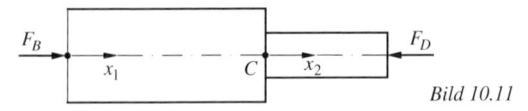

$F_B \longrightarrow \quad x_1 \quad C \quad x_2 \quad \longleftarrow F_D$

Bild 10.11

- Die SR ergeben sich zu: $N(x_1) = -F_B$, $N(x_2) = -F_B$
- Verschiebungsfunktionen:

$$u_x(x_1) = \left(-\frac{F_B}{E_1 A_1} + \alpha_1 \Delta T\right) x_1 + C_1,$$

$$u_x(x_2) = \left(-\frac{F_B}{E_2 A_2} + \alpha_2 \Delta T\right) x_2 + C_2$$

- Die RBn liefern drei Gleichungen für die drei Unbekannten C_1, C_2, F_B:

$$\left.\begin{array}{l} u_x(x_1 = 0) = 0 \\ u_x(x_1 = l_1) = u_x(x_2 = 0) \\ u_x(x_2 = 0) = 0 \end{array}\right\} \Rightarrow \begin{cases} C_1 = 0 \\ \left(-\dfrac{F_B}{E_1 A_1} + \alpha_1 \Delta T\right) l_1 + C_1 = C_2 \\ \left(-\dfrac{F_B}{E_2 A_2} + \alpha_2 \Delta T\right) l_2 + C_2 = 0 \end{cases}$$

Mit der Abkürzung

$$\gamma = \frac{1 + \dfrac{\alpha_2 l_2}{\alpha_1 l_1}}{1 + \dfrac{l_2}{l_1} \dfrac{E_1 A_1}{E_2 A_2}} = 0{,}764\,213\,4$$

ergibt die Auflösung dieses Gleichungssystems

$$C_1 = 0, \qquad C_2 = l_1 \alpha_1 \Delta T (1 - \gamma), \qquad F_B = E_1 A_1 \alpha_1 \Delta T \gamma = 17{,}332 \text{ kN}$$

- Die Spannungen berechnen sich zu:

$$\sigma_x(x_1) = \frac{N(x_1)}{A_1} = -E_1 \alpha_1 \Delta T \gamma = -86{,}662 \, \frac{\text{N}}{\text{mm}^2}$$

$$\sigma_x(x_2) = \frac{N(x_2)}{A_2} = -E_1 \frac{A_1}{A_2} \alpha_1 \Delta T \gamma = -115{,}549 \, \frac{\text{N}}{\text{mm}^2}$$

- Für die Verschiebung des Querschnittes bei C ergibt sich:

$$u_C = u_x(x_2 = 0) = C_2 = l_1 \alpha_1 \Delta T (1 - \gamma) = 0{,}0127 \text{ mm}$$

Beispiel: Über Stäbe abgestützte Konsole

Eine als starrer Balken modellierte massive Konsole, die entsprechend Bild 10.12 durch zwei Stäbe und ein Festlager gehalten wird, soll die Last F tragen. Zu bestimmen sind die Stabkräfte sowie die Verschiebung des Kraftangriffspunktes.

10.4 Anwendungen

Gegeben: l, $E_1A_1 = E_2A_2 = EA$, F

Gesucht: F_{S1}, F_{S2}, u_C

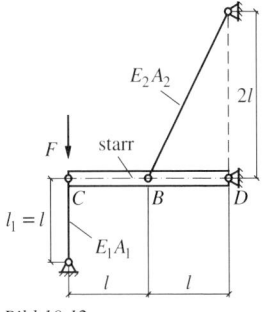

Bild 10.12

Lösung:

FKB des Balkens entsprechend Bild 10.13 und GGB liefern:

$\rightarrow:\ F_{S2} \cos\alpha + F_{Dh} = 0$
$\uparrow:\ -F - F_{S1} + F_{Dv} + F_{S2} \sin\alpha = 0$
$\circlearrowleft D:\ (F_{S1} + F)\, 2l - (F_{S2} \sin\alpha)\, l = 0$

$\left.\begin{array}{l}\end{array}\right\}$ 3 Gln. für die 4 Unbekannten F_{S1}, F_{S2}, F_{Dh}, F_{Dv}
$\Rightarrow$ einfach statisch unbestimmt

Geometrie:

$$l_1 = l$$
$$l_2^2 = l^2 + (2l)^2 \Rightarrow l_2 = \sqrt{5}\, l$$
$$\cos\alpha = \frac{l}{l_2} = \frac{\sqrt{5}}{5}, \qquad \sin\alpha = \frac{2l}{l_2} = \frac{2\sqrt{5}}{5}$$

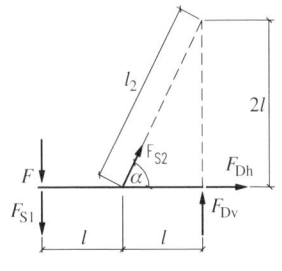

Bild 10.13

Da das System statisch unbestimmt ist, sind Verformungsbetrachtungen erforderlich. Bild 10.14 zeigt stark übertrieben den verformten Zustand. Man erkennt, dass sich der als starr angenommene Balken bei Längenänderungen der Stäbe um B dreht. Da vorausgesetzt werden kann, dass die auftretenden Verschiebungen sehr klein gegenüber den Stablängen sind, können folgende Vereinfachungen getroffen werden:
- die Richtungsänderungen von Stab 1 und Stab 2 sind vernachlässigbar,
- die kreisförmigen Bahnkurven von Punkten der Balkenmittellinie können wegen $|\varphi| \ll 1$ durch die Tangenten an diese ersetzt werden, d. h. diese Punkte (insbesondere auch B und C) verschieben sich näherungsweise senkrecht nach unten.

Bild 10.14   *Bild 10.15*

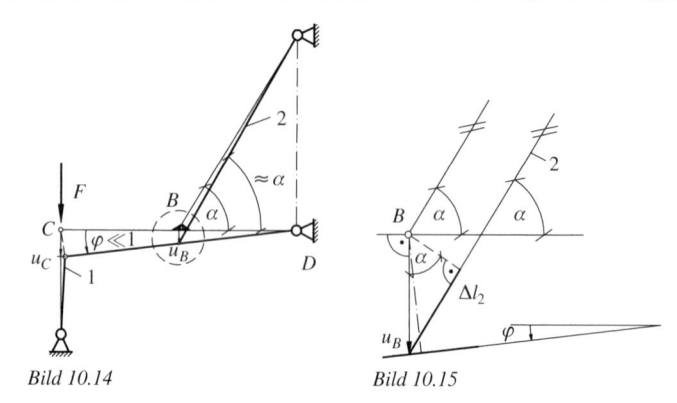

Wegen des starren Balkens besteht in Verbindung mit diesen Vereinfachungen eine geometrische Beziehung, eine so genannte Zwangsbedingung (ZB) zwischen den Verschiebungen u_B und u_C, vgl. Bild 10.14:

$$\sin \varphi = \frac{u_B}{l} = \frac{u_C}{2l} \Rightarrow u_C = 2\,u_B$$

Zwischen den Verschiebungen u_B, u_C und den Längenänderungen Δl_1, Δl_2 der beiden Stäbe besteht wegen konstanter Längskraft, konstantem Querschnitt und $\Delta T = 0$ der folgende Zusammenhang, vgl. Bilder 10.14 und 10.15:

$$u_C = -\Delta l_1 = -\frac{F_{S1} l_1}{E_1 A_1}, \qquad u_B = \frac{\Delta l_2}{\sin \alpha} = \frac{F_{S2} l_2}{E_2 A_2 \sin \alpha}$$

(Δl_1 ist bei positivem F_{S1} eine Stabverlängerung, die Verschiebung u_C bewirkt aber eine Stabverkürzung.)

Mit diesen beiden Kraft-Verschiebungs-Beziehungen steht gemeinsam mit der ZB und den drei statischen GGB ein lineares Gleichungssystem von 6 Gln. für die 6 Unbekannten F_{S1}, F_{S2}, F_{Dh}, F_{Dv}, u_B, u_C zur Verfügung. Setzt man die Kraft-Verschiebungs-Beziehungen in die ZB ein, so folgt mit $E_1 A_1 = E_2 A_2 = EA$:

$$F_{S1} + 5 F_{S2} = 0$$

Gemeinsam mit den GGB verfügt man nun über ein inhomogenes lineares Gleichungssystem für die 4 unbekannten Kräfte:

$$\begin{bmatrix} 0 & \frac{\sqrt{5}}{5} & 1 & 0 \\ -1 & \frac{2\sqrt{5}}{5} & 0 & 1 \\ 2 & -\frac{2\sqrt{5}}{5} & 0 & 0 \\ 1 & 5 & 0 & 0 \end{bmatrix} \begin{bmatrix} F_{S1} \\ F_{S2} \\ F_{Dh} \\ F_{Dv} \end{bmatrix} = F \begin{bmatrix} 0 \\ 1 \\ -2 \\ 0 \end{bmatrix} \Rightarrow \begin{bmatrix} F_{S1} \\ F_{S2} \\ F_{Dh} \\ F_{Dv} \end{bmatrix} = \frac{F}{50 + 2\sqrt{5}} \begin{bmatrix} -50 \\ 10 \\ -2\sqrt{5} \\ -2\sqrt{5} \end{bmatrix}$$

Wie zu erwarten, herrscht im Stab 1 Druck, was aus dem Vorzeichen von F_{S1} erkennbar ist.

Die Verschiebungen u_B und u_C sind durch einfaches Einsetzen der Stabkräfte in die Kraft-Verschiebungs-Beziehungen ermittelbar:

$$u_B = \frac{F_{S2}l_2}{EA \sin \alpha} = \frac{25}{50+2\sqrt{5}} \frac{Fl}{EA}, \quad u_C = -\frac{F_{S1}l_1}{EA} = 2u_B = \frac{50}{50+2\sqrt{5}} \frac{Fl}{EA}$$

Beispiel: Flanschverbindung mit Vorspannung

Zwei kompakte Flansche, die im Modell als starre Platten angenommen werden, sind über einen zentrischen (1) und zwei außermittig angeordnete Stäbe (2) verbunden, vgl. Bild 10.16. Ihre Montage soll so erfolgen, dass für $F = 0$ ein Vorspannungszustand mit $\sigma_x(x_1) = -\sigma_0$ im zentrischen Stab existiert. Dies lässt sich z. B. dadurch erreichen, dass die Stäbe 2 im noch nicht montierten Zustand die Länge $(l - \delta)$ besitzen, während der Stab 1 l lang ist.

Gegeben: F, $l = 0{,}5$ m,
$E_1 = 1{,}25 \cdot 10^5 \text{ N/mm}^2$, $E_2 = 2{,}1 \cdot 10^5 \text{ N/mm}^2$,
$A_1 = 2{,}1 \cdot 10^4 \text{ mm}^2$, $A_2 = 0{,}2 \cdot 10^4 \text{ mm}^2$,
$\sigma_0 = 20 \text{ N/mm}^2$

Gesucht:
1. Verkürzung δ dafür, dass für $F = 0$ die Bedingung
   $\sigma_x(x_1) = -\sigma_0$ gilt
2. Spannungen $\sigma_x(x_1)$, $\sigma_x(x_2)$ für $F \geqq 0$
3. Kraft $F = F^*$, für welche $\sigma_x(x_1) = 0$ wird.

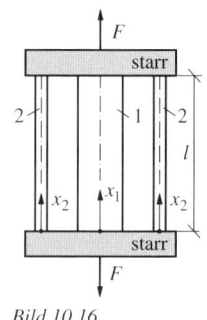

Bild 10.16

Lösung:

Wird z. B. die untere Platte frei geschnitten, vgl. Bild 10.17, so folgt aus dem Gleichgewicht unter Berücksichtigung der Symmetrie (Momentengleichgewicht ist dann von vornherein erfüllt):

Bild 10.17

$\uparrow: F_{S1} + 2F_{S2} - F = 0$ (eine Gl., zwei Unbekannte
$\Rightarrow$ einfach statisch unbestimmt)

Für die Längskräfte in den Stäben erhält man (hinsichtlich der jeweiligen Längskoordinate) konstante Werte:

$0 \leqq x_1 \leqq l: \quad N(x_1) = F_{S1}$
$0 \leqq x_2 \leqq l - \delta: \quad N(x_2) = F_{S2}$

Legt man fest, dass die untere Platte unverschieblich ist, vgl. Bild 10.18, so gelten die RBn:

$u_x(x_1 = 0) = 0, \quad u_x(x_2 = 0) = 0$

Damit ergeben sich folgende Verschiebungsfunktionen ($\Delta T = 0$):

$$u_x(x_1) = \frac{F_{S1}}{E_1 A_1} x_1, \qquad u_x(x_2) = \frac{F_{S2}}{E_2 A_2} x_2$$

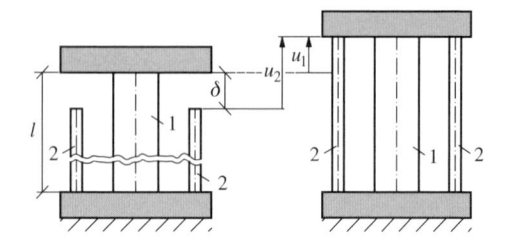

Bild 10.18

In Bild 10.18 sind die Zustände des Systems vor (linkes Teilbild) und nach der Montage (rechtes Teilbild, beliebiger Verformungszustand) dargestellt. Bei Verwendung der Abkürzungen

$$u_1 = u_x(x_1 = l), \qquad u_2 = u_x(x_2 = l - \delta)$$

lässt sich aus diesem Bild der geometrische Zusammenhang, die ZB $u_2 = u_1 + \delta$ ablesen. Diese ZB muss nach erfolgter Montage immer, also für jede beliebige äußere Last F gelten.

Mit den oben angegebenen Verschiebungsfunktionen wird daraus:

$$\frac{F_{S2}}{E_2 A_2}(l - \delta) = \frac{F_{S1}}{E_1 A_1} l + \delta$$

Gemeinsam mit der statischen Gleichgewichtsbedingung hat man jetzt zwei lineare Gln. für F_{S1} und F_{S2} bei vorgegebenem δ und F. Ihre Auflösung liefert:

$$F_{S1} = \frac{F\left(1 - \dfrac{\delta}{l}\right) - 2 E_2 A_2 \dfrac{\delta}{l}}{1 - \dfrac{\delta}{l} + 2 \dfrac{E_2 A_2}{E_1 A_1}}, \qquad F_{S2} = \frac{E_2 A_2 \left(\dfrac{F}{E_1 A_1} + \dfrac{\delta}{l}\right)}{1 - \dfrac{\delta}{l} + 2 \dfrac{E_2 A_2}{E_1 A_1}}$$

Die Verkürzung δ soll nun so bestimmt werden, dass

$$\sigma_x(x_1, F = 0, \delta) = \frac{-2 E_2 A_2 \dfrac{\delta}{l}}{A_1 \left(1 - \dfrac{\delta}{l} + 2 \dfrac{E_2 A_2}{E_1 A_1}\right)} \stackrel{!}{=} -\sigma_0$$

erfüllt wird. Auflösung nach δ/l ergibt:

$$\frac{\delta}{l} = \frac{1 + 2 \dfrac{E_2 A_2}{E_1 A_1}}{1 + 2 \dfrac{E_2 A_2}{\sigma_0 A_1}} = 6{,}596\,7 \cdot 10^{-4} \Rightarrow \delta \approx 0{,}33 \text{ mm}$$

Wegen $\delta/l \ll 1$ können Näherungen für die Stabkräfte und Spannungen benutzt werden:

$$F_{S1} \approx \frac{F - 2E_2A_2\dfrac{\delta}{l}}{1 + 2\dfrac{E_2A_2}{E_1A_1}} = \frac{F - 554\,122{,}94\,\text{N}}{1{,}32}$$

$$\sigma_{x1}(F) = \frac{F_{S1}}{A_1} \approx \frac{F}{27720\,\text{mm}^2} - 19{,}99\,\frac{\text{N}}{\text{mm}^2}$$

$$F_{S2} \approx \frac{F\dfrac{E_2A_2}{E_1A_1} + E_2A_2\dfrac{\delta}{l}}{1 + 2\dfrac{E_2A_2}{E_1A_1}} = \frac{0{,}16F + 277\,061{,}47\,\text{N}}{1{,}32}$$

$$\sigma_{x2}(F) = \frac{F_{S2}}{A_2} \approx \frac{F}{16\,500\,\text{mm}^2} + 104{,}95\,\frac{\text{N}}{\text{mm}^2}$$

Die Bedingung $\sigma_{x1}(F = F^*) \stackrel{!}{=} 0$ liefert schließlich die Bestimmungsgleichung für die Kraft F^*:

$$F^* = 2E_2A_2\frac{\delta}{l} \approx 554{,}12\,\text{kN}$$

Mit den bekannten Stabkräften F_{S1} und F_{S2} können nun bei Bedarf auch die Verschiebungsfunktionen in Abhängigkeit von F und der jeweiligen Ortskoordinate aufgeschrieben werden, worauf aber hier verzichtet werden soll.

10.5 Flächenpressung – Kontaktspannung

Eine Druckbeanspruchung *zwischen* zwei Bauteilen, die normal zu den Berührungs- bzw. Kontaktflächen auftritt, wird *Flächenpressung p* genannt. Erfahrungsgemäß treten in den Berührungsstellen Kontaktkräfte auf. Bei einer Idealisierung als starrer Körper wird zwischen Flächen-, Linien- und Punktkontakt unterschieden. Die Flächenberührung wird noch unterteilt in ebene und gekrümmte Kontaktflächen. Bei Linien- oder Punktberührung erfolgt die Berechnung von Spannungen und Verformungen nach der Theorie von H. HERTZ (1895).

Die reale Verteilung und Größe der Flächenpressung ist maßgebend von der Geometrie (z. B. Druckfläche, Krümmungsradien), dem Material (z. B. Elastizitätsmodul, Querkontraktionszahl) und der Belastung selbst abhängig.

10.5.1 Flächenpressung bei ebenen Kontaktflächen

Bei ebenen Kontaktflächen wird eine Gleichverteilung der Flächenpressung angenommen. Ein solcher Fall liegt z. B. bei der Lasteintragung von Trägern auf die Lagerfläche (vgl. Bild 10.19) vor.

$$\overline{p} = \frac{F_N}{A} \leq p_{\text{zul}}$$

160   10 Zug – Druck

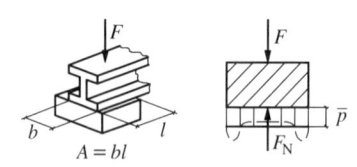

Bild 10.19

Die zulässige Flächenpressung p_{zul} hängt wesentlich vom Beanspruchungs-Zeit-Verlauf (vgl. Kapitel 17) und weiteren Betriebsbedingungen (z. B. Gleitgeschwindigkeit, Temperatur) ab. In der Regel ist bei einer Werkstoffpaarung für die Bemessung das Material mit der geringeren zul. Flächenpressung maßgebend.

Die Normalkraft F_N als resultierende Druckkraft verläuft bei Gültigkeit der getroffenen Annahme (Gleichverteilung) durch den Schwerpunkt der Kontaktfläche, um das Gleichgewicht zu erfüllen. Allgemeiner ergibt sich F_N nach der Beziehung $F_N = \int_A p \, dA$; verläuft dann aber meist nicht durch den Schwerpunkt, was auf eine Ungleichverteilung der Flächenpressung hinweist. Bei bekannter Verteilung der Flächenpressung kann ihr Größtwert berechnet werden; bei unbekannter ist die Flächenpressung nach obiger Beziehung zumindest ein Anhaltswert bzw. Mittelwert.

Die Berechnung der Flächenpressung an geneigten ebenen Kontaktflächen, z. B. bei Führungsbahnen, sei am nachfolgenden Beispiel dargestellt.

Beispiel: Für die Linearführung des Hauptsupports einer WZM, vgl. Bild 10.20, liegt eine Kombination von Flach- mit Prismenführung vor. Für die Prismenführung in Dach- bzw. V-Form sind die beiden Normalkräfte sowie die Flächenpressungen zu ermitteln.

Gegeben: $F_G, a, b, \alpha, \beta, A_1, A_2$
Gesucht: $F_{N1}, F_{N2}, \overline{p}_1, \overline{p}_2$

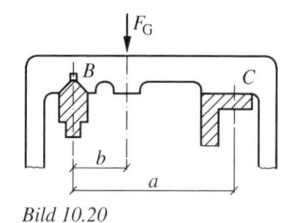

Bild 10.20

Lösung

GGB

$\circlearrowleft B: F_C a - F_G b = 0 \quad \Rightarrow F_C = \dfrac{b}{a} F_G$

$\circlearrowleft C: F_B a - F_G(a-b) = 0 \Rightarrow F_B = \dfrac{a-b}{a} F_G$

Lager B sei ein Festlager
Lager C sei ein Loslager

FKB (Lagerkräfte)

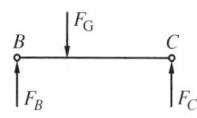

Bild 10.21

Prismenführung

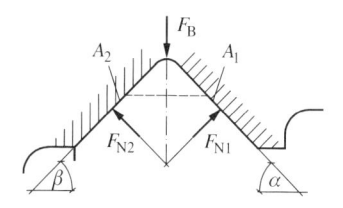

Bild 10.22

Annahme: Zentrale Kräftegruppe

$\rightarrow$: $F_{N1} \sin\alpha - F_{N2} \sin\beta = 0$

$\uparrow$: $F_B - F_{N1} \cos\alpha - F_{N2} \cos\beta = 0$

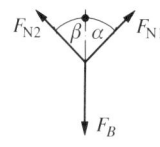

Bild 10.23

Die Lösung des Gleichungssystems ergibt:

$$F_{N1} = \frac{1}{\sin\alpha(\cot\alpha + \cot\beta)} F_B, \qquad \bar{p}_1 = \frac{F_{N1}}{A_1}$$

$$F_{N2} = \frac{1}{\sin\beta(\cot\alpha + \cot\beta)} F_B, \qquad \bar{p}_2 = \frac{F_{N2}}{A_2}$$

10.5.2 Flächenpressung bei gekrümmten Kontaktflächen

Bei vielen technischen Bauelementen mit gekrümmten Kontaktflächen tritt meist keine konstante Flächenpressung auf; sie wird näherungsweise durch eine mittlere Pressung $\bar{p}$ ersetzt. Je nach Passungsart wird folgende Berechnung vorgenommen:

(1) Spielpassung (Höchstspiel und Mindestspiel sind beide positiv), z. B. bei Gleitlagern, vgl. Bild 10.24:

$$\bar{p} = \frac{F}{l\,d} \leq p_{zul}$$

Bild 10.24

Die zul. Flächenpressung ist von den genannten Betriebsbedingungen abhängig.

Beispiel: Bei einem Radialgleitlager nach Bild 10.25 werde zwischen Lagerschale und Wellenzapfen (Lagerbreite b, Durchmesser $d = 2r$) eine Druckverteilung $p = p(\varphi)$ angenommen. Es ist die maximale Flächenpressung p_{max} bei einer Lagerkraft F zu ermitteln.

Gegeben: $p(\varphi) = p_{max} \sin \varphi, b, d, F$

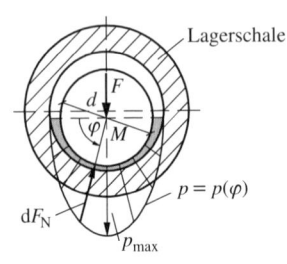

Gesucht: p_{max}

Bild 10.25

Lösung:

Differenzielle Normalkraft (vom Lager auf den Zapfen):

$$dF_N = p(\varphi) dA, \quad dA = br \, d\varphi$$

Die resultierende Normalkraftkomponente in horizontaler Richtung ergibt sich aufgrund der Symmetrie nach Bild 10.26 zu null.

$$\downarrow: F - \int dF_N \sin \varphi = 0 \Rightarrow F = \int p(\varphi) \sin \varphi \, dA$$

$$F = 2 \int_{\varphi=0}^{\pi/2} p_{max} br \sin^2 \varphi \, d\varphi = \frac{\pi}{2} br p_{max}$$

$$\Rightarrow p_{max} = \frac{2F}{\pi b r} = \frac{4F}{\pi b d} = \frac{4}{\pi} \overline{p} = 1{,}273 \overline{p}$$

mit der mittleren Flächenpressung:

$$\overline{p} = \frac{F}{b d}$$

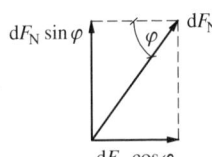

Bild 10.26

(2) Übermaßpassung (früher Presspassung genannt; nach dem Fügen ergibt sich ein spielfreier, fester Sitz der Außen- und Innenpassfläche), z. B. Niete.

Bei einer Übermaßpassung wird die Bohrung vollständig vom Verbindungselement ausgefüllt und drückt mit seinem „Leib" gegen die Bohrungswand, vgl. Bild 10.27. Deshalb wird die vorhandene Flächenpressung als Lochleibungsdruck oder Lochleibungsspannung σ_L bezeichnet. Die zulässige Lochleibungsspannung $\sigma_{L\,zul}$ wird im Maschinenbau wie bei ebenen Kontaktflächen angesetzt.

$$\sigma_L = \frac{F}{s\,d} \leq \sigma_{L\,zul}$$

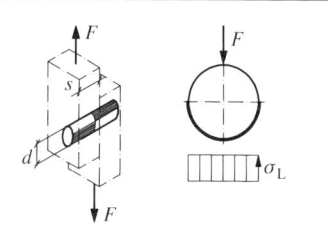

Bild 10.27

10.5.3 Flächenpressung bei Linien- oder Punktkontakt (HERTZ'sche Pressung)

Bei der Idealisierung als starre Körper berühren sich zwei Zylinder in einer Linie sowie zwei Kugeln in einem Punkt. H. HERTZ hat für bestimmte technische Probleme genauere Untersuchungen vorgenommen. Seine Theorie geht von ideal-elastischem Materialverhalten (keine bleibenden Verformungen) und einem alleinigen Auftreten von Normalspannungen aus. Weiterhin wird für die Abplattung δ als Deformationsmaß, vgl. Bild 10.28, vorausgesetzt, dass sie klein ist gegenüber den Körperabmessungen r_1, r_2. Für beliebig gekrümmte Oberflächen der sich berührenden Körper besitzen die Kontaktflächen eine elliptische Form, vgl. Bild 10.29.

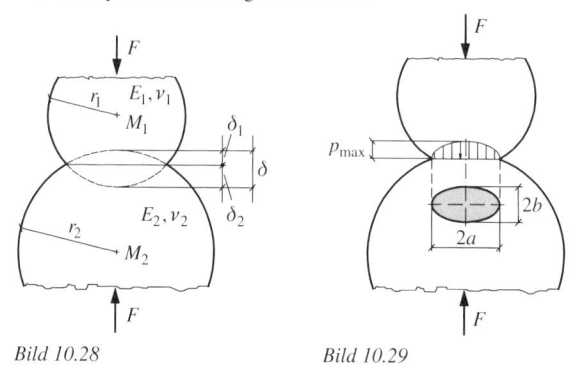

Bild 10.28   *Bild 10.29*

Für die Sonderfälle der gepressten Kugeln bzw. Zylinder (vgl. Bild 10.30) können Formeln für die Halbachsen a, b der „elliptischen" Kontaktfläche, die maximale HERTZ'sche Pressung und für die Annäherung der beiden Körper die Abplattung δ angegeben werden.

Kugel/Kugel oder Kugel/Platte (Punktkontakt)

Zylinder/Zylinder oder Zylinder/Platte (Linienkontakt)

Bild 10.30

Die Berechnung erfolgt mit folgenden Hilfsgrößen:

$$\frac{1}{r^*} = \frac{1}{r_1} + \frac{1}{r_2} \quad \text{bzw.} \quad r^* = \frac{r_1 r_2}{r_1 + r_2} \quad \text{und}$$

$$E^* = \frac{2 E_1 E_2}{(1 - v_1^2) E_2 + (1 - v_2^2) E_1}$$

E_1, E_2 Elastizitätsmoduli
v_1, v_2 Querkontraktionszahlen
r_1, r_2 Krümmungsradien am Berührungspunkt

Bei Pressung in einer Hohlkugel oder einem -zylinder erhält der Krümmungsradius des Hohlkörpers ein negatives Vorzeichen. Bei unendlich großem Krümmungsradius wird die Pressung von Kugel oder Zylinder gegen eine ebene Platte beschrieben.

Speziell gilt:

Pressung Kugel/Kugel

Die Deformation wird hier durch einen „Druckkreis" mit einem Radius $a = b$ beschrieben.

$$a = b = \sqrt[3]{\frac{3}{2} \frac{r^*}{E^*} F}, \qquad p_{max} = \frac{3}{2} \overline{p} = \frac{3}{2} \frac{F}{\pi a^2} = \frac{1}{\pi} \sqrt[3]{\frac{3}{2} \left(\frac{E^*}{r^*}\right)^2 F},$$

$$\delta = \sqrt[3]{\frac{9}{4} \frac{F^2}{r^* E^{*2}}}$$

Pressung Zylinder/Zylinder

Die Deformation wird hier durch ein „schmales Rechteck" mit den Abmessungen $(2a \cdot l)$ beschrieben, wobei l die Zylinderlänge ist.

$$a = \sqrt{\frac{8}{\pi} \frac{F}{l} \frac{r^*}{E^*}}, \qquad p_{max} = \frac{4}{\pi} \overline{p} = \frac{4}{\pi} \frac{F}{2 a l} = \sqrt{\frac{1}{2 \pi l} \frac{E^*}{r^*} F},$$

$$\delta = \frac{2F}{\pi l} \left[\frac{1 - v_1^2}{E_1} \left(\ln \frac{2 r_1}{a} + 0{,}407 \right) + \frac{1 - v_2^2}{E_2} \left(\ln \frac{2 r_2}{a} + 0{,}407 \right) \right]$$

Beispiel: Das Loslager einer Brücke besteht aus zwei parallelen ebenen Flächen (Träger, Auflageplatte) und mehreren Rollen, die als Wälzkörper (Durchmesser d, Länge l) zwischen den Flächen angeordnet sind. Alle Materialien der Paarung haben gleiche elastische Konstanten E, v. Die Belastung für einen Wälzkörper erfolge längs der Mantellinie zwischen Rolle/Platte durch eine konstante Streckenlast q. Es sind die maximale HERTZ'sche Pressung p_{max} und die Breite der Druckfläche $2a$ zu ermitteln.

Gegeben: $q = 1350\,\text{kN/m}$, $d = 400\,\text{mm}$, $E = 2{,}1 \cdot 10^5\,\text{N/mm}^2$, $v = 0{,}3$

Gesucht: p_{max}, a

Lösung:

Ausgangspunkt der Berechnungen sind die Formeln für die Pressung Zylinder/Zylinder, wobei $E_1 = E_2 = E$ und $v_1 = v_2 = v$ gilt. Hier liegt jedoch Pressung

Zylinder/Platte vor, d. h. der Zylinder 2 muss durch den Grenzübergang $r_2 \to \infty$ ($1/r_2 \to 0$) überführt werden. Damit berechnen sich die Hilfsgrößen wie folgt: $r^* = r_1 = r$, $E^* = E/\left(1 - v^2\right)$

Mit $F = ql$ erhält man schließlich:

$$p_{max} = \sqrt{\frac{1}{2\pi} \frac{E^*}{r^*} q} = \sqrt{\frac{q}{2\pi} \frac{E}{\left(1-v^2\right)} \frac{1}{r}} \approx 453\,\text{N/mm}^2$$

$$a = \sqrt{\frac{8}{\pi} q \frac{r^*}{E^*}} = \sqrt{\frac{8}{\pi} \frac{r\left(1-v^2\right)}{E} q} = 1{,}726\,\text{mm}$$

10.5.4 Rollreibung

Die Körper können relativ zueinander in Ruhe sein oder sich relativ zueinander bewegen. Als Relativbewegungen von Körpern treten die Bewegungsarten Translation, Rotation bzw. die Kombination von beiden auf. Die Reibung als Widerstandskraft wirkt einer Relativbewegung entgegen. Bei Annahme starrer Körper wird im Kapitel 6 das Haften ($v = 0$) bzw. bei Translation die Gleitreibung ($v \neq 0$) behandelt.

Bei vielen technischen Belangen tritt die Bewegung Rollen auf, z. B. bei Wälzlagern oder beim Kontakt Schiene/Rad. Beim so genannten reinen Rollen ($v = r\dot{\varphi}$) werden starre Körper vorausgesetzt und der Kontakt findet in einem Punkt oder längs einer Mantellinie statt (vgl. Abschnitt 10.5.3). Die Relativverschiebung an der Kontaktstelle ist null und es liegt dort Haften vor.

In der Realität jedoch deformieren sich die Körper in der Nahzone der Kontaktstelle B und es findet eine Flächenberührung statt, vgl. Bild 10.31.

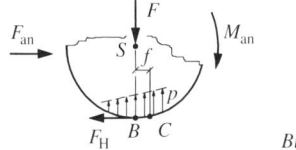

Bild 10.31

Die sich aus der Belastung ergebenden Deformationen erlauben kein reines Rollen; es kommt zu unterschiedlichen lokalen Relativbewegungen und damit zu Mikrogleitvorgängen in der Kontaktzone. Eine abgeschlossene und vollständige Theorie der Rollreibung mit allen ihren Begleiterscheinungen existiert noch nicht, weshalb für die praktische Rechnung auf Annahmen und Näherungen zurückgegriffen wird. Angemerkt sei, dass der Begriff Rollreibung eigentlich inkorrekt ist, da Deformation vorliegt und keine Reibung.

Im Weiteren wird der meist härtere Rollkörper vereinfachend als starr betrachtet und nur die Abrollfläche soll sich deformieren können. Bei einer Bewegung des Rollkörpers mit konstanter Geschwindigkeit v seines Mittelpunktes S verläuft entsprechend Bild 10.32 die aus der Druckverteilung resultierende

166   10 Zug – Druck

Normalkraft F_N nicht durch den Kontaktpunkt B, sondern ist um den Abstand $f \ll r$ verschoben (Angriffspunkt C). Gleichzeitig wirkt beim Rollen i. Allg. die Haftkraft F_H (Reaktionskraft), die man dann ebenfalls im Punkt C angreifen lässt, vgl. Bild 10.32. Eine sich aus der Deformation noch zusätzlich ergebende horizontale Rollwiderstandskraft wird hier als vernachlässigbar klein angenommen.

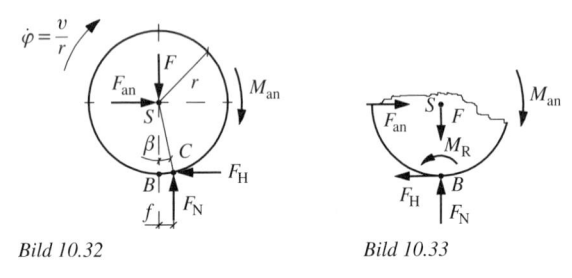

Bild 10.32   *Bild 10.33*

Wegen $f \ll r$ gilt: $\sin\beta = f/r = \mu_R$, $\cos\beta = \sqrt{1 - \left(\dfrac{f}{r}\right)^2} \approx 1$

Mit $f = r\mu_R$ wurde der dimensionslose *Rollreibungskoeffizient* μ_R eingeführt. Wird nun die Normalkraft F_N parallel nach B verschoben, so muss (um die mechanische Äquivalenz zu gewährleisten) ein Versetzungsmoment (vgl. Abschnitt 1.4.3), das so genannte *Rollreibungsmoment* $M_R = F_N f = \mu_R F_N r$ als eingeprägte Größe nach Bild 10.33 dem FKB hinzugefügt werden. Es stellt den wesentlichen Widerstand gegen Rollen dar und wirkt zusätzlich zur Haftkraft F_H.

Für gleichförmige Bewegung ($v = $ konst.) ergeben sich nach Bild 10.32 folgende GGB:

$\rightarrow: F_{an} - F_H = 0 \quad$ mit $|F_H| \leqq \mu_0 F_N$

$\uparrow: \quad F_N - F = 0 \quad \Rightarrow F_N = F \qquad$ (z. B. aus Gewicht u. a.

Vertikalkräften resultierend)

$\overset{\curvearrowright}{S}: F_H r \cos\beta - F_N f + M_{an} = 0$

Mit $\cos\beta \approx 1$ und $f = \mu_R r$ folgt daraus:

$\left. \begin{array}{l} F_H = F_{an} \\ F_N = F \end{array} \right\} \quad |F_H| = |F_{an}| \leqq \mu_0 F$

$M_{an} - (\mu_R F - F_{an})r = 0$

Wie man hieraus erkennt, darf zum einen für Rollen (kein Gleiten!) der Betrag der Antriebskraft F_{an} nicht beliebig groß werden, zum anderen sind F_{an} und M_{an} bei vorausgesetzter konstanter Geschwindigkeit nicht voneinander unabhängig vorgebbar. Nur für $M_{an} = 0$ wird $F_{an} = F_H = \mu_R F = \mu_R F_N$, d. h. nur in diesem Fall läuft die Wirkungslinie der aus F_N und F_H gebildeten Resultierenden durch den Mittelpunkt S.

Die Größe f ist der Hebelarm der Rollreibung. Er muss experimentell ermittelt werden und hängt nicht nur von der Materialpaarung, sondern auch vom Rollendurchmesser, der Geschwindigkeit und der Belastung ab. Für die Bundesbahn gelten beim Kontakt Schiene/Rad folgende Anhaltswerte: $r = 500$ mm, $f = 0{,}5$ mm, also $\mu_R = 0{,}001$.

Im Allgemeinen gilt $\mu_0 \geq \mu_R = f/r$. Ist das Haften an der Kontaktstelle nicht mehr gewährleistet, fängt das Rad an zu rutschen (Gleiten bzw. Gleitwälzen). Analog zur Haftung und Gleitreibung lassen sich die Hebelarme der Rollreibung durch Versuche auf geneigter Ebene ermitteln (vgl. Beispiel); Werte s. Anlage S3. Es ist aber zu bedenken, dass infolge der deformierten Kontaktstelle diese Angaben, wie oben schon geschrieben, nicht unwesentlich von der Belastung der Rolle (eines Rades) abhängen.

Beispiel: Bestimmung der Haltekraft F_1 ($v_S = 0$), des Hebelarmes f der Rollreibung durch langsame Variation des Neigungswinkels α (Bild 10.34) sowie Ermittlung der Aufzugskraft F_2 für konstante Geschwindigkeit v_S auf geneigter Ebene nach oben (Bild 10.35).

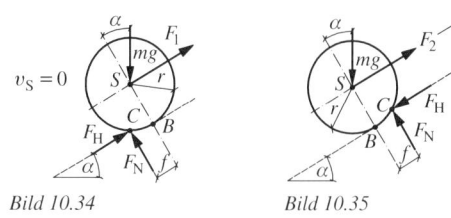

Bild 10.34 *Bild 10.35*

- Haltekraft F_1 (Bild 10.34)

$$\nearrow: F_1 - mg \sin \alpha + F_H = 0$$
$$\nwarrow: F_N - mg \cos \alpha = 0$$
$$\circlearrowleft C: mg \sin \alpha \, r - mg \cos \alpha \, f - F_1 r = 0$$

$$\Rightarrow \begin{cases} F_1 = mg(\sin \alpha - \mu_R \cos \alpha) & \text{mit } \mu_R = f/r \\ F_N = mg \cos \alpha \\ F_H = mg \sin \alpha - F_1 = \mu_R mg \cos \alpha \end{cases}$$

- Hebelarm f: Der Neigungswinkel α wird langsam solange verändert ($\pi/2 > \alpha \geq \alpha_G$), bis die Haltekraft F_1 ($\alpha = \alpha_G$) = 0 wird. Daraus folgt mit $\mu_R = f/r$:

$$mg \left(\sin \alpha_G - \frac{f}{r} \cos \alpha_G \right) = 0 \Rightarrow f = r \tan \alpha_G$$

- Aufzugskraft F_2 (Bild 10.35):

$$\nearrow: F_2 - mg \sin \alpha - F_H = 0$$
$$\nwarrow: F_N - mg \cos \alpha = 0$$
$$\circlearrowleft C: mg \sin \alpha \, r + mg \cos \alpha \, f - F_2 r = 0$$

168   10 Zug – Druck

$$\Rightarrow \begin{cases} F_2 = mg\,(\sin\alpha + \mu_R \cos\alpha) \\ F_N = mg\,\cos\alpha \\ F_H = F_2 - mg\,\sin\alpha = \mu_R mg\,\cos\alpha \end{cases}$$

Beispiel: Ermittlung der Aufzugskraft F am Transportband (Bild 10.36)

Gegeben: Masse des Transportgutes (Last) m_L, Rollenmassen jeweils m; r, l, a; Hebelarme der Rollreibung f_o, f_u; Transportband sei masselos und biegesteif; Rutschen sei ausgeschlossen.

Gesucht:
Aufzugskraft F für $0 \leqq s \leqq l$

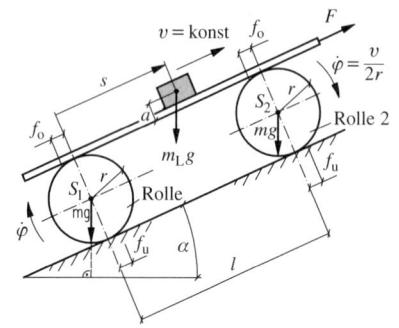

Bild 10.36

Lösung:

- Freischneiden von Transportband (einschließlich Transportgut) und der Rollen gemäß Bild 10.37 und Bild 10.38

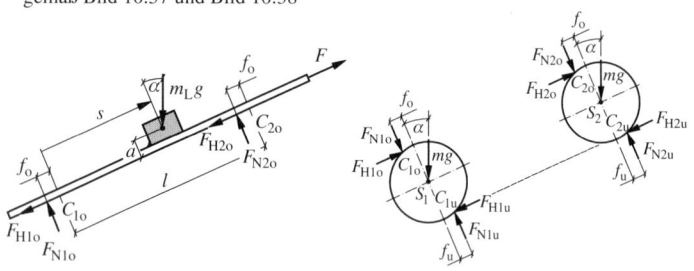

Bild 10.37   *Bild 10.38*

- GGBn an den drei Teilsystemen liefern $3 \cdot 3 = 9$ Gln. für die 9 Unbekannten F, F_{H1o}, F_{N1o}, F_{H2o}, F_{N2o}, F_{H1u}, F_{N1u}, F_{H2u}, F_{N2u}

Band:

$\nearrow$: $F - F_{H1o} - F_{H2o} - m_L g \sin\alpha = 0$

$\nwarrow$: $F_{N1o} + F_{N2o} - m_L g \cos\alpha = 0$

$\circlearrowleft C_{1o}$: $m_L g\,(a \sin\alpha - (s + f_o)\cos\alpha) + F_{N2o} l = 0$

Rolle 1:

$\nearrow$: $F_{H1o} - mg \sin\alpha - F_{H1u} = 0$

$\nwarrow$: $F_{N1u} - mg \cos\alpha - F_{N1o} = 0$

$\circlearrowleft C_{1u}$: $mg\,(f_u \cos\alpha + r \sin\alpha) + F_{N1o}\,(f_o + f_u) - F_{H1o}\,2r = 0$

Rolle 2:

$\nearrow: \quad F_{H2o} - mg\sin\alpha - F_{H2u} = 0$

$\searrow: \quad F_{N2u} - mg\cos\alpha - F_{N2o} = 0$

$\circlearrowleft_{2u}: mg(f_u\cos\alpha + r\sin\alpha) + F_{N2o}(f_o + f_u) - F_{H2o}2r = 0$

Die Auflösung dieses linearen Gleichungssystems liefert u. a. die erforderliche Aufzugskraft:

$$F = m_L g \left(\sin\alpha + \frac{f_o + f_u}{2r}\cos\alpha\right) + mg\left(\sin\alpha + \frac{f_u}{r}\cos\alpha\right)$$

Auf die Angabe der anderen Kräfte, deren Größe von der augenblicklichen Lage s des Transportgutes abhängt, wird hier verzichtet.

11 Biegung gerader Balken (Träger)

Die Linientragwerke als eine spezielle Klasse von Tragwerken sind nur aus eindimensionalen Bauteilen (vgl. Abschnitt 3.1) aufgebaut. Diese Bauteilidealisierung wird in der technischen Biegetheorie angewandt, um die Spannungen und Verformungen von Körpern zu berechnen. Das Attribut „technisch" bezieht sich unter Beachtung bestimmter Voraussetzungen auf eine möglichst einfache Berechnung, die für viele Anwendungen ausreicht. Allerdings sind Kenntnisse der Grenzen der Bauteilidealisierung und der Voraussetzungen bzw. Annahmen für die Anwendung der Balkentheorie notwendig.

Eine Biegung liegt dann vor, wenn unter Einwirkung einer Belastung die Krümmung der Balkenlängsachse verändert wird.

11.1 Begriffe und Voraussetzungen

11.1.1 Einteilung der Biegung

Die Balkenbiegung wird nach verschiedenen Kriterien eingeteilt und benannt:

- in Abhängigkeit vom Vorhandensein einer Querkraft

  In der Regel treten die Schnittreaktionen Biegemoment und Querkraft gemeinsam auf, weil bei einem veränderlichen Biegemoment immer auch eine Querkraft vorhanden ist. Man unterscheidet:
  a) *Reine Biegung*: Sie liegt in einem Bereich dann vor, wenn von den Schnittreaktionen *nur* die Biegemomente verschieden von null sind ($M_y(x) \neq 0$ und/oder $M_z(x) \neq 0$). Mit Abschnitt 4.4 ergibt sich z. B.: $dM_y(x)/dx = Q_z(x) = 0 \Rightarrow M_y(x) =$ konst.
  b) *Querkraftbiegung*: Neben den Biegemomenten sind *auch* die Querkräfte ($Q_y(x) \neq 0$ und/oder $Q_z(x) \neq 0$) verschieden von null.

- in Abhängigkeit von der Richtung des in der Querschnittsfläche liegenden Biegemomentenvektors $\vec{M}$ gegenüber den HA (vgl. Abschnitt 9.2.4)

a) *Einfache Biegung* (Biegung um eine HA, vgl. Bild 11.1a):
- HA bekannt (hier y, z-Achse),
- Momentenvektor verläuft parallel zu einer HA ($M = M_y$ oder $M = M_z$)

b) *Zweifache Hauptachsenbiegung* (vgl. Bild 11.1b):
- HA bekannt (hier y, z-Achse),
- Momentenvektor besitzt eine andere Richtung als eine der HA

c) *Allgemeine oder schiefe Biegung* (vgl. Bild 11.1c):
- HA „unbekannt", gewählte Achsen y, z sind keine HA,
- beliebige Richtung des Momentenvektors

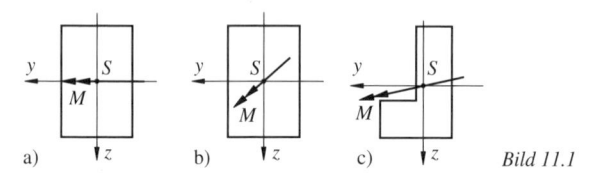

Bild 11.1

- Zusammengesetzte Beanspruchung: *Biegung mit Längskraft*

Bei gleichzeitigem Auftreten der Biegemomente $M_y(x) \neq 0$ und/oder $M_z(x) \neq 0$ sowie der Längskraft $N(x)$ können mit dem Superpositionsprinzip (vgl. Abschnitt 8.4) die Einzelspannungen $\sigma_x^{(b)}$, $\sigma_x^{(zd)}$ algebraisch zu einer Gesamtspannung addiert werden.

11.1.2 Voraussetzungen, Annahmen

Die Idealisierung eines Bauteils (reale Struktur) stellt immer einen Kompromiss zwischen Aufwand (Analyse) und Nutzen (Genauigkeit der Ergebnisse) dar. In vielen Fällen wird je nach Anforderung mit unterschiedlichen Modellen gearbeitet.

Das elastische Verhalten eines Tragwerks wird i. Allg. durch partielle DGln. beschrieben. Beim Balken als eindimensionales Modell sind zwei Abmessungen sehr klein gegenüber der dritten und somit reichen gewöhnliche DGln. (eine unabhängige Ortskoordinate) zur Beschreibung des elastischen Verhaltens. In der technischen Biegetheorie sind es die eindimensionalen Vorgänge der Längenänderung (vgl. Kapitel 10), der Biegung (Kapitel 11) und Torsion (Kapitel 13). Die beiden letzteren Vorgänge werden getrennt betrachtet.

Es gelten die Voraussetzungen bzw. Annahmen, die allgemein schon im Abschnitt 8.7 genannt worden sind. Die für die Balkenbiegung besonders relevanten Voraussetzungen und Annahmen seien hier aber nochmals aufgeführt:

- Normalspannungen infolge von vertikalen äußeren Kräften seien – abgesehen von lokalen Spannungserhöhungen an Krafteinleitungsstellen – klein gegenüber den Normalspannungen in Längsrichtung. Nach dem Prinzip von ST. VENANT klingen die Eigenkraftgruppen (vgl. Abschnitt 10.2.1) in hinreichender Entfernung von der Krafteinleitungstelle ab.

11.1 Begriffe und Voraussetzungen

Geometrische Voraussetzungen:
- Die Balkenlängsachse (x-Achse) ist im unverformten Ausgangszustand gerade und die Querschnittsabmessungen seien klein gegenüber der Bereichslänge. Als Richtwert gilt, dass die Bereichslänge $l \geq 5\,h$ (h größte Querschnittsabmessung) sei. Unter dieser Voraussetzung kann der Einfluss der Querkräfte gegenüber denen der Biegemomente auf die Spannung σ_x und Dehnung ε_x vernachlässigt werden. Dieser Einfluss entfällt exakt nur bei reiner Biegung.
  Für schwach gekrümmte Balken (Krümmungsradius $\varrho \gg$ Balkenhöhe h) gelten die Beziehungen mit hinreichender Genauigkeit. Bei stark gekrümmten Balken ($\varrho \approx h$) gelten andere Beziehungen (vgl. z. B. /GH-90/).
- Die Querschnittsfläche A (in x-Richtung) sei bereichsweise konstant oder nur wenig veränderlich.

Annahmen über die Verformung des Balkens:
- Die Verformungen (Durchbiegung) seien sehr klein gegenüber den Querschnittsabmessungen. Somit können die Lagenänderung der Kräfte vernachlässigt werden; im verformten Zustand sind die x-Komponenten der ursprünglich senkrecht zur Balkenlängsachse wirkenden Kräfte nahezu null. Diese Annahme bedeutet eine Beschränkung auf die geometrisch lineare Theorie und erlaubt das Aufstellen der GGB am unverformten Tragwerk (Theorie 1.Ordnung).
- Die Querschnittsform bleibt unter Krafteinwirkung erhalten. Diese Annahme bedeutet, dass die Änderung des Abstandes einer Faser von der Spannungs-Null-Linie ($\sigma_x = 0$, keine Längenänderung, vgl. Bild 11.2) infolge der Verformung vernachlässigbar ist. Diese Annahme ist bei Trägern, bei denen eine Querschnittsabmessung (z. B. die Wanddicke) sehr klein gegenüber der anderen ist, von Bedeutung und muss überprüft werden.

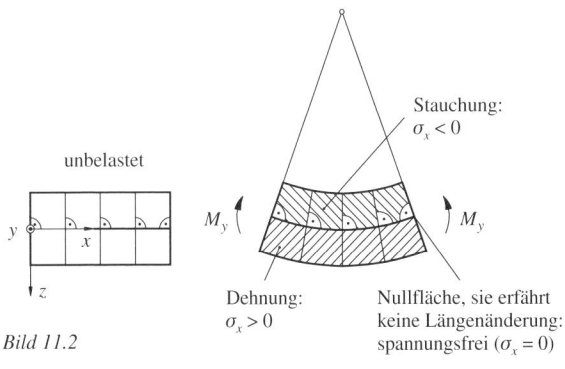

Bild 11.2

- Eine durch Versuche bestätigte und wichtige Annahme ist die so genannte BERNOULLI'sche Hypothese: Querschnitte, die im unbelasteten Zustand eben sind und auf der Balkenmittellinie senkrecht stehen, besitzen diese Eigenschaft auch im belasteten Zustand, vgl. Bild 11.2. Diese Voraussetzung wurde von JAKOB BERNOULLI und E. MARIOTTE für die Biegetheorie angewandt, nachdem bereits G. GALILEI Überlegungen zur Biegung vorgenommen hatte.

Diese Hypothese hat nur bei reiner Biegung (z. B. $M_y = $ konst. $\Rightarrow Q_z = 0 \Rightarrow \tau_{xy} = 0 \Rightarrow \gamma_{xy} = 0$) ihre volle Berechtigung, sie ist jedoch auch ohne wesentliche Einschränkungen bei Querkraftbiegung ($\mathrm{d}M/\mathrm{d}x \neq 0, M \neq 0 \Rightarrow Q \neq 0 \Rightarrow \tau_{xy} \neq 0 \Rightarrow \gamma_{xy} \neq 0$) brauchbar. Die Winkeländerung führt auf eine Querschnittsverwölbung. Bei $Q_z = $ konst. ist die Querschnittsverwölbung konstant und hat damit keinen Einfluss auf die Normalspannungsverteilung über den Querschnitt. Erst bei $Q_z \neq $ konst. würde ein gewisser Fehler entstehen. In Verbindung mit obiger Annahme, dass die Querschnittsabmessungen klein gegenüber der Bereichslänge sind, bleibt der Fehler für praktische Belange vernachlässigbar, d. h. auch in diesem Fall wird angenommen, dass die Querschnitte im belasteten Zustand eben bleiben, was als BERNOULLI-NAVIER'sche Hypothese bezeichnet wird.

Zusammenfassend liegen für die weiteren Betrachtungen die folgenden Vereinfachungen zugrunde:
- das Bauteil verhält sich so, als sei es aus einzelnen, in Balkenlängsrichtung verlaufenden Fasern aufgebaut, für die das HOOKE'sche Gesetz bei einachsigem Spannungszustand gilt (nur $\varepsilon_x \neq 0$ und damit $\sigma_x \neq 0$) und die schubstarr miteinander verbunden sind,
- die Spannungen und Verformungen senkrecht zur Balkenlängsachse werden vernachlässigt,
- die Querschnittsform wird durch die Verformung nicht verändert.

11.2 Spannungsberechnung

11.2.1 Normalspannungen bei Biegung mit Längskraft

Im allgemeinen Fall der schiefen Biegung lassen sich die Dehnungen ε_x für einen Querschnitt somit durch einen linearen Ansatz, d. h. durch eine Ebenengleichung beschreiben. Über das HOOKE'sche Gesetz sind diese mit den Normalspannungen σ_x verbunden, sodass auch ein linearer Ansatz für die *Normalspannungen* bei allgemeiner oder schiefer Biegung gemacht werden kann:

$$\sigma_x(x,y,z) = a(x) + b(x)y + c(x)z$$

Dieser Ansatz, auch als NAVIER'sches Geradliniengesetz bezeichnet, erfasst hinsichtlich der Verteilung über den Querschnitt konstante und linear veränderliche Normalspannungen. Dabei beschreibt nach Abschnitt 11.1.1 die x-Achse die gerade Balkenlängsachse und die y, z-Koordinatenachsen die Querschnittsachsen, die aber keine HA sein müssen; die Richtung von $\vec{M}$ im Querschnitt ist beliebig. Der von y und z unabhängige Term erfasst die Beanspruchung durch eine Längskraft und die hinsichtlich y und z linear veränderlichen Anteile die Biegung bez. der beiden Querschnittsachsen. Der additiven Zusammenfassung liegt das Superpositionsprinzip zugrunde. Die Ermittlung der unbekannten freien Koeffizienten $a(x)$, $b(x)$, $c(x)$ erfolgt im Querschnitt an der Stelle x in Abhängigkeit der Schnittreaktionen.

Mit den Äquivalenzbedingungen (vgl. Abschnitt 8.8) und Einsetzen des Spannungsansatzes ergeben sich:

$$N = \int_A \sigma_x dA \Rightarrow N = aA + b\int_A y\,dA + c\int_a z\,dA$$

$$M_y = \int_A z\sigma_x dA \Rightarrow M_y = a\int_A z\,dA + b\int_A yz\,dA + c\int_A z^2 dA$$

$$M_z = -\int_A y\sigma_x dA \Rightarrow M_z = -a\int_A y\,dA - b\int_A y^2\,dA - c\int_A yz\,dA$$

Mit den Symbolen der Flächenmomente nach Kapitel 9 ergibt sich folgendes Gleichungssystem in Matrizenschreibweise für die Unbekannten a, b, c:

$$\begin{bmatrix} A & S_z & S_y \\ S_z & I_{zz} & -I_{yz} \\ S_y & -I_{yz} & I_{yy} \end{bmatrix} \begin{bmatrix} a \\ b \\ c \end{bmatrix} = \begin{bmatrix} N \\ -M_z \\ M_y \end{bmatrix}$$

Die Unbekannten ergeben sich damit in Abhängigkeit der Schnittreaktionen zu:

$$\begin{bmatrix} a \\ b \\ c \end{bmatrix} = \frac{1}{D} \begin{bmatrix} I_{yy}I_{zz} - I_{yz}^2 & -(S_zI_{yy} + S_yI_{yz}) & -(S_yI_{zz} + S_zI_{yz}) \\ & AI_{yy} - S_y^2 & S_yS_z + AI_{yz} \\ \text{symm.} & & AI_{zz} - S_z^2 \end{bmatrix} \begin{bmatrix} N \\ -M_z \\ M_y \end{bmatrix}$$

Hierbei ist $D = (I_{yy}I_{zz} - I_{yz}^2)A - S_z^2 I_{yy} - S_y^2 I_{zz} - 2S_y S_z I_{yz}$ die Determinante der Koeffizientenmatrix.

Zur Vereinfachung wird der Koordinatenursprung 0 in den Flächenschwerpunkt S ($0 \equiv S$) gelegt. Damit werden die statischen Momente S_y und S_z null und es ergeben sich die Koeffizienten zu:

$$a(x) = \frac{N(x)}{A},$$

$$b(x) = \frac{M_y(x)I_{yz} - M_z(x)I_{yy}}{I_{yy}I_{zz} - I_{yz}^2}, \qquad c(x) = \frac{M_y(x)I_{zz} - M_z(x)I_{yz}}{I_{yy}I_{zz} - I_{yz}^2}$$

Die *Normalspannung* (vgl. Bild 11.3) ist somit:

$$\sigma_x(x,y,z) = \frac{N(x)}{A} + \frac{M_y(x)I_{yz} - M_z(x)I_{yy}}{I_{yy}I_{zz} - I_{yz}^2}y + \frac{M_y(x)I_{zz} - M_z(x)I_{yz}}{I_{yy}I_{zz} - I_{yz}^2}z$$

Als *Spannungs-Null-Linie* (SNL) des Querschnitts (vgl. Bild 11.4) wird diejenige Linie bezeichnet, auf der keine Normalspannungen auftreten, d. h. $\sigma_x = 0$ gilt.

Die Geradengleichung der SNL folgt aus obiger Beziehung zu:

$$z = -\frac{M_y(x)I_{yz} - M_z(x)I_{yy}}{M_y(x)I_{zz} - M_z(x)I_{yz}}y + \frac{I_{yy}I_{zz} - I_{yz}^2}{M_y(x)I_{zz} - M_z(x)I_{yz}} \cdot \frac{N(x)}{A}$$

Im Gegensatz zu den nur biegebeanspruchten Bauteilen verläuft die SNL bei Biegung mit Längskraft nicht durch den Flächenschwerpunkt S. Die SNL

11 Biegung gerader Balken (Träger)

kann die Querschnittsfläche schneiden (vgl. Bild 11.4), berühren oder liegt außerhalb. Im ersten Fall treten im Querschnitt Zug- ($\sigma_x > 0$) und Druckspannungen ($\sigma_x < 0$) auf, während im zweiten oder dritten Fall nur Zug- oder nur Druckspannungen auftreten.

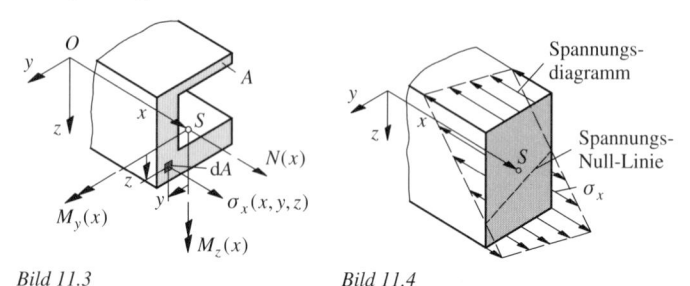

Bild 11.3 *Bild 11.4*

Mit obiger Spannungsbeziehung lassen sich die *Randspannungen* ermitteln, indem die zugehörigen Koordinaten der Querschnittspunkte eingesetzt werden. Wegen der in y und z linearen Spannungsgleichung (vgl. Bild 11.4) treten die Spannungsmaxima und -minima in solchen Randpunkten der Querschnittsfläche $x =$ konst. auf, die einen maximalen senkrechten Abstand von der SNL besitzen. Zur Erfassung der maximalen Zug- als auch Druckspannungen sind die senkrechten Abstände auf beiden Seiten der SNL getrennt zu bestimmen.

Neben der Vereinfachung $0 \equiv S$ können die Richtungen der y, z-Koordinatenachsen so gewählt werden, dass diese HA sind; für ein HAS ist das Flächendeviationsmoment null ($I_{yz} = 0$), sodass sich die Gl. zur Berechnung der Normalspannung noch weiter vereinfacht:

$$\sigma_x(x,y,z) = \frac{N(x)}{A} + \frac{M_y(x)}{I_{yy}}z - \frac{M_z(x)}{I_{zz}}y$$

Auch in diesem Fall lässt sich die Gl. der SNL aus der Bedingung $\sigma_x = 0$ herleiten (bzw. ergibt sich mit $I_{yz} = 0$ aus der oben dafür angegebenen Beziehung).

Für den Sonderfall der einfachen Biegung ($N(x) = 0$ und $M_y(x) = 0$ oder $M_z(x) = 0$) ergibt sich im y, z-HAS:

$$\sigma_x(x) = \frac{M_y(x)}{I_{yy}}z \qquad \text{oder} \qquad \sigma_x(x) = -\frac{M_z(x)}{I_{zz}}y$$

Diese Beziehungen zwischen den Biegemomenten und Normalspannungen sind die so genannten NAVIER'sche Formeln. Werden hier die Randfaserabstände $y = |y|_{max}$ bzw. $z = |z|_{max}$ eingesetzt, so erhält man mit den Widerstandsmomenten W_y bzw. W_z des Querschnitts (vgl. Abschnitt 9.4) die Betragsmaxima der Spannungen im Querschnitt an der Stelle x:

$$|\sigma_x|_{max}(x) = \frac{|M_y(x)|}{W_y} \qquad \text{oder} \qquad |\sigma_x|_{max}(x) = \frac{|M_z(x)|}{W_z}$$

Das absolute Maximum des Spannungsbetrages folgt dann aus der Untersuchung der Funktion $|\sigma_x|_{\max}(x)$ im gültigen Bereich für x.

11.2.2 Anwendungen

Beispiel: Zweifach gelagerter Träger mit konstanter Streckenlast

Der nach Bild 11.5a gelagerte Träger mit quadratischem Querschnitt im Mittelteil und Rechteckquerschnitt in den beiden Randbereichen wird durch eine konstante Streckenlast q belastet, deren maximal zulässiger Wert zu ermitteln ist. Weiterhin ist die erforderliche Querschnittshöhe h_{erf} der Träger-Randbereiche zu bestimmen.

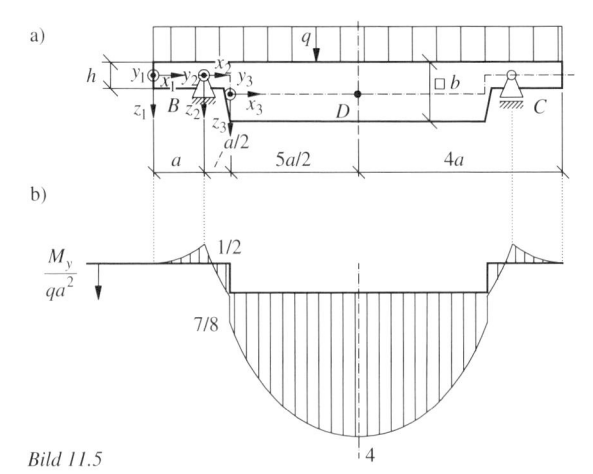

Bild 11.5

Gegeben: $a = 125\,\mathrm{mm}$, $b = \dfrac{6}{25}a$, $\sigma_{\mathrm{bzul}} = 100\,\mathrm{N/mm^2}$

Gesucht: q_{zul}, h_{erf}

Lösung:

Längskräfte treten aufgrund fehlender Horizontalbelastungen in dem statisch bestimmt gelagerten Träger nicht auf. Die beiden Querschnitte sind doppelsymmetrisch, wobei die Symmetrieachsen den y,z-Achsen entsprechen. Neben der (hier nicht interessierenden) Querkraft tritt als Schnittreaktion nur das Biegemoment M_y auf (Verlauf vgl. Bild 11.5b), sodass es sich um einfache Biegung handelt.

Die Statik liefert: $|F_B| = |F_C| = 4qa$

$$M_y(x_1) = -\frac{qa^2}{2}\left(\frac{x_1}{a}\right)^2, \qquad M_y(x_2) = \frac{qa^2}{2}\left[8\frac{x_2}{a} - \left(1 + \frac{x_2}{a}\right)^2\right]$$

$$M_y(x_3) = \frac{qa^2}{2}\left[4 + 8\frac{x_3}{a} - \left(\frac{3}{2} + \frac{x_3}{a}\right)^2\right]$$

Wie aus dem in Bild 11.5b dargestellten Biegemomentenverlauf ersichtlich, tritt der maximale Betrag des Biegemoments in Trägermitte, also bei $x_3 = 5/2a$ auf. Aus dem Größtwert des Längsspannungsbetrages an dieser Stelle ($W_y = (b^4/12) \cdot (2/b) = (36/15\,625)a^3$) folgt:

$$|\sigma_x|_{\max}(x_3 = 5a/2) = \frac{|M_y(x_3 = 5a/2)|}{W_y} = \frac{4qa^2 \cdot 15\,625}{36a^3} \stackrel{!}{\leq} \sigma_{\text{bzul}}$$

$$\Rightarrow q_{\text{zul}} = \frac{9a}{15\,625}\sigma_{\text{zul}} = 7{,}2\ \frac{\text{N}}{\text{mm}}$$

In den Träger-Randbereichen hat der Betrag des Biegemomentes seinen Größtwert bei $x_2 = a/2$. Wegen $W_y = (bh^3/12) \cdot (2/h) = h^2 a/25$ erhält man:

$$|\sigma_x|_{\max}(x_2 = a/2) = \frac{25\,|M_y(x_2 = a/2)|}{h^2 a} \stackrel{!}{\leq} \sigma_{\text{bzul}}$$

$$\Rightarrow h \geq h_{\text{erf}} = \sqrt{\frac{25 \cdot 7qa^2}{8a \cdot \sigma_{\text{bzul}}}} = 14{,}03\ \text{mm}$$

Biegespannungsfrei ist ein Querschnitt dann, wenn das Biegemoment zu null wird, was hier nur im zweiten Schnittbereich (und wegen der Symmetrie auch links neben Lager C) auftritt, vgl. dazu den Verlauf in Bild 11.5b. Die Bedingung $M_y(x_2 = \bar{x}_2) = 0$ führt auf die quadratische Gl. $8\bar{x}_2/a - (1 + \bar{x}_2/a)^2 = 0$ mit der hier infrage kommenden Lösung von $\bar{x}_2 = (3 - \sqrt{8})a = 21{,}45\ \text{mm}$, d. h. es treten von den Rändern aus gemessen bei jeweils ca. 146,5 mm keine Biegespannungen auf.

Beispiel: Kragträger mit exzentrisch angreifender Axial-Last

Ein Kragträger wird entsprechend Bild 11.6a durch die Kraft F belastet. Zu bestimmen ist die Gl. der SNL.

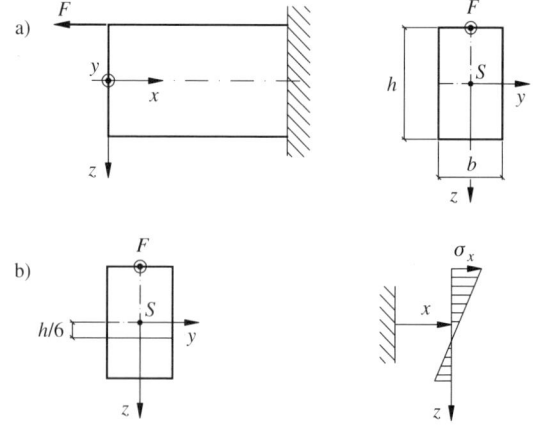

Bild 11.6

Gegeben: F, h, b

Gesucht: Gl. der SNL

Lösung:

Für die Schnittreaktionen ergeben sich:

$$N(x) = F; \quad Q_y(x) \equiv 0; \quad Q_z(x) \equiv 0; \quad M_y(x) = -\frac{1}{2}Fh; \quad M_z(x) \equiv 0$$

Die y, z-Achsen sind HA (Symmetrie); mit $I_{yy} = bh^3/12$ folgt für die Längsspannung:

$$\sigma_x(x, y, z) = \frac{F}{bh} + \frac{12(-Fh)}{2bh^3}z = \frac{F}{bh}\left(1 - 6\frac{z}{h}\right)$$

Das Nullsetzen von σ_x liefert $z = h/6$ als Gl. der SNL, vgl. Bild 11.6b.

Punkte mit einem extremalen senkrechten Abstand von der SNL sind die des oberen ($z = -h/2$) und des unteren ($z = h/2$) Querschnittrandes. Die Spannungen dort betragen:

$$\sigma_x\left(x, y, z = -\frac{h}{2}\right) = \frac{4F}{bh} = \sigma_{x\max}; \quad \sigma_x\left(x, y, z = \frac{h}{2}\right) = -\frac{2F}{bh}$$

Beispiel: Einpressvorrichtung

Um die Presskraft F bei der in Bild 11.7a gezeigten Einpressvorrichtung bestimmen zu können, wird mittels Dehnungsmessstreifen (DMS) die Dehnung ε_x in den Punkten B und C gemessen.

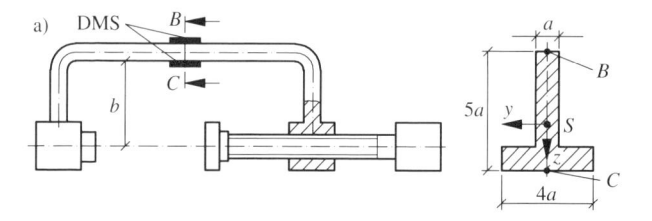

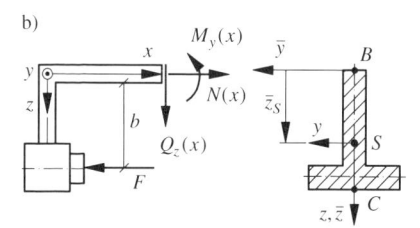

Bild 11.7

Gegeben: a, $b = 13a$, E, ε_B, ε_C

Gesucht: F

Lösung:

Der Bügel wird geschnitten und die (noch unbekannte) Presskraft F angetragen, vgl. Bild 11.7b. Für die Schnittreaktionen (ebenes Problem) erhält man:

$$N(x) = F; \quad Q_z(x) \equiv 0; \quad M_y(x) = (b + z_C)F$$

Die Koordinate z_C ergibt sich zu:

$$z_C = 5a - \bar{z}_S = 5a - \frac{13}{4}a = \frac{7}{4}a$$

Wegen der Symmetrie sind die y, z-Achsen HA und die hier benötigten Querschnittskenngrößen sind:

$$A = 8a^2; I_{yy} = I_{\bar{y}\bar{y}} - \bar{z}_S^2 A = \frac{308}{3}a^4 - \frac{169}{16}8a^4 = \frac{109}{6}a^4$$

Damit lässt sich die Längsspannung aufschreiben:

$$\sigma_x(x,y,z) = \frac{F}{8a^2} + \frac{6F\left(b + \frac{7}{4}a\right)}{109a^4}z = \left(\frac{1}{8} + \frac{177}{218}\frac{z}{a}\right)\frac{F}{a^2}$$

Wegen des HOOKE'schen Gesetzes gilt:

$$\varepsilon_x(x,y,z) = \frac{\sigma_x(x,y,z)}{E} = \left(\frac{1}{8} + \frac{177}{218}\frac{z}{a}\right)\frac{F}{Ea^2}$$

Insbesondere ist:

$$\varepsilon_B = \varepsilon_x\left(x, y, z = -\frac{13}{4}a\right) = \left(\frac{1}{8} - \frac{2\,301}{872}\right)\frac{F}{Ea^2} = -\frac{274}{109}\frac{F}{Ea^2}$$

$$\Rightarrow F = -\frac{109}{274}Ea^2\varepsilon_B$$

$$\varepsilon_C = \varepsilon_x\left(x, y, z = \frac{7}{4}a\right) = \left(\frac{1}{8} + \frac{1\,239}{872}\right)\frac{F}{Ea^2} = \frac{337}{218}\frac{F}{Ea^2}$$

$$\Rightarrow F = \frac{218}{337}Ea^2\varepsilon_C$$

Infolge von Messfehlern bei den Dehnungen ist zu erwarten, dass diese beiden Beziehungen nicht exakt das gleiche Ergebnis liefern. Deshalb ist es zweckmäßig, die Presskraft F über den Mittelwert zu bestimmen:

$$F = \frac{1}{2}[F(\varepsilon_B) + F(\varepsilon_C)] = \frac{1}{2}\left(\frac{218}{337}\varepsilon_C - \frac{109}{274}\varepsilon_B\right)Ea^2$$

Hierbei sind die Dehnungen vorzeichenbehaftet einzusetzen, was insbesondere bei ε_B zu beachten ist, da im oberen Querschnittsbereich des Bügels Druck herrscht und demzufolge ε_B einen negativen Wert besitzt.

Beispiel: Kragträger mit L-Profil

Ein Kragträger mit ungleichschenkligem Winkelstahl (Winkel L 100×50×6 nach DIN EN 10 056-1) wird an seinem freien Ende durch eine Vertikalkraft F entsprechend Bild 11.8a belastet. Ihre Wirkungslinie verläuft durch den Schubmittelpunkt T (vgl. Abschnitt 12.4.2), sodass eine Torsion des Trägers ausgeschlossen ist. Zu bestimmen ist die Längsspannung, insbesondere in den Punkten B, C und D des Einspannquerschnitts.

Bild 11.8

Gegeben: $F = 1$ kN, $l = 1$ m, Winkel L $100 \times 50 \times 6$ gemäß DIN EN 10056-1 (vgl. Anlage F11)

Gesucht: $\sigma_x(x, y, z)$, σ_{xB}, σ_{xC}, σ_{xD}, Gl. der SNL

Lösung:

Bei dem in Bild 11.8a eingezeichneten y,z-KS, welches parallel zu den Hauptkanten des L-Querschnitts gelegt wurde, handelt es sich um kein HAS. Mit den hier eingeführten Bezeichnungen erhält man aus Anlage F11 die folgenden Querschnittsparameter:

$$a = 100\,\text{mm}, \quad b = 50\,\text{mm}, \quad d = 6\,\text{mm}, \quad e_y = 10{,}5\,\text{mm}, \quad e_z = 35{,}1\,\text{mm}$$

$$I_{yy} = 89{,}9 \cdot 10^4\,\text{mm}^4, \quad I_{zz} = 15{,}4 \cdot 10^4\,\text{mm}^4, \quad I_{yz} = -20{,}95 \cdot 10^4\,\text{mm}^4$$

Für die hier relevanten Schnittreaktionen ergibt sich:

$$N(x) \equiv 0, \qquad M_y(x) = -Fl\frac{x}{l}, \qquad M_z(x) \equiv 0$$

Damit lässt sich die Längsspannung bei Nutzung der Abkürzung

$$\mathcal{D} = I_{yy}I_{zz} - I_{yz}^2 = 945{,}56 \cdot 10^8\,\text{mm}^8$$

aufschreiben:

$$\sigma_x(x, y, z) = -\frac{Fl^2 I_{yy}}{\mathcal{D}} \left[\frac{I_{yz}}{I_{yy}} \frac{b}{l} \frac{y}{b} + \frac{I_{zz}}{I_{yy}} \frac{a}{l} \frac{z}{a} \right] \frac{x}{l}$$

$$= 9507{,}62\,\frac{\text{N}}{\text{mm}^2} \left[0{,}011\,651\,8\frac{y}{b} - 0{,}017\,130\frac{z}{a} \right] \frac{x}{l}$$

Am Einspannquerschnitt gilt $x/l = 1$; somit ist die Gl. der SNL:

$$z = 1{,}360\,4\,y$$

Die Punkte B und D liegen im Einspannquerschnitt auf der Geraden $y = -e_y + d/2 = -7{,}5$ mm, die Punkte D und C auf $z = e_z - d/2 = 32{,}1$ mm. Für die Spannung entlang dieser Verbindungslinien ergibt sich also:

$$\sigma_x(x = l, y = -7{,}5\,\text{mm}, z) = \left(-16{,}617 - 162{,}87\frac{z}{a}\right)\frac{\text{N}}{\text{mm}^2}$$

$$\sigma_x(x = l, y, z = 32{,}1\,\text{mm}) = \left(110{,}78\frac{y}{b} - 52{,}28\right)\frac{\text{N}}{\text{mm}^2}$$

Für die Punkte B, C und D gilt speziell:

$$\sigma_{xB} = \sigma_x(x = l, y = -7{,}5\,\text{mm}, z = -64{,}9\,\text{mm}) = 89{,}08\,\frac{\text{N}}{\text{mm}^2}$$

$$\sigma_{xC} = \sigma_x(x = l, y = 39{,}5\,\text{mm}, z = 32{,}1\,\text{mm}) = 35{,}24\,\frac{\text{N}}{\text{mm}^2}$$

$$\sigma_{xD} = \sigma_x(x = l, y = -7{,}5\,\text{mm}, z = 32{,}1\,\text{mm}) = -68{,}90\,\frac{\text{N}}{\text{mm}^2}$$

Die Verläufe entlang der Geraden $\overline{BD}$ und $\overline{DC}$ zeigt Bild 11.8b für das positive Schnittufer.

Beispiel: Kragträger gleicher Biegespannung

Ein Kragträger der Länge l mit schwach veränderlichem Querschnitt $A(x)$ wird durch eine Kraft F entsprechend Bild 11.9a belastet. Für gegebene zulässige Normalspannung σ_{zul} ist zu ermitteln, wie sich der Querschnitt mit x ändern muss, damit in allen Querschnitten $x = $ konst. ($0 \leq x \leq l$) die Spannung $|\sigma_x|_{\max}$ gleich der zulässigen Spannung σ_{zul} ist. Es wird vorausgesetzt, dass das y,z-System HA-System ist.

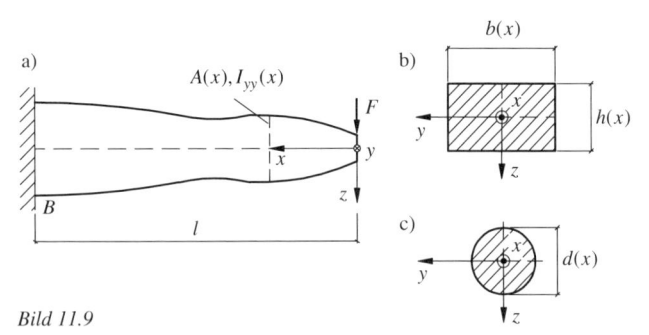

Bild 11.9

Gegeben: l, F, σ_{zul}

Gesucht: Querschnitt als Funktion von x

Lösung:

Wegen $N(x) \equiv 0$, $M_y(x) = -Fx$, $M_z(x) \equiv 0$ und der getroffenen Voraussetzung, dass y, z HA sind, handelt es sich um einfache Biegung, sodass die Beziehung gilt:

$$|\sigma_x|_{\max}(x) = \frac{|-Fx|}{W_y(x)}; \qquad 0 \leq x \leq l$$

Aus der Forderung $|\sigma_x|_{max}(x) \stackrel{!}{=} \sigma_{zul}$ folgt $W_y(x) = F \cdot x / \sigma_{zul}$.

Da das Widerstandsmoment $W_y = I_{yy}/|z|_{max}$ wesentlich von der Querschnittsform abhängt, ist es für eine konkrete Behandlung des Problems erforderlich, dazu weitere Vorgaben zu machen. Im Folgenden soll Rechteck- bzw. Kreisquerschnitt vorausgesetzt werden.

Rechteckquerschnitt (vgl. Bild 11.9b):

Dafür gilt:
$$W_y(x) = \frac{b(x)h^2(x)}{6} \stackrel{!}{=} \frac{F \cdot x}{\sigma_{zul}}$$

Es treten hier die zwei unbekannten Funktionen $b(x)$ und $h(x)$ bei nur einer Bestimmungsgleichung auf, sodass eine weitere Bedingung frei wählbar ist. Dazu werden die beiden Sonderfälle $b(x) = b_0 =$ konst. und $h = h(x)$ (vgl. Bild 11.10a) sowie $b = b(x)$ und $h(x) = h_0 =$ konst. (vgl. Bild 11.10b) betrachtet:

a) $b(x) = b_0 =$ konst. $\Rightarrow h(x) = \sqrt{\dfrac{6Fx}{b_0 \sigma_{zul}}}$

bzw. mit $h(x = l) = \sqrt{\dfrac{6Fl}{b_0 \sigma_{zul}}} = H \Rightarrow h(x) = H\sqrt{\dfrac{x}{l}}$

b) $h(x) = h_0 =$ konst. $\Rightarrow b(x) = \dfrac{6Fx}{h_0^2 \sigma_{zul}}$

bzw. mit $b(x = l) = \dfrac{6Fl}{h_0^2 \sigma_{zul}} = B \Rightarrow b(x) = B\dfrac{x}{l}$

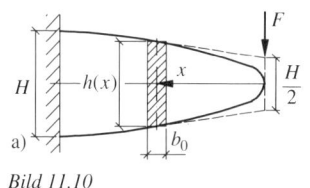

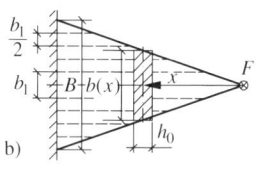

Bild 11.10

In Bild 11.10a ist gestrichelt angedeutet, wie bei konstanter Breite b_0 die angenäherte praktische Realisierung (Trapezform) aussieht, während bei konstanter Höhe h_0 die Dreieckform derart näherungsweise umgesetzt wird, dass der Träger in n Streifen der Breite $b_1 = B/n$ zerlegt wird und diese übereinander angeordnet werden. Damit entsteht eine Mehrschichtfeder, auch als Blattfeder bekannt, vgl. Bild 11.11.

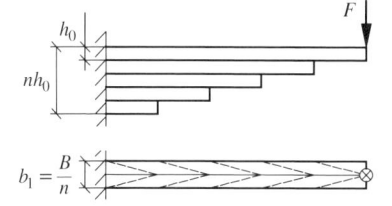

Bild 11.11

Kreisquerschnitt (vgl. Bild 11.12)

Hier gilt:
$$W_y(x) = \frac{\pi d^3(x)}{32} \Rightarrow d(x) = \sqrt[3]{\frac{32Fx}{\pi \sigma_{zul}}}$$

bzw. mit
$$d(x = l) = \sqrt[3]{\frac{32Fl}{\pi \sigma_{zul}}} = D \Rightarrow d(x) = D\sqrt[3]{\frac{x}{l}}$$

In Bild 11.12 ist wieder die angenäherte praktische Umsetzung in Form eines Kegelstumpfes (gestrichelt) angedeutet.

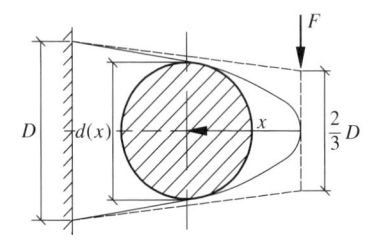

Bild 11.12

11.3 Verformungsberechnung

Durch mechanische und thermische Belastungen entstehen im Tragwerk Spannungen und Verformungen. Die den auftretenden Verformungen zugeordneten Spannungen unterschreiten bei technischen Problemen häufig die zur Dimensionierung des Bauteils benutzten zulässigen Spannungen. Aber auch eine zulässige Verformung zur Funktionsgewährleistung kann der Beanspruchung Grenzen setzen. Weiterhin sind für die Berechnung statisch unbestimmter Tragwerke Verformungsbetrachtungen notwendig.

11.3.1 Verformung durch Biegemomente und ungleichmäßige Temperaturänderung – Biegelinie

11.3.1.1 Verschiebungsgrößen

Die Verschiebungsgrößen sind die Verschiebungen (Wege) und Verdrehungen (Winkel). Die Komponenten der *Verschiebung* des Schwerpunktes S eines Balkenquerschnitts an der Stelle x bez. eines raumfesten KS sind in Bild 11.13 definiert. Verschiebungen und Verdrehungen, die mit den positiven Koordinatenachsen übereinstimmen sind positiv, andernfalls negativ (vgl. Abschnitt 4.1).

$$\begin{aligned}\vec{u} &= \vec{u}_x + \vec{u}_y + \vec{u}_z \\ &= u_x \vec{e}_x + u_y \vec{e}_y + u_z \vec{e}_z \\ &= \mathbf{e}^T u\end{aligned}$$

$$\boldsymbol{u} = \begin{bmatrix} u_x(x) \\ u_y(x) \\ u_z(x) \end{bmatrix}$$

$u_x(x)$ Längsverschiebung (vgl. Abschnitt 10.3.1)
$u_y(x), u_z(x)$ Biegeverschiebungen (Durchbiegungen)

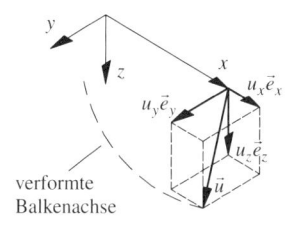

Bild 11.13

Die Verdrehungen in Bezug auf die Biegung sind die *Biegewinkel* φ_z und φ_y; auch Neigungswinkel oder kurz Neigung genannt. Im Bild 11.14 ist der Biegewinkel φ_z in der x, y-Ebene im mathematisch positiven Sinn eingetragen (Rechte-Hand-Regel analog zu den Momenten).

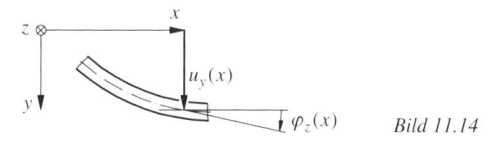

Bild 11.14

Die Biegewinkel sind: $\varphi_y \approx \tan \varphi_y = -u_z'$, $\varphi_z \approx \tan \varphi_z = u_y'$.

11.3.1.2 Verformungsberechnung bei Biegung um eine Hauptachse

Die ursprünglich gerade Balkenachse wird durch das Biegemoment und/oder eine ungleiche Temperaturverteilung (linearer Temperaturverlauf) verformt. Die Verformungen sind neben der Belastung abhängig von den Flächenmomenten, den Elastizitätseigenschaften des Werkstoffs und den Lagerungsbedingungen. Die verformte Balkenachse wird *Biegelinie* oder elastische Linie genannt. Mathematisch wird die Biegelinie durch eine Differenzialgleichung beschrieben, die zuerst NAVIER 1826 formulierte.

Bezieht man sich (wie bei den Spannungen oft auch) auf das HAS des Balkenquerschnitts, so können die Wirkungen der Schnittgrößen $M_y(x)$ und $M_z(x)$ auf die Verformungen voneinander unabhängig betrachtet werden. Somit kann die Herleitung der Biegelinie jeweils für den Fall der einfachen Biegung erfolgen, und die zweifache Hauptachsenbiegung ergibt sich aus der Superposition. Im Folgenden wird die *Differenzialgleichung der Biegelinie bei Biegung um die HA y* betrachtet.

Die Beschreibung der Verschiebungen erfolgt entsprechend Bild 11.13 in einem *raumfesten* x, y, z-KS. Die in Bild 11.15 eingetragene z^*-Achse ist fest mit dem formtreuen Querschnitt verbunden, d. h. sie bewegt sich zusammen mit dem verformten Balken (körperfest). Der Koordinatenwert $z^* = 0$ beschreibt demzufolge immer eine Schicht des Balkens, in der auch die (verformte) Balkenachse liegt.

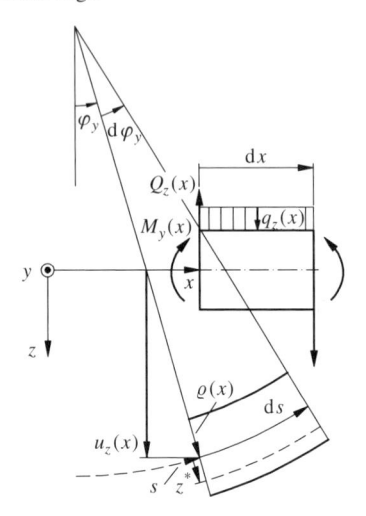

Bild 11.15

Durch das Biegemoment (vgl. Bild 11.15) und/oder eine ungleiche Temperaturverteilung erfährt die im Abstand z^* von der verformten Balkenachse (Länge $ds = \varrho\, d\varphi_y$) liegende Schicht des differenziellen Balkenelements die Längsdehnung

$$\varepsilon_s(x, z^*) = \frac{(\varrho(x) + z^*)\, d\varphi_y - \varrho(x)\, d\varphi_y}{\varrho(x)\, d\varphi_y} = \frac{z^*}{\varrho(x)}$$

Wegen $|\varphi_y| \ll 1$ (d. h. $\cos\varphi_y \approx 1$ und $\tan\varphi_y \approx \varphi_y$; vgl. auch Voraussetzungen in Abschnitt 11.1.2) gilt $ds \approx dx$ und $\varepsilon_s \approx \varepsilon_x = \varepsilon_x^{\text{el}} + \varepsilon_x^{\text{th}}$.

Unter Einbeziehung des HOOKE'schen Gesetzes $\varepsilon_x(x, z) = \sigma_x(x, z)/E$ und der Spannungsgleichung $\sigma_x(x, z) = (M_y(x)/I_{yy})z^*$ ergibt sich die elastische Dehnung zu: $\varepsilon_x^{\text{el}}(x, z^*) = (M_y(x)/EI_{yy})z^*$.

Bei thermischer Beanspruchung erfährt die Faser im Abstand z^* gegenüber der Temperatur T_S in der Balkenachse die thermische Dehnung:

$$\varepsilon_x^{\text{th}}(x, z) = \alpha[T(x, z^*) - T_S(x)] = \alpha\Delta T(x, z^*)$$

Im Weiteren wird nur die elastische Beanspruchung betrachtet und es gilt:

$$\varepsilon_x(x, z^*) = \varepsilon_x^{\text{el}}(x, z^*) = \frac{M_y(x)}{EI_{yy}} z^* \approx \varepsilon_s = \frac{z^*}{\varrho(x)} \quad \Rightarrow \quad \frac{1}{\varrho(x)} = \frac{M_y(x)}{EI_{yy}}$$

Die Krümmung $1/\varrho(x)$ lässt sich gemäß Differenzialgeometrie durch die Relation

$$\frac{1}{\varrho} = \frac{d\varphi}{ds} = -\frac{u_z''}{(1+u_z'^2)^{3/2}}$$

ausdrücken, was mit $-u_z' = \tan\varphi_y \approx \varphi_y$, also $-u_z'^2 \approx \varphi_y^2 \ll 1$ (vgl. Bemerkung oben) näherungsweise auf $1/\varrho(x) \approx -u_z''(x)$ führt.

Damit ergibt sich die DGl. 2. Ordnung für die Biegeverschiebung $u_z(x)$ und bei analoger Herleitung die für $u_y(x)$ zu:

$$u_z''(x) = -\frac{M_y(x)}{EI_{yy}(x)} \quad \text{und} \quad u_y''(x) = \frac{M_z(x)}{EI_{zz}(x)}$$

Ist die Funktion des Biegemomentes gegeben, erfolgt die Lösung der DGl. durch zweimalige Integration (hier dargestellt für u_z):

Biegewinkel

$$u_z'(x) = -\int \left[\frac{M_y(x)}{EI_{yy}(x)}\right] dx + C_1; \quad u_z'(x) = -\varphi_y(x)$$

Verschiebung

$$u_z(x) = \int [-\int \left[\frac{M_y(x)}{EI_{yy}(x)}\right] dx] dx + C_1 x + C_2$$

Für die Ermittlung der Biegelinie ist die DGl. 2. Ordnung ausreichend. Für andere Verfahren, z. B. das Steifigkeitsmatrizenverfahren und das Differenzenverfahren bildet die im Folgenden angegebene DGl. 4. Ordnung den Ausgangspunkt der Betrachtungen. Für den Fall, dass die FTM $I_{yy}(x)$ und $I_{zz}(x)$ bereichsweise konstant sind, vereinfachen sich die weiteren Ableitungen zu:

$$EI_{yy} u_z''(x) = -M_y(x) \qquad EI_{zz} u_y''(x) = M_z(x)$$

$$EI_{yy} u_z'''(x) = -\frac{dM_y(x)}{dx} = -Q_z(x) \qquad EI_{zz} u_y'''(x) = \frac{dM_z(x)}{dx} = -Q_y(x)$$

$$EI_{yy} u_z^{IV}(x) = -\frac{d^2 M_y(x)}{dx^2} = q_z(x) \qquad EI_{zz} u_y^{IV}(x) = \frac{d^2 M_z(x)}{dx^2} = q_y(x)$$

Damit können bei gegebener Belastung $q_z(x)$ bzw. $q_y(x)$ durch Integration die Funktionen der Schnittgrößen und Weggrößen ermittelt werden. Allerdings fallen mit der größeren Zahl von Integrationskonstanten auch mehr RBn an.

Bemerkungen:

- Bereichseinteilung

  Ist der Verlauf von $I_{yy}(x)$ (analog $I_{zz}(x)$) stetig, so sind die Bereichseinteilungen zur Beschreibung der Verläufe $M_y(x)$ (analog $M_z(x)$) und $u_z(x)$ (analog $u_y(x)$) identisch; besitzt der Balken Unstetigkeiten im Verlauf von $I_{yy}(x)$ (analog $I_{zz}(x)$), z. B. Absätze, sind diese Stellen Grenzen neuer Bereiche bei der Beschreibung der Biegelinie $u_z(x)$ (analog $u_y(x)$).

- Rand- und Übergangsbedingungen (RB)

  Für jeden Bereich entstehen zwei (DGl. 2. Ordnung) oder vier (DGl. 4. Ordnung) Integrationskonstanten, d. h. für i Bereiche $2i$ oder $4i$ Integrationskonstanten. Diese bestimmt man aus den Rand- und Übergangsbedingungen, kurz als Randbedingungen (RB) bezeichnet. In Tabelle 11.1 sind einige Beispiele für RB dargestellt, wobei die Biegeverschiebung in der Zeichenebene erfolgt. Die mit * markierten statischen RB werden nur bei der DGl. 4. Ordnung benötigt. Die Vorzeichen bei den zu formulierenden RB hängen von der Definition der Bereichs-KS ab.

Für die Anzahl r der RB gilt folgende allgemeine Regel:
- DGl. 2. Ordnung:

  $r = 2i + n$

- DGl. 4. Ordnung:

  $r = 4i + a$

r Anzahl der RB
i Anzahl der Bereiche
n Grad der statischen Unbestimmtheit
a Anzahl der Lagerreaktionen

Tabelle 11.1 Beispiele für Randbedingungen

Lager/Übergang	Randbedingungen			
	geometrische (kinematische)		statische* (kinetische, Kraft-RB)	
	Durchbiegung	Biegewinkel	Biegemoment	Querkraft
	$|u|_B = 0$	$|u_1'|_B = |u_2'|_B$	$|M_1|_B = |M_2|_B$	
		$|u'|_B = 0$		$Q|_B = 0$
	$|u|_B = 0$	$|u'|_B = 0$		
	$|u_1|_G = |u_2|_G$		$|M|_G = 0$	$|Q_1|_G = |Q_2|_G$
		$|u_1'|_B = |u_2'|_B$	$|M_1|_B = |M_2|_B$	
	$|u_1|_B = |u_2|_B$	$|u_1'|_B = |u_2'|_B$	$|M_1|_B = |M_2|_B$	$|Q_1|_B = |Q_2|_B$

- Symmetrie- und Antimetriebedingungen

  Zur Vereinfachung der Berechnung von Tragwerken können bei Vorliegen entsprechender Voraussetzungen so genannte Symmetrie- und Antimetriebedingungen genutzt werden.

  Voraussetzungen:
  - Tragwerk besitzt Achsen, bez. derer es hinsichtlich Geometrie, physikalischer Eigenschaften und RB symmetrisch ist (Struktursymmetrie) und
  - alle geometrischen und physikalischen Beziehungen sind linear und damit ist eine Superposition (vgl. unten) möglich.

  Es gelten folgende Sätze:
  1. Bei symmetrischen Tragwerken mit symmetrischer Belastung sind in der Symmetrieebene des Tragwerks die antimetrischen Schnittreaktionen gleich null.
  2. Bei symmetrischen Tragwerken mit antimetrischer Belastung sind in der Symmetrieebene des Tragwerks die symmetrischen Schnittreaktionen gleich null.

  Die Schnittreaktionen lassen sich in Ergänzung zu Abschnitt 4.1 einteilen in:
  - Symmetrische SR: Biegemomente, Normalkraft und
  - Antimetrische SR: Querkräfte, Torsionsmoment.

Superpositions- bzw. Überlagerungsprinzip

Bei (geometrisch und physikalisch) linearer Theorie gilt auch für die Verschiebungen und Verdrehungen das Superpositionsprinzip. Es erlaubt die Gesamtlösung eines Problems durch die Superposition der Lösung geeigneter Teilprobleme zu erzielen.

Bei geeigneter Überlagerung der in Anlage F12 angegebenen Biegelinien (der Index i bezieht sich auf die bekannten Standardfälle) erhält man für gerade Balken mit unterschiedlicher Belastung, Lagerung und Geometrie die Verschiebungen bzw. Verdrehungen aus:

$$u = \sum_i u_i = u_1 + u_2 + \ldots \quad \text{und} \quad \varphi = \sum_i \varphi_i = \varphi_1 + \varphi_2 + \ldots$$

11.3.1.3 Näherungsweise Bestimmung der Biegeverformungen

Die exakte analytische Lösung von Balkenproblemen mithilfe der bisher aufgezeigten Methoden ist nur für relativ einfache Beispiele möglich. Bau- und Maschinenteile der technischen Praxis hingegen können durch mehrfache Lagerung (hochgradig) statisch unbestimmt sein oder führen z. B. durch Kröpfungen oder Verzweigungen auf komplizierte Modelle.

Mit zunehmender Kompliziertheit wächst der Lösungsaufwand für die Berechnung „von Hand" unverhältnismäßig stark an und macht eine effektive Lösung unmöglich.

Einen Ausweg bieten numerische Näherungsverfahren, die in Verbindung mit der Computertechnik praktisch ausreichende Genauigkeiten erzielen und somit für technische Probleme brauchbare Ergebnisse liefern. Ihr Nachteil besteht allerdings in der Tatsache, dass derartige Verfahren lediglich die Lösung für jeweils ein konkretes Beispiel ergeben und für jede Abänderung des Modells, der Belastung oder Lagerung neue Berechnungen erfordern.

Das gegenwärtig am häufigsten verwendete numerische Näherungsverfahren für Aufgaben der Festkörpermechanik allgemein und für Balkenprobleme im besonderen ist die *Finite-Elemente-Methode* (*FEM*). Sie beruht auf dem Grundgedanken, das mechanische Modell in kleine Teile (Elemente) aufzuteilen, für die vereinfachte Gleichungen angesetzt werden. Im Falle des Balkenproblems erfordert diese Methode folgende Vorgehensweise:

- Träger in endlich viele Abschnitt (Elemente) unterteilen
- Elementgrenzen als Punkte auf der Stabachse (Knoten) markieren. Als Unbekannte fungieren Verschiebungskomponenten der Knoten und (kleine) Drehungen der Stabachse in den Knoten
- äußere Belastungen durch entsprechende Einzelkräfte in den Knoten realisieren
- Lager bzw. Einspannung durch Nullsetzen entsprechender Knotenverschiebungen und -drehungen festlegen
- Aufstellung der (vereinfachten) Gleichungen für die einzelnen Elemente und für das Gesamtsystem
- Berechnung der Unbekannten und Auswertung der Ergebnisse

Die rechentechnische Umsetzungung solcher Aufgaben erfolgt vorzugsweise mithilfe kommerzieller Programmsysteme, die häufig in CAD-Programme integriert sind. Die Arbeit mit FEM-Programmen bleibt also nicht nur ausgesprochenen Spezialisten vorbehalten, sondern ist für Nutzer mit technisch-wissenschaftlicher Ausbildung in kurzer Zeit erlernbar. Im bildschirmorientierten Dialog stehen zahlreiche Hilfsmittel für die Modellbildung sowie für die Auswertung der Ergebnisse bereit.

Die Lösung des ebenen Balkenproblems stellt eines der einfachsten Beispiele für die Anwendung eines FEM-Programmsystems dar. Ausgangspunkt ist die aufbereitete technische Aufgabenstellung mit geometrischem Modell, Lagerung und Belastung. Die weitere Bearbeitung des Problems erfolgt in den Schritten Modellieren, Berechnen und Ergebnisdarstellung.

Damit bestehen die FEM-Programme (Grobstruktur) aus wenigstens drei Teilen, den Modulen:

1. Modul: Preprozessor
- Auswahl des Elementtyps
- Eingabe von Parametern des Materials und der Geometrie
- Festlegung aller Knoten
- Zuordnung der entsprechenden Elemente
- computergrafische Darstellung zur Kontrolle des geometrischen Modells
- Eingabe der Belastung
- Festlegung der Lagerungsbedingungen

- computergrafische Darstellung des kompletten Modells zur Kontrolle der Eingaben

2. Modul: Solver
- interne Aufstellung von Gleichungen zur Berechnung aller Unbekannten
- Lösung des Gleichungssystems und Bereitstellung der Knotenverschiebungen und -drehungen für alle Knoten

3. Modul: Postprozessor
- grafische Darstellung des verformten (und des unverformten) Trägers zur Kontrolle der erwarteten Deformation
- Berechnung von interessierenden Größen aus den Knotenverschiebungen und -drehungen (Querkräfte, Biegemomente, Randfaserspannungen ...)
- Bereitstellung der Größen für jeden Knoten als Wertetabellen
- grafische Darstellung der interessierenden Größen als Verläufe (z. B. Querkraft- und Biegemomentenverlauf)

Beispiel: Eingespannter abgewinkelter Träger mit Streckenlast und Einzelkraft (Bild 11.16a), der durch ein zusätzliches Loslager statisch unbestimmt gelagert ist.

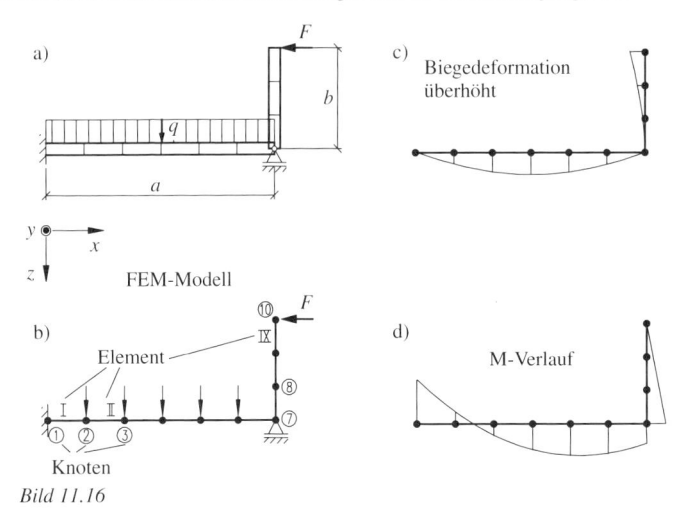

Bild 11.16

Das für die Diskretisierung ausgewählte FEM-Element ist ein *ebenes Balkenelement* mit zwei Knoten i und j (vgl. Bild 11.17).

Die Elementbeziehungen für die verschiedenen Elementtypen, hier das ebene Balkenelement, beziehen sich i. Allg. auf ein elementeigenes, ein *lokales* KS (hier das ξ, η, ζ-KS mit seinem Ursprung im Anschlussknoten i, vgl. Bild 11.17a). Dieses lokale KS kann bez. eines übergeordneten, eines *globalen* KS (hier das x, y, z-KS, vgl. Bild 11.17b) eine beliebig gedrehte Lage haben.

11 Biegung gerader Balken (Träger)

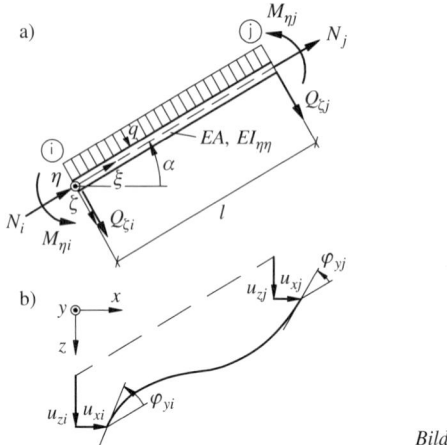

Bild 11.17

Das Element hat drei Freiheitsgrade (Unbekannte) pro Knoten:
- zwei Verschiebungskomponenten u_{xi} und u_{yi} sowie
- eine Drehung der Balkenachse um den (kleinen) Winkel φ_{yi}

und berücksichtigt als Deformationen
- die Längsdehnung (Zug-Druckstab) und
- die Biegung (ebener Balken).

Das Element erfordert als Eingabegrößen:
- den Elastizitätsmodul E
- die Querschnittsfläche A
- das Flächenträgheitsmoment I_{yy}
- die Balkenhöhe h.

Als Belastung können Knotenkräfte sowie eine konstante Streckenlast am Element eingegeben werden.

Für die Knoten 1, 7 und 10 werden die x- und z-Koordinaten festgelegt, die übrigen äquidistanten Zwischenknoten und die entsprechenden Elemente werden automatisch generiert (Bild 11.16b).

Die feste Einspannung ist durch $u_x = u_z = 0$ und $\varphi_y = 0$ im Knoten 1 und das Loslager durch $u_z = 0$ im Knoten 7 einzugeben. Die Belastung besteht aus der konstanten Streckenlast q für die Elemente 1 bis 6 und aus der Einzelkraft $f_x = -F$ im Knoten 10.

Nach dem Aufruf des Solvers wird das Gleichungssystem aufgestellt und das Modell auf Verträglichkeit überprüft. Bei Fehlerfreiheit erfolgt die Berechnung der Unbekannten.

Mithilfe des Postprozessors wird die Deformation des Trägers überhöht dargestellt (Bild 11.16c). Die tatsächlichen Werte der Verschiebungen und der Schnittgrößen können als Wertetabelle für die Knoten 1 bis 10 abgerufen werden. In Bild 11.16d ist der Biegemomentenverlauf wiedergegeben.

11.3.2 Anwendungen

Beispiel: Ein Kragträger mit abschnittweise konstantem Querschnitt wird durch eine Einzelkraft F am freien Ende senkrecht zur Balkenachse belastet, vgl. Bild 11.18. Die y, z-Achsen der beiden Schnittbereiche seien HA. Zu bestimmen ist die Biegelinie.

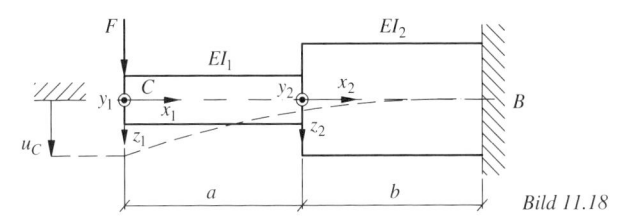

Bild 11.18

Gegeben: $a, b, I_{y_1 y_1} = I_1, I_{y_2 y_2} = I_2, E, F$

Gesucht: $u_z(x_1), u_z(x_2), u_C$

Lösung:

Da hier – wie angegeben – die y_i, z_i-Achsen ($i = 1$ und $i = 2$) HA und außerdem die Schnittgrößen $M_z(x_i)$ (und $Q_y(x_i)$) identisch null sind, gibt es nur Verschiebungen in der Zeichenebene.

Für die benötigten Schnittmomente $M_y(x_i)$ ergibt sich:

$0 \leq x_1 \leq a$: $\qquad M_y(x_1) = -F x_1$

$0 \leq x_2 \leq b$: $\qquad M_y(x_2) = -F(a + x_2)$

Dass hier zwei Schnittbereiche definiert werden müssen (aus Sicht der Statik hätte ein einziger Bereich genügt), hat seinen Grund in den beiden Trägerbereichen mit unterschiedlichen FTM.

Die Integration der DGl. der Biegelinie liefert:

$0 \leq x_1 \leq a$:

$$EI_1 u_z''(x_1) = -M_y(x_1) = F x_1$$

$$EI_1 u_z'(x_1) = \left(\frac{x_1^2}{2} + C_1 \right) F$$

$$EI_1 u_z(x_1) = \left(\frac{x_1^3}{6} + C_1 x_1 + C_2 \right) F$$

$0 \leq x_2 \leq b$:

$$EI_2 u_z''(x_2) = -M_y(x_2) = (x_2 + a) F$$

$$EI_2 u_z'(x_2) = \left(\frac{x_2^2}{2} + a x_2 + C_3 \right) F$$

$$EI_2 u_z(x_2) = \left(\frac{x_2^3}{6} + \frac{a}{2} x_2^2 + C_3 x_2 + C_4 \right) F$$

Die Integrationskonstanten C_1 bis C_4 sind nun so zu bestimmen, dass die RBn erfüllt werden. Diese lauten:

$$u_z(x_1 = a) = u_z(x_2 = 0) \Rightarrow \left(\frac{a^3}{6} + C_1 a + C_2\right)\frac{F}{EI_1} = C_4 \frac{F}{EI_2}$$

$$u'_z(x_1 = a) = u'_z(x_2 = 0) \Rightarrow \left(\frac{a^2}{2} + C_1\right)\frac{F}{EI_1} = C_3 \frac{F}{EI_2}$$

$$u_z(x_2 = b) = 0 \qquad\qquad \Rightarrow \left(\frac{b^3}{6} + \frac{ab^2}{2} + C_3 b + C_4\right)\frac{F}{EI_2} = 0$$

$$u'_z(x_2 = b) = 0 \qquad\qquad \Rightarrow \left(\frac{b^2}{2} + ab + C_3\right)\frac{F}{EI_2} = 0$$

Das sind 4 Gln. für C_1, C_2, C_3, C_4. Auflösung des Gleichungssystems und Einsetzen der Konstanten in die Funktionsverläufe $u_z(x_1)$ und $u_z(x_2)$ liefert die gesuchte Biegelinie in Abhängigkeit der gegebenen Parameter.

Die Verschiebung des Kraftangriffspunktes C erhält man aus

$$u_C = u_z(x_1 = 0) = \frac{C_2}{EI_1} F = \frac{Fb^3}{3EI_1}\left[\left(\frac{a}{b}\right)^3 + \frac{I_1}{I_2}\left(1 + 3\frac{a}{b} + 3\left(\frac{a}{b}\right)^2\right)\right]$$

Betrachtet man noch den Sonderfall $I_1 = I_2 = I$ (d. h. den Kragträger ohne Absatz), so wird mit $a + b = l$:

$$u_C = \frac{Fb^3}{3EI}\left[1 + 3\frac{a}{b} + 3\left(\frac{a}{b}\right)^2 + \left(\frac{a}{b}\right)^3\right] = \frac{Fb^3}{3EI}\left(1 + \frac{a}{b}\right)^3 = \frac{Fl^3}{3EI}$$

Beispiel: Dimensionierung einer Welle

Eine statisch bestimmt gelagerte abgesetzte Welle mit Kreisquerschnitt wird entsprechend Bild 11.19 durch die Einzelkraft F belastet. Bei gegebenem Durchmesserverhältnis d_1/d_2 ist der Durchmesser d_2 so zu bestimmen, dass sowohl die maximale Biegespannung (d. h. $|\sigma_x|_{max}$) den zulässigen Wert σ_{zul} als auch die maximale Durchsenkung die zulässige Verschiebung u_{zul} bzw. die Neigung der Biegelinie in den Lagern den zulässigen Wert φ_{zul} nicht überschreiten.

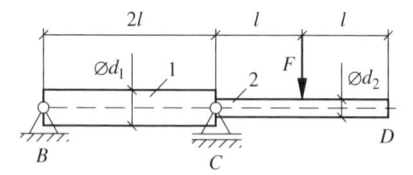

Bild 11.19

Gegeben: $F = 10\,\text{kN}$; $l = 0{,}5\,\text{m}$; $E = 2{,}1 \cdot 10^{11}\,\text{N/m}^2$; $d_1 = (3/2)d_2$;

$\sigma_{zul} = 160\,\text{N/mm}^2$; $u_{zul} = 3\,\text{mm}$; $\varphi_{zul} = 2' \mathrel{\widehat{=}} (1/30)° \mathrel{\widehat{=}} 5{,}817\,8 \cdot 10^{-4}$

Gesucht: d_2

Lösung:

Es handelt sich hier um einfache Biegung, da bei Kreisquerschnitt jede Achse durch den Schwerpunkt HA ist sowie $N(x) \equiv 0$ und $M_z(x) \equiv 0$ gilt. Der Momentenverlauf

$M_y(x)$ wird sowohl für die Spannungs- als auch für die Verformungsberechnung benötigt. Dazu werden die in Bild 11.20a eingetragenen Schnittbereichs-KS definiert. Somit gilt:

$$0 \leq x_1 \leq 2l: \quad M_y(x_1) = F_B x_1 = -\frac{1}{2} Fl \frac{x_1}{l}$$

$$0 \leq x_2 \leq l: \quad M_y(x_2) = -F(l - x_2) = -Fl\left(1 - \frac{x_2}{l}\right)$$

$$0 \leq x_3 \leq l: \quad M_y(x_3) \equiv 0$$

Den Verlauf von $|M_y|$ zeigt Bild 11.20b.

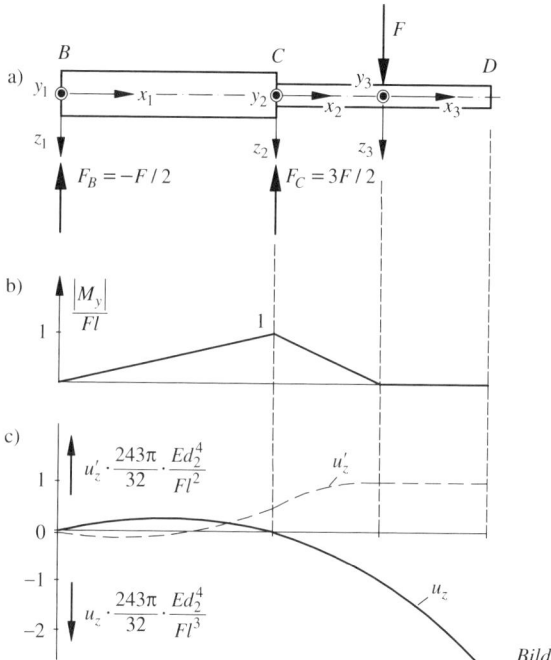

Bild 11.20

Dimensionierung nach der zulässigen Spannung

Aus der Forderung

$$|\sigma_x|_{max} = \frac{|M_y(x_2 = 0)|}{W_y(x_2 \geq 0)} \stackrel{!}{\leq} \sigma_{zul}$$

folgt mit $W_y(x_2 \geq 0) = \dfrac{\pi d_2^3}{32}$:

$$d_2 \geq \sqrt[3]{\frac{32 Fl}{\pi \sigma_{zul}}} = 68{,}3 \text{ mm}$$

Dimensionierung nach der zulässigen Durchsenkung bzw. nach der zulässigen Lagerneigung

Zur Ermittlung der maximalen Durchsenkung und des maximalen Lagerneigungswinkels wird die Gl. der elastischen Linie (Biegelinie) benötigt. Die Integration liefert:

$0 \leq x_1 \leq 2l$:

$$(EI_{yy})_1 u_z''(x_1) = \frac{Fl}{2}\frac{x_1}{l}$$

$$(EI_{yy})_1 u_z'(x_1) = \left[\frac{1}{2}\left(\frac{x_1}{l}\right)^2 + C_1\right]\frac{Fl^2}{2}$$

$$(EI_{yy})_1 u_z(x_1) = \left[\frac{1}{6}\left(\frac{x_1}{l}\right)^3 + C_1\frac{x_1}{l} + C_2\right]\frac{Fl^3}{2}$$

$0 \leq x_2 \leq l$:

$$(EI_{yy})_2 u_z''(x_2) = -\left(\frac{x_2}{l} - 1\right)Fl$$

$$(EI_{yy})_2 u_z'(x_2) = -\left[\frac{1}{2}\left(\frac{x_2}{l} - 1\right)^2 + C_3\right]Fl^2$$

$$(EI_{yy})_2 u_z(x_2) = -\left[\frac{1}{6}\left(\frac{x_2}{l} - 1\right)^3 + C_3\left(\frac{x_2}{l} - 1\right) + C_4\right]Fl^3$$

$0 \leq x_3 \leq l$:

$$(EI_{yy})_2 u_z''(x_3) = 0$$

$$(EI_{yy})_2 u_z'(x_3) = C_5 Fl^2$$

$$(EI_{yy})_2 u_z(x_3) = \left(C_5\frac{x_3}{l} + C_6\right)Fl^3$$

Folgende RB sind zu erfüllen:

$$u_z(x_1 = 0) = 0; \quad u_z(x_1 = 2l) = 0;$$
$$u_z(x_2 = 0) = 0; \quad u_z(x_2 = l) = u_z(x_3 = 0)$$
$$u_z'(x_1 = 2l) = u_z'(x_2 = 0); \quad u_z'(x_2 = l) = u_z'(x_3 = 0)$$

Hieraus folgen die 6 Integrationskonstanten zu:

$$C_1 = -\frac{2}{3}; \quad C_2 = 0; \quad C_3 = -\left(\frac{1}{2} + \frac{2}{3}\frac{(I_{yy})_2}{(I_{yy})_1}\right);$$

$$C_4 = -\frac{1}{3}\left(1 + 2\frac{(I_{yy})_2}{(I_{yy})_1}\right); \quad C_5 = -C_3; \quad C_6 = -C_4$$

Mit $(I_{yy})_1 = \frac{\pi d_1^4}{64} = \frac{81\pi}{1\,024}d_2^4$ und $(I_{yy})_2 = \frac{\pi d_2^4}{64}$ ergibt sich also:

$$u_z(x_1) = \frac{256}{243\pi}\frac{Fl^3}{Ed_2^4}\left[\left(\frac{x_1}{l}\right)^3 - 4\left(\frac{x_1}{l}\right)\right],$$

$$u_z'(x_1) = \frac{256}{243\pi}\frac{Fl^2}{Ed_2^4}\left[3\left(\frac{x_1}{l}\right)^2 - 4\right],$$

$$u_z(x_2) = -\frac{32}{243\pi} \frac{Fl^3}{Ed_2^4} \left[81\left(\frac{x_2}{l} - 1\right)^3 - 307\left(\frac{x_2}{l} - 1\right) - 226 \right],$$

$$u_z'(x_2) = -\frac{32}{243\pi} \frac{Fl^2}{Ed_2^4} \left[243\left(\frac{x_2}{l} - 1\right)^2 - 307 \right],$$

$$u_z(x_3) = \frac{32}{243\pi} \frac{Fl^3}{Ed_2^4} \left[307\frac{x_3}{l} + 226 \right],$$

$$u_z'(x_3) = \frac{9\,824}{243\pi} \frac{Fl^2}{Ed_2^4}$$

Der Verlauf von Durchsenkung u_z und Biegewinkel u_z' ist über der Balkenmittellinie in Bild 11.20c dargestellt. Man erkennt, dass die maximale Durchsenkung bei D und der maximale Betrag der Lagerneigung (= Biegewinkel im jeweiligen Lager) bei C auftritt. Damit folgt:

$$|u_D| = |u_z(x_3 = l)| = \frac{17\,056}{243\pi} \frac{Fl^3}{Ed_2^4} \overset{!}{\leq} u_{\text{zul}}$$

$$\Rightarrow d_2 \geq \sqrt[4]{\frac{17\,056}{243\pi} \frac{Fl^3}{Eu_{\text{zul}}}} = 81{,}6 \text{ mm}$$

$$|\varphi_C| = |u_z'(x_2 = 0)| = \frac{2\,048}{243\pi} \frac{Fl^2}{Ed_2^4} \overset{!}{\leq} \varphi_{\text{zul}}$$

$$\Rightarrow d_2 \geq \sqrt[4]{\frac{2\,048}{243\pi} \frac{Fl^2}{E\varphi_{\text{zul}}}} = 86{,}1 \text{ mm}$$

Der Vergleich aller drei berechneten Mindestdurchmesser zeigt, dass hier die Bedingung hinsichtlich eines zulässigen Biegewinkels in den Lagern die schärfste Forderung darstellt.

Für einen gewählten Durchmesser von $d_2 = 88$ mm ($\Rightarrow d_1 = 132$ mm) erhält man schließlich:

$$|\sigma_x|_{\text{max}} = 74{,}735 \frac{\text{N}}{\text{mm}^2} (= 0{,}467\,\sigma_{\text{zul}})$$
$$u_D = 2{,}218 \text{ mm} (= 0{,}739\,u_{\text{zul}})$$
$$|\varphi_C| = 5{,}325\,5 \cdot 10^4 \,\widehat{=}\, 1{,}83' (= 0{,}915\,4\,\varphi_{\text{zul}})$$

Beispiel: Kragträger mit zusätzlichem Haltestab

Der in Bild 11.21a dargestellte, durch ein Moment M und eine Streckenlast konstanter Intensität q belastete Kragträger mit Rechteckquerschnitt wird bei C noch durch einen Stab (Querschnittsfläche A_S) gehalten. Zu bestimmen sind die Stabkraft, die Lagerreaktionen sowie die Verschiebung des Punktes C.

Gegeben: q, l, h, b, E, A_S

Gesucht: F_S und LR, Verschiebung u_C

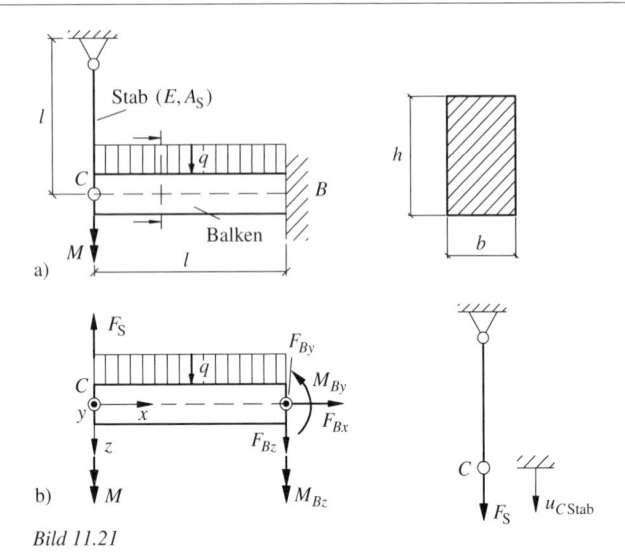

Bild 11.21

Lösung:

Die y, z-Achsen des Querschnitts sind Symmetrieachsen und somit auch HA. Infolge der äußeren Belastung sowie der vorliegenden Lagerung liegt ein räumliches, statisch unbestimmtes Problem vor.

Mit den in Bild 11.21b definierten LR (einschließlich der Stabkraft F_S) liefern die statischen GGB:

$$\rightarrow: F_{Bx} = 0 \qquad\qquad \circlearrowleft B: M_{By} + \frac{ql^2}{2} - F_S l = 0$$
$$\uparrow: F_S - F_{Bz} - ql = 0 \qquad {}^B\!\!\downarrow_z: M + M_{Bz} = 0$$
$$\odot: F_{By} = 0$$

Das sind fünf Gln. für die sechs Unbekannten $F_{Bx}, F_{By}, F_{Bz}, F_S, M_{By}, M_{Bz}$, d. h. das System ist einfach statisch unbestimmt. Wird als statisch Unbestimmte die Stabkraft F_S gewählt, so folgt:

$$F_{Bx} = 0, \qquad F_{By} = 0, \qquad F_{Bz} = F_S - ql,$$
$$M_{By} = F_S l - \frac{ql^2}{2}, \qquad M_{Bz} = -M$$

Für die Schnittreaktionen im Balken erhält man ($0 \leq x \leq l$):

$$N(x) \equiv 0, \qquad M_y(x) = -\frac{qx^2}{2} + F_S x, \qquad M_z(x) = -M,$$
$$[Q_y(x) = F_S - qx, Q_z(x) \equiv 0]$$

Die Integration der DGln. für die Biegeverschiebungen liefert:

$$EI_{yy} u_z''(x) = \frac{qx^2}{2} - F_S x, \qquad EI_{yy} u_z'(x) = \frac{qx^3}{6} - \frac{1}{2} F_S x^2 + C_1,$$

$$EI_{yy}u_z(x) = \frac{qx^4}{24} - \frac{1}{6}F_S x^3 + C_1 x + C_2$$

$$EI_{zz}u_y''(x) = -M, \qquad EI_{zz}u_y'(x) = -Mx + C_3,$$

$$EI_{zz}u_y(x) = -\frac{1}{2}Mx^2 + C_3 x + C_4$$

Und für die Verschiebung des Punktes C vom Stab gilt:

$$(u_C)_{\text{Stab}} = \frac{F_S l}{EA_S}$$

Als RB und Verformungs-ZB liegen vor:

$$u_z(x = l) = 0 \quad \Rightarrow \quad \frac{ql^4}{24} - \frac{F_S l^3}{6} + C_1 l + C_2 = 0$$

$$u_z'(x = l) = 0 \quad \Rightarrow \quad \frac{ql^3}{6} - \frac{F_S l^2}{2} + C_1 = 0$$

$$u_y(x = l) = 0 \quad \Rightarrow \quad -\frac{Ml^2}{2} + C_3 l + C_4 = 0$$

$$u_y'(x = l) = 0 \quad \Rightarrow \quad -Ml + C_3 = 0$$

$$(u_C)_{\text{Stab}} = u_z(x = 0) \Rightarrow \frac{F_S l}{EA_S} = \frac{C_2}{EI_{yy}}$$

Dies sind fünf lineare Gln. für die fünf Unbekannten C_1 bis C_4 und F_S. Hierbei wurde angenommen, dass der Einfluss der Horizontalverschiebung des Punktes C vom Balken in y-Richtung auf die Stabverlängerung vernachlässigbar ist (von „höherer Ordnung" klein).

Die Auflösung des Gleichungssystems liefert bei Verwendung der Abk. $\Phi = \dfrac{I_{yy}}{A_S l^2}$:

- Integrationskonstanten:

$$C_1 = \frac{ql^3}{48}\frac{1 - 24\Phi}{1 + 3\Phi}, \qquad C_2 = \frac{3ql^4}{8}\frac{\Phi}{1 + 3\Phi}, \qquad C_3 = Ml, \qquad C_4 = -\frac{Ml^2}{2}$$

- Stabkraft:

$$F_S = \frac{3ql}{8(1 + 3\Phi)}$$

Das ergibt für die von F_S abhängigen LR:

$$F_{Bz} = -ql\frac{5 + 24\Phi}{8(1 + 3\Phi)}, \qquad M_{By} = -ql^2\frac{1 + 12\Phi}{8(1 + 3\Phi)}$$

Auch die Verschiebungsfunktionen können nun konkret angegeben werden:

$$u_y(x) = \frac{12Ml^2}{Ehb^3}\left[-\frac{1}{2}\left(\left(\frac{x}{l}\right)^2 + 1\right) + \frac{x}{l}\right]$$

$$u_z(x) = \frac{12ql^4}{Ebh^3}\left[\frac{1}{24}\left(\frac{x}{l}\right)^4 - \frac{1}{16(1+3\Phi)}\left(\frac{x}{l}\right)^3 + \frac{1-24\Phi}{48(1+3\Phi)}\left(\frac{x}{l}\right) + \frac{3\Phi}{8(1+3\Phi)}\right]$$

Für die Verschiebungskomponenten des Punktes C erhält man schließlich:

$$u_{Cy} = u_y(x = 0) = -\frac{6Ml^2}{Ehb^3},$$

11 Biegung gerader Balken (Träger)

$$u_{Cz} = u_z(x=0) = \frac{9ql^4 \Phi}{2Ebh^3 \cdot (1+3\Phi)} = \frac{3}{8(1+3\Phi)} \frac{ql^2}{EA_S}$$

Für $\Phi \to \infty$ (d. h. $A_S \to 0$) erhält man die Ergebnisse für das System ohne Stab, und der Fall $\Phi \to 0$ beschreibt die Variante mit einem Loslager bei C (verschieblich in x- und y-Richtung).

Speziell für $l = 10h$ erhält man:

$\Phi \to \infty$:
$$F_S = 0, \quad u_{Cy} = -600\frac{M}{Eb^2}\frac{h}{b}, \quad u_{Cz} = \frac{3ql^4}{2Ebh^3} = 15\,000\frac{q}{E}\frac{h}{b}$$

$\Phi \to 0$:
$$F_S = \frac{3}{8}ql = \frac{30}{8}qh, \quad u_{Cy} = -600\frac{M}{Eb^2}\frac{h}{b}, \quad u_{Cz} = 0$$

Schließlich sei noch die spezielle Variante betrachtet, bei der der Stab die gleiche Querschnittsfläche $A_S = bh$ wie der Balken besitzt. Dafür wird

$$\Phi = \frac{bh^3}{12bhl^2} = \frac{1}{12}\left(\frac{h}{l}\right)^2 = \frac{1}{1200}$$

und es ergibt sich für F_S und u_{Cz}:

$$F_S = \frac{3ql}{8\left(1+\dfrac{1}{400}\right)} \approx 0{,}374 ql,$$

$$u_{Cz} = \frac{300}{8\left(1+\dfrac{1}{400}\right)} \frac{q}{E}\frac{h}{b} \approx 37{,}4 \frac{q}{E}\frac{h}{b} \left(\ll 15\,000\frac{q}{E}\frac{h}{b}\right)$$

Wie man aus dem Vergleich der Ergebnisse erkennen kann, dürfen bei Tragwerken, die aus schlanken Trägern und Stäben mit etwa gleichem E-Modul und gleichen oder ähnlichen Querschnitten zusammengesetzt sind, die Verformungen infolge Längskraft im Vergleich zu den Biegeverformungen vernachlässigt werden.

Beispiel: Träger mit Dreiecklast

Ein auf der einen Seite fest eingespannter und am anderen Ende durch ein Loslager abgestützter Träger konstanter Biegesteifigkeit EI_{yy} (y-Achse sei Hauptachse) wird mit einer linear veränderlichen Streckenlast belastet, vgl. Bild 11.22a. Zu ermitteln sind die LR und die Biegelinie $u_z(x)$.

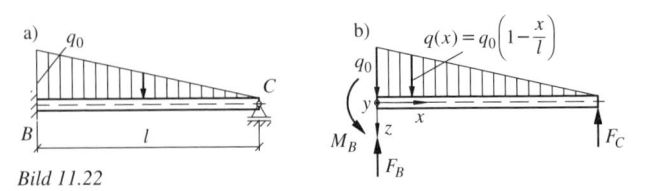

Bild 11.22

Gegeben: l, $EI_{yy} = EI$, q_0

Gesucht: F_B, F_C, M_B, $u_z(x)$

Lösung:

Die statischen GGB liefern (vgl. Bild 11.22b):

$$\left.\begin{array}{l}\uparrow:\ F_B + F_C - \dfrac{q_0 l}{2} = 0 \\[2mm] \circlearrowleft B:\ M_B + F_C l - \dfrac{q_0 l^2}{6} = 0\end{array}\right\}\quad \begin{array}{l}\text{zwei Gln. für } F_B, F_C, M_B \\ \Rightarrow \text{einfach statisch unbestimmt}\end{array}$$

Für das hier relevante Biegemoment $M_y(x)$ ergibt sich (Gleichgewicht am Trägerteil mit dem negativen Schnittufer):

$$M_y(x) = F_C l \left(1 - \frac{x}{l}\right) - \frac{q_0 l^2}{6}\left(1 - \frac{x}{l}\right)^3$$

Damit wird:

$$EI u_z''(x) = F_C l \left(\frac{x}{l} - 1\right) - \frac{q_0 l^2}{6}\left(\frac{x}{l} - 1\right)^3$$

$$EI u_z'(x) = \frac{F_C l^2}{2}\left(\frac{x}{l} - 1\right)^2 - \frac{q_0 l^3}{24}\left(\frac{x}{l} - 1\right)^4 + C_1$$

$$EI u_z(x) = \frac{F_C l^3}{6}\left(\frac{x}{l} - 1\right)^3 - \frac{q_0 l^4}{120}\left(\frac{x}{l} - 1\right)^5 + C_1 l \left(\frac{x}{l} - 1\right) + C_2$$

RB:

$$u_z(x=0) = 0 \Rightarrow -\frac{F_C l^3}{6} + \frac{q_0 l^4}{120} - C_1 l + C_2 = 0$$

$$u_z'(x=0) = 0 \Rightarrow \frac{F_C l^2}{2} - \frac{q_0 l^3}{24} + C_1 = 0$$

$$u_z(x=l) = 0 \Rightarrow C_2 = 0$$

Gemeinsam mit den beiden statischen GGB stehen damit fünf lineare Gln. für die fünf Unbekannten C_1, C_2, F_B, F_C und M_B zur Verfügung. Die Auflösung dieses Gleichungssystems ergibt:

$$F_B = \frac{2 q_0 l}{5}, \quad F_C = \frac{q_0 l}{10}, \quad M_B = \frac{q_0 l^2}{15}, \quad C_1 = -\frac{q_0 l^3}{120}, \quad C_2 = 0$$

Als Verschiebungsfunktion erhält man:

$$u_z(x) = \frac{q_0 l^4}{120 EI}\left[2\left(\frac{x}{l} - 1\right)^3 - \left(\frac{x}{l} - 1\right)^5 - \frac{x}{l} + 1\right]$$

Ein anderer, oft effektiverer Weg zur Lösung derartiger statisch unbestimmter Aufgaben ist die Anwendung des Baukastenprinzips, also die lineare Überlagerung bereits bekannter Lösungen für bestimmte RB und Lastfälle, vgl. Anlage F12.

Die hier vorliegende Aufgabe kann man sich z. B. als Überlagerung der Fälle

- einseitig fest eingespannter Träger mit Dreiecklast (vgl. Anlage F12), also

$$EI u_z^{\{1\}}(x) = \frac{q_0 l^4}{120}\left[5\left(\frac{x}{l} - 1\right) - \left(\frac{x}{l} - 1\right)^5 + 4\right]$$

und

- einseitig fest eingespannter Träger mit der Einzelkraft ($-F_C$) am freien Ende (vgl. Anlage F12), also

$$EIu_z^{\{2\}}(x) = -\frac{F_C l^3}{6}\left(\frac{x}{l}\right)^2\left(3 - \frac{x}{l}\right)$$

vorstellen, wobei als Bedingung noch

$$u_z(x = l) = u_z^{\{1\}}(x = l) + u_z^{\{2\}}(x = l) = 0$$

erfüllt werden muss, woraus die Lagerkraft F_C bestimmt wird:

$$\frac{1}{EI}\left[\frac{4q_0 l^4}{120} - \frac{F_C l^3}{3}\right] \stackrel{!}{=} 0 \Rightarrow F_C = \frac{q_0 l}{10}$$

Beispiel: Kontaktfeder

Eine Magnetspule übt auf die Kontaktzunge (einseitig eingespannter Biegebalken mit Rechteckquerschnitt) die Kraft F aus, vgl. Bild 11.23a. Der Abstand zwischen Zunge und Gegenkontakt ist im unbelasteten Zustand gleich e. Wie groß muss F werden, damit die Zunge den Gegenkontakt gerade berührt ($F = F^*$)? Wie ändert sich die Kontaktkraft F_K mit der Spulenkraft F?

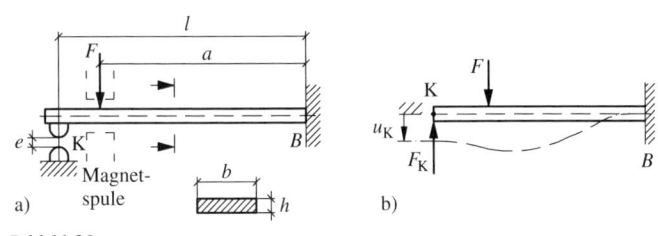

Bild 11.23

Gegeben: $l = 18\,\text{mm}$, $a = 15\,\text{mm}$, $e = 0,2\,\text{mm}$, $b = 2,6\,\text{mm}$, $h = 0,6\,\text{mm}$,
$E = 1,5 \cdot 10^5\,\text{N/mm}^2$

Gesucht: F^* für $u_K(F = F^*, F_K = 0) = e$, $F_K = F_K(F \geqq F^*, u_K = e)$

Lösung:

Es liegt einfache Hauptachsenbiegung vor. Die Verschiebung u_K des Kontaktpunktes K (vgl. Bild 11.23b) wird zunächst in Abhängigkeit von F und F_K mithilfe der Baukastenmethode aufgeschrieben (vgl. Anlage F12):

$$u_K(F, F_K) = \frac{12}{Ebh^3}\left[\frac{Fa^3}{3} + \frac{Fa^2}{2}(l-a) - \frac{F_K l^3}{3}\right]$$

Solange $F \leqq F^*$ gilt, ist auch $F_K = 0$. Daraus folgt:

$$u_K(F \leqq F^*, F_K = 0) = \frac{12Fa^3}{Ebh^3}\left[\frac{1}{3} + \frac{1}{2}\left(\frac{l}{a} - 1\right)\right] = 81\,250\frac{F}{Eb}$$

Bei $F = F^*$ und $F_K = 0$ kommt es zur Berührung:

$$u_K(F = F^*, F_K = 0) = 81\,250\frac{F^*}{Eb} \stackrel{!}{=} e \Rightarrow F^* = \frac{Ebe}{81\,250} = \frac{24}{25}\,\text{N} = 0,96\,\text{N}$$

Für $F \geqq F^*$ wird auch $F_K > 0$ (Kontakt vorhanden), aber die Verschiebung u_K bleibt konstant ($= e$), d. h.:

$$u_K(F \geqq F^*, F_K) = \frac{12}{Eb}\left(\frac{a}{h}\right)^3\left[\left(\frac{1}{3} + \frac{1}{2}\left(\frac{l}{a} - 1\right)\right)F - \frac{F_K}{3}\left(\frac{l}{a}\right)^3\right] \stackrel{!}{=} e$$

Hieraus ergibt sich die Kontaktkraft in Abhängigkeit von F:

$$F_K(F \geqq F^*) = 3\left(\frac{a}{l}\right)^3\left[\left(\frac{1}{3} + \frac{1}{2}\left(\frac{l}{a} - 1\right)\right)F - \frac{Ebe}{12}\left(\frac{h}{a}\right)^3\right] = \frac{325}{432}F - \frac{13}{18}$$

Aus diesem Zusammenhang ließe sich auch die zur Erzeugung einer vorgegebenen Kontaktkraft $F_K \geqq 0$ erforderliche Spulenkraft F bestimmen.

Beispiel: Dreifach gelagerter Träger mit Rechtecklast

Für den in Bild 11.24a dargestellten Träger, der durch eine Streckenlast konstanter Intensität belastet wird, sollen die LR und die Biegelinie bestimmt werden. Für den Querschnitt des Trägers wird vorausgesetzt, dass die y, z-Achsen HA sind.

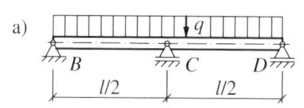

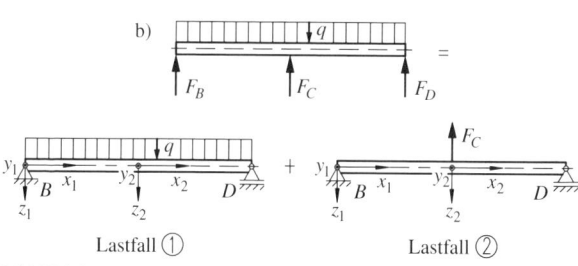

Bild 11.24

Gegeben: l, $EI (= EI_{yy})$, q

Gesucht: LR, Verschiebungsfunktionen $u_z(x_1)$ und $u_z(x_2)$

Lösung:

Wegen der hier vorliegenden Symmetrie hinsichtlich Geometrie sowie Belastung (vgl. Bild 11.24b) gilt $F_B = F_D$, was natürlich auch aus dem Momentengleichgewicht (z. B. das um den Punkt C) resultiert. Das Kräftegleichgewicht liefert damit:

$F_C + 2F_B - ql = 0 \Rightarrow$ System ist einfach statisch unbestimmt

Hinsichtlich der Durchbiegung kann man sich aufgrund der Symmetrie auf die Hälfte des Trägers beschränken, d. h. es gilt:

$$u_z(x_2) = u_z(x_1 = l/2 - x_2), \qquad 0 \leqq x_1 \leqq l/2; \quad 0 \leqq x_2 \leqq l/2$$

Wie in Bild 11.24c angedeutet, lässt sich das Problem als Überlagerung zweier Lastfälle bei statisch bestimmter Lagerung auffassen. Mit den Verschiebungsfunktionen aus Anlage F12 ergibt sich:

$$u_z(x_1) = u_z^{\{1\}}(x_1) + u_z^{\{2\}}(x_1)$$

$$= \frac{ql^4}{24EI} \left(\frac{x_1}{l}\right) \left[1 - 2\left(\frac{x_1}{l}\right)^2 + \left(\frac{x_1}{l}\right)^3\right]$$

$$+ \frac{(-F_C)l^3}{48EI} \left(\frac{x_1}{l}\right) \left[3 - 4\left(\frac{x_1}{l}\right)^2\right]$$

Die Kraft F_C muss nun einen solchen Wert annehmen, dass die Bedingung

$$u_C = u_z(x_1 = l/2) = 0$$

erfüllt wird. Das liefert:

$$\frac{ql^4}{24EI} \frac{5}{16} - \frac{F_C l^3}{48EI} = 0 \Rightarrow F_C = \frac{5}{8}ql$$

Die beiden anderen Lagerkräfte ergeben:

$$F_B = F_D = \frac{1}{2}(ql - F_C) = \frac{3}{16}ql$$

Mit dem Einsetzen von F_C in die Verschiebungsfunktionen $u_z(x_1)$ und $u_z(x_2)$ erhält man die gesuchte Biegelinie:

$$u_z(x_1) = \frac{ql^4}{384EI} \left(\frac{x_1}{l}\right) \left[1 - 12\left(\frac{x_1}{l}\right)^2 + 16\left(\frac{x_1}{l}\right)^3\right];$$

$$u_z(x_2) = u_z(x_1 = l/2 - x_2)$$

Auch die Längsspannungsverteilungen $\sigma_x(x_1, y_1, z_1)$ und $\sigma_x(x_2, y_2, z_2)$ ließen sich nun bei Bedarf problemlos ermitteln, da die Schnittmomente gemäß

$$M_y(x_1) = F_B x_1 - \frac{q x_1^2}{2} = \frac{ql^2}{2} \left[\frac{3}{8}\left(\frac{x_1}{l}\right) - \left(\frac{x_1}{l}\right)^2\right]$$

$$M_y(x_2) = F_D(l/2 - x_2) - \frac{q(l/2 - x_2)^2}{2} = M_y(x_1 = l/2 - x_2)$$

bekannte Funktionen sind (Längskraft N und Biegemoment M_z sind null).

Beispiel: Beidseitig fest eingespannter Träger mit mittiger Einzellast

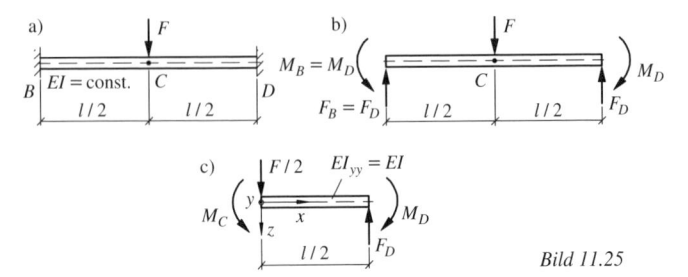

Bild 11.25

Für den in Bild 11.25a gezeigten, beidseitig fest eingespannten Träger sollen die LR sowie die maximale Durchbiegung bestimmt werden. Die y,z-Achsen seien HA.

Gegeben: l, $EI_{yy} = EI$, F

Gesucht: $|u_z|_{max}$, F_D, M_D, M_C

Lösung:

Es besteht Symmetrie hinsichtlich Geometrie, Belastung und RB. Deshalb kann sich bei der Betrachtung auf eine Hälfte des freigeschnittenen Trägers beschränkt werden, vgl. Bild 11.25b und c.

Aus Symmetriegründen hat die Querkraft in C einen Nulldurchgang, sodass nur das Schnittmoment M_C und die Hälfte der äußeren Last bei C wirkt.

Mit den GGB folgt:

$$\circlearrowleft D: M_C - M_D + \frac{F}{2}\frac{l}{2} = 0 \quad \text{(eine Gl. für zwei Unbekannte)}$$

$$\uparrow: \quad F_D - \frac{F}{2} = 0 \Rightarrow F_D = F_B = \frac{F}{2}$$

Um eine weitere Gleichung zur Lösung der statisch unbestimmten Aufgabe zu erhalten, wird die Durchbiegung betrachtet. Nutzt man wieder das Superpositionsprinzip („Baukastenmethode"), so kann das Problem als Summe der beiden Lastfälle

- eingespannter Balken mit der Einzelkraft $F/2$ am freien Ende und
- eingespannter Balken mit Moment M_C am freien Ende

angesehen werden. Mit den zugehörigen Lösungen für die Verschiebungsfunktionen aus Anlage F12 ergibt sich:

$$u_z(x) = \frac{F/2(l/2)^3}{6EI}\left[2 - 3\frac{x}{l/2} + \left(\frac{x}{l/2}\right)^3\right]$$

$$+ \frac{M_C(l/2)^2}{2EI}\left[1 - 2\left(\frac{x}{l/2}\right) + \left(\frac{x}{l/2}\right)^2\right]$$

$$= \frac{Fl^3}{96EI}\left[2 - 6\left(\frac{x}{l}\right) + 8\left(\frac{x}{l}\right)^3\right] + \frac{M_C l^2}{8EI}\left[1 - 4\left(\frac{x}{l}\right) + 4\left(\frac{x}{l}\right)^2\right]$$

Wegen der Symmetrie muss die Biegelinie in C eine horizontale Tangente besitzen, d. h. es muss die RB $u_z'(x = 0) = 0$ erfüllt werden.

Dies führt auf:

$$\frac{Fl^2}{96EI}(-6) + \frac{M_C l}{8EI}(-4) = 0 \Rightarrow M_C = -\frac{1}{8}Fl$$

Damit ergibt sich für M_D ($= M_B$):

$$M_D = M_B = M_C + \frac{Fl}{4} = \frac{1}{8}Fl$$

Einsetzen von M_C in die Verschiebungsfunktion $u_z(x)$ liefert dann die Gl. der Biegelinie. Die maximale Durchbiegung tritt bei C auf, d. h. es ist:

$$|u_z|_{max} = u_C = u_z(x = 0) = \frac{Fl^3}{48EI} + \frac{M_C l^2}{8EI} = \frac{1}{192}\frac{Fl^3}{EI}$$

12 Querkraftschub

Die Querkräfte rufen in den Querschnitten *Querkraftschubspannungen* hervor. Obwohl diese Formulierung nicht korrekt ist, soll sie aus Anschauungsgründen weiter benutzt werden. Wie bekannt, sind die Schnittgrößen als Resultierende der Spannungsverteilung fiktive Größen. Die Spannungen sind eine Folge der Deformationen, die durch die (äußere) Belastung hervorgerufen werden. Neben dieser Schubspannung tritt im Balken eine Biegespannung auf, die mit größer werdendem Abstand a der beiden in Bild 12.1 gezeigten Scherkräfte zunimmt.

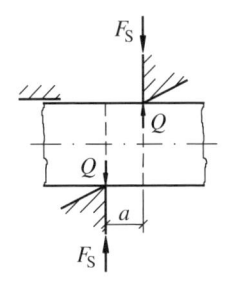

Bild 12.1

Ist der Abstand der entgegengesetzt gerichteten parallelen Kräfte gering, so werden i. Allg. diese Schubspannungen als *Scherspannungen* bezeichnet.

Die Prüfung von Werkstoffen unter Scherbeanspruchung geschieht durch Abscheren von zylindrischen Proben oder Scherschneiden von dünnen Blechen. Zur Ermittlung der *Scherfestigkeit* τ_{aB} ist der Scherversuch für metallische Werkstoffe nach DIN 50141 genormt.

Eine reine Querkraftschubbeanspruchung ist eine Idealisierung, die praktisch kaum vorkommt. In der Regel erzeugt die Balkenbiegung in einer beliebigen Querschnittsfläche Normal- und Querkraftschubspannungen, die mit den Äquivalenzbedingungen (vgl. Abschnitt 8.8) durch die Schnittreaktionen Biegemoment, Längs- sowie Querkraft und den entsprechenden Flächenmomenten (Kapitel 9) angegeben werden können. Die separate Behandlung von Normalspannungen als Funktion der Biegemomente und Längskräfte (vgl. Kapitel 11) und die Ermittlung von Querkraftschubspannungen als Funktion der Querkräfte sind durch die angenommene Unabhängigkeit der Deformationen möglich. Während für die Normalspannungen ein linearer Ansatz (Abschnitt 11.2.1) gewählt wurde, wird in der technischen Biegetheorie i. Allg. für die näherungsweise Berechnung der Querkraftschubspannungen die BERNOULLI-Hypothese weiterhin als gültig unterstellt (Schubverformung wird damit ignoriert) und der Balken quer zur Längsrichtung (in Kraftrichtung) als schubstarr angenommen. Somit können die Querkraftschubspannungen allein unter Nutzung der GGB berechnet werden.

12.1 Scherbeanspruchung

12.1.1 Mittlere Scherspannung

Viele Maschinenelemente werden auf Scherung beansprucht und deshalb bezüglich dieser dimensioniert. In Baugruppen kommen verschiedene Verbindungstechniken (Wirkprinzipien) zwischen den einzelnen Bauteilen zum Einsatz; man unterscheidet stoff-, form- und reibkraftschlüssige Verbindungen. Diese unterschiedlichen Verbindungstechniken ergeben typische Verbindungseigenschaften, die für das beanspruchungsgerechte Auslegen zu beachten sind. Die stoffschlüssigen Verbindungen besitzen keine zusätzlichen Verbindungselemente und die Kraft- bzw. Momentenübertragung geschieht durch Kohäsion (arteigener Zusatzwerkstoff – Schweißen) bzw. Adhäsion (artfremder Zusatzwerkstoff – Löten, Kleben). Die Verbindungszone (Fügezone) wird als Festkörper betrachtet und die Berechnung geschieht üblicherweise nach den Methoden der Festigkeitslehre (Grundbeanspruchungen). Typische formschlüssige Verbindungen, wie Stift-, Niet-, Bolzen- und Passfederverbindungen werden hinsichtlich Flächenpressung (vgl. Abschnitt 10.4), Abscheren und evtl. Biegung (bei Spielpassung) ausgelegt.

Exakte Lösungen zur Kraft- und Momentenübertragung lassen sich nur unter Berücksichtigung der Deformationen ableiten (die wiederum auf Idealisierungen beruhen). Für die verschiedenen Verbindungstechniken, nachfolgend an Beispielen exemplarisch behandelt, stellen die elementar ermittelten Größen nur Mittelwerte dar und geben keine Auskunft über die wirkliche Kraftdurchleitung und -verteilung.

Trotz eines sehr kleinen Abstandes der die Scherspannungen hervorrufenden äußeren Kräfte lassen sich Normalspannungen kaum ausschließen, z. B. beim Scherschneiden (kurz Schneiden; vgl. Bild 12.2) infolge des Schneidspaltes zwischen Stempel und Schneidplatte.

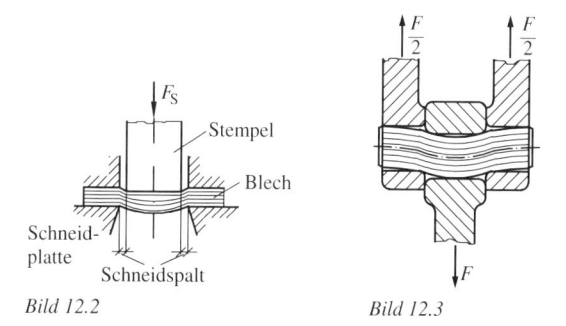

Bild 12.2   *Bild 12.3*

Eine Bolzenverbindung (Spielpassung) nach Bild 12.3 wird i. Allg. auf Querkraftschub (Scherspannung), Flächenpressung und Biegung beansprucht. Die zusätzlich auftretenden Normalspannungen haben z. B. beim erwähnten Schneiden, bei Schweiß- oder Nietanschlüssen von Blechen solch eine Größe,

12 Querkraftschub

dass die (mittlere) Scherspannung zumindest einen geeigneten Näherungswert für die Festigkeitsberechnung (als Nachweis- oder Dimensionierungsrechnung) darstellt.

Eine (idealisierte) Scherbeanspruchung liegt somit vor, wenn die eingeprägten und Reaktionskräfte eine gemeinsame Wirkungslinie haben sowie die Schnittufer (Benennungen beim Schneiden: Schneidfläche am Werkzeug, Schnittfläche am Werkstück) sich zwar gegeneinander verschieben wollen, aber keine Abstandsänderung erfahren. Eventuell auftretende Versetzungsmomente (vgl. Abschnitt 1.4.3) infolge nicht gemeinsamer Wirkungslinie bleiben unberücksichtigt.

Die GGB nach Bild 12.4 lautet:

$$\rightarrow: F - \int_A \tau \, dA = 0$$

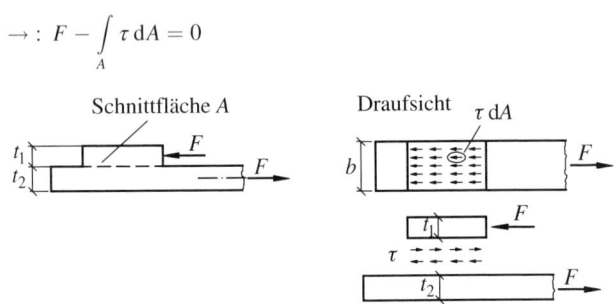

Bild 12.4

Die Scherspannung wird näherungsweise als gleichmäßig verteilt über die Schnittfläche (Scherfläche) angenommen und als *mittlere Schubspannung* $\bar{\tau}_a$ bezeichnet: $\bar{\tau}_a = F/A$. Diese elementar berechnete mittlere Schubspannung stellt zumindest einen geeigneten Näherungswert für den Festigkeitsnachweis (DIN 743) dar.

Der Festigkeitsnachweis lautet: $\bar{\tau}_a \leq \tau_{a\,zul}$ mit $\tau_{a\,zul} = \tau_{aB}/S$ (S... Sicherheitsfaktor); für zähe (hochfeste bis niedrigfeste) Werkstoffe gilt folgende empirische Beziehung: $\tau_{aB} \approx (0{,}6 \ldots 0{,}9) R_m$, eine Näherung ist $\tau_{aB} \approx \tau_{tB}$ (Torsionsfestigkeit).

Beispiel: Scherschneiden

Für das herzustellende Teil (Blechdicke t) nach Bild 12.5 ist die Schneidkraft F zu ermitteln.

Gegeben: Maße (s. Skizze), $t = 2\,\mathrm{mm}$, Baustahl mit $R_m = 420\,\mathrm{N/mm^2}$

Gesucht: Schneidkraft F

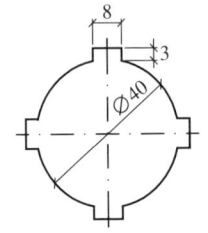

Bild 12.5

Lösung:

Für die Berechnung wird nur die Scherspannung betrachtet.

Trennen:

$$\overline{\tau}_a \geqq \tau_{aB} \Rightarrow F \geqq A\,\tau_{aB}, \qquad \tau_{aB} \approx 0{,}8R_m = 336\,\text{N/mm}^2$$

Schnittfläche (U Umfang):

$$A = Ut \approx [\pi \cdot 40\,\text{mm} + 4(3\,\text{mm} + 3\,\text{mm})]\,2\,\text{mm} \approx 300\,\text{mm}^2$$
$$\Rightarrow F \geqq 100{,}8\,\text{kN}$$

Beispiel: Berechnung von Schrauben- und Nietverbindungen gegenüber Abscheren

Der Festigkeitsnachweis der Scherspannung bei der Verbindung von dünnen Blechen nach Bild 12.6 durch n Verbindungsmittel (Schrauben, Niete) innerhalb eines begrenzten Bereiches (i. Allg. $n \leqq 6$ pro Reihe) lautet:

$$\overline{\tau}_a = \frac{F}{nmA} \leqq \tau_{a\,\text{zul}}$$

n Anzahl der Verbindungsmittel (im Bild 12.6 $n = 4$)
m Anzahl der Scherflächen pro Verbindungsmittel ($=$ Schnittigkeit; im Bild 12.6 $m = 2$)
$A = \pi d^2/4$ Schaftfläche (Schaftdurchmesser d)
$\tau_{a\,\text{zul}}$ zulässige Scherspannung (vgl. DIN 18 800 oder $\tau_{a\,\text{zul}} = R_{e\,\text{Niet}}/\sqrt{3}S$, $S \approx 1{,}5$ bei statischer und $S \approx 2$ bei zyklischer Beanspruchung)

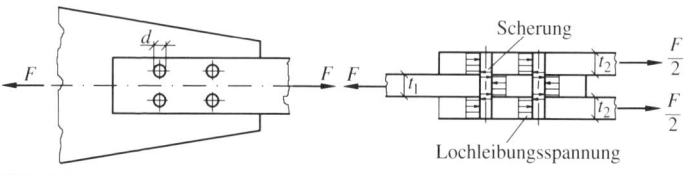

Bild 12.6

Für $n = 1$ und $m = 1$ ergibt sich die übertragbare Schnittkraft F bei $\tau_{a\,\text{zul}}$ je Verbindungsmittel und Scherfläche.

Dieser Nachweis wird i. Allg. ergänzt durch die Lochleibungsspannung σ_L nach Abschnitt 10.5.2.

$$\sigma_L = \frac{F}{n_p A_p} \leqq \sigma_{L\,\text{zul}}$$

n_p Anzahl gleichsinnig beanspruchter Wirkflächen
$A_p = td$ projizierte Wirkfläche, t Blechdicke
$\sigma_{L\,\text{zul}}$ zulässige Lochleibungsspannung (vgl. DIN 18 800 oder $\sigma_{L\,\text{zul}} = R_{e\,\text{Blech}}/S$)

Die ungünstigere Spannung $\overline{\tau}$ bzw. σ_L ist für den Festigkeitsnachweis maßgebend.

Beispiel: Für die Nietverbindung nach Bild 12.7 ist der Festigkeitsnachweis zu führen.

▶ *Bemerkung*: Der *Festigkeitsnachweis* stellt einen Vergleich zwischen der geometrie- und belastungsabhängigen Bauteilbeanspruchung mit der werkstoffabhängigen Widerstandsfähigkeit dar.

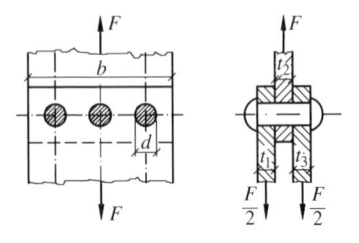

Bild 12.7

Gegeben: $F = 7{,}5$ kN, $t_1 = t_2 = t_3 = 3$ mm, $d = 5$ mm, $b = 52$ mm

$\tau_{a\,zul} = 70\,\text{N/mm}^2$, $\sigma_{L\,zul} = 180\,\text{N/mm}^2$, $\sigma_{zul} = 70\,\text{N/mm}^2$

Gesucht: Festigkeitsnachweis

Lösung:

Scherspannung

$$\bar{\tau}_a = \frac{7{,}5 \cdot 10^3\,\text{N} \cdot 4}{3 \cdot 2 \cdot \pi \cdot 25\,\text{mm}^2} \approx 63{,}6\,\text{N/mm}^2 < \tau_{a\,zul} \qquad (n = 3,\, m = 2)$$

Lochleibung

$$\sigma_L = \frac{7{,}5 \cdot 10^3\,\text{N}}{3 \cdot 15\,\text{mm}^2} \approx 167\,\text{N/mm}^2 < \sigma_{L\,zul}, \qquad (A_p = 5 \cdot 3 = 15\,\text{mm}^2,\, n_p = 3)$$

Zugspannung im Blech (ohne Kerbwirkung)

$$\sigma_z = \frac{F}{A}, \quad A = [bt_2 - 3(dt_2)] = 111\,\text{mm}^2 \Rightarrow \sigma_z \approx 67{,}6\,\text{N/mm}^2 < \sigma_{zul}$$

Beispiel: Balkenstützpunkte bei Fachwerken

Der Knoten eines Fachwerks (vgl. Abschnitt 3.4) nach Bild 12.8 stellt einen Balkenstützpunkt dar, der im Wesentlichen auf Druck beansprucht wird. Für den so genannten Versatz (Länge l_V) ist der Festigkeitsnachweis bez. der Scherspannung $\bar{\tau}_a$ zu führen.

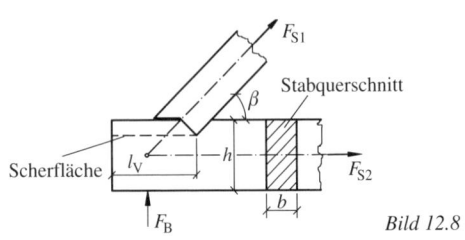

Bild 12.8

Gegeben: Lagerkraft $F_B = 27\,\text{kN}$, $\beta = 40°$

Abmessungen $b \times h$: Stab 1: $140\,\text{mm} \times 180\,\text{mm}$, Stab 2: $140\,\text{mm} \times 240\,\text{mm}$

$l_V = 350\,\text{mm}$, $\tau_{a\,zul} = 0{,}9\,\text{N/mm}^2$

Gesucht: Festigkeitsnachweis bei der Scherfläche $A = bl_V$

Lösung:

$$\overline{\tau}_a = \frac{F_{S2}}{A} \leq \tau_{a\,zul}, \qquad A = bl_V = 49 \cdot 10^3\,\text{mm}^2$$

GGB am Knoten (vgl. Bild 12.9)

$\uparrow: \; F_B + F_{S1} \sin\beta = 0 \qquad \Rightarrow \qquad F_{S1} = -42\,\text{kN}$

$\rightarrow: F_{S2} + F_{S1} \cos\beta = 0 \qquad \Rightarrow \qquad F_{S2} = 32{,}2\,\text{kN}$

$$\overline{\tau}_a = \frac{32{,}2 \cdot 10^3\,\text{N}}{49 \cdot 10^3\,\text{mm}^2}$$

$$= 0{,}66\,\text{N/mm}^2 < \tau_{a\,zul}$$

Bild 12.9

Beispiel: Stoffschlüssige Verbindungen

Ein Flachstab ist an das Knotenblech (vgl. Abschnitt 3.4.1) nach Bild 12.10 mit zwei Kehlnähten anzuschließen. Die Schweißnahtlänge L ist für die Stabkraft F zu dimensionieren.

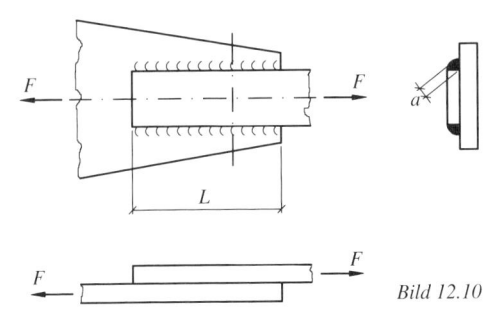

Bild 12.10

Die Scherspannung $\overline{\tau}_a$ in der Naht eines geschweißten Stabanschlusses lässt sich wie folgt ermitteln:

$$\overline{\tau}_a = \frac{F}{A_{\text{Schw}}} \leq \tau_{\text{Schw zul}}$$

i Nr. eines Schweißnahtabschnittes ($i = 1, 2, \ldots, n$)

l_i (rechnerische) Schweißnahtlänge

L_i ausgeführte (effektive) Schweißnahtlänge

- bei umlaufenden Nähten ist $l_i = L_i$,
- bei abgesetzter Naht ist der Endkrater $2a$ abzuziehen:

$$l = \sum_{i=1}^{n} l_i = \sum_{i=1}^{n} (L_i - 2a)$$

a_i Schweißnahtdicke (der zugehörigen Länge l_i)

A Schweißnahtquerschnitt: $A = \sum_{i=1}^{n} a_i l_i$

$\tau_{\text{Schw zul}}$ zulässige Spannung für die Schweißnaht;

$\tau_{\text{Schw zul}}$ ist bei zyklischer Beanspruchung abhängig von der Stoßart und Nahtform, der Beanspruchungsart und dem Spannungsverhältnis R

Der geringe Versatz der Kräfte bei dünnen Blechen bleibt bei der Spannungsberechnung unberücksichtigt. Bei der Dimensionierung sollte die Nahtlänge l die Größe $60a$ nicht überschreiten (i. Allg. gilt: $40\,\text{mm} \leqq l \leqq 60a$).

Gegeben: $a = 5\,\text{mm}$, $F = 250\,\text{kN}$, $\tau_{\text{Schw zul}} = 120\,\text{N/mm}^2$

Gesucht: L

Lösung

$$\bar{\tau}_a = \frac{F}{A_{\text{Schw}}} \leqq \tau_{\text{Schw zul}}; \qquad A_{\text{Schw}} = \sum_{i=1}^{n} a_i l_i = 2al$$

$$\Rightarrow l \geqq \frac{F}{2a\,\tau_{\text{Schw zul}}} \approx 208\,\text{mm}$$

$$L = l + 2a \geqq 218\,\text{mm}, \qquad \text{gewählt: } L = 220\,\text{mm}$$

12.2 Schubspannungen bei Biegung

12.2.1 Spannungsberechnung für Vollquerschnitte

Im Zusammenhang mit einer Biegebeanspruchung liegt i. Allg. eine so genannte Querkraftbiegung (vgl. Abschnitt 11.1.1) vor, da das Biegemoment mit der Querkraft über die Beziehung $dM_y/dx = Q_z$ gekoppelt ist. Infolge der Querkraft treten in jedem Querschnitt Querkraft-Schubspannungen (kurz Schubspannungen) auf.

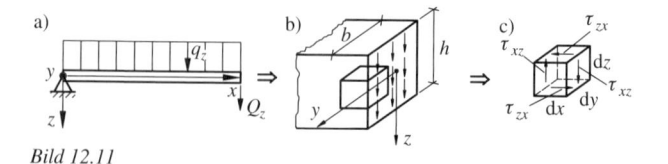

Bild 12.11

Die an einem Schnittufer vorhandene Querkraft Q_z (vgl. Bild 12.11a; die anderen Schnittreaktionen sind nicht eingetragen) ist gleich der Resultierenden aller in der Schnittfläche wirkenden Schubspannungen τ_{xz} (vgl. Bild 12.11b):

$$\int_A \tau_{xz}\,dA = Q_z \qquad [\text{analog: } \int_A \tau_{xy}\,dA = Q_y]$$

Für die Spannungsberechnung gelten folgende Voraussetzungen:
- Der Querschnitt sei in Balkenlängsrichtung abschnittsweise konstant.
- Die Querkräfte verlaufen parallel zu den y, z-Achsen, die HA des Querschnitts sind.
- Die Schubspannungen verlaufen parallel zu den Querkräften. (Das ist am Rand exakt nur dann der Fall, wenn die Tangente an die Randkurve parallel zu Querkraft verläuft, z. B. Rechteckquerschnitt.)
- Die Schubspannungen sollen an jeder Stelle $z =$ konst. über die Balkenbreite b konstant sein.

Für das weitere Vorgehen sei das Folgende wiederholt:
- Nach Bild 12.11c verlaufen am Volumenelement jeweils 4 gleiche Schubspannungen in einer Ebene, die im Bild durch die x, z-Achsen aufgespannt wird. Sie bilden einen so genannten Schubspannungsring /Fr-93/.
  - Nach dem Satz von der Gleichheit der zugeordneten Schubspannungen (vgl. Abschnitt 8.1) gilt $\tau_{xz} = \tau_{zx}$, d. h. es existiert an jeder Stelle $z =$ konst. im Querschnitt zur vertikalen Schubspannung τ_{xz} eine zugeordnete horizontale Schubspannung τ_{zx} im Längsschnitt; sie laufen beide auf eine gemeinsame Kante zu oder von dieser fort.
  - Im allgemeinen räumlichen Fall (vgl. Bild 8.2) lässt sich die Gleichheit der zugeordneten Schubspannungen wie folgt formulieren: $\tau_{ij} = \tau_{ji}$ für $i \neq j$ und $i, j = x, y, z$. Es ergeben sich drei unabhängige Schubspannungsringe, die zueinander senkrecht verlaufen.
- Zur Erfüllung des Gleichgewichts muss jeder Schubspannungsring vollständig sein. Ist aufgrund von RB, z. B. an einer lastfreien Oberfläche, eine der vier Schubspannungen null, so müssen alle Schubspannungen in einem Ring null sein.

Da weiterhin die Gültigkeit der BERNOULLI-Hypothese vom Ebenbleiben der Querschnitte unterstellt wird, müssen die Gleitungen γ vernachlässigt werden. Damit lassen sich die Schubspannungen nicht aus einem Materialgesetz ermitteln. Sie können jedoch in guter Näherung durch Gleichgewichtsbetrachtungen an einem Balkenelement berechnet werden.

Für die Spannungsberechnung wird aus einem durch Biegung ($M_y \neq 0$), Längskraft (Bedingung: $N(x) =$ konst.) und Querkraft ($Q_z \neq 0$, $Q_y = 0$) beanspruchten Balken mit dem Querschnitt nach Bild 12.12 ein Element der Länge dx herausgeschnitten.

Um die Verteilung der Schubspannungen über die Querschnittsfläche zu erhalten, wird das Balkenelement durch einen Längsschnitt im Abstand z von der y-Achse in zwei Teile getrennt; das untere mit der Querschnittsfläche A_R, der so genannten Restfläche, vgl. Bild 12.13.

▶ *Hinweis:* Der Stern bei z^* wird zur Kennzeichnung des Abstandes eines Flächenelements dA der Restfläche A_R eingeführt, da z bereits für die Kennzeichnung des Längsschnittes vergeben wurde; $z \in [0, z_1]$ und $z^* \in [z, z_1]$ haben beide ihren Ursprung im Schwerpunkt S des Querschnittes.

Am unteren Teil wirkt in x-Richtung die Normalspannung σ_x bez. dA und in der Längsschnittfläche $b(z)$ dx die Schubspannung $\tau_{zx}(x, z) = \tau_{xz}(x, z)$. Das

Bild 12.12   *Bild 12.13*

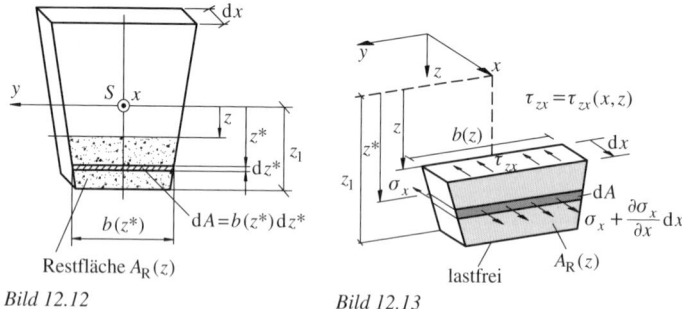

Kräftegleichgewicht in x-Richtung am Volumenelement $\mathrm{d}x\,\mathrm{d}A$ an der Stelle z^* lautet:

$$\int_{A_R(z)} \left(\sigma_x + \frac{\partial \sigma_x}{\partial x} \mathrm{d}x \right) \mathrm{d}A - \int_{A_R(z)} \sigma_x \mathrm{d}A - \tau_{xz} b(z) \mathrm{d}x = 0$$

$$\Rightarrow \tau_{xz}(x,z) = \frac{1}{b(z)} \int_{A_R(z)} \frac{\partial \sigma_x(x,z)}{\partial x} \mathrm{d}A$$

Die Voraussetzung einer konstanten Schubspannung über $b(z)$ ist i. Allg. nicht exakt erfüllt (z. B. Träger mit breiten Gurten), deshalb ergibt die Berechnung eine über die Querschnittsbreite gemittelte Schubspannung. Dies hat heutzutage insofern eine geringe praktische Bedeutung, da so genannte Schubwandträger (im Stahl- und Strukturleichtbau) so gestaltet werden, dass die Kraftverteilung sich vereinfachend wie folgt charakterisieren lässt: massive Flansche für die Biegebeanspruchung (Zug/Druck), dünne Stege für die Schubbeanspruchung.

Da eine Längskraft $N(x) = N_0 = $ konst. unterstellt wurde, ergibt sich aus der Normalspannung (vgl. Abschnitt 11.2.1)

$$\sigma_x(x, z^*) = \frac{N_0}{A} + \frac{M_y(x)}{I_{yy}} z^*$$

durch Differenziation:

$$\frac{\partial \sigma_x(x,z)}{\partial x} = \frac{z^*}{I_{yy}} \frac{\partial M_y}{\partial x} = \frac{z^*}{I_{yy}} \frac{\mathrm{d}M_y}{\mathrm{d}x} = \frac{z^*}{I_{yy}} Q_z(x)$$

Einsetzen in die Beziehung für $\tau_{xz}(x,z)$ liefert:

$$\tau_{xz}(x,z) = \frac{1}{b(z)} \int_{A_R(z)} \frac{z^*}{I_{yy}} Q_z(x) \mathrm{d}A = \frac{Q_z(x)}{b(z) I_{yy}} \int_{A_R(z)} z^* \mathrm{d}A$$

Das auftretende Integral ist das statische Moment (vgl. Abschnitt 2.2.1) der Restfläche $A_R(z)$ bez. der y-Achse:

$$S_y = S_y(z) = \int_{A_R(z)} z^* \mathrm{d}A = \int_z^{z_1} b(z^*) z^* \mathrm{d}z^*$$

Damit ergibt sich die Schubspannung zu:
$$\tau_{xz}(x,z) = \frac{Q_z(x) S_y(z)}{b(z) I_{yy}}$$
analog für $Q_y \neq 0$, $Q_z = 0$:
$$\tau_{xy}(x,y) = \frac{Q_y(x) S_z(y)}{b(y) I_{zz}}$$

Größt- und Mittelwertwerte der Schubspannungen, Schubverteilungszahl:

- Das statische Moment ist an der Unterseite ($z = z_1$) und Oberseite gleich null und damit auch die Schubspannungen. Aus Gleichgewichtsgründen ist dies korrekt, da dort Lastfreiheit herrscht.

- Der *Größtwert der Schubspannung* $\hat{\tau}_{xz}$ bei $x = $ konst. in der Querschnittsfläche ergibt sich zu:
$$\hat{\tau}_{xz}(x) = \max_A |\tau_{xz}(x,z)| \Rightarrow \frac{\partial \tau_{xz}(x,z)}{\partial z}\bigg|_{z=z_0} \stackrel{!}{=} 0 \Rightarrow z_0 = \ldots$$
$$\Rightarrow \hat{\tau}_{xz}(x) = |\tau_{xz}(x, z = z_0)|$$
analog für $\hat{\tau}_{xy}(x)$.

- Die Berechnung der Schubspannungen geschieht oft mit *Mittelwerten*:
  - $\tau_{xz\,m}(x) = Q_z(x)/A$ „Kraft pro Fläche"

  Dieser Mittelwert wird häufig bei Stahlprofilen (I-, U-, kastenförmige Profile mit konstanter Stegdicke) als gute Näherung eingesetzt.

  - Mit dem aus der Schubspannungsverteilung bei $x = $ konst. resultierenden Verlauf der veränderlichen Verzerrung $\gamma_{xz}(z) = \tau_{xz}(z)/G$ über den Querschnitt wird näherungsweise eine mittlere Schubverzerrung $\overline{\gamma}_{xz} = \overline{\tau}_{xz}/G$ so definiert, dass sowohl das Gleichgewicht am Element als auch die bei der Verformung erzeugte Formänderungsenergie (vgl. Kapitel 15) des realen bzw. gemittelten Schubspannungszustandes gleich sind. Der dadurch erzeugte Fehler wird durch einen Korrekturparameter, die *Schubverteilungszahl* (Querschubzahl) $\varkappa_z$, korrigiert:
  $$\overline{\tau}_{xz}(x) = \frac{Q_z(x)}{A_S}, \quad A_S = \frac{A}{\varkappa_z}, \quad \varkappa_z = \frac{A}{I_{yy}^2} \int_A \frac{S_y^2(z)}{b^2(z)}\, dA, \quad dA = b(z)\, dz$$
  analog für $\overline{\tau}_{xy}$ und $\varkappa_y$.

Die Schubverteilungszahl $\varkappa_z$ (bzw. $\varkappa_y$) ist das Verhältnis von tatsächlicher zu tragender Querschnittsfläche; sie ist für verschiedene Querschnitte tabelliert.

Beispiel: Kragträger mit Rechteckquerschnitt

Für den Kragträger mit Rechteckquerschnitt (vgl. Bild 12.14) ist bei $x = $ konst. der Verlauf der Schubspannungen τ_{xz} über die Querschnittshöhe h zu ermitteln.

Gegeben: $l, b_0, h, \varkappa_z = 1{,}2; F$

Gesucht:
- Spannungsverteilung $\tau_{xz}(x, y, z)$
- Größtwert $\hat{\tau}_{xz}(x)$ im Querschnitt
- Mittelwerte $\tau_{xz\,m}(x)$ und $\overline{\tau}_{xz}(x)$

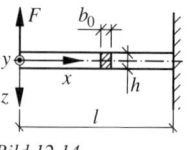

Bild 12.14

Lösung:

Das Gleichgewicht am geschnittenen Teil des Balkens mit dem positiven Schnittufer liefert sofort $Q_z(x) = F$. Für den hier vorliegenden Rechteckquerschnitt gilt:

$$I_{yy} = \frac{b_0 h^3}{12} \quad \text{und} \quad b(z) = b_0 \quad \text{in} \quad -\frac{h}{2} \leqq z \leqq \frac{h}{2}$$

Die Bestimmung des statischen Moments $S_y(z)$ der Restfläche $A_R(z)$ (vgl. Bild 12.15a) kann entweder mit $dA = b_0\, dz^*$ über das bestimmte Integral

$$S_y(z) = \int\limits_{z^*=z}^{\frac{h}{2}} z^* b_0\, dz^* = \frac{b_0}{2}\left(\frac{h^2}{4} - z^2\right)$$

oder auch über das Produkt aus Restfläche $A_R(z)$ und z-Koordinate des Schwerpunktes von $A_R(z)$ erfolgen, vgl. Bild 12.16:

$$S_y(z) = A_R(z)\,(z_S)_R = \left(\frac{h}{2} - z\right) b_0 \frac{z + \frac{h}{2}}{2} = \frac{b_0}{2}\left(\frac{h^2}{4} - z^2\right)$$

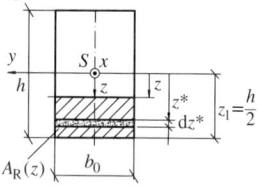

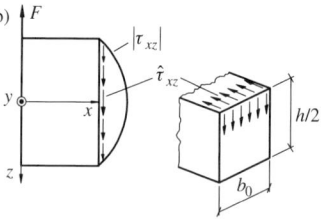

Bild 12.15

Damit ergibt sich die Schubspannungsverteilung für $-h/2 \leqq z \leqq h/2$, $-b_0/2 \leqq y \leqq b_0/2$ und $0 \leqq x \leqq l$ zu:

$$\tau_{xz}(x, y, z) = \frac{3}{2}\left[1 - 4\left(\frac{z}{h}\right)^2\right]\frac{F}{b_0 h}$$

Bild 12.16

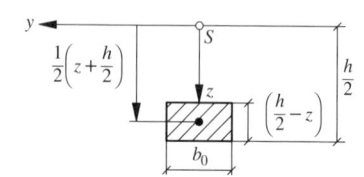

Wie man leicht erkennen kann, wird τ_{xz} für $z = \pm h/2$, also am unteren und oberen Querschnittsrand gleich null. Die Verteilung ist von x und y unabhängig, aber bez. z parabolisch und hat ihr Extremum bei $z = 0$ (vgl. Bild 12.15b):

$$\hat{\tau}_{xz} = \tau_{xz}(x, y, z = 0) = \frac{3}{2} \frac{F}{b_0 h}$$

Der einfache Mittelwert hat die Größe

$$\tau_{xz\,m} = \frac{Q_z(x)}{A} = \frac{F}{b_0 h}$$

also nur $2/3$ von $\hat{\tau}_{xz}$. Der mit der Schubverteilungszahl gebildete Mittelwert liefert:

$$\overline{\tau}_{xz} = \varkappa_z \frac{Q_z(x)}{A} = 1{,}2 \frac{F}{b_0 h}$$

12.2.2 Anwendungen auf verschiedene Verbindungstechniken

Im Stahl- und Leichtbau kommen unterschiedliche Profilträger zum Einsatz. Um eine große Variabilität zu erreichen, werden zusammengesetzte Profile mit verschiedenen Abmessungen der Flansche und Stege auch bei unterschiedlichen Werkstoffkombinationen hergestellt. Das Verschieben der Trägerteile gegeneinander wird in den Kontaktflächen (Längsflächen, Längsfugen) durch verschiedene Verbindungstechniken verhindert. Die in den Kontaktflächen wirkenden Schubspannungen stellen vielmals die wesentlichste Beanspruchungsart dar, die die Verbindungsmittel aufnehmen müssen.

Neben *flächenhaften Verbindungen* (z. B. Kleben) gibt es Träger, die nur an *diskreten Stellen* verbunden sind. Während flächenhafte Verbindungen wie ein Kompaktträger behandelt werden, wird bei „diskreten" Verbindungen die in einem „homogenen" Vergleichsträger berechnete Schubspannung auf eine Bezugsfläche in unmittelbarer Umgebung des Verbindungsmittels umgerechnet. Dazu wird angenommen, dass die Trägerteile über ihre Kontaktlänge in äquidistanten Bereichen, den so genannten Einzugsbereichen, verbunden sind. Die Schubspannung in einem Einzugsbereich wird dann zu einer (resultierenden) Schubkraft zusammengefasst.

Beispiel: Geklebter bzw. geschweißter Kragträger (flächenhafte Verbindungen)

Für den Kragträger nach Bild 12.17 mit unterschiedlichem Aufbau, aber gleichen Hauptabmessungen hb_0 (Varianten (I) und (II) geklebt; Varianten (III) und (IV) geschweißt) sind die Biege- und Schubspannungen in den Verbindungsstellen zu ermitteln.

Gegeben: $F = 25\,\text{kN}$, $l = 400\,\text{mm}$, $b_0 = 80\,\text{mm}$, $h = 90\,\text{mm}$, $h_1 = 15\,\text{mm}$, $a = 4\,\text{mm}$

Gesucht: σ_x, τ_{xz}

Annahmen:
- Klebeschichtdicke $\to 0$ („unendlich dünn")
- Idealer Kleber $\to$ ideales Haften
- Spaltdicke (geschweißte Varianten) $\to 0$

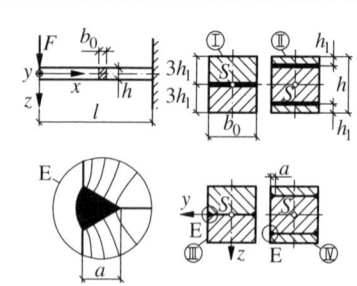

Bild 12.17

Lösung:

Für das in Bild 12.17 eingetragene x, y, z-KS erhält man als Schnittreaktionen:

$$Q_z(x) = -F; \qquad M_y(x) = -Fx \qquad (0 \leq x \leq l)$$

Unter der vereinfachenden Voraussetzung, dass trotz der bei den Schweißvarianten vorhandenen Spalte die Querschnitte eben bleiben, können hinsichtlich der Biegespannungsverteilung alle vier Varianten gleich behandelt werden. Mit $I_{yy} = b_0 h^3/12$ ergibt sich:

$$\sigma_x(x, y, z) = \frac{M_y(x)}{I_{yy}} z = -\frac{12F}{b_0 h} \frac{x}{h} \frac{z}{h}$$

$$|\sigma_x|_{\max} = \left|\sigma_x\left(x = l, y, z = \pm\frac{h}{2}\right)\right| = \frac{6F}{b_0 h} \frac{l}{h} = 92{,}6\,\text{N/mm}^2$$

$$\sigma_x(x, y, z = 0) = 0$$

$$\sigma_x(x = l, y, z = \pm(h/2 - h_1)) = \mp\frac{12F}{b_0 h} \frac{l}{h}\left(\frac{1}{2} - \frac{h_1}{h}\right) = \mp 61{,}7\,\text{N/mm}^2$$

Bei den Querkraftschubspannungen müssen die einzelnen Varianten separat betrachtet werden (hinsichtlich $S_y(z)$ vgl. Beispiel in Abschnitt 12.2.1):

- Fall (I) und (II): $b(z) = b_0$; $\;S_y(z) = \dfrac{b_0 h^2}{8}\left[1 - 4\left(\dfrac{z}{h}\right)^2\right]$

$$\Rightarrow \tau_{xz}(x, y, z) = -\frac{3F}{2 b_0 h}\left[1 - 4\left(\frac{z}{h}\right)^2\right]$$

Hieraus folgen die Schubspannungen in den Klebeschichten:

$$\tau_{xz}(x, y, z = 0) = -\frac{3F}{2 b_0 h} = -5{,}2\,\text{N/mm}^2$$

$$\tau_{xz}(x, y, z = \pm(h/2 - h_1)) = -\frac{3F}{2 b_0 h}\left[1 - 4\left(\frac{1}{2} - \frac{h_1}{h}\right)^2\right] = -2{,}9\,\text{N/mm}^2$$

- Fall (III): $b(z) = \begin{cases} b_0 & \text{für } 0 < |z| \leq h/2 \\ 2a & \text{für } z = 0 \end{cases}$; $\;S_y(z) = \dfrac{b_0 h^2}{8}\left[1 - 4\left(\dfrac{z}{h}\right)^2\right]$

$$\Rightarrow \tau_{xz}(x, y, z) = -\frac{3F}{2 b_0 h}\begin{cases} \left[1 - 4\left(z/h\right)^2\right] & \text{für } 0 < |z| \leq h/2 \\ b_0/2a & \text{für } z = 0 \text{ und } b_0 - a \leq |y| \leq b_0 \end{cases}$$

12.2 Schubspannungen bei Biegung

Damit ergibt sich die Schubspannung in den Schweißnähten bei $z = 0$ zu:

$$\tau_{xz}\left(x, |y| \in (b_0 - a, b_0), z = 0\right) = -\frac{3F}{4ah} = -52{,}1 \, \text{N/mm}^2$$

- Fall (IV): $b(z) = \begin{cases} b_0 & \text{für } |z| \leq h/2 \text{ und } |z| \neq h/2 - h_1 \\ 2a & \text{für } |z| = h/2 - h_1 \end{cases}$;

$$S_y(z) = \frac{b_0 h^2}{8}\left[1 - 4\left(\frac{z}{h}\right)^2\right]$$

$$\Rightarrow \tau_{xz}(x, y, z) = -\frac{3F}{2b_0 h} \begin{cases} \left[1 - 4\left(\frac{z}{h}\right)^2\right] & \text{für } |z| \leq h/2 \text{ und} \\ & |z| \neq h/2 - h_1 \\ 2\dfrac{b_0}{a}\dfrac{h_1}{h}\left(1 - \dfrac{h_1}{h}\right) & \text{für } |z| = h/2 - h_1 \text{ und} \\ & b_0 - a \leq |y| \leq b_0 \end{cases}$$

Die Schubspannungen in den Schweißnähten folgen daraus zu:

$$\tau_{xz}(x, |y| \in (b_0 - a, b_0), |z| = \frac{h}{2} - h_1) = -\frac{3F}{ah}\frac{h_1}{h}\left(1 - \frac{h_1}{h}\right)$$
$$= -28{,}94 \, \text{N/mm}^2$$

Beispiel: Genieteter Kragträger („diskrete" Verbindungen)

Der durch die Kraft F belastete Kragträger besteht aus zwei miteinander vernieteten Profilen Hut $c/d/h/d/c \times s$ nach DIN 59 413. Die dem Teilungsbereich a zugeordnete Schubkraft F_t wird an der Verbindungsstelle durch $i = 2$ Niete ($\varnothing d_N$) übertragen. Der Nietwerkstoff hat eine zulässige Spannung τ_{zul}. Es ist die Niet-Teilung a für den Fall zu ermitteln, dass die Schubspannung die zulässige Spannung τ_{zul} erreicht. Für die Beanspruchung auf Biegung ist der Nachweis gegenüber der zulässigen Spannung σ_{zul} zu führen.

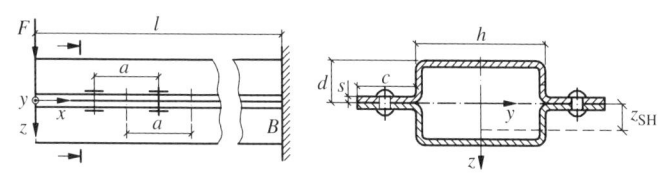

Bild 12.18

Gegeben: $F = 1{,}4 \, \text{kN}$, $l = 100 \, \text{mm}$, $d_N = 4 \, \text{mm}$;
$\tau_{zul} = 113 \, \text{N/mm}^2$, $\sigma_{zul} = 160 \, \text{N/mm}^2$;
Hut $16/10/32/10/16 \times 1{,}5$: $c = 16 \, \text{mm}$, $d = 10 \, \text{mm}$, $h = 32 \, \text{mm}$, $s = 1{,}5 \, \text{mm}$;
$A_H = 1{,}1 \, \text{cm}^2$, $I_{yyH} = 0{,}44 \, \text{cm}^4$, $z_{SH} = 5 \, \text{mm}$

Gesucht: a

Lösung:

Als Schnittreaktionen erhält man wie im vorangegangenen Beispiel:

$$Q_z(x) = -F; \qquad M_y(x) = -Fx \qquad (0 \leq x \leq l)$$

Hinsichtlich der Biegung wird der Profilträger als „homogener" Träger betrachtet. Für den Festigkeitsnachweis muss $|\sigma_x|_{max} \leq \sigma_{zul}$ gelten:

$$|\sigma_x|_{max} = \frac{|M_y(x=l)|}{W_y} = \frac{Fl}{\dfrac{2I_{yy\,H}}{d}} = 159{,}1\,\text{N/mm}^2 < 160\,\text{N/mm}^2 = \sigma_{zul}$$

Ausgangspunkt für die Betrachtungen zur Schubspannung der Nietverbindung ist die Schubspannungsverteilung des „homogenen" Trägers in der Kontaktebene $z=0$:

$$\tau_K = \tau_{xz}(x, |y| \in (h/2, h/2+c), z=0) = \frac{Q_z(x)\,S_y(z=0)}{I_{yy}b(z=0)} = \frac{-F \cdot (z_{S\,H} A_H)}{2I_{yy\,H} \cdot 2c}$$

$$= -2{,}734\,\text{N/mm}^2$$

Da die Profile in der Kontaktebene $z=0$ aber nur an diskreten äquidistanten Stellen durch die Niete (Verbindungsmittel) miteinander verbunden sind, fasst man die zu einem „Einzugsbereich" eines Nietpaares – dem so genannten Teilungsbereich der Länge a – gehörende Schubspannung in Verbindung mit dieser Fläche zu einer (resultierenden) Schubkraft F_t zusammen, vgl. Bild 12.19 (Schnitt in der Kontaktebene $z=0$). Die so ermittelte Schubkraft F_t wird dem jeweiligen Ort der Verbindungsmittel ($x = x_N$) zugeordnet und muss von den Nieten übertragen werden.

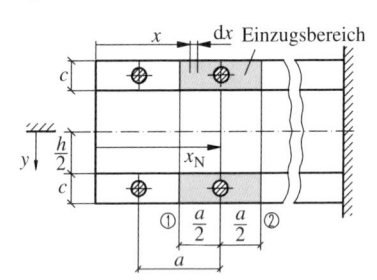

Bild 12.19

Es ergibt sich:

$$F_t(x = x_N) = \int_{x_N - a/2}^{x_N + a/2} \tau_{xz}(x = x_N, |y| \in (h/2, h/2+c), z=0) \cdot b(z=0)\,dx$$

$$= 2ac\,\tau_K = -a \cdot 87{,}49\,\frac{\text{N}}{\text{mm}}$$

Da hier die Schubkraft F_t von jeweils zwei Nieten übertragen werden muss, erhält man den Betrag der pro Niet zu übertragenden Schubkraft zu

$$F_{tN} = \frac{|F_t(x = x_N)|}{2} = a \cdot 43{,}745\,\frac{\text{N}}{\text{mm}}$$

Die Abscherspannung (vgl. Abschnitt 12.1) im Niet darf τ_{zul} nicht überschreiten, d. h. es muss die Bedingung

$$\bar{\tau}_a = \frac{F_{tN}}{A_N} = \frac{a \cdot 43{,}745\,\text{N/mm}}{\pi/4 \cdot d_N^2} \overset{!}{\leq} \tau_{zul}$$

erfüllt werden, woraus die Teilung a sofort ermittelbar ist:

$$a \leq \frac{\pi d_N^2 \tau_{zul}}{4 \cdot 43{,}745\,\text{N/mm}} = 32{,}46\,\text{mm} \qquad (\text{z. B. gewählt: } a = 30\,\text{mm})$$

12.3 Verformungen des schubweichen Balkens

Es gelten auch hier die in Abschnitt 12.2.2 getroffenen Voraussetzungen. Über das HOOKE'sche Gesetz ist die veränderliche Schubspannung $\tau_{xz}(x, z)$ (vgl. Bild 12.20a) mit dem veränderlichen Gleitwinkel $\gamma_{xz}(x, z)$ verbunden. Das ursprünglich rechtwinklige Trägerelement (vgl. Bild 12.20b) erfährt bei $x = \text{konst.}$ je nach Abstand z eine unterschiedliche Gleitung $\gamma_{xz}(z)$ (vgl. Bild 12.20c).

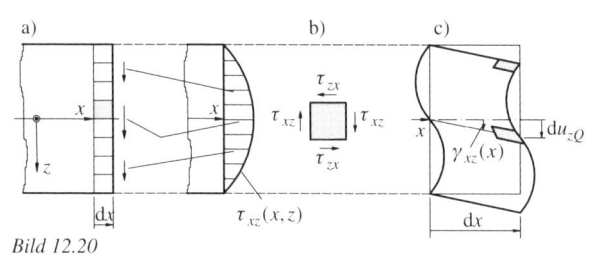

Bild 12.20

Eine unterschiedliche Schubverzerrung kann im Rahmen der linearen Theorie des geraden Trägers nicht berücksichtigt werden. Die BERNOULLI'sche Annahme, dass der ebene Querschnitt senkrecht auf der Biegelinie steht, lässt sich bei Schubverzerrung des Balkenelements nicht mehr aufrechterhalten. Deshalb wird näherungsweise eine mittlere Schubverzerrung $\bar{\gamma}_{xz}(x)$ eingeführt (vgl. Abschnitt 12.2.1 zu den Mittelwerten).

Bild 12.21 zeigt für einen Kragträger die Verformung infolge einer Querkraftbelastung, die sich aus einer Biegeverschiebung $u_{zB}(x)$ des schubstarren Balkens (vgl. Bild 12.21a) und der aus der Schubverzerrung resultierenden Verschiebung $u_{zQ}(x)$ des schubweichen Balkens (vgl. Bild 12.21b) zusammensetzt. Da die Trägerelemente eine über die Querschnittshöhe gleiche Schubverzerrung $\bar{\gamma}_{xz}(x)$ aufweisen sollen, bleiben die Elemente wie an der Einspannung in vertikaler Lage, stehen aber nicht mehr senkrecht auf der Verformungslinie (wie bei der Biegelinie).

In der linearen Theorie kann durch Anwendung des Superpositionsprinzips die Querkraftverformung mit der Biegeverformung überlagert werden und für die Gesamtverschiebung folgt:

$$u_z(x) = u_{zB}(x) + u_{zQ}(x) \qquad [\text{analog } u_y(x)]$$

12 Querkraftschub

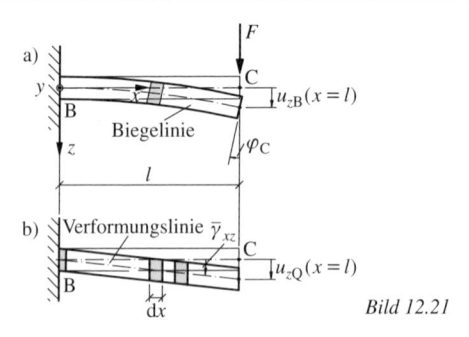

Bild 12.21

Bei konstantem Gleitwinkel $|\bar{\gamma}_{xz}(x)| \ll 1$ lässt sich nach Bild 12.22 die Schubverformung wie folgt herleiten:

$$\mathrm{d}u_{zQ}(x) \approx \bar{\gamma}_{xz}(x)\,\mathrm{d}x \Rightarrow \frac{\mathrm{d}u_{zQ}(x)}{\mathrm{d}x} = u'_{zQ}(x) \approx \bar{\gamma}_{xz}(x)$$

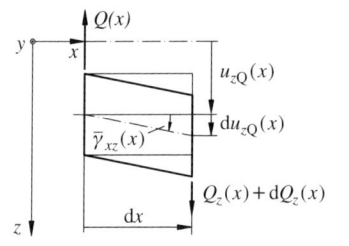

Bild 12.22

Mit dem HOOKE'schen Gesetz und der mittleren Schubspannung nach Abschnitt 12.2.1 ergibt sich:

$$\bar{\gamma}_{xz}(x) = \frac{1}{G}\bar{\tau}_{xz}(x) = \frac{Q_z(x)}{GA_S} = \varkappa_z \frac{Q_z(x)}{GA}$$

$$\Rightarrow u'_{zQ}(x) = \frac{Q_z(x)}{GA_S} = \varkappa_z \frac{Q_z(x)}{GA} \qquad \text{analog: } u'_{yQ} = \varkappa_y \frac{Q_y(x)}{GA}$$

Differenziation nach x und Einsetzen des Zusammenhangs $Q'_z(x) = -q_z(x)$ liefert mit $u''_{zB}(x) = -M_y(x)/(EI_{yy})$ für Hauptachsenbiegung eine DGl. zweiter Ordnung für die Gesamtverschiebung der Balkenmittellinie:

$$u''_z(x) = u''_{zB}(x) + u''_{zQ}(x) = -\frac{M_y(x)}{EI_{yy}} + \varkappa_z \frac{Q'_z(x)}{GA}$$

$$= -\left(\frac{M_y(x)}{EI_{yy}} + \varkappa_z \frac{q_z(x)}{GA}\right)$$

analog:

$$u''_y(x) = \frac{M_z(x)}{EI_{zz}} + \varkappa_y \frac{Q'_y(x)}{GA} = \frac{M_z(x)}{EI_{zz}} - \varkappa_y \frac{q_y(x)}{GA} \qquad (Q'_y = -q_y)$$

12.3 Verformungen des schubweichen Balkens

Die Integration dieser DGln. erfolgt ganz analog zur Lösung der DGl. der Biegelinie (vgl. Abschnitt 11.3.1.2), allerdings ist insbesondere bei den RB zu beachten, dass auch

$$u'_z\big|_{\text{Rand}} = u'_{z\text{B}}\big|_{\text{Rand}} + u'_{z\text{Q}}\big|_{\text{Rand}} = u'_{z\text{B}}\big|_{\text{Rand}} + \frac{\varkappa_z}{GA} Q_z\big|_{\text{Rand}}$$

(analog für $u'_y\big|_{\text{Rand}}$)

gilt.

Es sei noch darauf hingewiesen, dass wie bei der Balkenbiegung auch hier eine DGl. vierter Ordnung angegeben werden kann, für die dann aber noch weitere RB zu formulieren sind (vgl. dazu z. B. /Ma-04/).

Im Unterschied zum schubstarren Balken ergibt sich die Neigung des Querschnitts zu:

$$\varphi_y(x) \approx u'_{z\text{B}}(x) = \frac{\mathrm{d}u_z(x)}{\mathrm{d}x} - \overline{\gamma}_{xz}(x)$$

Beispiel: Kragträger mit Einzelkraft nach Bild 12.23

Für den durch die Kraft F belasteten Kragträger mit Rechteckquerschnitt und der Länge l ist die Verschiebungsfunktion $u_z(x)$ zu bestimmen.

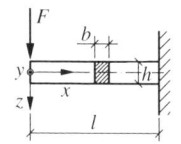

Bild 12.23

Gegeben: $b, h, l = 5h, F, E, \nu = 0{,}3$

Gesucht: $u_z(x)$; insbesondere das Verhältnis $\dfrac{u_{z\text{Q}}(x=0)}{u_{z\text{B}}(x=0)}$

Lösung:

Als Schnittreaktionen für das in Bild 12.23 definierte x, y, z-KS liegen vor:

$$Q_z(x) = -F; \qquad M_y(x) = -Fx \qquad (0 \leq x \leq l)$$

Mit $\varkappa_z = 1{,}2$ und $I_{yy} = bh^3/12$ (Rechteckquerschnitt) sowie $Q'_z \equiv 0$ ergibt sich:

$$u''_z(x) = \frac{12Fx}{Ebh^3} + 0 \Rightarrow$$

$$u'_z(x) = \frac{6Fl^2}{Ebh^3}\left(\frac{x}{l}\right)^2 + C_1, \qquad u_z(x) = \frac{2Fl^3}{Ebh^3}\left(\frac{x}{l}\right)^3 + C_1 l\left(\frac{x}{l}\right) + C_2$$

Die Konstanten C_1 und C_2 müssen so gewählt werden, dass die RBn

$$u_z(x = l) = 0$$

und

$$u'_z(x = l) = u'_{z\text{B}}(x = l) + u'_{z\text{Q}}(x = l) = 0 + \frac{\varkappa_z}{Gbh}Q_z(x = l) = -\frac{\varkappa_z F}{Gbh}$$

erfüllt werden. Das ergibt die Gln.:

$$\frac{2Fl^3}{Ebh^3} + C_1 l + C_2 = 0; \qquad \frac{6Fl^2}{Ebh^3} + C_1 = -\frac{\varkappa_z F}{Gbh}$$

Ihre Auflösung liefert mit $G = \dfrac{E}{2(1+\nu)} = \dfrac{5}{13}E$:

$$C_1 = -\frac{F}{Ebh}\left[\frac{13}{5}\varkappa_z + 6\left(\frac{l}{h}\right)^2\right] = -\frac{7656}{50}\frac{F}{Ebh}$$

$$C_2 = \frac{Fl}{Ebh}\left[\frac{7656}{50} - 2\left(\frac{l}{h}\right)^2\right] = \frac{5156}{10}\frac{F}{Eb}$$

Damit erhält man:

$$u_z(x) = \frac{F}{Eb}\left[250\left(\frac{x}{l}\right)^3 - \frac{7656}{10}\frac{x}{l} + \frac{5156}{10}\right]$$

$$u_{z\,\text{max}} = u_z(x = 0) = 515{,}6\frac{F}{Eb}$$

Die Durchsenkung des Kraftangriffspunktes, die sich ohne Berücksichtigung des Querkraftschubs einstellt, ist

$$u_{zB}(x = 0) = \frac{Fl^3}{3EI_{yy}} = 500\frac{F}{Eb}$$

(vgl. Anlage F12), d. h. der Anteil infolge von Schub ist:

$$u_{zQ}(x = 0) = u_z(x = 0) - u_{zB}(x = 0) = 15{,}6\frac{F}{Eb}$$

Damit lässt sich das gesuchte Verhältnis errechnen:

$$\frac{u_{zQ}(x=0)}{u_{zB}(x=0)} = \frac{15{,}6}{500} = 0{,}031\,2$$

▶ *Fazit:* Bei schlanken Trägern ist die Verschiebung infolge Querkraft vernachlässigbar klein. (Regel: $l \geq 5h$, dann Durchsenkung infolge Schub gegenüber Biegung vernachlässigbar)

12.4 Querkraftschub beim dünnwandig offenen Profil

Die Darlegungen beschränken sich auf dünnwandige Profile; diese werden häufig bei Rahmenkonstruktionen im Stahlbau eingesetzt. Unter dünnwandigen Profilen werden solche eingeordnet, deren Wanddicke h zur Profilhöhe H relativ klein ist; i. Allg. wird $h/H \leq 1/10$ vorausgesetzt. Weiterhin werden die Profile in offene bzw. geschlossene Profile klassifiziert, wobei letztere noch in ein- oder mehrzellige (bzw. einfach und mehrfach zusammenhängende) Hohlprofile unterteilt werden. Die Beschränkung hier besteht in der Behandlung nur offener Profile, bei denen die *Profilmittellinie* keine geschlossene Kurve beschreibt. Es sei auf weiterführende Literatur verwiesen, z. B. /Kl-05/.

12.4.1 Schubflussberechnung

Folgende Annahmen bzw. Aussagen zum Verlauf der Schubspannungen sollen hier ohne umfassende Erläuterungen dargestellt werden:

- Die Schubspannung τ_{xs} verläuft parallel zur Profilmittellinie. Zur geometrischen Beschreibung wird auf ihr die Profilkoordinate s als natürliche Koordinate eingeführt, deren Ursprung beliebig sein kann (vgl. Bild 12.24). Die y, z-Achsen sind weiterhin HA.

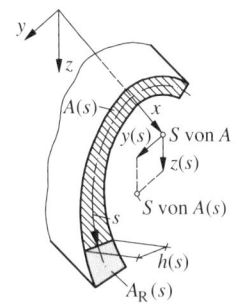

Bild 12.24

- Die Schubspannungen sind konstant über die Wanddicke $h(s)$ verteilt (vgl. Bild 12.25) und sind positiv, falls $\tau_{xs}(x,s) = \tau_{sx}(x,s) = \tau_s(x,s)$ am positiven Schnittufer in positive s-Richtung zeigt.

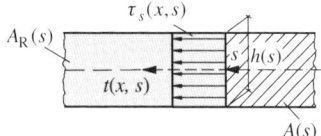

Bild 12.25

- Genauere Berechnungen für schmale Rechtecke (Breite $\ll$ Höhe) bestätigen die Annahme $\tau_s =$ konst. über $h(s)$. Dieses Ergebnis wird auf alle dünnwandigen Profile angewandt, indem bei zusammengesetzten Profilen die einzelnen Teilflächen als schmale Rechtecke aufgefasst werden. Mit dieser Annahme wird ein *Schubfluss* $t(x,s)$ [Schubkraft/Längeneinheit] (vgl. Bild 12.25) gemäß

$$t(x,s) = \tau_s(x,s) h(s)$$

definiert.

Für die Behandlung und Darstellung von Schubproblemen kann statt des realen dünnwandigen Profils auch das „Netzwerk" der Profilmittellinien mit Angabe der Wanddicke $h(s)$ benutzt werden.

- Es liegt ein ebener Spannungszustand (ESZ) vor; dieser besteht aus $\sigma_x = \sigma_x(M_y, M_z)$ sowie $\tau_s = \tau_s(Q_y, Q_z)$. Schubspannungen senkrecht zur Profilmittellinie können zwar im Innern auftreten, sind aber bei dünnwandigen Profilen vernachlässigbar.

- An allen Profilenden ist der Schubfluss $t(x, s) = 0$. In den dortigen Randpunkten (lastfreier Rand) ist der Schubspannungsring nicht vollständig: $\tau_s(x, s = 0) = 0$. Deshalb wird vorteilhaft die Profilkoordinate s mit ihrem Ursprung in einem Randpunkt $[t(x, s = 0) = 0]$ gewählt.

- In einem Profilknoten muss die Summe aller zufließenden und abfließenden Schubflüsse null sein. Der Punkt, bei welchem die Profilmittellinien von zwei oder mehreren Teile zusammenlaufen, wird (wie bei Fachwerken) als Knoten bezeichnet. Da der Schubfluss mit einem Wasserfluss in einer Röhre verglichen werden kann, gilt analog der Kontinuitätsbedingung die Knotenpunktbedingung:

$$\sum_i |t_i|_{\text{zufließend}} = \sum_j |t_j|_{\text{abfließend}}$$

Liegen „unstetige" Profile vor, die Ecken oder Verzweigungen aufweisen, muss eine Einteilung in Bereiche s_i (lokale KS) vorgenommen werden. Im Nahbereich einer Ecke ergibt sich eine sehr große Spannungsspitze, die jedoch in der technischen Biegetheorie ignoriert wird. Es sei darauf hingewiesen, dass der Schubfluss an der Ecke einen stetigen Verlauf zeigt (Kontinuität), nur die Schubspannungen in unmittelbarer Umgebung sind gestört.

- Bei einem symmetrischen Profil wird das Schubflussdiagramm $t(x, s)$ für die in Richtung der Symmetrieachse wirkende Querkraft symmetrisch. An den Schnittpunkten der Symmetrieachse mit der Profilmittellinie wird der Schubfluss zu null. Beim geschlossenen einzelligen symmetrischen Hohlprofil erfolgt ein gedachter Schnitt längs der Symmetrieachse und die Profilhälften werden wie offene Profile behandelt.

Bei dem vorliegenden ESZ erfolgt die Ermittlung der Schubspannungen allein durch Gleichgewichtsbetrachtungen.

Aus den GGB an einem Schalenelement nach Bild 12.26 in x-Richtung ergibt sich:

$$\frac{\partial \sigma_x}{\partial x} h + \frac{\partial t(s)}{\partial s} = 0 \quad \text{mit} \quad t = h \tau_s$$

Die partielle Differenziation von $\sigma_x(x, y, z)$ nach x bei zweifacher Hauptachsenbiegung (vgl. Abschnitt 11.2.1) liefert:

$$\frac{\partial \sigma_x}{\partial x} = \frac{z}{I_{yy}} \underbrace{Q_z(x)}_{\frac{dM_y}{dx} = Q_z(x)} + \frac{y}{I_{zz}} \underbrace{Q_y(x)}_{\frac{dM_z}{dx} = -Q_y(x)}$$

Nach dem Einsetzen bei anschließender bestimmter Integration erhält man:

$$t(x, s) - t(x, s = 0) = -\frac{Q_z(x)}{I_{yy}} \int_0^s z\, h(\bar{s})\, d\bar{s} - \frac{Q_y(x)}{I_{zz}} \int_0^s y\, h(\bar{s})\, d\bar{s}$$

$[h(\bar{s})\, d\bar{s} = dA]$

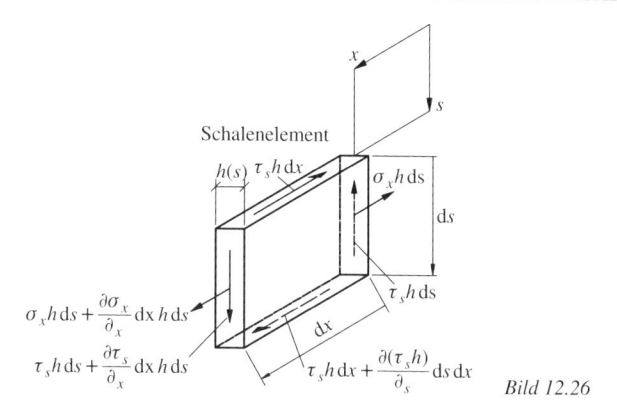

12.4 Querkraftschub beim dünnwandig offenen Profil

Bild 12.26

An den Profilenden gelten folgende RB: $t(s=0) = 0$, $t(s=l_s) = 0$; damit lautet der Schubfluss:

$$t(x,s) = \tau_s(x,s)\,h(s) = -\left[\frac{Q_z(x)}{I_{yy}}S_y(s) + \frac{Q_y(x)}{I_{zz}}S_z(s)\right]$$

$S_y(s) = \int_0^s z\,h(\bar{s})\,\mathrm{d}\bar{s}$ und $S_z(s) = \int_0^s y\,h(\bar{s})\,\mathrm{d}\bar{s}$ sind dabei die statischen Momente der Profil-Teilfäche $A(s)$. Der Schubfluss an der Stelle $x =$ konst. ist somit proportional zu den statischen Momenten.

▶ *Bemerkung:* Das Vorzeichen der statischen Momente ist abhängig von der frei wählbaren Koordinatenrichtung. Sind an einem positiven Schnittufer bei positiven Querkräften Q_z und Q_y die statischen Momente S_y und S_z positiv, so zeigen die Schubspannungen τ_s entgegengesetzt zur positiv gewählten Koordinatenrichtung s.

Der Zusammenhang zwischen den Schnittreaktionen und Spannungen wird mit den Äquivalenzbedingungen (vgl. Abschnitt 8.8) hergestellt. Zwischen den Schubspannungen und den Querkräften besteht folgender Zusammenhang:

$$\int_{s=0}^{l_s} \vec{\tau}_s\,h(s)\,\mathrm{d}s = \vec{Q} = Q_y\vec{e}_y + Q_z\vec{e}_z$$

Zur Berechnung der statischen Momente für gerade Profilabschnitte (I-, U-, kastenförmige Profile) wird folgende, im Bild 12.27 illustrierte Vorgehensweise vorgeschlagen:
- abschnittsweise Einführung der Profilkoordinaten s_j, $j = 1,2,\ldots$
- Berechnung der Koordinaten $z(s_j)$ bzw. $y(s_j)$ der Teil-Flächenschwerpunkte
- Berechnung der statischen Momente für die Teilflächen, wobei immer die gesamte Teilfäche $A(s)$ (vgl. Bild 12.27 für s_3) oder $A_R(s)$ zu berücksichtigen ist. Die Aufteilung bei s (im Bild 12.27 s_3) erzeugt die Teilfäche $A(s)$

und die Restfläche $A_R(s)$ $[A(s) + A_R(s) = A]$ mit den statischen Momenten $S_y(s) = z(s)A(s) = -z_R(s)A_R(s)$ [analog für $S_z(s)$].

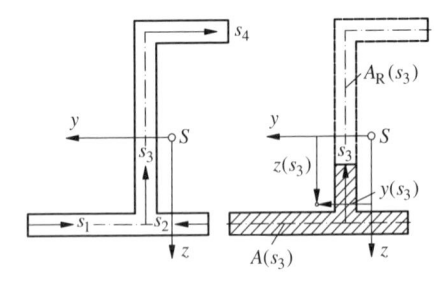

Bild 12.27

12.4.2 Schubmittelpunkt

Aus der Erfahrung ist bekannt, dass dünnwandig offene Profile sehr torsionsweich sind. Für das beanspruchungsgerechte Auslegen von Konstruktionen lässt sich daraus ableiten, dass eine torsionsfreie Biegung anzustreben ist. In der Praxis tritt aber häufig die gleichzeitige Beanspruchung durch Querkraftbiegung und Torsion (vgl. Kapitel 13) auf.

Das Torsionsmoment und die Querkräfte lassen sich mit dem Versetzungsmoment (vgl. Abschnitt 1.4.3) jeweils zu einer parallel verschobenen Querbelastung zusammenfassen, die nunmehr exzentrisch angreift. In Abschnitt 8.8 wurde schon ausgeführt, dass äußere Querlasten nur dann kein zusätzliches Torsionsmoment erzeugen, falls ihre Wirkungslinien durch den *Schubmittelpunkt T* (auch Querkraftmittelpunkt) des Querschnitts verlaufen.

In Erweiterung der obigen Erfahrungstatsache werden deshalb die Betrachtungen auf dünnwandig offene Profile beschränkt, da gerade bei diesen die Querkraft-Schubspannungen die Größenordnung von Biegespannungen annehmen können und nicht wie oft bei dickwandigen Profilen vernachlässigt werden dürfen.

Die Definition des Schubmittelpunktes als geometrische Größe lautet:

- Der Schubmittelpunkt $T = T(y_T, z_T)$ ist derjenige Punkt des Querschnitts, bez. dessen das resultierende Moment $M_x(x)$ des Schubflusses $t(x, s)$ gleich null ist.

Hinweis für beanspruchungsgerechtes Konstruieren:

Ein Profil wird dann nicht zusätzlich auf Torsion beansprucht, wenn die Lastebene der äußeren Belastung, aus der die resultierende Querkraft ermittelt wurde, durch den Schubmittelpunkt T verläuft. Zu den äußeren Kräften gehören auch die Lagerreaktionen. Damit ist der resultierende Schubfluss allein der Querkraft äquivalent.

Weitere nützliche Hinweise zur Berechnung des Schubmittelpunktes T:
- Der Schubmittelpunkt liegt auf den Symmetrieachsen eines symmetrischen Profils; bei doppelt symmetrischen Profilen ist $S \equiv T$.
- Bei Profilen aus sich kreuzenden schmalen Rechtecken (Winkelprofil, T-Profil) liegt T im Schnittpunkt der Profilmittellinien.
- Bei dünnwandig offenen Profilen liegt T meist außerhalb der Querschnittsfläche (auf der Seite gegenüber der Öffnung).

Im Bild 12.28a ist der Schubmittelpunkt T mit seinen (vorzeichenbehafteten) Koordinaten y_T, z_T angenommen; die Länge der Profilmittellinie ist l_s und $r^*(s)$ ist der senkrechte Abstand von S zur Wirkungslinie des Schubflusses $t(x, s)$.

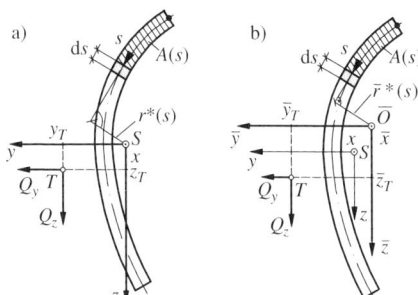

Bild 12.28

Die Momenten-Äquivalenz von Querkräften und Schubfluss bez. der Balkenachse (Schwereachse) lautet:

$$Q_z y_T - Q_y z_T = \int_{s=0}^{l_s} t(x,s) r^*(s)\,ds$$

Nach dem Einsetzen von $t(x,s)$ und dem Ausklammern der (beliebig großen) Querkräfte ergeben sich die Koordinaten des Schubmittelpunktes zu:

$$y_T = -\frac{1}{I_{yy}} \int_0^{l_s} S_y(s) r^*(s)\,ds, \qquad z_T = \frac{1}{I_{zz}} \int_0^{l_s} S_z(s) r^*(s)\,ds$$

Für einen beliebigen Bezugspunkt $\overline{O}$ (vgl. Bild 12.32b) lauten die Koordinaten:

$$\bar{y}_T = -\frac{1}{I_{yy}} \int_0^{l_s} S_y(s) \bar{r}^*(s)\,ds, \qquad \bar{z}_T = \frac{1}{I_{zz}} \int_0^{l_s} S_z(s) \bar{r}^*(s)\,ds$$

12.4.3 Anwendungen

Beispiel: Träger mit C-Profil

Ein nach Bild 12.29 statisch bestimmt gelagerter dünnwandiger Träger mit C-Profil ($h\ldots$ Blechdicke) wird über angeschweißte Stifte auf Querkraftbiegung belastet. Zu bestimmen ist der Abstand a dafür, dass der Träger nur auf Biegung und Querkraftschub, nicht aber auf Torsion beansprucht wird. Der Schubfluss im Querschnitt ist außerdem zu ermitteln.

228 12 Querkraftschub

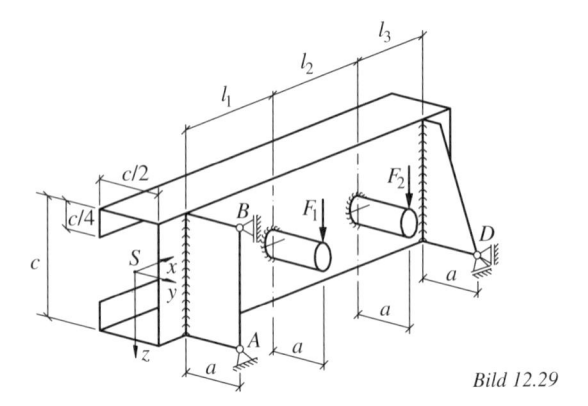

Bild 12.29

Gegeben: $c, h \ll c, l_1, l_2, l_3, F_1, F_2$

Gesucht: a dafür, dass $M_x \equiv 0$ wird;
$t(x,s) = h \cdot \tau(x,s)$

Lösung:

Den frei geschnittenen Träger mit den eingetragenen Bereichskoordinatensystemen zeigt Bild 12.30.

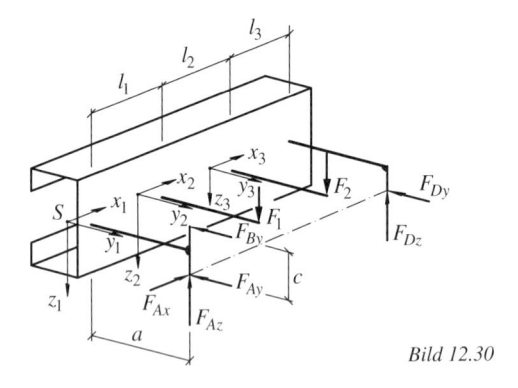

Bild 12.30

Die LR folgen aus den statischen GGB zu:

$$F_{Ax} = 0, \qquad F_{Ay} = F_{By} = F_{Dy} = 0$$

$$F_{Az} = \frac{1}{l}\left[F_1(l_2 + l_3) + F_2 l_3\right]$$

$$F_{Dz} = \frac{1}{l}\left[F_1 l_1 + F_2(l_1 + l_2)\right] \quad \text{mit} \quad l = l_1 + l_2 + l_3$$

Beachtet man, dass die Querkräfte am Schubmittelpunkt T (vgl. Bild 12.31 und Abschnitt 12.4.2) angreifen, so erhält man für die hier relevanten SR:

$0 \leqq x_1 \leqq l_1:\quad Q_z(x_1) = F_{Az},\quad M_x(x_1) = F_{Az}a - Q_z(x_1)\bar{y}_T$

$0 \leqq x_2 \leqq l_2:\quad Q_z(x_2) = F_{Az} - F_1,\quad M_x(x_1) = (F_{Az} - F_1)a - Q_z(x_2)\bar{y}_T$

$0 \leqq x_3 \leqq l_3:\quad Q_z(x_3) = -F_{Dz},\quad M_x(x_1) = -F_{Dz}a - Q_z(x_3)\bar{y}_T$

(das Biegemoment M_y ist hier nicht von Interesse).

Aus der Forderung, dass $M_x(x_i) \equiv 0$ ($i = 1, 2, 3$) gelten soll, folgt nach dem Einsetzen der Querkräfte für alle drei Bereiche sofort:

$a = \bar{y}_T$

Zur Berechnung von $\bar{y}_T$ werden die Profilkoordinaten s_1 bis s_3 entsprechend Bild 12.31 eingeführt (aus Gründen der Symmetrie kann auf s_4 und s_5 verzichtet werden).

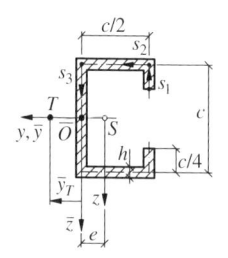

Bild 12.31

Bei Behandlung der Querschnittsfläche als Profillinienzug mit jeweils zugeordneter Wanddicke erhält man:

$A = \left(\dfrac{c}{4} + \dfrac{c}{2} + \dfrac{c}{2}\right) h \cdot 2 = \dfrac{5}{2}hc$

$\bar{y}_S = \left(-\dfrac{c}{4}\dfrac{c}{2} - \dfrac{c}{2}\dfrac{c}{4}\right)\dfrac{h}{A} \cdot 2 = -\dfrac{c}{5} \Rightarrow \bar{y}_{\bar{O}} = -\bar{y}_S = e = \dfrac{c}{5}$

$I_{yy} = 2\left[\left(\dfrac{h}{12}\left(\dfrac{c}{4}\right)^3 + \left(\dfrac{3c}{8}\right)^2 h\dfrac{c}{4}\right) + \left(\dfrac{1}{12}\dfrac{c}{2}h^3 + \left(\dfrac{c}{2}\right)^2 \dfrac{c}{2}h\right)\right.$

$\qquad\left. + \left(\dfrac{h}{12}\left(\dfrac{c}{2}\right)^3 + \left(\dfrac{c}{4}\right)^2 h\dfrac{c}{2}\right)\right]$

$\quad = \dfrac{13}{32}hc^3 + \dfrac{ch^3}{12} \approx \dfrac{13}{32}hc^3$

Die weiterhin benötigten, von der jeweiligen Profilkoordinate s_j ($j = 1, 2, 3$) abhängigen statischen Momente $S_y(s_j)$ ergeben sich zu:

$0 \leqq s_1 \leqq \dfrac{c}{4}:\quad S_y(s_1) = -\left(\dfrac{c}{4} + \dfrac{s_1}{2}\right) h s_1;\quad S_y(s_1 = c/4) = -\dfrac{3}{32}hc^2$

$0 \leqq s_2 \leqq \dfrac{c}{2}:\quad S_y(s_2) = -\dfrac{3}{32}hc^2 - \dfrac{c}{2}hs_2;\quad S_y(s_2 = c/2) = -\dfrac{11}{32}hc^2$

$0 \leqq s_3 \leqq c:\quad S_y(s_3) = -\dfrac{11}{32}hc^2 - \left(\dfrac{c}{2} - \dfrac{s_3}{2}\right)hs_3$

230 *12 Querkraftschub*

Nutzt man zweckmäßigerweise den Punkt $\overline{O}$ als Bezugspunkt, so sind die senkrechten Abstände dieses Punktes von den jeweiligen Profilmittellinien konstant:

$$\overline{r}_1^* = \frac{c}{2}, \qquad \overline{r}_2^* = \frac{c}{2}, \qquad \overline{r}_3^* = 0$$

Also berechnet sich die Koordinate $\overline{y}_T$ gemäß:

$$\overline{y}_T = -\frac{2}{I_{yy}} \left[\int_0^{c/4} S_y(s_1) \frac{c}{2} \, ds_1 + \int_0^{c/2} S_y(s_2) \frac{c}{2} \, ds_2 \right] + \int_0^c 0 \, ds_3 = \frac{23}{78} c$$

Für den Schubfluss $t(x,s) = h\tau_{xs}(x,s)$ folgt mit $Q_y(x_i) \equiv 0$:

$$\left. \begin{array}{ll}
0 \leq s_1 \leq \dfrac{c}{4}: & t(x_i, s_1) = \dfrac{32 Q_z(x_i)}{13c} \left(\dfrac{1}{4} + \dfrac{s_1}{2c} \right) \dfrac{s_1}{c} \\[2mm]
0 \leq s_2 \leq \dfrac{c}{2}: & t(x_i, s_2) = \dfrac{32 Q_z(x_i)}{13c} \left(\dfrac{3}{32} + \dfrac{s_2}{2c} \right) \\[2mm]
0 \leq s_3 \leq c: & t(x_i, s_3) = \dfrac{32 Q_z(x_i)}{13c} \left[\dfrac{11}{32} + \left(\dfrac{1}{2} - \dfrac{s_3}{2c} \right) \dfrac{s_3}{c} \right]
\end{array} \right\} i = 1, 2, 3$$

Das Maximum des Schubflusses (und damit der Schubspannung) tritt bei $s_3 = \dfrac{c}{2}$ auf.

Beispiel: Schubmittelpunkt und Schubfluss beim offenen Kreisring

Bild 12.32 zeigt einen Kragträger mit kreisbogenförmigem, dünnwandig offenem Profil, an dessen freien Ende ein biegesteifer Hebel befestigt ist, auf den die Vertikalkraft F wirkt. Um eine Torsion des Trägers auszuschließen, muss F im Schubmittelpunkt T des Querschnitts angreifen.

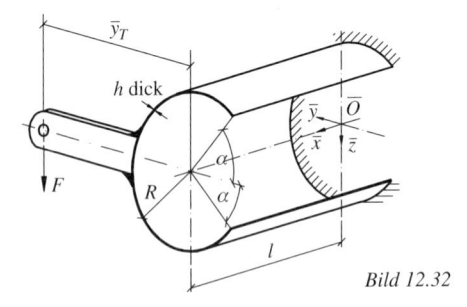

Bild 12.32

Gegeben: $R, h \ll R, l, \alpha, F$

Gesucht: $\overline{y}_S, \overline{y}_T$, Schubfluss t

Lösung:

Wegen $h \ll R$ kann der Querschnitt durch die kreisbogenförmig gekrümmte Profilmittellinie und die Wanddicke h beschrieben werden. Die Profilkoordinate s wird entsprechend Bild 12.33 über $s = R \cdot (\varphi - \alpha)$ mit $\alpha \leq \varphi \leq 2\pi - \alpha$ in Abhängigkeit des Winkels φ definiert. Mit $\mathrm{d}s = R\,\mathrm{d}\varphi$ und $\mathrm{d}A \approx h\,\mathrm{d}s$ ergibt sich:

$$A = h \int_{s=0}^{l_s} \mathrm{d}s = hR \int_{\varphi=\alpha}^{2\pi-\alpha} \mathrm{d}\varphi = 2hR(\pi - \alpha)$$

$$\bar{y}_S = \frac{1}{A} \int_{\varphi=\alpha}^{2\pi-\alpha} \underbrace{(-R\cos\varphi)}_{=\bar{y}(\varphi)} hR\,\mathrm{d}\varphi = \frac{R\sin\alpha}{\pi - \alpha}$$

$$I_{yy} = \int_{\varphi=\alpha}^{2\pi-\alpha} \underbrace{(-R\sin\varphi)^2}_{=z(\varphi)} hR\,\mathrm{d}\varphi = \frac{hR^3}{2}(2(\pi - \alpha) + \sin 2\alpha)$$

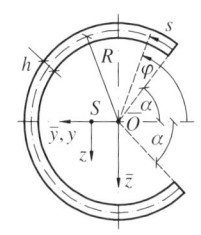

Bild 12.33

Das statische Moment $S_y(\varphi)$ der durch s bzw. $(\varphi - \alpha)$ beschriebenen Fläche folgt aus:

$$S_y(\varphi) = \int_{\overline{\varphi}=\alpha}^{\varphi} (-R\sin\overline{\varphi})\,hR\,\mathrm{d}\overline{\varphi} = hR^2(\cos\varphi - \cos\alpha)$$

Mit diesen Größen kann nun die Koordinate $\bar{y}_T$ ermittelt werden, wenn berücksichtigt wird, dass für den senkrechten Abstand des Bezugspunktes $\overline{O}$ von der Tangente der Profilmittellinie $\bar{r}^*(s) = R$ gilt:

$$\bar{y}_T = -\frac{1}{I_{yy}} \int_{\varphi=\alpha}^{2\pi-\alpha} S_y(\varphi) R R\,\mathrm{d}\varphi = -\frac{hR^4}{I_{yy}} \int_{\varphi=\alpha}^{2\pi-\alpha} (\cos\varphi - \cos\alpha)\,\mathrm{d}\varphi$$

$$= \frac{2hR^4}{I_{yy}} (\sin\alpha + (\pi - \alpha)\cos\alpha)$$

Nach dem Einsetzen von I_{yy} ergibt sich:

$$\bar{y}_T = \bar{y}_T(\alpha) = 4R\frac{\sin\alpha + (\pi - \alpha)\cos\alpha}{2(\pi - \alpha) + \sin 2\alpha} \qquad (\bar{z}_T = 0 \text{ wegen Symmetrie})$$

Interessant ist, dass beim geschlitzten Kreisring, der durch $\alpha = 0$ beschrieben wird, der Schubmittelpunkt bei $\bar{y}_T(\alpha = 0) = 2R$ liegt, während für den geschlossenen Kreisring $\bar{y}_T = 0$ gilt.

Auch hier kann der Schubfluss infolge der Querkraft $Q_z(x) = F$ entlang der Profilmittellinie einfach ermittelt werden:

$$t(x,\varphi) = h\tau_{x\varphi}(x,\varphi) = -\frac{Q_z(x) S_y(\varphi)}{I_{yy}} = \frac{2F(\cos\alpha - \cos\varphi)}{R(2(\pi - \alpha) + \sin 2\alpha)}$$

Das Maximum dieser Funktion tritt bei $\varphi = \pi$ auf, während sie für $\varphi = \alpha$ und $\varphi = 2\pi - \alpha$ null wird.

13 Torsion von Stäben

Das Wort Torsion kommt aus dem Lateinischen von torsio, die Drehung. Die Beschreibung einer Torsionsbeanspruchung über die äußere Belastung (z. B. Querlasten, die nicht im Schubmittelpunkt T angreifen) oder über die Schnittreaktionen ist nur bedingt möglich, weil außer dem *Torsionsmoment* M_x noch eine weitere Schnittgröße, das *Wölbmoment* hinzukommen kann. Dieses Wölbmoment steht mit keiner der bekannten Schnittgrößen des Balkens in Beziehung und erfordert eine Erweiterung der Torsionstheorie.

Für die Torsion lassen sich zwei grundlegende Fälle unterscheiden:
- Die von ST. VENANT (1855) entwickelte Theorie der „reinen" oder „freien" Torsion setzt Wölbspannungsfreiheit voraus, d. h. eine ungehinderte Querschnittsverwölbung wird zugelassen (*Verwölbung* bzw. Wölbfunktion: alle Axialverschiebungen u_x eines Stab-Querschnitts bei $x =$ konst., unabhängig davon, ob der Querschnitt eben bleibt oder nicht). Im torsionsbeanspruchten Stab liegt ein reiner Schubspannungszustand vor und die Längsspannungen σ_x sind null (sofern keine Längskraft anderweitig hervorgerufen wird).
- Bei der Theorie der Wölbkrafttorsion werden die Querschnittsverwölbungen ver- bzw. behindert (z. B. durch eine Einspannung); damit ist die Wölbkrafttorsion mit Längsspannungen (Wölbspannungen) gekoppelt. Diese stellen so genannte Eigenkraftgruppen dar (vgl. Abschnitt 10.2.1) und dürfen das Gleichgewicht nicht stören; sie erzeugen weder eine resultierende Längskraft noch ein resultierendes Biegemoment.

Eine Torsionsbeanspruchung verursacht immer *Schubspannungen*; sie liegt dann vor, wenn eine *Verdrehung* $\varphi(x)$ des sich an der Stelle x befindlichen Querschnitts um die Längsachse (x-Achse) auftritt und sich diese in Richtung der Längsachse ändert ($\mathrm{d}\varphi/\mathrm{d}x = \vartheta \neq 0$), d. h. der Stab wird *verdrillt*.

Die allgemeine Torsionsbeanspruchung lässt sich entsprechend obiger Aussagen als Summe zweier Teilspannungszustände darstellen (Aufspaltung aus didaktischer Sicht), nämlich aus
1. dem reinen Schubspannungszustand ohne zusätzliche, durch Torsion verursachte Längsspannungen und
2. der Wölbkrafttorsion mit solchen Längsspannungen.

Die Gleichgewichtsbedingung dafür lautet:

$$\underbrace{\frac{\partial \tau_{xy,1}}{\partial y} + \frac{\partial \tau_{xz,1}}{\partial z}}_{\text{1. ST. VENANT}} + \underbrace{\frac{\partial \tau_{xy,2}}{\partial y} + \frac{\partial \tau_{xz,2}}{\partial z} + \frac{\partial \sigma_x}{\partial x}}_{\text{2. Wölbkrafttorsion}} = 0$$

Ist der Anteil mit dem Index 2, die Wölbschubspannung, null oder klein, kann die Berechnung nach der ST. VENANT'schen Theorie erfolgen; nur diese soll hier behandelt werden, weil sie
- historisch zuerst entwickelt wurde,
- für viele praktischen Fälle ausreichend genaue Ergebnisse liefert und

- Grundlage für die schwierigere Theorie der allgemeinen Wölbkrafttorsion ist. (Für weitergehende Betrachtungen sei z. B. auf /Fr-93/ verwiesen.)

13.1 Voraussetzungen und Grundlagen

Die Voraussetzungen sind (teilweise Wiederholung, vgl. Abschnitt 8.7):
- Stabachse sei gerade (bei gekrümmten Trägern sind Biegung und Torsion gekoppelt),
- Verdrehungen $\varphi(x)$ des Stabes erfolgen um die Schubmittelpunktsachse, sofern nicht konstruktiv eine andere Drehachse vorgegeben ist,
- Querschnittsform(-gestalt) im belasteten Zustand bleibt erhalten (Vorsicht bei sehr dünnwandigen Profilen!),
- kleine Verdrehungen $\Rightarrow$ geometrisch (und physikalisch – HOOKE) linear,
- Querschnitt des Stabes sei bereichsweise konst. oder schwach veränderlich,
- für die wölbspannungsfreie Torsion gilt weiterhin: reiner Schubspannungszustand, d. h. $\sigma_x = 0$.

Die Schnittgröße Torsionsmoment $M_x(x)$ bez. einer durch den Schubmittelpunkt T (in Bild 13.1 ist $T \equiv S$) laufenden Längsachse (Drehachse) bewirkt eine *Verdrehung* der Querschnitte, die durch den *Torsions*- bzw. *Verdrehwinkel* $\varphi = \varphi(x)$ beschrieben wird, wobei die Querschnittsform erhalten bleibt, vgl. Bild 13.2.

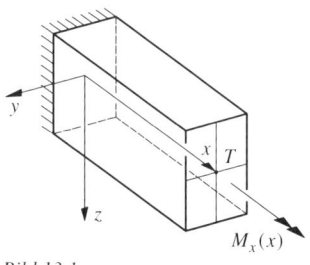

Bild 13.1 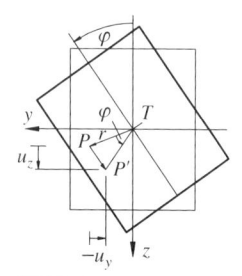   *Bild 13.2*

Zwischen den Verschiebungen u_y, u_z eines Punktes P des Querschnitts und der *Drillung* ϑ, der Änderung der Verdrehung pro Längeneinheit

$$\vartheta(x) = \varphi'(x) = \frac{\mathrm{d}\varphi(x)}{\mathrm{d}x}$$

bestehen folgende Zusammenhänge (Zuwächse der Verschiebungen eines Stabelements der Länge $\mathrm{d}x$ vom negativen zum positiven Schnittufer hin):

$$\frac{\partial u_y}{\partial x} = -z\varphi'(x), \qquad \frac{\partial u_z}{\partial x} = y\varphi'(x)$$

Die ursprünglich ebene Schnittfläche ist im verformten Zustand i. Allg. keine Ebene mehr. Die Axialverschiebungen $u_x = u_x(x, y, z)$ werden bei Torsion als

Verwölbung bezeichnet. Deshalb ist unter Verwölbung die Verwerfung des ganzen Querschnitts zu verstehen, vgl. Bild 13.3.

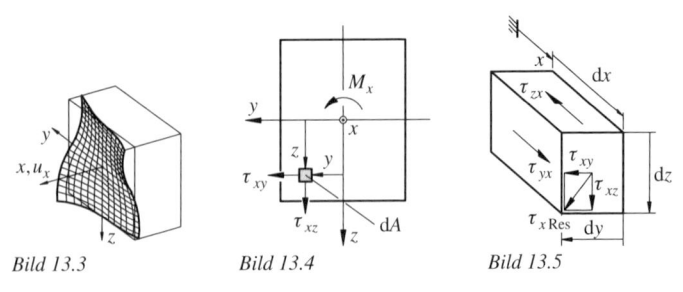

Bild 13.3   *Bild 13.4*   *Bild 13.5*

Die Aufnahme des Torsionsmomentes M_x erfolgt über die Schubspannungen τ_{xy} und τ_{xz}, vgl. Bild 13.4 (als reale Verteilung über den Querschnitt, vgl. Abschnitt 8.8). Die entsprechende Äquivalenzbedingung lautet:

$$M_x = \int_A (\tau_{xz} y - \tau_{xy} z) \, dA$$

Infolge des Satzes der Gleichheit zugeordneter Schubspannungen (vgl. Abschnitt 8.1) treten in x-Richtung die Schubspannungen $\tau_{xy} = \tau_{yx}$ und $\tau_{zx} = \tau_{xz}$ auf, vgl Bild 13.5.

Der reine Schubspannungszustand stellt sich wie folgt dar:

$$\sigma = \begin{bmatrix} 0 & \tau_{xy} & \tau_{xz} \\ \tau_{xy} & 0 & 0 \\ \tau_{xz} & 0 & 0 \end{bmatrix} \quad \text{bzw.} \quad \overline{\sigma} = \begin{bmatrix} \sigma_1 & 0 & 0 \\ 0 & 0 & 0 \\ 0 & 0 & \sigma_3 \end{bmatrix}$$

Damit liegt bei reiner Torsion ein zweiachsiger Spannungszustand (ESZ) vor.

Wie oben ausgeführt, können durch die Verdrehung des Stabes in Abhängigkeit von der Querschnittsform Verwölbungen entstehen. Als *wölbfrei* werden z. B. nach /Kl-05/ die in Tabelle 13.1 aufgeführten Querschnittsformen angesehen.

Damit eine ungehinderte Verwölbung des torsionsbeanspruchten Stabes auftreten kann, gibt es ein spezielles Lager – das *Gabellager* (vgl. Bild 13.6).

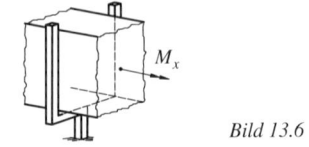

Bild 13.6

Die Gabel soll das Profil reibungsfrei umfassen und das Torsionsmoment M_x aufnehmen und so eine Verdrehung ausschließen ($\Delta \varphi = 0$), aber nicht die Verwölbung u_x behindern. Eine wirklichkeitsnahe Beurteilung der Lagerung

von torsionsbeanspruchten Bauteilen ist oft mit erheblichen Schwierigkeiten verbunden. Da keine allgemein gültigen Lösungen vorliegen, behilft man sich mit Grenzwertbetrachtungen /Fr-93/:
- vorausgesetzte unbehinderte Verwölbung (freie Torsion) oder
- (feste) Einspannung $\Rightarrow$ Wölbkrafttorsion.

Tabelle 13.1 Querschnittsformen von Stäben

	Bild	Bemerkungen
1		Profile mit Kreis- und Kreisringquerschnitt, z. B. (Hohl-)Wellen oder dickwandige Rohre
2		T- und L-Profile sowie sternförmige Querschnitte (Strangpressprofile); werden als aus schmalen Rechtecken zusammengesetzt betrachtet, deren Mittellinien sich in einem Punkt schneiden (Schubmittelpunkt T)
3		Dreieckprofile mit abschnittsweise ungleichen, aber über die Länge konstanten Wanddicken h
4		Kreistangentenpolygone mit konstanter Wanddicke
5		rechteckige Profile mit einem Wanddickenverhältnis von $h_1/a_1 = h_2/a_2$ einschließlich dem Sonderfall quadratische Profile

13.2 Spannung und Verformung bei freier Torsion – ein Überblick

Wesentliche Unterschiede in Größe und Verteilung der Torsionsschubspannungen, der Größe der Verformung sowie der Verwölbung führen auf eine Einteilung je nach Querschnittsform in
- wölbfreie und Querschnitte mit Verwölbung (vgl. vorherigen Abschnitt),
- Vollquerschnitte und dickwandige Hohlprofile,
- dünnwandige Profile (dünnwandig: Wanddicke h ist klein gegenüber den sonstigen Querschnittsabmessungen):
  - offene Profile (offen: Profilmittellinie beschreibt keine geschlossene Kurve, Profile ohne Hohlraum),
  - geschlossene Profile (Hohlprofile):
    o einzellige Profile,
    o mehrzellige Profile (Querschnitt besteht aus mehreren unmittelbar nebeneinander liegenden geschlossenen Zellen),
  - gemischte Profile, die geschlossene und offene Bereiche enthalten, vgl. z. B. /Fr-93/.

Eine pauschale Beurteilung bei einzelligen Profilen ergibt, dass dünnwandig geschlossene Profile wesentlich torsionssteifer sind als dünnwandig offene und der Vollquerschnitt eine Mittelstellung einnimmt. Hinsichtlich der Spannungsverteilung (vgl. Bild 13.7) ist bei einzelligen dünnwandigen Profilen der folgende Unterschied von Bedeutung (vgl. /Sch-74/):
- Bei einem offenen Profilstab (Bild 13.7a) lässt sich der dünnwandige Querschnitt durch *einen* Längsschnitt in zwei Teile trennen und
- bei einem geschlossenen dünnwandigen (Bild 13.7b) sind dazu *zwei* Längsschnitte notwendig (mathematisch: zweifach zusammenhängender Bereich).

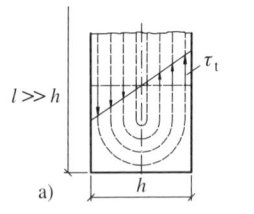

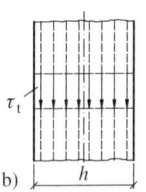

$l \gg h$

a) h b) h τ_t Bild 13.7

Während beim geschlossenen dünnwandigen Profil (Bild 13.7b) die resultierenden Schubkräfte in den beiden Längsschnitten im Gleichgewicht stehen (bei keinen zusätzlichen Längskräften in x-Richtung), muss beim offenen Profil (Bild 13.7a) mit einem Längsschnitt die resultierende Schubkraft notwendigerweise null werden.

Die Vollquerschnitte entziehen sich i. Allg. einer einfachen Beurteilung gegenüber Torsionsbeanspruchung, da räumliche Spannungs- und Verzerrungszustände vorliegen. Das Torsionsproblem für beliebig geformte, nicht rotationssymmetrische Vollquerschnitte führt auf ein Randwertproblem der Potenzialtheorie, welches elementar nicht lösbar ist. Lediglich für einige spezielle Vollquerschnitte, wie elliptische, rechteckige, dreieckige und Kreis- und Kreisringquerschnitte existieren analytische Lösungen. Für andere massive Querschnittsformen finden numerische Lösungsverfahren Anwendung.

13.3 Torsion von Vollquerschnitten

13.3.1 Kreis- und Kreisringquerschnitte

Aufgrund von Torsionsversuchen wurden von COULOMB (1784) für Kreis- und Kreisringquerschnitte (vgl. Bild 13.8) folgende Annahmen getroffen (die durch exakte Lösungen eine Bestätigung erfuhren):
- die Querschnitte verdrehen sich wie starre Scheiben relativ zueinander,
- die Querschnitte bleiben unter Belastung eben, d. h. sie verwölben sich nicht,
- eine im unbelasteten Zustand gerade Mittellinie parallel zur x-Achse verformt sich unter Belastung bei vorausgesetzt kleiner Verformung zu einer Schraubenlinie, die näherungsweise als Gerade angenommen wird.

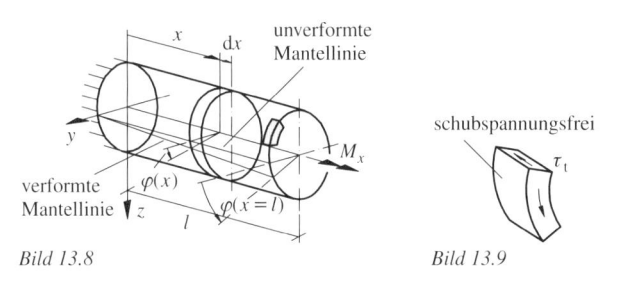

Bild 13.8 *Bild 13.9*

Da die Mantelfläche last- und damit spannungsfrei vorausgesetzt wird, kann am Querschnittsrand keine radiale, sondern nur eine tangentiale Schubspannungskomponente $\tau_t(r = r_a)$ auftreten, vgl. Bild 13.9 (beachte: Satz von der Gleichheit zugeordneter Schubspannungen). Aufgrund der Axialsymmetrie ist in jedem Punkt des Querschnitts die Richtung der resultierenden Torsionsschubspannung $\tau_{x\varphi}(r) = \tau_t(r) \left[\tau_t^2 = \tau_{xy}^2 + \tau_{xz}^2 \right]$ bekannt, vgl. Bild 13.10. Die Schubspannungen verlaufen auch im Innern tangential entlang so genannter Schubspannungslinien, die konzentrische Kreise bez. S darstellen. Der Verlauf der Schubspannungen über den Querschnitt ist linear und erreicht bei $r = r_a$ den Größtwert.

Die Torsion ist wie die Biegung ein innerlich statisch unbestimmtes Problem. Die Verformungsbetrachtungen erfolgen nach Bild 13.11 an einer Scheibe der Dicke dx und einer Verdrehung $d\varphi$.

Hinsichtlich der Geometrie gilt mit den oben genannten Annahmen:

$$\gamma(x,r)\mathrm{d}x = r\mathrm{d}\varphi(x) \quad \text{bzw.} \quad \gamma(x,r) = r\frac{\mathrm{d}\varphi(x)}{\mathrm{d}x} = r\vartheta(x)$$

Bild 13.10   *Bild 13.11*

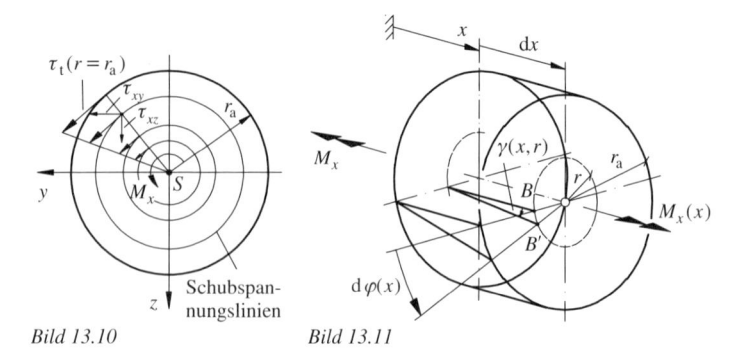

Das HOOKE'sches Gesetz für Schub liefert:

$$\gamma(x,r) = \frac{1}{G}\tau_t(x,r) \Rightarrow \tau_t(x,r) = G\vartheta(x)r$$

Der Zusammenhang zwischen Torsionsschubspannung und Torsionsmoment folgt aus der Äquivalenzbedingung (vgl. Bild 13.12):

$$M_x(x) = \int_A \tau_t(x,r)r\,dA = \int_A G\vartheta(x)r^2\,dA$$
$$= G\vartheta(x)\int_A r^2\,dA = G\vartheta(x)I_p$$

▶ *Bemerkung*: Diese Gleichung wird auch als elastische Grundgleichung der ST. VENANT'schen oder freien Torsion bezeichnet.

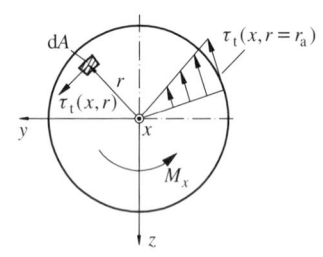

Bild 13.12

Der obige Ausdruck des Momentes lässt sich als Produkt zweier Faktoren auffassen:
- einen last- und werkstoffabhängigen: $G\vartheta(x)$ und
- einen Querschnittskennwert (vgl. Abschnitt 9.4) – das polare Flächen(trägheits)moment:

$$I_p = \int_A r^2\,dA = \int_A \left(x^2 + y^2\right)\,dA = I_{zz} + I_{yy}$$

Bei allen nichtkreisförmigen Querschnitten tritt an die Stelle von I_p das Torsionsflächen(trägheits)moment I_t ($\neq I_p$) und nur(!) bei Kreis(ring)querschnitten gilt $I_t = I_p$.

Der Zusammenhang zwischen Drillung und Torsionsmoment wird mit der Torsionssteifigkeit (Drillsteifigkeit) GI_p wie folgt formuliert:

$$\vartheta(x) = \frac{d\varphi(x)}{dx} = \varphi'(x) = \frac{M_x(x)}{GI_p}$$

Dies oben eingesetzt ergibt die Torsionsschubspannung:

$$\tau_t(x,r) = Gr\vartheta(x) = \frac{M_x(x)}{I_p}r$$

Für den Kreisringquerschnitt nach Bild 13.13 sind das polare Flächenmoment I_p und das polare Widerstandsmoment W_p:

$$I_p = 2I_{yy} = \frac{\pi}{32}\left(d_a^4 - d_i^4\right) = \frac{\pi}{2}\left(r_a^4 - r_i^4\right)$$

$$W_p = \frac{\pi}{2}\frac{r_a^4 - r_i^4}{r_a} \quad \text{(beim Vollquerschnitt ist } r_i = 0\text{)}$$

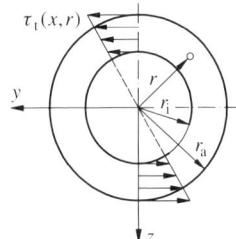

Bild 13.13

Damit wird:

$$\tau_t(x,r) = \frac{2M_x(x)}{\pi\left(r_a^4 - r_i^4\right)}r$$

Die maximale Torsionsschubspannung ergibt sich an der Stelle $r = r_a$ zu:

$$\hat{\tau}_t(x) = \frac{2|M_x(x)|}{\pi\left(r_a^4 - r_i^4\right)}r_a = \frac{|M_x(x)|}{W_p}$$

Die Verdrehung zwischen den Endquerschnitten eines Bereiches der Länge l mit konstanter Querschnittsfläche folgt wegen $M_x = $ konst. aus $\Delta\varphi = \int\limits_0^l \frac{M_x}{GI_p} dx$ zu:

$$\varphi(x=l) - \varphi(x=0) = \Delta\varphi = \frac{M_x l}{GI_p} = \frac{M_x}{c_t}$$

Torsionsfederzahl:

$$k_\mathrm{t} \quad \text{bzw.} \quad c_\mathrm{t} = \frac{GI_\mathrm{p}}{l}$$

▶ *Bemerkung*:
- je kleiner die Wanddicke, umso besser wird der Werkstoff ausgenutzt (Leichtbauweise); Mindestwanddicke erforderlich, sonst Drillknicken,
- Wanddicke klein (dünnwandig, vgl. Bild 13.14) $\Rightarrow \tau_\mathrm{t} \approx$ konst. (vgl. Abschnitt 13.4.1),
- bei abgesetzten Wellen treten an den Übergängen Kerbspannungen auf; Berücksichtigung durch die Formzahl K_t (vgl. Kapitel 16).

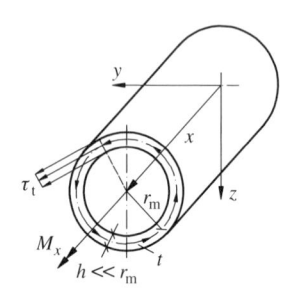

Bild 13.14

Bei Stäben mit Kreis- oder Kreisringquerschnitt und veränderlichem Durchmesser gemäß Bild 13.15 kann
- der Querschnitt schwach veränderlich $[r_\mathrm{i}(x) \leqq r \leqq r_\mathrm{a}(x)]$ und
- die Schnittgröße Torsionsmoment $M_x(x)$ längs der Stabachse eine beliebige Funktion sein (vgl. Bild 13.16); dies ist nach /WP-01/ z. B. bei Bohrstäben an Bohrtürmen oder auch an der Antriebswelle eines Fördergurtes der Fall.

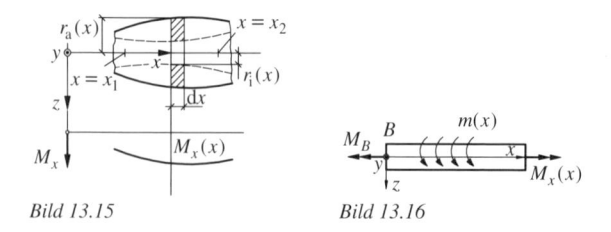

Bild 13.15   *Bild 13.16*

Sei $m(x)$ ein äußeres Moment pro Längeneinheit, dann gilt:

$$\frac{\mathrm{d}M_x(x)}{\mathrm{d}x} = -m(x) \Rightarrow M_x(x) = -\int\limits_l m(x)\,\mathrm{d}x$$

Die oben zunächst für konstanten Querschnitt angegebenen Beziehungen lauten jetzt:

Spannung:
$$\tau_t(x,r) = \frac{M_x(x)}{I_p(x)} r \quad \text{mit} \quad I_p(x) = \frac{\pi}{2}\left(r_a^4(x) - r_i^4(x)\right),$$
$$\hat{\tau}_t(x) = \frac{|M_x(x)|}{I_p(x)} r_a(x)$$

Drillung:
$$\vartheta(x) = \frac{d\varphi(x)}{dx} = \varphi'(x) = \frac{M_x(x)}{GI_p(x)}$$

Verdrehwinkel:
$$\varphi(x) = \frac{1}{G}\int \frac{M_x(x)}{I_p(x)} dx + C$$

Die Integrationskonstante C ist aus der im konkreten Fall vorliegenden RB zu ermitteln.

13.3.2 Anwendungen

Beispiel: Gelenkwelle

Das Mittelteil der in Bild 13.17 gezeigten Gelenkwelle ohne Längenausgleich besteht aus einem Stahlrohr, das aus konstruktiven Gründen mit einem angeschweißten Rundstahl verlängert wurde. Die beiden Kreuzgelenke sind mit dem Mittelteil ebenfalls stoffschlüssig verbunden. Experimentelle Untersuchungen ergaben die Drehfedersteifigkeit c_t für die gesamte Gelenkwelle. Für das zu übertragende mittlere Drehmoment M_t interessieren der Verdrehwinkel $\varphi_{AB} = |\varphi_B - \varphi_A|$, die maximalen Torsionsschubspannungen im Rohr und im Vollprofil sowie der Steifigkeitsanteil c_{tKG} der beiden Kreuzgelenke an der Gesamtfedersteifigkeit.

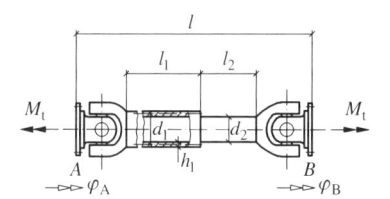

Bild 13.17

Gegeben: $d_1 = 80\,\text{mm}$, $h_1 = 3\,\text{mm}$, $l_1 = 900\,\text{mm}$, $d_2 = 60\,\text{mm}$, $l_2 = 200\,\text{mm}$,
$l = 1600\,\text{mm}$; $G = 8,1 \cdot 10^4\,\text{N/mm}^2$, $c_t = 71,4\,\text{kN}\cdot\text{m}$, $M_t = 3\,\text{kN}\cdot\text{m}$

Gesucht: $\varphi_{AB} = |\varphi_B - \varphi_A|$, $\hat{\tau}_{t1}$, $\hat{\tau}_{t2}$, c_{tKG}

Lösung:

Zwischen Drehmoment M_t und Torsionswinkel $(\varphi_B - \varphi_A)$ der Gelenkwelle (vgl. Bild 13.17) besteht der lineare Zusammenhang $M_t = c_t \cdot (\varphi_B - \varphi_A)$, woraus unmittelbar
$$\varphi_{AB} = |\varphi_B - \varphi_A| = \frac{|M_t|}{c_t} = 0,042 \,(\widehat{=} 2,4°)$$
folgt.

Wegen $M_x = M_t$ in der gesamten Gelenkwelle ergeben sich die maximalen Torsionsspannungen im Rohr bzw. im Vollprofil zu:

$$\hat{\tau}_{t1} = \frac{|M_t|}{I_{t1}} \frac{d_1 + h_1}{2} = \frac{|M_t|}{W_{t1}} = 103{,}06 \, \text{N/mm}^2$$

$$\left(W_{t1} = \frac{\pi}{32} \left[(d_1 + h_1)^4 - (d_1 - h_1)^4 \right] \frac{2}{d_1 + h_1} = 29{,}11 \cdot 10^3 \text{mm}^3 \right)$$

$$\hat{\tau}_{t2} = \frac{|M_t|}{I_{t2}} \frac{d_2}{2} = \frac{|M_t|}{W_{t2}} = 70{,}74 \, \text{N/mm}^2$$

$$\left(W_{t2} = \frac{\pi d_2^4}{32} \frac{2}{d_2} = \frac{\pi d_2^3}{16} = 42{,}41 \cdot 10^3 \text{mm}^3 \right)$$

Da alle Teilelemente der Gelenkwelle das gleiche Torsionsmoment M_t übertragen, kann die Gelenkwelle hinsichtlich ihres elastischen Verhaltens als vier in Reihe geschaltete lineare Drehfedern aufgefasst werden. Mit $(c_{tKG})_A$ und $(c_{tKG})_B$ als Drehsteifen der beiden Kreuzgelenke sowie den Torsionssteifen von Rohr und Vollprofil gemäß

$$c_{t1} = \frac{GI_{t1}}{l_1} = \frac{G\pi}{32 l_1} \left[(d_1 + h_1)^4 - (d_1 - h_1)^4 \right] = 108{,}73 \, \text{kN} \cdot \text{m}$$

$$c_{t2} = \frac{GI_{t2}}{l_2} = \frac{G\pi d_2^4}{32 l_2} = 515{,}3 \, \text{kN} \cdot \text{m}$$

lässt sich wegen der Reihenschaltung der Kehrwert der Gesamtfedersteife als Summe der Federsteifigkeitskehrwerte der einzelnen Elemente aufschreiben:

$$\frac{1}{c_t} = \frac{1}{c_{t1}} + \frac{1}{c_{t2}} + \underbrace{\frac{1}{(c_{tKG})_A} + \frac{1}{(c_{tKG})_B}}_{= \frac{1}{c_{tKG}}}$$

Hieraus folgt der Steifigkeitsanteil der beiden Kreuzgelenke zu:

$$c_{tKG} = \left[\frac{1}{c_t} - \frac{1}{c_{t1}} - \frac{1}{c_{t2}} \right]^{-1} = 348{,}7 \, \text{kN} \cdot \text{m}$$

Beispiel: Wellendimensionierung

Für die bei B blockiert angenommene Kegelradstufe eines Antriebssystems (vgl. Bild 13.18) sind die beiden Wellen unter Einhaltung sowohl der zulässigen Spannung τ_{zul}

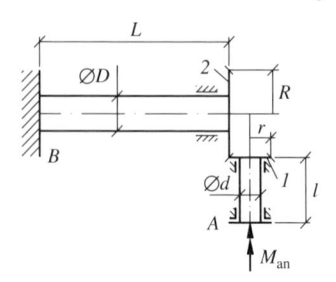

Bild 13.18

13.3 Torsion von Vollquerschnitten

als auch der zulässigen Verdrillung ϑ_{zul} zu dimensionieren. Die Verzahnung soll dabei als spielfrei und starr vorausgesetzt werden.

Gegeben: $R = 2r$, $D = 1{,}6d$, $l = 10d$, $L = 3l$;
$\tau_F = 150\,\text{N/mm}^2$, $S_{erf} = 3$, $\vartheta_{zul} = 0{,}8°/\text{m}$, $M_{an} = 210\,\text{N}\cdot\text{m}$,
$G = 8{,}1 \cdot 10^2\,\text{N/mm}^2$

Gesucht: Arbeitswiderstand M_B; d für $|\tau_t|_{max} \leqq \tau_{zul}$ bzw. $|\vartheta|_{max} \leqq \vartheta_{zul}$; φ_A

Lösung:

Die Kegelradstufe wird entsprechend Bild 13.19 unter Beachtung des Schnittprinzips in 3 Teilsysteme zerlegt. Weiterhin werden für die beiden Wellen die Schnittbereichskoordinaten x_1 bzw. x_2 eingeführt und die Drehwinkel φ_1, φ_2, φ_A der Räder bzw. der Wellen definiert.

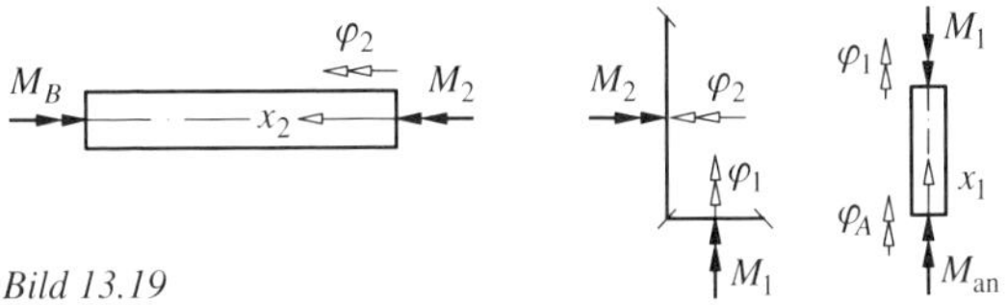

Bild 13.19

Über das PdvA wird der Zusammenhang zwischen M_1 und M_2 unter Berücksichtigung der ZB $r\varphi_1 = R\varphi_2$ (Abrollen der Teilkreise aufeinander) bestimmt:

$$\delta W = M_1\delta\varphi_1 - M_2\delta\varphi_2 = \left(M_1\frac{R}{r} - M_2\right)\delta\varphi_2 \stackrel{!}{=} 0 \Rightarrow M_2 = \frac{R}{r}M_1$$

Weiterhin folgt aus den GGB für die beiden Wellen:

$$M_B = M_2; \qquad M_1 = M_{an}$$

Also ergibt sich:

$$M_B = M_2 = \frac{R}{r}M_{an} = 2M_{an} = 420\,\text{N}\cdot\text{m}$$

Für die Torsionsmomente gilt:

$$M_x(x_1) = -M_{an}; \qquad M_x(x_2) = -M_2 = -2M_{an}$$

Aus dem Vergleich der maximalen Torsionsschubspannungen mit der zulässigen Spannung $\tau_{zul} = \tau_F/S_{erf} = 50\,\text{N/mm}^2$ sowie aus dem der Drillungen mit der zulässigen $\vartheta_{zul} = 0{,}8° \cdot \pi/180° \cdot 10^{-3}/\text{mm} \approx 1{,}3963 \cdot 10^{-5}\,\text{mm}^{-1}$ erhält man Forderungen an den Durchmesser d:

$$\hat{\tau}_{t1} = \frac{|-M_{an}|\,32}{\pi d^4}\frac{d}{2} \stackrel{!}{\leqq} \tau_{zul} \quad \Rightarrow \quad d \geqq \sqrt[3]{\frac{16M_{an}}{\pi\tau_{zul}}} \approx 27{,}8\,\text{mm}$$

$$\hat{\tau}_{t2} = \frac{|-2M_{an}|\,32}{\pi(1{,}6d)^4}\frac{1{,}6d}{2} \stackrel{!}{\leqq} \tau_{zul} \quad \Rightarrow \quad d \geqq \frac{1}{1{,}6}\sqrt[3]{\frac{32M_{an}}{\pi\tau_{zul}}} \approx 21{,}9\,\text{mm}$$

$$|\vartheta_1| = \frac{|-M_{an}|\,32}{G\pi d^4} \stackrel{!}{\leqq} \vartheta_{zul} \quad \Rightarrow \quad d \geqq \sqrt[4]{\frac{32M_{an}}{G\pi\vartheta_{zul}}} \approx 37{,}1\,\text{mm}$$

$$|\vartheta_2| = \frac{|-2M_{an}|\,32}{G\pi\,(1{,}6d)^4} \overset{!}{\leq} \vartheta_{zul} \quad \Rightarrow \quad d \geq \frac{1}{1{,}6}\sqrt[4]{\frac{64M_{an}}{G\pi\vartheta_{zul}}} \approx 27{,}6\,\text{mm}$$

Alle Forderungen werden für $d \geq 37{,}1$ mm erfüllt. Für einen gewählten Durchmesser von $d = 40$ mm ($\Rightarrow D = 1{,}6d = 64$ mm) soll noch der Drehwinkel φ_A bestimmt werden, wenn vereinfachend angenommen wird, dass die Kegelräder mit den Wellen starr verbunden sind. Wegen der konstanten Drillungen

$$\vartheta(x_1) = \vartheta_1 = -\frac{32M_{an}}{G\pi d^4}; \qquad \vartheta(x_2) = \vartheta_2 = -\frac{64M_{an}}{G\pi(1{,}6d)^4}$$

folgt zunächst für die Drehwinkelverläufe:

$$\varphi(x_1) = \vartheta_1 x_1 + C_1; \qquad \varphi(x_2) = \vartheta_2 x_2 + C_2$$

Aus den RB $\varphi(x_2 = L) = 0$, $\varphi(x_2 = 0) = \varphi_2$ und $\varphi(x_1 = l) = \varphi_1$ ergeben sich in Verbindung mit der schon benutzten ZB vier Gln. für C_1, C_2, φ_1, φ_2:

$$\vartheta_2 L + C_2 = 0, \qquad C_2 = \varphi_2, \qquad \vartheta_1 l + C_1 = \varphi_1, \qquad r\varphi_1 = R\varphi_2$$

Hieraus folgt:

$$\varphi_2 = C_2 = -\vartheta_2 L, \qquad \varphi_1 = -\frac{R}{r}\vartheta_2 L, \qquad C_1 = -\frac{R}{r}\vartheta_2 L - \vartheta_1 l$$

Einsetzen liefert die Verläufe:

$$\varphi(x_1) = -\vartheta_1 l\left(1 + \frac{R}{r}\frac{\vartheta_2}{\vartheta_1}\frac{L}{l} - \frac{x_1}{l}\right) = \frac{320M_{an}}{G\pi d^3}\left(1 + \frac{12}{1{,}6^4} - \frac{x_1}{l}\right)$$

$$\varphi(x_2) = -\vartheta_2 L\left(1 - \frac{x_2}{L}\right) = \frac{1\,920}{1{,}6^4}\frac{M_{an}}{G\pi d^3}\left(1 - \frac{x_2}{L}\right)$$

Der Drehwinkel φ_A ergibt sich damit zu:

$$\varphi_A = \varphi(x_1 = 0) = 0{,}011\,681\,61 \,\widehat{=}\, 0{,}67°$$

Beispiel: Torsionsfeder

Die Hohl- *1* und Vollwelle *2* aus Stahl der in Bild 13.20 gezeigten Torsionsfeder sollen mittels Schweiß-Kehlnähten über eine starre Scheibe verbunden werden. An dieser greift auch das äußere Moment M an, wodurch eine Verdrehung φ_C der Scheibe hervorgerufen wird.

Für die vorgegebene Torsionsfedersteifigkeit c_t ($M = c_t\varphi_C$) sind Durchmesser d, Länge l_2, Maximalmoment $|M|_{max}$ und Schweißnahtdicke a so zu bestimmen, dass bei Vernachlässigung des Verformungsverhaltens der Schweißnähte sowohl in den Wellen als auch in der Schweißnaht die gleiche Maximalspannung $\hat{\tau}_t \leq \tau_{zul}$ erreicht wird. Als Schweißnahtdicke a wird dabei die Höhe des einbeschriebenen gleichschenkligen Dreiecks definiert, die für Festigkeitsuntersuchungen als in die Anschlussebene geklappt betrachtet wird. (Die Verbindungen zwischen Schweißnaht und Wellen seien unkritisch.)

Gegeben: $l_1 = 120$ mm, $D = 1{,}6d$,

$$G = 8{,}1 \cdot 10^4\,\text{N/mm}^2,\ \tau_{zul} = 80\,\text{N/mm}^2,\ c_t = 84{,}2\,\text{kN} \cdot \text{m}$$

Gesucht: l_2, d, a, $|M|_{max}$, $\varphi_{C\,max}$

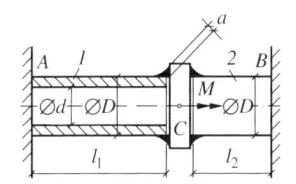

Bild 13.20

Lösung:

Das Momentengleichgewicht an der frei geschnittenen Torsionsfeder (vgl. Bild 13.21) liefert eine Gl. für die zwei unbekannten Einspannmomente:

$\hookleftarrow : M_{Ax} + M_{Bx} - M = 0 \quad \Rightarrow$ System ist einfach statisch unbestimmt

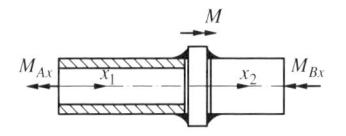

Bild 13.21

Zur Lösung des Problems muss also das Verformungsverhalten mit in die Untersuchung einbezogen werden.

Für die Torsionsmomente in den Wellen erhält man bez. der in Bild 13.21 definierten Bereichskoordinaten x_1, x_2:

$$M_x(x_1) = M_{Ax}; \qquad M_x(x_2) = -M_{Bx}$$

Da sie bez. der Koordinaten x_1 bzw. x_2 konstant sind, ergeben sich die Torsionswinkelverläufe zu:

$$0 \leqq x_1 \leqq l_1 : \varphi(x_1) = \frac{M_{Ax} l_1}{G I_{t1}} \left(\frac{x_1}{l_1}\right) + C_1 = \frac{M_{Ax}}{c_{t1}} \frac{x_1}{l_1} + C_1 \quad \text{mit}$$

$$c_{t1} = \frac{G I_{t1}}{l_1} = \frac{G \pi (D^4 - d^4)}{32 l_1}$$

$$0 \leqq x_2 \leqq l_2 : \varphi(x_2) = \frac{-M_{Bx} l_2}{G I_{t2}} \left(\frac{x_2}{l_2}\right) + C_2 = \frac{-M_{Bx}}{c_{t2}} \frac{x_2}{l_2} + C_2 \quad \text{mit}$$

$$c_{t2} = \frac{G I_{t2}}{l_2} = \frac{G \pi D^4}{32 l_2}$$

Als RBn liegen vor:

$$\varphi(x_1 = 0) = 0 \qquad \Rightarrow \quad C_1 = 0$$

$$\varphi(x_2 = l_2) = 0 \qquad \Rightarrow \quad -\frac{M_{Bx}}{c_{t2}} + C_2 = 0$$

$$\varphi(x_1 = l_1) = \varphi(x_2 = 0) \quad \Rightarrow \quad \frac{M_{Ax}}{c_{t1}} + C_1 = C_2$$

Gemeinsam mit der GGB hat man damit vier lineare Gln. für die vier Unbekannten C_1, C_2, M_{Ax}, M_{Bx}. Als Lösung ergibt sich mit der Abkürzung $\beta = \dfrac{c_{t2}}{c_{t1}} = \dfrac{D^4}{D^4 - d^4} \dfrac{l_1}{l_2}$:

$$C_1 = 0, \quad M_{Ax} = \frac{M}{1+\beta}, \quad M_{Bx} = \frac{M\beta}{1+\beta}, \quad C_2 = \frac{M}{(1+\beta)\,c_{t1}} = \frac{M}{c_{t1} + c_{t2}}$$

Für die Verdrehung φ_C folgt daraus:

$$\varphi_C = \varphi(x_2 = 0) = C_2 = \frac{M}{c_t} \quad \text{mit} \quad c_t = c_{t1} + c_{t2} = \frac{G\pi}{32}\left(\frac{(D^4 - d^4)}{l_1} + \frac{D^4}{l_2}\right)$$

Nun können die maximalen Torsionsspannungen in den Wellen und in den Verbindungsflächen zwischen Scheibe und Kehlnähten (Kreisring mit Außendurchmesser $D + a$) angegeben werden:

- Wellen:

$$\hat{\tau}_{t1}(x_1) = \frac{|M|\,16 D}{(1+\beta)\,\pi\,(D^4 - d^4)} \overset{!}{\leq} \tau_{\text{zul}}; \qquad \hat{\tau}_{t2}(x_2) = \frac{|M|\,16\beta}{(1+\beta)\,\pi D^3} \overset{!}{\leq} \tau_{\text{zul}}$$

- Kehlnähte:

$$x_1 = l_1: \hat{\tau}_{tK1} = \frac{|M|\,16(D+a)}{(1+\beta)\,\pi\,\left[(D+a)^4 - D^4\right]} \overset{!}{\leq} \tau_{\text{zul}}$$

$$x_2 = 0: \hat{\tau}_{tK2} = \frac{|M|\,16(D+a)\beta}{(1+\beta)\,\pi\,\left[(D+a)^4 - D^4\right]} \overset{!}{\leq} \tau_{\text{zul}}$$

Unter Beachtung der Beziehung für die Gesamtsteifigkeit c_t liegen damit fünf Bedingungen für die vier Parameter l_2, d, a, und $|M|_{\max}$ vor, wobei hinsichtlich der Schweißnähte nur eine von beiden Forderungen (nämlich die schärfere) zu berücksichtigen ist.

Die Bedingung, dass die Größtspannungen in den beiden Wellen gleich sein sollen, liefert:

$$\frac{|M|\,16 D}{(1+\beta)\,\pi\,(D^4 - d^4)} = \frac{|M|\,16\beta}{(1+\beta)\,\pi D^3}$$

$$\Rightarrow \frac{D^4}{D^4 - d^4} = \beta = \frac{D^4}{D^4 - d^4}\frac{l_1}{l_2} \Rightarrow \frac{l_1}{l_2} = 1$$

Also gilt $l_2 = l_1$ und $\beta = \dfrac{1{,}6^4}{1{,}6^4 - 1} \approx 1{,}18$.

Aus der Beziehung für die geforderte Gesamtsteifigkeit erhält man damit unter Beachtung des gegebenen Durchmesserverhältnisses:

$$c_t = \frac{G\pi}{32 l_1}\left(2 D^4 - d^4\right) = \frac{G\pi d^4}{32 l_1}\left(2 \cdot 1{,}6^4 - 1\right)$$

$$\Rightarrow d = \sqrt[4]{\frac{32 c_t l_1}{12{,}1072 G\pi}} \approx 18\,\text{mm}$$

Für das Moment $|M|$ und die Verdrehung φ_C folgt dann:

$$|M| \leq \frac{(1+\beta)\,\pi d^3\,(1{,}6^4 - 1)\,\beta\,\tau_{\text{zul}}}{16 \cdot 1{,}6} \approx 693{,}2\,\text{N} \cdot \text{m} = |M|_{\max}$$

Wegen $\beta > 1$ ist auch $M_{Bx} > M_{Ax}$, d. h. bei den Kehlnähten gilt $\hat{\tau}_t(x_2 = 0) > \hat{\tau}_t(x_1 = l_1)$. Deshalb wird die Bedingung $\hat{\tau}_{tK2} \leqq \tau_{zul}$ zur Bestimmung der Schweißnahtdicke zugrunde gelegt, die für $M = |M|_{max}$ wie folgt geschrieben werden kann:

$$\left(1 + \frac{a}{D}\right) \leqq \underbrace{\frac{\tau_{zul}(1+\beta)\pi D^3}{16\beta |M|_{max}}}_{=1} \left[\left(1 + \frac{a}{D}\right)^4 - 1\right] = \left(1 + \frac{a}{D}\right)^4 - 1$$

Es ist also die Beziehung $\Phi \equiv (1 + a/D)^4 - (1 + a/D) - 1 \geqq 0$ zu untersuchen. Einen Überblick und einen Näherungswert für die Nullstelle $(1 + a/D \approx 1{,}2)$ gewinnt man aus der grafischen Darstellung der Funktion Φ, vgl. Bild 13.22.

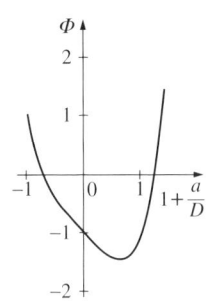

Bild 13.22

Mithilfe der NEWTON-Iteration lässt sich dann die Nullstelle sehr genau bestimmen, d. h. wegen $\Phi \geqq 0$ muss

$$1 + \frac{a}{D} \geqq 1{,}220\,744$$

gelten. Hieraus folgt für die erforderliche Schweißnahtdicke:

$$a \geqq 0{,}220\,744 D \approx 6{,}36\,\text{mm}.$$

13.3.3 Beliebige Vollquerschnitte (ohne Rotationssymmetrie)

Bei diesen Querschnitten treten i. Allg. Verwölbungen auf (vgl. Bild 13.3); bei unbehinderter Verwölbung gilt die Theorie von ST. VENANT. Zur Vermeidung aufwendiger Untersuchungen (exakte Lösungen liegen nur für wenige Querschnittsformen vor – vgl. Abschnitt 13.2) werden häufig Abschätzungen vorgenommen.

Für die Verdrehung und die maximale Torsionsschubspannung kann mit den bisherigen Beziehungen gearbeitet werden, wenn das polare Flächenmoment I_p durch das Torsionsflächenmoment I_t und das polare Widerstandsmoment W_p durch das Torsionswiderstandsmoment W_t ersetzt wird:

$$\varphi = \frac{M_x l}{GI_t} \quad \text{bzw.} \quad \vartheta = \frac{M_x}{GI_t}; \quad \tau_{t\,max} = \frac{M_x}{W_t}$$

Ort von $|\tau_t|_{max}$: engste Stelle im Querschnitt (vgl. nachfolgende Strömungsanalogie)

Für das Verständnis über Größe und Verteilung der Schubspannungen sollen zuerst die folgenden physikalische Analogien dargestellt werden; diese Analogien dienen auch der experimentellen Ermittlung der Schubspannungen.

1. **PRANDTL'sches Membrangleichnis** (entwickelt um 1900)

   Über eine dem Querschnitt des Stabes entsprechende Behälteröffnung wird eine Membran (Seifenhaut, Gummi u. Ä.) gespannt. Wird der Behälter unter Druck gesetzt, verwölbt sich die Membran.

   Zwischen Torsions- und Membranproblem bestehen dann folgende Analogien:
   - Die Torsionsfunktion des tordierten Querschnitts entspricht der Verwölbung der Seifenhaut,
   - das Torsionsmoment ist proportional zum doppelten Volumen des Seifenhauthügels,
   - die Richtung der Schubspannung τ_t stimmt mit der Tangente an die Höhenlinie (Niveaulinie) überein, vgl. Bild 13.23 (in Anlehnung an /GF-05/),
   - der Betrag von τ_t entspricht der Steigung $(\partial u_x/\partial n)$ der Seifenhaut (dichtere Lage der Höhenlinien bedeuten größere Schubspannungen).

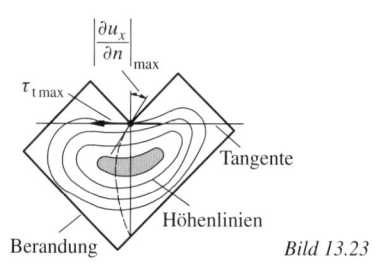

Bild 13.23

Mit dieser Analogie kann für jeden einfach berandeten Querschnitt das Torsions- auf das Membranproblem zurückgeführt werden. Aufgrund der Anschaulichkeit lassen sich zumindest qualitative Aussagen vornehmen. Im Bild 13.23 sind einige Höhenlinien eingezeichnet. Geht die Steigung (Gefälle) gegen null (mittleres Gebiet), so geht auch die Schubspannung gegen null. Dort, wo die Steigung maximal wird, steht senkrecht dazu $\tau_{t\,max}$.

2. **Strömungsgleichnis** (Hydrodynamischer Vergleich) **von THOMSON**

   Zirkuliert in einem Behälter mit dem Querschnitt des tordierten Stabes eine stationär strömende inkompressible Flüssigkeit (vgl. Bild 13.24), so besitzen die sich einstellenden geschlossenen Strömungslinien zueinander unterschiedliche Abstände. Die größten Geschwindigkeiten treten dort auf, wo die Strömungslinien am engsten zueinander liegen. Zwischen Torsions- und Strömungsproblem bestehen folgende Analogien:
   - die Schubspannungslinien des tordierten Querschnitts entsprechen den Strömungslinien im Behälterquerschnitt,

- die Größe der Schubspannungen ist der Strömungsgeschwindigkeit im Gefäßquerschnitt proportional und
- der Ort der maximalen Schubspannung befindet sich dort, wo die Strömungslinien am dichtesten nebeneinander liegen.

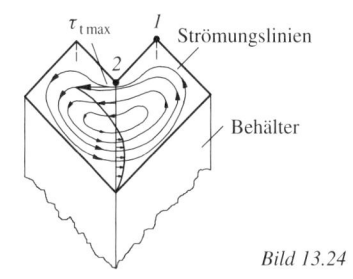

Bild 13.24

Auch diese Analogie erlaubt aufgrund der Anschaulichkeit einfache Abschätzungen über den Verlauf der Torsionsschubspannungen und des Ortes von $|\tau_t|_{max}$. In ausspringenden Ecken, z. B. Eckpunkt *1* in Bild 13.24, treten keine Strömungsgeschwindigkeiten auf (Totwassergebiet), sie liefern somit kaum Beiträge zur Übertragung des Torsionsmomentes; unter diesem Gesichtspunkt wäre dieses Gebiet überflüssig. Dagegen liegen bei einspringenden Ecken, z. B. Eckpunkt *2*, die Strömungslinien dicht nebeneinander (theoretisch unendlich große Spannungsspitze). Aus dieser Erkenntnis lässt sich folgern, dass einspringende Ecken gefährlich sind und ausgerundet werden sollten.

Beispiel: Rechteckquerschnitt

Für einen Rechteckquerschnitt (vgl. Bild 13.25) mit beliebigem Seitenverhältnis l/h lässt sich die Lösung des Randwertproblems nur mittels Reihenentwicklung

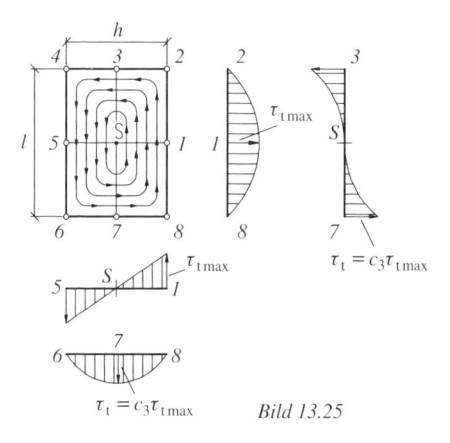

$\tau_t = c_3 \tau_{t\,max}$

$\tau_t = c_3 \tau_{t\,max}$ *Bild 13.25*

darstellen (Verwölbung vgl. Bild 13.3). Torsionsflächen- und das Torsionswiderstandsmoment ergeben sich zu:

$$I_t = 3c_1 \frac{lh^3}{3} = c_1 lh^3, \qquad W_t = 3\frac{c_1}{c_2}\frac{lh^2}{3} = \frac{c_1}{c_2} lh^2$$

Die Größen c_1, c_2, c_3 sind nur vom Seitenverhältnis $n = l/h$ abhängig und in der Analage F13 für verschiedene n tabelliert.

$\tau_{t\,max}$ liegt auf der Mitte der längeren Seite (im Bild 13.25 Punkt *1*); die größte Schubspannung in der Mitte der kürzeren Seite beträgt $\tau = c_3 \tau_{t\,max}$ und in den Ecken ist $\tau_t = 0$.

Beispiel: Gleichseitiges Dreieck

Die Verwölbung des Dreiecks ist im Bild 13.26 und der Verlauf der Torsionsschubspannungen im Bild 13.27 dargestellt; die Orte von $\tau_{t\,max}$ sind die Punkte *2, 4, 6*; in den Ecken ist $\tau_t = 0$; I_t und W_t nach Analage F13.

Bild 13.26 *Bild 13.27*

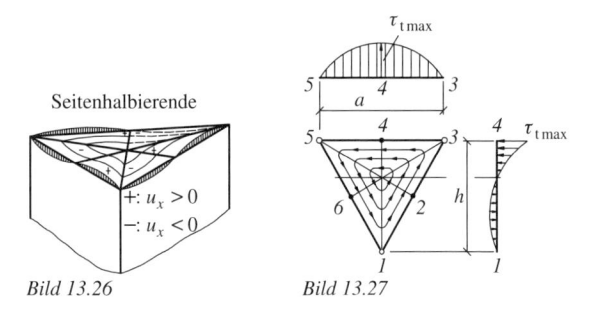

Beispiel: Dickwandige Hohlquerschnitte

Die Behandlung dickwandiger Hohlquerschnitte ist sehr aufwendig, da bei den RBn am inneren und äußeren Rand unterschiedliche Werte auftreten. Eine Ausnahme bilden Hohlprofile, deren innere Kontur der Schubflusslinie des entsprechenden Vollquerschnitts entspricht. Die wichtigste und einfachste Ausnahme – der Kreisringquerschnitt (dickwandiges Rohr) – ist behandelt worden, weitere Ausführungen vgl. /DIR-92/.

13.4 Freie Torsion dünnwandiger Querschnitte

Neben den dargestellten (dick- und dünnwandigen) Kreis- und Kreisringquerschnitten stellen die ein- und mehrzelligen Hohlprofile bzw. offene Profile zunehmend Konstruktionselemente im Leichtbau dar. Dabei geht es nicht nur um Gewichtsreduktion, sondern um Funktionsgewährleistung beim Einsatz moderner Leichtbau-Werkstoffe (z. B. Verbundwerkstoffe, Werkstoffverbunde) und neuer Herstellungsverfahren (z. B. Integralbauweise). Dies ist verbunden mit entsprechenden Berechnungsverfahren, die hier in ihren Grundlagen dargestellt werden.

Neben den bisherigen Annahmen zur freien Torsion sind für dünnwandige Profile zusätzliche Annahmen erforderlich.

13.4.1 Geschlossene (einzellige) Profile

Profile, die leicht und torsionssteif sind, können außer dem dünnwandigen Kreisringquerschnitt (vgl. Abschnitt 13.3.1) auch andere Profilformen aufweisen. Die dünnwandig geschlossenen Profile stellen mathematisch betrachtet einen zweifach zusammenhängenden Bereich dar (vgl. Abschnitt 13.2) und besitzen eine andere Spannungsverteilung als offene. Die Profil-Mittellinie (vgl. Bild 13.28) repräsentiert gemeinsam mit der Wanddicke $h(s)$ die Geometrie des Querschnitts. Als Koordinaten bzw. als KS werden benutzt:
- s: Profil- oder Umlaufkoordinate, wobei der Ausgangspunkt von s beliebig gewählt werden darf,
- x, y, z: kartesische Koordinaten, wobei x die Längskoordinate des Stabes ist.

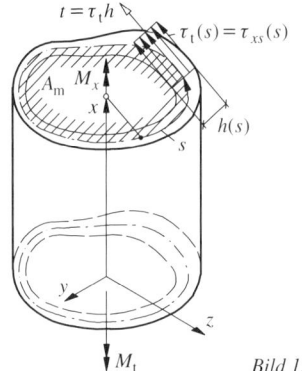

Bild 13.28

Für die Berechnung der Spannungen und Verformungen werden folgende (zusätzliche) Annahmen getroffen:
- Wanddicke $h(s)$ im Schnitt $x =$ konst. darf in s-Richtung nur wenig veränderlich sein; die größte Wanddicke h_{max} muss klein sein im Vergleich zur kleinsten Querschnittsabmessung,
- Querschnitt abschnittsweise konstant oder h in x-Richtung nur wenig veränderlich,
- Torsionsmomente an den Stabenden werden so eingeleitet, dass die Verwölbung nicht behindert wird; die Momente entstehen durch Kräfte(paare), die an den biegeschlaffen „Hutkrempen" (vgl. Bild 13.29 nach /WP-01/) angreifen,
- Torsionsschubspannungen sind über die Wanddicke näherungsweise konstant und laufen tangential zur Profil-Mittellinie; die Schubspannungen werden zum Schubfluss $t = \tau_t h$ (vgl. Abschnitt 12.4.1) zusammengefasst, der in der Profilmitte angreift und wie die Spannungen tangential zu die-

ser gerichtet ist. Der Fehler, der durch die konstante Spannungsannahme entsteht, soll anhand eines dünnwandigen Kreisringes abgeschätzt werden:

Radien:

$r_i, r_a = r_i + h$

Schubspannungen für den Kreisring (vgl. Abschnitt 13.3.1):

$\tau_{ta} = \tau_t(r = r_i + h), \quad \tau_{ti} = \tau_t \quad (r = r_i)$

$\Rightarrow \tau_{ta}/\tau_{ti} = r_i + h/r_i = 1 + h/r_i, \quad \text{mit} \quad h \ll r_i \Rightarrow \tau_{ta} \approx \tau_{ti}$

Das heißt im Rahmen dünnwandig geschlossener Profile ist der Fehler gering und die Schubspannungen stellen einen Mittelwert von τ_{ta} und τ_{ti} bei $r_i \approx r_a \approx r_m$ dar.

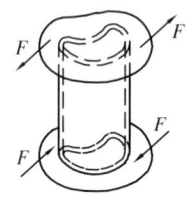

Bild 13.29

Vom Stab nach Bild 13.28 wird ein Schalenelement der Abmessungen dx, ds und der Wanddicke $h(x, s)$ betrachtet, vgl. Bild 13.30. An der Schnittstelle s wirkt die Torsionsschubspannung $\tau_t(s)$ und an der Stelle $s + ds$ die Schubspannung $\tau_t + (\partial \tau_t/\partial s) \, ds$.

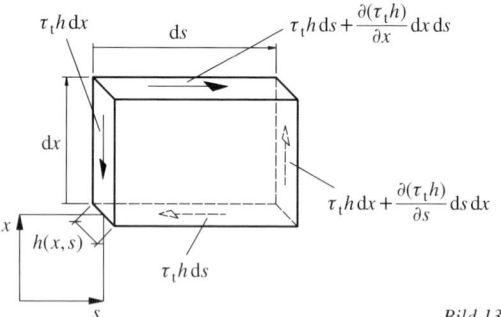

Bild 13.30

Das Kräftegleichgewicht in Stablängsrichtung (x-Richtung) am Schalenelement (Voraussetzung: keine Längskräfte) lautet:

$\uparrow: -\tau_t h \, dx + \tau_t h \, dx + \dfrac{\partial (\tau_t h)}{\partial s} \, ds \, dx = 0 \quad \Rightarrow \dfrac{\partial (\tau_t h)}{\partial s} = \dfrac{\partial t}{\partial s} = 0$

Der Schubfluss ist also längs der Umlaufkoordinate s konstant:

$t = \tau_t(s) h(x = \text{konst.}, s) \quad \Rightarrow |\tau_t|_{\max} = \dfrac{|t|}{h_{\min}(x = \text{konst.})}$

13.4 Freie Torsion dünnwandiger Querschnitte

- Das Produkt aus Schubspannung und zugehöriger Wanddicke, der Schubfluss t, hat beim geschlossenen dünnwandigen Profil in jedem Punkt die gleiche Größe.

Die Verknüpfung von Schubfluss ($t =$ konst.) und Torsionsmoment M_x ergibt sich aus der Äquivalenzbedingung. Sie besagt, dass die resultierende Momentwirkung des Schubflusses im Querschnitts (bez. eines bel. Punktes 0) dem Torsionsmoment äquivalent ist, vgl. Bild 13.31:

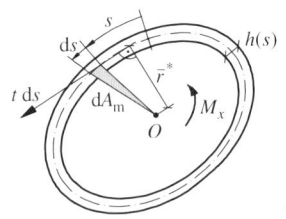

$$M_x = \oint t \bar{r}^*(s)\,ds = t \oint \bar{r}^*(s)\,ds$$

Bild 13.31

Der Ausdruck $\bar{r}^*\,ds$ ($\bar{r}^*$ senkrechter Abstand von 0 zur Wirkungslinie des Schubflusses; vgl. Abschnitt 12.4.2) unter dem Umlaufintegral ist die differenzielle Dreieckfläche $dA_m = \bar{r}^*\,ds/2$ und damit $\oint_{\bar{r}^*}(s)\,ds = 2\oint dA_m = 2A_m$, wobei A_m die von der Profil-Mittellinie (vgl. Bild 13.28) eingeschlossene Fläche ist. Damit wird $M_x = t\,2A_m$ und der Schubfluss sowie die Torsionsschubspannung bestimmt sich zu:

$$t(x) = \frac{M_x(x)}{2A_m} \quad \Rightarrow \quad \tau_t(x,s) = \frac{M_x(x)}{2A_m h(s)}$$

Die Torsion dünnwandig geschlossener Querschnitte ist also ein statisch bestimmtes Problem. Dieser Zusammenhang wird allgemein als 1. BREDT'sche Formel (nach R. BREDT – 1896) bezeichnet. Für $h = h_{min}$ erhält man mit $W_t = 2A_m h_{min}$ die maximale Torsionsschubspannung zu:

$$|\tau_t|_{max} = \frac{|M_x|}{W_t} = \frac{|t|}{h_{min}}$$

Zur Bewertung eines Profils muss noch die Verdrehung φ und das Torsionsflächenmoment I_t bestimmt werden. So kann z. B. mithilfe der Energiemethoden (vgl. Abschnitt 15.2) ein Zusammenhang zwischen der virtuellen Arbeit bei Verdrehung infolge des Torsionsmomentes und der virtuellen Arbeit des Schubflusses formuliert werden:

$$M_x \delta\varphi = M_x \frac{d\varphi}{dx}\delta x = M_x \vartheta\,\delta x$$

$$\stackrel{!}{=} \left[\int_A \frac{\tau_t^2}{G}\,dA\right]\delta x = \left[\oint \frac{t^2}{Gh(s)}\,ds\right]\delta x = \frac{M_x^2}{4A_m^2 G}\oint \frac{ds}{h(s)}\delta x$$

Daraus ergibt sich die Drillung zu:

$$\vartheta(x) = \frac{M_x(x)}{4GA_m^2} \oint \frac{ds}{h(s)} = \frac{t}{2GA_m} \oint \frac{ds}{h(s)}$$

Führt man das Torsionsflächenmoment $I_t = 4A_m^2 \left(\oint ds/h(s) \right)^{-1}$ ein – diese Beziehung wird auch als 2. BREDT'sche Formel bezeichnet – so lässt sich die Verformung wie folgt berechnen:

$$\varphi(x) = \int \frac{M_x(x)}{GI_t} dx + C$$

Die relative Verdrehung der Endquerschnitte eines Stabbereiches der Länge l für $M_x(x) =$ konst. und $GI_t =$ konst. ergibt:

$$\Delta\varphi = \frac{M_x l}{GI_t} = \frac{M_x}{c_t}$$

Falls $h(s_i)$ abschnittsweise konstant ist, gilt:

$$I_t = 4A_m^2 \left[\sum_i \left(\frac{l_i}{h_i} \right)_i \right]^{-1}$$

für $h =$ konst. ist $I_t = 4A_m^2 h/U$ (U Umfang von A_m).

Beispiel: Rechteckiges Rohr mit veränderlicher Wanddicke

Das in Bild 13.32a gezeigte dünnwandige Rohr mit verschiedenen Wanddicken (davon eine linear veränderlich) wird durch ein bez. der Längskoordinate x konstantes Torsionsmoment M_x belastet. Zu bestimmen sind der Verlauf der Torsionsschubspannung τ_t entlang der Profilmittellinie sowie die Drillung ϑ.

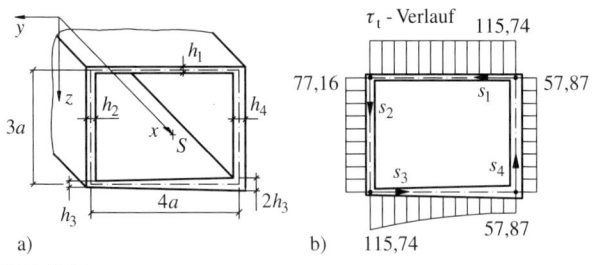

Bild 13.32

Gegeben: $h_0 = 2$ mm, $M_x = 5$ kN · m, $G = 8{,}1 \cdot 10^4$ N/mm^2;
$h_1 = h_0$, $h_2 = 3h_0/2$, $h_3 = h_0$, $h_4 = 2h_0$, $a = 15h_0$

Gesucht: $\tau_t = \tau_t(s)$, ϑ

Lösung:

Zur Beschreibung der Profildicken sowie des Spannungsverlaufs werden die Profilkoordinaten s_1 bis s_4 entsprechend Bild 13.32b eingeführt. Mit der von der Profilmittellinie eingeschlossenen Fläche $A_m = 3a \cdot 4a = 2\,700 h_0^2$ lassen sich die Torsionsschubspannungen $\tau_t(s_i)$ für $i = 1,\ldots,4$ und ϑ ermitteln, wenn die Profildickenverläufe $h(s_i)$ bekannt sind. Gemäß Bild 13.31a und b gilt:

$$h(s_1) = h_0, \quad h(s_2) = \frac{3}{2}h_0, \quad h(s_3) = h_0\left(1 + \frac{s_3}{4a}\right), \quad h(s_4) = 2h_0$$

Damit ergibt sich der Spannungsverlauf entlang der Profilmittellinie:

$$\tau_t(s_1) = \frac{M_x}{5400 h_0^3} = 115{,}74\,\frac{\text{N}}{\text{mm}^2}$$

$$\tau_t(s_2) = \frac{M_x}{8100 h_0^3} = 77{,}16\,\frac{\text{N}}{\text{mm}^2}$$

$$\tau_t(s_3) = \frac{M_x}{5400 h_0^3 \left(1 + \frac{s_3}{4a}\right)} = \frac{115{,}74}{1 + \frac{s_3}{4a}}\,\frac{\text{N}}{\text{mm}^2}$$

$$\tau_t(s_4) = \frac{M_x}{10\,800 h_0^3} = 57{,}87\,\frac{\text{N}}{\text{mm}^2}$$

Und die Drillung berechnet sich gemäß $\vartheta = M_x/(G I_t)$, wobei sich hier das Torsionsflächenmoment zu

$$I_t = \frac{4 A_m^2}{\oint \frac{\text{d}s}{h(s)}} = \frac{4 \cdot 2700^2 h_0^4}{\int\limits_0^{4a}\frac{\text{d}s_1}{h_0} + \int\limits_0^{3a}\frac{\text{d}s_2}{3/2 \cdot h_0} + \int\limits_0^{4a}\frac{\text{d}s_3}{h_0\left(1 + s_3/(4a)\right)} + \int\limits_0^{3a}\frac{\text{d}s_4}{2 h_0}}$$

$$= \frac{29{,}16 \cdot 10^6 h_0^4}{\dfrac{a}{h_0}\left(4 + 2 + 4\ln 2 + \dfrac{3}{2}\right)}$$

$$= 0{,}189\,241\,49 \cdot 10^6 h_0^4 \approx 3{,}028 \cdot 10^6\,\text{mm}^4$$

ergibt. Damit errechnet sich eine Drillung von

$$\vartheta \approx 2{,}039 \cdot 10^{-2}\,\text{m}^{-1} \,\widehat{\approx}\, 1{,}17°/\text{m}$$

13.4.2 Mehrzellige Hohlprofile

Die u. U. notwendigen Breiten und Höhen der Querschnitte erfordern meist Hohlprofile mit inneren Zwischenwänden (Stege, Schotten) zur Aussteifung – mehrzellige Hohlprofile, vgl. Bild 13.33. Von LORENZ (1911) wurden auf der Grundlage der BREDT'schen Formeln für mehrzellige Hohlprofile Berechnungsunterlagen für Spannung und Verformung bereitgestellt.

Mit dem in einer zunächst separat betrachteten Zelle i ($i = 1,\ldots,n$) wirkenden konstanten Schubfluss t_i erhält man nach der 1. BREDT'schen Formel das dieser Zelle zugeordneteTorsionsmoment:

$$M_{xi} = 2 A_{\text{m}i} t_i$$

wobei $A_{\text{m}i}$ die von der Profil-Mittellinie der Zelle i eingeschlossene Fläche ist.

Bild 13.33

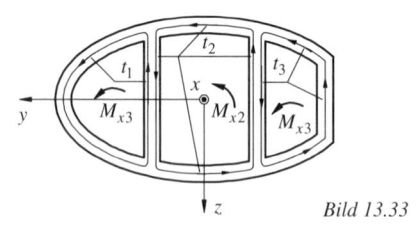

Die Summe aller Torsionsmomente M_{xi} der einzelnen Zellen i ergibt das am gesamten Hohlprofil angreifende Moment:

$$M_x = \sum_i M_{xi} \quad \Rightarrow \quad M_x = 2 \sum_i A_{mi} t_i$$

Die Berechnung mehrzelliger Hohlprofile ist eine statisch unbestimmte Aufgabe und bedarf zu deren Lösung Verformungsbetrachtungen. Auch für mehrzellige Hohlprofile wird gefordert, dass die Querschnittsform (vgl. Abschnitt 13.1) im belasteten Zustand erhalten bleibt (vgl. auch Parallelschaltung von Federn):

$$\varphi_i = \varphi \quad \text{bzw.} \quad \vartheta_i = \vartheta \quad \forall i$$

Für ein einzelliges geschlossenes Hohlprofil (hier Zelle i) folgt ohne Beachtung der Verbindung zu anderen Zellen wegen $\vartheta_i = \vartheta$ aus der Beziehung für die Drillung (vgl. Abschnitt 13.4.1):

$$2A_{mi}G\vartheta = t_i \oint \frac{\mathrm{d}s_i}{h(s_i)}$$

Nun ist für mehrzellige Profile aber zu beachten, dass in der zu zwei Zellen i und j gehörenden Zwischenwand der Wanddicke $h_{ij}(s_i)$ und der Länge l_{ij} der Schubfluss t_j der Zelle j vom Schubfluss t_i der Zelle i abzuziehen ist – also dort die Differenz maßgebend ist:

$$2A_{mi}G\vartheta = t_i \oint \frac{\mathrm{d}s_i}{h(s_i)} - \sum_j t_j \int\limits_{l_{ij}} \frac{\mathrm{d}s_i}{h_{ij}(s_i)}$$

Mit den Abkürzungen (vgl. z. B. /GÖ-91/):

$$\bar{t}_i = \frac{t_i}{2G\vartheta}, \quad a_{ii} = \oint \frac{\mathrm{d}s_i}{h(s_i)}, \quad a_{ij} = a_{ji} = -\int\limits_{l_{ij}} \frac{\mathrm{d}s_i}{h_{ij}(s_i)} \quad (i \neq j)$$

ergibt sich daraus:

$$a_{ii}\bar{t}_i + \sum_j a_{ij}\bar{t}_j = A_{mi}; \quad i = 1, \ldots, n$$

▶ *Hinweis:* Bei bereichsweise konstanter Wanddicke $h(s_i)$ können zur Vereinfachung die Integrale durch Summen ersetzt werden.

Dies stellt ein inhomogenes lineares Gleichungssystem von n Gln. für die n Unbekannten $\bar{t}_i$ dar.

Aus:
$$M_x = 2\sum_i A_{\mathrm{m}i} t_i = 2\sum_i A_{\mathrm{m}i} 2G\vartheta \bar{t}_i = 4G\vartheta \sum_i A_{\mathrm{m}i} \bar{t}_i$$

erhält man dann nach Lösung des Gleichungssystems die Drillung ϑ zu:

$$\vartheta = \frac{M_x}{4G\sum_i A_{\mathrm{m}i}\bar{t}_i} \stackrel{!}{=} \frac{M_x}{GI_{\mathrm{t}}}$$

Hieraus folgt für das Torsionsflächenmoment des mehrzelligen Profils:

$$I_{\mathrm{t}} = 4\sum_i A_{\mathrm{m}i} \bar{t}_i$$

Die Schubflüsse (und Torsionsschubspannungen) sind nun ebenfalls berechenbar:

$$t_i = 2G\vartheta \bar{t}_i \quad \forall i$$

▶ *Hinweis:* Im Allgemeinen erhält man gute Näherungen für t_i und ϑ, wenn die Zwischenwände gedanklich entfernt und mit den Beziehungen für das einzelige Hohlprofil gerechnet wird.

Beispiel: Die Strebe eines Flugzeugrumpfes hat den in Bild 13.34 gezeigten Querschnitt mit drei Zellen. Für das von der Strebe zu übertragende Torsionsmoment M_x sind die Drillung ϑ und die maximale Torsionsschubspannung zu bestimmen.

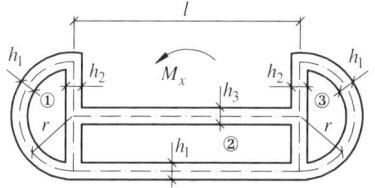

Bild 13.34

Gegeben: M_x, h_1, G; $r = 5h_1$, $l = 20h_1$, $h_2 = 4/3\,h_1$, $h_3 = 2h_1$

Gesucht: ϑ, $|\tau_{\mathrm{t}}|_{\max}$

Lösung:

Zunächst sind die bezogenen Schubflüsse $\bar{t}_i$ ($i = 1, 2, 3$) zu bestimmen, wozu die Koeffizientenmatrix und die „rechte Seite" des entsprechenden Gleichungssystems benötigt werden:

$$A_{\mathrm{m}1} = A_{\mathrm{m}3} = \frac{\pi}{2}r^2 = \frac{25}{2}\pi h_1^2; \quad A_{\mathrm{m}2} = rl = 100 h_1^2$$

$$a_{11} = a_{33} = \frac{\pi r}{h_1} + \frac{2r}{h_2} = 5\pi + \frac{15}{2}, \quad a_{22} = \frac{l}{h_1} + \frac{l}{h_3} + 2\frac{r}{h_2} = \frac{75}{2}$$

$$a_{12} = a_{21} = -\frac{r}{h_2} = -\frac{15}{4}, \quad a_{13} = a_{31} = 0, \quad a_{32} = a_{23} = -\frac{r}{h_2} = -\frac{15}{4}$$

Das liefert:

$$\begin{bmatrix} 5\pi + 7{,}5 & -3{,}75 & 0 \\ -3{,}75 & 37{,}5 & -3{,}75 \\ 0 & -3{,}75 & 5\pi + 7{,}5 \end{bmatrix} \begin{bmatrix} \bar{t}_1 \\ \bar{t}_2 \\ \bar{t}_3 \end{bmatrix} = \begin{bmatrix} 12{,}5\pi \\ 100 \\ 12{,}5\pi \end{bmatrix} h_1^2$$

$$\Rightarrow \begin{bmatrix} \bar{t}_1 \\ \bar{t}_2 \\ \bar{t}_3 \end{bmatrix} = \begin{bmatrix} 2{,}1938725 \\ 3{,}1054412 \\ 2{,}1938725 \end{bmatrix} h_1^2$$

Für die Drillung erhält man damit:

$$\vartheta = \frac{M_x}{4G \sum_{i=1}^{3} A_{mi}\bar{t}_i} = \frac{M_x}{1931{,}402 G h_1^4} = 5{,}17759 \cdot 10^{-4} \frac{M_x}{G h_1^4} \stackrel{!}{=} \frac{M_x}{G I_t}$$

Hieraus folgt ein Torsionsflächenmoment von $I_t = 1931{,}402 h_1^4$. Für das entsprechende Profil ohne Zwischenwände (einzelliger Querschnitt) erhält man als durchaus brauchbare Näherung einen Wert von $I_t \approx 1850{,}17 h_1^4$.

Betrachtet man hinsichtlich der Spannung die einzelnen Zellen zunächst separat, so ergibt sich:

Zelle 1 und 3:

$$|\tau_t|_{\max 1,3} = \frac{t_1}{h_1} = \frac{t_3}{h_1} = 2G\vartheta \frac{\bar{t}_1}{h_1}$$

(da $\frac{\bar{t}_1}{h_2} < \frac{\bar{t}_1}{h_1}$ und $\frac{|\bar{t}_1 - \bar{t}_2|}{h_2} < \frac{\bar{t}_1}{h_1}$)

Zelle 2:

$$|\tau_t|_{\max 2} = \frac{t_2}{h_1} = 2G\vartheta \frac{\bar{t}_2}{h_1}$$

(da $\frac{\bar{t}_2}{h_3} < \frac{\bar{t}_2}{h_1}$ und $\frac{|\bar{t}_2 - \bar{t}_1|}{h_2} = \frac{|\bar{t}_2 - \bar{t}_3|}{h_2} < \frac{\bar{t}_2}{h_1}$)

Weil $\bar{t}_2 > \bar{t}_1 = \bar{t}_3$ gilt, tritt das totale Spannungsmaximum in der unteren Wand von Zelle 2 auf, und es beträgt:

$$|\tau_t|_{\max} = 2G\vartheta \frac{\bar{t}_2}{h_1} = \frac{2M_x}{I_t} \frac{\bar{t}_2}{h_1} = 3{,}21574 \cdot 10^{-3} \frac{M_x}{h_1^3}$$

13.4.3 Dünnwandig offene Querschnitte

Der Stab mit dünnwandig offenem Querschnitt ist trotz geringerer Torsionssteifigkeit ein häufig eingesetztes Konstruktionselement. Bei gleicher Fläche sinkt die Torsionssteifigkeit mit abnehmender Wanddicke, während die Biegesteifigkeit zunimmt. Da i. Allg. die Biegesteifigkeit bestimmend ist, werden Profile dünnwandig ausgeführt.

Maßgebend für die Beanspruchung eines Torsionsstabes mit dünnwandig offenem Profil ist nicht die Form, sondern die Dickenverteilung des Querschnitts. Die Beurteilung eines solchen Profils – auch mit gekrümmter Mittellinie – kann auf die Beurteilung von aus schmalen Rechtecken zusammengesetzten Profilen zurückgeführt werden.

13.4.3.1 Torsion des schmalen Rechteckprofils

Die Erkenntnisse aus der analytischen Lösung für das „unendlich schmale Rechteck" und die Abschätzungen aus der Membran- sowie Strömungsanalogie korrespondieren mit den Annahmen über den Spannungsverlauf für das schmale Rechteckprofil:
- Die Torsionsschubspannungen $\tau_{xz} = \tau_t$ verlaufen zu den Langseiten des Rechtecks parallel; sie sind über der Höhe konstant und werden in Randnähe der schmalen Seiten innerhalb eines kleinen Bereiches umgelenkt (vgl. Bild 13.7),
- die Schubspannung ist an den schmalen Seiten extremal; über die Dicke h ($h \ll l$) wird eine lineare Spannungsverteilung angenommen, die bei $y = 0$ ihren Nulldurchgang hat und somit an den Rändern ($y = \pm h/2$) betragsmäßig maximal ist.

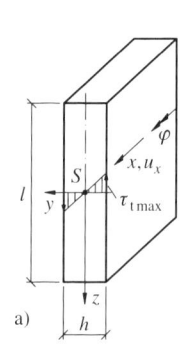

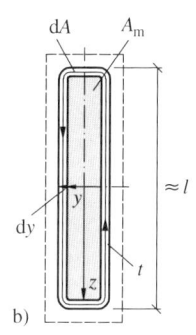

Bild 13.35

Der Spannungsverlauf nach Bild 13.35a ist:

$$\tau_t(y) = \frac{\tau_{t\,max}}{h/2} y$$

Der Querschnitt wird sich aus vielen einzelnen „Röhren" der Dicke dy zusammengesetzt gedacht (vgl. Bild 13.35b), die näherungsweise bis an die untere bzw. obere Schmalseite heranreichen. Der Einfluss des Umlenkbereiches an den schmalen Seiten wird vernachlässigt. Die Schubspannungslinien liegen somit parallel zur z-Achse (Strömungsanalogie; vgl. Bild 13.7) und haben eine Gesamtlänge von $2l$. Der in einer „Röhre" wirkende Schubfluss ist dann $t = \tau_t dy$ /Ma-04/.

Mit der 1. BREDT'schen Formel [$A_m(dA) = 2yl$] und anschließender Integration ergibt sich das Torsionsmoment und -widerstandsmoment:

$$dM_x = 2 \cdot 2yl \frac{y}{h/2} \tau_{t\,max} \, dy = 8\tau_{t\,max} \frac{l}{h} y^2 \, dy$$

$$\Rightarrow M_x = 8\tau_{t\,max} \frac{l}{h} \int_0^{h/2} y^2 \, dy = \frac{1}{3} \tau_{t\,max} h^2 l$$

Nach der Maximalspannung aufgelöst ergibt:

$$\tau_{t\,max} = \frac{M_x}{lh^2/3} \stackrel{!}{=} \frac{M_x}{W_t}$$

$\Rightarrow$ Torsionswiderstandsmoment:

$$W_t = \frac{lh^2}{3}$$

Da jede „Röhre" für sich quasi ein geschlossenes Profil darstellt, lässt sich mithilfe der 1. BREDT'schen Formel der vom Flächenelement dA übertragene Anteil dM_x des Torsionsmomentes angeben:

$$dM_x = G\vartheta\, dI_t$$

wobei dI_t das Torsionsflächenmoment des von dA gebildeten Hohlprofils ist. Für eine „Röhre" gelten folgende Näherungen:

$$dA \approx 2l\, dy, \quad \oint \frac{ds}{h(s)} \approx \frac{2l}{dy}$$

Damit folgt aus der 2. BREDT'schen Formel:

$$dI_t \approx \frac{4(2ly)^2}{2l/dy} = 8ly^2\, dy \quad \Rightarrow \quad I_t = 8l \int_0^{h/2} y^2 dy = \frac{1}{3}lh^3$$

▶ *Bemerkung*: Der Berechnungsfehler für I_t nach dieser Formel ist umso geringer, je größer $l/h = n$ ist; für $n = 10$ (vgl. Anlage F13) beträgt die Abweichung für I_t und auch W_t ungefähr 6 % vom exakten Wert /DD-95/.

Die Schubspannung ergibt sich zu:

$$\tau_t = \tau_{xz}(x,y) = \frac{dM_x}{2A_m dy} = \frac{G\vartheta\, dI_t}{2 \cdot 2yl \cdot dy} = 2G\vartheta(x)y$$

$$\text{mit} \quad \vartheta(x) = \frac{M_x(x)}{GI_t} = \frac{3M_x(x)}{Glh^3}$$

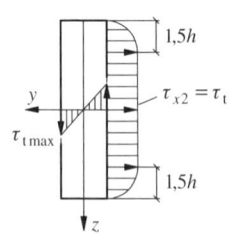

Bild 13.36

Für ein schmales Rechteck ($n \geq 3$) verlaufen die Schubspannungen τ_{xz} parallel zu den langen Seiten über einen großen Bereich nahezu konstant (im Bild 13.36 am Außenrand dargestellt); über die Dicke h ändern sie sich (wie schon geschrieben) linear. Nur in einem sehr kleinen Bereich ($\approx 1,5h$) fallen die Schubspannungen parabelförmig auf null ab. In diesem Umlenkbereich sind

Schubspannungen τ_{xy} vorhanden, die aber hier nicht berücksichtigt werden ($\tau_{xz} \gg \tau_{xy}$).

▶ *Bemerkung*: Wegen $t = \int_{-h/2}^{h/2} \tau_{xz}(y)\,dy = 0$

wird die resultierende Schubspannung zu null (vgl. Abschnitt 13.2).

13.4.3.2 Torsion eines aus schmalen Rechtecken zusammengesetzten Profils

Für ein Profil, das man sich aus $i = 1,\ldots,n$ schmalen Rechtecken zusammengesetzt denken kann, wird die in Bild 13.37 veranschaulichte Näherung für den Schubflussverlauf zugrunde gelegt:

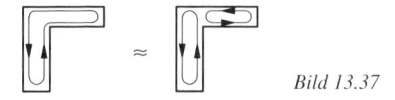

Bild 13.37

Diese Näherung wird für
- unverzweigte (vgl. Bild 13.38a) sowie verzweigte Profile (vgl. Bild 13.38b) mit abschnittsweise unterschiedlicher Wanddicke und
- Walzprofile (vgl. Bilder 13.39, 13.40)

angewandt.

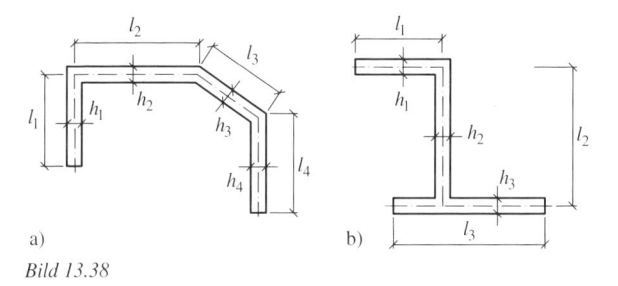

Bild 13.38

Bei Walzprofilen sind die einzelnen Wanddicken i. Allg. nicht konstant, und auch die Ausrundungen zwischen Steg und Flansch beeinflussen das Torsionsflächenmoment I_t (vgl. Bild 13.39).

Durch Versuche von A. FÖPPL (1917) wurde ein Korrekturfaktor η (vgl. Bild 13.40) ermittelt, der die Abweichung der Rechnung (von aus schmalen Rechtecken zusammengesetzten Profilen) vom korrekten Wert (vgl. entsprechende Profiltabellen) erfasst.

$$I_t = \eta \frac{1}{3} \sum_i l_i h_i^3, \qquad W_t = \frac{I_t}{h_{max}} = \eta \frac{1}{3 h_{max}} \sum_i l_i h_i^3$$

Bild 13.39

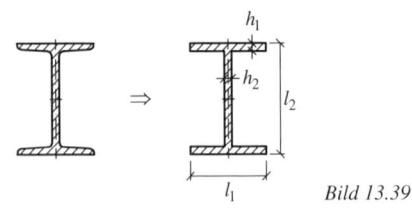

Korrekturfaktor η

Profil	I	L	C	Z	T	I
η	1,0	0,99	1,12	1,12	1,12	1,30

Bild 13.40

Für die Berechnung wird folgende Annahme getroffen: Die einzelnen Teile müssen sich bei Erhalt der Querschnittsform um die Stablängsachse wie starre Scheiben drehen, d. h. analog zu mehrzelligen Hohlprofilen muss

$$\vartheta_i = \vartheta \quad \forall i \quad (i: \text{Nr. eines schmalen Rechtecks})$$

erfüllt sein.

Damit gilt bei gleicher Drillung ϑ eines aus verschiedenen schmalen Rechtecken zusammengesetzten Profils:

$$G\vartheta = \frac{M_x}{I_t} = \frac{\tau_{t1}}{h_1} = \frac{\tau_{t2}}{h_2} = \ldots = \frac{\tau_{ti}}{h_i} = \ldots$$

- Der Quotient aus Schubspannung und zugehöriger Wanddicke hat beim offenen dünnwandigen Profil in jedem Punkt die gleiche Größe.

Hieraus folgt:

- Torsionsmoment:

$$M_x = \sum_i M_{xi} = \sum_i G\vartheta_i I_{ti} = G\vartheta \sum_i I_{ti} = G\vartheta I_t$$

- Torsionsflächenmoment:

$$I_t = \sum_i I_{ti} = \frac{1}{3} \sum_i l_i h_i^3 = \frac{A}{3} \sum_i h_i^2 \quad \text{mit} \quad A = \sum_i l_i h_i$$

für $h(s_i) \neq$ konst.:

$$I_{ti} = \frac{1}{3} \int_{l_i} h^3(s_i) \, ds_i$$

- Randschubspannungen:

$$\tau_{tRi} = \frac{|M_x|}{I_t} h_i, \quad \tau_{tR\,max} = \tau_{tR}(h_i = h_{max}) = \frac{|M_x|}{I_t} h_{max}, \quad W_t = \frac{I_t}{h_{max}}$$

▶ *Hinweis:* Die größte Torsionsschubsspannung des dünnwandig offenen Profils tritt am Rand des schmalen Rechtecks mit h_{max} auf. (Beim dünnwandig geschlossenen Profil ist das Gegenteil der Fall – bei h_{min}.) Zu beachten ist, dass die berechneten maximalen Spannungen noch von lokalen Spannungsspitzen in den Ecken der Profile übertroffen werden können.

13.4.3.3 Anwendungen

Beispiel: Kragträger mit sichelförmigem Querschnitt

Ein Kragträger der Länge l besitzt einen dünnwandigen sichelförmigen Querschnitt, dessen Profilmittellinie einen Halbkreisbogen bildet, vgl. Bild 13.41a. Die veränderliche Wanddicke wird näherungsweise durch die Funktion $h(\alpha) = h_0 \sin \alpha$ beschrieben. Belastet wird der Kragträger an seinem freien Ende durch die Vertikalkraft F, die im Abstand a vom Kreismittelpunkt angreift.

Es sind die Querkraftschubspannung τ_s, die Koordinaten $\overline{y}_T$, $\overline{z}_T$ des Schubmittelpunktes T, die Torsionsschubspannung τ_t, die resultierende Schubspannung τ (einschließlich ihres Maximalwertes τ_{max}) und der Torsionswinkel φ am freien Ende zu ermitteln, wenn vorausgesetzt wird, dass eine Wölbbehinderung ausgeschlossen ist (z. B. durch Gabel-Lagerung).

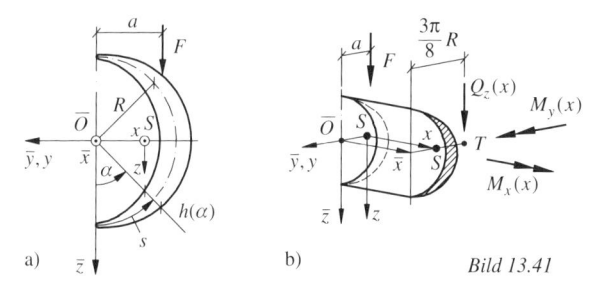

Bild 13.41

Gegeben: l, R, $a \leq R$, G, $h_0 \ll R$, F; $h(\alpha) = h_0 \sin \alpha$

Gesucht: τ_s, $\overline{y}_T$, $\overline{z}_T$, τ_t, τ, τ_{max}, $\varphi(x)$ [insbesondere $\varphi(x=0)$]

Lösung:

Zunächst werden die erforderlichen geometrischen Größen bestimmt. Da die Profilmittellinie kreisbogenförmig gekrümmt ist, wird wegen $s = R\alpha$ (vgl. Bild 13.41a) der Winkel α zur Beschreibung genutzt. Mit dem Flächenelement $dA = h(\alpha)\,ds = Rh_0 \sin \alpha \, d\alpha$ und der z-Koordinate des durch α gekennzeichneten Punktes der Profilmittellinie $z(\alpha) = R \cos \alpha$ erhält man für das statische Moment $S_y(\alpha)$ der durch α beschriebenen Teilfläche ($S_z(\alpha)$ wird nicht benötigt):

$$S_y(\alpha) = \int\limits_{A(\alpha)} z(\overline{\alpha})\,dA = \int\limits_{\overline{\alpha}=0}^{\alpha} R\cos\overline{\alpha} Rh_0 \sin \overline{\alpha}\,d\overline{\alpha} = \frac{1}{2}R^2 h_0 \sin^2 \alpha$$

Das FTM I_{yy} der Gesamtfläche (I_{zz} wird ebenfalls nicht gebraucht) errechnet sich zu:

$$I_{yy} = \int_A [z(\alpha)]^2 \, \mathrm{d}A = R^3 h_0 \int_{\alpha=0}^{\pi} \sin\alpha \cos^2\alpha \, \mathrm{d}\alpha = \frac{2}{3}R^3 h_0$$

Da das Profil bez. der y-Achse symmetrisch ist, liegt sowohl der Schwerpunkt S als auch der Schubmittelpunkt T auf dieser, d. h. es ist $\bar{z}_S = 0$ und $\bar{z}_T = 0$. Für die $\bar{y}$-Koordinaten dieser Punkte erhält man mit $A = \int_A \mathrm{d}A = Rh_0 \int_{\alpha=0}^{\pi} \sin\alpha \, \mathrm{d}\alpha = 2Rh_0$ und $\bar{r}^*(\alpha) = R$:

$$2Rh_0 \bar{y}_S = \int_A (-R\sin\alpha) \, \mathrm{d}A = -R^2 h_0 \int_{\alpha=0}^{\pi} \sin^2\alpha \, \mathrm{d}\alpha = -\frac{\pi}{2}R^2 h_0$$

$$\Rightarrow \bar{y}_S = -\frac{\pi R}{4}$$

$$\bar{y}_T = -\frac{1}{I_{yy}} \int_{\alpha=0}^{\pi} S_y(\alpha)\bar{r}^*(\alpha) R \, \mathrm{d}\alpha = -\frac{3}{2R^3 h_0} R^2 \frac{R^2 h_0}{2} \int_{\alpha=0}^{\pi} \sin^2\alpha \, \mathrm{d}\alpha = -\frac{3\pi R}{8}$$

Schließlich wird noch das Torsionsflächenmoment I_t des Profils benötigt:

$$I_t = \frac{1}{3} \int_{\alpha=0}^{\pi} h_0^3 \sin^3\alpha R \, \mathrm{d}\alpha = \frac{4}{9} Rh_0^3$$

Zur Bestimmung der SR werden die GGBn am geschnittenen Trägerteil mit dem positiven Schnittufer nach Bild 13.41b aufgestellt, wobei die Querkraft Q_z im Schubmittelpunkt T anzutragen ist [$N(x)$, $M_z(x)$ und $Q_y(x)$ wurden in Bild 13.41b nicht eingetragen, da sie sich zu null ergeben]. Man erhält:

$$Q_z(x) = -F, \quad M_x(x) = -FR\left(\frac{3\pi}{8} - \frac{a}{R}\right), \quad M_y(x) = -Fx$$

Damit können nun die Querkraft- und Torsionsschubspannungen (bei Bedarf auch die Normalspannung σ_x infolge M_y) und die Verdrehung φ um die Längsachse (bei Bedarf auch die Verschiebung u_z) bestimmt werden. Die Schubspannungen errechnen sich zu:

$$\tau_s(x,\alpha) = -\frac{Q_z(x)S_y(\alpha)}{h(\alpha)I_{yy}} = \frac{3}{4}\frac{F}{Rh_0}\sin\alpha$$

$$|\tau_t(\alpha)|_{\text{Rand}} = \frac{|M_x|}{I_t}h(\alpha) = \frac{9F}{4h_0^2}\left|\frac{3\pi}{8} - \frac{a}{R}\right|\sin\alpha$$

τ_s ist über der Profildicke $h(\alpha)$ konstant und außerdem positiv, wenn sie in positive α-Richtung zeigt. Hinsichtlich der Richtung von τ_t muss Innen- und Außenrand unterschieden werden, denn bez. der Profildicke ist τ_t linear veränderlich. Aus der Äquivalenzbedingung zwischen τ_t und M_x (die resultierende Momentenwirkung von τ_t muss derjenigen von M_x entsprechen) folgt für das positive Schnittufer sofort, dass die Torsionsspannung wegen $M_x < 0$ (da $a \leqq R$) am Außenrand des Profils (konvexe Seite) in negative α-Richtung und am Innenrand (konkave Seite) demzufolge in positive α-Richtung zeigen muss, vgl. Bild 13.42.

Die Überlagerung beider Spannungen liefert damit ($a \leq R$):

$$\tau(\alpha)|_{\text{Innenrand}} = \frac{3F \sin \alpha}{4Rh_0} \left[1 + \frac{3R}{h_0} \left(\frac{3\pi}{8} - \frac{a}{R} \right) \right]$$

$$\tau(\alpha)|_{\text{Außenrand}} = \frac{3F \sin \alpha}{4Rh_0} \left[1 - \frac{3R}{h_0} \left(\frac{3\pi}{8} - \frac{a}{R} \right) \right]$$

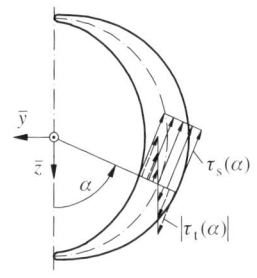

Bild 13.42

Als absolutes Maximum der Schubspannung erhält man:

$$\tau_{\max} = \tau \left(\alpha = \frac{\pi}{2} \right) \bigg|_{\text{Innenrand}} = \frac{3F}{4Rh_0} \left[1 + \frac{3R}{h_0} \left(\frac{3\pi}{8} - \frac{a}{R} \right) \right]$$

Die Verdrehung um die Längsachse ergibt sich unter Beachtung der RB $\varphi(x = l) = 0$ zu:

$$\varphi(x) = -\frac{M_t l}{GI_t} \left(1 - \frac{x}{l} \right) = \frac{9}{4} \frac{Fl}{Gh_0^3} \left(\frac{3\pi}{8} - \frac{a}{R} \right) \left(1 - \frac{x}{l} \right)$$

Damit kann die Verdrehung des Querschnitts am freien Ende des Kragträgers zu

$$\varphi(x = 0) = \frac{9}{4} \frac{Fl}{Gh_0^3} \left(\frac{3\pi}{8} - \frac{a}{R} \right)$$

bestimmt werden.

Beispiel: Torsionsfedersteifigkeiten

Zwei dünnwandige Rohre der Länge l aus gleichem Werkstoff werden jeweils durch ein Torsionsmoment M_t belastet, vgl. Bild 13.43.

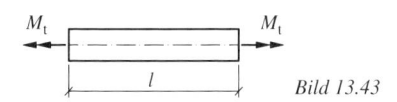

Bild 13.43

Das eine Rohr hat den Querschnitt wie in Bild 13.32a (d. h. dünnwandig geschlossen), das andere hat die gleiche Querschnittsform, jedoch mit dem Unterschied, dass es (z. B. bei $s_1 = 0$, vgl. Bild 13.32b) geschlitzt ist (d. h. dünnwandig offen). Es sind die Torsionsfedersteifen beider Rohre zu ermitteln und zu vergleichen.

Gegeben: Querschnittsform wie in Bild 13.32a,
$h_0, l, M_t, G, h_1 = h_3 = h_0, h_2 = 3/2 \cdot h_0, h_4 = 2h_0, a = 15h_0$

Gesucht: $\dfrac{c_{t\,\text{offen}}}{c_{t\,\text{geschlossen}}}$

Lösung:

Die Torsionsfedersteifigkeit eines Torsionsstabes ohne Wölbbehinderung mit in Längsrichtung konstantem Querschnitt ermittelt sich zu

$$c_t = \frac{M_t}{\Delta \varphi} = \frac{GI_t}{l}$$

Da für beide Rohre der Schubmodul G und die Länge l gleich sein sollen, läuft die Betrachtung auf den Vergleich der Torsionsträgheitsmomente beider Querschnitte hinaus. Aus dem Beispiel „Rechteckiges Rohr mit veränderlicher Wanddicke" ist diese Größe für den geschlossenen Querschnitt schon bekannt:

$$I_{t\,\text{geschlossen}} = \sum_{i=1}^{4} \int_{s_i=0}^{l_i} \frac{\mathrm{d}s_i}{h(s_i)} = 189\,241{,}49 h_0^4$$

Für das geschlitzte Rohr folgt (mit $h(s_i)$ aus dem eben genannten Beispiel):

$$\begin{aligned}
I_{t\,\text{offen}} &= \frac{1}{3}\sum_{i=1}^{4} \int_0^{l_i} [h(s_i)]^3 \,\mathrm{d}s_i \\
&= \frac{1}{3}\left[\int_0^{4a} h_0^3 \mathrm{d}s_1 + \int_0^{3a} \frac{27}{8}h_0^3 \mathrm{d}s_2 + \int_0^{4a} h_0^3 \left(1+\frac{s_3}{4a}\right)^3 \mathrm{d}s_3 + \int_0^{3a} 8 h_0^3 \mathrm{d}s_4 \right] \\
&= \frac{h_0^3 a}{3}\left(4 + \frac{81}{8} + 15 + 24\right) = \frac{2125}{8} h_0^4
\end{aligned}$$

Das Verhältnis der Torsionsfedersteifigkeiten ist hier gleich dem der Torsionsträgheitsmomente:

$$\frac{c_{t\,\text{offen}}}{c_{t\,\text{geschlossen}}} = \frac{I_{t\,\text{offen}}}{I_{t\,\text{geschlossen}}} \approx 1{,}404 \cdot 10^{-3}$$

Man erkennt, dass Stäbe mit dünnwandig offenen Querschnitten um mehrere Größenordnungen torsionsweicher sind als solche mit vergleichbaren geschlossenen, was z. B. auch bei schwingungsfähigen Systemen (Höhe von Eigenfrequenzen, vgl. Abschnitt „Schwingungen") von großer Bedeutung sein kann.

13.5 Gültigkeitsbereich und Abschätzformeln bei freier Torsion

Für die in Abschnitt 13.2 genannten Querschnittsformen sind die Beziehungen für die Spannungen und Verformungen behandelt worden. Voraussetzung für die Herleitung der ST. VENANT'schen Torsion war die ungehinderte Verwölbung der Querschnitte. Die Lösung des Torsionsproblems in geschlossener Form ist auf wenige Sonderfälle begrenzt; sonst ist man auf numerische Lösungen (Methode der finiten Elemente, vgl. Abschnitt 11.3.1.3) angewiesen.

13.5 Gültigkeitsbereich und Abschätzformeln bei freier Torsion

Wichtig ist, dass die zur Querschnittsform passenden Torsionsflächenmomente und -widerstandsmomente berechenbar sind. Für diese Querschnittskennwerte hat schon St. Venant hilfreiche Abschätzformeln bereitgestellt. Der Gültigkeitsbereich der freien Torsion und solche Abschätzformeln sollen hier in Anlehnung an /GÖ-91/ angegeben werden.

- Die freie Torsion fordert ein bereichsweise konstantes Torsionsmoment: $M_x(x) =$ konst.;
  diese Theorie wird näherungsweise auch für $M_x(x) \neq$ konst. angewandt:
  - Bei Vollquerschnitten ist der auftretende Fehler klein,
  - bei dünnwandigen Profilen muss man sich auf wölbfreie Querschnitte beschränken.

- Die natürliche Drehachse ist die Achse durch den Schubmittelpunkt T (sofern konstruktiv keine andere Drehachse erzwungen wird), da bei dieser die Verwölbung minimal wird:
  - $T \equiv S$: i. Allg. für Vollquerschnitte und doppelsymmetrische Querschnitte,
  - $T \neq S$: bei beliebig dünnwandig offenen Querschnitten, vgl. Abschnitt 13.4.3.

- Abschätzformeln für I_t, wenn keine konkaven Berandungen und keine einspringenden Ecken vorliegen:
  - Kompakte, konvex begrenzte Querschnitte:

  $I_t \cong \dfrac{A}{\lambda I_p}$; A Querschnittsfläche, I_p polares Flächenmoment

  $\lambda = 40$: allg. kompakte, konvex begrenzte Querschnitte,

  $\lambda = 4\pi^2$: Kreisfläche,

  $\lambda = 36$: schmales Rechteck.

- Zusammengesetzte Querschnitte (vgl. Abschnitt 13.4.3.2):

$I_t \cong \dfrac{1}{40} \sum_i \dfrac{A_i^2}{I_{pi}}$ für kompakte Teilflächen A_i

$I_t \cong \dfrac{1}{3} \sum_i l_i h_i^3$ für dünnwandige Teilflächen $A_i = l_i h_i$

  - beide Näherungsformeln auch kombiniert anwendbar,
  - bei ein- und mehrzelligen Hohlprofilen wird an Ecken und Stellen großer Krümmung die Annahme konstanter Spannungsverteilung verletzt, was zu Spannungsspitzen führt. Kerbwirkung ist durch Formzahlen abzuschätzen.

14 Festigkeitshypothesen

14.1 Einführung

In den Punkten eines beliebig belasteten Bauteils liegen i. Allg. mehrachsige Spannungszustände vor. Es stellt sich die Frage, wann mit zunehmender Belastung die Beanspruchbarkeit des Bauteils erreicht wird bzw. wann Versagen eintritt. Die Ermittlung der Beanspruchbarkeit wird in der Regel an einfachen oder genormten Prüfkörpern unter in gewisser Weise vereinheitlichten bzw. definierten Prüfbedingungen vorgenommen. Die so erhaltenen Messergebnisse sollten von den Probenabmessungen und der -geometrie unabhängig sein, was wiederum nicht immer gilt. Durch zahlreiche Untersuchungen ist ein Großteil separierbarer Einflussfaktoren auf die Beanspruchbarkeit bekannt, aber ihre Kopplung und die Formulierung entsprechender Übertragungsfunktionen zur mathematischen Behandlung bis hin zu ihrer experimentellen Verifikationen sind Gegenstand von Untersuchungen.

Bei statischer Beanspruchung kommen überwiegend der Zug-, Biege- und Torsionsversuch sowie bei zyklischer Beanspruchung unterschiedliche Ermüdungsversuche zur Anwendung. Bei den Grundbeanspruchungsarten Zug/Druck, Biegung und Torsion lässt sich das Werkstoffverhalten gut untersuchen und auch geeignete Widerstandsgrößen festlegen. Dies sind die *Werkstoffwiderstände* gegen einsetzende plastische Deformation, gegen einsetzenden Bruch oder instabile Rissausbreitung. Bei der Mehrzahl der Versuche liegen einachsige Beanspruchungen vor, die während eines größeren Versuchsabschnittes konstant gehalten werden können. Es sei angemerkt, dass schon bei einachsiger zyklischer Belastung die Ermüdungsvorgänge komplexer Natur sind, was sich bei mehrachsigen Spannungszuständen noch verstärkt.

Mit dem in der Materialprüfung beim einachsigen Versuch ermittelten *Werkstoffkennwert K* können keine Aussagen über die Widerstandfähigkeit für mehrachsige Spannungszustände getroffen werden. Der Werkstoffkennwert K kennzeichnet bei statischer Beanspruchung ein mögliches Versagen gegenüber *Fließen* (unzulässige plastische Verformungen) oder gegenüber einem *Gewaltbruch* (Überbelastung, die vorwiegend monoton, mäßig schnell bis schlagartig zum Bruch führt). Bei zyklischer Beanspruchung liegen *Ermüdungsbrüche* als Werkstoffversagen vor; sie sind durch Anrissbildung, Rissfortschritt und Restbruch (Gewaltbruch) gekennzeichnet und können schon weit unterhalb der Fließgrenze auftreten. Ein Festigkeitskennwert K ist hier die Wechsel- bzw. Dauerfestigkeit.

Problem: Wie können diese Werkstoffkennwerte zur Beurteilung eines nicht einachsig beanspruchten Bauteils herangezogen werden?

Lösung: Der von der äußeren Belastung hervorgerufene mehrachsige Spannungszustand wird mit einer Festigkeitshypothese auf einen (fiktiven) einachsigen Spannungszustand zurückgeführt, der betragsmäßig die gleiche Wirkung hervorruft. Die Festigkeitshypothese gestattet es, eine so genannte

Vergleichsspannung σ_V zu errechnen, die als Äquivalent für die Beanspruchung des Werkstoffs gilt. Ist die errechnete Vergleichsspannung σ_V gleich dem im Versuch ermittelten Werkstoffkennwert K, tritt Versagen ein. Schematisch lässt sich die Vorgehensweise wie folgt darstellen:

$$\boldsymbol{\sigma} = \begin{bmatrix} \sigma_x & \tau_{xy} & \tau_{xz} \\ \tau_{xy} & \sigma_y & \tau_{yz} \\ \tau_{xz} & \tau_{yz} & \sigma_z \end{bmatrix} \quad \text{bzw.} \quad \overline{\boldsymbol{\sigma}} = \begin{bmatrix} \sigma_1 & 0 & 0 \\ 0 & \sigma_2 & 0 \\ 0 & 0 & \sigma_3 \end{bmatrix}$$

$\boldsymbol{\sigma}$ bzw. $\overline{\boldsymbol{\sigma}} \Rightarrow$ Festigkeitshypothese $\Rightarrow \sigma_V$

Versagensbedingung:

$$\sigma_V = K$$

Zugversuch:

$$K = R_e (R_{eH}, R_{eL}), \qquad K = R_{p0{,}2}(R_{p0{,}01}), \qquad K = R_m$$

Festigkeitsbedingung/Festigkeitsnachweis:

$$\sigma_V \leqq \sigma_{zul} \quad \text{mit} \quad \sigma_{zul} = K/S \qquad (S \ldots \text{ Sicherheit})$$

14.2 Spannungszustand bei Linientragwerken

Bei Linientragwerken (Balken) hat der Spannungstensor folgende Belegung (x-Achse ist Balkenachse; vgl. auch Abschnitt 8.3.4):

$$\boldsymbol{\sigma} = \begin{bmatrix} \sigma_x & \tau_{xy} & \tau_{xz} \\ \tau_{xy} & 0 & 0 \\ \tau_{xz} & 0 & 0 \end{bmatrix}$$

Im Einzelnen sind das die
- Normalspannung σ_x infolge Längskraft $N(x)$ und Biegemomenten $M_y(x)$, $M_z(x)$ (vgl. Abschnitt 11.2.1),
- Schubspannungen infolge von Querkräften $Q_y(x)$, $Q_z(x)$ (vgl. Abschnitt 12.2.1),
- Schubspannungen infolge eines Torsionsmomentes $M_x(x)$ (vgl. Abschnitte 13.3, 13.4).

Treten gleichartige Spannungen in gleichen Flächen auf, dürfen sie durch Addition zu einer *resultierenden Spannung* zusammengesetzt werden; bei Schubspannungen in verschiedenen Richtungen durch geometrische Addition.

Bei der Normalspannung σ_x wurde dies im Abschnitt 11.2.1 bereits berücksichtigt. Treten Schubspannungen infolge von Querkräften und infolge eines Torsionsmomentes auf, so gilt:

$$\tau_{xy}(x,y,z) = \tau_{xy}^{(Q_y)}(x,y) + \tau_{xy}^{(M_x)}(x,y,z),$$
$$\tau_{xz}(x,y,z) = \tau_{xz}^{(Q_z)}(x,z) + \tau_{xz}^{(M_x)}(x,y,z)$$

Hierbei wurde die Torsionsschubspannung τ_t in die beiden Komponenten $\tau_{xy}^{(M_x)}$, $\tau_{xz}^{(M_x)}$ zerlegt. Dieser Sachverhalt wird im Bild 14.1 mit dem Sonderfall Kreis- bzw. Kreisringquerschnitt illustriert.

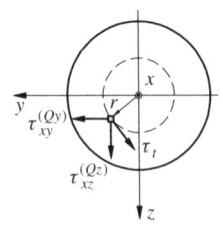

Bild 14.1

Die resultierende Schubspannung folgt dann aus:

$$\tau^2 = \tau_{xy}^2 + \tau_{xz}^2$$

Gleichartige Spannungen in unterschiedlichen Flächen (z. B. σ_x und σ_z) und/oder unterschiedliche Spannungen in gleichen Flächen (z. B. σ_x, τ_{xz}) müssen über eine Festigkeitshypothese zu einer Vergleichsspannung zusammengefasst werden.

14.3 Deformationsverhalten beim Versagen

Die Ermittlung der Vergleichsspannung σ_V basiert auf werkstoffmechanisch begründeten Festigkeitshypothesen. Die Formulierung der verschiedenen Festigkeitshypothesen geht von der Vorstellung eines bestimmten Deformationsverhaltens beim Versagen aus; damit ist auch der Anwendungsbereich weitgehend festgelegt.

Innere Ursachen sind: die G*leitung*, die *Trennung* und die *Ermüdung*. Dies bedingt das jeweils zugeordnete äußere Erscheinungsbild des Versagens (Schädigung): das *Fließen*, der *Trennbruch* und der *Ermüdungsbruch*.

Die äußeren Erscheinungsbilder des Versagens durch Bruch (makrofraktografische Bruchmerkmale) lassen sich mit den unten genannten Einflussfaktoren relativ gut vorhersagen. Im Bild 14.2 sind die Gewaltbrüche für die Grundbeanspruchungsarten bei statischer Beanspruchung in Abhängigkeit vom Werkstoffverhalten schematisch dargestellt.

Eine grobe Einteilung im Hinblick auf das phänomenologische Werkstoffverhalten geschieht in Abhängigkeit der *Duktilität* (Eigenschaft des Materials, sich vor dem Bruch plastisch zu verformen):
- große makroskopische Deformationen – *zäher* (*duktiler*) Werkstoff,
- (mikroskopisch) nahezu verformungslos – *spröder* Werkstoff.

Aus der üblichen Einteilung in spröde und zähe Werkstoffe lässt sich das Deformationsverhalten allein nicht ableiten. Duktiles oder sprödes Verhalten ist keine reine Werkstoffeigenschaft, sondern das Werkstoffverhalten wird u. a. noch von folgenden Einflussfaktoren bestimmt:

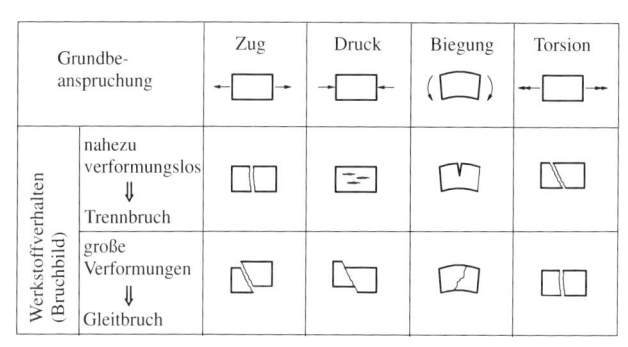

Grundbe- anspruchung		Zug	Druck	Biegung	Torsion
Werkstoffverhalten (Bruchbild)	nahezu verformungslos ⇓ Trennbruch				
	große Verformungen ⇓ Gleitbruch				

Bild 14.2

- Spannungszustand und Spannungsverteilung (homogen, inhomogen),
- Bauteil- und Probenform (Kerben, Geometrie),
- Beanspruchungs-Zeit-Verlauf (statisch, zyklisch),
- Temperatur,
- umgebende Medien.

Bei statischer Beanspruchung treten die Gewaltbrüche (z. B. /Di-94/) als *Trennbruch* oder *Gleitbruch* bzw. als *Mischbruch* der beiden Brucharten auf (vgl. Bild 14.2, z. B. Zug):

- *Trennbruch* (Spaltbruch, Sprödbruch, normalflächiger Bruch, Normalspannungsbruch): erfolgt bei einachsigem Spannungszustand nahezu verformungslos, wobei die Bruchfläche senkrecht zur größten Zugspannung (gleichzeitig größte positive Hauptspannung σ_1) steht, wenn σ_1 die Trenn(bruch)festigkeit erreicht; der Bauteil- oder Probenquerschnitt bricht nicht gleichzeitig auf der gesamten Bruchfläche (lokale Anrisse); Kfz-Metalle (Gleitsysteme) besitzen solch eine Duktilität, dass der Trennbruch eine Ausnahme ist.

Die Ursachen eines verformungsarmen oder verformungslosen Versagens durch Trennbruch sind meist komplexer als bei Gleitbruch und oft folgenschwerer durch das plötzliche Eintreten.

- *Gleitbruch* (Verformungsbruch, Wabenbruch, duktiler Bruch, scherflächiger Bruch, Schubspannungsbruch): bildet sich bei einachsigem Spannungszustand nach Erreichen der Fließgrenze unter plastischen Deformationen durch Abgleiten in Ebenen maximaler Schubspannung, wobei erst bei Erreichen der Scher(bruch)festigkeit der Gleitbruch auftritt; durch Geometrie (Kerben, Anrisse) kann auch ein Bauteil makroskopisch spröd durch Gleitbruch versagen.

Die Werkstoffkennwerte *Trennfestigkeit* und *Scherfestigkeit* beziehen sich ausschließlich auf den Beginn des Bruches (Brucheinleitung) /RHB-03/.

Die genannten Einflussfaktoren wirken tendenziell bei Trennbruch gegenüber Gleitbruch diametral. Der mehrachsige Spannungszustand begünstigt einen Trennbruch, der einachsige Spannungszustand den Gleitbruch; höhere

Temperaturen begünstigen den Gleitbruch, niedrige den Trennbruch; hohe Beanspruchungsgeschwindigkeiten begünstigen den Trennbruch, niedrige den Gleitbruch.

Bei zyklischer Beanspruchung ist diese Charakterisierung des Werkstoffverhaltens weniger geeignet. Hier ist der Schädigungsmechanismus während des Ermüdungsprozesses maßgebend. Dafür werden neben der Gestaltänderungsenergiehypothese andere Versagenshypothesen angewendet, die einen Bezug zu den klassischen Festigkeitshypothesen haben (vgl. /Lui-91/).

14.4 Klassische Festigkeitshypothesen

Für klassische, d. h. schon länger bekannte und angewendete Bruch- und Versagenshypothesen bei statischer Beanspruchung ist der Begriff Festigkeitshypothese üblich. Mit der Entwicklung der Bruchmechanik stehen auch andere Versagenskriterien zur Verfügung. Wegen ihrer Einfachheit und Verbreitung haben die Festigkeitshypothesen nach wie vor ihre Bedeutung. Von den vielen Festigkeitshypothesen haben einige nur noch historischen Wert.

Eine Einteilung der Festigkeitshypothesen wird nach verschiedenen Gesichtspunkten vorgenommen:
- am häufigsten nach der Werkstoffart: duktil (z. B. Gestaltänderungsenergiehypothese, Schubspannungshypothese) oder spröde (z. B. Hauptspannungshypothese),
- nach dem Beanspruchungs-Zeit-Verlauf: statisch (klassische Festigkeitshypothesen) oder zyklisch (z. B. kritische Schnittebene),
- nach dem Maß der Werkstoffbeanspruchung. Spannungshypothesen, Dehnungshypothesen, Energiehypothesen.

In Abhängigkeit vom Werkstoffverhalten lassen sich zwei Gruppen von Versagensmodellen bzw. Festigkeitshypothesen formulieren:
- Versagen durch Normalspannungen ($\sigma_{max} = \sigma_{krit}$ bzw. $\varepsilon_{max} = \varepsilon_{krit}$) bei sprödem Werkstoffverhalten: Trennen,
- Versagen durch Schubspannungen ($\tau_{max} = \tau_{krit}$ bzw. $\gamma_{max} = \gamma_{krit}$) bei duktilem Werkstoffverhalten: Fließen.

14.4.1 Hauptspannungshypothese

Diese älteste Hypothese (RANKINE (1861) u. a.) ist für sprödes, trennbruchempfindliches Verhalten gedacht und mit der Vorstellung verbunden, dass eine Zugbeanspruchung zu einer Trennung des Werkstoffs in Richtung der größten Normalspannung – der Hauptspannung σ_1 – führt (Bruchfläche steht senkrecht auf σ_1); eine Trennung kann nur unter Zugbeanspruchung erfolgen, d. h. $\sigma_1 > 0$.

Annahme: Bruch tritt auf, wenn die größte Hauptspannung σ_1 ($\sigma_1 \geq \sigma_2 \geq \sigma_3$) die Trennfestigkeit σ_T erreicht. Bei ideal spröden Werkstoffen ist dies der Werkstoffkennwert $K = R_m$ (Zugfestigkeit), d. h. es gilt bei Bruchbeginn:

$$\sigma_{VH} \equiv \sigma_1 = R_m$$

14.4 Klassische Festigkeitshypothesen

Nachteil: vernachlässigt den Einfluss von σ_2 und σ_3.

Gültigkeit:
- ist beschränkt auf sprödes Material wie GG, Glas, Steine, Schweißnähte bei Biegung, Zug und Torsion sowie Polymerwerkstoffe,
- bei duktilem Material liegen die Ergebnisse auf der unsicheren Seite.

Für den technisch wichtigen ESZ (Belegung des Spannungstensors entsprechend Abschnitt 8.3.1) erhält man:

$$\sigma_{VH} \equiv \sigma_1 = \frac{\sigma_x + \sigma_y}{2} + \sqrt{\left(\frac{\sigma_x - \sigma_y}{2}\right)^2 + \tau_{xy}^2} \qquad (>0)$$

Insbesondere gilt bei Linientragwerken (z. B. Wellen), vgl. Abschnitt 14.2:

$$\sigma_{VH} \equiv \sigma_1 = \frac{\sigma_x}{2} + \sqrt{\left(\frac{\sigma_x}{2}\right)^2 + \tau^2} = R_m$$

14.4.2 Schubspannungshypothese

Die Schubspannungshypothese (TRESCA (1868) u. a.) beurteilt das Versagen durch Fließen (somit entspricht diese Versagensbedingung einer Fließbedingung) und unter bestimmten Bedingungen auch durch Gleitbruch.

Annahme: Die plastischen Deformationen (Fließen) erfolgen als Gleitungen, die durch Schubspannungen ausgelöst werden. Das Versagen tritt ein, wenn die höchste im Werkstoff auftretende Schubspannung τ_{max} den Wert der Schubfließgrenze τ_F bei Fließbeginn erreicht.

τ_F kann sowohl aus dem Zug- wie dem Torsionsversuch ermittelt werden:

$$\tau_F = R_e/2$$

Bei mehrachsigen Spannungszuständen ist die maximale Schubspannung $\tau_{max} = (\sigma_1 - \sigma_3)/2$. Um von $\tau_{max} = \tau_F$ auf die allgemeine Formulierung der Versagensbedingung $\sigma_V = R_e$ zu gelangen, ergibt sich die Vergleichsspannung nach der Schubspannungshypothese zu:

$$\sigma_{VS} = \sigma_1 - \sigma_3 = \sigma_{max} - \sigma_{min} = R_e \qquad (\sigma_1 \geqq \sigma_2 \geqq \sigma_3)$$

Die Vergleichsspannung nach der Schubspannungshypothese ist somit gleich der größten Hauptspannungsdifferenz, d. h. die Hauptspannung σ_2 geht nicht ein.

Der Sonderfall des ESZ bei Linientragwerken (vgl. Abschnitt 14.2) ergibt:

$$\sigma_{VS} = \sqrt{\sigma_x^2 + 4\tau^2} = |\sigma_x|\sqrt{1 + 4\left(\frac{\tau}{\sigma_x}\right)^2}$$

Gültigkeit:
- für duktile Werkstoffe bei Versagen durch Gleitbruch,
- für spröde Werkstoffe bei Druckbeanspruchung,
- für Polymerwerkstoffe bei Versagen durch einen ausgeprägten Gleitbruch.

14.4.3 Gestaltänderungsenergiehypothese

Die Gestaltänderungsenergiehypothese hat sich als beste bewährt und leitet sich von der Fließbedingung nach V. MISES (1913) ab, die als wichtigste in der Plastizitätstheorie gilt.

Der V. MISES'schen Fließbedingung liegen folgende experimentell gesicherte Annahmen zugrunde:
- Werkstoff ist isotrop,
- Volumenkonstanz im plastischen Zustand und
- Fließen setzt im Zugversuch bei $\sigma_V = R_e$ ein.

Zur Deformation eines Volumenelements muss nach Abschnitt 15.2 äußere Arbeit W_a geleistet werden, die im deformierten Element als Formänderungsenergie W_F gespeichert ist. Die gesamte Formänderungsenergiedichte W_F^* (vgl. Abschnitt 15.2.2) lässt sich nach MAXWELL (1856) aufspalten in die Volumenänderungsenergiedichte W_V^* (Kanten eines Volumenelements werden um gleichen Betrag gelängt oder gestaucht) und die Gestaltänderungsenergiedichte W_G^* (Änderung der geometrischen Gestalt):

$$W_F^* = W_V^* + W_G^* \quad \text{mit}$$

$$W_V^* = \frac{1-2\nu}{6E}(\sigma_x^2 + \sigma_y^2 + \sigma_z^2)$$

$$W_G^* = \frac{1}{12G}\left[(\sigma_x - \sigma_y)^2 + (\sigma_y - \sigma_z)^2 + (\sigma_z - \sigma_x)^2 + 6(\tau_{xy}^2 + \tau_{yz}^2 + \tau_{zx}^2)\right]$$

Da eine plastische Deformation bei Volumenkonstanz vor sich geht, kann für den Fließbeginn nur W_G^* maßgebend sein.

Annahme: Der Werkstoff beginnt zu fließen, wenn die unter einem beliebigen Spannungszustand gespeicherte W_G^* einen bestimmten werkstoffspezifischen Grenzwert $W_{G\,\text{krit}}^*$ erreicht hat, und zwar denjenigen, bei dem im einachsigen Zugversuch ($\sigma_x > 0$) Fließen einsetzt:

$$\sigma_x = \sigma_{VG} = R_e \Rightarrow W_{G\,\text{krit}}^* = W_G^*(\sigma_x = \sigma_{VG}) = \frac{\sigma_{VG}^2}{6G}$$

Aus dieser Annahme ($W_{G\,\text{krit}}^* = W_G^*$) ergibt sich als Versagensbedingung beim mehrachsigen Spannungszustand:

$$\begin{aligned}
\sigma_{VG} &= \sqrt{\frac{1}{2}\left[(\sigma_x - \sigma_y)^2 + (\sigma_y - \sigma_z)^2 + (\sigma_z - \sigma_x)^2 + 6(\tau_{xy}^2 + \tau_{yz}^2 + \tau_{xz}^2)\right]} \\
&= \sqrt{\frac{1}{2}\left[(\sigma_1 - \sigma_2)^2 + (\sigma_2 - \sigma_3)^2 + (\sigma_3 - \sigma_1)^2\right]} \\
&= R_e
\end{aligned}$$

Für den ESZ (Belegung des Spannungstensors entsprechend Abschnitt 8.3.1) gilt:

$$\begin{aligned}
\sigma_{VG} &= \sqrt{\sigma_x^2 + \sigma_y^2 - \sigma_x \sigma_y + 3\tau_{xy}^2} \\
&= \sqrt{\sigma_1^2 - \sigma_1 \sigma_2 + \sigma_2^2}
\end{aligned}$$

Der Sonderfall des ESZ bei Linientragwerken (vgl. Abschnitt 14.2) ergibt:

$$\sigma_{\text{VG}} = |\sigma_x| \sqrt{3 \left(\frac{\tau_{xy}}{\sigma_x}\right)^2}$$

für $\tau = 0$ (nur Normalspannungen):

$$\sigma_{\text{VG}} = \sigma_{\text{VS}}$$

Gültigkeit: Gute Übereinstimmung mit dem Experiment, lediglich bei duktilen Stählen ist die Schubspannungshypothese genauer.

Diskussion:
- Einachsiger Zug/Druck:

$$\sigma_x = \sigma_1 = \sigma, \qquad \sigma_2 = \sigma_3 = 0 \Rightarrow \sigma_{\text{VG}} = |\sigma|$$

- hydrostatischer Spannungszustand:

$$\sigma_1 = \sigma_2 = \sigma_3 = \sigma \Rightarrow \sigma_{\text{VG}} = 0$$

Dieser Spannungszustand ist für den Werkstoff „unschädlich", weil er nur zu einer Volumenänderung führt. Die Überlagerung eines Spannungszustandes mit einem hydrostatischen Spannungszustand führt zu keiner Änderung von σ_{VG}. Wird der technische Bereich bei großem σ verlassen, gilt diese Hypothese nicht, weil dann im Experiment Bruch eintritt.

- Torsion:

$$\sigma_1 = -\sigma_3$$

Fließen tritt ein, wenn $\tau_{\max} = \tau_F$ ist:

$$\tau_F = \frac{R_e}{\sqrt{3}} = 0{,}577 R_e$$

Damit weicht die Gestaltänderungsenergiehypothese von der Schubspannungshypothese ($\tau_F = R_e/2$) ab.

14.5 Anwendungen

Beispiel: Räumlich belastete Welle

Eine bei B eingespannte Welle ($\varnothing\, d$, Länge l) aus duktilem Werkstoff wird über den am freien Ende befestigten, starr vorausgesetzten Hebel durch eine Kraft $\vec{F} = F_x \vec{e}_x + F_y \vec{e}_y + F_z \vec{e}_z = e^{\top} \vec{F}$ räumlich belastet, vgl. Bild 14.3. Unter Vernachlässigung des Querkraftschubs sind die daraus resultierenden Spannungen in der Welle zu ermitteln sowie die Vergleichsspannung σ_V zu berechnen.

Gegeben: $d, F, l = 15d, b = 10d, \boldsymbol{F} = [F_x, F_y, F_z]^\top = [5, -2, 1]^\top F$

Gesucht: $\sigma_x, \tau_t, \sigma_V$ [insbesondere in $P(x, y, z) = P(l/2, 0, -d/2)$]

Bild 14.3

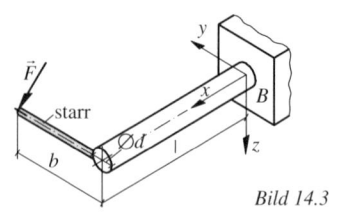

Lösung:

Grundlage zur Spannungsermittlung dieser statisch bestimmt gelagerten Welle sind die SR. Nutzt man für deren Bestimmung den Teil des bei x geschnittenen Systems mit dem negativen Schnittufer, erhält man (ohne vorher die LR berechnen zu müssen) für $x \in [0, l = 15d]$:

$$N(x) = F_x = 5F; \qquad [Q_y(x) = F_y = -2F, \ Q_z(x) = F_z = F]$$
$$M_x(x) = F_z b = 10Fd;$$
$$M_y(x) = -(l-x)F_z = -15Fd\left(1 - \frac{x}{l}\right);$$
$$M_z(x) = -F_x b + (l-x)F_y = -10Fd\left[5 + 3\left(1 - \frac{x}{l}\right)\right]$$

Die weiterhin benötigten Querschnittskennwerte sind:

$$A = \frac{\pi}{4}d^2; \qquad I_{yy} = I_{zz} = \frac{\pi d^4}{64}; \qquad I_t = I_p = I_{yy} + I_{zz} = \frac{\pi d^4}{32}$$

Damit ergeben sich Normal- und Torsionsspannung ($0 \leqq r = \sqrt{y^2 + z^2} \leqq d/2$) in der Welle zu:

$$\begin{aligned}
\sigma_x(x, y, z) &= \frac{N(x)}{A} + \frac{M_y(x)}{I_{yy}} z - \frac{M_z(x)}{I_{zz}} y \\
&= \frac{4 \cdot 5F}{\pi d^2} - \frac{64 \cdot 15Fd^2}{\pi d^4}\left(1 - \frac{x}{l}\right)\frac{z}{d} \\
&\quad + \frac{64 \cdot 10Fd^2}{\pi d^4}\left[5 + 3\left(1 - \frac{x}{l}\right)\right]\frac{y}{d} \\
&= \frac{F}{\pi d^2}\left[20 + 960\left(1 - \frac{x}{l}\right)\left(2\frac{y}{d} - \frac{z}{d}\right) + 3200\frac{y}{d}\right] \\
\tau_t(x, r) &= \frac{M_x(x)}{I_t} r = \frac{32 \cdot 10Fd^2}{\pi d^4}\frac{r}{d} = \frac{F}{\pi d^2} 320 \frac{r}{d}
\end{aligned}$$

Da es sich bei der Welle um einen schlanken Balken handelt, können die Querkraftschubspannungen gegenüber der Torsions- und Biegespannung vernachlässigt werden, d. h. es ist $\tau \approx \tau_t$.

Zur Berechnung von σ_V kommt die Gestaltänderungsenergiehypothese zur Anwendung, da ein duktiles Werkstoffverhalten vorliegen soll, d. h. es ist:

$$\sigma_V = \sigma_{VG} = |\sigma_x|\sqrt{1 + 3\left(\frac{\tau_t}{\sigma_x}\right)^2}$$

Mit den oben angegebenen ortsabhängigen Spannungen σ_x und τ_t könnte nun auch die Vergleichsspannung $\sigma_V = \sigma_V(x, y, z)$ in jedem Punkt der Welle ermittelt, dann der Maximalwert bestimmt und dieser mit einer zulässigen Spannung verglichen werden, worauf aber hier verzichtet werden soll (dazu Nutzung entsprechender Software!).

Im vorgegebenen Punkt $P(l/2, 0, -d/2)$ ergibt sich $(r = d/2)$:

$$\sigma_V = \frac{F}{\pi d^2} 260 \sqrt{1 + 3\left(\frac{160}{260}\right)^2} = 380 \frac{F}{\pi d^2} \approx 120{,}96 \frac{F}{d^2}$$

▶ *Bemerkung:* Bei Annahme elastischer Deformationen liegen sowohl hinsichtlich des Spannungszustandes (z. B. Zug – Torsion) als auch der Spannungsverteilung (z. B. Zug – Biegung) unterschiedliche Verhältnisse vor. Nach Fließbeginn steigen bei metallischen Werkstoffen die Spannungen zwar an, erreichen aber nicht die Werte, wie man sie bei elastischer Berechnung erhalten würde. Dies ist vor allem dann bedeutsam, wenn Ergebnisse aus Biege- und Torsionsversuchen mit denen von Zugversuchen verglichen oder wenn Kenngrößen in Abhängigkeit vom Spannungszustand verglichen werden sollen /Di-94/.

Beispiel: Spannungen bei Bruchbeginn

Bei einem auf Zug und Torsion statisch beanspruchten Stab ($\varnothing d$) aus GG ist ein Versagen durch Gewaltbruch eingetreten. Das Erscheinungsbild der Bruchfläche lässt auf einen Trenn- bzw. Sprödbruch schließen, vgl. Bild 14.4. Der Winkel zwischen Stabachse und Flächen-Normale der näherungsweise als Ebene angenommenen Bruchfläche (Ausgleichsebene) wurde zu $\varphi \approx 28°$ ausgemessen; weiterhin wurde festgestellt, dass sich der Bruch vom Punkt P (siehe Bild 14.4) aus entwickelte.

Es sind die maximalen Längs- und Torsionsspannungen, die bei Versagensbeginn vorhanden waren, unter der Annahme zu bestimmen, dass die hier zutreffende Vergleichsspannung gerade die Zugfestigkeit R_m erreicht.

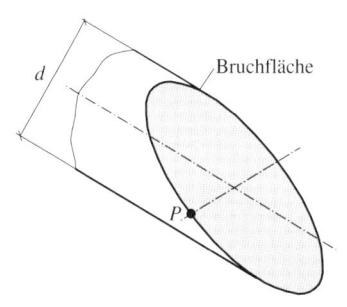

Bild 14.4

Gegeben: $R_m = 250\,\text{N/mm}^2$, $d = 42\,\text{mm}$, $\varphi = 28°$

Gesucht: σ_x und τ_t bei Versagensbeginn

Lösung:

Da zum einen GG als spröder Werkstoff bekannt ist, zum anderen das Erscheinungsbild der Bruchfläche auf einen Trennbruch hinweist, wird davon ausgegangen, dass das Werkstoffversagen infolge einer Werkstofftrennung in Richtung der größten Hauptspannung $\sigma_1 > 0$ eintrat, d. h. es ist die Hauptspannungshypothese zur Berechnung der Vergleichsspannung heranzuziehen. Mit der oben getroffenen Annahme folgt daraus:

$$\sigma_{VH} = \left[\frac{|\sigma_x|}{2}\left(1 + \sqrt{1 + \left(2\frac{\tau_t}{\sigma_x}\right)^2}\right)\right] \stackrel{!}{=} R_m$$

Geht man von den ungestörten Spannungsverteilungen für Zug und Torsion im Stab unter Benutzung der entsprechenden Gln. für elastisches Verhalten aus ($\sigma_x = N/A = \sigma_{x0}$, $\tau_t = (M_x/I_t)r$), so tritt σ_{VH} in einem Randpunkt der Querschnittsfläche (d. h. $r = d/2$) auf. Da die bei Bruchbeginn vorliegenden Spannungen interessieren, wird der Punkt P mit den Koordinaten $[x, y, z]^T = [x, 0, d/2]^T$ (vgl. Bild 14.5a) für die Untersuchung ausgewählt. Dort gilt mit $\sigma_x = \sigma_{x0} > 0$ und $\tau_{t\,max} = \tau_t(r = d/2)$ (vgl. Bild 14.5b):

$$\sigma_1(x, y = 0, z = d/2) = \frac{\sigma_{x0}}{2}\left(1 + \sqrt{1 + \left(2\frac{\tau_{t\,max}}{\sigma_{x0}}\right)^2}\right) \stackrel{!}{=} R_m$$

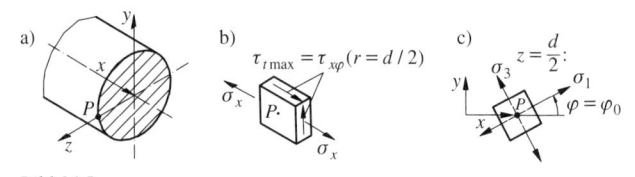

Bild 14.5

Die Hauptspannungshypothese geht – wie oben schon angedeutet – davon aus, dass die Trennfläche senkrecht auf der Hauptspannung σ_1 steht, woraus hier für den in P vorliegenden Hauptachsenwinkel folgt: $\varphi_0 = \varphi$, vgl. Bild 14.5c. Weil in P ein zweiachsiger Spannungszustand (lastfreie Oberfläche) herrscht, kann der Hauptachsenwinkel φ_0 durch die Beziehung

$$\tan(2\varphi_0) = \frac{2\tau_{t\,max}}{\sigma_{x0}} \stackrel{!}{=} \tan(2\varphi)$$

ausgedrückt werden. Damit stehen zwei Gln. für die beiden Unbekannten σ_{x0} und $\tau_{t\,max}$ zur Verfügung. Ihre Auflösung liefert:

$$\sigma_{x0} = \frac{2R_m}{1 + \sqrt{1 + (\tan 2\varphi)^2}} = 179{,}3\,\text{N}/\text{mm}^2$$

$$\tau_{t\,max} = \frac{\sigma_{x0}}{2}\tan 2\varphi = 132{,}9\,\text{N}/\text{mm}^2$$

Nimmt man wieder vereinfachend an, dass die für den elastischen Bereich gültigen Beziehungen

$$\sigma_{x0} = \frac{N}{A} \quad \text{und} \quad \tau_{t\,max} = \frac{|M_x|}{I_t}\frac{d}{2} = \frac{|M_x|}{W_t}$$

auch noch bei Bruchbeginn zutreffen, lassen sich daraus Längskraft und Torsionsmoment bestimmen:

$$N = A\sigma_{x0} = 248{,}4\,\text{kN}; \qquad |M_x| = W_t\tau_{t\,max} = 1\,933{,}7\,\text{N}\cdot\text{m}$$

15 Verformung elastischer Systeme – Energiemethoden

15.1 Einführung

In der TM allgemein und speziell für die Berechnung von Verformungen und die Behandlung statisch unbestimmter *elastischer* Systeme stellen die sog. Energiemethoden ein wichtiges Hilfsmittel dar. In der Festigkeitslehre finden die Sätze von CASTIGLIANO und MENABREA an unverschieblich gelagerten und im Gleichgewicht befindlichen Linientragwerken Anwendung. Dabei spielen die Begriffe Arbeit und Energie (das „Arbeitsvermögen"), die definitionsgemäß miteinander verknüpft sind, eine wichtige Rolle. Im SI-System ist die Einheit für die Arbeit und die Energie das Joule mit dem Zeichen J (1 J = 1 N · m).

Die äußeren Kräfte (und Momente) leisten an einem festen Körper Arbeit, da sich die Kraftangriffspunkte verschieben, z. B. bei der Durchbiegung eines Balkens. Die äußeren Kräfte werden dabei gedanklich schrittweise so aufgebracht, dass sich der Körper immer im Gleichgewicht (stabile Gleichgewichtslagen) befindet. Für die Verformung wird vorausgesetzt, dass sie *quasistatisch* (sehr langsam) *und isotherm* (Temperaturänderung infolge Verformung wird i. Allg. vernachlässigt) erfolgt.

Die *äußere Arbeit* W_a wird als „innere Arbeit" in Form der *Formänderungsenergie* W_F gespeichert und kann reversibel zurückgewonnen werden.

15.2 Äußere Arbeit, Formänderungsenergie, Ergänzungsenergie

15.2.1 Äußere Arbeit

In der Physik ist Arbeit der äußeren Kräfte definiert als Skalarprodukt $dW_a = \vec{F} \cdot d\vec{u}$, wenn $\vec{u}$ der Verschiebungsvektor des Kraftangriffspunktes ist. Analog lässt sich dazu das Differenzial der Ergänzungsarbeit (komplementäre Arbeit) bei Variation der Kraft gemäß $dW_{aE} = \vec{u} \cdot d\vec{F}$ angeben, vgl. Bild 15.1.

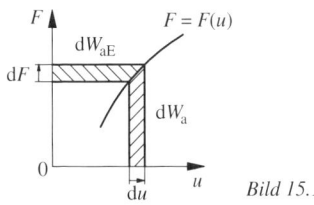

Bild 15.1

Bezeichnet man mit u_j die (vorzeichenbehaftete) Verschiebung des Kraftangriffspunktes von F_j in Kraftrichtung, so ergibt sich für mehrere Kräfte (analog für Momente) das Differenzial der *äußeren Arbeit* zu $dW_a = \sum_j F_j \, du_j$ und entsprechend das Differenzial der *Ergänzungsarbeit* (komplementäre Arbeit) zu $\mathrm{d}W_{\mathrm{aE}} = \sum_j u_j \mathrm{d}F_j$.

Beim Aufstellen der Arbeitsterme ist darauf zu achten, dass es sich um *korrespondierende* Größen handelt, d. h. die Verschiebungsgröße (u_j bzw. φ_k) und die Kraftgröße (F_j bzw. M_k) treten am gleichen Ort auf und haben die gleiche (bzw. entgegengesetzte) Richtung. Ist die Verschiebungs- bzw. Weggröße eine Translation, so ist die korrespondierende Kraftgröße eine Einzelkraft; bei einer Rotation ist es ein Moment.

15.2.2 Formänderungsenergie

Nach dem 1. Hauptsatz der Thermodynamik (Grundaussage: In einem abgeschlossenen System bleibt der gesamte Energievorrat konstant.) ist die Änderung der äußeren Arbeit mit einer Änderung der „inneren Arbeit", der *Formänderungsenergie* (Formänderungsarbeit, elastische Energie, Verzerrungsenergie) verbunden. Die Formänderungsenergie W_F eines Körpers ist somit die bei der Deformation gespeicherte potenzielle Energie (bei quasistatischer Belastung findet keine Umwandlung in kinetische Energie statt).

Zur Berechnung der Formänderungsenergie wird ein (kleiner) Würfel mit der Seitenlänge a betrachtet. Auf den Seitenflächen stehen die Spannungs- bzw. Verzerrungshauptachsen senkrecht und die Spannungen $\lambda \sigma_i$ ($i = 1, 2, 3$) und die Dehnungen $\lambda \varepsilon_i$ können für $\lambda \in [0, 1]$ von null langsam auf ihren Endwert ansteigen. Zu einem beliebigen Zeitpunkt ist die Kraft F_1 in 1-Richtung gleich $a^2 \lambda \sigma_1$ (einachsiger Spannungszustand). Ändert sich λ um $\mathrm{d}\lambda$, so verschiebt sich der Angriffspunkt von F_1 um $a\varepsilon_1 \mathrm{d}\lambda$. Aus dem einachsigen Spannungszustand ergibt sich mit $V = a^3$ folgender Anteil an der gesamten Formänderungsenergie:

$$W_F = a^3 \sigma_1 \varepsilon_1 \int_0^1 \lambda \, \mathrm{d}\lambda = \frac{1}{2} \sigma_1 \varepsilon_1 V$$

Für den dreiachsigen Spannungszustand folgt unter Nutzung des Superpositionsprinzips die so genannte *Formänderungsenergiedichte* W_F^* (spezifische Formänderungsenergie):

$$W_F^* = \frac{\mathrm{d}W_F}{\mathrm{d}V} = \frac{1}{2}(\sigma_1 \varepsilon_1 + \sigma_2 \varepsilon_2 + \sigma_3 \varepsilon_3)$$

oder bei einem beliebigen x, y, z-KS:

$$W_F^* = \frac{\mathrm{d}W_F}{\mathrm{d}V} = \frac{1}{2}(\sigma_x \varepsilon_x + \sigma_y \varepsilon_y + \sigma_z \varepsilon_z + \tau_{xy} \gamma_{xy} + \tau_{yz} \gamma_{yz} + \tau_{zx} \gamma_{zx})$$

Mit dem verallgemeinerten HOOKE'schen Gesetz (hier $\Delta T \equiv 0$ vorausgesetzt) lässt sich die Formänderungsenergiedichte allein mit den Verzerrungen bzw. den Spannungen ausdrücken:

$$W_F^* = G\left[\frac{1-\nu}{1-2\nu}e^2 - 2(\varepsilon_x \varepsilon_y + \varepsilon_y \varepsilon_z + \varepsilon_z \varepsilon_x) + \frac{1}{2}(\gamma_{xy}^2 + \gamma_{yz}^2 + \gamma_{zx}^2)\right]$$

mit

$$e = \varepsilon_x + \varepsilon_y + \varepsilon_z = I_1^\varepsilon \quad \text{(analog für die Spannungen)}$$

Aus den Beziehungen erkennt man, dass die Formänderungsenergiedichte W_F^* nur vom Spannungs- bzw. Verzerrungszustand infolge der Belastung abhängt; sie ist eine Zustandsfunktion und die erhaltenen Beziehungen sind unabhängig von der Reihenfolge der Belastung durch äußere Kräfte. Im SI-System haben die Energiedichten die Einheit Joule/Kubikmeter; Zeichen J/m^3.

15.2.3 Ergänzungsenergie

Analog zur Ergänzungsarbeit der äußeren Kräfte kann die *Ergänzungsenergie* W_E (konjungierte Formänderungsenergie) bzw. die *Ergänzungsenergiedichte*

$$W_E^* = \frac{dW_E}{dV} = \int_0^\sigma \varepsilon \, d\overline{\sigma}$$

eingeführt werden. Sie ist zwar eine Energiegröße, aber im physikalischen Sinne keine Energie und stellt eine Rechengröße dar; sie spielt bei nichtlinearem elastischem Verhalten ($W_E^* \neq W_F^*$) und allgemeineren Formulierungen eine wichtige Rolle. Die Flächen W_E^* und W_F^* ergänzen sich zur Rechteckfläche $\sigma_x \varepsilon_x$. Entsprechend dem HOOKE'schen Gesetz für den einachsigen Spannungszustand unter Berücksichtigung der Temperaturdehnung ($\varepsilon_x = \sigma_x/E + \alpha \cdot \Delta T$) kann nach Bild 15.2 sowohl die Formänderungsenergiedichte

$$W_F^* = \int_0^{\varepsilon_x} \sigma_x \, d\overline{\varepsilon}_x$$

als auch die Ergänzungsenergiedichte

$$W_E^* = \int_0^{\sigma_x} \varepsilon_x \, d\overline{\sigma}_x$$

ermittelt werden.

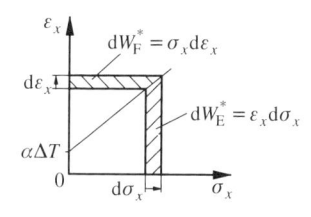

Bild 15.2

Bei Beschränkung auf Linearität und $\Delta T \equiv 0$ gilt:

$$W_E^* = W_F^* = W^*$$

Die Formänderungsenergie selbst folgt dann aus der Integration über das gesamte Volumen des Körpers:

$$W = \int_V W^* \, dV$$

Für den längskraftbelasteten Stab der Länge l z. B. bedeutet das wegen $\sigma_x = N(x)/A(x)$ und $dV = A(x)\,dx$:

$$W = \int_{x=0}^{l} \left(\int_0^{\sigma_x} \frac{\overline{\sigma}_x}{E} \, d\overline{\sigma}_x \right) A(x) \, dx = \int_{x=0}^{l} \frac{\sigma_x^2}{2E} A(x) \, dx = \frac{1}{2} \int_{x=0}^{l} \frac{N^2(x)}{EA(x)} \, dx$$

Analoge Betrachtungen für die anderen Grundbeanspruchungsarten beim Balken liefern wegen $W = \sum_i W_i$ schließlich unter der genannten Voraussetzung ($\Delta T \equiv 0$) die Ergänzungsenergie bzw. Formänderungsenergie des gesamten Linientragwerkes bei Berücksichtigung evtl. noch vorhandener diskreter Federn:

$$W = W_{\text{Feder}} + \frac{1}{2} \sum_i \int_{(l_i)} \left[\frac{N_i^2}{(EA)_i} + \frac{M_{yi}^2}{(EI_{yy})_i} + \frac{M_{zi}^2}{(EI_{zz})_i} \right.$$
$$\left. + \varkappa_{yi} \frac{Q_{yi}^2}{(GA)_i} + \varkappa_{zi} \frac{Q_{zi}^2}{(GA)_i} + \frac{M_{xi}^2}{(GI_t)_i} \right] dx_i$$

mit $N_i = N(x_i)$, $M_{yi} = M_y(x_i)$, $M_{zi} = M_z(x_i)$, $Q_{yi} = Q_y(x_i)$, $Q_{zi} = Q_z(x_i)$, $M_{xi} = M_x(x_i)$.

Diese Beziehung gilt unter der Voraussetzung SAINT-VENANT'scher Torsion (vgl. Abschnitt 13.3.3) sowie dafür, dass die y_i, z_i-KS Hauptachsensysteme der Querschnitte A_i darstellen.

Die in den diskreten Längs- und Drehfedern mit linearer Kennlinie gespeicherte Energie ergibt sich zu:

$$W_{\text{Feder}} = \frac{1}{2} \sum_r \frac{(F_{\text{Feder}})_r^2}{c_r} + \frac{1}{2} \sum_s \frac{(M_{\text{Feder}})_s^2}{c_{\text{ts}}}$$

Hierbei sind r, s die Nummern der Längs- bzw. Drehfedern und c_r bzw. c_{ts} die jeweils zugehörigen Längs- bzw. Drehfedersteifigkeiten.

15.3 Zum Satz von CASTIGLIANO/MENABREA

Die Ergänzungsenergie bzw. Formänderungsenergie eines durch eingeprägte Kräfte $F_j^{(e)}$, Momente $M_k^{(e)}$ und Streckenlasten $q^{(e)}$ belasteten, evtl. auch statisch unbestimmten Tragsystems ist eine Funktion sowohl dieser eingeprägten als auch der statisch unbestimmten Reaktionsgrößen $F_m^{(\text{ur})}$, $M_n^{(\text{ur})}$:

$$W = W\left(F_j^{(e)}, M_k^{(e)}, q^{(e)}, F_m^{(\text{ur})}, M_n^{(\text{ur})}\right)$$

Hierbei wird vorausgesetzt, dass die statischen GGB des freigeschnittenen Systems bereits berücksichtigt wurden. Die Bedingung, dass die virtuelle

15.3 Zum Satz von CASTIGLIANO/MENABREA

Änderung dieser Ergänzungs- bzw. Formänderungsenergie infolge einer Variation der diskreten Kräfte und Momente gleich der Änderung der Arbeit der eingeprägten Größen sein muss (Prinzip der virtuellen Ergänzungsarbeit), lautet nach dem Bilden der ersten Variation:

$$\delta W \equiv \sum_j \frac{\partial W}{\partial F_j^{(\mathrm{e})}} \delta F_j^{(\mathrm{e})} + \sum_k \frac{\partial W}{\partial M_k^{(\mathrm{e})}} \delta M_k^{(\mathrm{e})}$$
$$+ \sum_m \frac{\partial W}{\partial F_m^{(\mathrm{ur})}} \delta F_m^{(\mathrm{ur})} + \sum_n \frac{\partial W}{\partial M_n^{(\mathrm{ur})}} \delta M_n^{(\mathrm{ur})}$$
$$\stackrel{!}{=} \sum_j u_j \delta F_j^{(\mathrm{e})} + \sum_k \varphi_k \delta M_k^{(\mathrm{e})} \equiv \delta W_{aE}^{(\mathrm{e})}$$

u_j und φ_k sind hierbei die in Richtung von $F_j^{(\mathrm{e})}$ bzw. $M_k^{(\mathrm{e})}$ positiv definierten Verschiebungen bzw. Verdrehungen der Angriffspunkte dieser Kräfte und Momente.

Aus dem Koeffizientenvergleich bei den hinsichtlich des statischen Gleichgewichts voneinander unabhängigen Variationen $\delta F_j^{(\mathrm{e})}$, $\delta M_k^{(\mathrm{e})}$, $\delta F_m^{(\mathrm{ur})}$ und $\delta M_n^{(\mathrm{ur})}$ folgt:

$$u_j = \frac{\partial W}{\partial F_j^{(\mathrm{e})}}; \qquad \varphi_k = \frac{\partial W}{\partial M_k^{(\mathrm{e})}} \qquad \text{(Satz von CASTIGLIANO)}$$

$$\frac{\partial W}{\partial F_m^{(\mathrm{ur})}} = 0; \qquad \frac{\partial W}{\partial M_n^{(\mathrm{ur})}} = 0 \qquad \text{(Satz von MENABREA)}$$

Das bedeutet:
- Die partielle Ableitung der Ergänzungsenergie W_{E} (unter obiger Annahme auch der Formänderungsenergie W) des elastischen Systems nach einer eingeprägten Einzelkraft $F_j^{(\mathrm{e})}$ bzw. nach einem eingeprägten Einzelmoment $M_k^{(\mathrm{e})}$ ergibt die Verschiebung u_j des Kraftangriffspunktes in Richtung dieser Kraft bzw. die Verdrehung φ_k an der Stelle des Momentenangriffs in Richtung dieses Momentes.
- Die partielle Ableitung der Ergänzungs- bzw. Formänderungsenergie W nach einer statisch unbestimmten Kraftgröße ($F_m^{(\mathrm{ur})}$, $M_n^{(\mathrm{ur})}$) ist gleich null.

Speziell für ein Linientragwerk lässt sich die partielle Ableitung der Ergänzungs- bzw. Formänderungsenergie nach einer eingeprägten oder statisch unbestimmten Reaktionsgröße (hier stellvertretend allgemein mit X bezeichnet) wie folgt angeben (vgl. auch Abschnitt 1.1):

$$\frac{\partial W}{\partial X} = \frac{\partial W_{\mathrm{Feder}}}{\partial X} + \sum_i \int_{(l_i)} \left[\frac{N_i}{(EA)_i} \frac{\partial N_i}{\partial X} + \frac{M_{yi}}{(EI_{yy})_i} \frac{\partial M_{yi}}{\partial X} + \frac{M_{zi}}{(EI_{zz})_i} \frac{\partial M_{zi}}{\partial X} \right.$$
$$\left. + \varkappa_{yi} \frac{Q_{yi}}{(GA)_i} \frac{\partial Q_{yi}}{\partial X} + \varkappa_{zi} \frac{Q_{zi}}{(GA)_i} \frac{\partial Q_{zi}}{\partial X} + \frac{M_{xi}}{(GI_t)_i} \frac{\partial M_{xi}}{\partial X} \right] \mathrm{d}x_i$$

mit

$$\frac{\partial W_{\mathrm{Feder}}}{\partial X} = \sum_r \frac{(F_{\mathrm{Feder}})_r}{c_{\mathrm{r}}} \frac{\partial (F_{\mathrm{Feder}})_r}{\partial X} + \sum_s \frac{(M_{\mathrm{Feder}})_s}{c_{\mathrm{ts}}} \frac{\partial (M_{\mathrm{Feder}})_s}{\partial X}$$

Bei Querkraftbiegung eines *schlanken* Balkens kann meist der Einfluss der Querkräfte Q_{yi}, Q_{zi} und der Längskraft N_i (bei $\Delta T \equiv 0$) vernachlässigt werden.

Enthält das Linientragwerk auch schwach gekrümmte Balkenabschnitte, so können diese wie gerade Balken behandelt werden, wenn anstelle der Balkenkoordinate x_i die Bogenkoordinate s_i der Schwereachse des Querschnitts benutzt wird.

Werden Verschiebungen und/oder Verdrehungen von Stellen des Tragwerks gesucht, an denen von vornherein keine diskreten Kräfte bzw. Momente in Richtung der zu bestimmenden Deformationen angreifen, ist es für die Anwendung des Satzes von CASTIGLIANO erforderlich, Hilfskräfte bzw. Hilfsmomente einzuführen, die nach erfolgter partieller Differenziation nach diesen Größen null gesetzt werden können.

15.4 Anwendungen

Beispiel: Beidseitig gelenkig gelagerter Biegeträger mit Einzelkraft

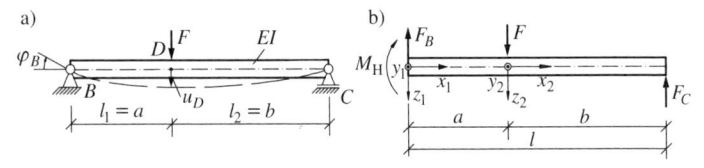

Bild 15.3

Gegeben: a, b ($a + b = l$), $EI = $ konst., F

Gesucht: u_D, φ_B (Vernachlässigung des Querkrafteinflusses)

Lösung:

An der Stelle der gesuchten Verschiebung wirkt die Kraft F. Zur Ermittlung des Biegewinkels bei B muss in Richtung von φ_B ein Hilfsmoment M_H eingeführt werden, das nach dem Bilden der partiellen Ableitung null zu setzen ist.

Die statischen Gleichgewichtsgleichungen für den freigeschnittenen, statisch bestimmt gelagerten Träger nach Bild 15.3b liefern die Lagerreaktionen:

$$F_C = F\frac{a}{l} + \frac{M_H}{l}; \qquad F_B = F\frac{b}{l} - \frac{M_H}{l}$$

Die Biegemomente in den beiden Schnittbereichen $0 \leq x_1 \leq a = l_1$ und $0 \leq x_2 \leq b = l_2$ ergeben sich zu:

$$M_y(x_1) = M_H + F_B x_1; \qquad M_y(x_2) = F_C(b - x_2)$$

Auf die Angabe der (von null verschiedenen) Querkräfte kann verzichtet werden, da ihr Einfluss vernachlässigt werden soll.

Gemäß dem Satz von CASTIGLIANO werden die Verschiebung u_D des Kraftangriffspunktes und der Neigungswinkel φ_B als partielle Ableitung der gesamten Formänderungsenergie nach F bzw. M_H für $M_H = 0$ ermittelt.

$$u_D = \left.\frac{\partial W}{\partial F}\right|_{M_H=0} = \sum_{i=1}^{2} \int_{x_i=0}^{l_i} \left.\frac{M_y(x_i)}{EI}\right|_{M_H=0} \frac{\partial M_y(x_i)}{\partial F}\,\mathrm{d}x_i$$

$$\varphi_B = \left.\frac{\partial W}{\partial M_H}\right|_{M_H=0} = \sum_{i=1}^{2} \int_{x_i=0}^{l_i} \left.\frac{M_y(x_i)}{EI}\right|_{M_H=0} \frac{\partial M_y(x_i)}{\partial M_H}\,\mathrm{d}x_i$$

Beim Bilden der partiellen Ableitungen ist zu beachten, dass die in den Ausdrücken für die Biegemomente vorkommenden Lagerreaktionen F_B und F_C Funktionen von F und M_H sind, vgl. Tabelle 15.1.

Tabelle 15.1 Partielle Ableitungen

i	1	2
$x_i \in$	$[0, l_1 = a]$	$[0, l_2 = b]$
$\dfrac{\partial M_y(x_i)}{\partial F}$	$x_1 \dfrac{\partial F_B}{\partial F} = x_1 \dfrac{b}{l}$	$(b - x_2)\dfrac{\partial F_C}{\partial F} = (b - x_2)\dfrac{a}{l}$
$\dfrac{\partial M_y(x_i)}{\partial M_H}$	$1 + x_1 \dfrac{\partial F_B}{\partial M_H} = 1 - \dfrac{x_1}{l}$	$(b - x_2)\dfrac{\partial F_C}{\partial M_H} = (b - x_2)\dfrac{1}{l}$

Einsetzen der Biegemomenten-Verläufe (mit $M_H = 0$) und ihrer partiellen Ableitungen liefert nach Auswertung der bestimmten Integrale die gesuchten Größen:

$$u_D = \frac{1}{EI}\left[\int_{x_1=0}^{a} F\left(\frac{b}{l}x_1\right)^2 \mathrm{d}x_1 + \int_{x_2=0}^{b} F\left(\frac{a}{l}\right)^2 (b-x_2)^2\,\mathrm{d}x_2\right]$$

$$= \frac{F}{EIl^2}\left(b^2 \frac{a^3}{3} + a^2 \frac{b^3}{3}\right) = \frac{Fa^2 b^2}{3EIl}$$

$$\varphi_B = \frac{1}{EI}\left[\int_{x_1=0}^{a} F\frac{b}{l}x_1\left(1 - \frac{x_1}{l}\right)\mathrm{d}x_1 + \int_{x_2=0}^{b} F\frac{a}{l^2}(b-x_2)^2\,\mathrm{d}x_2\right]$$

$$= \frac{F}{EIl}\left[ba^2\left(\frac{1}{2} - \frac{1}{3}\frac{a}{l}\right) + \frac{a}{l}\frac{b^3}{3}\right] = \frac{Fab}{6EIl}(l + b)$$

Beispiel: Ein beidseitig auskragender und gelenkig gelagerter, symmetrisch durch F und q_0 belasteter Biegeträger konstanter Biegesteifigkeit EI (Bild 15.4a) soll in Trägermitte bei D keine vertikale Verschiebung aufweisen, wofür die dazu erforderliche Intensität $q_0 = q_0(F)$ zu ermitteln ist.

Gegeben: a, $EI = \mathrm{konst.}$, F

Gesucht: q_0 so, dass $u_D = 0$ gilt (Querkrafteinfluss sei vernachlässigbar)

Bild 15.4

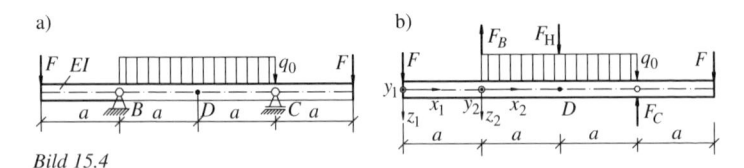

Lösung:

Am Punkt D greift keine Einzelkraft senkrecht zur Trägerachse an, weshalb zur Erfüllung der Bedingung $u_D(F, q_0) \stackrel{!}{=} 0$ eine Hilfskraft F_H eingeführt und nach dem Differenzieren null gesetzt wird.

Aus den statischen GGB für den freigeschnittenen Träger nach Bild 15.4b ergeben sich die LR des hinsichtlich Geometrie und Belastung symmetrischen Trägers zu

$$F_B = F_C = F + q_0 a + \frac{1}{2} F_H \tag{1}$$

Wegen der vorliegenden Symmetrie genügt es, die SR nur für eine Hälfte des Trägers zu ermitteln, wenn anschließend bei der Formänderungsenergie der Faktor 2 berücksichtigt wird:

$$u_D = \left.\frac{\partial W}{\partial F_H}\right|_{F_H=0} = 2 \sum_{i=1}^{2} \int_{x_i=0}^{a} \left.\frac{M_y(x_i)}{EI}\right|_{F_H=0} \cdot \frac{\partial M_y(x_i)}{\partial F_H} \, dx_i \stackrel{!}{=} 0 \tag{2}$$

Tabelle 15.2 Schnittmomente und ihre partiellen Ableitungen nach F_H

i	1	2
$M_y(x_i)$	$-F x_1$	$-F(a + x_2) + F_B x_2 - q_0 \dfrac{x_2^2}{2}$
$\dfrac{\partial M_y(x_i)}{\partial F_H}$	0	$x_2 \dfrac{\partial F_B}{\partial F_H} = \dfrac{x_2}{2}$

Wie man erkennt, bleibt von den beiden Integralen in (2) nur das zweite übrig. Also folgt aus (2) unter Berücksichtigung von (1) mit $F_H = 0$:

$$\int_{x_2=0}^{a} \left[-F(a + x_2) + (F + q_0 a) x_2 - \frac{1}{2} q_0 x_2^2 \right] \frac{x_2}{2EI} \, dx_2 = 0$$

Ausrechnen des Integrals und Auflösen nach q_0 liefert die gesuchte Intensität:

$$q_0 = 2{,}4 \frac{F}{a}$$

Beispiel: Für den Kupferbügel mit Rechteckquerschnitt bh (vgl. Bild 15.5a) soll infolge der Kraft F eine Vertikalverschiebung des Kraftangriffspunktes von $u_{Cv} = 2\,\text{mm}$ erzeugt werden. Die gleichzeitig auftretende Horizontalverschiebung u_{Ch} sowie der Neigungswinkel φ_C sind außerdem zu ermitteln.

Gegeben: $h = 1\,\text{mm}$, $b = 5\,\text{mm}$, $R = 20\,\text{mm}$, $E = 1{,}25 \cdot 10^5\,\text{N/mm}^2$, $u_{Cv} = 2\,\text{mm}$

Gesucht: Die zur Erzeugung von u_{Cv} erforderliche Kraft F, u_{Ch}, φ_C

15.4 Anwendungen

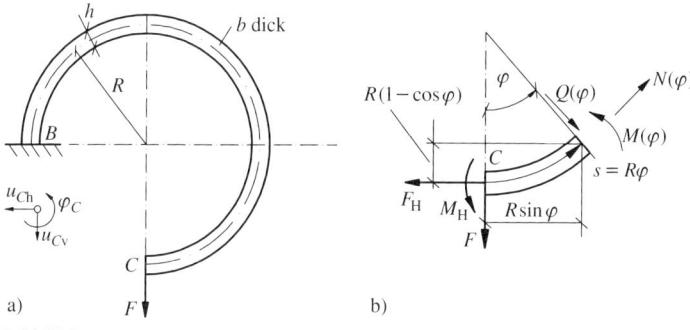

Bild 15.5

Lösung:

Wegen $R > 10h$ und $L = 3/2 \cdot \pi R \gg b > h$ handelt es sich im vorliegenden Fall um einen schwach gekrümmten und schlanken Träger, sodass die für den geraden Balken gültigen Beziehungen bei Vernachlässigung von Quer- und Längskrafteinfluss angewendet werden dürfen, ohne dass dadurch ein relevanter Fehler entsteht.

Für die Ermittlung von u_{Ch} und φ_C ist es erforderlich, eine Hilfskraft F_H und ein Hilfsmoment M_H bei C einzuführen, vgl. Bild 15.5b.

Auf die Bestimmung der LR kann hier verzichtet werden, wenn zur Ermittlung der SR der Trägerteil mit dem freien Ende genutzt wird:

$$M(\varphi) = -M_H + F_H R(1 - \cos\varphi) - FR\sin\varphi$$

$[N(\varphi) = F_H \cos\varphi + F\sin\varphi; \quad Q(\varphi) = F_H \sin\varphi - F\cos\varphi]$.

Die benötigten partiellen Ableitungen sind:

$$\frac{\partial M(\varphi)}{\partial F} = -R\sin\varphi; \quad \frac{\partial M(\varphi)}{\partial F_H} = R(1 - \cos\varphi); \quad \frac{\partial M(\varphi)}{\partial M_H} = -1$$

Mit $I = bh^3/12$ und $ds = R\,d\varphi$ ergibt sich für die Verformungsgrößen:

$$u_{Ch} = \left.\frac{\partial W}{\partial F_H}\right|_{\substack{F_H=0 \\ M_H=0}} = \int_{\varphi=0}^{\frac{3}{2}\pi} \frac{(-FR\sin\varphi)}{\frac{E \cdot bh^3}{12}} R(1-\cos\varphi) R\,d\varphi = -6\frac{F}{Eb}\left(\frac{R}{h}\right)^3$$

$$u_{Cv} = \left.\frac{\partial W}{\partial F}\right|_{\substack{F_H=0 \\ M_H=0}} = \int_{\varphi=0}^{\frac{3}{2}\pi} \frac{(-FR\sin\varphi)}{\frac{E \cdot bh^3}{12}} (-R\sin\varphi) R\,d\varphi = 9\pi\frac{F}{Eb}\left(\frac{R}{H}\right)^3$$

$$\stackrel{!}{=} 2mm$$

$$\varphi_C = \left.\frac{\partial W}{\partial M_H}\right|_{\substack{F_H=0 \\ M_H=0}} = \int_{\varphi=0}^{\frac{3}{2}\pi} \frac{(-FR\sin\varphi)}{\frac{E \cdot bh^3}{12}} (-1) R\,d\varphi = 12\frac{F}{Ebh}\left(\frac{R}{h}\right)^2$$

Damit stehen drei lineare Gln. zur Berechnung der drei gesuchten Größen F, u_{Ch} und φ_C zur Verfügung. Aus ihnen folgt:

$$F = \frac{Eb}{9\pi}\left(\frac{h}{R}\right)^3 u_{Cv} = 5{,}526\,\text{N}, \qquad u_{Ch} = -\frac{6}{9\pi}u_{Cv} = -0{,}424\,4\,\text{mm},$$

$$\varphi_C = \frac{12}{9\pi}\frac{u_{Cv}}{R} = 0{,}042\,44 \,\hat{=}\, 2{,}43°$$

Das negative Vorzeichen bei u_{Ch} zeigt an, dass die Horizontalverschiebung des Punktes C entgegen der eingeführten Hilfskraft F_H erfolgt.

Beispiel: Für das einfach statisch unbestimmte Tragwerk mit linear veränderlicher Streckenlast, Einzelkraft und Moment am elastisch gestützten Ende des Balkens (vgl. Bild 15.6a) sind die LR sowie die Verschiebung u_G und der Neigungswinkel φ_G zu berechnen.

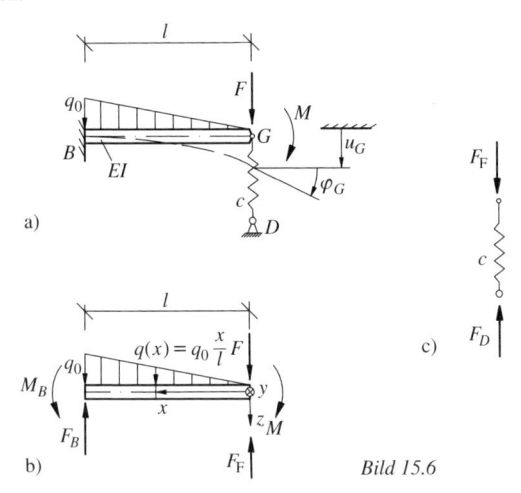

Bild 15.6

Gegeben: l, F, M, q_0, $EI =$ konst., c

Gesucht: LR, u_G, φ_G (Einfluss des Querkraftschubs sei vernachlässigbar)

Lösung:

Das in Balken und Feder aufgetrennte freigeschnittene System zeigen die Bilder 15.6b und c. Die statischen GGB lauten:

$\uparrow: \quad F_B + F_F - F - \dfrac{q_0 l}{2} = 0$

$\uparrow: \quad F_D - F_F = 0$

$\stackrel{\curvearrowleft}{B}: M_B - M + F_F l - F l - \dfrac{q_0 l^2}{6} = 0$

Dies sind drei Gln. für die vier Unbekannten F_B, M_B, F_D und F_F. Als statisch unbestimmte Reaktionsgröße wird F_D gewählt, sodass die restlichen drei Reaktionsgrößen als Funktion von F, M, F_D und q_0 ausgedrückt werden können:

$$F_F = F_D \tag{1}$$

$$F_B = F + \frac{q_0 l}{2} - F_D \tag{2}$$

$$M_B = M + Fl - F_D l - \frac{q_0 l^2}{6} \tag{3}$$

Der Biegemomenten-Verlauf ergibt sich zu:

$$M_y(x) = -M + (F_D - F)l\frac{x}{l} - \frac{q_0 l^2}{6}\left(\frac{x}{l}\right)^3$$

Nach CASTIGLIANO/MENABREA gilt:

$$u_G = \frac{\partial W}{\partial F} = \int_{x=0}^{l} \frac{M_y(x)}{EI} \frac{\partial M_y(x)}{\partial F} \, dx + \frac{F_F}{c} \frac{\partial F_F}{\partial F} \tag{4}$$

$$\varphi_G = \frac{\partial W}{\partial M} = \int_{x=0}^{l} \frac{M_y(x)}{EI} \frac{\partial M_y(x)}{\partial M} \, dx + \frac{F_F}{c} \frac{\partial F_F}{\partial M} \tag{5}$$

$$\frac{\partial W}{\partial F_D} = \int_{x=0}^{l} \frac{M_y(x)}{EI} \frac{\partial M_y(x)}{\partial F_D} \, dx + \frac{F_F}{c} \frac{\partial F_F}{\partial F_D} = 0 \tag{6}$$

Unter Berücksichtigung der in Tabelle 15.3 angegebenen partiellen Ableitungen resultieren aus den Beziehungen (4) bis (6) drei Gln., die in Verbindung mit den Gln. (1) bis (3) alle Unbekannten bestimmen lassen.

Tabelle 15.3

	$X = F$	$X = M$	$X = F_D$
$\dfrac{\partial M_y}{\partial X}$	$-x$	-1	x
$\dfrac{\partial F_F}{\partial X}$	0	0	1

$$u_G = \frac{1}{EI} \int_{x=0}^{l} \left[-M + (F_D - F)l\frac{x}{l} - \frac{q_0 l^2}{6}\left(\frac{x}{l}\right)^3 \right] (-x) \, dx + 0$$

$$= \frac{1}{EI} \left[M\frac{l^2}{2} + (F - F_D)\frac{l^3}{3} + \frac{q_0 l^4}{30} \right] \tag{7}$$

$$\varphi_G = \frac{1}{EI} \int_{x=0}^{l} \left[-M + (F_D - F)l\frac{x}{l} - \frac{q_0 l^2}{6}\left(\frac{x}{l}\right)^3 \right] (-1) \, dx + 0$$

$$= \frac{1}{EI} \left[Ml + (F - F_D)\frac{l^2}{2} + \frac{q_0 l^3}{24} \right] \tag{8}$$

$$\frac{1}{EI} \int_{x=0}^{l} \left[-M + (F_D - F) l \frac{x}{l} - \frac{q_0 l^2}{6} \left(\frac{x}{l}\right)^3 \right] x \, dx + \frac{F_F}{c}$$

$$= \frac{1}{EI} \left[-M \frac{l^2}{2} + (F_D - F) \frac{l^3}{3} - \frac{q_0 l^4}{30} \right] + \frac{F_C}{c} = 0 \qquad (9)$$

Aus (9) folgt unter Beachtung von (1):

$$F_D = F_F = \frac{F + \dfrac{3M}{2l} + \dfrac{q_0 l}{10}}{1 + \dfrac{3EI}{cl^3}} \qquad (10)$$

Damit können auch F_B und M_B aus (2) und (3) berechnet werden, worauf hier aber verzichtet werden soll.

Gleichung (10) in (7) und (8) eingesetzt, liefert die Verformungsgrößen in Abhängigkeit der gegebenen Belastung. Bei Nutzung der Matrizenschreibweise ergibt sich:

$$\begin{bmatrix} u_G \\ l\varphi_G \end{bmatrix} = \underbrace{\frac{l^3}{cl^3 + 3EI} \begin{bmatrix} 1 & \dfrac{3}{2} \\ \dfrac{3}{2} & 3 + \dfrac{cl^3}{4EI} \end{bmatrix}}_{\text{Nachgiebigkeitsmatrix}} \begin{bmatrix} F \\ \left(\dfrac{M}{l}\right) \end{bmatrix} + \frac{q_0 l^4}{cl^3 + 3EI} \begin{bmatrix} \dfrac{1}{10} \\ \dfrac{1}{8} - \dfrac{cl^3}{120EI} \end{bmatrix}$$

Hierbei wurde zweckmäßigerweise bei den Elementen der Spaltenmatrizen für die Belastung und Verrückungen jeweils eine dimensionsgleiche Darstellung gewählt.

Sonderfälle:
- $c = 0$ (freies Ende bei G):

$$u_G = \frac{l^3}{3EI} \left(F + \frac{3M}{2l} + \frac{q_0 l}{10} \right); \qquad \varphi_G = \frac{l^2}{3EI} \left(\frac{3}{2} F + \frac{3M}{l} + \frac{q_0 l}{8} \right)$$

- $c \to \infty$ (horizontal verschiebliches Loslager bei G):

$$u_G = 0; \qquad \varphi_G = \frac{l^2}{4EI} \left(\frac{M}{l} - \frac{q_0 l}{30} \right)$$

Beispiel: Für den geschlossenen, innerlich statisch unbestimmten Rahmen aus Vierkantstahl (vgl. Bild 15.7a) sind die Längs- und Querkräfte sowie die Biegemomente in B und D und die Verschiebung u_C des Kraftangriffspunktes zu bestimmen.

Gegeben: $h = 50 \, \text{mm}$, $l_1 = 600 \, \text{mm}$, $l_2 = 400 \, \text{mm}$, $F = 8 \, \text{kN}$, $E = 2{,}1 \cdot 10^5 \, \text{N/mm}^2$

Gesucht: $N_B, N_D, Q_B, Q_D, M_B, M_D, u_C$

Lösung:

Wegen $h \ll l_2 < l_1$ handelt es sich um einen schlanken Balken, sodass der Querkraftschub ohne größere Fehler vernachlässigt werden darf. Auch der Einfluss der Längskraft auf die Formänderungsenergie kann gegenüber dem der Biegung außer Acht gelassen werden.

15.4 Anwendungen

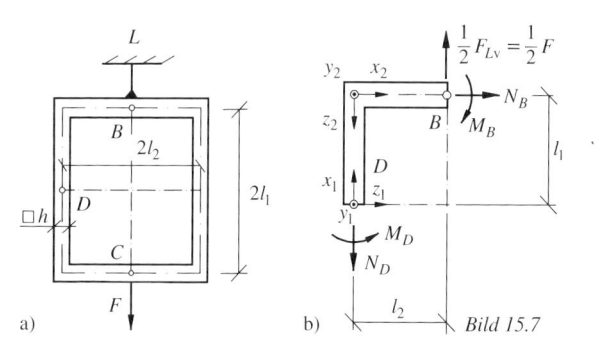

Bild 15.7

Der Rahmen ist sowohl hinsichtlich Geometrie als auch hinsichtlich Belastung doppelt symmetrisch. Die Ausnutzung dieser Symmetrie führt auf die Betrachtung lediglich eines Viertels vom Rahmen, vgl. Bild 15.7b, wobei $Q_B = Q_D = 0$ ebenfalls sofort aus der Symmetrie folgt, vgl. Symmetrie- und Antimetriebedingungen nach Abschnitt 11.3.1.2.

Die GGB lauten:

$$\rightarrow: N_B = 0$$

$$\uparrow: \quad \frac{1}{2}F - N_D = 0 \Rightarrow N_D = \frac{F}{2} = 4\,\text{kN}$$

$$\circlearrowleft B: M_B - M_D - N_D l_2 = 0$$

$\left.\begin{array}{l}\\ \\ \\ \end{array}\right\}$ einfach statisch unbestimmt (2 Gln. für 3 Unbekannte)

Als statisch Unbestimmte wird M_D gewählt, also wird:

$$M_B = M_D + \frac{F l_2}{2} \tag{1}$$

Gemäß dem Satz von CASTIGLIANO/MENABREA gilt mit $I = \dfrac{h^4}{12}$:

$$u_C = \frac{\partial W}{\partial F} = 4 \sum_{i=1}^{2} \int_{x_i=0}^{l_i} \frac{12 M_y(x_i)}{E h^4} \frac{\partial M_y(x_i)}{\partial F} dx_i \tag{2}$$

$$\frac{\partial W}{\partial M_D} = 4 \sum_{i=1}^{2} \int_{x_i=0}^{l_i} \frac{12 M_y(x_i)}{E h^4} \frac{\partial M_y(x_i)}{\partial M_D} dx_i = 0 \tag{3}$$

Der Faktor 4 vor der Summe ist durch die Vierteilung des Rahmens bedingt.

Werden die in Tabelle 15.4 angegebenen Biegemomente und ihre partiellen Ableitungen in (3) und (2) eingesetzt, so ergibt das nach Ausführen der bestimmten Integration:

$$0 = M_D l_1 + M_D l_2 + \frac{1}{4} F l_2^2 \Rightarrow M_D = -\frac{F l_2^2}{4(l_1 + l_2)} = -320\,N\cdot m \tag{4}$$

$$u_C = \frac{48}{E h^4}\left(0 + \frac{M_D l_2^2}{4} + \frac{F l_2^3}{12}\right) = \frac{12 l_2^2}{E h^4}\left(M_D + \frac{F l_2}{3}\right) \tag{5}$$

Tabelle 15.4 Biegemomente und ihre partiellen Ableitungen

i	1	2
$M_y(x_i)$	$-M_D$	$-M_D - \dfrac{Fx_2}{2}$
$\dfrac{\partial M_y(x_i)}{\partial F}$	0	$-\dfrac{x_2}{2}$
$\dfrac{\partial M_y(x_i)}{\partial M_D}$	-1	-1
$x_i \in$	$[0, l_1]$	$[0, l_2]$

M_D aus (4) in (5) und (1) eingesetzt:

$$u_C = \frac{Fl_2^3}{Eh^4}\frac{4l_1+l_2}{l_1+l_2} = 1{,}09\,\text{mm}; \qquad M_B = Fl_2\frac{2l_1+l_2}{4(l_1+l_2)} = 1\,280\,\text{N}\cdot\text{m}$$

Bei Bedarf könnte nun auch die Normalspannungsverteilung ermittelt werden, worauf hier jedoch verzichtet wird. Zu Kontrollzwecken soll lediglich die maximale Längsspannung im Querschnitt bei B berechnet werden. Sie ergibt sich zu:

$$|\sigma_x|_B = |\sigma_x(x_2 = l_2, z_2 = \pm h/2)| = \frac{|M_B|}{\dfrac{h^4}{12}}\frac{h}{2} = \frac{6\,|M_B|}{h^3} = 61{,}44\,\text{N/mm}^2$$

Diese Spannung liegt selbst für gewöhnliche Baustähle weit unterhalb ihrer Fließgrenze, vgl. dazu Anlage F2.

16 Stabilitätsfall Stabknickung

16.1 Allgemeines

In vielen Tragsystemen sind Stäbe und Balken die wesentlichen Tragelemente. Das Tragverhalten dieser Systeme ist vielfach bestimmt durch das Instabilitäts- bzw. Stabilitätsverhalten dieser schlanken und dünnwandigen Tragelemente. Zu den Stabilitätsfällen zählen das *Knicken*, *Kippen* und *Beulen*. Allen Fällen ist gemeinsam, dass die Tragelemente beim Erreichen einer bestimmten Druckspannung plötzlich ohne vorheriges Ankündigen versagen. Die schlanken Druckstäbe können seitlich ausweichen, die hohen, schlanken Biegeträger können seitlich wegkippen und dünnwandige Platten und Hohlkörper (Blechfelder, Rohre, Gefäße) können sich wellenförmig verformen.

Es werden Gleichgewichtszustände von Tragsystemen bei zeitunabhängiger Belastung hinsichtlich ihres Verhaltens bei kleinen Störungen untersucht. Dabei unterscheidet man *stabiles*, *indifferentes* und *labiles* Gleichgewicht. Bei stabilem Gleichgewicht kehrt das System nach Beendigung der Störung wieder in die ursprüngliche Gleichgewichtslage zurück, während es im Falle des indifferenten Gleichgewichts in dem durch die Störung verursachten ausgelenkten Zustand verbleibt. Eine labile Gleichgewichtslage liegt vor,

16.1 Allgemeines

wenn sich die durch die (kleine) Störung verursachte Auslenkung immer weiter vergrößert. Man sagt dann, dass die betrachtete Gleichgewichtslage des Systems instabil ist oder wird.

Für die Charakterisierung der Gleichgewichtslage eines elastischen Systems hinsichtlich ihrer Stabilität ist es nötig, das Verhalten des Systems bei einer (kleinen) Auslenkung gegenüber der betrachteten Gleichgewichtslage zu untersuchen, wobei die Art des Gleichgewichts noch von der Größe der Belastung abhängen kann. Dazu wird die potenzielle Energie W_{pot} des elastischen Systems in der Umgebung der Gleichgewichtslage betrachtet. Muss für eine Auslenkung aus der Gleichgewichtslage Energie zugeführt werden, d. h. in diesem Fall ist die Änderung der potenziellen Energie positiv ($\Delta W_{\text{pot}} > 0$), dann ist diese Lage stabil. Bleibt die potenzielle Energie unverändert ($\Delta W_{\text{pot}} = 0$), so liegt indifferentes Gleichgewicht vor. Wird jedoch bei dieser Auslenkung Energie frei ($\Delta W_{\text{pot}} < 0$), so handelt es sich um eine labile oder instabile Gleichgewichtslage.

Beispiel: Gelenkig gelagerter starrer Balken mit Vertikalkraft

Bild 16.1a zeigt einen starr vorausgesetzten masselosen Balken, der bei B reibungsfrei über ein Scharniergelenk drehbar gelagert ist und zusätzlich durch eine Feder der Steifigkeit c (im Abstand l_2 vom Lager) mittels einer reibfreien Gleithülse abgestützt wird. Die Vertikalkraft F werde von null beginnend langsam erhöht und soll auch im Falle einer Auslenkung $|\varphi| \leqq \pi/4$ (vgl. Bild 16.1b) richtungstreu bleiben.

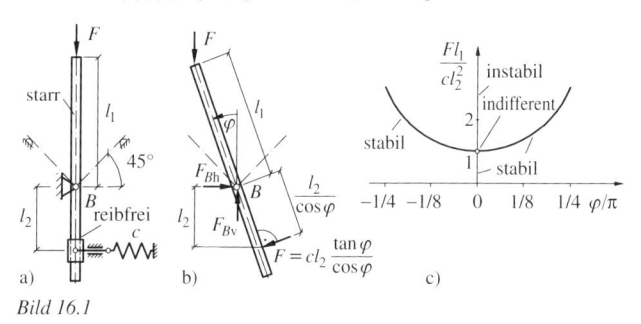

Bild 16.1

Das Momentengleichgewicht bez. B für den ausgelenkten und frei geschnittenen Balken liefert gemäß Bild 16.1b:

$$Fl_1 \sin \varphi - cl_2^2 \frac{\tan \varphi}{\cos^2 \varphi} = 0 \quad \text{bzw.} \quad \left(Fl_1 - \frac{cl_2^2}{\cos^3 \varphi}\right) \sin \varphi = 0$$

Hieraus folgen die beiden Gleichgewichtslagen:

$$\sin \varphi = 0 \Rightarrow \varphi = 0 \quad \text{und} \quad \cos^3 \varphi = \frac{cl_2^2}{Fl_1} = \frac{1}{\chi} \Rightarrow \varphi = \arccos\left(\chi^{-\frac{1}{3}}\right)$$

Trägt man die Größe $Fl_1/(cl_2^2) = \chi$ über dem Winkel φ auf, so erhält man die Darstellung in Bild 16.1c. Man erkennt, dass es für $\chi = Fl_1/(cl_2^2) > 1$ eine Lösungsverzweigung gibt, d. h. zu einer Kraft F gehören in diesem Fall drei mögliche Gleichgewichtslagen.

Um zu entscheiden, ob die Gleichgewichtslagen stabil, indifferent oder labil sind, wird die Änderung der potenziellen Energie dieses konservativen Systems infolge einer kleinen Auslenkung $\Delta\varphi$ gegenüber den Gleichgewichtslagen untersucht. Es gilt für dieses Beispiel:

$$W_{\text{pot}}(\varphi) = Fl_1 \cos\varphi + \frac{c}{2}(l_2 \tan\varphi)^2$$

Und für die Änderung ΔW_{pot} ergibt sich:

$$\begin{aligned}\Delta W_{\text{pot}}(\varphi, \Delta\varphi) &= W_{\text{pot}}(\varphi + \Delta\varphi) - W_{\text{pot}}(\varphi) \\ &= W'_{\text{pot}}(\varphi) \cdot \Delta\varphi + \frac{1}{2}W''_{\text{pot}}(\varphi) \cdot (\Delta\varphi)^2 + \ldots\end{aligned}$$

Bildet man die erste Ableitung, so folgt unter Beachtung der Gleichgewichtsbedingung:

$$W'_{\text{pot}} = \frac{dW_{\text{pot}}}{d\varphi} = -Fl_1 \sin\varphi + cl_2^2 \frac{\tan\varphi}{\cos^2\varphi} = 0$$

Wegen der vorausgesetzten kleinen Änderung, d. h. $|\Delta\varphi| \ll 1$, gilt also:

$$\Delta W_{\text{pot}}(\varphi, \Delta\varphi) \approx \frac{1}{2}W''_{\text{pot}}(\varphi) \cdot (\Delta\varphi)^2$$

Das Vorzeichen von ΔW_{pot}, das für die Charakterisierung der Art des Gleichgewichts zuständig ist, wird demnach von $W''_{\text{pot}}(\varphi)$ in der jeweiligen Gleichgewichtslage bestimmt.

Bei dem hier betrachteten System ergibt sich:

$$\begin{aligned}W''_{\text{pot}}(\varphi) &= -Fl_1 \cos\varphi + cl_2^2 \frac{3 - 2\cos^2\varphi}{\cos^4\varphi} \\ &= cl_2^2 \left(\frac{3 - 2\cos^2\varphi}{\cos^4\varphi} - \chi\cos\varphi\right)\end{aligned}$$

Für die erste Gleichgewichtslage $\varphi = 0$ erhält man somit:

$$\begin{aligned}W''_{\text{pot}}(\varphi = 0) &= -Fl_1 + cl_2^2 \\ &= cl_2^2(1-\chi) \begin{cases} < 0 \text{ für } \chi > 1 \Rightarrow \text{instabil} \\ = 0 \text{ für } \chi = 1 \Rightarrow \text{indifferent} \\ > 0 \text{ für } \chi < 1 \Rightarrow \text{stabil}\end{cases}\end{aligned}$$

Man bezeichnet die Kraft, die dem Verzweigungspunkt ($\chi = 1$) zugeordnet ist, als die kritische Kraft:

$$F_{\text{krit}} = cl_2^2/l_1$$

Im Falle der zweiten Gleichgewichtslage ($\chi = \cos^{-3}\varphi > 1$ für $|\varphi| > 0$) erhält man:

$$W''_{\text{pot}}(\varphi = \arccos(\sqrt[3]{\chi}) \neq 0) = cl_2^2 \cdot \chi^{2/3} \cdot \left(3\chi^{2/3} - 2\chi^{1/3} - 1\right) > 0$$

für $\chi > 1 \Rightarrow$ stabil

16.2 Elastisches Knicken gerader Stäbe (Knicken nach EULER)

Wird die axiale Druckkraft F auf einen geraden Stab mit konstantem Querschnitt von null beginnend langsam gesteigert, so kommt es nach Überschreiten der kritischen Last F_K (Stabilitätsgrenze) infolge von (praktisch immer vorhandenen) Störungen zum Knicken des Stabes, d.h. für $F > F_K$ liegt ein Biegeproblem vor. Zur Ermittlung der Stabilitätsgrenze genügt es, den Betrachtungen die lineare Differenzialgleichung der Biegelinie (vgl. Abschnitt 11.3) in Verbindung mit den am quer ausgelenkten Balken aufgestellten Gleichgewichtsbedingungen (Theorie zweiter Ordnung) zugrunde zu legen. Das überkritische Verhalten (was hier nicht weiter interessiert) kann nur mit der nichtlinearen Theorie (Theorie dritter Ordnung) analysiert werden.

Die folgenden Betrachtungen setzen zum einen voraus, dass die y, z-Achsen HA sind, zum anderen beschränken sie sich auf die x, z-Ebene, wobei aber analoge Überlegungen auch für die x, y-Ebene gelten.

Bild 16.2a zeigt einen schlanken, einseitig fest eingespannten Stab, der durch die Axialkraft F auf Druck belastet wird.

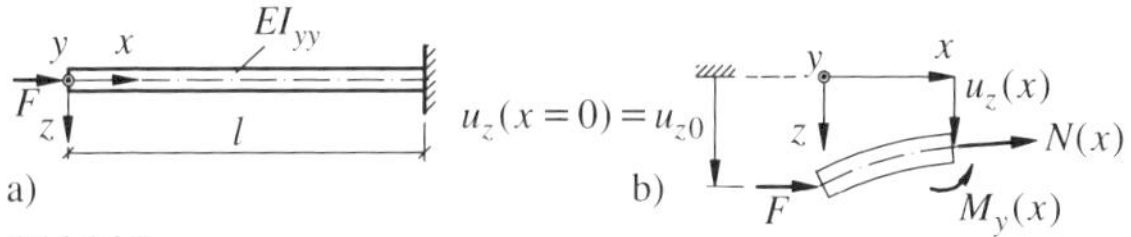

Bild 16.2

Das Gleichgewicht am geschnittenen und verformten Balken (vgl. Bild 16.2b) liefert wegen der weiterhin als klein vorausgesetzten Verformungen ($\cos(u'_z(x)) \approx 1$):

$$N(x) \approx -F$$
$$M_y(x) = -F \cdot (u_z(x=0) - u_z(x)) = -F \cdot (u_{z0} - u_z(x))$$

Damit ergibt sich bei noch unbekanntem u_{z0} die DGl. für $u_z(x)$:

$$EI_{yy} u''_z(x) + F u_z(x) = F u_{z0}$$

bzw. mit der Abkürzung $\Phi_y^2 = \dfrac{F}{EI_{yy}}$:

$$u''_z(x) + \Phi_y^2 u_z(x) = \Phi_y^2 u_{z0}$$

Diese lineare DGl. mit konstanten Koeffizienten hat die Lösung:

$$u_z(x) = A\cos(\Phi_y x) + B\sin(\Phi_y x) + u_{z0}$$
$$u'_z(x) = \Phi_y \cdot \left(-A\sin(\Phi_y x) + B\cos(\Phi_y x)\right)$$

Die Anpassung an die RB

$$u_z(x=0) = A + u_{z0} \stackrel{!}{=} u_{z0}$$
$$u_z(x=l) = A\cos(\Phi_y l) + B\sin(\Phi_y l) + u_{z0} \stackrel{!}{=} 0$$
$$u'_z(x=l) = \Phi_y \cdot \left(-A\sin(\Phi_y l) + B\cos(\Phi_y l)\right) \stackrel{!}{=} 0$$

ergibt zunächst $A = 0$ sowie das homogene Gleichungssystem für B und u_{z0}:

$$\begin{bmatrix} \sin(\Phi_y l) & 1 \\ \cos(\Phi_y l) & 0 \end{bmatrix} \begin{bmatrix} B \\ u_{z0} \end{bmatrix} = \begin{bmatrix} 0 \\ 0 \end{bmatrix}$$

Dieses Gleichungssystem besitzt nur für $\cos(\Phi_y l) = 0$, also für die Eigenwerte

$$(\Phi_y l)_k = \frac{(2k-1)\pi}{2}; \qquad k = 1, 2, \ldots$$

die nichttrivialen Lösungen

$$(u_{z0})_k = -B_k \sin\left(\frac{(2k-1)\pi}{2}\right) = -(-1)^{k-1} B_k; \qquad k = 1, 2, \ldots$$

Die zugehörigen Biegelinien (Eigenfunktionen) sind also bei der Theorie zweiter Ordnung nur bis auf einen unbestimmten Faktor angebbar und werden deshalb auch *Knickformen* genannt:

$$(u_z(x))_k = B_k \left[\sin\left(\frac{(2k-1)\pi}{2}\frac{x}{l}\right) - (-1)^{k-1}\right]; \qquad k = 1, 2, \ldots$$

Praktisch relevant ist die zum kleinsten Eigenwert ($k = 1$) gehörende Lösung, weil für sie die potenzielle Energie des gebogenen Stabes am kleinsten ist. Aus $\Phi_y l = \pi/2$ folgt deshalb die kritische Kraft zu $F_{Kz} = \pi^2 E I_{yy}/(4l^2)$, die auch als EULER'sche Knicklast für die hier vorliegenden RB bezeichnet wird, falls $I_{yy} \leq I_{zz}$ ist. Andernfalls gelten die analogen Untersuchungen für das Ausknicken in y-Richtung und ergeben hier wegen der isotropen RB:

$$F_{Ky} = \frac{\pi^2 E I_{zz}}{4l^2}$$

Die kleinere der beiden Kräfte ist dann die relevante kritische Last, die Knicklast F_K. Mit $I = \min\{I_{yy}, I_{zz}\}$ ergibt sich also:

$$F_K = \frac{\pi^2 E I}{4l^2}$$

▶ *Fazit:* Bei isotropen Randbedingungen erfolgt das Ausknicken senkrecht zur Achse mit dem kleinsten FTM, während bei anisotroper Lagerung eine getrennte Untersuchung der Verschiebungen u_y und u_z erforderlich ist.

Wird der Begriff der freien *Knicklänge* l_K eingeführt, so kann das obige Ergebnis auf verschiedene Varianten der RB – die so genannten EULER-Knickfälle – erweitert werden:

$$F_K = \frac{\pi^2 E I}{l_K^2}$$

Für $F < F_K$ bleibt der Stab gerade, d. h. er verhält sich hinsichtlich Knickung stabil.

Das Bild 16.3 zeigt die vier EULER'schen Knickfälle mit der jeweils zugehörigen Knicklänge l_K.

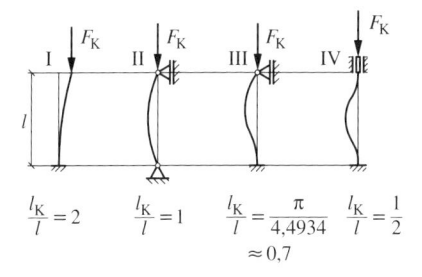

$$\frac{l_K}{l} = 2 \qquad \frac{l_K}{l} = 1 \qquad \frac{l_K}{l} = \frac{\pi}{4{,}4934} \qquad \frac{l_K}{l} = \frac{1}{2}$$
$$\approx 0{,}7$$

Bild 16.3

Der Knickkraft zugeordnet ist die Knickspannung:

$$\sigma_K = \frac{F_K}{A} = \frac{\pi^2 EI}{Al_K^2} = \frac{\pi^2 E}{\lambda^2}$$

Hier wurden die geometrischen Größen (einschließlich RB) im Schlankheitsgrad

$$\lambda = l_K \sqrt{\frac{A}{I}} = \frac{l_K}{i}$$

mit $i = \sqrt{I/A}$ als Trägheitsradius (vgl. Abschnitt 9.4) zusammengefasst.

Aus der Bedingung, dass elastisches Knicken nur dann eintritt, wenn $\sigma_K \leqq R_p$ gilt, folgt für den Grenzschlankheitsgrad:

$$\sigma_K(\lambda = \lambda_p) = \frac{\pi^2 E}{\lambda_p^2} = R_p \Rightarrow \lambda_p = \pi \sqrt{\frac{E}{R_p}}$$

Für R_p ist entweder $R_{p0{,}01}$ bzw. $R_{p0{,}2}$ oder $R_p \approx 0{,}8 R_e$ zu setzen.

Also ist rein elastisches Knicken (Rechnung nach EULER) nur für $\lambda \geqq \lambda_p$ (vgl. Tabelle 16.1) möglich. Das Bild der Funktion $\sigma_K(\lambda \geqq \lambda_p)$ ist die so genannte EULER-Hyperbel, vgl. Bild 16.4.

Führt man noch die Sicherheit gegen Knicken mit $S_K = 3\ldots8$ ein, so kann die zulässige Axialkraft gemäß

$$F_{zul} = \frac{F_K}{S_K} = \frac{\sigma_K A}{S_K} = \frac{\pi^2 EA}{\lambda^2 S_K}; \qquad \lambda \geqq \lambda_p$$

ermittelt werden.

16.3 Knicken im inelastischen Bereich

Ist $\lambda_F \leqq \lambda \leqq \lambda_p$, so kann Knicken des Stabes in Verbindung mit plastischem Fließen des Werkstoffes eintreten. Im Bereich $0 < \lambda < \lambda_F = \pi \sqrt{E/\sigma_{dF}}$ tritt plastisches Druckfließen des Stabes ohne Knicken (kein Stabilitätsproblem) auf, dieser Fall wird deshalb hier nicht weiter betrachtet.

Für den elastisch-plastischen Knickbereich $\lambda_F \leqq \lambda \leqq \lambda_p$ wird die Berechnung mithilfe einer empirisch gewonnenen Beziehung vorgenommen, die sich auf experimentelle Daten von TETMAJER und anderen stützt. Bezeichnet man mit a, b, c die jeweiligen Werkstoffkonstanten (vgl. Tabelle 16.1), so gilt für die Knickspannung nach TETMAJER:

$$\sigma_K = a + b\lambda + c\lambda^2; \qquad \lambda_F \leqq \lambda \leqq \lambda_p$$

Ihre Darstellung ergibt im Knickspannungsdiagramm die TETMAJER-Parabel (bzw. TETMAJER-Gerade bei $c = 0$), vgl. Bild 16.4.

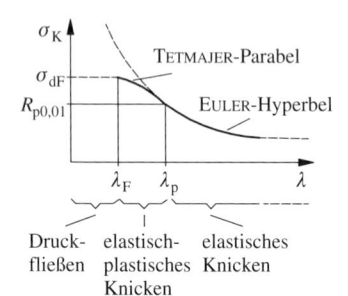

Bild 16.4

Die zulässige Axialkraft erhält man hier zu:

$$F_{zul} = \frac{\sigma_K A}{S_K} = \frac{\left(a + b\lambda + c\lambda^2\right)A}{S_K}; \qquad \lambda_F \leqq \lambda \leqq \lambda_p$$

▶ *Empfehlung*: $S_K = 3\ldots 5$ bei Erfassung aller Belastungseinflüsse und zuverlässiger Werkstoffdaten.

Tabelle 16.1 Werkstoffkonstanten

Werkstoff	$\dfrac{E}{\text{N/mm}^2}$	λ_F	λ_p	$\dfrac{a}{\text{N/mm}^2}$	$\dfrac{b}{\text{N/mm}^2}$	$\dfrac{c}{\text{N/mm}^2}$
EN-GJL-200	$1{,}0 \cdot 10^5$	0	80	776	-12	0,053
S 235	$2{,}1 \cdot 10^5$	60	104	310	$-1{,}14$	0
E 295, E 335	$2{,}1 \cdot 10^5$	60	89	335	$-0{,}62$	0
5%-Ni-Stahl	$2{,}1 \cdot 10^5$	0	86	470	$-2{,}3$	0
Nadelholz	$1{,}0 \cdot 10^4$	18	100	29,3	$-0{,}194$	0

16.4 Anwendungen

Beispiel: Eingespannter Stab mit elastischer Stützung

Ein einseitig fest eingespannter Stab mit Kreisquerschnitt wird an seinem anderen Ende zusätzlich elastisch durch eine Feder mit der Steifigkeit c abgestützt (sowohl in der Zeichenebene als auch senkrecht dazu ⇒ isotropes elastisches Loslager) und axial durch die Kraft F belastet, vgl. Bild 16.5a. Zu ermitteln ist die kritische Last F_K, wobei auch die Sonderfälle $c = 0$ und $c \to \infty$ zu betrachten sind.

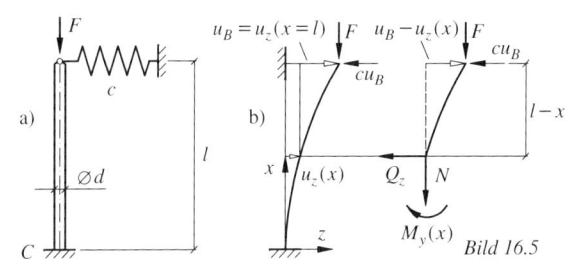

Bild 16.5

Gegeben: d, $l = 32d$; Werkstoff E 335: $E = 2{,}1 \cdot 10^5 \, \text{N/mm}^2$,

$$\lambda_p = 89 \Rightarrow R_p = \frac{\pi^2 E}{\lambda_p^2} = 261{,}7 \, \text{N/mm}^2$$

Gesucht: F_K für $c = \dfrac{E\pi d^4}{64 l^3}$; $c = 0$ und $c \to \infty$

Lösung:

Da das vorliegende Problem sowohl hinsichtlich des Stabquerschnitts ($I_{yy} = I_{zz} = I = \pi d^4/64$) als auch hinsichtlich der RB für die Biegeverschiebungen isotrop ist, reicht die Betrachtung in einer Ebene aus. Es wird elastisches Knicken vorausgesetzt, d. h. es muss am Ende der Rechnung geprüft werden, ob $\sigma_K \leqq R_p$ eingehalten wird.

Das Momentengleichgewicht am ausgelenkten und geschnittenen Stab (vgl. Bild 16.5b) ergibt für das Schnittmoment:

$$M_y(x) = cu_B \cdot (l - x) - F \cdot (u_B - u_z(x))$$

Einsetzen in die DGl. der Biegelinie liefert:

$$EI u_z'' + F u_z = F u_B - c u_B l \cdot \left(1 - \frac{x}{l}\right)$$

oder mit $\Phi^2 = \dfrac{F}{EI}$:

$$u_z'' + \Phi^2 u_z = \Phi^2 u_B \cdot \left[1 - \frac{cl}{F}\left(1 - \frac{x}{l}\right)\right]$$

Diese DGl. hat die Lösung:

$$u_z(x) = A\cos\left(\Phi l \frac{x}{l}\right) + B\sin\left(\Phi l \frac{x}{l}\right) + u_B \cdot \left[1 - \frac{cl}{F}\left(1 - \frac{x}{l}\right)\right]$$

$$u_z'(x) = -\Phi A \sin\left(\Phi l \frac{x}{l}\right) + \Phi B \cos\left(\Phi l \frac{x}{l}\right) + \frac{cu_B}{F}$$

Die Berücksichtigung der RB:

$$u_z(x = l) = u_B, \qquad u_z(x = 0) = 0, \qquad u_z'(x = 0) = 0$$

führt auf das folgende homogene Gleichungssystem für die Unbekannten A, B, u_B:

$$\begin{bmatrix} \cos(\Phi l) & \sin(\Phi l) & 0 \\ 1 & 0 & 1 - cl/F \\ 0 & \Phi l & cl/F \end{bmatrix} \begin{bmatrix} A \\ B \\ u_B \end{bmatrix} = \begin{bmatrix} 0 \\ 0 \\ 0 \end{bmatrix}$$

Aus der Bedingung, dass für nichttriviale Lösungen die Koeffizientendeterminante null werden muss, folgt mit $F/(cl) = (\Phi l)^2 EI/(cl^3)$ die charakteristischen Gleichung (Eigenwertgleichung) für (Φl):

$$(\Phi l) \cdot \left[(\Phi l)^2 \frac{EI}{cl^3} - 1 \right] \cos(\Phi l) + \sin(\Phi l) = 0$$

Sei $(\Phi l)_1$ die kleinste positive Nullstelle (Eigenwert) dieser transzendenten Gleichung für ein bestimmtes Verhältnis $EI/(cl^3)$, so kann daraus die Knickkraft zu

$$F_K = (\Phi l)_1^2 \frac{EI}{l^2} = (\Phi l)_1^2 \frac{E\pi d^4}{64 l^2}$$

bestimmt werden. Für $c = E\pi d^4/(64 l^3)$ ergibt sich mit einem numerischen Lösungsverfahren $(\Phi l)_1 \approx 1{,}809$, woraus

$$F_K \approx 3{,}2725 \frac{\pi}{64} \left(\frac{d}{l} \right)^2 E d^2 = 1{,}56873 \cdot 10^{-4} E d^2$$

und

$$\sigma_K = \frac{F_K}{A} \approx 1{,}9974 \cdot 10^{-4} E = 41{,}945 \, \text{N/mm}^2 < R_p$$

folgt.

Der Sonderfall $c = 0$ kann aus der Eigenwertgleichung nicht unmittelbar gewonnen werden, sondern erst nachdem diese mit cl^3/EI durchmultipliziert worden ist. Dann verbleibt für $c = 0$ und $(\Phi l) > 0$:

$$\cos(\Phi l) = 0 \Rightarrow (\Phi l)_1 = \pi/2 \qquad (= \text{EULER-Fall I nach Bild 16.3})$$

Also:

$$F_K = \frac{\pi^2}{4} \frac{\pi}{64} \left(\frac{d}{l} \right)^2 E d^2 \approx 1{,}1828 \cdot 10^{-4} E d^2$$

$$\Rightarrow \sigma_K = \frac{F_K}{A} \approx 31{,}626 \, \text{N/mm}^2 < R_p$$

Schließlich wird noch $c \to \infty$ betrachtet. Dafür erhält man aus der allgemeinen Eigenwertgleichung die Beziehung $\tan(\Phi l) = \Phi l$ mit der ersten positiven Nullstelle

$$(\Phi l)_1 \approx 4{,}4934 \qquad (= \text{EULER-Fall III nach Bild 16.3})$$

Dafür ergibt sich:

$$F_K \approx 9{,}67877 \cdot 10^{-4} E d^2$$

$$\Rightarrow \sigma_K \approx 258{,}8 \, \text{N/mm}^2 < R_p$$

Aus den Ergebnissen ist ersichtlich, dass eine Ermittlung der Knickkraft bzw. Knickspannung unter Voraussetzung rein elastischer Verformungen gerechtfertigt war.

16.4 Anwendungen

Beispiel: Über Stäbe abgestützter Träger

Der durch eine schräg angreifende Kraft F (Winkel α) belastete Träger wird bei G und C durch Stäbe sowie bei D durch ein in der Zeichenebene horizontal verschiebliches Loslager abgestützt, vgl. Bild 16.6a.

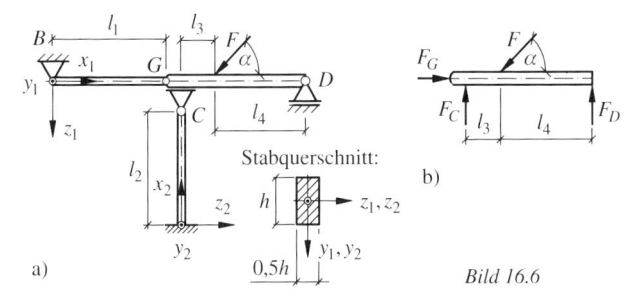

Bild 16.6

Die Verschiebungen der Scharniergelenke G und C senkrecht zur Zeichenebene seien behindert. Beide Stäbe bestehen aus Baustahl und haben Rechteckquerschnitt. Wie müssen die Stablängen l_1 und l_2 gewählt werden, damit eine Knicksicherheit von $S_K = 4$ für beide Stäbe gewährleistet ist?

Gegeben: $F = 30\,\text{kN}$, $\alpha = 50°$, $l_3 = 3\,\text{m}$, $l_4 = 3{,}5\,\text{m}$, $h = 32\,\text{mm}$, $S_K = 4$,
  Baustahl: S 235 (Daten nach Tabelle 16.1)

Gesucht: l_1, l_2

Lösung:

Die GGB am frei geschnittenen Träger (vgl. Bild 16.6b) liefern:

$$F_G = F\cos\alpha = 19{,}284\,\text{kN}; \qquad F_D = \frac{Fl_3\sin\alpha}{l_3 + l_4} = 10{,}61\,\text{kN};$$

$$F_C = \frac{Fl_4\sin\alpha}{l_3 + l_4} = 12{,}375\,\text{kN}$$

Sowohl aufgrund der vorliegenden RB der Stäbe als auch wegen der Orientierung der Stabquerschnitte im Tragwerk ist die Gefahr des Ausknickens der Stäbe senkrecht zur Zeichenebene (Verschiebung u_y) deutlich geringer als in dieser Ebene (Verschiebung u_z), sodass sich hier auf die Betrachtung des Knickproblems in der Zeichenebene beschränkt werden kann, also

$$I = \frac{h^4}{8 \cdot 12} = \frac{h^4}{96} \quad \text{und} \quad i = \frac{h}{7}$$

gilt.

Die Bestimmung der erforderlichen Länge des jeweiligen Stabes geschieht über die Forderung

$$F_K = \frac{\pi^2 EI}{l_K^2} > S_K F_{\text{vorh}} \quad \Rightarrow \quad l_K < h\pi\sqrt{\frac{Eh^2}{96 S_K F_{\text{vorh}}}}$$

wobei anschließend geprüft werden muss, ob für die konkret gewählten Längen die Rechnung nach EULER noch gerechtfertigt ist.

- Stab (1): $F_{\text{vorh}} = F_G$, $l_K = l_1$ (EULER-Fall II aus Bild 16.3)

  $\Rightarrow l_1 < 541{,}7\,\text{mm}$, gewählt: $l_1 = 500\,\text{mm}$

  $\lambda = \dfrac{l_1}{i} = \dfrac{500\,\text{mm} \cdot 7}{32\,\text{mm}} = 109{,}4 > \lambda_p = 104 \quad \Rightarrow \text{Rechnung nach EULER}$

  $S_{K\,\text{vorh}} = \dfrac{F_K}{F_G} = \dfrac{\pi^2 E h^2}{2 F_G \lambda^2} \approx 4{,}6$

- Stab (2): $F_{\text{vorh}} = F_C$, $l_K = 2l_2$ (EULER-Fall I aus Bild 16.3)

  $\Rightarrow l_2 < 338{,}1\,\text{mm}$, gewählt: $l_2 = 230\,\text{mm}$

  $\lambda = \dfrac{2 l_2}{i} = 100{,}6 < \lambda_p = 104$

  $\Rightarrow$ Rechnung nach TETMAJER ($\lambda_F = 60 < \lambda_{\text{vorh}} < \lambda_p = 104$)

  $S_{K\,\text{vorh}} = \dfrac{F_K}{F_C} = \dfrac{h^2}{2} \cdot \dfrac{\left(a + b\lambda + c\lambda^2\right)}{F_C} = 8{,}08$

Würde man den Querschnitt z. B. auf $h = 28\,\text{mm}$ verringern, so ergibt sich:

$\lambda = \dfrac{2 l_2 \cdot 7}{28} = 115 > \lambda_p \quad \Rightarrow \text{Rechnung nach EULER}$

$S_{K\,\text{vorh}} = \dfrac{\pi^2 E h^2}{2 F_C \lambda^2} \approx 4{,}96$

Bei der konkreten Festlegung von Längen und Querschnittsabmessungen sind i. Allg. noch eine Reihe von Nebenbedingungen (z. B. Bauraum) zu berücksichtigen, sodass oft iterativ an die Auslegung herangegangen werden muss.

Beispiel: Gleichmäßige Erwärmung eines beidseitig eingespannten Stabes

Ein beidseitig fest eingespannter Stab, dessen Querschnitt aus zwei I-Profilen und zwei Gurtblechen zusammengesetzt ist (alle Teile sind fest miteinander verbunden, vgl. Bild 16.7a), wird langsam gleichmäßig erwärmt. Es wird vorausgesetzt, dass der Stab bei seinem Einbau spannungsfrei war. Zu ermitteln ist, wie groß die Temperaturerhöhung ΔT maximal sein darf, damit die geforderte Sicherheit S_K gegen Knicken gewährleistet ist.

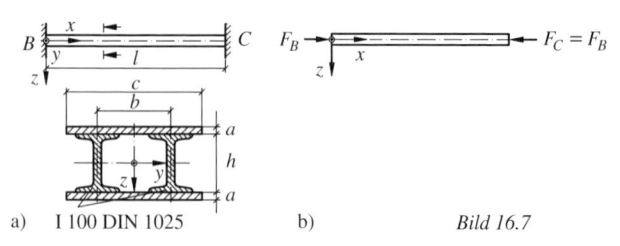

a)   I 100 DIN 1025   b)   *Bild 16.7*

Gegeben: $l = 12\,\text{m}$, $a = 10\,\text{mm}$, $b = 130\,\text{mm}$, $c = 160\,\text{mm}$, $h = 100\,\text{mm}$; $S_K = 3$

Werkstoff: S 235 $\Rightarrow E = 2{,}1 \cdot 10^5\,\text{N/mm}^2$, $\lambda_p = 104$, $\alpha = 12 \cdot 10^{-6}\,\text{K}^{-1}$

Gesucht: $\Delta T_{\max}$

Lösung:

Es liegt ein statisch unbestimmtes Problem vor, vgl. Bild 16.7b. Wegen $N(x) = -F_B$ und der Bedingung $u_x(x=l) = \Delta l = \left(-F_B/EA + \alpha \Delta T\right) l \stackrel{!}{=} 0$ folgt

$$F_B = \alpha EA \Delta T$$

als vorhandene Druckkraft.

Hinsichtlich der RB herrscht Isotropie, d.h. für die Frage, um welche HA ein Ausknicken eintreten würde, ist nur die Relation zwischen den beiden FTM relevant. Mit den angegebenen Abmessungen und den entsprechenden Daten aus Anlage F5 für das I-Profil erhält man:

$$I_{yy} = 1\,312{,}7\,\text{cm}^4, \qquad I_{zz} = 1\,602{,}8\,\text{cm}^4, \qquad A = 53{,}2\,\text{cm}^2$$
$$\Rightarrow I = \min\{I_{yy}, I_{zz}\} = 1\,312{,}7\,\text{cm}^4$$

Wegen der beidseitigen festen Einspannung hat die freie Knicklänge die Größe $l_K = l/2$ (= Fall IV in Bild 16.3), was man leicht über die zu erwartende Knickform erkennen kann. Damit ergibt sich für den Schlankheitsgrad

$$\lambda = l_K \sqrt{\frac{A}{I}} = 600\,\text{cm} \sqrt{\frac{53{,}2\,\text{cm}^2}{1\,312{,}7\,\text{cm}^4}} = 120 > \lambda_p$$

$\Rightarrow$ Rechnung nach EULER

Die Forderung

$$F_{\text{vorh}} = \alpha EA \Delta T \leq \frac{F_K}{S_K} = \frac{\pi^2 EA}{\lambda^2 S_K}$$

liefert für die Temperaturerhöhung die Beschränkung

$$\Delta T \leq \frac{\pi^2}{\alpha \lambda^2 S_K} = 19{,}04\,\text{K}$$

Beispiel: Dreifach gelagerter Balken

Der in Bild 16.8a dargestellte Biegeträger 1 aus Stahl mit konstanter Streckenlast q wird in B und C starr, in G durch den Stab 2 (ebenfalls aus Stahl) elastisch abgestützt. Alle Drehgelenke seien als Scharniergelenke ausgeführt, und es wird vorausgesetzt, dass ein Ausknicken des Stabes senkrecht zur Zeichenebene verhindert wird. Bei welcher kritischen Intensität $q = q_K$ wird die Knickkraft im Stab erreicht?

Gegeben: $a = 2{,}5\,\text{m}$, $E = 2{,}1 \cdot 10^5\,\text{N/mm}^2$, $\lambda_p = 104$, $A_2 = 3\,350\,\text{mm}^2$;

$\left. \begin{array}{l} I_1 = 2{,}14 \cdot 10^7\,\text{mm}^4 \\ I_2 = 1{,}17 \cdot 10^6\,\text{mm}^4 \end{array} \right\}$ FTM von Balken 1 und Stab 2 bez. der senkrecht zur Zeichenebene stehenden HA

Gesucht: q_K

Lösung:

Zur Bestimmung der Gelenkkraft F_G, die entsprechend Bild 16.8b die auf den Stab wirkende Druckkraft ist, muss das Verformungsverhalten des statisch unbestimm-

Bild 16.8

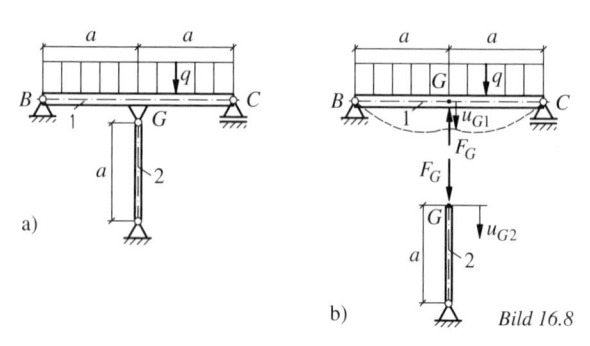

ten Systems betrachtet werden. Mithilfe des Superpositionsprinzips (vgl. Abschnitt 11.3.1.2 und Anlage F12) kann die Gelenkverschiebung u_{G1} des Balkens zu

$$u_{G1} = \frac{5}{384}\frac{q(2a)^4}{EI_1} - \frac{1}{48}\frac{F_G(2a)^3}{EI_1}$$

angegeben werden, und für die Längsverschiebung u_{G2} des Stabpunktes G infolge F_G gilt:

$$u_{G2} = \frac{F_G a}{EA_2}$$

Da das Gelenk G nicht zwei verschiedene Verschiebungen haben kann (es sei spielfrei und starr), muss die ZB

$$u_{G1} = u_{G2} \quad \Rightarrow \quad \frac{a^3}{6EI_1}\left(\frac{5qa}{4} - F_G\right) = \frac{F_G a}{EA_2}$$

erfüllt sein, woraus die Gelenkkraft zu

$$F_G = \frac{\frac{5}{4}qa}{1 + \frac{6I_1}{a^2 A_2}} \approx 1{,}242\,38\,qa$$

folgt.

Entsprechend der zu erwartenden Knickform gilt für die Knicklänge des Stabes: $l_K = a$ (= EULER-Fall II in Bild 16.3), womit sich der Schlankheitsgrad zu

$$\lambda = a\sqrt{\frac{A_2}{I_2}} = 133{,}77 > \lambda_p \quad \Rightarrow \quad \text{(Rechnung nach EULER)}$$

ergibt. Aus

$$F_G(q = q_K) \approx 1{,}242\,38\,q_K a = F_K = \frac{\pi^2 E I_2}{a^2}$$

folgt schließlich die gesuchte kritische Belastungsintensität:

$$q_K = \frac{\pi^2 E I_2}{1{,}242\,38\,a^3} = 124{,}92\,\text{N/mm}$$

17 Berechnungen zur Dauerfestigkeit

17.1 Festigkeitswerte für Werkstoffproben

Schwingende Beanspruchungen werden als harmonischer Spannungsverlauf (Beispiel nach Bild 17.1) angenommen: Oberspannung σ_o, Unterspannung σ_u, Mittelspannung $\sigma_m = 0{,}5 \cdot (\sigma_o + \sigma_u)$ und Spannungsausschläge $\pm \sigma_a$.

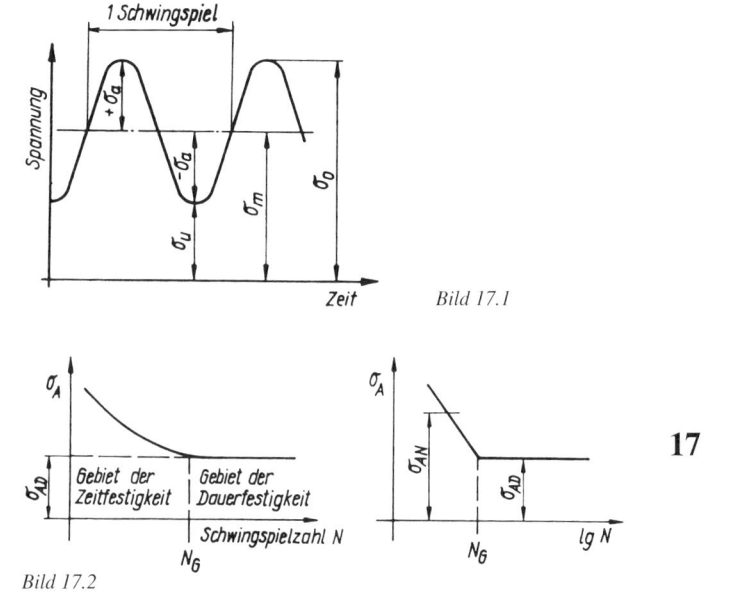

Bild 17.1

Bild 17.2

Durch Variation der Belastungsamplitude erhält man aus experimentell ermittelten Bruchlastwechselzahlen eine Grenzkurve, die die WÖHLER-Linie (Bild 17.2) mit den Gebieten der Zeit- und Dauerfestigkeit darstellt. Relativ hohe Festigkeitswerte σ_A bedingen eine zeitlich begrenzte Haltbarkeit. Hierzu gehört eine ganz bestimmte Anzahl *Schwingspiele N*. Durch eine systematische Verringerung von σ_A kommt man zur Grenzschwingspielzahl N_G. Von dort aus ist eine dauernde Haltbarkeit hinsichtlich Ermüdungsfestigkeit mit dem Dauerfestigkeitswert σ_{AD} zu erwarten. Man rechnet bei Stahl mit $N_G = (2 \ldots 10) \cdot 10^6$, bei Leichtmetallen mit $N_G = 10^8$ und im Stahlbau mit $N_G = 2 \cdot 10^6$. Die Untersuchung des gesamten Werkstoffverhaltens verlangt die Kenntnis mehrerer WÖHLER-Linien mit geänderten Mittelspannungen, um den gesamten Schwell- und Schwingbereich zu erfassen. All diese Ergebnisse werden in Dauerfestigkeitsschaubildern zusammengefasst (Bild 17.3 Dauerfestigkeitsschaubild nach SMITH, vgl. auch *Anlage F14*).

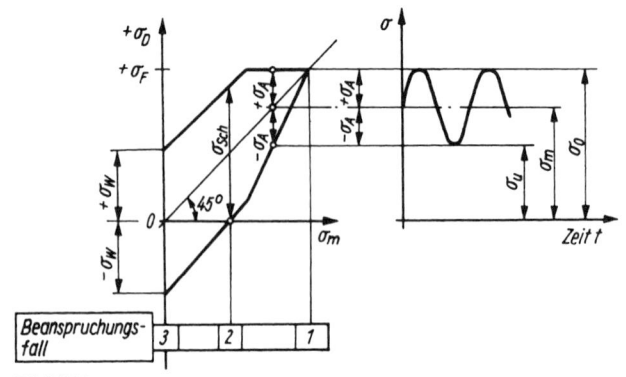

Bild 17.3

Ihre obere Begrenzung ist durch die Streck- oder Fließgrenze σ_S, σ_F gegeben (*statische* Beanspruchung). Bei $\sigma_U = 0$ findet man Werte für die Schwellfestigkeit $\sigma_{Sch} = 2|\sigma_A|$ und bei $\sigma_m = 0$ diejenigen für die Wechselfestigkeit $\pm\sigma_W$.

Festigkeitswerte für Zug-Druck, Biegung, Torsion nach *Anlagen F15, F16*.

Zur Abstimmung des Festigkeitswertes σ_A mit der Beanspruchungsgröße σ_a ist die Einschätzung der Beanspruchungscharakteristik im Überlastungsfall erforderlich. Hierzu werden drei mögliche Kriterien (Bild 17.4) herangezogen: $\sigma_m =$ konst., $\sigma_u/\sigma_o =$ konst., $\sigma_u =$ konst.

- $\sigma_m =$ konst.: Beanspruchungsgröße σ_a und Festigkeitswert σ_A liegen auf der gleichen Ordinate.

- $\sigma_u/\sigma_o =$ konst. ($\sigma_m/\sigma_a =$ konst.): Spannungsausschläge σ_a der Beanspruchung sind in das Diagramm einzutragen. Verbindet man diese Punkte mit dem Ursprung O, dann entstehen Ähnlichkeitsstrahlen, die auf der oberen und unteren Grenzlinie Spannungsausschläge σ_A als vergleichbare Festigkeitswerte festlegen. Dieser Fall ergibt für $\sigma_m = 0$ die kleinste Dauerfestigkeit bzw. Sicherheit.

- $\sigma_u =$ konst.: Mit $\sigma_u = \sigma_U$ wird diejenige Ordinate festgelegt, auf der die Spannungsausschläge für σ_A abgelesen werden können.

17.2 Festigkeitsmindernde bzw. beanspruchungserhöhende Einflussfaktoren bei Bauteilen

Zu den Ergebnissen mit Werkstoffproben gehören Bauteiluntersuchungen, um die technisch bedingten Einflüsse hinsichtlich geometrischer Form, Werkstoffempfindlichkeit, Herstellungstechnologie, mögliche Kontaktbeeinflussung und Beanspruchungsstöße weitgehend zu berücksichtigen. Entsprechende Einflussfaktoren sind also für die vorliegende Bauteilgröße, seine Ober-

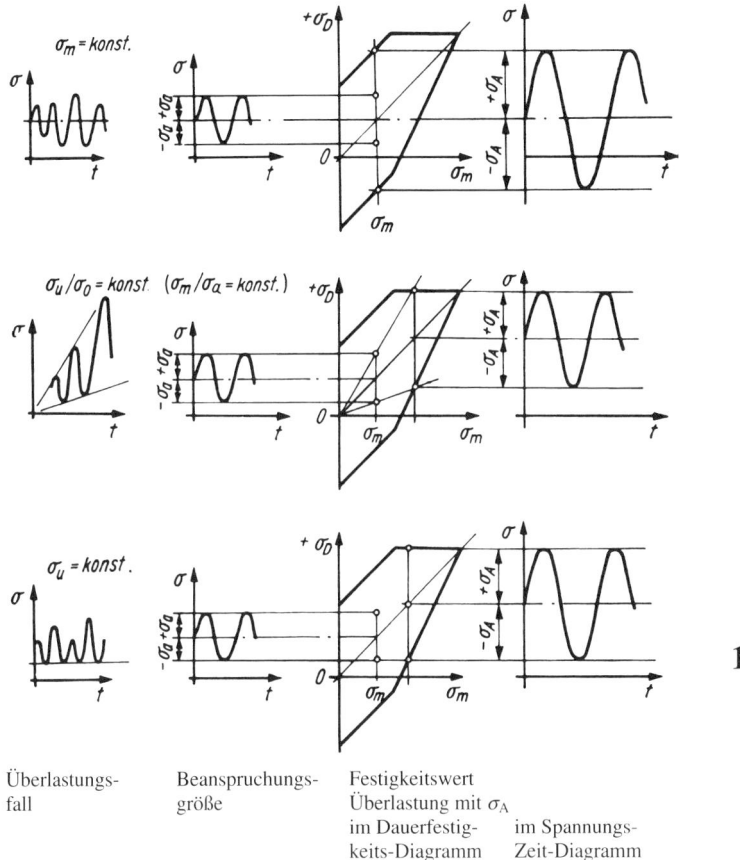

Überlastungs-	Beanspruchungs-	Festigkeitswert	
fall	größe	Überlastung mit σ_A	
		im Dauerfestig-	im Spannungs-
		keits-Diagramm	Zeit-Diagramm

Bild 17.4

flächenrauheit oder Oberflächenbeeinflussung durch schädigende Umweltfaktoren, Formabweichungen vom Kreisquerschnitt, eine Anisotropie, wenn die Walzrichtung des Stahles nicht mit der Normalbeanspruchungsrichtung übereinstimmt, und für konstruktiv notwendige geometrische Änderungen der Bauteilform (Kerbung) mit der zugehörigen Werkstoffempfindlichkeit hinsichtlich Ermüdungserscheinungen zu ermitteln.

17.3 Dauerfestigkeit von Achsen und Wellen

Ursache für viele Ausfälle im Maschinenbau sind Dauerbrüche an Achsen und Wellen. Deshalb wird im folgenden auf die Tragfähigkeitsberechnung von Achsen und Wellen näher eingegangen (siehe auch DIN 743). Eine Übertragung des Berechnungsganges auf andere Bauteile ist gegebenenfalls möglich.

Aufgrund ihrer Geometrie, der häufig verwendeten Werkstoffe, ihrer üblichen Einsatzgebiete und Beanspruchungscharakteristik können einige der genannten Einflussgrößen vernachlässigt werden. Von den unter 17.1 genannten Beanspruchungsfällen (Bild 17.4) sind die Fälle 1 und 2 für Wellen typisch.

17.3.1 Größeneinflussfaktoren

Der Größen- und Bauteilformeinfluss auf den Abkühlvorgang (z. B. Härten/Vergüten) wird durch den *technologischen Größeneinflussfaktor* K_1 berücksichtigt (Bild 17.5). Er trägt der Tatsache Rechnung, dass die erreichbare Härte (damit auch Streckgrenze und Ermüdungsfestigkeit) mit steigendem Durchmesser abnimmt. K_1 ist anzuwenden, wenn die wirkliche Festigkeit des Bauteils nicht bekannt ist, sondern für einen Bezugsdurchmesser *Anlage F15* entnommen wurde.

Der *geometrische Größeneinflussfaktor* K_2 (Bild 17.6) berücksichtigt, dass bei größer werdendem Durchmesser oder Dicken die Biegewechselfestigkeit in die Zug-Druckwechselfestigkeit übergeht und analog auch die Torsionswechselfestigkeit sinkt.

Der *geometrische Größeneinflussfaktor* K_3 (Bild 17.7) ist zu berücksichtigen, wenn die Kerbwirkungszahl $\beta_{\sigma,\tau}$ experimentell für einen vom Bauteildurchmesser abweichenden Bezugsdurchmesser bestimmt wurde.

17.3.2 Oberflächenfaktoren (Rauheit, Verfestigung)

Die Wirkung der *Oberflächenrauheit* wird durch den *Faktor* $K_{F\sigma,\tau}$ (Bild 17.8) berücksichtigt. Die Oberflächenrauheit beeinflusst die örtlichen Spannungen und damit die Dauerfestigkeit des Bauteils. $K_{F\sigma}$ ist für Zug/Druck oder Biegung nach Gleichung

$$K_{F\sigma} = 1 - 0{,}22 \cdot \lg\left(\frac{R_z}{\mu m}\right) \cdot \left[\lg\left(\frac{\sigma_B(d)}{20\,\text{N/mm}^2}\right) - 1\right]$$

zu berechnen.

Für Torsion gilt:

$$K_{F\tau} = 0{,}575 K_{F\sigma} + 0{,}425$$

Bei Walzhaut ist für die mittlere Rauheit $R_z = 200\,\mu m$ einzusetzen. Falls die Berechnung mit einer experimentell bestimmten Kerbwirkungszahl durchge-

17.3 Dauerfestigkeit von Achsen und Wellen

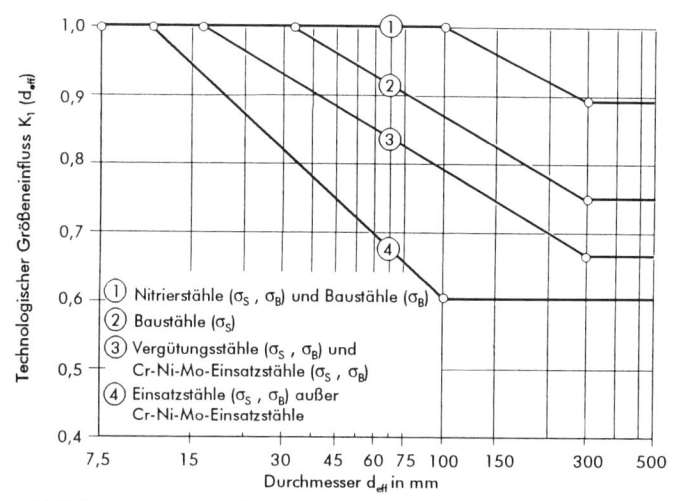

Bild 17.5 Der technologische Größeneinflussfaktor ist für alle Beanspruchungsarten gleich und wird mit dem für die Wärmebehandlung maßgebenden Durchmesser d_{eff} ermittelt

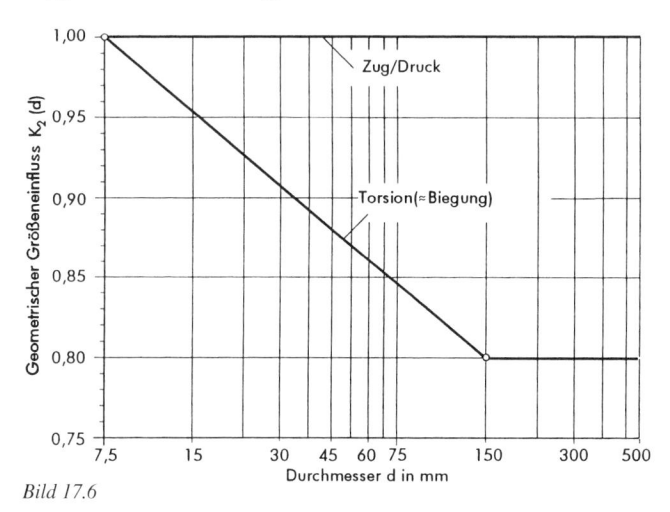

① Nitrierstähle (σ_S, σ_B) und Baustähle (σ_B)
② Baustähle (σ_S)
③ Vergütungsstähle (σ_S, σ_B) und Cr-Ni-Mo-Einsatzstähle (σ_S, σ_B)
④ Einsatzstähle (σ_S, σ_B) außer Cr-Ni-Mo-Einsatzstähle

Bild 17.6

führt wird, die für die Probe mit der Oberflächenrauheit R_{zB} gilt, das Bauteil aber die Oberflächenrauheit R_z hat, ist folgende Gleichung anzuwenden:

$$K_{F\sigma} = \frac{K_{F\sigma}(R_z)}{K_{F\sigma}(R_{zB})}; \qquad K_{F\tau} = \frac{K_{F\tau}(R_z)}{K_{F\tau}(R_{zB})}$$

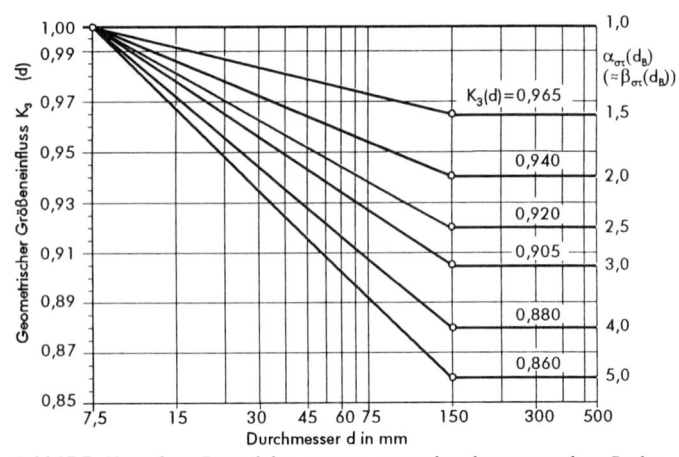

Bild 17.7 Veränderte Bauteilabmessungen gegenüber der untersuchten Probe bewirken eine Änderung der Kerbwirkung infolge des abweichenden Spannungsgradienten

Bei Verwendung von experimentell bestimmten Kerbwirkungszahlen, für die die Oberflächeneinflussfaktoren $K_{F\sigma}$, $K_{F\tau}$ ohne zusätzliche Werte der Oberflächenrauheit angegeben sind, entfällt die Berechnung von $K_{F\sigma}$, $K_{F\tau}$.

Der veränderte Oberflächenzustand durch bestimmte technologische Verfahren (Kugelstrahlen, Rollen, Nitrieren, Einsatzhärten usw.) kann die Dauerfestigkeit erhöhen. Dieser Einfluss wird durch den *Oberflächenverfestigungsfaktor* K_V einbezogen. Liegen keine Erfahrungswerte vor, sollte er mit $K_V = 1$ angenommen werden.

17.3.3 Kerbwirkungszahl

Die *Kerbwirkungszahl* $\beta_{\sigma,\tau}$ des Bauteils ist durch

$$\beta_\sigma = \frac{\sigma_{zd,bW}(d)}{\sigma_{zd,bWK}}; \qquad \beta_\tau = \frac{\tau_{tW}(d)}{\tau_{tWK}}$$

$\sigma_{zd,bWK}$, τ_{tWK} Wechselfestigkeit des Bauteils mit dem Durchmesser d im Kerbquerschnitt

$\sigma_{zd,bW}(d)$, $\tau_{tW}(d)$ Wechselfestigkeit der ungekerbten, polierten Rundprobe mit dem Durchmesser d unter sonst gleichen Bedingungen

definiert. Die Bestimmung der Kerbwirkungszahl für Zug-Druck, Biegung β_σ oder Torsion β_τ kann entsprechend den Möglichkeiten rechnerisch oder experimentell erfolgen.

Bild 17.8

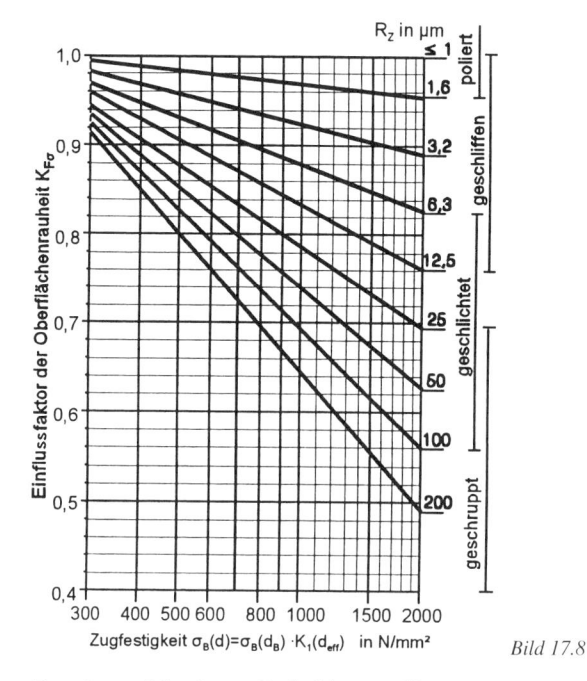

Experimentell bestimmte Kerbwirkungszahlen

Die Kerbwirkungszahlen ($\beta_\sigma(d_{BK}), \beta_\tau(d_{BK})$), die experimentell nur für bestimmte Probendurchmesser (Bezugsdurchmesser d_{BK}) gelten, sind auf den Bauteildurchmesser d umzurechnen:

$$\beta_\sigma = \beta_\sigma(d_{BK}) \frac{K_3(d_{BK})}{K_3(d)}$$

$K_3(d)$, $K_3(d_{BK})$ geometrischer Größeneinflussfaktor; siehe Bild 17.7

Diese Gleichung gilt für Zug/Druck oder Biegung, aber auch für Torsion, wenn σ durch τ ersetzt wird. Für spezielle Bauteile sind die Kerbwirkungszahlen experimentell zu bestimmen.

Für die in der Praxis häufigsten Welle–Nabe-Verbindungen sind die Kerbwirkungszahlen der Tabelle 17.1 zu entnehmen.

Kerbwirkungszahlen $\beta_\sigma(d_{BK})$ für Passfeder- und Pressverbindungen bei Biegung und Torsion

Die angegebenen β_σ-Werte für Passfederverbindungen sind Richtwerte, die für ein Beanspruchungsverhältnis von $\tau_{tm}/\sigma_{ba} = 0,5$ gelten. Wird dieses Verhältnis überschritten, ist mit einer Verringerung der Kerbwirkungszahlen zu rechnen. Bei reiner Umlaufbiegung sind dagegen Erhöhungen bis zu

17 Berechnungen zur Dauerfestigkeit

Tabelle 17.1 Kerbwirkungszahlen $\beta_{\sigma,T}(d_{BK})$ für Welle–Nabe-Verbindungen

Wellen- und Nabenform		$\sigma_B(d)$ in N/mm²								
		400	500	600	700	800	900	1000	1100	1200
	$\beta_\sigma(d_{BK})$	2,1 [1]	2,3 [1]	2,5 [1]	2,6 [1]	2,8 [1]	2,9 [1]	3,0 [1]	3,1 [1]	3,2 [1]
		$\beta_\sigma(d_{BK}) \approx 3{,}0 \cdot \left(\sigma_B(d)/(1000 \text{ N/mm}^2)\right)^{0{,}38}$								
	$\beta_t(d_{BK})$	1,3	1,4	1,5	1,6	1,7	1,8	1,8	1,9	2,0
		$\beta_t(d_{BK}) \approx 0{,}56 \cdot \beta_\sigma(d_{BK}) + 0{,}1$								
Bei zwei Passfedern ist die Kerbwirkungszahl $\beta_{\sigma,t}$ mit dem Faktor 1,15 zu erhöhen (Minderung des Querschnittes) $\beta_{\sigma(2\text{Passfedern})}=1{,}15 \cdot \beta_\sigma$										
	$\beta_\sigma(d_{BK})$	1,8	2,0	2,2	2,3	2,5	2,6	2,7	2,8	2,9
		$\beta_t(d_{BK}) \approx 2{,}7 \cdot \left(\sigma_B(d)/(1000 \text{ N/mm}^2)\right)^{0{,}43}$								
	$\beta_t(d_{BK})$	1,2	1,3	1,4	1,5	1,6	1,7	1,8	1,8	1,9
		$\beta_t(d_{BK}) \approx 0{,}65 \cdot \beta_\sigma(d_{BK})$								
Die Kerbwirkungszahl des Absatzes (Übergang d zu d_1) ist nach Abschnitt 4.3 zu bestimmen. Es ist dabei ein Durchmesserverhältnis von $d_1/(1{,}1 \cdot d)$ für die Ermittlung der Formzahl anzunehmen. Der Presssitz beeinflusst die Kerbwirkung des Wellenübergangs im Allgemeinen nur wenig. Nur bei ungünstiger Gestaltung kann es zur gegenseitigen Beeinflussung der Kerbwirkung im Wellenübergang (Radius r) und Nabensitz kommen. Dieses kann bei sehr kleinen Unterschieden zwischen d_1 und d und direkt am Nabensitzende liegenden Wellenübergängen eintreten. Bei kleinen rechnerischen Sicherheiten und großer Bedeutung der Anlage ist die Haltbarkeit der Welle dann gesondert zu überprüfen (z.B. mittels FEM oder experimentell; siehe auch [7]) . Hinsichtlich des minimalen Gesamtvolumens der Welle im Bereich der Welle-Nabe-Verbindung sind die Abmessungen für maximale Übertragbarkeit $d/d_1 \approx 1{,}1$ und $r/(d-d_1) \approx 2$ [10].										
Nennspannungen: Zug: $\sigma_n = 4 \cdot F / (\pi \cdot d^2)$ Biegung: $\sigma_n = 32 \cdot M_b / (\pi \cdot d^3)$ Torsion: $\tau_n = 16 \cdot M_t / (\pi \cdot d^3)$		Bezugsdurchmesser $d_{BK} = 40$ mm Einflussfaktor der Oberflächenrauheit: $K_{F\sigma} = 1$ oder $K_{F\tau} = 1$ Biege- oder Torsionsmoment wird auf die Nabe übertragen Die Kerbwirkungszahlen gelten für die Enden des Nabensitzes.								
Bei Zug/Druck: gleiche Werte wie für Biegung										

[1]) Die angegebenen β_σ-Werte gelten für $\tau_{tm}/\sigma_{bu} = 0{,}5$. Es sind Richtwerte. Abhängig von der Passung, der Wärmebehandlung (z.B. einsatzgehärtete Nabe) und den Abmessungen der Nabe können Abweichungen entstehen. Für $\tau_{tm}/\sigma_{ba} > 0{,}5$ sinken die Kerbwirkungszahlen. Bei reiner Umlaufbiegung sind dagegen Erhöhungen von β_σ um den Faktor 1,3 möglich. Weitere Angaben zu Kerbwirkungszahlen und Einflüssen siehe DIN 6892

30 % möglich. Weitere Angaben zu Kerbwirkungszahlen und Einflüssen (z. B. Tribokorrosion) bei Passfedern sind in DIN 6892 enthalten.

Die Kerbwirkungszahlen für Keilwellen, Kerbzahnwellen und Zahnwellen, für Rundstäbe mit Spitzkerbe und für umlaufende Rechtecknut sind *Anlage F17* zu entnehmen.

Kerbwirkungszahlen für Kerben mit bekannter Formzahl

Ist das bezogene Spannungsgefälle bekannt, dann kann die Kerbwirkungszahl für den Bauteildurchmesser mithilfe der *Formzahl* $\alpha_{\sigma,\tau}$ und der *Stützziffer n* (Kerbempfindlichkeit) berechnet werden (Verfahren von STIELER):

$$\beta_{\sigma,\tau} = \frac{\alpha_{\sigma,\tau}}{n}$$

17.3 Dauerfestigkeit von Achsen und Wellen

Tabelle 17.2 Bezogenes Spannungsgefälle G'

Bauteilform	Belastung	Bezogenes Spannungsgefälle G'
	Zug-Druck	$\dfrac{2 \cdot (1 + \varphi)}{r}$
	Biegung	$\dfrac{2 \cdot (1 + \varphi)}{r}$
	Torsion	$\dfrac{1}{r}$
	Zug-Druck	$\dfrac{2{,}3 \cdot (1 + \varphi)}{r}$
	Biegung	$\dfrac{2{,}3 \cdot (1 + \varphi)}{r}$
	Torsion	$\dfrac{1{,}15}{r}$

Für Rundstäbe gelten die Formeln näherungsweise auch dann, wenn eine Längsbohrung vorliegt.

$$d/D > 0{,}67; \; r > 0: \quad \varphi = \frac{1}{4\sqrt{\dfrac{t}{r}} + 2}; \qquad \text{sonst: } \varphi = 0$$

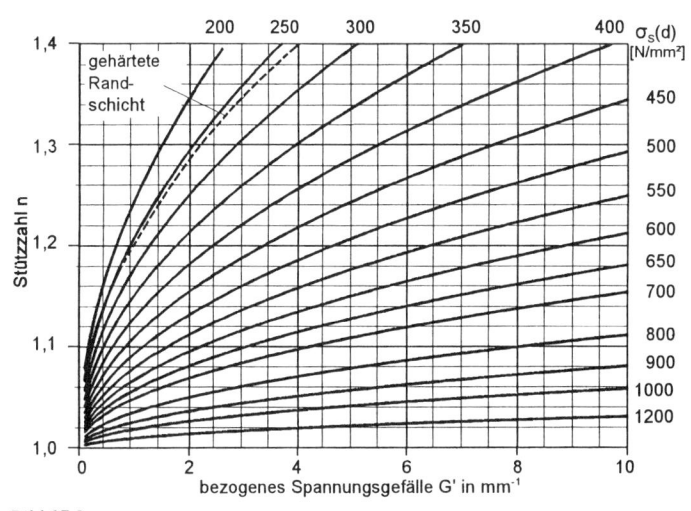

Bild 17.9

Bei vergüteten oder normalisierten Wellen oder einsatzgehärteten Wellen mit nicht aufgekohlten Konturen und dergleichen ist die Stützziffer n:

$$n = 1 + \sqrt{G' \cdot \text{mm}} \cdot 10^{-\left(0{,}33 + \frac{\sigma_S(d)}{712\,\text{N/mm}^2}\right)}$$

Bei harter Randschicht gilt:

$$n = 1 + \sqrt{G' \cdot \text{mm}} \cdot 10^{-0{,}7}$$

(siehe auch Bild 17.9; G': bezogenes Spannungsgefälle)

17.3.4 Formzahl

Die *Formzahl* $\alpha_{\sigma,\tau}$ des Bauteils (oder der Probe) lässt sich allgemein durch

$$\alpha_\sigma = \frac{\sigma_{\max K}}{\sigma_n}$$

$$\alpha_\tau = \frac{\tau_{t\max K}}{\tau_n}$$

mit der maßgebenden örtlichen Spannung ($\sigma_{\max K}$, $\tau_{t\max K}$) und der Nennspannung (σ_n, τ_n) ausdrücken.

Die Formzahlen für abgesetzte Rundstäbe bei Zug/Druck, Biegung oder Torsion können aus den Bildern 17.10 bis 17.12 abgelesen oder mit den dort angegebenen Gleichungen berechnet werden. Formzahlen für weitere Kerbformen (Rundnut, Absatz mit Freistich, Querbohrung) sind *Anlage F18* zu entnehmen.

17.3.5 Gesamteinflussfaktor

Die bisher ermittelten Einzeleinflussgrößen werden in einem *Gesamteinflussfaktor* $K_{\sigma,\tau}$ wie folgt zusammengefasst:

$$K_\sigma = \left(\frac{\beta_\sigma}{K_2(d)} + \frac{1}{K_{F\sigma}} - 1\right)\frac{1}{K_V}; \quad K_\tau = \left(\frac{\beta_\tau}{K_2(d)} + \frac{1}{K_{F\tau}} - 1\right)\frac{1}{K_V}$$

Der Gesamteinflussfaktor dient zur Ermittlung der *Wechselfestigkeit des (gekerbten) Bauteils* $\sigma_{zd,bWK}(d)$, $\tau_{tWK}(d)$ (Bild 17.13).

17.3.6 Gestaltfestigkeit

Die Ermittlung der zu erwartenden *Gestaltfestigkeit* $\sigma_{zd,bADK}$ bzw. τ_{tADK} (Ausschlags-Dauerfestigkeit des gekerbten Bauteils) ist eine der wesentlichen Voraussetzungen für die Einschätzung der Tragfähigkeit von Achsen und Wellen. Sie wird als Nennspannung angegeben und stellt die maximal dauernd ertragbare Amplitude des Bauteils für den vorliegenden Lastfall dar (Bild 17.13).

17.3 Dauerfestigkeit von Achsen und Wellen

Formzahlen für gekerbte Rundstäbe bei Zug:

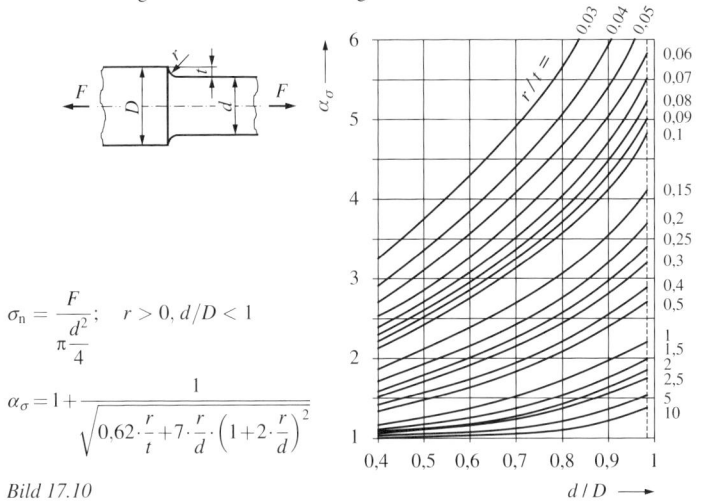

$$\sigma_n = \frac{F}{\pi \dfrac{d^2}{4}}; \quad r > 0,\, d/D < 1$$

$$\alpha_\sigma = 1 + \frac{1}{\sqrt{0{,}62 \cdot \dfrac{r}{t} + 7 \cdot \dfrac{r}{d} \cdot \left(1 + 2 \cdot \dfrac{r}{d}\right)^2}}$$

Bild 17.10

Formzahlen für gekerbte Rundstäbe bei Biegung:

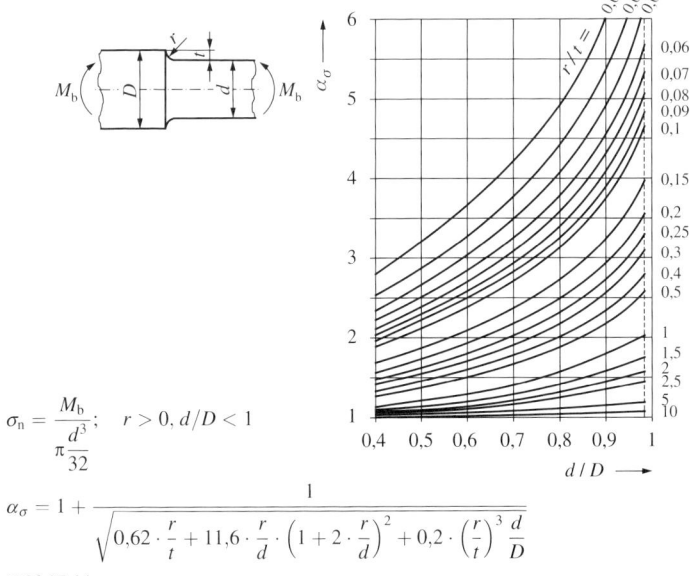

$$\sigma_n = \frac{M_b}{\pi \dfrac{d^3}{32}}; \quad r > 0,\, d/D < 1$$

$$\alpha_\sigma = 1 + \frac{1}{\sqrt{0{,}62 \cdot \dfrac{r}{t} + 11{,}6 \cdot \dfrac{r}{d} \cdot \left(1 + 2 \cdot \dfrac{r}{d}\right)^2 + 0{,}2 \cdot \left(\dfrac{r}{t}\right)^3 \dfrac{d}{D}}}$$

Bild 17.11

Formzahlen für gekerbte Rundstäbe bei Torsion:

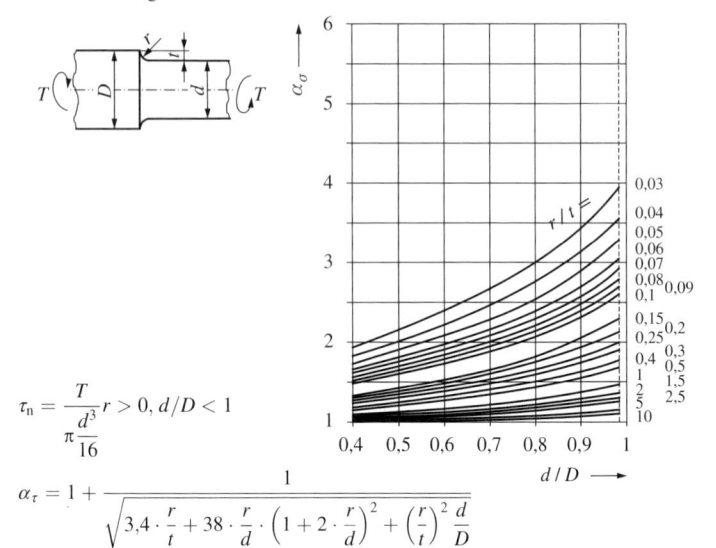

$$\tau_n = \frac{T}{\pi\frac{d^3}{16}} \quad r > 0,\ d/D < 1$$

$$\alpha_\tau = 1 + \cfrac{1}{\sqrt{3{,}4 \cdot \frac{r}{t} + 38 \cdot \frac{r}{d} \cdot \left(1 + 2 \cdot \frac{r}{d}\right)^2 + \left(\frac{r}{t}\right)^2 \frac{d}{D}}}$$

Bild 17.12

$$\sigma_{zd,bWK} = \frac{\sigma_{zd,bW}(d_B) \cdot K_1(d_{eff})}{K_\sigma}$$

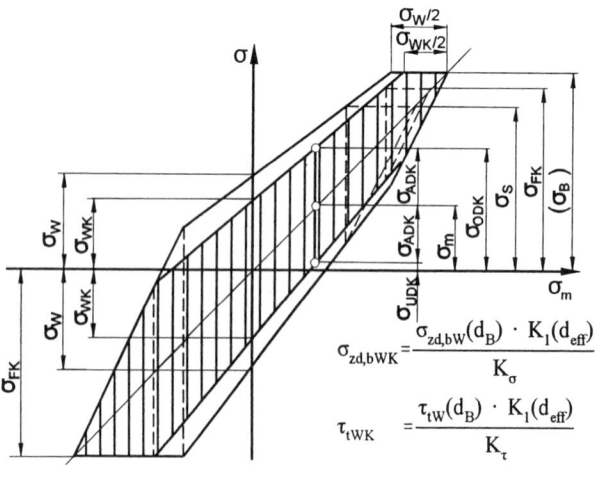

$$\tau_{tWK} = \frac{\tau_{tW}(d_B) \cdot K_1(d_{eff})}{K_\tau}$$

Bild 17.13

Voraussetzung für die Berechnung der Gestaltfestigkeit ist die Ermittlung der *Mittelspannungsempfindlichkeit* $\psi_{zd,b\sigma}$, $\psi_{\tau K}$:

$$\psi_{zd,b\sigma K} = \frac{\sigma_{zd,bWK}}{2 \cdot K_1(d_{eff}) \cdot \sigma_B(d_B) - \sigma_{zd,bWK}}$$

$$\psi_{\tau K} = \frac{\tau_{tWK}}{2 \cdot K_1(d_{eff}) \cdot \sigma_B(d_B) - \tau_{tWK}}$$

und der *Vergleichsmittelspannungen* σ_{mv}, τ_{mv}

$$\sigma_{mv} = \sqrt{(\sigma_{zdm} + \sigma_{bm})^2 + 3 \cdot \tau_m^2} \quad \text{bzw.} \quad \tau_{mv} = \frac{\sigma_{mv}}{\sqrt{3}}$$

Die Gestaltfestigkeit ist abhängig davon zu berechnen, in welchem Verhältnis sich die maßgebenden Spannungen bei einer Beanspruchungserhöhung ändern. Es wird an dieser Stelle nur zwischen den Beanspruchungsfällen σ_{mv} = konst. (τ_{mv} = konst.) und $\sigma_{zd,ba}/\sigma_{mv}$ = konst. (τ_{ta}/τ_{mv} = konst.) unterschieden (Bild 17.4).

Fall 1: (σ_{mv} = konst. bzw. τ_{mv} = konst.)

Fall 1 gilt, wenn bei Änderung der Betriebsbelastung die Amplitude der Spannung beeinflusst wird und die Mittelspannung konstant bleibt. Unter der *Bedingung*

$$\sigma_{mv} \leq \frac{\sigma_{zd,bFK} - \sigma_{zd,bWK}}{1 - \psi_{zd,b\sigma K}} \quad \text{bzw.} \quad \tau_{mv} \leq \frac{\tau_{tFK} - \tau_{tWK}}{1 - \psi_{\tau K}}$$

ist die *ertragbare Amplitude* für σ_{mv} = konst. (τ_{mv} = konst.):

$$\sigma_{zd,bADK} = \sigma_{zd,bWK} - \psi_{zd,b\sigma K} \cdot \sigma_{mv} \quad \text{bzw.} \quad \tau_{tADK} = \tau_{tWK} - \psi_{\tau K} \cdot \tau_{mv}$$

Wird diese *Bedingung nicht erfüllt*, ist die *ertragbare Amplitude* für σ_{mv} = konst. (τ_{mv} = konst.):

$$\sigma_{zd,bADK} = \sigma_{zd,bFK} - \sigma_{mv} \quad \text{bzw.} \quad \tau_{tADK} = \tau_{tFK} - \tau_{mv}$$

Bei $\sigma_{zdm} + \sigma_{bm} < 0$ ist anstelle von σ_{mv} mit $\sigma_{mv} = \sigma_{zdm} + \sigma_{bm}$ ($\tau_{mv} = \tau_{tm}$) zu rechnen. Die Bedingung für die Gültigkeit der Gleichungen ist $\sigma_{zdm} + \sigma_{bm} \geq \sigma_{m\,grenz\,F1}$.

$$\sigma_{m\,grenz\,F1} = (\sigma_{zd,bWK} - \sigma_{dFK}) \cdot \left(1 - \frac{\sigma_{zd,bWK}}{2 \cdot \sigma_B(d)}\right)$$

Für den Fall $\sigma_{zdm} + \sigma_{bm} < \sigma_{m\,grenz\,F1}$ gilt:

$$\sigma_{zd,bADK} = \sigma_{zdm} + \sigma_{bm} + \sigma_{zd,bFK}$$

Fall 2: ($\sigma_{zd,ba}/\sigma_{mv}$ = konst. bzw. τ_{ta}/τ_{mv} = konst.):

Fall 2 gilt, wenn bei einer Änderung der Betriebsbelastung das Verhältnis zwischen Ausschlagspannung und Mittelspannung konstant bleibt. Unter der *Bedingung*

$$\frac{\sigma_{mv}}{\sigma_{zd,ba}} \leq \frac{\sigma_{zd,bFK} - \sigma_{zd,bWK}}{\sigma_{zd,bWK} - \sigma_{zd,bFK} \cdot \psi_{zd,b\sigma K}} \quad \text{bzw.}$$

$$\frac{\tau_{mv}}{\tau_{ta}} \leqq \frac{\tau_{tFK} - \tau_{tWK}}{\tau_{tWK} - \tau_{tFK} \cdot \psi_{tK}}$$

ist die *ertragbare Amplitude* für $\sigma_{zd,ba}/\sigma_{mv} =$ konst. ($\tau_{ta}/\tau_{mv} =$ konst.):

$$\sigma_{zd,bADK} = \frac{\sigma_{zd,bWK}}{1 + \psi_{zd,b\sigma K} \cdot \dfrac{\sigma_{mv}}{\sigma_{zd,ba}}} \quad \text{bzw.} \quad \tau_{tADK} = \frac{\tau_{tWK}}{1 + \psi_{\tau K} \cdot \dfrac{\tau_{mv}}{\tau_{ta}}}$$

Wird diese *Bedingung nicht erfüllt*, ist die *ertragbare Amplitude* für $\sigma_{zd,ba}/\sigma_{mv} =$ konst. ($\tau_{ta}/\tau_{mv} =$ konst.):

$$\sigma_{zd,bADK} = \frac{\sigma_{zd,bFK}}{1 + \dfrac{\sigma_{mv}}{\sigma_{zd,ba}}} \quad \text{bzw.} \quad \tau_{tADK} = \frac{\tau_{tFK}}{1 + \dfrac{\tau_{mv}}{\tau_{ta}}}$$

Bei $\sigma_{zdm} + \sigma_{bm} < 0$ ist anstelle von σ_{mv} bzw. τ_{mv} mit $\sigma_{zdm} + \sigma_{bm}$ bzw. τ_{tm} zu rechnen. Die Bedingung für die Gültigkeit der Gleichungen ist:

$$\frac{\sigma_{zdm} + \sigma_{bm}}{\sigma_{zd,ba}} > \left(\frac{\sigma_{zdm} + \sigma_{bm}}{\sigma_{zd,ba}}\right)_{\text{grenz F2}}$$

mit

$$\left(\frac{\sigma_{zdm} + \sigma_{bm}}{\sigma_{zd,ba}}\right)_{\text{grenz F2}} = \frac{\sigma_{zd,bWK} - \sigma_{dFK}}{\psi_{zd,b\sigma K} \cdot \sigma_{dFK} + \sigma_{zd,bWK}}$$

Ist diese *Bedingung nicht erfüllt*, wird die ertragbare Amplitude wie folgt bestimmt

$$\sigma_{zd,bADK} = \frac{\sigma_{zd,bFK} \cdot \sigma_{zd,ba}}{\sigma_{zd,ba} - \sigma_{zdm} - \sigma_{bm}}$$

17.3.7 Nachweis der Sicherheit zur Vermeidung von Dauerbrüchen

Die rechnerische Sicherheit S muss gleich oder größer der Mindestsicherheit S_{min} sein:

$$S \geqq S_{min}$$

Die Grundsätze des Berechnungsverfahrens allein erfordern die Mindestsicherheit $S_{min} = 1{,}2$.

Unsicherheiten bei der Annahme der Belastung, mögliche Folgeschäden usw. erfordern höhere Sicherheiten. Diese sind entsprechend festzulegen.

Die rechnerische Sicherheit S wird unter Berücksichtigung von Biege-, Zug/Druck- und Torsionsbeanspruchungen unter Annahme der Phasengleichheit ermittelt:

$$S = \frac{1}{\sqrt{\left(\dfrac{\sigma_{zda}}{\sigma_{zdADK}} + \dfrac{\sigma_{ba}}{\sigma_{bADK}}\right)^2 + \left(\dfrac{\tau_{ta}}{\tau_{aADK}}\right)^2}}$$

Ist z. B. nur Biegung oder Torsion vorhanden, gilt:
$$S = \frac{\sigma_{zd,bADK}}{\sigma_{ba}} \quad \text{bzw.} \quad S = \frac{\tau_{tADK}}{\tau_{ta}}$$

17.3.8 Anwendungsbeispiel

Beispiel: Berechnung der Sicherheit einer abgesetzten Welle bei Umlaufbiegung gegen Dauerbruch (Bild 17.14)

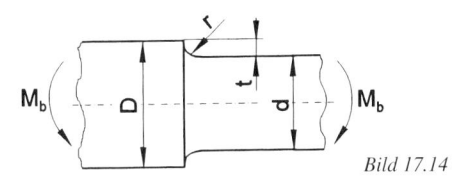

Bild 17.14

Gegeben:

Abmessungen: $D = 60$ mm; $d = 50$ mm; $r = 5$ mm; $t = 5$ mm

Beanspruchung (Querschnitt bei d):

$$\sigma_b = \sigma_{bm} \pm \sigma_{ba} = 0\,\text{N/mm}^2 \pm 150\,\text{N/mm}^2$$

Werkstoff: 42CrMo4 (Festigkeitskennwerte nach DIN 743-3, $d_B \leq 16$ mm)

$$\sigma_B = 1100\,\text{N/mm}^2; \quad \sigma_S = 900\,\text{N/mm}^2; \quad \sigma_{bW} = 550\,\text{N/mm}^2$$

Oberflächenrauheit: $R_Z = 12{,}5$ µm

Gesucht:

Vorhandene Sicherheit für den Dauerfestigkeitsnachweis nach Beanspruchungsfall 1 ($\sigma_m = $ konst.)

Lösung:

Technologischer Größeneinflussfaktor $K_1(d_{eff})$ mit $d_B = 16$ mm und $d_{eff} = 60$ mm

$$K_1(d_{eff}) = 1 - 0{,}26 \cdot \lg\left(\frac{d_{eff}}{d_B}\right) = 1 - 0{,}26 \cdot \lg\left(\frac{60\,\text{mm}}{16\,\text{mm}}\right) = 0{,}851$$

Geometrischer Größeneinflussfaktor $K_2(d)$

$$K_2(d) = 1 - 0{,}2\frac{\lg\left(\dfrac{d}{7{,}5\,\text{mm}}\right)}{\lg 20} = 1 - 0{,}2\frac{\lg\left(\dfrac{50\,\text{mm}}{7{,}5\,\text{mm}}\right)}{\lg 20} = 0{,}873$$

Einflussfaktor der Oberflächenrauheit $K_{F\sigma}$ mit
$\sigma_B(d) = \sigma_B(d_B) \cdot K_1(d_{eff}) = 936{,}1\,\text{N/mm}^2$

$$K_{F\sigma} = 1 - 0{,}22 \cdot \lg\left(\frac{R_Z}{\mu m}\right) \cdot \left(\lg\frac{\sigma_B(d)}{20\,\text{N/mm}^2} - 1\right)$$

$$= 1 - 0{,}22 \cdot \lg 12{,}5 \cdot \left(\lg \frac{936{,}1 \text{ N/mm}^2}{20 \text{ N/mm}^2} - 1 \right) = 0{,}838$$

Einflussfaktor der Oberflächenverfestigung

$K_\text{v} = 1$

Formzahl α_σ mit $d/D = 0{,}833$; $r/t = 1$; $r/d = 0{,}1$

$$\alpha_\sigma = 1 + \frac{1}{\sqrt{0{,}62 \cdot \frac{r}{t} + 11{,}6 \cdot \frac{r}{d} \cdot \left(1 + 2 \cdot \frac{r}{d}\right)^2 + 0{,}2 \cdot \left(\frac{r}{t}\right)^3 \cdot \frac{d}{D}}}$$

$$= 1 + \frac{1}{\sqrt{0{,}62 \cdot 1 + 11{,}6 \cdot 0{,}1 \cdot (1 + 2 \cdot 0{,}1)^2 + 0{,}2 \cdot (1)^3 \cdot 0{,}833}}$$

$$= 1{,}638$$

Bezogenes Spannungsgefälle G' mit $\varphi = 0{,}166\,7$

$G' = 0{,}537 \text{ mm}^{-1}$

Stützziffer n mit $\sigma_\text{S}(d) = K_1(d_\text{eff}) \cdot \sigma_\text{S}(d_\text{B}) = 765{,}9 \text{ N/mm}^2$

$$n = 1 + \sqrt{G' \cdot \text{mm}} \cdot 10^{-\left(0{,}33 + \frac{\sigma_\text{S}(d)}{712 \text{ N/mm}^2}\right)}$$

$$= 1 + \sqrt{0{,}537} \cdot 10^{-\left(0{,}33 + \frac{765{,}9 \text{ N/mm}^2}{712 \text{ N/mm}^2}\right)} = 1{,}029$$

Kerbwirkungszahl β_σ

$$\beta_\sigma = \frac{\alpha_\sigma}{n} = \frac{1{,}638}{1{,}029} = 1{,}592$$

Gesamteinflussfaktor K_σ

$$K_\sigma = \left(\frac{\beta_\sigma}{K_2(d)} + \frac{1}{K_\text{F}\sigma} - 1\right) \cdot \frac{1}{K_\text{v}} = \left(\frac{1{,}592}{0{,}873} + \frac{1}{0{,}838} - 1\right) \cdot 1 = 2{,}017$$

Bauteilwechselfestigkeit σ_bWK

$$\sigma_\text{bWK} = \frac{\sigma_\text{bW} \cdot K_1(d_\text{eff})}{K_\sigma} = \frac{550 \text{ N/mm}^2 \cdot 0{,}851}{2{,}017} = 232{,}1 \text{ N/mm}^2$$

Vergleichsmittelspannung

$\sigma_\text{mv} = \sigma_\text{m} = 0$

Einflussfaktor der Mittelspannungsempfindlichkeit entfällt, da $\sigma_\text{mv} = 0$

Spannungsamplitude der Bauteildauerfestigkeit σ_bADK

$\sigma_\text{bADK} = \sigma_\text{bWK} = 232{,}1 \text{ N/mm}^2$

vorhandene Sicherheitszahl S

$$S = \frac{\sigma_\text{bADK}}{\sigma_\text{ba}} = \frac{232{,}1 \text{ N/mm}^2}{150 \text{ N/mm}^2} = 1{,}55$$

Die berechnete Sicherheit von $S = 1{,}55$ liegt oberhalb des geforderten Mindestsicherheitswertes von $S_\text{min} = 1{,}2$. Der betrachtete Wellenabsatz ist für die gegebene Beanspruchung dauerfest ausgelegt.

Kinematik und Kinetik

Einführung

Die Begriffe und Lehrsätze der Mechanik stellen in ihrer Einfachheit und Klarheit eine sehr weitgehende Abstraktion der Realität dar. Dieser hohe Abstraktionsgrad ist eng verbunden mit einem umfassenden begrifflichen Inhalt. Daraus resultiert die Notwendigkeit, das betrachtete technische System in ein Berechnungsmodell zu überführen, das die Anwendung der Gesetze der Mechanik ermöglicht. Die Lösung eines Problems mit einem Berechnungsmodell (siehe dazu Bild 18.2 und Abschnitt 18.2) erlaubt oft, typische dynamische Eigenschaften zu erkennen.

Die *Kinematik* befasst sich mit der zeitlichen und räumlichen Darstellung der Bewegung eines Körpers bzw. einer Punktmasse oder eines Punktes eines Körpers, ohne vorhandene Kräfte zu berücksichtigen. Dabei werden die geometrischen Bindungen in Form von Zwangsbedingungen dargestellt.

Die *Kinetik* hat zum einen die Aufgabe, die Bewegung von Körpern infolge gegebener Kräfte zu bestimmen, andererseits können die durch Bewegungen hervorgerufenen Kräfte die gesuchten Größen sein.

Zur Beschreibung der Probleme der Dynamik kommt neben den die Lage bestimmenden Ortsvektoren bzw. Koordinaten und ihren Zeitableitungen noch die Zeit t hinzu.

In den Formeln und Beziehungen wird die Ableitung nach der Zeit abgekürzt mit einem Punkt bezeichnet:

$$\frac{d(\ )}{dt} = (\ )^{\cdot}.$$

Hinsichtlich der benutzten Notation bei Vektoren und Matrizen sei auf die Anlage A1 verwiesen.

18 Grundelemente der Kinematik und Kinetik

18.1 Grundbegriffe

Zusammenhang zwischen Kraft und Masse:

Eine Masse von 1 kg übt im Ruhezustand unter dem Einfluss der Fallbeschleunigung (für technische Berechnungen: $g = 9{,}81$ m/s^2) eine Kraft von 9,81 N auf die Aufhängung bzw. Unterlage aus (Bild 18.1).

Diese beiden in Bild 18.1 gezeigten einfachen Beispiele illustrieren den Sachverhalt, dass Kräfte bestimmte Wechselwirkungen zwischen Körpern beschreiben.

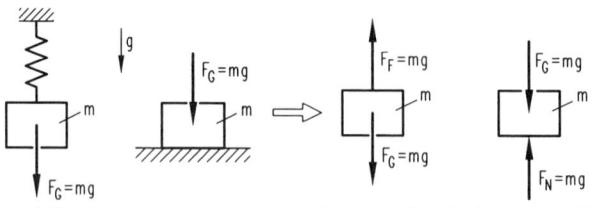

Bild 18.1 Zusammenhang zwischen Masse und Kraft im Erdschwerefeld
Es sind die Reaktionskräfte F_F und F_N, die durch Feder und Unterlage hervorgerufen werden, im Freikörperbild eingezeichnet.

Nach dem 2. NEWTON'schen Axiom gilt:
$$\vec{F} = \frac{d\vec{p}}{dt} = \frac{d(m\vec{v})}{dt} = (m\vec{v})^{\cdot}$$
$\vec{p} = m\vec{v}$ Impuls bzw. Bewegungsgröße

Bei *veränderlicher Masse*:
$$\vec{F} = \frac{dm}{dt}\vec{v} + m\frac{d\vec{v}}{dt} = \dot{m}\vec{v} + m\vec{a}$$
Bei *konstanter Masse*:
$$\vec{F} = m\frac{d\vec{v}}{dt} = m\vec{a} \qquad \text{(Dynamische Grundgleichung)}$$

$\vec{F}$ ist hierbei die auf den freigeschnittenen Körper wirkende resultierende Kraft und $\vec{a}$ die Absolutbeschleunigung. Ist $\vec{a} \equiv \vec{0}$, so befindet sich der Körper im statischen Gleichgewicht.

Kinematische Größen:

Dazu zählen Weg s, Geschwindigkeit v und Beschleunigung a. Bei der Berechnung dynamischer Probleme wird meist die Beschleunigung a benutzt. Das resultiert aus der dynamischen Grundgleichung, in der die Beschleunigung mit den wirkenden Kräften direkt verknüpft wird. Ist die Beschleunigung bekannt, dann sind Geschwindigkeit v und Weg s bestimmbar (vgl. dazu 19.1). Zur Beschreibung der Bewegungen werden *Berechnungsmodelle* (Bild 18.2) benutzt.

Freiheitsgrad:

Anzahl der kinematisch voneinander unabhängigen Bewegungen eines mechanischen Systems. Die Anzahl der Koordinaten, die mindestens notwendig sind, um die Bewegung eines mechanischen Systems eindeutig zu beschreiben, entspricht seinem Freiheitsgrad.

18.1 Grundbegriffe

Führt ein starrer Körper eine reine Translation aus, so kann die Masse des starren Körpers im Schwerpunkt vereinigt gedacht werden.

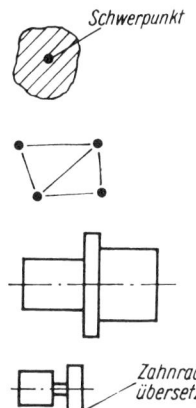

Sind die Abmessungen des Körpers klein gegenüber den Bahnabmessungen, so kann der Körper oft näherungsweise als Punktmasse betrachtet werden.

Eine Ansammlung von Punktmassen, die alle durch starre, elastische oder andere Bindungen miteinander gekoppelt sind, wird als Punkthaufen bezeichnet.

Ein Körper endlicher Ausdehnung mit kontinuierlicher Masseverteilung, bei dem Formänderungen bei den kinetischen Betrachtungen nicht berücksichtigt werden, wird als starrer Körper betrachtet.

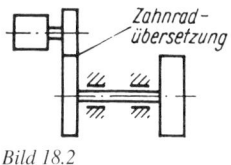

Mehrere starre Körper, deren Bewegungen miteinander verknüpft sind, sind ein System starrer Körper. Die Verknüpfungen können durch Kräftebeziehungen dargestellt werden.

Bild 18.2

Koordinatensysteme:

Bewegungen werden meist in kartesischen Koordinaten (x, y, z-System nach Bild 18.3), in Polarkoordinaten (R, φ-System) bei ebenen bzw. in Zylinderkoordinaten (R, φ, z-System nach Bild 18.4) bei räumlichen Problemen oder in natürlichen Koordinaten beschrieben. Die aufgestellten Beziehungen (Formeln und Prinzipien) gelten für ein raumfestes Bezugs- bzw. Inertialsystem. Es muss dafür der Koordinatenursprung stets in einem raumfesten oder geradlinig gleichförmig bewegten Bezugspunkt liegen.

Dass für die Untersuchung technischer Systeme oft die Erde näherungsweise als Inertialsystem angesehen werden darf (obwohl sie rotiert!), hat seinen Grund in der Größenordnung der dabei auftretenden Effekte.

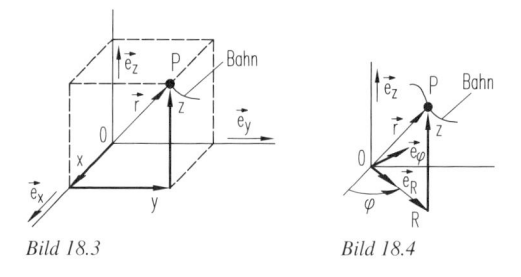

Bild 18.3   *Bild 18.4*

Die benutzten Koordinatensysteme sollten Rechtssysteme sein.
Der Einführung von für ein Berechnungsmodell zweckmäßigen Koordinaten ist besonderes Augenmerk zu schenken.

Eingeprägte Kraftgrößen:

Eingeprägte Kräfte (und Momente) sind vorgegebene physikalische Größen, wie z. B. Schwerkraft, Federkraft, elektromagnetische Kräfte, Bewegungswiderstände u. a. Sie resultieren aus Wechselwirkungen mit anderen Körpern bzw. Feldern und sind durch physikalische Gesetze bestimmt.

Translation:

Alle Punkte eines sich translatorisch bewegenden Körpers haben in jedem beliebigen Zeitpunkt gleich große und gleich gerichtete Geschwindigkeitsvektoren. Die Bahnen der Punkte sind zueinander kongruent. Es genügt, die Bewegung des Schwerpunktes oder eines anderen beliebigen Punktes zu betrachten (Bild 18.5).

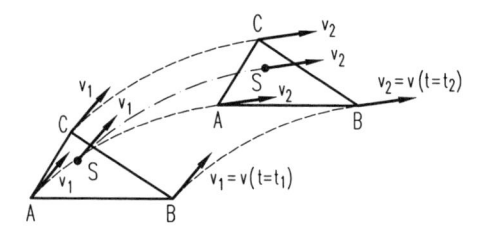

Bild 18.5

Rotation um eine raumfeste Achse:

Die Rotationsachse behält ihre Lage im Raum. Die Bahnen der Punkte des Körpers sind Kreise, deren Radius der Abstand des betrachteten Punktes von der Rotationsachse ist. Die Bahnen liegen in zur Rotationsachse senkrechten Ebenen (Bild 18.6).

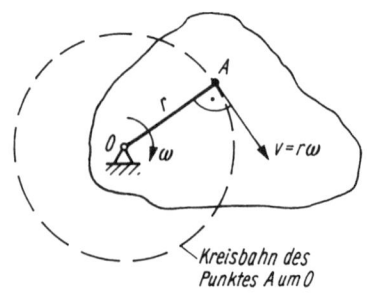

Bild 18.6 r Radius der Bahn des Punktes A, ω Dreh- bzw. Winkelgeschwindigkeit, v Umlaufgeschwindigkeit des Punktes A

Allgemeine Bewegung:
Jede allgemeine Bewegung eines starren Körpers lässt sich aus der Translation eines Bezugspunktes (meist Schwerpunkt) und der Rotation um eine Achse durch diesen Bezugspunkt zusammensetzen.

Allgemeine ebene Bewegung:
Alle Körperpunkte bewegen sich in zueinander parallelen Ebenen, und die Vektoren der Dreh- oder Winkelgeschwindigkeit und der Dreh- oder Winkelbeschleunigung stehen senkrecht dazu.

Zum Berechnen dynamischer Probleme sind meist noch zusätzliche Bedingungen notwendig.

Zwangsbedingungen:
Geometrische oder kinematische Beziehungen zwischen den Koordinaten.

$z = k - f$

z Anzahl der Zwangsbedingungen
f Freiheitsgrad des betrachteten Systems
k Anzahl der zur Beschreibung eingeführten Koordinaten

Beispiele für Zwangsbedingungen findet man in den *Anlagen D2* und *D3*.

Anfangsbedingungen:
(Meist kinematische) Bedingungen zum Zeitpunkt $t = t_0$ des Beginns der Betrachtung. Zum Beispiel: $s(t = t_0) = s_0$; $\dot{s}(t = t_0) = v(t = t_0) = v_0$.

18.2 Hinweise zur Lösung von Aufgaben und zur Überführung des technischen Systems in ein Berechnungsmodell

Die Berechnung der Probleme der Dynamik muss in einer Form erfolgen, die den Ansprüchen des berechnenden und konstruierenden Ingenieurs genügt. Da die Dynamik mit abstrakten Begriffen wie Punktmassen, Punkthaufen, starrer Körper usw. arbeitet, ist der Ingenieur gezwungen, sein Problem soweit zu abstrahieren, dass die Gesetze der Dynamik darauf anwendbar sind. Die Überführung des technischen Systems in die Berechnungsmodell ist ein Prozess, der viel Können und Erfahrung voraussetzt. Das ist z. B. ein Hauptanliegen der Maschinendynamik /DH-05/. Dieser Umstand lässt vielleicht in der Darstellung den Schluss zu, dass einige Dinge zu „theoretisch" behandelt werden. Oft ist jedoch eine solche Darstellungsart notwendig, um das das eigentliche Problem verdeckende Beiwerk zu beseitigen. Dann erst werden Beispiele typisch für den dynamischen Sachverhalt und repräsentieren eine große Anzahl von praktisch vorkommenden Aufgaben. Die Gewöhnung an diese Art der Behandlung von Berechnungsproblemen der Dynamik ist die notwendige Voraussetzung für ein erfolgreiches Lösen von Aufgaben der verschiedensten Art.

Im Folgenden werden Hinweise zum Herangehen an die Lösung dynamischer Aufgaben gegeben. Sie sind kein Dogma, sondern jeder sollte aus seinen Erfahrungen die Lösungsschritte und ihre Abfolge entsprechend den konkreten Gegebenheiten modifizieren.

1. Schritt: Anfertigen einer klaren *Skizze*, die das technische System repräsentiert. Gegebenenfalls ist die technische Zeichnung in ihren Zusammenhängen zu analysieren, wobei das Wesentliche vom Unwesentlichen zu trennen ist. Außerdem muss eine Systemabgrenzung erfolgen. Es sind Aussagen zu treffen hinsichtlich der
- bewegten Körper
- Bindungen dieser Körper

2. Schritt: Formulierung einer *Aufgabenstellung*. Festlegung der gegebenen und gesuchten Größen. Angabe, welche *Endergebnisse* zu ermitteln sind.

3. Schritt: Feststellung des Bewegungszustandes der Körper:
- Translation
- Rotation um eine feste Achse
- allgemeine ebene Bewegung u. a.

4. Schritt: Festlegen des Berechnungsmodells, das z. B. sein kann:
- Punktmasse bzw. Punkthaufen
- starrer Körper bzw. System starrer Körper u. a.

Dabei sind zur Beschreibung der Bewegung der einzelnen Modellelemente zweckmäßige Koordinaten einschließlich ihrer positiven Richtung zu definieren. Weiterhin sind die zwischen ihnen existierenden Bindungen zu erfassen und ihre konkrete Modellierung festzulegen (z. B. als Gelenke).

5. Schritt: Einordnen der Aufgabe in die Gebiete:
Kinematik, wenn keine Kräfte berücksichtigt werden, sondern nur Bewegungszusammenhänge betrachtet werden (Lösungsverfahren siehe Kapitel 19).

Weiterrechnen mit dem 7. Schritt

Kinetik, wenn der Zusammenhang zwischen Bewegungen und wirkenden Kraftgrößen betrachtet wird (siehe dazu Kapitel 20 bis 24).
- Stoß: Kapitel 25
- Schwingungen: Kapitel 26

6. Schritt: Die am Berechnungsmodell wirkenden Kräfte und Momente werden analysiert und eingeordnet:
- eingeprägte Kräfte und/oder Momente
- Reaktions- bzw. Zwangskraftgrößen

Die eingeprägten Größen können konstant, weg- und/oder geschwindigkeitsabhängig bzw. auch explizit von der Zeit abhängig sein. Eine explizite Zeitabhängigkeit bedeutet aber immer die Vernachlässigung einer Rückwirkung auf die Quelle der betreffenden Kraftgröße.

7. Schritt: Festlegen der zur Bestimmung der gesuchten Größen anwendbaren Prinzipien und Methoden:
Kinematik: Kapitel 19
Kinetik: Kapitel 24
- Stoß: Kapitel 25
- Schwingungen: Kapitel 26

Auswahl des günstigsten Prinzips; notwendige Zwischenergebnisse festlegen.

8. Schritt: Aufstellen der Bewegungsgleichungen (*Differenzialgleichungen*).

9. Schritt: Lösung der Differenzialgleichungen. Je nach dem gewählten Prinzip bzw. Verfahren ergibt sich die gesuchte Größe direkt oder durch Differenziation oder durch Integration.

10. Schritt: Die Berechnung von weiteren Zwischen- bzw. Endergebnissen erfolgt durch eine Wiederholung der Lösungsschritte.

Zur Erleichterung der Auswahl des günstigsten Prinzips sind in Kapitel 24 noch einmal mögliche Ansätze und Prinzipien zusammengestellt. Deshalb wurde weitgehend auf eine Begründung und Beschreibung der Prinzipien in den Abschnitten, die die Dynamik des Punkthaufens und des starren Körpers behandeln, verzichtet.

Bei der Rechnung ist auf die Einhaltung der richtigen Dimension (bei Zahlenrechnung auf die richtige Einheit) der benutzten Größen zu achten. Für die Interpretation und Prüfung der Ergebnisse betrachte man Sonderfälle und stelle Plausibilitätsbetrachtungen an.

19 Kinematik

19.1 Grundgrößen und geradlinige Bewegung

Als *Geschwindigkeit* wird die Veränderung einer Größe in einer bestimmten Zeiteinheit bezeichnet. In der Kinematik ist bei der Bewegung eines Körpers oder einer Punktmasse die Veränderung der Lage in der Zeiteinheit die Geschwindigkeit. Da die Lage des bewegten Körpers bzw. der Punktmasse durch Ortsvektoren $\vec{r}$ festgelegt ist und die Geschwindigkeit für einen bestimmten Zeitpunkt (für einen Zeitabschnitt ergibt sich eine mittlere Geschwindigkeit) gesucht wird, ergibt sich:

- Die Geschwindigkeit ist die erste Ableitung des Ortsvektors nach der Zeit:
$$\vec{v} = \frac{d\vec{r}}{dt} = \dot{\vec{r}}$$

Der Betrag der Geschwindigkeit folgt aus dem Skalarprodukt des Geschwindigkeitsvektors mit sich selbst:

$$|\vec{v}| = \sqrt{\vec{v} \cdot \vec{v}}$$

Die Änderung der Geschwindigkeit $\vec{v}$ in der Zeiteinheit (sowohl bez. ihres Betrages als auch bez. ihrer Richtung) ist die Beschleunigung $\vec{a}$, d. h., es gilt:

- Die Beschleunigung ist die erste Ableitung der Geschwindigkeit nach der Zeit oder die zweite Ableitung des Ortsvektors nach der Zeit:
$$\vec{a} = \frac{d^2\vec{r}}{dt^2} = \frac{d\vec{v}}{dt}$$

Der Betrag der Beschleunigung ist

$$|\vec{a}| = \sqrt{\vec{a} \cdot \vec{a}}$$

In einigen Fällen (z. B. bei der geradlinigen Bewegung oder bei vorgegebener krummliniger Bahnkurve, vgl. Abschnitt 19.3.2) ist es sinnvoll, die Bahnkoordinate s (Weg) zur Bewegungsbeschreibung einzuführen. Zwischen der Geschwindigkeit $\vec{v}$ und dem Wegelement $\mathrm{d}s$ besteht der Zusammenhang

$$\mathrm{d}s = \pm\sqrt{\vec{v} \cdot \vec{v}} \cdot \mathrm{d}t$$

$\mathrm{d}s$ ist positiv (negativ), wenn sich für $\mathrm{d}t > 0$ der betrachtete Punkt in positive (negative) Koordinatenrichtung s bewegt, d. h. die Koordinate s muss sowohl hinsichtlich Ursprung als auch bez. ihrer positiven Richtung festgelegt werden.

Bewegungsdiagramme:

Der Zusammenhang zwischen den kinematischen Größen (Weg, Geschwindigkeit, Beschleunigung) und der Zeit kann in Bewegungsdiagrammen dargestellt werden (Bilder 19.1 bis 19.3).

Bild 19.1
Beschleunigungs-Zeit-Diagramm

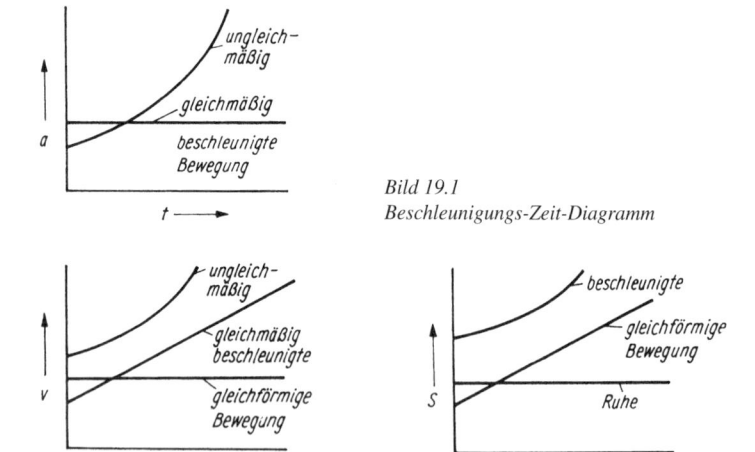

Bild 19.2 Geschwindigkeits-Zeit-Diagramm   *Bild 19.3* Weg-Zeit-Diagramm

Der augenblickliche Bewegungszustand lässt sich auch aus den Bewegungsdiagrammen durch eine Ermittlung der „Fläche", die sich unter der Kurve befindet, bestimmen. Dabei sind die jeweils verwendeten Maßstäbe zu beachten.

In den folgenden Unterabschnitten werden die verschiedenen Bewegungszustände anhand der geradlinigen Bewegung (Sonderfall der Bewegung auf vorgegebener Bahnkurve) durch die *Bewegungsdiagramme* erklärt. Als Koordinate wird der Weg s längs der Bewegungsgeraden benutzt.

19.1 Grundgrößen und geradlinige Bewegung

Die hier für die geradlinige Bewegung angegebenen Beziehungen gelten auch für beliebig gekrümmte räumliche Bahnen, wenn sie vorgegeben sind und $s(t)$ die Bahnkoordinate, v die Bahngeschwindigkeit und a die Tangentialbeschleunigung ist, vgl. auch Abschnitt 19.3.

19.1.1 Gleichförmige Bewegung

Bei der gleichförmigen Bewegung ist die Beschleunigung immer gleich null ($\ddot{s} \equiv 0$).

Es gilt:

Beschleunigung:
$$a(t) = \ddot{s}(t) = 0 \forall t$$

Geschwindigkeit:
$$v(t) = \dot{s}(t) = \text{konst.} = v_0; \quad \dot{s}(t = t_1) = v_0 \quad \text{(Bild 19.4)}$$

Weg:
$$s(t) = v_0 t + s_0; \quad s(t = t_1) = v_0 t_1 + s_0 \quad \text{(Bild 19.5)}$$

$v_0 t_1$ ist dabei die „Fläche" A im Geschwindigkeits-Zeit-Diagramm (Bild 19.4).

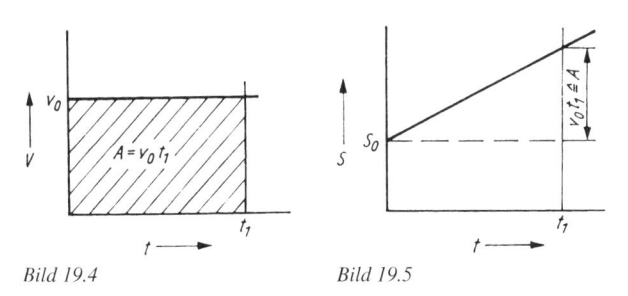

Bild 19.4 *Bild 19.5*

19.1.2 Gleichmäßig beschleunigte Bewegung

Bei der gleichmäßig beschleunigten Bewegung hat die Beschleunigung immer einen konstanten Wert ($\ddot{s} = \text{konst.}$).

Es gilt:

Beschleunigung:
$$\ddot{s}(t) = \text{konst.} = a_0; \quad \ddot{s}(t = t_1) = a_0 \quad \text{(Bild 19.6)}$$

Geschwindigkeit:
$$\dot{s}(t) = a_0 t + v_0; \quad \dot{s}(t = t_1) = a_0 t_1 + v_0 \quad \text{(Bild 19.7)}$$

$a_0 t_1$ ist dabei die „Fläche" A_1 im Beschleunigungs-Zeit-Diagramm (Bild 19.6).

Bild 19.6 *Bild 19.7*

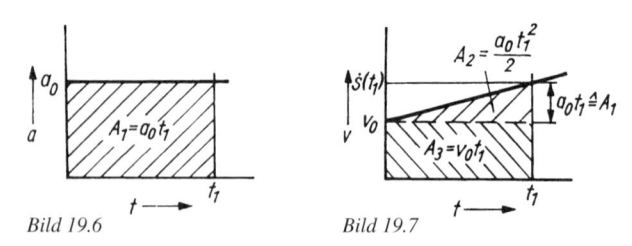

▶ *Bemerkung*: Die „Fläche" A_1 im Beschleunigungs-Zeit-Diagramm entspricht der Geschwindigkeit zur Zeit t_1, die durch a_0 hervorgerufen wird. Um den Wert der Geschwindigkeit zu erhalten, muss dazu die Anfangsgeschwindigkeit v_0 addiert werden.

Weg:

$$s(t) = \frac{a_0 t^2}{2} + v_0 t + s_0$$

$$s(t = t_1) = \frac{a_0 t_1^2}{2} + v_0 t_1 + s_0 \quad \text{(Bild 19.8)}$$

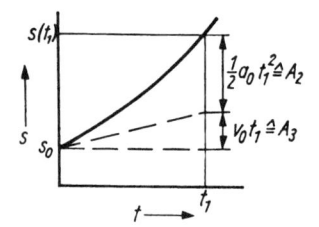

Bild 19.8

Die Größen $a_0 t_1^2/2$ und $v_0 t_1$ entsprechen dabei den „Flächen" A_2 und A_3 im Geschwindigkeits-Zeit-Diagramm (Bild 19.7).

19.1.3 Ungleichmäßig beschleunigte Bewegung

Je nach der Art der funktionalen Abhängigkeit werden im Folgenden die jeweiligen Zusammenhänge behandelt.

$a = a(t)$: Die Beschleunigung ist Funktion der Zeit.

Mit den Anfangsbedingungen $s(t = 0) = s_0$ und $\dot{s}(t = 0) = v_0$ ergibt sich aus

$$\mathrm{d}v = a(t)\mathrm{d}t$$

nach der Integration dieser Differenzialgleichung:

$$\int_{v_0}^{v(t)} \mathrm{d}v^* = \int_0^t a(t^*)\,\mathrm{d}t^* \quad \text{oder} \quad v(t) = v_0 + \int_0^t a(t^*)\,\mathrm{d}t^*$$

19.1 Grundgrößen und geradlinige Bewegung

Nach nochmaliger Integration ergeben sich die Beziehungen für den Weg:

$$s(t) = s_0 + v_0 t + \int_0^t \left[\int_0^{t^*} a(\bar{t}) d\bar{t} \right] dt^*$$

Aus

$$ds = v(t) dt$$

folgt nach der Integration eine weitere Beziehung für den Weg:

$$s(t) = s_0 + \int_0^t v(t^*) dt^*$$

$a = a(s)$: Die Beschleunigung ist Funktion des Weges.

Wegen

$$a = \frac{dv}{dt} = \frac{dv}{ds} \cdot \frac{ds}{dt} = v \cdot \frac{dv}{ds}$$

ergibt sich

$$v\, dv = a(s)\, ds$$

als die *zeitfreie Differenzialgleichung* der Bewegung. In einer anderen Form lautet sie:

$$a(s)\, ds = d(v^2)/2$$

Die Integration der zeitfreien Differenzialgleichung ergibt:

$$\int_{v_0}^{v(s)} v^* dv^* = \int_{s_0}^{s} a(s^*) ds^* \quad \text{oder} \quad v^2(s) = v_0^2 + 2\int_{s_0}^{s} a(s^*) ds^*$$

Eine *Zeit-Weg-Beziehung* ergibt sich bei Benutzung von

$$v = \frac{ds}{dt} \quad \text{bzw.} \quad dt = \frac{ds}{v(s)}$$

Das liefert mit $t_0 = 0$:

$$t(s) = \int_{s_0}^{s} \frac{ds^*}{v(s^*)}$$

$a = a(v)$: Die Beschleunigung ist Funktion der Geschwindigkeit.

Aus der Beziehung

$$a = \frac{dv}{dt} \quad \text{bzw.} \quad dt = \frac{dv}{a(v)}$$

ergibt sich durch Integration eine *Zeit-Geschwindigkeits-Beziehung* ($t_0 = 0$ gesetzt):

$$t(v) = \int_{v_0}^{v} \frac{dv^*}{a(v^*)}$$

Daraus folgt, indem die zeitfreie Differenzialgleichung eingesetzt wird, eine *Weg-Geschwindigkeits-Beziehung*:

$$\mathrm{d}s = \frac{v\mathrm{d}v}{a(v)} \Rightarrow \int_{s_0}^{s}\mathrm{d}s^* = \int_{v_0}^{v}\frac{v^*\mathrm{d}v^*}{a(v^*)} \quad \text{oder} \quad s(v) = s_0 + \int_{v_0}^{v}\frac{v^*\mathrm{d}v^*}{a(v^*)}$$

Eine Zusammenfassung der Ergebnisse dieses Abschnittes gibt *Anlage D1*. Diese Tabelle gibt gleichzeitig Hinweise für die Durchführung von Rechnungen zur Lösung derartiger Aufgaben.

Wenn die Verläufe einzelner kinematischer Größen in Form von Bewegungsdiagrammen gegeben sind, können die anderen noch unbekannten kinematischen Größen auch durch numerische Differenziation bzw. Integration gewonnen werden.

19.1.4 Beispiel zur geradlinigen Bewegung

Landläufig wird dem Kraftfahrer empfohlen, einen Abstand zum vor ihm fahrenden Fahrzeug einzuhalten, der dem Stand des Tachometers, der die Geschwindigkeit in km/h anzeigt, in Meter ausgedrückt, entspricht.

Welche konstant vorausgesetzte Beschleunigung beim Bremsen ist nötig, um in einem diesem Abstand entsprechenden Bremsweg zum Anhalten zu kommen? Als Geschwindigkeitswerte werden 30, 50, 80, 100 und 120 km/h angenommen.

Lösung:

Für gleichmäßig beschleunigte Bewegung ($a(t) = a_0 =$ konst.) gelten die Beziehungen

$$\dot{s}(t) = v_0 + a_0 t \tag{1}$$

$$s(t) = s_0 + v_0 t + \frac{1}{2}a_0 t^2 \tag{2}$$

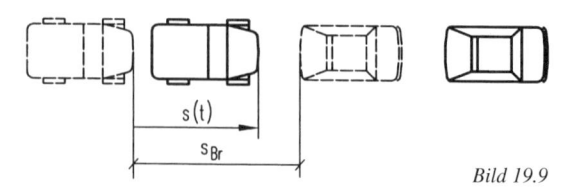

Bild 19.9

Wird der Bremsbeginn dem Zeitpunkt $t = 0$ (in Bild 19.9 gestrichelt dargestellt) und dem Koordinaten-Nullpunkt ($s = 0$) zugeordnet, so folgt daraus sofort $s_0 = 0$. Aus der Bedingung, dass zum Zeitpunkt $t = t_{Br}$ das Fahrzeug zum Stillstand gekommen sein soll, resultiert eine Beziehung zwischen v_0, a_0 und t_{Br}:

$$v(t = t_{Br}) = v_0 + a_0 t_{Br} \stackrel{!}{=} 0 \quad \Rightarrow t_{Br} = -\frac{v_0}{a_0} \tag{3}$$

Für den Anhalte- oder Bremsweg ergibt sich damit:

$$s_{Br} = v_0 t_{Br} + \frac{1}{2} a_0 t_{Br}^2 = -\frac{v_0^2}{2a_0} \tag{4}$$

Diese Beziehung nach a_0 umgestellt, liefert:

$$a_0 = -\frac{v_0^2}{2s_{Br}} \tag{5}$$

Aus (3) ließe sich damit die erforderliche Bremszeit bestimmen, was der Leser bei Bedarf selbst vornehmen möge.

Für das Geschwindigkeits-Zeit-Diagramm erhält man den in Bild 19.10 gezeigten Verlauf $\left[v(t) = v_0 \left(1 - \frac{v_0 t}{2s_{Br}}\right)\right]$.

Mit Gl. (5) werden die erforderlichen Bremsbeschleunigungen (Verzögerungen) berechnet.

v_0 in km/h	s_{Br} in m	a_0 ($g = 9{,}81$ m/s^2) in m/s^2
30	30	$-1{,}156 = -0{,}12g$
50	50	$-1{,}929 = -0{,}197g$
80	80	$-3{,}085 = -0{,}314g$
100	100	$-3{,}859 = -0{,}393g$
120	120	$-4{,}637 = -0{,}473g$

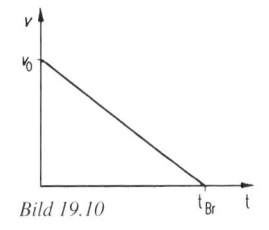

Bild 19.10

Vorgaben für Bremsanlagen:

Als Mindestverzögerung wird für eine Bremsanlage $a_0 = -0{,}4g$ angenommen. Bei guter Bremsanlage und trockener, griffiger Straße kann ein Wert von $a_0 = -0{,}8g$ erreicht werden. Wie groß sind bei diesen konstant vorausgesetzten Beschleunigungswerten für die vorgegebenen Fahrgeschwindigkeiten die Bremswege?

Die Gl. (5) wird umgestellt.

$$s_{Br} = -\frac{v_0^2}{2a_0} \tag{6}$$

Die Bremswege errechnen sich zu:

v_0 in km/h	s_{Br} in m bei $a_0 = -0{,}4g$	$a_0 = -0{,}8g$
30	8,85	4,42
50	24,58	12,29
80	62,92	31,46
100	98,32	49,16
120	141,58	70,79

Nach diesen Bremswegen wird das Kraftfahrzeug zum Stehen kommen. Bei einem Zustand der Bremsanlage und der Fahrbahn, die einen Beschleunigungswert von

$a_0 = -0{,}4g$ ermöglichen, stimmt die „Tacho-Regel" in Bereichen der Fahrgeschwindigkeit, die den Reisegeschwindigkeiten entsprechen. Es lässt sich errechnen, dass für 101,5 km/h Fahrgeschwindigkeit der Bremsweg den gleichen „Wert" von 101,5 m (bei $a_0 = -0{,}4g$) hat. Bei guter Fahrbahn und guter Bremsanlage ($a_0 = -0{,}8g$) ist eine Gleichheit dieser „Werte" erst bei 203,1 km/h erreicht. Daraus ist zu ersehen, welche Rolle der technisch gute Zustand der Bremsanlage (d. h. aber auch der Reifen) und die Beachtung der Fahrbahnverhältnisse spielen.

Um den tatsächlichen Verhältnissen nahe zu kommen, ist die „Schrecksekunde" t_R, d. h. 1 s Reaktionszeit, bevor der Fahrer bei Wahrnehmung eines Hindernisses reagiert, zu berücksichtigen.

Wie ändern sich dadurch die Diagramme und die errechneten Werte?

Die Bilder 19.11 und 19.12 zeigen die veränderten Diagramme. Sie sind gegenüber Bild 19.10 in Richtung der Zeitachse verschoben.

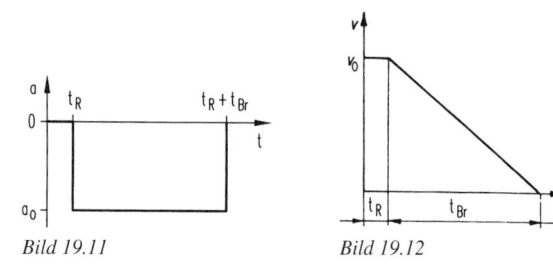

Bild 19.11   *Bild 19.12*

Beim Geschwindigkeits-Zeit-Diagramm stellt sich der Bewegungszustand während der „Schrecksekunde" als gleichförmige Bewegung dar. Zur Berechnung des Bremsweges wird der Zusammenhang zwischen „Fläche" unter der Kurve und Bewegungszustand benutzt. Der gesamte Anhalteweg s_A entspricht für $0 \leq t \leq t_R + t_{Br}$ der Fläche unter dem Geschwindigkeits-Zeit-Diagramm:

$$s_A = v_0 t_R + \frac{1}{2} v_0 t_{Br} \qquad (7)$$

mit t_R als Reaktionszeit, für die üblicherweise der Wert $t_R = 1$ s benutzt wird.

Aus dem Beschleunigungs-Zeit-Diagramm ergibt sich die Geschwindigkeit

$$v(t) = \begin{cases} v_0; & 0 \leq t \leq t_R \\ v_0 + a_0 \cdot (t - t_R); & t_R \leq t \leq t_R + t_{Br} \end{cases} \qquad (8)$$

Aus der Bedingung $v(t = t_R + t_{Br}) = 0$ folgt:

$$t_{Br} = -\frac{v_0}{a_0} \qquad (9)$$

Der Wert für die Bremszeit t_{Br} (9) wird in (7) eingesetzt.

$$s_A = s_R + s_{Br} = v_0 t_R - \frac{v_0^2}{2 a_0} \qquad (10)$$

Gegenüber Gl. (6) hat sich die Beziehung (10) um das Glied $v_0 t_R$ erweitert, das die Einbeziehung des in der Reaktionszeit zurückgelegten Weges enthält.

19.1 Grundgrößen und geradlinige Bewegung

Die Anhaltewege verändern sich wie folgt:

v_0 in km/h	$s_R = v_0 t_R$ in m	$s_A = s_R + s_{Br}$ in m	
		$a_0 = -0{,}4g$	$a_0 = -0{,}8g$
30	8,33	17,18	12,76
50	13,89	38,47	26,18
80	22,22	85,15	53,68
100	27,78	126,10	76,94
120	33,33	174,91	104,12

Auch die Werte, bei denen der absolute Zahlenwert der Fahrgeschwindigkeit in km/h mit dem des Anhalteweges in m übereinstimmt, ändern sich.

Es ergeben sich:

bei $a_0 = -0{,}4g$: $v_0 = 73{,}32$ km/h
bei $a_0 = -0{,}8g$: $v_0 = 146{,}64$ km/h

Der bisher berechnete Brems- bzw. Anhalteweg entspricht aber nicht dem *Sicherheitsabstand*. Der Sicherheitsabstand kann kleiner sein als der Anhalteweg bzw. Bremsweg, da der Vordermann nur in äußerst seltenen Fällen (Frontalzusammenstoß, Auffahren auf Brückenpfeiler u. Ä.) ruckartig stehen bleibt. Er ist aber so zu bemessen, dass auch bei einer unerwarteten Vollbremsung des Vordermannes ein Auffahrunfall vermieden wird. Bremst der Vordermann bis zum Stand und soll das folgende Fahrzeug dicht dahinter zum Stehen kommen, so ist der Anhalteweg des vorn fahrenden Fahrzeuges vom Bremsweg des folgenden Fahrzeuges zu subtrahieren. Das ist ein zureichender Sicherheitsabstand. Aus Gln. (10) und (6) ergibt sich

$$s_{Si} = v_{02} t_R - \frac{1}{2}\left(\frac{v_{02}^2}{a_{02}} - \frac{v_{01}^2}{a_{01}}\right) \tag{11}$$

Hierbei ist v_{01} Fahrgeschwindigkeit des vorn fahrenden und v_{02} die des hinten fahrenden Fahrzeuges zu Beginn des Bremsens von Fahrzeug *1* (Bild 19.13)

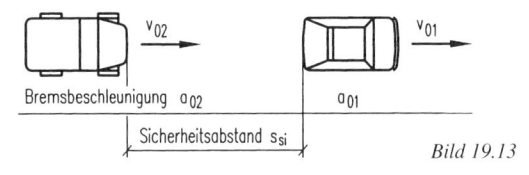

Bild 19.13

a_{01} und a_{02} sind die Bremsbeschleunigungen, die jedes Fahrzeug erreichen kann. Da der Fahrer zwar seine eigene Fahrgeschwindigkeit kennt, den Wert der Bremsbeschleunigung seines eigenen Fahrzeuges einschätzen kann, jedoch bei der Geschwindigkeit des Vordermannes bereits auf grobe Schätzungen angewiesen ist und den Wert der maximalen Bremsbeschleunigung des Vordermannes nicht kennt, ist das Ganze ein Spiel gegen das Unfallrisiko mit unvollständiger Information. Zu brauchbaren Ergebnissen führt die Voraussetzung, dass Vordermann und eigener Wagen die gleiche Geschwindigkeit haben (gegeben z. B. bei Kolonnenfahrten), d. h.,

$$v_0 = v_{01} = v_{02}, \tag{12}$$

und die Annahme eines Vordermannes mit guten Bremsen und eines Hintermannes mit schlechten Bremsen (z. B. $a_{01} = -0{,}8g$ und $a_{02} = -0{,}4g$).

Aus (11) wird

$$s_{Si} = v_0 t_R - \frac{v_0^2}{2}\left(\frac{1}{a_{02}} - \frac{1}{a_{01}}\right) \tag{13}$$

Mit Gl. (13) werden verschiedene Sicherheitsabstände errechnet, wobei a_{02} variiert werden soll, vgl. Bild 19.14. Für das vordere Fahrzeug werden gute Bremsbeschleunigungsverhältnisse vorausgesetzt, d. h. $a_{01} = -0{,}8g$.

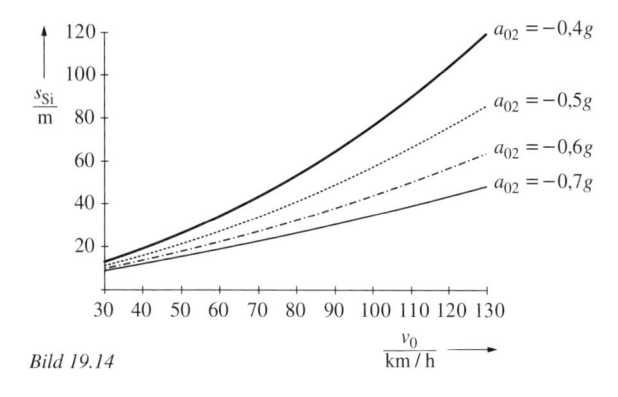

Bild 19.14

Fahrzeugdurchsatz in einer Stunde

Es soll der Fahrzeugdurchsatz $n/\Delta T$ (Fahrzeuge/h) je Fahrspur für verschiedene Fahrgeschwindigkeiten berechnet werden. Angenommen wird Kolonnenfahrt (alle Fahrzeuge haben die gleiche Geschwindigkeit) und Einhalten des notwendigen Sicherheitsabstandes. Zur Berechnung des Sicherheitsabstandes nach Gl. (13) gilt, dass für das vordere Fahrzeug eine Bremsbeschleunigung von $a_{01} = -0{,}8g$ angenommen wird. Die Bremsbeschleunigung a_{02} des Folgefahrzeuges variiert ($a_{02} = -0{,}4g$, $-0{,}5g$, $-0{,}6g$, $-0{,}7g$). Die durchschnittliche Fahrzeuglänge beträgt $l = 5$ m.

Lösung:

Ein Fahrzeug benötigt einen Raum, der aus durchschnittlicher Fahrzeuglänge und Sicherheitsabstand gebildet wird.

$$s_F = l + s_{Si} \tag{14}$$

Fahren alle mit konstanter Geschwindigkeit v_0, so stellt ein am Straßenrand stehender Beobachter die Zeitdifferenz

$$\Delta t = \frac{s_F}{v_0} \tag{15}$$

für die Aufeinanderfolge zweier Fahrzeuge fest, d. h. es muss $n \cdot \Delta t = \Delta T$ gelten. Daraus folgt:

$$\frac{n}{\Delta T} = \frac{1}{\Delta t} = \frac{v_0}{s_F(v_0)} \tag{16}$$

Mit den vorgegebenen Werten ergeben sich Tabelle und Diagramm Bild 19.15.

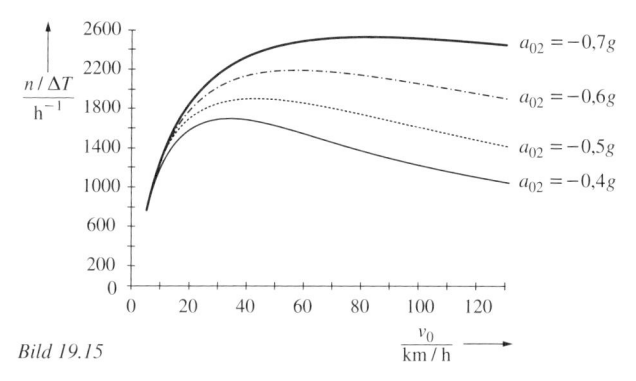

Bild 19.15

Fahrzeugdurchsatz $n/\Delta T$:

v_0 in km/h	$a_{02} = -0{,}4g$	$= -0{,}5g$	$= -0{,}6g$	$= -0{,}7g$
10	1 209	1 238	1 259	1 274
20	1 597	1 704	1 783	1 845
30	1 689	1 876	2 025	2 148
35	1 687	1 908	2 092	2 246
40	1 668	1 920	2 135	2 320
45	1 639	1 917	2 161	2 378
50	1 603	1 903	2 175	2 421
55	1 564	1 883	2 179	2 455
60	1 524	1 858	2 176	2 479
70	1 442	1 799	2 155	2 510
75	1 402	1 767	2 139	2 518
80	1 363	1 735	2 121	2 522
85	1 325	1 702	2 101	2 523
90	1 289	1 670	2 079	2 521
95	1 254	1 637	2 057	2 518
100	1 220	1 605	2 033	2 512
110	1 157	1 543	1 986	2 496
120	1 099	1 485	1 937	2 476

Die Tabelle und die Diagramme zeigen, dass der Fahrzeugdurchsatz einen maximalen Wert hat. Da mit besseren Bremsverhältnissen (größerer absoluter Wert von a_0) der Sicherheitsabstand kleiner wird, wird ebenso der Fahrzeugdurchsatz größer. Gute

Bremsverhältnisse (etwa $a_{02} = -0{,}6g$) vorausgesetzt, ergeben sich für etwa 60 km/h Fahrgeschwindigkeit die besten Werte für den Fahrzeugdurchsatz. Das hat für den Planer von Straßen große Bedeutung, denn bei Fahrgeschwindigkeiten, die weit vom Maximum des Fahrzeugdurchsatzes entfernt sind, ist die Stauanfälligkeit und die Gefahr von Auffahrunfällen größer.

19.2 Krummlinige Bewegung

Bewegungen werden durch Vektoren beschrieben. Je nach verwendetem Koordinatensystem werden die entsprechenden Basisvektoren zugrunde gelegt.

19.2.1 Darstellung in kartesischen Koordinaten

Dem Bahnpunkt P (Bild 18.3) sind Ortsvektor $\vec{r}$, Geschwindigkeitsvektor $\vec{v}$ und Beschleunigungsvektor $\vec{a}$ zugeordnet.

Die Nutzung der Matrixalgebra bei Vektorbeziehungen (vgl. Anlage A1) gestattet eine übersichtliche Darstellung und zeigt unmittelbar, wie bestimmte Rechenvorschriften koordinatenweise auszuwerten sind.

Ortsvektor:

$$\vec{r} = x\vec{e}_x + y\vec{e}_y + z\vec{e}_z = \mathbf{e}^\mathrm{T} r = r^\mathrm{T} \mathbf{e}; \qquad \mathbf{e} = \left[\vec{e}_x, \vec{e}_y, \vec{e}_z\right]^\mathrm{T}$$

$\Rightarrow$ kartesische Koordinaten des Ortsvektors:

$$\mathbf{r} = \begin{bmatrix} x \\ y \\ z \end{bmatrix} = [x, y, z]^\mathrm{T}; \qquad \mathbf{r} = \mathbf{r}(t)$$

Wegen $\dfrac{d\mathbf{e}}{dt} \equiv \mathbf{o}$ (Einheitsvektoren der raumfesten kartesischen Basis sind zeitlich unveränderlich) wird:

Geschwindigkeitsvektor:

$$\vec{v} = \mathbf{e}^\mathrm{T} \mathbf{v} = \dot{\vec{r}} = \left(\mathbf{e}^\mathrm{T} \mathbf{r}\right)^{\cdot} = \mathbf{e}^\mathrm{T} \dot{\mathbf{r}}$$

$\Rightarrow$ kartesische Koordinaten des Geschwindigkeitsvektors:

$$\mathbf{v} = \left[v_x, v_y, v_z\right]^\mathrm{T} = \dot{\mathbf{r}} = [\dot{x}, \dot{y}, \dot{z}]^\mathrm{T}$$

Beschleunigungsvektor:

$$\vec{a} = \mathbf{e}^\mathrm{T} \mathbf{a} = \dot{\vec{v}} = \ddot{\vec{r}} = \left(\mathbf{e}^\mathrm{T} \mathbf{r}\right)^{\cdot\cdot} = \mathbf{e}^\mathrm{T} \ddot{\mathbf{r}}$$

$\Rightarrow$ kartesische Koordinaten des Beschleunigungsvektors:

$$\mathbf{a} = \left[a_x, a_y, a_z\right]^\mathrm{T} = \dot{\mathbf{v}} = \ddot{\mathbf{r}} = [\ddot{x}, \ddot{y}, \ddot{z}]^\mathrm{T}$$

Die Beträge von Geschwindigkeit und Beschleunigung – für jeden Bahnpunkt errechenbar – sind wegen $\mathbf{e} \cdot \mathbf{e}^\mathrm{T} = \mathbf{1}$:

$$|\vec{v}| = \sqrt{\mathbf{v}^\mathrm{T} \mathbf{v}} = \sqrt{\dot{x}^2 + \dot{y}^2 + \dot{z}^2}; \qquad |\vec{a}| = \sqrt{\mathbf{a}^\mathrm{T} \mathbf{a}} = \sqrt{\ddot{x}^2 + \ddot{y}^2 + \ddot{z}^2}$$

19.2 Krummlinige Bewegung

Beispiel: Der schiefe Wurf – Darstellung der krummlinigen Bewegung in kartesischen Koordinaten (Bild 19.16). Der Luftwiderstand wird zunächst vernachlässigt. Der schiefe Wurf wird als ebenes Problem in der y, z-Ebene betrachtet. Demzufolge werden in den Berechnungen Anteile in x-Richtung nicht auftreten.

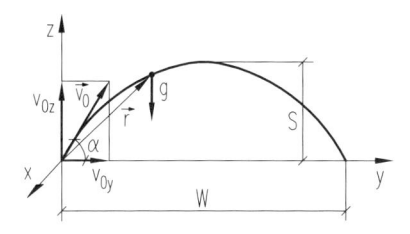

Bild 19.16

Beim schiefen Wurf wirkt auf den Körper, der als Punktmasse betrachtet wird, nur die Fallbeschleunigung g. Die Fallbeschleunigung g wirkt in negativer z-Richtung. Anfangsbedingungen sind:

$$\boldsymbol{r}(t=0) = [0, 0, 0]^T = \boldsymbol{o}$$
$$\boldsymbol{v}(t=0) = \boldsymbol{v}_0 = [0, v_{0y}, v_{0z}]^T$$

Für die *Abwurfgeschwindigkeit* v_0 gilt:

Absolutbetrag $|\boldsymbol{v}_0| = v_0 = \sqrt{v_{0y}^2 + v_{0z}^2}$

Geschwindigkeitskomponenten $v_{0y} = v_0 \cos \alpha; \quad v_{0z} = v_0 \sin \alpha$

Abwurfwinkel $\tan \alpha = v_{0z}/v_{0y}$

Als *Beschleunigung* des Körpers ergibt sich in Koordinatenschreibweise:

$$\boldsymbol{a}(t) = [0, 0, -g]^T$$

Daraus folgt durch Integration nach der Zeit die *Geschwindigkeit*:

$$\boldsymbol{v}(t) = [C_1, C_2, C_3 - gt]^T$$

mit C_1, C_2, C_3 als Integrationskonstanten, die mit den Anfangsbedingungen zu

$$C_1 = 0, \quad C_2 = v_{0y} \quad \text{und} \quad C_3 = v_{0z}$$

bestimmt werden. Damit lautet die Beziehung für die *Geschwindigkeit*:

$$\boldsymbol{v}(t) = [\dot{x}(t), \dot{y}(t), \dot{z}(t)]^T = [0, v_{0y}, v_{0z} - gt]^T$$

Die Geschwindigkeit integriert, ergibt den Weg:

$$\boldsymbol{r}(t) = \left[C_4, v_{0y}t + C_5, v_{0z}t - \frac{gt^2}{2} + C_6 \right]^T$$

Die Integrationskonstanten C_4, C_5, C_6 errechnen sich aus den Anfangsbedingungen zu

$$C_4 = C_5 = C_6 = 0$$

Also lautet die Beziehung für den Ort:

$$\boldsymbol{r}(t) = (x(t), y(t), z(t))^T = \left[0, v_{0y}t, v_{0z}t - \frac{gt^2}{2} \right]^T$$

Damit sind die Beziehungen für die kinematischen Größen Beschleunigung, Geschwindigkeit und Ort beim schiefen Wurf als Abhängige von der Zeit ermittelt.

Aus der Bedingung $\dot{z}(t = T_1) = 0$ errechnet sich die *Steigdauer* T_1 zu

$$0 = v_{0z} - gT_1 \quad \Rightarrow \quad T_1 = v_{0z}/g$$

Mit der Steigdauer T_1 ergibt sich aus der Wegbeziehung $z(T_1)$ die *Steighöhe* S:

$$S = z(t = T_1) = v_{0z}T_1 - \frac{gT_1^2}{2} \quad \Rightarrow \quad S = \frac{v_{0z}^2}{2g}$$

Aus der Bedingung $z(t = T_2) = 0$ errechnet sich die *Wurfzeit* T_2 zu

$$0 = v_{0z}T_2 - \frac{gT_2^2}{2} \quad \Rightarrow \quad T_2 = \frac{2v_{0z}}{g}$$

Mit der Wurfzeit T_2 ergibt sich aus der Beziehung $y(t = T_2)$ die *Wurfweite* W:

$$W = y(t = T_2) = v_{0y}T_2 \quad \Rightarrow \quad W = \frac{2v_{0y}v_{0z}}{g} = \frac{v_0^2 \sin 2\alpha}{g}$$

Die Wurfbahn kann als Funktion $z = z(y)$ – als *Wurfparabel* – dargestellt werden, wenn die Beziehung für die y-Komponente $y = v_{0y}t$ des Weges nach der Zeit t aufgelöst wird ($t = y/v_{0y}$) und in die Beziehung für die z-Koordinate des Ortes $z = v_{0z}t - (gt^2)/2$ eingesetzt wird. Es ergibt sich:

$$z = y \tan \alpha - \frac{y^2 g}{2v_{0y}^2}$$

Beispiel: Ein Sportler wirft einen Schlagball mit einer Anfangsgeschwindigkeit v_0. Unter welchem Winkel α muss er werfen, um eine maximale Wurfweite zu erzielen? Wie groß muss die Abwurfgeschwindigkeit sein, um 100 m weit zu werfen? Wie verändern sich die Beziehungen, wenn horizontal eine aus einer Widerstandskraft (z. B. Luftwiderstand infolge Gegenwind) resultierende Beschleunigung $a_x = -\gamma g$ wirkt? Wie verändern unterschiedliche Werte des Faktors γ ($\gamma = 0,5; 1; 1,5$) die Wurfweite, wenn die für $\gamma = 0$ berechnete Abwurfgeschwindigkeit beibehalten wird und unter dem Winkel, der maximale Wurfweiten bringt, geworfen wird?

Lösung:

Die Beziehung für die Wurfweite $W = v_0^2 \sin 2\alpha / g$ wird nach α differenziert, um den *Winkel* für die maximale Wurfweite zu berechnen.

$$\left.\frac{dW}{d\alpha}\right|_{\alpha=\alpha^*} = \frac{2v_0^2 \cos 2\alpha^*}{g} \stackrel{!}{=} 0 \quad \text{(für Extremwert)}$$

Daraus folgt: $0 = \cos 2\alpha^*$ mit $2\alpha^* = \pi/2$ oder $3\pi/2$ bzw. $\alpha^* = \pi/4$ oder $3\pi/4$

Maximale Wurfweite wird für Abwurfwinkel von $45°$ bzw. $135°$ erzielt. Die für 100 m Wurfweite erforderliche Abwurfgeschwindigkeit ergibt sich damit zu:

$$v_0 = \sqrt{\frac{W \cdot g}{\sin 2\alpha^*}} = \sqrt{\frac{100 \text{ m} \cdot 9,81 \text{ m}}{\text{s}^2 \cdot \sin(\pi/2)}} \approx 31,32 \frac{\text{m}}{\text{s}}$$

Bei Berücksichtigung der durch Gegenwind verursachten Horizontalbeschleunigung ändern sich die Verhältnisse. Im Bild 19.17 ist die horizontal wirkende Beschleunigung γg zusätzlich zur Fallbeschleunigung eingetragen.

19.2 Krummlinige Bewegung

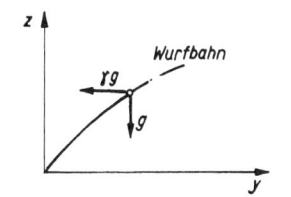

Bild 19.17

Die auf den Ball wirkende *Beschleunigung* a ist jetzt:

$$a(t) = [0, -\gamma g, -g]^T \tag{1}$$

Integriert ergibt sich die *Geschwindigkeit*

$$v(t) = [C_1, C_2 - \gamma g t, C_3 - g t]^T \tag{2}$$

Mit den bekannten, von null verschiedenen Komponenten der Abwurfgeschwindigkeit v_0 werden die Integrationskonstanten C_1, C_2, C_3 berechnet.

Anfangsbedingung ist:

$$v(t=0) = [0, v_{0y}, v_{0z}]^T \tag{3}$$

Gl. (3) wird in (2) eingesetzt:

$$[0, v_{0y}, v_{0z}]^T = [C_1, C_2, C_3]^T \tag{4}$$

Aus dem Vergleich folgt:

$$C_1 = 0, \quad C_2 = v_{0y}, \quad C_3 = v_{0z} \tag{5}$$

Damit wird (2) zu:

$$v(t) = [\dot{x}(t), \dot{y}(t), \dot{z}(t)]^T = [0, v_{0y} - \gamma g t, v_{0z} - g t]^T \tag{6}$$

Gl. (6) integriert, ergibt die Beziehung für die *Ortskoordinaten*:

$$r(t) = \left(C_4, C_5 + v_{0y} t - \frac{1}{2} \gamma g t^2, C_6 + v_{0z} t - \frac{1}{2} g t^2 \right)^T \tag{7}$$

Aus $r(t=0) = o$ ergeben sich die Integrationskonstanten zu $C_4 = C_5 = C_6 = 0$. Damit lauten die Zeitfunktionen für die einzelnen Koordinaten:

$$x(t) = 0 \tag{8}$$

$$y(t) = v_{0y} t - \frac{\gamma g}{2} t^2 \tag{9}$$

$$z(t) = v_{0z} t - \frac{g}{2} t^2 \tag{10}$$

Die Beziehungen (8), (9) und (10) sind die veränderten Beziehungen bei Berücksichtigung des Luftwiderstandes.

Aus der Bedingung $z(t=T) = 0$ ergibt sich die Wurfzeit $T > 0$:

$$0 = v_{0z} T - \frac{g}{2} T^2 \quad \Rightarrow \quad T = \frac{2 v_{0z}}{g} \tag{11}$$

Die Wurfzeit T wird in (9) eingesetzt:

$$y(t=T) = W = \frac{2 v_{0y} v_{0z}}{g} - \frac{2 \gamma v_{0z}^2}{g}$$

oder mit
$$v_{0y} = v_0 \cos \alpha$$
$$v_{0z} = v_0 \sin \alpha$$
ergibt sich die *Wurfweite W*:

$$W = \frac{v_0^2}{g}(\sin 2\alpha - 2\gamma \sin^2 \alpha) \tag{12}$$

Zur Berechnung des *Winkels für die maximale Wurfweite* wird (12) nach α differenziert:

$$\left.\frac{dW}{d\alpha}\right|_{\alpha=\alpha^*} = \frac{v_0^2}{g}(2\cos 2\alpha^* - 2\gamma \cdot 2 \sin \alpha^* \cos \alpha^*) \stackrel{!}{=} 0 \tag{13}$$

Daraus folgt jetzt für den Abwurfwinkel:

$$\alpha^* = \frac{1}{2} \arctan\left(\frac{1}{\gamma}\right) \tag{14}$$

Die Berechnungsergebnisse sind für $v_0^2 = 981$ (m/s)² in der folgenden Tabelle zusammengefasst bzw. in Bild 19.18 grafisch dargestellt.

γ	α^*	$W_{max} = W(\alpha = \alpha^*)$
0	45°	100 m
0,5	31,7175°	61,80 m
1	22,5°	41,42 m
1,5	16,845°	30,28 m

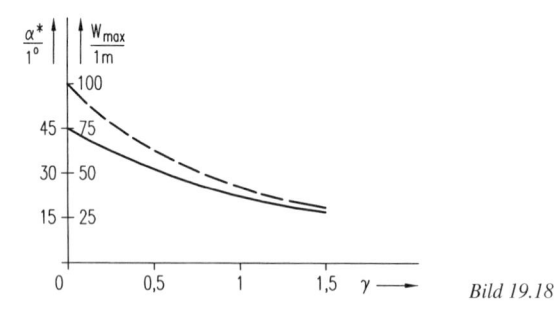

Bild 19.18

19.2.2 Darstellung in Zylinderkoordinaten

Bei der Nutzung krummliniger Koordinaten ist generell zu beachten, dass die entsprechenden Basisvektoren ihre Richtung im Raum (bez. eines raumfesten Systems) ändern können, also zeitabhängig sind. So gelten für die im Bild 18.4 eingezeichneten, zueinander orthogonalen Einheitsvektoren ($\vec{e}_R \cdot \vec{e}_\varphi = \vec{e}_R \cdot \vec{e}_z = \vec{e}_\varphi \cdot \vec{e}_z = 0$) folgende Zusammenhänge:

$$\dot{\vec{e}}_R = \dot{\varphi}\vec{e}_\varphi; \quad \dot{\vec{e}}_\varphi = -\dot{\varphi}\vec{e}_R; \quad \dot{\vec{e}}_z \equiv \vec{0}$$

Für die Beschreibung der freien Bewegung eines Punktes werden hier der Radius R (Projektion des Ortsvektors $\vec{r}$ auf die x, y-Ebene), der Winkel φ und die Höhenkoordinate z eingeführt (vgl. Bild 18.4).

Ortsvektor:
$$\vec{r} = R \cdot \vec{e}_R + z \cdot \vec{e}_z = \mathbf{e}_{\text{zyl}}^T r_{\text{zyl}}; \qquad \mathbf{e}_{\text{zyl}} = [\vec{e}_R, \vec{e}_\varphi, \vec{e}_z]^T$$
$$\Rightarrow r_{\text{zyl}} = [R, 0, z]^T \qquad \text{(Zylinderkoordinaten von } P\text{)}$$

Geschwindigkeitsvektor:
$$\vec{v} = \dot{\vec{r}} = \dot{R}\vec{e}_R + R\dot{\vec{e}}_R + \dot{z}\vec{e}_z = \dot{R}\vec{e}_R + R\dot\varphi\vec{e}_\varphi + \dot{z}\vec{e}_z = \mathbf{e}_{\text{zyl}}^T v_{\text{zyl}}$$
$$\Rightarrow v_{\text{zyl}} = [v_R, v_\varphi, v_z]^T = [\dot{R}, R\dot\varphi, \dot{z}]^T$$
(Koordinaten der Geschwindigkeit bez. $\mathbf{e}_{\text{zyl}}$)

Beschleunigungsvektor:
$$\vec{a} = \dot{\vec{v}} = \ddot{\vec{r}} = \ddot{R}\vec{e}_R + \dot{R}\dot{\vec{e}}_R + \left(\dot{R}\dot\varphi + R\ddot\varphi\right)\vec{e}_\varphi + R\dot\varphi\dot{\vec{e}}_\varphi + \ddot{z}\vec{e}_z$$
$$= \left(\ddot{R} - R\dot\varphi^2\right)\vec{e}_R + \left(R\ddot\varphi + 2\dot{R}\dot\varphi\right)\vec{e}_\varphi + \ddot{z}\vec{e}_z = \mathbf{e}_{\text{zyl}}^T a_{\text{zyl}}$$
$$\Rightarrow a_{\text{zyl}} = [a_R, a_\varphi, a_z]^T = [\ddot{R} - R\dot\varphi^2, R\ddot\varphi + 2\dot{R}\dot\varphi, \ddot{z}]^T$$
(Koordinaten der Beschleunigung bez. $\mathbf{e}_{\text{zyl}}$)

Gilt $z \equiv$ konst. (d. h., $\dot{z} \equiv 0$ und $\ddot{z} \equiv 0$), so beschreiben die angegebenen Formeln die ebene Bewegung in Polarkoordinaten (vgl. Abschnitt 19.3).

19.3 Gezwungene Bewegung eines Punktes

Wird ein Punkt auf einer vorgegebenen Bahnkurve (zum Sonderfall der geradlinigen Bewegung vgl. Abschnitt 19.1) oder auf einer vorgegebenen Fläche geführt, so reduziert sich der Freiheitsgrad von ursprünglich 3 auf 1 bzw. 2, d. h. die Zahl der voneinander unabhängigen Koordinaten zur Beschreibung der Bewegung wird durch die entsprechenden Zwangsbedingungen verringert.

19.3.1 Bewegung eines Punktes auf gegebener Fläche

Zur Beschreibung der Bewegung können beliebige, hinsichtlich der Form der Fläche möglichst zweckmäßige Koordinaten q_1, q_2 oder z. B. auch Zylinderkoordinaten in der Form R, φ, $z(R,\varphi)$ (vgl. Bild 19.19 und Abschnitt 19.2.2) genutzt werden.

Für den *Ortsvektor* gilt dann:
$$\vec{r} = \vec{e}_x \cdot x(q_1, q_2) + \vec{e}_y \cdot y(q_1, q_2) + \vec{e}_z \cdot z(q_1, q_2) = R \cdot \vec{e}_R + z(R, \varphi) \cdot \vec{e}_z$$

Geschwindigkeitsvektor:
$$\vec{v} = \dot{\vec{r}} = \sum_{i=1}^{2} \left[\vec{e}_x \frac{\partial x}{\partial q_i} + \vec{e}_y \frac{\partial y}{\partial q_i} + \vec{e}_z \frac{\partial z}{\partial q_i} \right] \dot{q}_i = \mathbf{e}^T \sum_{i=1}^{2} \frac{\partial \mathbf{r}}{\partial q_i} \dot{q}_i$$
$$= \dot{R}\vec{e}_R + R\dot\varphi\vec{e}_\varphi + \left(\frac{\partial z}{\partial R}\dot{R} + \frac{\partial z}{\partial \varphi}\dot\varphi \right) \vec{e}_z$$

Beschleunigungsvektor:

$$\vec{a} = \dot{\vec{v}} = \ddot{\vec{r}} = \mathbf{e}^{\mathrm{T}} \left(\sum_{i=1}^{2} \frac{\partial \vec{r}}{\partial q_i} \ddot{q}_i + \sum_{i=1}^{2} \sum_{k=1}^{2} \frac{\partial^2 \vec{r}}{\partial q_i \cdot \partial q_k} \dot{q}_i \dot{q}_k \right)$$

$$= (\ddot{R} - R\dot{\varphi}^2)\vec{e}_R + (R\ddot{\varphi} + 2\dot{R}\dot{\varphi})\vec{e}_\varphi$$

$$+ \left(\frac{\partial z}{\partial R} \ddot{R} + \frac{\partial z}{\partial \varphi} \ddot{\varphi} + \frac{\partial^2 z}{\partial R^2} \dot{R}^2 + 2 \frac{\partial^2 z}{\partial R \partial \varphi} \dot{R}\dot{\varphi} + \frac{\partial^2 z}{\partial \varphi^2} \dot{\varphi}^2 \right) \vec{e}_z$$

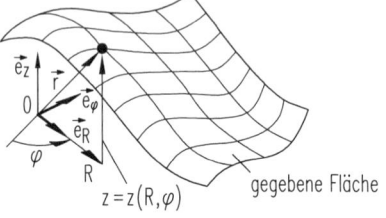

Bild 19.19

Für $z \equiv$ konst. (d. h., alle partiellen Ableitungen von z sind identisch null) liegt ebene Bewegung vor.

19.3.2 Bewegung auf gegebener Bahnkurve

Die Beschreibung der Bewegung erfolgt zweckmäßigerweise mit der Bahnkoordinate s, deren Nullpunkt und positive Richtung auf der Kurve zu definieren ist (vgl. Bild 19.20). Hierbei ist es sinnvoll, das so genannte „begleitende Dreibein" (natürliche Koordinaten) mit seinen zueinander orthogonalen Einheitsvektoren (Tangenteneinheitsvektor $\vec{e}_t(s)$, Normaleneinheitsvektor $\vec{e}_n(s)$, Binormaleneinheitsvektor $\vec{e}_b(s)$) zugrunde zu legen, die in $\mathbf{e}_{\mathrm{nat}} = [\vec{e}_t, \vec{e}_n, \vec{e}_b]^{\mathrm{T}}$ zusammengefasst werden. Zwischen ihnen bestehen die FRENET'schen Beziehungen der Differenzialgeometrie. Für die Kinematik des Punktes ist jedoch nur eine dieser Relationen relevant. Wird mit $\varrho(s)$ der Krümmungsradius der Kurve bezeichnet, so gilt:

$$\dot{\vec{e}}_t = \frac{\dot{s}}{\varrho(s)} \vec{e}_n$$

Im Folgenden werden die Formeln sowohl in Verbindung mit den kartesischen Koordinaten $\boldsymbol{r} = [x, y, z]^{\mathrm{T}}$ als auch bezüglich der natürlichen Koordinaten als Funktion der Bahnkoordinate s angegeben, woraus bei Bedarf auch auf ihren gegenseitigen Zusammenhang geschlossen werden kann.

Ortsvektor:

$$\vec{r} = x(s)\vec{e}_x + y(s)\vec{e}_y + z(s)\vec{e}_z = \mathbf{e}^{\mathrm{T}} \boldsymbol{r}(s)$$

(Parameterdarstellung der räumlichen Bahnkurve)

19.3 Gezwungene Bewegung eines Punktes

Geschwindigkeitsvektor:

$$\vec{v} = \dot{\vec{r}} = \frac{d\vec{r}}{ds}\dot{s} = \left(\vec{e}_x \frac{dx}{ds} + \vec{e}_y \frac{dy}{ds} + \vec{e}_z \frac{dz}{ds}\right)\dot{s}$$

$$= \mathbf{e}^T \frac{d\mathbf{r}}{ds}\dot{s} = \vec{e}_t(s) \cdot \dot{s} = \mathbf{e}_{nat}^T \cdot \mathbf{v}_{nat}$$

Mit der Bahngeschwindigkeit $v = \dot{s}$ folgt daraus:

$$\mathbf{v}_{nat} = [v, 0, 0]^T$$

Beschleunigungsvektor:

$$\vec{a} = \dot{\vec{v}} = \ddot{\vec{r}} = \frac{d^2\vec{r}}{ds^2}\dot{s}^2 + \frac{d\vec{r}}{ds}\ddot{s} = \mathbf{e}^T\left(\frac{d^2\mathbf{r}}{ds^2}\dot{s}^2 + \frac{d\mathbf{r}}{ds}\ddot{s}\right)$$

$$= \vec{e}_n(s)\frac{\dot{s}^2}{\varrho(s)} + \vec{e}_t(s)\ddot{s} = \mathbf{e}_{nat}^T \mathbf{a}_{nat}$$

$$\Rightarrow \mathbf{a}_{nat} = [a_t, a_n, 0]^T = \left[\ddot{s}, \frac{\dot{s}^2}{\varrho(s)}, 0\right]^T$$

Tangential- und Normalbeschleunigung sind demnach:

$$a_t = \dot{v} = \ddot{s}; \qquad a_n = \frac{v^2}{\varrho} \geq 0$$

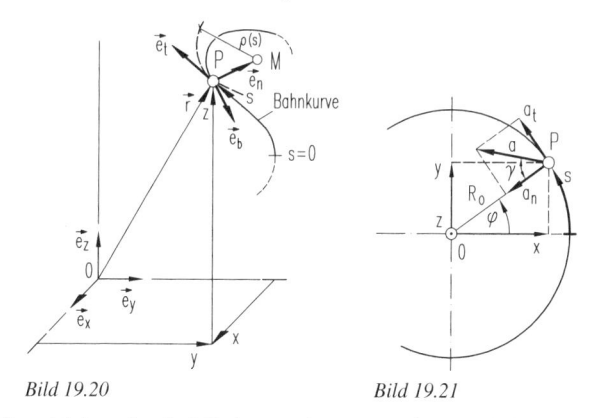

Bild 19.20   *Bild 19.21*

Ein wichtiger Sonderfall der an eine vorgegebene Bahnkurve gebundenen Bewegung liegt vor, wenn sie auf einer ebenen Kreisbahn mit dem konstanten Radius R_0 erfolgt.

Definiert man das Koordinatensystem so, dass die durch die Kreisbahn aufgespannte Ebene eine Ebene $z \equiv$ konst. ist, weiterhin die Bahnkoordinate s ihren Nullpunkt bei $\varphi = 0$ hat und ihre positive Richtung mit der des Winkels φ übereinstimmt (vgl. Bild 19.21), so gilt:

$$s = R_0 \varphi; \quad \vec{e}_t = \vec{e}_\varphi; \quad \vec{e}_n = -\vec{e}_R; \quad \varrho = R_0$$

Damit berechnen sich Geschwindigkeit und Beschleunigung der *Kreisbewegung* zu:

$$\vec{v} = R_0 \dot{\varphi} \vec{e}_\varphi = \dot{s} \vec{e}_t;$$
$$\vec{a} = -R_0 \dot{\varphi}^2 \vec{e}_R + R_0 \ddot{\varphi} \vec{e}_\varphi = R_0 \dot{\varphi}^2 \vec{e}_n + R_0 \ddot{\varphi} \vec{e}_t$$

Für die Bahngeschwindigkeit erhält man also:

$$v = \dot{s} = R_0 \dot{\varphi} = R_0 \omega$$

$(\omega = \dot{\varphi} = \dfrac{d\varphi}{dt} \dots$ Winkelgeschwindigkeit$)$

Die Beschleunigungskomponenten sind:

Normal- bzw. Radialbeschleunigung: $a_n = -a_R = R_0 \dot{\varphi}^2 = \dfrac{v^2}{R_0}$

Tangentialbeschleunigung: $a_t = a_\varphi = \ddot{s} = R_0 \ddot{\varphi} = R_0 \dot{\omega} = R_0 \alpha$

Betrag der Beschleunigung: $|\vec{a}| = \sqrt{a_n^2 + a_t^2} = \sqrt{a_R^2 + a_\varphi^2}$

Als Winkelbeschleunigung ergibt sich:

$$\alpha = \dot{\omega} = \ddot{\varphi}$$

Der Beschleunigungsvektor schließt mit dem Radiusstrahl den Winkel γ ein (Bild 19.21). Er errechnet sich aus:

$$\tan \gamma = \dfrac{a_t}{a_n}$$

Handelt es sich insbesondere um eine *gleichförmige Drehbewegung*, so ist wegen $\dot{\varphi} = \omega =$ konst.:

$$\varphi = \varphi_0 + \omega t$$

Dauer einer Umdrehung:

$$T = 2\pi / \omega$$

Frequenz der Drehung:

$$f = \dfrac{1}{T} = \dfrac{\omega}{2\pi}$$

Ein weiterer wichtiger Sonderfall ist der schon im Abschnitt 19.1 behandelte Fall der Bewegung auf einer Geraden. Dafür gilt:

$$\varrho(s) \to \infty, \quad \text{d. h.} \quad a_n \equiv 0$$

19.4 Kinematik des starren Körpers und Relativbewegung

19.4.1 Allgemeine Bewegung des starren Körpers

Zur Beschreibung der allgemeinen Bewegung eines starren Körpers ist es vor allem auch im Hinblick auf die Kinetik des starren Körpers zweckmäßig, zusätzlich zum raumfesten x, y, z-Bezugssystem $\{0; \mathbf{e} = [\vec{e}_x, \vec{e}_y, \vec{e}_z]^T\}$ noch ein körperfestes und deshalb mitbewegtes ξ, η, ζ-System $\{\overline{0}; \overline{\mathbf{e}} = [\vec{e}_\xi, \vec{e}_\eta, \vec{e}_\zeta]^T\}$ einzuführen (vgl. Bild 19.22), dessen Ursprung im Punkt $\overline{O}$ des Körpers liegt

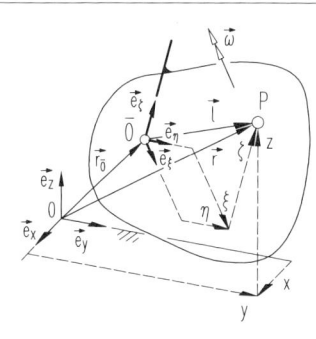

Bild 19.22

Zwischen den Basisvektoren beider Systeme gilt die Transformationsbeziehung (vgl. Anlage A1):

$$\mathbf{e} = A\bar{\mathbf{e}} \quad \text{bzw.} \quad \bar{\mathbf{e}} = A^T \mathbf{e}$$

Hierbei ist A die Matrix der Richtungskosinus zwischen beiden Systemen. Für sie gilt die wichtige Beziehung

$$A^T A = A A^T = \mathbf{1} = \begin{bmatrix} 1 & 0 & 0 \\ 0 & 1 & 0 \\ 0 & 0 & 1 \end{bmatrix}$$

d. h., A ist eine so genannte orthogonale Matrix, die durch die Eigenschaft $A^{-1} = A^T$ gekennzeichnet ist. Sie kann z. B. aus 3 nacheinander ausgeführten Elementardrehungen (z. B. EULER- oder Kardanwinkel) aufgebaut werden, vgl. z. B. /HHS-97/, /Sci-04/.

Gemäß Bild 19.22 gilt für den vom Ursprung O des raumfesten Systems zum Punkt P des Körpers zeigenden Ortsvektor $\vec{r}$:

$$\vec{r} = \vec{r}_{\bar{O}} + \vec{l}$$

bzw. mit $\vec{r} = \mathbf{e}^T r$, $\vec{r}_{\bar{O}} = \mathbf{e}^T r_{\bar{O}}$, $\vec{l} = \mathbf{e}^T l = \bar{\mathbf{e}}^T \bar{l}$ und der Transformationsbeziehung zwischen den Basisvektoren:

$$\mathbf{e}^T r = \mathbf{e}^T r_{\bar{O}} + \mathbf{e}^T l = \mathbf{e}^T r_{\bar{O}} + \bar{\mathbf{e}}^T \bar{l} = \mathbf{e}^T (r_{\bar{O}} + A\bar{l})$$

Damit folgt eine Beziehung für die Ortskoordinaten von P:

$$r = r_{\bar{O}} + l = r_{\bar{O}} + A\bar{l}; \qquad l = A\bar{l}, \qquad \bar{l} = A^T l$$

mit

$$r = \begin{bmatrix} x \\ y \\ z \end{bmatrix}, \quad r_{\bar{O}} = \begin{bmatrix} x_{\bar{O}} \\ y_{\bar{O}} \\ z_{\bar{O}} \end{bmatrix}, \quad l = \begin{bmatrix} l_x \\ l_y \\ l_z \end{bmatrix} = \begin{bmatrix} x - x_{\bar{O}} \\ y - y_{\bar{O}} \\ z - z_{\bar{O}} \end{bmatrix}, \quad \bar{l} = \begin{bmatrix} \xi \\ \eta \\ \zeta \end{bmatrix}$$

Der Querstrich über den fett gedruckten Zeichen zeigt an, dass es sich dabei um die Koordinaten der Vektoren bez. der körperfesten Richtungen $\bar{\mathbf{e}}$ handelt.

Differenziation nach der Zeit liefert die Koordinaten der Geschwindigkeit von P:

$$v = \dot{r} = \dot{r}_{\overline{0}} + \dot{l} = \dot{r}_{\overline{0}} + \dot{A}\overline{l} \qquad (\dot{\overline{l}} \equiv o,\ \text{da } P \text{ körperfest})$$
$$= \dot{r}_{\overline{0}} + \dot{A}A^{\mathrm{T}} l = \dot{r}_{\overline{0}} + \tilde{\omega} l; \qquad \dot{l} = \tilde{\omega} l$$

Es zeigt sich, dass das Matrizenprodukt $\dot{A}A^{\mathrm{T}}$ eine schiefsymmetrische Matrix liefert, deren Elemente die kartesischen Koordinaten des Drehgeschwindigkeitsvektors $\vec{\omega} = \mathfrak{e}^{\mathrm{T}}\boldsymbol{\omega}$, also $\boldsymbol{\omega} = [\omega_x,\ \omega_y,\ \omega_z]^{\mathrm{T}}$ sind:

$$\dot{A}A^{\mathrm{T}} = \tilde{\boldsymbol{\omega}} = \begin{bmatrix} 0 & -\omega_z & \omega_y \\ \omega_z & 0 & -\omega_x \\ -\omega_y & \omega_x & 0 \end{bmatrix} = -\tilde{\boldsymbol{\omega}}^{\mathrm{T}}$$

Der Tilde-Operator „erzeugt" also aus einer Spaltenmatrix mit 3 Elementen eine schiefsymmetrische (3 × 3)-Matrix, die bei Multiplikation mit einer weiteren dreizeiligen Spaltenmatrix das Vektor- oder Kreuzprodukt auf Koordinatenbasis realisiert.

Die drei Einzelgleichungen für die Geschwindigkeit

$$\begin{bmatrix} v_x \\ v_y \\ v_z \end{bmatrix} = \boldsymbol{v} = \dot{r}_{\overline{0}} + \tilde{\boldsymbol{\omega}} l = \begin{bmatrix} \dot{x}_{\overline{0}} + (-\omega_z l_y + \omega_y l_z) \\ \dot{y}_{\overline{0}} + (\ \omega_z l_x - \omega_x l_z) \\ \dot{z}_{\overline{0}} + (-\omega_y l_x + \omega_x l_y) \end{bmatrix}$$

werden als EULER'sche kinematische Gleichungen bezeichnet. Sie beschreiben den Sachverhalt, dass sich die Geschwindigkeit eines beliebigen körperfesten Punktes P aus der Geschwindigkeit eines Bezugspunktes (hier: $\overline{O}$) und einem sich aus der Drehung des Körpers um diesen Bezugspunkt ergebenden Anteil zusammensetzt. Die im Allgemeinen zu jedem Zeitpunkt t andere Richtung dieser Drehachse ist mit der des Drehgeschwindigkeitsvektors $\vec{\omega}(t)$ identisch.

Differenziation der kartesischen Geschwindigkeitskoordinaten nach t liefert die kartesischen Koordinaten der Beschleunigung von P:

$$\boldsymbol{a} = \dot{\boldsymbol{v}} = \ddot{\boldsymbol{r}} = \ddot{r}_{\overline{0}} + \dot{\tilde{\boldsymbol{\omega}}} l + \tilde{\boldsymbol{\omega}} \dot{l}$$
$$= \ddot{r}_{\overline{0}} + (\dot{\tilde{\boldsymbol{\omega}}} + \tilde{\boldsymbol{\omega}}\tilde{\boldsymbol{\omega}}) l$$

Die Koordinaten der Vektoren $\vec{v},\ \vec{a},\ \vec{\omega}$, also $\boldsymbol{v},\boldsymbol{a},\boldsymbol{\omega}$, können analog zur oben angegebenen Beziehung zwischen l und $\overline{l}$ transformiert werden, also z. B.:

$$\boldsymbol{\omega} = A\overline{\boldsymbol{\omega}}; \qquad \overline{\boldsymbol{\omega}} = A^{\mathrm{T}}\boldsymbol{\omega}$$

Aus $\tilde{\boldsymbol{\omega}} = \dot{A}A^{\mathrm{T}}$ und $\tilde{\overline{\boldsymbol{\omega}}} = A^{\mathrm{T}}\dot{A}$ folgen wegen $AA^{\mathrm{T}} = A^{\mathrm{T}}A = \mathbf{1}$ weiterhin die Transformationen:

$$\tilde{\boldsymbol{\omega}} = A\tilde{\overline{\boldsymbol{\omega}}}A^{\mathrm{T}}; \qquad \tilde{\overline{\boldsymbol{\omega}}} = A^{\mathrm{T}}\tilde{\boldsymbol{\omega}}A$$

Unterliegt die Bewegung des starren Körpers keinerlei Einschränkungen, so hat er den Freiheitsgrad 6, d. h., die Bewegung wird durch 6 voneinander unabhängige Koordinaten (z. B. 3 Verschiebungen eines Bezugspunktes plus 3 geeignet definierte Winkelkoordinaten) beschrieben. Gelten bestimmte

Zwangsbedingungen zwischen diesen Koordinaten bzw. zwischen ihren ersten Zeitableitungen, so reduziert sich der Freiheitsgrad entsprechend.

19.4.2 Relativbewegung eines Punktes

Je nach Standpunkt des Beobachters können unterschiedliche Bewegungsabläufe beobachtet werden.

Die absolute Bewegung eines Punktes ist die Bewegung gegenüber einem ruhenden Bezugssystem; im Weiteren werden dafür die Koordinaten $x(t)$, $y(t)$, $z(t)$ verwendet. Die Absolutbewegung setzt sich aus der Bewegung des Punktes relativ zum bewegten System (Referenzsystem) und der Bewegung des Referenzsystems gegenüber dem ruhenden Bezugssystem zusammen. Die Relativbewegung wird im Referenzsystem mit den Koordinaten $\xi(t)$, $\eta(t)$, $\zeta(t)$ beschrieben.

Die Bewegung des Referenzsystems wird auch System- oder Führungsbewegung genannt.

Ist der Punkt P aus Bild 19.22 nicht mehr körperfest, so sind seine Koordinaten $\bar{l} = [\xi, \eta, \zeta]^T$ zeitlich veränderlich, d. h. $\bar{l} = \bar{l}(t)$. Das hat zur Konsequenz, dass bei Differenziation der geometrischen Beziehung $\boldsymbol{r} = \boldsymbol{r}_0 + A\bar{l}$ nach t die Produktregel zu beachten ist:

$$\boldsymbol{v} = \dot{\boldsymbol{r}} = \dot{\boldsymbol{r}}_0 + \dot{A}\bar{l} + A\dot{\bar{l}} = \dot{\boldsymbol{r}}_0 + \tilde{\boldsymbol{\omega}}l + A\dot{\bar{l}}$$
$$= \dot{\boldsymbol{r}}_0 + A(\tilde{\bar{\boldsymbol{\omega}}}\bar{l} + \dot{\bar{l}})$$

Wie man erkennt, kommt gegenüber dem Ausdruck für die Geschwindigkeit eines körperfesten Punktes noch der auf die raumfesten Richtungen umgerechnete Term für die Relativbewegung hinzu.

Nochmalige Differenziation liefert für P die absolute Beschleunigung:

$$\boldsymbol{a} = \dot{\boldsymbol{v}} = \ddot{\boldsymbol{r}} = \ddot{\boldsymbol{r}}_0 + (\dot{\tilde{\boldsymbol{\omega}}} + \tilde{\boldsymbol{\omega}}\tilde{\boldsymbol{\omega}})l + 2\tilde{\boldsymbol{\omega}}A\dot{\bar{l}} + A\ddot{\bar{l}}$$
$$= \ddot{\boldsymbol{r}}_0 + A\left[\left(\dot{\tilde{\bar{\boldsymbol{\omega}}}} + \tilde{\bar{\boldsymbol{\omega}}}\tilde{\bar{\boldsymbol{\omega}}}\right)\bar{l} + 2\tilde{\bar{\boldsymbol{\omega}}}\dot{\bar{l}} + \ddot{\bar{l}}\right]$$

Die Absolutbeschleunigung eines zu einem bewegten Bezugssystem relativ bewegten Punktes lässt sich also

- aus der Absolutbeschleunigung eines Bezugspunktes (hier: $\overline{O}$)
- plus aus der Rotation des Referenzsystems sich ergebenden Anteilen
- plus aus der in die raumfesten Richtungen transformierten Relativbeschleunigung
- sowie aus einem Anteil bestimmen, der durch die Relativgeschwindigkeit in Verbindung mit der Rotation des Referenzsystems bedingt ist (CORIOLIS-Beschleunigung).

Der Vorteil der zuletzt für die kartesischen Koordinaten der Beschleunigung angegebenen Formel besteht darin, dass alle in der eckigen Klammer vorkommenden Größen sich auf das bewegte Referenzsystem beziehen, die dann nach

Addition der einzelnen Anteile mittels einer einzigen Matrizenmultiplikation auf die raumfesten Richtungen umgerechnet werden.

Welche Form man schließlich für eine Berechnung nutzt, hängt oft von der konkreten Aufgabenstellung ab. Es sind aber immer die Transformationsbeziehungen zu beachten, wenn die einzelnen Größen in verschiedenen Koordinatensystemen dargestellt werden.

19.4.3 Ebene Bewegung

Die allgemeine ebene Bewegung eines starren Körpers ist im Hinblick auf technische Anwendungen ein wichtiger Sonderfall (z. B. Dynamik ebener Mechanismen). Hinsichtlich der Relativbewegung eines Punktes sollen zunächst keine weiteren Einschränkungen gemacht werden. Setzt man aber $\dot{\vec{l}} \equiv \vec{o}$, so erhält man die Gln. für den einzelnen starren Körper.

Das raumfeste x, y, z-System werde so gelegt, dass die Bewegung aller Körperpunkte parallel zur x, y-Ebene erfolgt, vgl. Bild 19.23. Die Drehung wird dann durch den Winkel φ zwischen positiver x- und positiver ξ-Achse beschrieben, wobei die ζ-Achse parallel zur z-Achse ($\vec{e}_\zeta \| \vec{e}_z$) gerichtet sein soll.

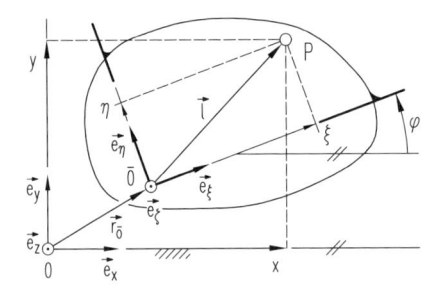

Bild 19.23

Die Drehtransformationsmatrix A hat damit die folgende Belegung:

$$A = \begin{bmatrix} \cos\varphi & -\sin\varphi & 0 \\ \sin\varphi & \cos\varphi & 0 \\ 0 & 0 & 1 \end{bmatrix}$$

Der Drehgeschwindigkeitsvektor besitzt nur noch ein von null verschiedenes Element:

$$\boldsymbol{\omega} = \overline{\boldsymbol{\omega}} = \begin{bmatrix} 0 \\ 0 \\ \dot\varphi \end{bmatrix} \quad \Rightarrow$$

$$\tilde{\boldsymbol{\omega}} = \tilde{\overline{\boldsymbol{\omega}}} = \dot\varphi \cdot \begin{bmatrix} 0 & -1 & 0 \\ 1 & 0 & 0 \\ 0 & 0 & 0 \end{bmatrix} \quad ; \quad \dot{\tilde{\boldsymbol{\omega}}} = \dot{\tilde{\overline{\boldsymbol{\omega}}}} = \ddot\varphi \cdot \begin{bmatrix} 0 & -1 & 0 \\ 1 & 0 & 0 \\ 0 & 0 & 0 \end{bmatrix}$$

Die absolute Geschwindigkeit von P ist damit:

$$v = \begin{bmatrix} \dot{x} \\ \dot{y} \\ \dot{z} \end{bmatrix} = \begin{bmatrix} \dot{x}_{\overline{0}} \\ \dot{y}_{\overline{0}} \\ 0 \end{bmatrix} + \begin{bmatrix} \cos\varphi & -\sin\varphi & 0 \\ \sin\varphi & \cos\varphi & 0 \\ 0 & 0 & 1 \end{bmatrix} \begin{bmatrix} \dot{\xi} - \eta\dot{\varphi} \\ \dot{\eta} + \xi\dot{\varphi} \\ \dot{\zeta} \end{bmatrix}$$

$$= \begin{bmatrix} \dot{x}_{\overline{0}} + (\dot{\xi} - \eta\dot{\varphi})\cos\varphi - (\dot{\eta} + \xi\dot{\varphi})\sin\varphi \\ \dot{y}_{\overline{0}} + (\dot{\xi} - \eta\dot{\varphi})\sin\varphi + (\dot{\eta} + \xi\dot{\varphi})\cos\varphi \\ \dot{\zeta} \end{bmatrix}$$

Und für die Absolutbeschleunigung ergibt sich:

$$a = \begin{bmatrix} \ddot{x} \\ \ddot{y} \\ \ddot{z} \end{bmatrix} = \begin{bmatrix} \ddot{x}_{\overline{0}} \\ \ddot{y}_{\overline{0}} \\ 0 \end{bmatrix} + \begin{bmatrix} \cos\varphi & -\sin\varphi & 0 \\ \sin\varphi & \cos\varphi & 0 \\ 0 & 0 & 1 \end{bmatrix} \times$$

$$\times \left\{ \begin{bmatrix} -\dot{\varphi}^2 & -\ddot{\varphi} & 0 \\ \ddot{\varphi} & -\dot{\varphi}^2 & 0 \\ 0 & 0 & 0 \end{bmatrix} \begin{bmatrix} \xi \\ \eta \\ \zeta \end{bmatrix} + 2\dot{\varphi} \begin{bmatrix} -\dot{\eta} \\ \dot{\xi} \\ 0 \end{bmatrix} + \begin{bmatrix} \ddot{\xi} \\ \ddot{\eta} \\ \ddot{\zeta} \end{bmatrix} \right\}$$

Oft ist es zweckmäßig, den Vektor der Absolutbeschleunigung in die Richtungen des bewegten Referenzsystems zu zerlegen:

$$\overline{a} = \begin{bmatrix} a_\xi \\ a_\eta \\ a_\zeta \end{bmatrix} = A^\mathrm{T} a$$

$$= \begin{bmatrix} \ddot{x}_{\overline{0}}\cos\varphi + \ddot{y}_{\overline{0}}\sin\varphi - \xi\dot{\varphi}^2 - \eta\ddot{\varphi} - 2\dot{\varphi}\dot{\eta} + \ddot{\xi} \\ -\ddot{x}_{\overline{0}}\sin\varphi + \ddot{y}_{\overline{0}}\cos\varphi + \xi\ddot{\varphi} - \eta\dot{\varphi}^2 + 2\dot{\varphi}\dot{\xi} + \ddot{\eta} \\ \ddot{\zeta} \end{bmatrix}$$

19.4.4 Anwendungen

Beispiel: Freie Relativbewegung (Bild 19.24)

Von einem mit konstanter Horizontalgeschwindigkeit v_0 bewegten Körper (z. B. Eisenbahnwagen o. Ä.) fällt eine Punktmasse infolge der Erdanziehung ohne Relativ-Anfangsgeschwindigkeit nach unten. Gesucht ist die Bewegung der Punktmasse, beschrieben sowohl im raumfesten x, y, z-System als auch im bewegten Referenzsystem.

Lösung:

Da sowohl der Bezugskörper als auch die Punktmasse eine ebene Bewegung ausführen, kann auf die Betrachtung der z- bzw. ζ-Richtung verzichtet werden.

Gegeben ist die Absolutbeschleunigung der Punktmasse:

$$\ddot{x}(t) = 0; \qquad \ddot{y}(t) = g$$

Weiterhin bekannt ist:

$$\ddot{x}_{\overline{0}}(t) = 0; \qquad \ddot{y}_{\overline{0}}(t) = 0; \qquad \dot{x}_{\overline{0}}(t) = v_0; \qquad \dot{y}_{\overline{0}}(t) = 0$$

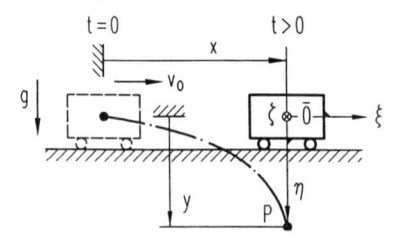

Bild 19.24

Als Anfangsbedingungen sind gegeben:

$$\dot{\xi}(t=0) = 0; \qquad \dot{\eta}(t=0) = 0$$
$$\xi(t=0) = 0; \qquad \eta(t=0) = 0$$
$$x(t=0) = 0; \qquad y(t=0) = 0$$

Da sich der Bezugskörper nicht dreht, ist $\dot{\varphi} \equiv 0$ (d. h. auch $\ddot{\varphi} \equiv 0$).

Damit gilt:

$$\boldsymbol{a} = \begin{bmatrix} 0 \\ g \end{bmatrix} = \begin{bmatrix} \ddot{\xi} \\ \ddot{\eta} \end{bmatrix}$$

Integration nach t liefert:

$$\begin{bmatrix} \dot{\xi}(t) \\ \dot{\eta}(t) \end{bmatrix} = \begin{bmatrix} C_1 \\ gt + C_2 \end{bmatrix}; \qquad \begin{bmatrix} \xi(t) \\ \eta(t) \end{bmatrix} = \begin{bmatrix} C_1 t + C_3 \\ \dfrac{g}{2}t^2 + C_2 t + C_4 \end{bmatrix}$$

Die Integrationskonstanten werden so bestimmt, dass auch die Anfangsbedingungen erfüllt werden:

$$C_1 = C_3 = 0; \qquad C_2 = C_4 = 0$$

Also gilt für die Relativbewegung:

$$\dot{\xi}(t) = 0; \qquad \xi(t) = 0$$
$$\dot{\eta}(t) = gt; \qquad \eta(t) = \frac{g}{2}t^2$$

Setzt man diese Ergebnisse in die Beziehung für die Absolutgeschwindigkeit ein, so erhält man:

$$\begin{bmatrix} \dot{x}(t) \\ \dot{y}(t) \end{bmatrix} = \begin{bmatrix} v_0 \\ 0 \end{bmatrix} + \begin{bmatrix} 0 \\ gt \end{bmatrix}$$

und nach Integration unter Beachtung der Anfangsbedingungen:

$$x(t) = v_0 t; \qquad y(t) = \frac{g}{2}t^2$$

Elimination von t liefert die Bahnkurve im raumfesten System:

$$y(x) = \frac{gx^2}{2v_0^2}$$

Während sich also für einen mit dem Wagen mitbewegten Beobachter eine Gerade als Bahnkurve ($\xi \equiv 0$) der Punktmasse ergibt, zeigt sich für einen raumfesten Beobachter eine Parabel („Wurfparabel") als Bahn.

19.4 Kinematik des starren Körpers und Relativbewegung

Beispiel: Geführte Relativbewegung

In einem exzentrisch angeordneten und sich mit bekannter Winkelgeschwindigkeit $\dot{\varphi}(t)$ drehenden Rohr bewegt sich eine Punktmasse gemäß der (hier vorgegebenen) Funktion $\xi(t)$, vgl. Bild 19.25. Zu ermitteln ist die Absolutbeschleunigung der Punktmasse, dargestellt sowohl bez. der raumfesten als auch bez. der körperfesten Koordinatenrichtungen.

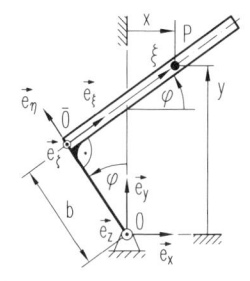

Bild 19.25

Lösung:

Zunächst werden die kinematischen Größen des Bezugspunktes $\overline{O}$ bestimmt. Dieser vollführt eine Kreisbewegung mit dem Radius b, sodass mit den in Bild 19.25 definierten Größen gilt:

$$\boldsymbol{r}_{\overline{0}} = [x_{\overline{0}}, y_{\overline{0}}, z_{\overline{0}}]^{\mathrm{T}} = b \cdot [-\sin\varphi, \cos\varphi, 0]^{\mathrm{T}}$$

$$\dot{\boldsymbol{r}}_{\overline{0}} = [\dot{x}_{\overline{0}}, \dot{y}_{\overline{0}}, \dot{z}_{\overline{0}}]^{\mathrm{T}} = -b\dot{\varphi} \cdot [\cos\varphi, \sin\varphi, 0]^{\mathrm{T}}$$

$$\ddot{\boldsymbol{r}}_{\overline{0}} = [\ddot{x}_{\overline{0}}, \ddot{y}_{\overline{0}}, \ddot{z}_{\overline{0}}]^{\mathrm{T}} = -b\ddot{\varphi} \cdot [\cos\varphi, \sin\varphi, 0]^{\mathrm{T}} - b\dot{\varphi}^2 \cdot [-\sin\varphi, \cos\varphi, 0]^{\mathrm{T}}$$

$$\boldsymbol{\omega} = \overline{\boldsymbol{\omega}} = \begin{bmatrix} 0 \\ 0 \\ \dot{\varphi} \end{bmatrix} \;;\quad \boldsymbol{A} = \begin{bmatrix} \cos\varphi & -\sin\varphi & 0 \\ \sin\varphi & \cos\varphi & 0 \\ 0 & 0 & 1 \end{bmatrix}$$

Die Anwendung der Gln. für die ebene Bewegung liefert unter Beachtung von $\eta \equiv 0$ und $\zeta \equiv 0$:

$$\boldsymbol{a} = \begin{bmatrix} \ddot{x} \\ \ddot{y} \\ \ddot{z} \end{bmatrix} = -b\ddot{\varphi} \cdot \begin{bmatrix} \cos\varphi \\ \sin\varphi \\ 0 \end{bmatrix} - b\dot{\varphi}^2 \cdot \begin{bmatrix} -\sin\varphi \\ \cos\varphi \\ 0 \end{bmatrix}$$

$$+ \begin{bmatrix} \cos\varphi & -\sin\varphi & 0 \\ \sin\varphi & \cos\varphi & 0 \\ 0 & 0 & 1 \end{bmatrix} \cdot \begin{bmatrix} -\xi\dot{\varphi}^2 + \ddot{\xi} \\ \xi\ddot{\varphi} + 2\dot{\xi}\dot{\varphi} \\ 0 \end{bmatrix}$$

$$= \begin{bmatrix} \cos\varphi & -\sin\varphi & 0 \\ \sin\varphi & \cos\varphi & 0 \\ 0 & 0 & 1 \end{bmatrix} \cdot \begin{bmatrix} -b\ddot{\varphi} - \xi\dot{\varphi}^2 + \ddot{\xi} \\ -b\dot{\varphi}^2 + \xi\ddot{\varphi} + 2\dot{\xi}\dot{\varphi} \\ 0 \end{bmatrix} = \boldsymbol{A}\overline{\boldsymbol{a}}$$

Und bez. der körperfesten Richtungen:

$$\overline{\boldsymbol{a}} = \begin{bmatrix} a_\xi \\ a_\eta \\ a_\zeta \end{bmatrix} = \boldsymbol{A}^{\mathrm{T}} \boldsymbol{a} = \begin{bmatrix} -b\ddot{\varphi} - \xi\dot{\varphi}^2 + \ddot{\xi} \\ -b\dot{\varphi}^2 + \xi\ddot{\varphi} + 2\dot{\xi}\dot{\varphi} \\ 0 \end{bmatrix}$$

Für konstante Winkelgeschwindigkeit entfallen die Summanden mit $\ddot{\varphi}$.

20 Kinetik des materiellen Punktes

Manchmal kann der materielle Punkt (Punktmasse) als Berechnungsmodell des gesamten technischen Systems oder auch nur für einen Teil desselben benutzt werden, vgl. Abschnitt 18.1.

Die Kinetik befasst sich mit den Wirkungen von Kräften hinsichtlich des Bewegungszustandes und umgekehrt, d. h. die im Teilgebiet Kinematik ermittelten Beschleunigungen sind entweder die Ursache oder auch das Ergebnis der an der Punktmasse wirkenden Kräfte. Der Zusammenhang zwischen den Kräften und den kinematischen Größen wird durch das dynamische Grundgesetz (vgl. 20.1) hergestellt.

Zu diesen an der Punktmasse wirkenden Kräften sei folgendes gesagt:

Äußere Kräfte sind solche, die infolge des Freischneidens der Punktmasse an ihr angreifen. Sie lassen sich wie folgt unterteilen:

- *eingeprägte Kräfte* $\vec{F}^{(e)}$; sie folgen aus physikalischen Gesetzen,
- *Zwangskräfte* $\vec{F}^{(z)}$ bei geführten Bewegungen (wie Führungskräfte, Kräfte in starren Bindungen, Lagerkräfte u. a.).

Die Resultierende dieser Kräfte ist die auf die Punktmasse wirkende Kraft, $\vec{F} = \vec{F}^{(e)} + \vec{F}^{(z)}$.

Weiter entstehen noch *Trägheitskräfte*. Zum Beispiel sind Flieh- und CORIOLIS-Kraft besondere Komponenten des Trägheitskraftvektors bei krummlinigen Bewegungen.

Innere Kräfte können beim Modell der Punktmasse – falls überhaupt – nur in Form von Zwangskräften infolge eines gedachten Schnittes durch den hinsichtlich der Kinetik als Punktmasse angesehenen Körper auftreten. Man könnte aber in diesem Fall die Auffassung vertreten, dass es sich dann bereits um ein Punktmassensystem handelt.

Die in diesem Abschnitt vorgenommenen Betrachtungen werden in den Kapiteln 21 „Kinetik des Punkthaufens" und 23 „Kinetik des starren Körpers" weitergeführt.

20.1 Impuls, dynamisches Grundgesetz, kinetische Energie

Nach dem GALILEI'schen Trägheitsgesetz gilt:

- Der Bewegungszustand einer Punktmasse verändert sich nicht, d. h., er verharrt im Zustand der Ruhe oder der geradlinigen, gleichförmigen Bewegung, solange die Resultierende der auf ihn einwirkenden Kräfte identisch null ist.

Als Bewegungsgröße einer Punktmasse wird der *Impuls* $\vec{p}$ eingeführt:

$$\vec{p} \equiv m\vec{v}$$

Im Folgenden wird $\dot{m} \equiv 0$, d. h. $m = $ konst. vorausgesetzt.

20.1 Impuls, dynamisches Grundgesetz, kinetische Energie

Wirken auf die Punktmasse äußere Kräfte, deren Resultierende verschieden null ist, so ändert sich die den Bewegungszustand beschreibende Größe – der Impuls.

Den Zusammenhang zwischen der Änderung des Impulses in der Zeiteinheit und der resultierenden äußeren Kraft beschreibt das zweite NEWTON'sche Axiom (vgl. Abschnitt 18.1):

$$\dot{\vec{p}} \equiv \frac{d\vec{p}}{dt} \equiv m \cdot \frac{d\vec{v}}{dt} \equiv m\vec{a} = \vec{F}$$

Die Beschleunigung $\vec{a}$ muss hierbei immer diejenige bezüglich eines Inertialsystems sein, unabhängig davon, bez. welcher Koordinatenrichtungen sie dargestellt wird.

Aus dieser Beziehung folgt

$$d\vec{p} = \vec{F}dt$$

und integriert

$$\vec{p} - \vec{p}_0 = \int_{t_0}^{t} \vec{F}d\bar{t}$$

der *Impulssatz* (vgl. auch 24.1).

- Die Änderung des Impulses ist gleich dem Zeitintegral der resultierenden äußeren Kraft.

Dabei ist das Integral $\int \vec{F}dt$ nur dann direkt lösbar, wenn die resultierende Kraft $\vec{F}$ konstant oder eine bekannte Funktion der Zeit ist.

Die Beziehung zwischen Kraft und Impulsänderung in der Form

$$m\vec{a} = \vec{F}$$

bezeichnet man auch als *dynamisches Grundgesetz* (vgl. Kapitel 18). Es verknüpft die kinematische Größe Beschleunigung mit der auf die Punktmasse einwirkenden resultierenden Kraft. In dieser Beziehung steht die Masse m faktisch als Proportionalitätsfaktor.

Sehr oft wird sich bei der konkreten Anwendung des dynamischen Grundgesetzes auf eine raumfeste kartesische Basis $\{O; \mathfrak{e}\}$ bezogen.

Mit $\vec{a} = \mathfrak{e}^T a$ und $\vec{F} = \mathfrak{e}^T F$ gilt dann:

$$m a = F$$

Mit dem dynamischen Grundgesetz können zwei dynamische Grundaufgaben gelöst werden:

- Der zeitliche Verlauf der kinematischen Größen der Bewegung einer Punktmasse ist bekannt. Berechnet wird die auf die Punktmasse wirkende Kraft. Mathematisch bedeutet das die Lösung algebraischer Gleichungen.

20 Kinetik des materiellen Punktes

- Die auf die Punktmasse wirkenden äußeren Kräfte bzw. deren Resultierende sind als Funktion der Zeit, der Geschwindigkeit bzw. des Ortes bekannt. Berechnet wird der Verlauf der Beschleunigung der Punktmasse, d. h. es muss die *Differenzialgleichung der Bewegung* (Bewegungsgleichung) aufgestellt werden. Aus dieser erhält man durch Integration (vgl. 19.1.3) den Verlauf von Geschwindigkeit und Weg.

Die *kinetische Energie* W_{kin} eines sich mit der Geschwindigkeit $\vec{v} = \mathbf{e}^{\text{T}} \mathbf{v}$ (gemessen in einem Inertialsystem) bewegenden Punktes der Masse m ist:

$$W_{\text{kin}} = \frac{1}{2} m \vec{v} \cdot \vec{v} = \frac{1}{2} m \mathbf{v}^{\text{T}} \mathbf{v} = \frac{1}{2} m v^2$$

Bewegt sich die Punktmasse auf einer Kreisbahn mit dem Radius r, dann ergibt sich für dessen kinetische Energie:

$$W_{\text{kin}} = \frac{1}{2} m r^2 \omega^2$$

wobei $\omega = v/r$ die Winkelgeschwindigkeit des Radius-Strahls ist.

Beispiel: Anwendung des dynamischen Grundgesetzes

Eine auf eine Punktmasse m wirkende Kraft sei explizit zeitabhängig, d. h. $\mathbf{F} = \mathbf{F}(t)$. Der Anfangszustand ist dadurch festgelegt, dass sich zur Zeit $t = 0$ die Punktmasse an einem durch $\mathbf{r}_0 = [x_0, y_0, z_0]^{\text{T}}$ beschriebenen Ort befindet und eine Geschwindigkeit $\mathbf{v}_0 = [v_{x0}, v_{y0}, v_{z0}]^{\text{T}}$ besitzt (Bild 20.1). Mit $m\mathbf{a} = \mathbf{F}$ wird:

$$\mathbf{a} = \frac{\mathrm{d}\mathbf{v}}{\mathrm{d}t} = \frac{1}{m} \mathbf{F}(t) \tag{1}$$

bzw. nach Trennung der Variablen:

$$\mathrm{d}\mathbf{v} = \frac{1}{m} \mathbf{F}(t) \mathrm{d}t \tag{2}$$

Die Beziehung (2) wird unter Beachtung der Anfangsbedingungen integriert:

$$\int_{\mathbf{v}_0}^{\mathbf{v}} \mathrm{d}\mathbf{v}^* = \frac{1}{m} \int_0^t \mathbf{F}(t^*) \mathrm{d}t^* \tag{3}$$

und liefert die *Geschwindigkeit der Punktmasse* als Funktion der Zeit:

$$\mathbf{v}(t) = \frac{1}{m} \int_0^t \mathbf{F}(t^*) \mathrm{d}t^* + \mathbf{v}_0 \tag{4}$$

Diese allgemein mit der Matrixgleichung durchgeführte Rechnung ist natürlich für jede Komponente vorzunehmen (Bild 20.2). Die Ergebnisse sind die *Geschwindigkeitskoordinaten* als Funktion der Zeit:

$$\begin{bmatrix} \dot{x}(t) \\ \dot{y}(t) \\ \dot{z}(t) \end{bmatrix} = \begin{bmatrix} v_x(t) \\ v_y(t) \\ v_z(t) \end{bmatrix} = \frac{1}{m} \int_0^t \begin{bmatrix} F_x(t^*) \\ F_y(t^*) \\ F_z(t^*) \end{bmatrix} \mathrm{d}t^* + \begin{bmatrix} v_{x0} \\ v_{y0} \\ v_{z0} \end{bmatrix} \tag{5}$$

20.1 Impuls, dynamisches Grundgesetz, kinetische Energie

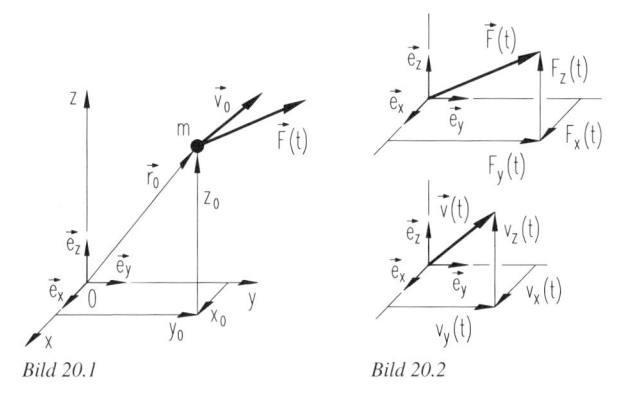

Bild 20.1 *Bild 20.2*

Die Geschwindigkeit ist die erste Ableitung des Ortsvektors nach der Zeit, sodass nach Trennung der Variablen unter Berücksichtigung der Anfangsbedingungen integriert wird

$$\boldsymbol{r}(t) = \frac{1}{m}\int_0^t \left\{ \int_0^{t^*} \boldsymbol{F}(\bar{t})\mathrm{d}\bar{t} \right\} \mathrm{d}t^* + \boldsymbol{v}_0 t + \boldsymbol{r}_0 \tag{6}$$

bzw. ausführlich

$$\begin{bmatrix} x(t) \\ y(t) \\ z(t) \end{bmatrix} = \frac{1}{m}\int_0^t \left\{ \int_0^{t^*} \begin{bmatrix} F_x(\bar{t}) \\ F_y(\bar{t}) \\ F_z(\bar{t}) \end{bmatrix} \mathrm{d}\bar{t} \right\} \mathrm{d}t^* + \begin{bmatrix} v_{x0} \\ v_{y0} \\ v_{z0} \end{bmatrix} t + \begin{bmatrix} x_0 \\ y_0 \\ z_0 \end{bmatrix} \tag{7}$$

Ist z. B. insbesondere $F_x = F_y = 0$ und $F_z = mg$ (freier Fall einer Punktmasse ohne Luftwiderstand; positive z-Achse zeigt in Richtung der Fallbeschleunigung), so folgt unter Beachtung der speziellen Anfangsbedingungen $\boldsymbol{r}_0 = \boldsymbol{o}$ und $\boldsymbol{v}_0 = \boldsymbol{o}$ Geschwindigkeit und Lage der Punktmasse zu:

$$\boldsymbol{v}(t) = \begin{bmatrix} \dot{x}(t) \\ \dot{y}(t) \\ \dot{z}(t) \end{bmatrix} = \begin{bmatrix} 0 \\ 0 \\ gt \end{bmatrix}; \quad \boldsymbol{r}(t) = \begin{bmatrix} x(t) \\ y(t) \\ z(t) \end{bmatrix} = \begin{bmatrix} 0 \\ 0 \\ gt^2/2 \end{bmatrix} \tag{8}$$

Das heißt, die *Fallgeschwindigkeit* ist $v_z(t) = \dot{z}(t) = gt$ und der Fallweg $z(t) = gt^2/2$.

▶ *Hinweis*: Oft ist es zweckmäßig, anstelle der bestimmten Integrale unbestimmt zu integrieren. Die Integrationskonstanten sind dann aus den vorliegenden Anfangs- oder Übergangsbedingungen (an Intervallgrenzen) zu bestimmen.

Beispiel: Bewegung einer Masse m an einer Feder – Elastischer Schwinger

Wird die Masse m um einen Weg s ausgelenkt (bei $s = 0$ sei die Feder ungespannt), dann entsteht eine Federkraft cs, die an der Masse als Rückstellkraft wirkt. Die Wirkungsrichtung der Rückstellkraft (Bild 20.3) ist der Auslenkung s entgegengesetzt.

Mit dem dynamischen Grundgesetz ergibt sich:

$$m\ddot{s} = -cs \qquad (ma = F) \tag{1}$$

358 20 Kinetik des materiellen Punktes

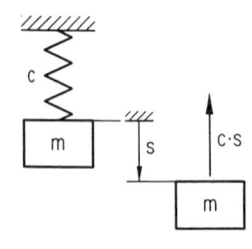

Bild 20.3

oder

$$\ddot{s} = -\frac{c}{m}s = -\omega^2 s \tag{2}$$

Der Wert $\omega^2 = c/m$ wird als *Eigenkreisfrequenz* des aus der Masse m und der Feder mit der Federzahl c gebildeten Schwingungssystems bezeichnet (vgl. 26.2). Aus (2) ergibt sich als Differenzialgleichung der freien ungedämpften Schwingungen:

$$\ddot{s} + \omega^2 s = 0 \tag{3}$$

Die Beschleunigung nach Gl. (2) ist eine wegabhängige Größe und wird in die zeitfreie Differenzialgleichung ($v\mathrm{d}v = a(s)\mathrm{d}s$; s. 19.1.3) eingesetzt:

$$v\mathrm{d}v = -\omega^2 s\mathrm{d}s \tag{4}$$

Integration liefert mit $v(s = s_0) = v_0$:

$$\frac{1}{2}(v^2 - v_0^2) = -\omega^2 \cdot \frac{1}{2}(s^2 - s_0^2) \tag{5}$$

Ein Umformen dieser Beziehung ergibt:

$$\frac{v^2}{\omega^2} + s^2 = \frac{v_0^2}{\omega^2} + s_0^2 \tag{6}$$

oder mit

$$\frac{v_0^2}{\omega^2} + s_0^2 = r^2 \tag{7}$$

wird (6) zu:

$$\frac{v^2}{\omega^2 r^2} + \frac{s^2}{r^2} = 1 \tag{8}$$

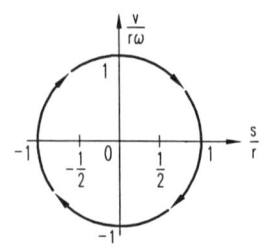

Bild 20.4

Die Beziehung (8) ist eine Ellipsengleichung. In einem Koordinatensystem mit der Geschwindigkeit als Ordinate, dem Weg als Abszisse heißt die Darstellung einer Be-

20.1 Impuls, dynamisches Grundgesetz, kinetische Energie

wegung auf diese Art *Phasendiagramm* und die Kurve *Phasenkurve* (Bild 20.4). Die Benutzung der *zeitfreien* Differenzialgleichung zur Berechnung der Phasenkurven ist dann relativ einfach, wenn die Bahnbeschleunigung $\ddot{s}$ ausschließlich als Funktion der Koordinate s vorliegt.

Beispiel: Bewegung einer Punktmasse m in einer zähen Flüssigkeit unter dem Einfluss ihres Eigengewichts

Bei einer Bewegung in einer zähen Flüssigkeit tritt eine Widerstandskraft auf, die der Geschwindigkeit v proportional ist (Bild 20.5).

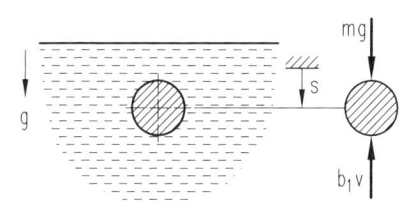

Bild 20.5

Nach dem dynamischen Grundgesetz ist

$$m\ddot{s} = -b_1 v + mg \tag{1}$$

Mit der Abkürzung $b = b_1/m$ ergibt sich aus (1):

$$\ddot{s} = -bv + g \tag{2}$$

und damit die Beschleunigung als Funktion der Geschwindigkeit. Mit $\ddot{s} = \mathrm{d}v/\mathrm{d}t$ und nach Trennung der Variablen erhält man aus (2) unter Beachtung der Anfangsbedingung $v(t=0) = v_0$:

$$\int_0^t \mathrm{d}t = \int_{v_0}^v \frac{\mathrm{d}v^*}{g - bv^*} \tag{3}$$

Die Lösung des Integrales der Gl. (3) wird einer Integraltafel entnommen.

$$\int \frac{\mathrm{d}x}{ax+b} = \frac{1}{a} \ln|ax+b|$$

Damit ergibt sich aus (3):

$$t = -\frac{1}{b} \ln \left| \frac{-bv+g}{-bv_0+g} \right| \tag{4}$$

oder

$$-bt = \ln \left| \frac{-bv+g}{-bv_0+g} \right| \tag{5}$$

bzw.

$$\mathrm{e}^{-bt}(-bv_0+g) = -bv+g \tag{6}$$

Nach der Geschwindigkeit v aufgelöst:

$$v = \frac{g}{b} + \frac{1}{b}(bv_0 - g)\,\mathrm{e}^{-bt} \tag{7}$$

Für v wird in die Beziehung (7) $v = \mathrm{d}s/\mathrm{d}t$ eingesetzt. Die Trennung der Variablen liefert:

$$\int_{s_0}^{s} \mathrm{d}s^* = \int_{0}^{t} \left(\frac{g}{b} + \left(v_0 - \frac{g}{b}\right) \mathrm{e}^{-bt^*}\right) \mathrm{d}t^* \tag{8}$$

Berechnen der Integrale:

$$s - s_0 = \frac{g}{b}t + \left(v_0 - \frac{g}{b}\right)\left(-\frac{1}{b}\mathrm{e}^{-bt^*}\right)\bigg|_0^t \tag{9}$$

Einsetzen der Integrationsgrenzen und nach s auflösen:

$$s(t) = \frac{gt}{b} + \left(\frac{v_0}{b} - \frac{g}{b^2}\right)(1 - \mathrm{e}^{-bt}) + s_0 \tag{10}$$

Beispiel: Bewegung im Kraftfeld der Erde (Anwendung des NEWTON'schen Gravitationsgesetzes)

Vermöge der Erdanziehung soll sich eine Punktmasse m_2 auf die als ruhend angesehene Erde zu bewegen. Es ist die Auftreffgeschwindigkeit dieser Punktmasse auf die Erde zu bestimmen, wenn der Luftwiderstand vernachlässigt und angenommen wird, dass die Punktmasse vom Gravitationsfeld der Erde „eingefangen" wird.

Die Anfangsgeschwindigkeit der Punktmasse sei null.

Nach dem NEWTON'schen Gravitationsgesetz, das aus dem Physikunterricht als bekannt vorausgesetzt wird, ist die auf zwei sich anziehende Massen m_1 (Erdmasse) und m_2 ausgeübte Anziehungskraft:

$$F_{\mathrm{gr}} = \gamma \frac{m_1 m_2}{s^2} \tag{1}$$

Hierbei ist γ die Gravitationskonstante und s der Abstand beider Massenmittelpunkte voneinander.

Die Anwendung des dynamischen Grundgesetzes ergibt für die Masse m_2:

$$m_2 a = -F_{\mathrm{gr}} = -\gamma \frac{m_1 m_2}{s^2}; \qquad s \geqq R \tag{2}$$

Das Minuszeichen der Gravitationskraft in Gl. (2) ergibt sich daraus, dass sie an der Masse m_2 entgegengesetzt zur positiv definierten Koordinatenrichtung s wirkt, deren Nullpunkt in den Mittelpunkt der Erde gelegt wurde (Bild 20.6). Da die Erde hier als ruhend vorausgesetzt wird (Inertialsystem), ist s eine Absolutkoordinate. Aus (2) ergibt sich deshalb die Beschleunigung der Masse m_2

$$\ddot{s} = a = -\gamma \frac{m_1}{s^2}; \qquad s \geqq R \tag{3}$$

Die durch die Fallbeschleunigung g erzeugte Gewichtskraft der Masse m_2 muss auf der Erdoberfläche gleich der Anziehungskraft sein, wenn $s = R$ (Erdradius) gesetzt wird.

$$m_2 g = \gamma \frac{m_1 m_2}{R^2} \tag{4}$$

Diese Beziehung nach m_1 aufgelöst und in (3) eingesetzt, ergibt:

$$a = -g \cdot \left(\frac{R}{s}\right)^2; \qquad s \geqq R \tag{5}$$

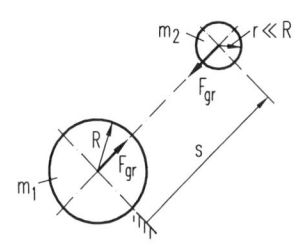

20.1 Impuls, dynamisches Grundgesetz, kinetische Energie

Bild 20.6

Gleichung (5) bzw. Gl. (3) stellt die vom Abstand abhängige Beschleunigung dar, mit der sich eine Punktmasse aufgrund der Gravitationskraft auf die Erde zu bewegt. Um die Geschwindigkeit auszurechnen, wird (5) in die zeitfreie Differenzialgleichung

$$v\,dv = a\,ds \tag{6}$$

eingesetzt und unter Berücksichtigung der Anfangsbedingungen integriert:

$$\int_0^v v^* dv^* = -\int_{s_0}^s \frac{R^2 g}{s^{*2}}\,ds^* \quad \text{oder} \tag{7}$$

$$v^2 = 2gR^2 \cdot \left(\frac{1}{s} - \frac{1}{s_0}\right); \qquad s \geq R \tag{8}$$

Das „Einfangen" von m_2 durch das Gravitationsfeld der Erde wird dadurch erfasst, dass man annimmt, m_2 komme aus dem Unendlichen, d. h. $s_0 \to \infty$.

Damit wird (8) zu

$$v^2 = 2g \cdot \frac{R^2}{s}; \qquad s \geq R \tag{9}$$

Setzt man $s = R$, so folgt daraus als Auftreffgeschwindigkeit:

$$v_a = \sqrt{2gR} \tag{10}$$

Mit $g = 9{,}81$ m/s^2 und $R \approx 6{,}4 \cdot 10^6$ m wird v_a zu:

$$v_a \approx 11{,}2 \text{ km/s} \tag{11}$$

Dieser Wert ist gleichzeitig die Geschwindigkeit, auf die eine Masse gebracht werden muss, um die Erde zu verlassen (*2. kosmische Geschwindigkeit*).

Beispiel: Es soll die Bewegung einer Punktmasse in einem mit konstanter Winkelgeschwindigkeit Ω rotierenden, exzentrisch angeordneten Rohr (vgl. zweites Beispiel in Abschnitt 19.4.4 und Bild 19.25) ermittelt werden. Reibung zwischen Masse und Rohr ist beim Aufstellen der Bewegungsgleichung zu berücksichtigen, jedoch in der weiteren Rechnung zu vernachlässigen. Der Einfluss des Eigengewichts soll gänzlich außer Acht gelassen werden.

Als beschreibende Koordinate wird zweckmäßigerweise die Relativkoordinate $\xi(t)$ benutzt (Bild 20.7). Der Anfangszustand sei mit $\xi(t=0) = \xi_0$ und $\dot\xi(t=0) = 0$ vorgegeben, und es gelte $\xi_0 \geq \mu_0 b$, d. h. Haften wird ausgeschlossen.

Bild 20.7 zeigt die auf die freigeschnittene Punktmasse wirkenden Kräfte. Nach dem dynamischen Grundgesetz gilt (bezüglich Reibung wird $\dot\xi > 0$ vorausgesetzt):

$$ma_\xi = -\mu \cdot |F_N|; \qquad ma_\eta = F_N$$

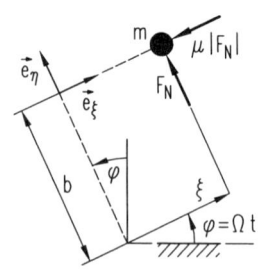

Bild 20.7

In der Reibkraft steht die Normalkraft deshalb als Betrag, weil wegen der Möglichkeit des Anlagewechsels im Rohr die Normalkraft ihr Vorzeichen wechseln kann, die Reibkraftrichtung dadurch aber nicht verändert werden darf, da sie immer entgegen der Relativgeschwindigkeit wirkt.

Aus dem zweiten Beispiel in Abschnitt 19.4.4 sind die bez. der körperfesten Koordinatenrichtungen gültigen Komponenten a_ξ und a_η der Absolutbeschleunigung bekannt. Werden sie in obige Kraftgleichungen eingesetzt, so erhält man:

$$m \cdot (\ddot{\xi} - \xi \Omega^2) = -\mu \cdot |F_N|; \qquad m \cdot (2\dot{\xi}\Omega - b\Omega^2) = F_N$$

Das sind zwei Gln. für F_N und $\xi(t)$. Einsetzen der zweiten in die erste Gl. ergibt die Differenzialgleichung für $\xi(t)$:

$$\ddot{\xi} = \begin{cases} \xi \Omega^2 - 2\mu\Omega\dot{\xi} + \mu b\Omega^2; & \dot{\xi} \geq \dfrac{b\Omega}{2} \quad \text{(d.h. } F_N \geq 0\text{)} \\ \xi \Omega^2 + 2\mu\Omega\dot{\xi} - \mu b\Omega^2; & \dot{\xi} \leq \dfrac{b\Omega}{2} \quad \text{(d.h. } F_N \leq 0\text{)} \end{cases}$$

Der Beginn ist durch $\dot{\xi} = 0$ gekennzeichnet, d.h., die Lösung $\xi(t)$ muss zunächst aus der zweiten Differenzialgleichung unter Berücksichtigung der Anfangsbedingungen bestimmt werden. Diese Lösung ist aber nur solange gültig, bis F_N einen Nulldurchgang hat, d.h. wenn $\dot{\xi}(t = t_1) = b\Omega/2$ wird. Ab dem Zeitpunkt t_1 wird dann die Bewegung durch die Lösung der ersten Differenzialgleichung beschrieben, wobei aus der Forderung nach der Gleichheit von ξ bzw. $\dot{\xi}$ am Ende des ersten Zeitintervalls mit ihren Werten zu Beginn des folgenden Zeitintervalls die beiden Integrationskonstanten zu berechnen sind.

Dieser hier nur kurz verbal skizzierte Rechenweg zur Ermittlung der Bewegung unter Berücksichtigung der Reibung führt bei seiner konkreten Ausführung zu doch schon erheblichem Rechenaufwand, sodass im Folgenden nur der reibfreie Fall weiterverfolgt werden soll.

Mit $\mu = 0$ entfällt das Problem der Fallunterscheidung, und es gilt die Differenzialgleichung:

$$\ddot{\xi} - \Omega^2 \xi = 0$$

Dies ist eine homogene Differenzialgleichung mit konstanten Koeffizienten, deren Lösung sich unter Berücksichtigung der Anfangsbedingungen wie folgt angeben lässt:

$$\xi(t) = \frac{1}{2}\xi_0 \cdot \left(e^{\Omega t} + e^{-\Omega t}\right) = \xi_0 \cdot \cosh(\Omega t)$$

Interessiert man sich für die Anpresskraft F_N im Rohr, so ist die Lösung $\xi(t)$ einmal nach der Zeit zu differenzieren und in die Gleichung für F_N einzusetzen

$$F_N(t) = m\Omega^2 \cdot (2\xi_0 \sinh(\Omega t) - b)$$

Wie man aus der Funktion $F_N(t)$ erkennt, hat die Normalkraft zum Zeitpunkt $t_1 = (1/\Omega) \cdot \text{arsinh}(b/2\xi_0)$ einen Nulldurchgang, d. h. sie wechselt zu diesem Zeitpunkt ihre Wirkrichtung, was Anlagewechsel im Rohr bedeutet.

20.2 Arbeit, Leistung

Bewegt eine Kraft $\vec{F} = \boldsymbol{F}^T\boldsymbol{e}$ eine Punktmasse m auf einer Bahn, dann verrichtet diese Kraft Arbeit. Diese Arbeit ist das skalare Produkt von Kraft- und Ortsvektor. Für eine differenzielle Verschiebung $d\vec{r} = \vec{e}_t\, ds = \boldsymbol{e}^T d\boldsymbol{r}$ gilt (Bild 20.8)

$$dW = \vec{F} \cdot d\vec{r} = \vec{F} \cdot \vec{e}_t\, ds = F \cos\alpha\, ds = F_t\, ds$$
$$= \boldsymbol{F}^T d\boldsymbol{r} = d\boldsymbol{r}^T \boldsymbol{F}$$

oder integriert

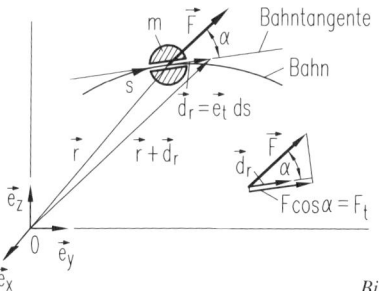

$$W - W_0 = \int_{s_0}^{s} F \cos\alpha\, ds = \int_{s_0}^{s} F_t\, ds = \int_{r_0}^{r} \boldsymbol{F}^T d\boldsymbol{r}$$

Bild 20.8

Diese Integrale lassen sich nur lösen, wenn die in Richtung der Bahntangente zeigende Kraft F_t entweder konstant oder eine Funktion des Weges ist. Ist die Kraft konstant, so gilt:

- Arbeit ist das Produkt aus Weg und Kraftkomponente in Wegrichtung.

Von den *äußeren Kräften* verrichten nur die in Wegrichtung zeigenden Anteile der eingeprägten Kräfte Arbeit.

Innere Kräfte verrichten nur dann Arbeit, wenn eine Relativverschiebung ihrer Angriffspunkte vorliegt (z. B. bei Federn, Rutschkupplung).

Liegt eine derartige Relativverschiebung vor, dann hat das System mehr als einen Freiheitsgrad, und die Punktmasse kann nicht mehr als Berechnungsmodell genutzt werden.

Die den starren Bindungen zugeordneten Zwangskräfte verrichten keine Arbeit, da sie senkrecht zur Wegrichtung stehen (cos $\alpha = 0$).

Die Haftkraft verrichtet keine Arbeit, weil sie eine derartige Zwangskraft darstellt. Die Reibarbeit hat stets *Gleitreibung* als Ursache.

Analoge Aussagen wie für eine Kraft können für die *Arbeit eines Momentes* getroffen werden. Statt des Wegelementes ds steht dann das Winkelelement dφ und anstelle der Kraft F_t das in Richtung φ zeigende Moment M_φ. Dann gilt:

$$dW = M_\varphi d\varphi$$

oder integriert:

$$W - W_0 = \int_{\varphi_0}^{\varphi} M_\varphi d\varphi$$

Zu beachten ist generell, dass das Arbeitsdifferenzial dW vorzeichenbehaftet ist, d. h. zeigt die Kraft F_t in positive (negative) Wegrichtung s, so ist dW positiv (negativ). Für die Arbeit des Momentes M_φ gilt dies analog.

Beispiel: Berechnung der Arbeit der für das Anfahren des Schlittens einer Werkzeugmaschine erforderlichen Antriebskraft

Der Schlitten einer Werkzeugmaschine wird mit einer exzentrisch angeordneten Zugspindel bewegt und kantet deshalb beim Beschleunigen. Dadurch entstehen in der Führung Reibungskräfte (Reibungszahl μ).

Gesucht ist die Arbeit der für einen Anfahrvorgang gemäß $\dot{s}(s) = v_\infty \cdot \sqrt{1 - \mathrm{e}^{-s/s_0}}$ erforderlichen Antriebskraft (v_∞ und s_0 sind gegebene Parameter).

Lösung:

Aus der Skizze (Bild 20.9) ist ersichtlich, dass A und B die Kontaktpunkte sind. Da keine Drehung um den Schwerpunkt S und keine Verschiebung senkrecht zum Weg s auftritt, muss diesbezüglich statisches Gleichgewicht am freigeschnittenen Schlitten herrschen.

$$\uparrow: \quad F_3 - F_2 = 0 \tag{1}$$

$$\circlearrowleft S: \quad F_1 \cdot (l + h) - \mu F_2 h + \mu F_3 \cdot (b - h) - F_2 \frac{d}{2} - F_3 \frac{d}{2} = 0 \tag{2}$$

Hieraus folgt:

$$F_3 = F_2 = \frac{l + h}{d - \mu \cdot (b - 2h)} \cdot F_1 \tag{3}$$

Die Resultierende in Koordinatenrichtung s ist:

$$F = F_1 - \mu F_2 - \mu F_3 = \left(1 - 2\mu \cdot \frac{l + h}{d - \mu \cdot (b - 2h)}\right) F_1 \tag{4}$$

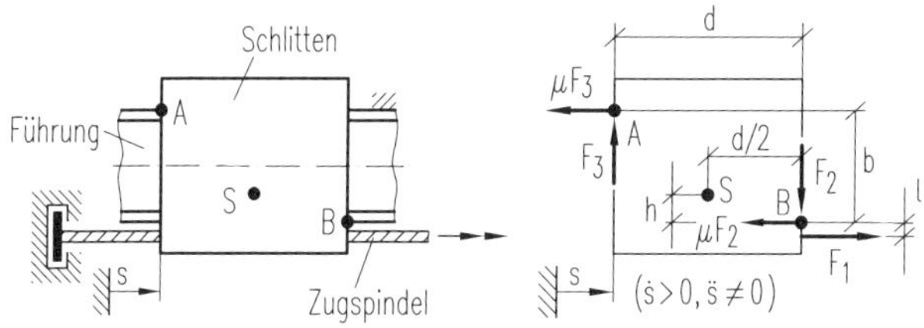

Bild 20.9

Das dynamische Grundgesetz liefert:
$$m\ddot{s} = F = \frac{d - \mu \cdot (b + 2l)}{d - \mu \cdot (b - 2h)} \cdot F_1 \qquad (5)$$

Aus der gegebenen Geschwindigkeits-Weg-Beziehung folgt die Beschleunigung wegen $\ddot{s} = \dot{s} \cdot (d\dot{s}/ds)$ zu:
$$\ddot{s}(s) = \frac{v_\infty^2}{2s_0} \cdot e^{-s/s_0} \qquad (6)$$

In (5) eingesetzt und nach F_1 aufgelöst, ergibt:
$$F_1 = F_1(s) = \frac{m \cdot [d - \mu \cdot (b - 2h)]}{d - \mu \cdot (b + 2l)} \cdot \frac{v_\infty^2}{2s_0} \cdot e^{-s/s_0} \qquad (7)$$

Hieraus wird deutlich, dass möglichst $\mu \ll d/(b+2l)$ erfüllt sein sollte, um die maximale Antriebskraft nicht zu groß werden zu lassen (Schmierung!). Zur Bestimmung der Arbeit dieser Kraft wird nach s integriert ($W_0 = 0$):
$$W(s) = \int_0^s F_1(s^*) ds^* = \frac{mv_\infty^2 \cdot [d - \mu \cdot (b - 2h)]}{2[d - \mu \cdot (b + 2l)]} \cdot \left(1 - e^{-s/s_0}\right) \qquad (8)$$

Hieraus lässt sich z. B. der vom Antrieb für das Anfahren erforderliche Energieaufwand abschätzen. Eine obere Grenze erhält man für $s \to \infty$:
$$W_\infty = \lim_{s \to \infty} W(s) = \frac{1}{2} mv_\infty^2 \cdot [d - \mu \cdot (b - 2h)] \cdot [d - \mu \cdot (b + 2l)]^{-1} \qquad (9)$$

Man erkennt, dass die benötigte Energie mit größer werdender Reibung zunimmt. Der interessante Fall $l = -h$, d. h., die Wirkungslinie von F_1 verläuft durch den Schwerpunkt, ist aus Gl. (9) leicht ermittelbar, und man erkennt, dass dann die Reibung keine Rolle spielt.

Bei Systemen, deren *Berechnungsmodell* ein *Punkthaufen*, ein *starrer Körper* oder ein *System starrer Körper* ist, ergibt sich die Gesamtarbeit als Summe der Arbeiten aller äußeren und inneren eingeprägten Kräfte und Momente.
$$W_\text{ges} = \sum_k \int F_{tk} ds_k + \sum_j \int M_{\varphi j} d\varphi_j$$

Die *Leistung* der *eingeprägten Kräfte* und *Momente* ist:
$$P = \frac{dW}{dt} = \sum_k F_{tk} v_k + \sum_j M_{\varphi j} \dot\varphi_j$$

20.3 Potenzial, potenzielle Energie

Ein Kraftfeld besitzt dann und nur dann ein Potenzial, wenn es wirbelfrei ist, d. h. wenn rot $\vec{F} \equiv \vec{0}$ gilt. Bei Nutzung kartesischer Koordinaten heißt das:

$$\left(\widetilde{\frac{\partial}{\partial \boldsymbol{r}^{\mathrm{T}}}}\right) \boldsymbol{F} = \begin{bmatrix} \dfrac{\partial F_z}{\partial y} - \dfrac{\partial F_y}{\partial z} \\ \dfrac{\partial F_x}{\partial z} - \dfrac{\partial F_z}{\partial x} \\ \dfrac{\partial F_y}{\partial x} - \dfrac{\partial F_x}{\partial y} \end{bmatrix} \stackrel{!}{\equiv} \begin{bmatrix} 0 \\ 0 \\ 0 \end{bmatrix}$$

Ist diese Bedingung erfüllt, so lässt sich eine aus dem Kraftfeld resultierende Kraft durch die *Potenzialfunktion* $U = U(\vec{r}, t)$ gemäß $\vec{F}(\vec{r}, t) = -\operatorname{grad} U(\vec{r}, t)$ darstellen. Bezüglich kartesischer Koordinaten entspricht das der Vorschrift:

$$\boldsymbol{F}(\boldsymbol{r}, t) = \frac{-\partial U(\boldsymbol{r}, t)}{\partial \boldsymbol{r}^{\mathrm{T}}} = \left[-\frac{\partial U}{\partial x}, \ -\frac{\partial U}{\partial y}, \ -\frac{\partial U}{\partial z} \right]^{\mathrm{T}}$$

bzw. separat angegeben:

$$F_x = -\frac{\partial U}{\partial x}; \qquad F_y = -\frac{\partial U}{\partial y}; \qquad F_z = -\frac{\partial U}{\partial z}$$

Hierbei kann die Potenzialfunktion U eine Funktion des Ortsvektors $\vec{r} = \boldsymbol{e}^{\mathrm{T}} \boldsymbol{r}$ und der Zeit t sein.

Ist die Potenzialfunktion oder das Potenzial nur eine Funktion des Ortes $U = U(\vec{r})$, dann spricht man von einem *konservativen Kraftfeld*.
Hier gilt:

- In einem konservativen Kraftfeld ist das Arbeitsdifferenzial $\mathrm{d}W$ das *vollständige Differenzial* des negativen Potenzials.

$$\mathrm{d}W = \vec{F} \cdot \mathrm{d}\vec{r} = \boldsymbol{F}^{\mathrm{T}} \mathrm{d}\boldsymbol{r} = -\left(\frac{\partial U}{\partial x} \mathrm{d}x + \frac{\partial U}{\partial y} \mathrm{d}y + \frac{\partial U}{\partial z} \mathrm{d}z \right) = -\mathrm{d}U$$

In der Mechanik wird durch $U = W_{\mathrm{pot}}$ die potenzielle Energie definiert, sodass sich mit der Beziehung $\mathrm{d}W = -\mathrm{d}W_{\mathrm{pot}}$ der Energiesatz formulieren lässt (vgl. 24.4).

Die Eigenschaften eines konservativen Kraftfeldes lassen sich wie folgt beschreiben:
- Die aus einem Potenzial eines konservativen Kraftfeldes resultierende Kraft, die auf einen Massenpunkt wirkt, ist nur von der Lage des Massenpunktes abhängig.
- Die von der konservativen Kraft verrichtete Arbeit ist nicht von der Bahnkurve abhängig und wird nur durch die Anfangslage (0) und die Endlage bestimmt.

$$W = \int_{r_0}^{\vec{r}} \vec{F} \cdot \mathrm{d}\vec{r} = -\int_{W_{\mathrm{pot}\,0}}^{W_{\mathrm{pot}}} \mathrm{d}U = W_{\mathrm{pot}\,0} - W_{\mathrm{pot}}$$

Die potenzielle Energie ergibt sich als Arbeit, die gegen das Kraftfeld verrichtet werden muss.

Beispiel: Bewegung im Schwerefeld (Bild 20.10)

Die Punktmasse m wird in der Nähe der Erdoberfläche um h nach oben bewegt. Die dabei verrichtete Arbeit errechnet sich zu

$$dW = \boldsymbol{F}^T d\boldsymbol{r} = [0, 0, -mg] \cdot \begin{bmatrix} dx \\ dy \\ dz \end{bmatrix} = -mg\, dz$$

$$\Rightarrow W = -mg \cdot (z - z_0) = -mgh$$

Mit $W_{\text{pot}\,0} = 0$ ergibt sich die potenzielle Energie der Punktmasse zu

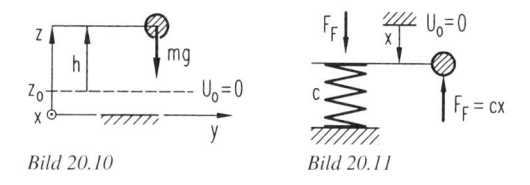

$$W_{\text{pot}} = W_{\text{pot}\,0} - W = -W = mgh$$

Bild 20.10   *Bild 20.11*

Beispiel: Potenzielle Energie einer Feder (Bild 20.11)

Eine an einer für $x = 0$ ungespannten linearen Feder der Steifigkeit c befestigte Masse wird um den Weg x verschoben. Auf die freigeschnittene Masse wirkt entgegen der aufgebrachten Verschiebung x die Federkraft $F_F = cx$. Die von ihr bei einer zusätzlichen Verschiebung dx verrichtete Arbeit ist:

$$dW = -dW_{\text{pot}} = -cx \cdot dx$$

Damit folgt nach Integration mit $W_{\text{pot}\,0} = 0$ die potenzielle Energie der Feder zu:

$$W_{\text{pot}} = \frac{cx^2}{2}$$

21 Kinetik des Punkthaufens

Zur Definition des Punkthaufens vgl. Abschnitt 18.1. Die zwischen den Massenpunkten des Punkthaufens vorhandenen starren, elastischen oder anderweitigen Bindungen bedingen Kräfte, die als innere Kräfte durch das Freischneiden der Einzelmassen bez. dieser zu äußeren Kräften werden. Als Summe dieser *inneren* Kräfte über den gesamten Punkthaufen ergibt sich wegen $\vec{F}_{ik} = -\vec{F}_{ki}$ (actio = reactio):

$$\sum_i \sum_k \vec{F}_{ik} = \vec{0}$$

Hierbei kennzeichnet i den gerade betrachteten und k denjenigen Massenpunkt, mit dem m_i durch die innere Kraft $\vec{F}_{ik}$ wechselwirkt. Mit dieser Bezeichnung ergibt sich für die i-te Punktmasse als Resultierende $\sum_k \vec{F}_{ik} + \vec{F}_i$, wenn $\vec{F}_i$ die auf m_i von außerhalb des Punkthaufens herrührende Kraft ist.

21.1 Schwerpunktsätze

Aus der Beziehung für den Schwerpunkt des Punkthaufens (siehe Statik)

$$m\vec{r}_S = \sum_i m_i \vec{r}_i$$

$m = \sum_i m_i$ Masse des Punkthaufens
$\vec{r}_S$ Ortsvektor zum Schwerpunkt
m_i Masse der i-ten Punktmasse
$\vec{r}_i$ Ortsvektor zur i-ten Masse

folgt durch Differenziation die Beziehung für die *Bewegungsgröße* bzw. den *Impuls des Punkthaufens* (*1. Schwerpunktsatz*).

$$\vec{p} = m\dot{\vec{r}}_S = m\vec{v}_S = \sum_i m_i \dot{\vec{r}}_i = \sum_i \vec{p}_i$$

- Die Bewegungsgröße oder der Impuls des Punkthaufens ergibt sich als Bewegungsgröße des Schwerpunktes, in welchem sich die gesamte Masse des Punkthaufens vereinigt gedacht werden muss.

Die Wirkung von äußeren Kräften auf den Punkthaufen zeigt der *2. Schwerpunktsatz*. Differenziation der Bewegungsgröße des Punkthaufens liefert:

$$\dot{\vec{p}} = m\ddot{\vec{r}}_S = m\vec{a}_S = \sum_i m_i \ddot{\vec{r}}_i$$

Setzt man die aus dem dynamischen Grundgesetz für die i-te Punktmasse folgende Beziehung

$$m\ddot{\vec{r}}_i = \vec{F}_i + \sum_k \vec{F}_{ik}$$

ein und beachtet, dass die Doppelsumme über die inneren Kräfte verschwindet, so folgt daraus:

$$\dot{\vec{p}} = m\ddot{\vec{r}}_S = \sum_i \vec{F}_i = \vec{F} \qquad \text{also}$$

$$m\vec{a}_S = \vec{F}$$

bzw. bei Nutzung kartesischer Koordinaten:

$$m a_S = F$$

$\vec{F} = \mathbf{e}^\mathrm{T} F$ Resultierende aller am Punkthaufen angreifenden äußeren Kräfte
$\vec{a}_S = \mathbf{e}^\mathrm{T} a_S$ Beschleunigung des Schwerpunktes des Punkthaufens

- Der Schwerpunkt eines Punkthaufens bewegt sich so, als ob seine ganze Masse im Schwerpunkt vereinigt wäre und die Resultierende der äußeren Kräfte im Schwerpunkt angreifen würde.

Diese Aussage gilt für $m = $ konst.

21.2 Drall, Drallsatz

Der Drall einer einzelnen – der i-ten – Punktmasse ist als Vektorprodukt seines Ortsvektors $\vec{r}_i$ mit seinem Impuls definiert.

$$\vec{L}_i^0 = \vec{r}_i \times (m_i \vec{v}_i) = m_i \vec{r}_i \times \dot{\vec{r}}_i$$

Wird das dynamische Grundgesetz für die freigeschnittene i-te Punktmasse vektoriell mit $\vec{r}_i$ multipliziert und dabei beachtet, dass sich die Momentenwirkungen der inneren Kräfte aufheben, so folgt nach Summation über alle Massen:

$$\vec{M}^0 = \sum_i \vec{r}_i \times \vec{F}_i = \sum_i m_i (\vec{r}_i \times \dot{\vec{r}}_i)^{\cdot} = \sum_i (\vec{L}_i^0)^{\cdot} = \frac{\mathrm{d}\vec{L}^0}{\mathrm{d}t} = (\vec{L}^0)^{\cdot}$$

bzw. wegen $\vec{M}^0 = \mathbf{e}^{\mathrm{T}} \boldsymbol{M}^0$ und $\vec{L}^0 = \mathbf{e}^{\mathrm{T}} \boldsymbol{L}^0$ für kartesische Koordinaten:

$$\boldsymbol{M}^0 = \frac{\mathrm{d}\boldsymbol{L}^0}{\mathrm{d}t} = \sum_i m_i (\tilde{\boldsymbol{r}}_i \dot{\boldsymbol{r}}_i)^{\cdot} = \sum_i m_i (\tilde{\boldsymbol{r}}_i \ddot{\boldsymbol{r}}_i)$$

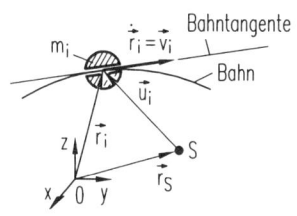

Bild 21.1 S Schwerpunkt des Punkthaufens;
$\vec{r}_i = \vec{r}_S + \vec{u}_i$ *Ortsvektor zu m_i*

Setzt man die aus Bild 21.1 ablesbare Relation $\vec{r}_i = \vec{r}_S + \vec{u}_i$ ein, so ergibt sich unter Berücksichtigung von $\sum_i m_i \vec{u}_i \equiv \vec{0}$:

$$\vec{M}^S = \sum_i \vec{u}_i \times \vec{F}_i = \sum_i m_i (\vec{u}_i \times \dot{\vec{u}}_i)^{\cdot} = \sum_i (\vec{L}_i^S)^{\cdot} = \frac{\mathrm{d}\vec{L}^S}{\mathrm{d}t}$$

bzw. bez. einer kartesischen Basis $\mathbf{e}$:

$$\boldsymbol{M}^S = \frac{\mathrm{d}\boldsymbol{L}^S}{\mathrm{d}t} \equiv \sum_i m_i (\tilde{\boldsymbol{u}}_i \dot{\boldsymbol{u}}_i)^{\cdot}$$

- Die zeitliche Änderung des Dralls ist gleich dem resultierenden Moment der äußeren Kräfte, wobei als Bezugspunkt entweder ein raumfester Punkt oder der Schwerpunkt des Punkthaufens zu wählen ist.

Integration über die Zeit liefert den Drehimpulssatz:

$$\int_{t_A}^{t} \vec{M}^{0,S}\,dt = \vec{L}^{0,S} - \vec{L}^{0,S}(t=t_A)$$

oder kartesisch:

$$\int_{t_A}^{t} M^{0,S}\,dt = L^{0,S} - L^{0,S}(t=t_A)$$

(Index A charakterisiert den Anfangszustand)

- Die Änderung des Dralles ist gleich dem Zeitintegral des resultierenden Momentes der äußeren Kräfte.

21.3 Kinetische Energie, Potenzial

Die *kinetische Energie* eines Punkthaufens ergibt sich als Summe der kinetischen Energien der Punktmassen.

$$W_{kin} = \frac{1}{2}\sum_i m_i \dot{\vec{r}}_i \cdot \dot{\vec{r}}_i = \frac{1}{2}\sum_i m_i \dot{r}_i^T \dot{r}_i = \frac{1}{2}\sum_i m_i v_i^2$$

Das *Potenzial* oder die *potenzielle Energie* aller eingeprägten konservativen Kräfte – sowohl der äußeren als auch der inneren – berechnet sich zu:

$$W_{pot} = W_{pot\,0} - \sum_j \int \vec{F}_j \cdot d\vec{r}_j - \sum_i \sum_{\substack{k \\ k\neq i}} \int \vec{F}_{ik} \cdot d(\vec{r}_i - \vec{r}_k)$$

Die inneren konservativen Kräfte haben dann ein Potenzial, wenn Relativverschiebungen ihrer Kraftangriffspunkte auftreten (vgl. 20.2). Dieser Fall tritt z. B. bei elastischen oder magnetischen Kopplungen der Punktmassen auf.

Die Ausdrücke für die kinetische und die potenzielle Energie werden für den Energiesatz (vgl. 24.4) bzw. für die LAGRANGE'schen Bewegungsgleichungen (vgl. 24.5) benötigt.

22 Trägheits- und Zentrifugalmomente von Körpern

Dreht sich ein Körper der Masse m um eine feste Achse A mit der Winkelgeschwindigkeit ω, dann ist die kinetische Energie eines Massenelementes dm (Bild 22.1) dieses Körpers (vgl. Abschnitt 20.1):

$$dW_{kin} = \frac{dm\,r^2\omega^2}{2}$$

Bild 22.1

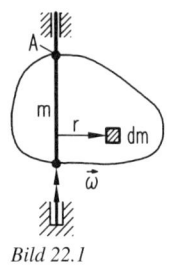

Die kinetische Energie des Körpers bei der Drehung um die Achse A folgt daraus durch Integration über den gesamten Körper zu:

$$W_{\text{kin}} = \frac{\omega^2}{2} \int_K r^2 \, dm$$

Das hierbei auftretende Integral $\int_K r^2 dm$ wird als *Massenträgheitsmoment* J_A (auch *Trägheitsmoment* oder *Massenmoment 2. Grades*) des Körpers bezüglich der Achse A bezeichnet.

$$J_A = \int_K r^2 \, dm \quad \Rightarrow \quad W_{\text{kin}} = \frac{1}{2} J_A \omega^2$$

22.1 Massenträgheitsmoment für parallele Achsen

Ist das Massenträgheitsmoment J_A eines Körpers zu einer Achse A bekannt, dann kann es mittels des STEINER'schen Satzes in das Massenträgheitsmoment J_S des Körpers zu einer Achse S, die durch den Schwerpunkt geht und zur Achse A parallel ist, umgerechnet werden. Dafür gilt die Beziehung

$$J_S = J_A - ma^2$$

wobei a der Abstand der Achsen A und S voneinander ist (Bild 22.2). Umgekehrt kann natürlich auch aus einem bekannten Massenträgheitsmoment bezüglich einer Achse S durch den Schwerpunkt das Massenträgheitsmoment bezüglich einer zu dieser Achse parallelen Achse berechnet werden.

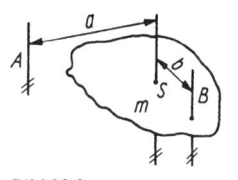

Bild 22.2

$$J_A = J_S + ma^2, \quad J_B = J_S + mb^2$$

Aus diesen Beziehungen ist zu sehen, dass der Körper im Vergleich aller zueinander parallelen Achsen bezüglich der Achse durch den Schwerpunkt immer das kleinste Trägheitsmoment aufweist.

Die Berechnung eines Trägheitsmomentes J_B bezüglich einer Achse B, die nicht durch den Schwerpunkt geht, aus einem Massenträgheitsmoment J_A, dessen Bezugsachse ebenfalls nicht durch den Schwerpunkt verläuft, aber zur Achse B parallel ist, muss *immer* mithilfe des STEINER'schen Satzes über den Schwerpunkt gehen. Mit den senkrechten Abständen a und b der Achsen A und B von der Schwerpunktachse (Bild 22.2) ergibt sich dafür die Beziehung

$$J_A = J_B + m \cdot (a^2 - b^2)$$

22.2 Trägheitsradius, Schwungmoment, reduzierte Masse

Als *Trägheitsradius* i_A bezeichnet man die Entfernung der punktförmig gedachten Gesamtmasse m des Körpers von der Drehachse A, wobei die Punktmasse bezüglich A das gleiche Massenträgheitsmoment hat wie der ausgedehnte Körper um diese Achse.

Es gelten die Beziehungen:

$$J_A = mi_A^2; \qquad J_S = mi_S^2;$$
$$i_A^2 = i_S^2 + a^2 \qquad (a \text{ vgl. Bild 22.2})$$

Als *Schwungmoment* GD_A^2 bezeichnet man das Produkt aus Gewichtskraft $G = mg$ und dem Quadrat des Trägheitsdurchmessers $D_A = 2i_A$, wobei der folgende Zusammenhang besteht:

$$GD_A^2 = 4gJ_A$$

Die *reduzierte Masse* m_{red} ist die im willkürlich vorgebbaren senkrechten Abstand R von der Drehachse punkt- oder ringförmig gedachte Ersatzmasse, die das gleiche Massenträgheitsmoment besitzt wie der Originalkörper um diese Achse.

$$m_{\text{red}} = \frac{J}{R^2}$$

Beispiel: Dünner Stab (Bild 22.3)

Für einen dünnen Stab mit der Masse m und der Länge l wird das Massenträgheitsmoment, bezogen auf eine Achse durch die Aufhängung A, über die Beziehung

$$J_A = \int_K r^2 \, dm$$

mit

$$dm = \frac{m}{l} dr$$

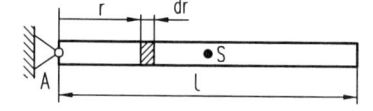

Bild 22.3

ausgerechnet. Mit den Integralgrenzen 0 und l ergibt sich:

$$J_A = \int_0^l \frac{m}{l} r^2 \, dr = \frac{m}{l} \frac{r^3}{3} \bigg|_0^l = \frac{1}{3} m l^2$$

Mit diesem Ergebnis errechnet sich das Massenträgheitsmoment des dünnen Stabes bezüglich des Schwerpunktes unter Benutzung des STEINER'schen Satzes (vgl. 22.1) zu

$$J_S = \frac{1}{3} m l^2 - m \left(\frac{l}{2}\right)^2 = \frac{1}{12} m l^2$$

Der Trägheitsradius i_S folgt daraus zu

$$i_S = \frac{l}{\sqrt{12}}$$

22.3 Massenträgheitsmomente und Deviationsmomente bezüglich eines orthogonalen Achsensystems

Bezüglich eines Punktes O und orthogonaler Richtungen $\mathbf{e} = [\vec{e}_x, \vec{e}_y, \vec{e}_z]^T$ (Bild 22.4) lauten die Massenträgheitsmomente eines Körpers:

$$J^O_{xx} = \int_K (y^2 + z^2)\,dm = \int_K (r^2 - x^2)\,dm$$

$$J^O_{yy} = \int_K (x^2 + z^2)\,dm = \int_K (r^2 - y^2)\,dm$$

$$J^O_{zz} = \int_K (x^2 + y^2)\,dm = \int_K (r^2 - z^2)\,dm$$

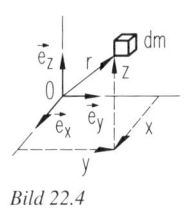

Bild 22.4

Massenträgheitsmomente sind stets positiv.

Die Deviations- oder Zentrifugalmomente sind:

$$J^O_{xy} = -\int_K xy\,dm; \quad J^O_{xz} = -\int_K xz\,dm; \quad J^O_{yz} = -\int_K yz\,dm$$

Deviationsmomente können positiv, negativ oder gleich null sein.

Die Massenträgheits- und Deviationsmomente (bez. eines bestimmten Punktes und vorgegebener Richtungen) eines aus Teilkörpern zusammengesetzten Körpers sind aufgrund der Integraldefinition gleich der Summe der Massenträgheits- und Deviationsmomente der einzelnen Teilkörper in Bezug auf denselben Punkt und dieselben Richtungen.

Besitzt ein homogener Körper eine Symmetrieachse, dann wird das Deviationsmoment, bezogen auf zwei Achsen, deren eine in der Symmetrieebene liegt und deren andere darauf senkrecht steht, gleich null. Diese Achsen werden *Hauptträgheitsachsen* (vgl. 22.6) genannt.

Massenträgheitsmomente und Deviationsmomente eines Körpers bezüglich des Punktes O und der Richtungen $\vec{e}_x, \vec{e}_y, \vec{e}_z$ sind die Koordinaten des symmetrischen *Trägheitstensors* $\vec{J}^O$, die sich in der (3×3)-Matrix

$$\mathbf{J}^O = \begin{bmatrix} J^O_{xx} & J^O_{xy} & J^O_{xz} \\ J^O_{yx} & J^O_{yy} & J^O_{yz} \\ J^O_{zx} & J^O_{zy} & J^O_{zz} \end{bmatrix}$$

zusammenfassen lassen. Hierbei gilt:

$$J^O_{yx} = J^O_{xy}; \quad J^O_{zx} = J^O_{xz}; \quad J^O_{zy} = J^O_{yz} \quad \Rightarrow \quad \mathbf{J}^O = (\mathbf{J}^O)^T$$

Analoge Beziehungen können für einen körperfesten Punkt (insbesondere für den Schwerpunkt) und körperfeste Richtungen $\bar{\mathbf{e}} = \left[\vec{e}_\xi, \vec{e}_\eta, \vec{e}_\zeta\right]^T$ angegeben werden.

22.4 Berechnung der Massenträgheits- und Deviationsmomente eines allgemeinen Zylinders mit paralleler Grund- und Deckfläche

Bei dem in Bild 22.5 dargestellten allgemeinen Zylinder mit über dem Volumen konstanter Dichte ϱ ist die Masse eines Körperelementes:

$$dm = \varrho \cdot d\zeta \cdot dA$$

Der Ursprung des ξ, η, ζ-Systems liegt im Schwerpunkt des Körpers. $\xi = 0$ und $\eta = 0$ beschreiben die Schwereachse. Hinsichtlich der Querschnittsform werden keine Einschränkungen gemacht.

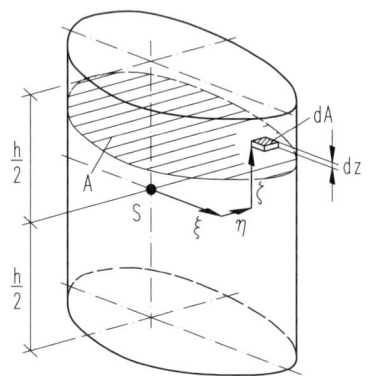

Bild 22.5

Das Massenträgheitsmoment $J_{\xi\xi}^S$ folgt aus:

$$J_{\xi\xi}^S = \varrho \int_A \int_{\zeta=-h/2}^{h/2} (\eta^2 + \zeta^2)\,d\zeta\,dA = \varrho \left(h \int_A \eta^2\,dA + \frac{h^3}{12} \int_A dA \right)$$

Wegen $\int_A dA = A$ und $\int_A \eta^2\,dA = I_{\xi\xi}$ (axiales Flächenträgheitsmoment des Querschnitts) und mit $m = \varrho h A$ wird daraus:

$$J_{\xi\xi}^S = mh^2 \cdot \left(\frac{1}{12} + \frac{I_{\xi\xi}}{Ah^2} \right)$$

Die Rechnung ist für $J_{\eta\eta}^S$ analog. Es ergibt sich:

$$J_{\eta\eta}^S = mh^2 \cdot \left(\frac{1}{12} + \frac{I_{\eta\eta}}{Ah^2} \right)$$

Das Massenträgheitsmoment $J_{\zeta\zeta}^S$ errechnet sich zu:

$$J_{\zeta\zeta}^S = \varrho \int_A \int_{\zeta=-h/2}^{h/2} (\xi^2+\eta^2)\,d\zeta\,dA = \varrho h \int_A (\xi^2+\eta^2)\,dA = \varrho h \cdot (I_{\eta\eta}+I_{\xi\xi})$$

oder
$$J_{\zeta\zeta}^S = mh^2 \frac{I_{\xi\xi} + I_{\eta\eta}}{Ah^2}$$

Im Falle des Deviationsmomentes $J_{\xi\eta}^S = J_{\eta\xi}^S$ gilt:

$$J_{\xi\eta}^S = -\varrho \int_A \int_{\zeta=-h/2}^{h/2} \xi\eta\, \mathrm{d}\zeta\, \mathrm{d}A = \varrho h I_{\xi\eta} = mh^2 \frac{I_{\xi\eta}}{Ah^2}$$

Hieraus folgt, dass das Deviationsmoment $J_{\xi\eta}^S$ dann verschwindet, wenn das Flächenzentrifugalmoment $I_{\xi\eta}$ der Querschnittsfläche null ist, d. h., wenn die ξ, η-Achsen Querschnittshauptachsen sind.

Für $J_{\xi\zeta}^S = J_{\zeta\xi}^S$ ist zu schreiben:

$$J_{\xi\zeta}^S = -\varrho \int_A \int_{\zeta=-h/2}^{h/2} \xi\zeta\, \mathrm{d}\zeta\, \mathrm{d}A = -\varrho \int_A \xi \cdot 0\, \mathrm{d}A = 0$$

Analog gilt $J_{\eta\zeta}^S = J_{\zeta\eta}^S = 0$.

Zusammengefasst lassen sich die Koordinaten des Trägheitstensors des allgemeinen Zylinders bez. S und der Richtungen $\bar{\mathbf{e}}$ also wie folgt darstellen:

$$\bar{\mathbf{J}}^S = \begin{bmatrix} J_{\xi\xi} & J_{\xi\eta} & J_{\xi\zeta} \\ J_{\xi\eta} & J_{\eta\eta} & J_{\eta\zeta} \\ J_{\xi\zeta} & J_{\eta\zeta} & J_{\zeta\zeta} \end{bmatrix} = mh^2 \cdot \begin{bmatrix} \frac{1}{12} + \frac{I_{\xi\xi}}{Ah^2} & \frac{I_{\xi\eta}}{Ah^2} & 0 \\ \frac{I_{\xi\eta}}{Ah^2} & \frac{1}{12} + \frac{I_{\eta\eta}}{Ah^2} & 0 \\ 0 & 0 & \frac{I_{\xi\xi} + I_{\eta\eta}}{Ah^2} \end{bmatrix}$$

Beispiel: Quader (Bild 22.6)

Masse: $m = \varrho abc$

Querschnittskenngrößen:

$$A = ab; \qquad I_{\xi\xi} = \frac{a^3 b}{12}; \qquad I_{\eta\eta} = \frac{ab^3}{12}; \qquad I_{\xi\eta} = 0$$

Trägheitstensor:

$$\bar{\mathbf{J}}^S = \frac{m}{12} \cdot \begin{bmatrix} a^2 + c^2 & 0 & 0 \\ 0 & b^2 + c^2 & 0 \\ 0 & 0 & a^2 + b^2 \end{bmatrix}$$

Beispiel: Kreis-Hohlzylinder (Bild 22.7)

Masse: $m = \varrho h\pi \cdot (R^2 - r^2)$

Querschnittskenngrößen:

$$A = \pi \cdot (R^2 - r^2); \qquad I_{\xi\xi} = I_{\eta\eta} = \frac{\pi}{4} \cdot (R^4 - r^4); \quad I_{\xi\eta} = 0$$

Trägheitstensor:

$$\overline{J}^S = \frac{mR^2}{4} \cdot \begin{bmatrix} 1 + \left(\frac{r}{R}\right)^2 + \frac{1}{3}\left(\frac{h}{R}\right)^2 & 0 & 0 \\ 0 & 1 + \left(\frac{r}{R}\right)^2 + \frac{1}{3}\left(\frac{h}{R}\right)^2 & 0 \\ 0 & 0 & 2 \cdot \left[1 + \left(\frac{r}{R}\right)^2\right] \end{bmatrix}$$

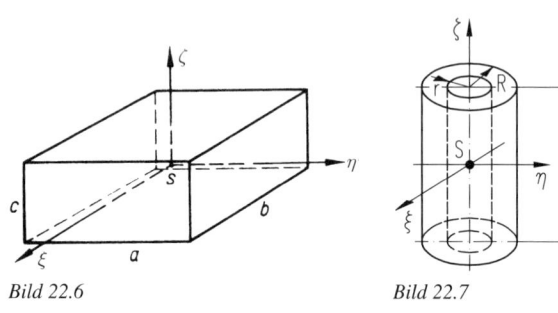

Bild 22.6   *Bild 22.7*

Weitere Beispiele für häufig vorkommende, geometrisch einfache homogene Körper findet man in *Anlage D4*.

22.5 Wechsel des Bezugspunktes, STEINER'scher Satz

Aus Bild 22.8 liest man den Zusammenhang $\vec{r} = \vec{r}_S + \vec{l}$ (also bez. Basis **e**: $r = r_S + l$) ab. Einsetzen in die Definitionsgleichungen (vgl. 22.3), die sich mittels Matrizenschreibweise in kompakter Form gemäß

$$J^O = \int_K \tilde{r}^T \tilde{r} \, dm$$

angeben lassen (zur Definition des Tilde-Operators vgl. Anlage A1), ergibt unter Beachtung von $\int_K l \, dm = o$ und $\int_K dm = m$:

$$J^O = \int_K \tilde{l}^T \tilde{l} \, dm + m \tilde{r}_S^T \tilde{r}_S$$

$$J^O = J^S + m \tilde{r}_S^T \tilde{r}_S$$

Ausführlich geschrieben lauten die Beziehungen (STEINER'scher Satz):

$$J_{xx}^O = J_{xx}^S + m \cdot (y_S^2 + z_S^2)$$
$$J_{yy}^O = J_{yy}^S + m \cdot (x_S^2 + z_S^2)$$

$$J_{zz}^O = J_{zz}^S + m \cdot (x_S^2 + y_S^2)$$

$$J_{xy}^O = J_{xy}^S - m x_S y_S$$

$$J_{xz}^O = J_{xz}^S - m x_S z_S$$

$$J_{yz}^O = J_{yz}^S - m y_S z_S$$

Der STEINER'sche Satz gilt bezüglich gleicher Richtungen für zwei Bezugspunkte, von denen einer der Schwerpunkt S sein *muss*.

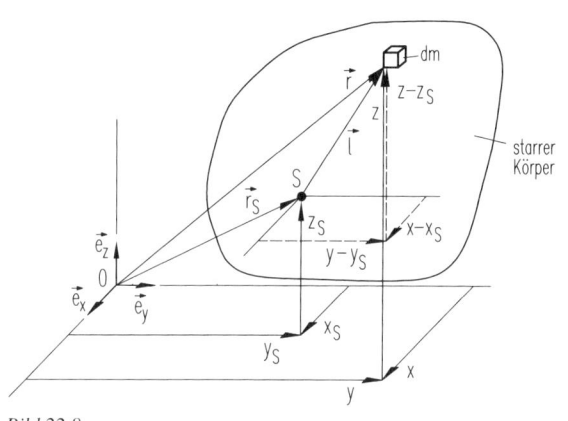

Bild 22.8

Beispiel: Massenträgheits- und Deviationsmomente des in Bild 22.9 dargestellten homogenen Körpers

Gegeben ist die als konstant vorausgesetzte Dichte ϱ und die Länge l. Zu bestimmen sind die Masse, die Koordinaten des Schwerpunktes S sowie die Elemente von $\boldsymbol{J}^O$ und $\boldsymbol{J}^S$ für die Richtungen $\boldsymbol{e} = [\vec{e}_x, \vec{e}_y, \vec{e}_z]^T$.

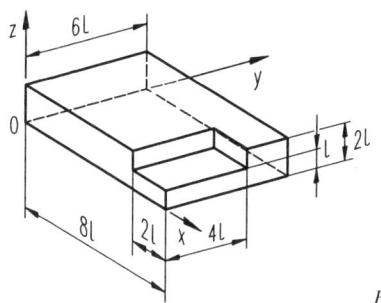

Bild 22.9

Lösung:

Denkt man sich den Körper aus zwei Teilkörpern – dem Quader der Abmessungen $8l \times 6l \times 2l$ als positiven sowie dem Quader der Kantenlängen $2l \times 4l \times l$ als negativen Teilkörper – zusammengesetzt, so ergibt sich:

$$m = \sum_i m_i = \varrho \cdot (8l \cdot 6l \cdot 2l - 2l \cdot 4l \cdot l) = 88\varrho l^3$$

$$\boldsymbol{r}_S = \frac{1}{m} \sum_i m_i \boldsymbol{r}_{S_i} \quad \Rightarrow$$

$$\begin{bmatrix} x_S \\ y_S \\ z_S \end{bmatrix} = \frac{1}{m} \cdot \begin{bmatrix} 96\varrho l^3 \cdot 4l - 8\varrho l^3 \cdot 7l \\ 96\varrho l^3 \cdot 3l - 8\varrho l^3 \cdot 2l \\ 96\varrho l^3 \cdot l - 8\varrho l^3 \cdot (3/2)l \end{bmatrix} = \frac{l}{88} \cdot \begin{bmatrix} 328 \\ 272 \\ 84 \end{bmatrix}$$

$$\boldsymbol{J}^O = \sum_i (\boldsymbol{J}^O)_i = \sum_i \left[(\boldsymbol{J}^{S_i})_i + m_i \tilde{\boldsymbol{r}}_{S_i}^T \tilde{\boldsymbol{r}}_{S_i} \right]$$

$$= 96\varrho l^5 \cdot \left\{ \frac{1}{12} \begin{bmatrix} 36+4 & 0 & 0 \\ 0 & 64+4 & 0 \\ 0 & 0 & 36+64 \end{bmatrix} + \begin{bmatrix} 10 & -12 & -4 \\ -12 & 17 & -3 \\ -4 & -3 & 25 \end{bmatrix} \right\}$$

$$-8\varrho l^5 \cdot \left\{ \frac{1}{12} \begin{bmatrix} 16+1 & 0 & 0 \\ 0 & 4+1 & 0 \\ 0 & 0 & 16+4 \end{bmatrix} + \begin{bmatrix} 25/4 & -14 & -21/2 \\ -14 & 205/4 & -3 \\ -21/2 & -3 & 53 \end{bmatrix} \right\}$$

Ausrechnen liefert:

$$\boldsymbol{J}^O = \frac{\varrho l^5}{3} \cdot \begin{bmatrix} 3\,656 & -3\,120 & -900 \\ -3\,120 & 5\,288 & -792 \\ -900 & -792 & 8\,288 \end{bmatrix}$$

Die Transformation auf den Schwerpunkt S ergibt:

$$\boldsymbol{J}^S = \boldsymbol{J}^O - m\tilde{\boldsymbol{r}}_S^T \tilde{\boldsymbol{r}}_S = \frac{\varrho l^5}{33} \cdot \begin{bmatrix} 9\,826 & -864 & 432 \\ -864 & 15\,178 & -144 \\ 432 & -144 & 23\,080 \end{bmatrix}$$

22.6 Drehtransformation, Hauptträgheitsmomente, Hauptträgheitsachsen

Sind die Elemente des Trägheitstensors eines Körpers für einen Punkt P bezüglich der Richtungen $\boldsymbol{e}$ eines kartesischen Koordinatensystems gegeben, für denselben Punkt bezüglich eines dazu gedrehten Achsensystems (Richtungen $\bar{\boldsymbol{e}}$) aber gesucht, so können diese bei bekannter Drehtransformationsmatrix $\boldsymbol{A}$ (vgl. Abschnitt 19.4.1) zwischen beiden Systemen aus den folgenden Beziehungen (Drehtransformation eines Tensors zweiter Stufe) bestimmt werden:

$$\bar{\boldsymbol{J}}^P = \boldsymbol{A}^T \boldsymbol{J}^P \boldsymbol{A}; \qquad \boldsymbol{J}^P = \boldsymbol{A} \bar{\boldsymbol{J}}^P \boldsymbol{A}^T$$

22.6 Drehtransformation, Hauptträgheitsmomente, Hauptträgheitsachsen

▶ *Sonderfall*: Massenträgheitsmoment für eine im x, y, z-System schräg liegende Achse A, die durch P und $\vec{e}_A$ festgelegt ist (Bild 22.10)

Die Richtung der Achse A wird durch $\vec{e}_A = \mathbf{e}^T \mathbf{h}_A$ mit

$$\mathbf{h}_A = [\cos\alpha,\ \cos\beta,\ \cos\gamma]^T$$

beschrieben, wobei α, β, γ die Richtungswinkel von $\vec{e}_A$ bez. $\vec{e}_x, \vec{e}_y$ und $\vec{e}_z$ sind. Für sie gilt der Zusammenhang $\cos^2\alpha + \cos^2\beta + \cos^2\gamma = 1$, sodass nur zwei dieser Winkel unabhängig voneinander wählbar sind.

Das Massenträgheitsmoment bez. dieser Achse A folgt dann aus:

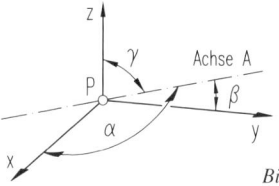

$$\begin{aligned}
J_A &= \mathbf{h}_A^T \mathbf{J}^P \mathbf{h}_A \\
&= J_{xx}^P \cos^2\alpha + J_{yy}^P \cos^2\beta + J_{zz}^P \cos^2\gamma \\
&\quad + 2 J_{xy}^P \cos\alpha \cos\beta + 2 J_{xz}^P \cos\alpha \cos\gamma + 2 J_{yz}^P \cos\beta \cos\gamma
\end{aligned}$$

Bild 22.10

Ist der Trägheitstensor $\mathbf{J}^P$ für ein vorgegebenes körperfestes kartesisches Koordinatensystem bez. des Punktes P gegeben, so führt die Frage, ob für diesen Punkt ein gegenüber dem ursprünglichen System gedrehtes Achsensystem existiert, für welches die Deviationsmomente verschwinden, auf das lineare Matrix-Eigenwertproblem

$$(\mathbf{J}^P - J^P \mathbf{1})\mathbf{h} = \mathbf{o}$$

$\mathbf{1} = \operatorname{diag}[1, 1, 1]$ ist hierbei die Einheitsmatrix. Aus der Bedingung, dass für nichttriviale Lösungen (homogenes Gleichungssystem!) $\det[\mathbf{J}^P - J^P \mathbf{1}] = 0$ erfüllt sein muss, folgen die drei Hauptträgheitsmomente (die Eigenwerte) als Wurzeln einer Gleichung dritten Grades, die meist ihrer Größe nach geordnet werden:

$$J_{\mathrm{I}}^P \geqq J_{\mathrm{II}}^P \geqq J_{\mathrm{III}}^P$$

Die zugehörigen Lösungen $\mathbf{h}_k$ ($k = \mathrm{I, II, III}$) lassen sich mit der Normierungsbedingung $\mathbf{h}_k^T \mathbf{h}_k = 1$ als die kartesischen Koordinaten der Einheitsvektoren $\vec{e}_k = \mathbf{e}^T \mathbf{h}_k$ (Richtungskosinus) der gesuchten Hauptträgheitsachsen interpretieren (vgl. Bild 22.11). Sie bilden ein orthogonales System, denn es gilt $\mathbf{h}_i^T \mathbf{h}_k = 0$ für $i \neq k$. Für zwei dieser Vektoren kann die positive Richtung willkürlich festgelegt werden. Die positive Richtung des dritten Vektors wird aus der Forderung bestimmt, dass sie ein Rechtssystem bilden:

$$\det \mathbf{A}_H = \det(\mathbf{h}_\mathrm{I}, \mathbf{h}_\mathrm{II}, \mathbf{h}_\mathrm{III}) \stackrel{!}{=} +1$$

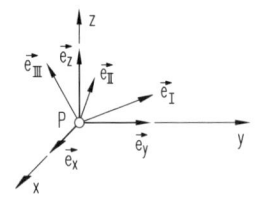

Bild 22.11

Die Matrix A_H, deren Spalten die kartesischen Koordinaten h_k der Einheitsvektoren $\vec{e}_k$ ($k = \mathrm{I, II, III}$) des Hauptachsensystems $\mathbf{e}_H = [\vec{e}_\mathrm{I}, \vec{e}_\mathrm{II}, \vec{e}_\mathrm{III}]^\mathrm{T}$ in P sind (dargestellt im ursprünglichen System), stellt also eine spezielle Drehtransformationsmatrix dar, d. h. es gilt wegen $\mathbf{e} = A_H \mathbf{e}_H$:

$$A_H^\mathrm{T} J^P A_H = \bar{J}^P = \begin{bmatrix} J_\mathrm{I}^P & 0 & 0 \\ 0 & J_\mathrm{II}^P & 0 \\ 0 & 0 & J_\mathrm{III}^P \end{bmatrix}$$

Ist insbesondere der betrachtete Punkt der Schwerpunkt S des Körpers, so spricht man von zentralen Hauptträgheitsmomenten sowie von Hauptzentralachsen.

Zur numerischen Lösung linearer Matrix-Eigenwertprobleme gibt es handelsübliche Mathematik-Software.

Beispiel: Hauptträgheitsmomente und Orientierung der Hauptzentralachsen des Körpers aus dem Beispiel in Abschnitt 22.5

Die Lösung des linearen Eigenwertproblems $(J^S - J^S \mathbf{1})h = o$ mithilfe eines handelsüblichen Mathematik-PC-Programms liefert die Hauptträgheitsmomente

$$J_\mathrm{I}^S = 699{,}93 \varrho l^5; \qquad J_\mathrm{II}^S = 463{,}89 \varrho l^5; \qquad J_\mathrm{III}^S = 293{,}27 \varrho l^5$$

Die Matrix

$$A_H = (h_\mathrm{I}, h_\mathrm{II}, h_\mathrm{III}) = \begin{bmatrix} 0{,}034\,0 & -0{,}153\,6 & -0{,}987\,6 \\ -0{,}021\,9 & 0{,}987\,8 & -0{,}154\,3 \\ 0{,}999\,2 & 0{,}026\,8 & 0{,}030\,2 \end{bmatrix}$$

beinhaltet die Richtungskosinus der einzelnen Hauptrichtungen relativ zum ursprünglichen willkürlich gewählten x, y, z-System (vgl. Bild 22.12).

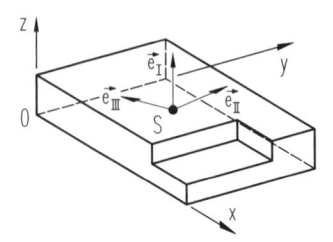

Bild 22.12

22.7 Experimentelle Bestimmung von Trägheitsmomenten

Bei der experimentellen Bestimmung von Massenträgheitsmomenten geht man vom Zusammenhang zwischen Schwingungsdauer (vgl. Kapitel 26) und Massenträgheitsmoment bei Dreh- und Pendelschwingungen aus. Häufig benutzte Verfahren sind:
- Torsions- und Drehschwingungsverfahren, z. B. mit Einstabaufhängung (Bild 22.13) oder bei Mehrfadenaufhängung (Bild 22.14),
- Pendelverfahren, z. B. die Doppelpendelung (Bild 22.15).

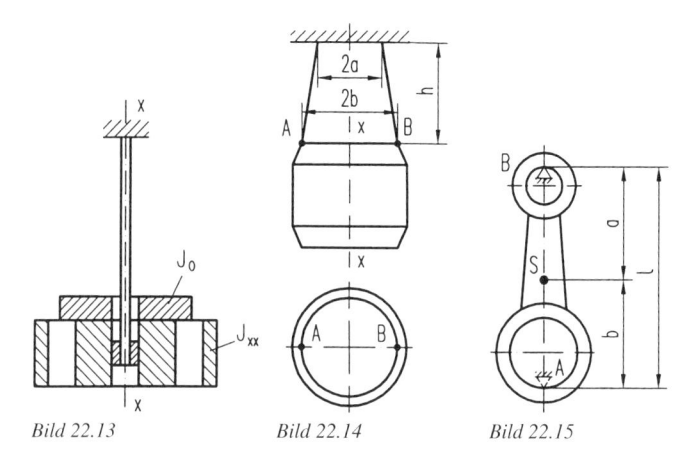

Bild 22.13   *Bild 22.14*   *Bild 22.15*

Torsionsversuch bei Einstabaufhängung: Der zu untersuchende Körper wird an einem Torsionsdraht oder -stab befestigt und die Periodendauer T_1 der angestoßenen Torsionsschwingungen gemessen. Danach wird eine Zusatzscheibe mit bekanntem Massenträgheitsmoment J_0 hinzugefügt und wiederum die Periodendauer gemessen, die jetzt den Wert T_2 hat. Zu beachten ist, dass die wirksame Länge des Torsionsstabes unverändert bleibt. Das gesuchte Massenträgheitsmoment ist dann:

$$J_{xx} = \frac{J_0 T_1^2}{T_2^2 - T_1^2}$$

Drehschwingungsversuch bei Mehrfadenaufhängung: Gemessen wird die Periodendauer T_0 der angestoßenen Drehschwingungen, wobei auf kleine Schwingungsausschläge zu achten ist (Nichtlinearität der Bewegungsgleichung). Günstig ist die Verwendung langer Fäden, damit $h \gg a$ und $h \gg b$ wird. Das Massenträgheitsmoment ergibt sich zu:

$$J_{xx} = \frac{mg}{4\pi^2} T_0^2 \frac{ab}{h}$$

Doppelpendelung: Der Körper, dessen Trägheitsmoment zu bestimmen ist, besitzt zwei Aufhängepunkte A und B. Sein Schwerpunkt liegt auf der Verbindungsgeraden dieser beiden Punkte. T_A ist die Periodendauer bei Pendelung um A, T_B die bei Pendelung um B. Es ergibt sich

$$a = l \frac{T_A^2 - (4\pi^2 l/g)}{T_A^2 + T_B^2 - 2(4\pi^2 l/g)}$$

als Schwerpunktabstand, und das Massenträgheitsmoment J_S bezüglich des Schwerpunktes ist:

$$J_S = \frac{T_B^2}{4\pi^2} mga - ma^2$$

Es ist auf kleine Ausschläge und auf eine hohe Genauigkeit der Zeitmessung (Periodendauern) zu achten.

Weitere Verfahren, insbesondere eines zur Bestimmung aller Elemente des Trägheitstensors, sind in /DH-05/ beschrieben.

23 Kinetik des starren Körpers

23.1 Impuls, Drall, kinetische Energie

Der *Impuls* $\vec{p} = \mathbf{e}^T \mathbf{p}$ eines starren Körpers ist:

$$\vec{p} = \int_K \vec{v}\, \mathrm{d}m = m\vec{v}_S$$

beziehungsweise bez. kartesischer Koordinaten:

$$\mathbf{p} = m \mathbf{v}_S$$

$\vec{v}_S = \mathbf{e}^T \mathbf{v}_S$ Geschwindigkeitsvektor des Körperschwerpunktes bez. eines raumfesten Koordinatensystems
m Masse des Körpers
$\vec{v} = \mathbf{e}^T \mathbf{v}$ Geschwindigkeit des Massenteilchens $\mathrm{d}m$ bezüglich des raumfesten Koordinatensystems

Für die Translation eines Körpers gelten in Bezug auf seinen Schwerpunkt die gleichen Beziehungen wie beim Massenpunkt.

Der *Drall-* oder *Drehimpulsvektor* $\vec{L}^P = \mathbf{e}^T \mathbf{L}^P$ eines starren Körpers bezüglich eines raumfesten Körperpunktes P (hier auch Ursprung des raumfesten x, y, z-Koordinatensystems) ist (Bild 23.1):

$$\vec{L}^P = \int_K \vec{r} \times (\vec{\omega} \times \vec{r})\, \mathrm{d}m$$

Bei Nutzung kartesischer Koordinaten wird daraus:

$$\mathbf{L}^P = \int_K \tilde{\mathbf{r}} \cdot (\tilde{\boldsymbol{\omega}} \mathbf{r})\, \mathrm{d}m = \left(\int_K \tilde{\mathbf{r}}^T \tilde{\mathbf{r}}\, \mathrm{d}m \right) \boldsymbol{\omega}$$

beziehungsweise unter Beachtung der in Abschnitt 22.5 angeführten Definitionsgleichung für die Elemente des Trägheitstensors:

$$L^P = J^P \boldsymbol{\omega}; \quad (P \text{ raumfester Körperpunkt})$$

Analog gilt für den beliebig bewegten Schwerpunkt des Körpers:

$$L^S = J^S \boldsymbol{\omega}; \quad (S \text{ beliebig bewegter Schwerpunkt})$$

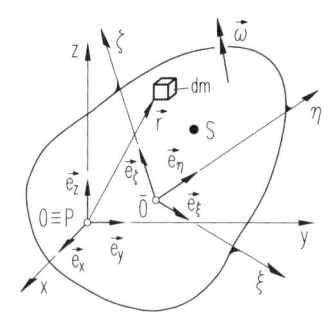

Bild 23.1

Führt man ein körperfestes ξ, η, ζ-System gemäß Bild 23.1 ein, so sind die Komponenten des Trägheitstensors bezüglich dieser körperfesten Richtungen zeitlich konstant. Zerlegt man den bez. P oder S formulierten Drallvektor in die Richtungen der körperfesten Einheitsvektoren $\bar{\mathbf{e}} = [\vec{e}_\xi, \vec{e}_\eta, \vec{e}_\zeta]^T$, also $\vec{L}^{P,S} = \bar{\mathbf{e}}^T \overline{L}^{P,S}$, so gilt:

$$\overline{L}^{P,S} = \overline{J}^{P,S} \overline{\boldsymbol{\omega}}$$

Ausführlich geschrieben:

$$\begin{bmatrix} L_\xi \\ L_\eta \\ L_\zeta \end{bmatrix}_{P,S} = \begin{bmatrix} J_{\xi\xi}^{P,S} \omega_\xi + J_{\xi\eta}^{P,S} \omega_\eta + J_{\xi\zeta}^{P,S} \omega_\zeta \\ J_{\xi\eta}^{P,S} \omega_\xi + J_{\eta\eta}^{P,S} \omega_\eta + J_{\eta\zeta}^{P,S} \omega_\zeta \\ J_{\xi\zeta}^{P,S} \omega_\xi + J_{\eta\zeta}^{P,S} \omega_\eta + J_{\zeta\zeta}^{P,S} \omega_\zeta \end{bmatrix}$$

Bei Drehung um eine raumfeste Achse A, die durch P verläuft und z. B. die Richtung von $\vec{e}_\xi$ hat (das körperfeste System ist willkürlich wählbar), ergibt sich wegen $\overline{\boldsymbol{\omega}} = [\omega_\xi, 0, 0]^T$:

$$\begin{bmatrix} L_\xi \\ L_\eta \\ L_\zeta \end{bmatrix}_P = \begin{bmatrix} J_{\xi\xi}^P \\ J_{\xi\eta}^P \\ J_{\xi\zeta}^P \end{bmatrix} \omega_\xi$$

Für den Fall, dass die ξ-Richtung für den betreffenden Bezugspunkt eine Trägheitshauptachse ist, gilt:

$$L_\xi^P = J_{\xi\xi}^P \omega_\xi = J_A \omega_\xi; \qquad L_\eta^P = L_\zeta^P = 0$$

Sind alle 3 Richtungen des körperfesten Systems Trägheitshauptachsen für den jeweiligen Bezugspunkt (P oder S, d. h. es ist $\vec{e}_\xi = \vec{e}_I$, $\vec{e}_\eta = \vec{e}_{II}$ und

23 Kinetik des starren Körpers

$\vec{e}_\zeta = \vec{e}_{III}$, also $\overline{\mathfrak{e}} = \mathfrak{e}_H$), so ergeben sich die entsprechenden Komponenten des Drallvektors zu:

$$L_\xi^{P,S} = J_I^{P,S} \omega_\xi; \qquad L_\eta^{P,S} = J_{II}^{P,S} \omega_\eta; \qquad L_\zeta^{P,S} = J_{III}^{P,S} \omega_\zeta$$

Für den starren Körper gilt neben dem Schwerpunktsatz (dynamisches Grundgesetz) als weiteres unabhängiges Axiom der Momenten- oder Drallsatz. Im Falle eines raumfesten (nicht bewegten) Körperpunktes P oder für den beliebig bewegten Schwerpunkt S lautet er in Bezug auf raumfeste Richtungen $\mathfrak{e}$:

$$M^{P,S} = \frac{dL^{P,S}}{dt}$$

- Das resultierende Moment aller am freigeschnittenen Körper angreifenden Kräfte und Momente ist gleich der zeitlichen Änderung des Dralls.

Die *allgemeine Bewegung eines Körpers* lässt sich immer als Überlagerung von Translation des Schwerpunktes S und Rotation um S auffassen. Die Absolutgeschwindigkeit eines Massenteilchens dm des Körpers kann dann in kartesischen Koordinaten entsprechend der kinematischen Beziehung

$$v = v_S + \tilde{\omega} l$$

ausgedrückt werden (Bild 23.2). Setzt man diesen Zusammenhang in das Integral $\int_K (v^T v \, dm/2)$ ein, erhält man für die *kinetische Energie*:

$$W_{kin} = W_{kin\,trans} + W_{kin\,rot} = \frac{1}{2} m v_S^T v_S + \frac{1}{2} \omega^T L^S$$
$$= \frac{1}{2} m v_S^2 + \frac{1}{2} \omega^T J^S \omega = \frac{1}{2} m v_S^2 + \frac{1}{2} \overline{\omega}^T \overline{J}^S \overline{\omega}$$

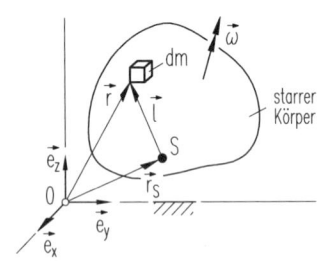

Bild 23.2

Zu $W_{kin\,trans}$ ist zu sagen, dass für die Translation des Schwerpunktes eines Körpers die Beziehungen des Massenpunktes gelten.

$W_{kin\,rot}$ ergibt sich als Skalarprodukt von Drall- und Drehgeschwindigkeitsvektor.

Die kinetische Energie der Rotation um eine richtungstreue Achse A, die durch den Schwerpunkt verläuft, ist:

$$W_{\text{kin rot}} = \frac{1}{2} J_A \omega^2$$

J_A Massenträgheitsmoment bez. Achse A durch S
ω Drehgeschwindigkeit

Sind die körperfesten Koordinatenrichtungen Hauptzentralachsen, dann ergibt sich für die kinetische Energie der Rotation:

$$W_{\text{kin rot}} = \frac{1}{2} \left(J_I^S \omega_\xi^2 + J_{II}^S \omega_\eta^2 + J_{III}^S \omega_\zeta^2 \right)$$

Beispiel: Physikalisches Pendel (Bild 23.3)

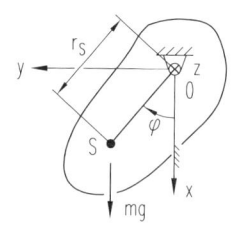

Bild 23.3

Nach dem *Momentensatz* ergibt sich für das physikalische Pendel bezüglich des raumfesten Punktes O und der raumfesten Richtung $\vec{e}_z$:

$$M_z^O = \frac{dL_z^O}{dt} = J_{zz}^O \dot{\omega}_z = J_{zz}^O \ddot{\varphi}$$

Das Moment der äußeren Kräfte um die z-Achse ergibt sich als das Moment der Gewichtskraft mg zu:

$$M_z^O = -m g r_S \sin \varphi$$

r_S Schwerpunktabstand von der z-Achse

Damit folgt als Bewegungsgleichung für die Koordinate φ des physikalischen Pendels:

$$J_{zz}^O \ddot{\varphi} + m g r_S \sin \varphi = 0$$

Für kleine Ausschläge gilt $\sin \varphi \approx \varphi$, und damit wird die Periodendauer des physikalischen Pendels:

$$T = 2\pi \sqrt{\frac{J_{zz}^O}{m g r_S}}$$

Beispiel: Berechnung der kinetischen Energie eines Kreiskegels (Bild 23.4)

Die kinetische Energie eines Kreiskegels, dessen Spitze A an der z-Achse drehbar befestigt ist und dessen Grundkreis auf einer horizontalen Fläche abrollt, soll berechnet werden. Die Symmetrieachse des Kegels ist der x, y-Ebene parallel. Der Kegel hat

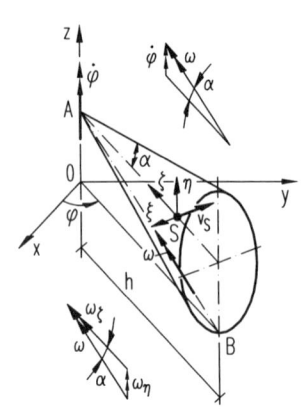

Bild 23.4

einen Grundkreisradius R, eine Masse m und einen Öffnungswinkel 2α. Der Schwerpunktabstand von der Spitze ist $(3/4)h$. Die Bewegung des Kreiskegels im raumfesten x, y, z-System wird durch die Angabe von φ und $\dot\varphi$ gekennzeichnet. Um die kinetische Energie der Bewegung des Kegels berechnen zu können, wird ein körperfestes Koordinatensystem benötigt, dessen Ursprung der Schwerpunkt S ist. Das ist deshalb notwendig, weil die Bewegung des Kreiskegels eine allgemeine Bewegung dieses Körpers mit einer Translation des Schwerpunktes und einer Drehung um den Schwerpunkt ist. Demzufolge wird gelten:

$$W_{kin} = W_{kin\,trans} + W_{kin\,rot} \tag{1}$$

Dieses körperfeste Koordinatensystem wird dann ein Hauptachsensystem, wenn die Achse des Kreiskegels (Symmetrieachse) eine Koordinatenachse ist. Diese Achse soll die ζ-Achse sein. Die Achsen ξ und η werden so gewählt, dass sie auf der ζ-Achse senkrecht stehen und das körperfeste Koordinatensystem ein Rechtssystem ist.

Wenn der Kegel auf seinem Grundkreis in der x, y-Ebene rollt, dann wird die Mantellinie AB des Kegels die momentane Drehachse sein. Der Zusammenhang zwischen den Geschwindigkeiten $\dot\varphi$ und ω, der Winkelgeschwindigkeit um die momentane Drehachse, ist

$$\sin\alpha = \frac{\dot\varphi}{\omega} \quad \text{oder} \quad \omega = \frac{\dot\varphi}{\sin\alpha} \tag{2}$$

Die Komponenten der Drehgeschwindigkeit $\overline{\omega}$ in den Hauptachsenrichtungen sind:

$$\omega_\xi = 0 \tag{3}$$
$$\omega_\eta = \omega \sin\alpha = \dot\varphi \tag{4}$$
$$\omega_\zeta = \omega \cos\alpha = \dot\varphi \cot\alpha \tag{5}$$

Die Schwerpunktgeschwindigkeit v_S ergibt sich zu:

$$v_S = \frac{3}{4}h\dot\varphi \tag{6}$$

Diese Beziehung ergibt sich aus der Kreisbewegung, die der Schwerpunkt um die z-Achse ausführt.

Der Anteil der kinetischen Energie aus der *Translation* ist:

$$W_{\text{kin trans}} = \frac{1}{2}mv_S^2 = \frac{1}{2}m\left(\frac{3}{4}h\dot\varphi\right)^2 \tag{7}$$

Die kinetische Energie der *Rotation* ist unter Beachtung, dass das ξ, η, ζ-System hier ein Hauptachsensystem darstellt:

$$\begin{aligned}W_{\text{kin rot}} &= \frac{1}{2}(J_{\xi\xi}^S\omega_\xi^2 + J_{\eta\eta}^S\omega_\eta^2 + J_{\zeta\zeta}^S\omega_\zeta^2) \\ &= \frac{1}{2}(J_{\eta\eta}^S\dot\varphi^2 + J_{\zeta\zeta}^S\dot\varphi^2\cot^2\alpha)\end{aligned} \tag{8}$$

Es sind noch die Trägheitsmomente $J_{\eta\eta}^S$ und $J_{\zeta\zeta}^S$ zu bestimmen. Nach *Anlage D4* gilt:

$$J_{\xi\xi}^S = J_{\eta\eta}^S = \frac{3}{20}m\left(R^2 + \frac{1}{4}h^2\right) \tag{9}$$

$$J_{\zeta\zeta}^S = \frac{3}{10}mR^2 \tag{10}$$

Die kinetische Energie der Bewegung des Kreiskegels ergibt sich nach (1) zu:

$$\begin{aligned}W_{\text{kin}} &= \frac{1}{2}m\left(\frac{3}{4}h\dot\varphi\right)^2 + \frac{1}{2}\frac{3}{20}m\left(R^2 + \frac{1}{4}h^2\right)\dot\varphi^2 + \frac{1}{2}\frac{3}{10}mR^2\cot^2\alpha\,\dot\varphi^2 \\ &= m\dot\varphi^2\left(\frac{9}{32}h^2 + \frac{3}{40}R^2 + \frac{3}{160}h^2 + \frac{3}{20}R^2\cot^2\alpha\right)\end{aligned} \tag{11}$$

Mit

$$R = h\tan\alpha \quad \text{bzw.} \quad \cot\alpha = h/R \tag{12}$$

wird (11) zu:

$$\begin{aligned}W_{\text{kin}} &= mh^2\dot\varphi^2\left(\frac{9}{32} + \frac{3}{40}\tan^2\alpha + \frac{3}{160} + \frac{3}{20}\right) \\ &= mh^2\dot\varphi^2\frac{3}{40}(6 + \tan^2\alpha)\end{aligned} \tag{13}$$

23.2 Drehung um eine feste Achse, Fliehkraft, Euler'sche dynamische Gleichungen

Bei der Drehung eines starren Körpers um eine feste Achse (Bild 23.5) sei die z-Achse die Drehachse. Dann gilt:

$$\boldsymbol{\omega} = \overline{\boldsymbol{\omega}} = [0, 0, \dot\varphi]^T$$

Mit der Drehtransformationsmatrix

$$A = \begin{bmatrix} \cos\varphi & -\sin\varphi & 0 \\ \sin\varphi & \cos\varphi & 0 \\ 0 & 0 & 1 \end{bmatrix}$$

ergibt sich für den Drall (Punkt $O \equiv \overline{O}$ ist raumfester Körperpunkt):

$$\boldsymbol{L}^O = \begin{bmatrix} L_x^O \\ L_y^O \\ L_z^O \end{bmatrix} = \boldsymbol{A}\overline{\boldsymbol{L}}^O = \boldsymbol{A}\overline{\boldsymbol{J}}^O \overline{\omega} = \begin{bmatrix} J_{\xi\zeta}^O \cos\varphi - J_{\eta\zeta}^O \sin\varphi \\ J_{\xi\zeta}^O \sin\varphi + J_{\eta\zeta}^O \cos\varphi \\ J_{\zeta\zeta}^O \end{bmatrix} \dot{\varphi}^2$$

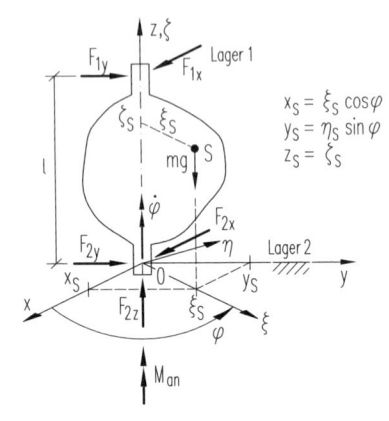

Bild 23.5

Der Momentenvektor der am freigeschnittenen Rotor angreifenden Kräfte ist bei Vernachlässigung von Reibung (Bild 23.5):

$$\boldsymbol{M}^O = \begin{bmatrix} M_x^O \\ M_y^O \\ M_z^O \end{bmatrix} = \begin{bmatrix} -mgy_S - F_{1y}l \\ mgx_S + F_{1x}l \\ M_{\text{an}} \end{bmatrix} = \begin{bmatrix} -mg\xi_S \cos\varphi - F_{1y}l \\ mg\xi_S \sin\varphi + F_{1x}l \\ M_{\text{an}} \end{bmatrix}$$

Damit liefert der Momentensatz:

$$\begin{bmatrix} -mg\xi_S \cos\varphi - F_{1y}l \\ mg\xi_S \sin\varphi + F_{1x}l \\ M_{\text{an}} \end{bmatrix} = \begin{bmatrix} J_{\xi\zeta}^O \cos\varphi - J_{\eta\zeta}^O \sin\varphi \\ J_{\xi\zeta}^O \sin\varphi + J_{\eta\zeta}^O \cos\varphi \\ J_{\zeta\zeta}^O \end{bmatrix} \ddot{\varphi}$$

$$+ \begin{bmatrix} -J_{\xi\zeta}^O \sin\varphi - J_{\eta\zeta}^O \cos\varphi \\ J_{\xi\zeta}^O \cos\varphi - J_{\eta\zeta}^O \sin\varphi \\ 0 \end{bmatrix} \dot{\varphi}^2$$

Weiterhin gilt nach dem Schwerpunktsatz:

$$\begin{bmatrix} F_{1x} + F_{2x} \\ F_{1y} + F_{2y} \\ F_{2z} - mg \end{bmatrix} = m \cdot \begin{bmatrix} \ddot{x}_S \\ \ddot{y}_S \\ \ddot{z}_S \end{bmatrix} = m\xi_S \cdot \begin{bmatrix} -\ddot{\varphi}\sin\varphi - \dot{\varphi}^2 \cos\varphi \\ \ddot{\varphi}\cos\varphi - \dot{\varphi}^2 \sin\varphi \\ 0 \end{bmatrix}$$

Es stehen also 6 Gleichungen für 6 Unbekannte zur Verfügung. Das sind zunächst die 5 Lagerkräfte F_{1x}, F_{1y}, F_{2x}, F_{2y}, F_{2z} sowie im Falle des vorgegebenen

23.2 Drehung um eine feste Achse, Fliehkraft, Euler'sche Gleichungen

Antriebsmomentes M_{an} die Drehbewegung $\varphi(t)$ bzw. bei vorgegebenem $\varphi(t)$ das dafür erforderliche Antriebsmoment M_{an}.

Die *Fliehkraft* oder *Zentrifugalkraft* eines starren Körpers, der sich um eine feste, aber nicht durch den Schwerpunkt gehende Achse dreht, ist gleich der Summe der Fliehkräfte aller Massenteilchen dm:

$$F_f = \int r\omega^2 \, dm = \omega^2 \int r \, dm = \omega^2 r_S m = \frac{m v_S}{r_S}$$

r senkrechter Abstand der Massenteilchen dm von der Drehachse
r_S senkrechter Abstand des Schwerpunktes der Masse m von der Drehachse
v_S Geschwindigkeit des Schwerpunktes

Die Fliehkraft steht senkrecht auf der Drehachse. Ihre Wirkungslinie braucht nicht durch den Schwerpunkt zu gehen (siehe Beispiel).

Beispiel: Rotierender Stab (Bild 23.6)

Ein Stab von der Länge l und der Masse $m = \mu l$ ist drehbar aufgehängt. Er rotiert um die x-Achse mit der konstanten Drehgeschwindigkeit ω und wird durch die dabei entstehende Fliehkraft F_f um den Winkel φ gegenüber der Vertikalen ausgelenkt. Nach Abklingen von Anfangsstörungen stellt sich eine Gleichgewichtslage ein, für die $\dot{\varphi} \equiv 0$ gilt, d.h., es befindet sich dann das Moment der Gewichtskraft mg bezüglich der horizontalen Drehachse des Lagers und das der Fliehkraft F_f um die gleiche Achse im Gleichgewicht.

Zu berechnen ist die Fliehkraft F_f, die Lage der Wirkungslinie x_f von F_f und der sich einstellende Winkel $\varphi = \varphi(\omega)$.

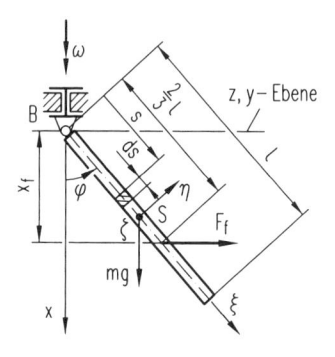

Bild 23.6

Die Fliehkraft F_f ergibt sich als Summe der Fliehkräfte der einzelnen Massenteilchen dm:

$$F_f = \omega^2 \int_0^l s \sin\varphi \cdot \mu \, ds$$

wobei für das Massenteilchen d$m = \mu \, ds$ gesetzt wurde.

Die Ausrechnung des Integrals ergibt die Fliehkraft F_f:

$$F_\text{f} = \omega^2 \mu \frac{l^2}{2} \sin\varphi = \omega^2 m \frac{l}{2} \sin\varphi$$

Das Moment der Fliehkraft F_f um die horizontale Drehachse muss als Summe der Fliehkräfte der Massenteilchen $\text{d}m$ berechnet werden. Es wird:

$$\begin{aligned} M_\text{f}^B &= \int_0^l \omega^2 \mu \sin\varphi \cos\varphi\, s^2\, \text{d}s = \omega^2 \mu \sin\varphi \cos\varphi \frac{l^3}{3} \\ &= \frac{l^2}{3} \omega^2 m \sin\varphi \cos\varphi = \frac{2}{3} F_\text{f} l \cos\varphi \stackrel{!}{=} F_\text{f} \cdot x_\text{f} \end{aligned}$$

Daraus folgt die Lage der Wirkungslinie der Fliehkraft x_f:

$$x_\text{f} = \frac{2}{3} l \cos\varphi$$

Das Moment der Gewichtskraft mg ist:

$$M_g^B = -mg \frac{l}{2} \sin\varphi$$

Aus dem Momentengleichgewicht $M_\text{f}^B + M_g^B = 0$ ergibt sich der Winkel φ:

$$\cos\varphi = \frac{3g}{2l\omega^2}$$

Transformiert man den entweder für einen raumfesten Körperpunkt P oder für den beliebig bewegten Schwerpunkt S bezüglich raumfester Richtungen gültigen Momentensatz (vgl. Abschnitt 23.1) auf ein körperfestes (und damit mitbewegtes) ξ, η, ζ-System, so erhält man:

$$\overline{\boldsymbol{M}}^{P,S} = \overline{\boldsymbol{J}}^{P,S} \dot{\overline{\boldsymbol{\omega}}} + \tilde{\overline{\boldsymbol{\omega}}}\, \overline{\boldsymbol{J}}^{P,S} \overline{\boldsymbol{\omega}}$$

Diese Form hat den Vorteil, dass die Elemente des Trägheitstensors $\overline{\boldsymbol{J}}^{P,S}$ zeitlich konstant sind. Das resultierende Moment der am freigeschnittenen Körper angreifenden Kräfte und Momente muss hierbei natürlich auch für die Richtungen $\overline{\boldsymbol{e}} = [\vec{e}_\xi, \vec{e}_\eta, \vec{e}_\zeta]^\text{T}$ aufgeschrieben werden:

$$\overline{\boldsymbol{M}}^{P,S} = [M_\xi^{P,S}, M_\eta^{P,S}, M_\zeta^{P,S}]^\text{T}$$

Ist das körperfeste System zudem noch ein Hauptachsensystem ($\overline{\boldsymbol{e}} = \boldsymbol{e}_\text{H}$), so nehmen die Gleichungen eine besonders einfache Form an. Sie werden als die EULER'*schen dynamischen Gleichungen* oder auch als EULER'*sche Kreiselgleichungen* bezeichnet:

$$\begin{aligned} M_\xi^{P,S} &= J_\text{I}^{P,S} \dot\omega_\xi + (J_\text{III}^{P,S} - J_\text{II}^{P,S}) \omega_\eta \omega_\zeta \\ M_\eta^{P,S} &= J_\text{II}^{P,S} \dot\omega_\eta + (J_\text{I}^{P,S} - J_\text{III}^{P,S}) \omega_\zeta \omega_\xi \\ M_\zeta^{P,S} &= J_\text{III}^{P,S} \dot\omega_\zeta + (J_\text{II}^{P,S} - J_\text{I}^{P,S}) \omega_\eta \omega_\xi \end{aligned}$$

Wegen dieser relativ einfachen Form formuliert man die Momentengleichungen zweckmäßigerweise bezüglich der körperfesten (Haupt-)Richtungen,

23.2 Drehung um eine feste Achse, Fliehkraft, Euler'sche Gleichungen 391

wogegen die Kraftgleichungen (Schwerpunktsatz) bevorzugt bezüglich raumfester Richtungen aufgeschrieben werden (von Sonderfällen abgesehen, vgl. folgendes Beispiel).

Beispiel: Berechnung der Mahlkraft eines Kollerganges

An einer masselosen waagerechten Achse OS, die sich um die senkrechte Achse durch O sowie um sich selbst drehen kann (Bild 23.7), ist ein Mühlstein der Masse m befestigt. Für konstant vorausgesetzte Winkelgeschwindigkeit Ω ist die Mahlkraft (Normalkraft F_N) zwischen Mühlstein und Unterlage zu berechnen. Es wird für die Mittelebene des als homogenen Kreiszylinder anzusehenden Mühlsteins reines Rollen angenommen.

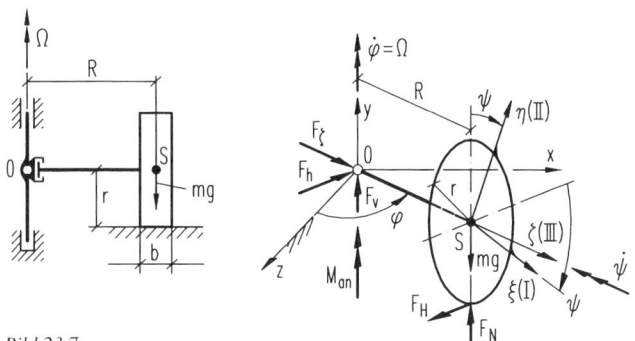

Bild 23.7

Die rechte Darstellung in Bild 23.7 zeigt den freigeschnitten Körper sowie die eingeführten Koordinaten zur Beschreibung seiner Bewegung.

Zunächst sind einige kinematische Zusammenhänge aus dem Bild abzuleiten. Als Abrollbedingung gilt (die Geschwindigkeit des augenblicklichen Auflagepunktes ist gleich null):

$R\dot\varphi - r\dot\psi = 0$

Da sich der Schwerpunkt S auf einer Kreisbahn mit dem Radius R bewegt, wird zweckmäßigerweise die Beschleunigung von S in Zylinderkoordinaten angeschrieben:

$$\boldsymbol{a}_{Szyl} = \begin{bmatrix} a_R \\ a_\varphi \\ a_y \end{bmatrix}_S = \begin{bmatrix} -R\dot\varphi^2 \\ R\ddot\varphi \\ 0 \end{bmatrix} = -R\Omega^2 \cdot \begin{bmatrix} 1 \\ 0 \\ 0 \end{bmatrix}$$

Die Koordinaten des Drehgeschwindigkeitsvektors bezüglich der körperfesten Hauptrichtungen $\vec{e}_\xi, \vec{e}_\eta, \vec{e}_\zeta$ sind ($\vec{\omega} = \bar{\boldsymbol{e}}^T \bar{\boldsymbol{\omega}}$):

$$\bar{\boldsymbol{\omega}} = \begin{bmatrix} \omega_\xi \\ \omega_\eta \\ \omega_\zeta \end{bmatrix} = \begin{bmatrix} -\dot\varphi \sin\psi \\ \dot\varphi \cos\psi \\ -\dot\psi \end{bmatrix} = \Omega \cdot \begin{bmatrix} -\sin\psi \\ \cos\psi \\ -R/r \end{bmatrix}$$

Differenziation nach der Zeit liefert:
$$\dot{\vec{\omega}} = \begin{bmatrix} \dot{\omega}_\xi \\ \dot{\omega}_\eta \\ \dot{\omega}_\zeta \end{bmatrix} = -\Omega^2 \frac{R}{r} \cdot \begin{bmatrix} \cos\psi \\ \sin\psi \\ 0 \end{bmatrix}$$

Nunmehr können Schwerpunktsatz und die EULER'schen Kreiselgleichungen aufgestellt werden:

$$F_\zeta = -mR\Omega^2; \qquad F_\mathrm{h} - F_\mathrm{H} = 0; \qquad F_\mathrm{v} - mg + F_\mathrm{N} = 0$$

$$M_\xi^S \equiv -(M_\mathrm{an} - F_\mathrm{h} \cdot R)\sin\psi + F_\mathrm{v} \cdot R\cos\psi$$
$$= -J_\mathrm{I}^S \Omega^2 \frac{R}{r}\cos\psi - \left(J_\mathrm{III}^S - J_\mathrm{II}^S\right)\Omega^2 \frac{R}{r}\cos\psi$$

$$M_\eta^S \equiv (M_\mathrm{an} - F_\mathrm{h} \cdot R)\cos\psi + F_\mathrm{v} \cdot R\sin\psi$$
$$= -J_\mathrm{II}^S \Omega^2 \frac{R}{r}\sin\psi + \left(J_\mathrm{I}^S - J_\mathrm{III}^S\right)\Omega^2 \frac{R}{r}\sin\psi$$

$$M_\zeta^S \equiv -F_\mathrm{H} \cdot r = -\left(J_\mathrm{II}^S - J_\mathrm{I}^S\right)\Omega^2 \sin\psi \cos\psi$$

Für die Massenträgheitsmomente des homogenen Kreiszylinders gilt (vgl. zweites Beispiel in Abschnitt 22.4):

$$J_\mathrm{I}^S = J_\mathrm{II}^S = \frac{mr^2}{4}\cdot\left[1 + \frac{1}{3}\left(\frac{b}{r}\right)^2\right]; \qquad J_\mathrm{III}^S = \frac{mr^2}{2}$$

(Die hier getroffene Zuordnung $\vec{e}_\xi = \vec{e}_\mathrm{I}$, $\vec{e}_\eta = \vec{e}_\mathrm{II}$, $\vec{e}_\zeta = \vec{e}_\mathrm{III}$ kann der in Abschnitt 22.6 vorgenommenen Reihung der Hauptträgheitsmomente wegen des nicht konkret festgelegten Verhältnisses b/r widersprechen.)

Setzt man die Ausdrücke für die Massenträgheitsmomente in obige Gleichungen ein, so ergibt die Auflösung des Gleichungssystems nach den Unbekannten:

$$F_\mathrm{H} = F_\mathrm{h} = 0; \qquad F_\zeta = -mR\Omega^2; \qquad M_\mathrm{an} = 0$$
$$F_\mathrm{v} = -\frac{1}{2}mr\Omega^2; \qquad F_\mathrm{N} = mg\cdot\left(1 + \frac{r\Omega^2}{2g}\right)$$

23.3 Kreiselbewegung

Ein *Kreisel* ist ein starrer Körper, der bezüglich eines raumfesten Punktes eine räumliche Drehbewegung ausführen kann. Eine Bewegung, bei der sich ein starrer Körper um eine feste Achse dreht (vgl. dazu 23.2), kann auch als (eine spezielle) Kreiselbewegung aufgefasst werden.

Freie Achsen sind Hauptträgheitsachsen durch den Schwerpunkt. Nur um sie ist eine gleichförmige Drehung ohne Einwirkung äußerer Kräfte möglich. Drehungen um die Achsen mit dem größten bzw. kleinsten Trägheitsmoment sind stabil.

Einen *symmetrischen Kreisel* nennt man einen Körper, der dynamisch symmetrisch ist; er braucht nicht geometrisch symmetrisch zu sein. Dynamisch symmetrisch ist ein Körper, der zwei Hauptachsen durch den Schwerpunkt mit dem gleichen Trägheitsmoment hat. Dann sind alle Achsen, die in der Ebene

23.3 Kreiselbewegung

der beiden ausgezeichneten Hauptachsen liegen, ebenfalls Hauptachsen mit dem gleichen Trägheitsmoment. Die so gebildete Ebene heißt *Äquatorebene*. Die auf der Äquatorebene senkrecht stehende und durch den Schwerpunkt S verlaufende Achse ist gleichfalls eine Haupträgheitsachse und heißt *Figurenachse*.

Ein *kräftefreier Kreisel* ist ein Kreisel, auf den keine Kräfte und Momente einwirken, die seine Bewegung verändern können. Der Schwerpunkt stimmt mit dem Stützpunkt überein (Bild 23.8a).

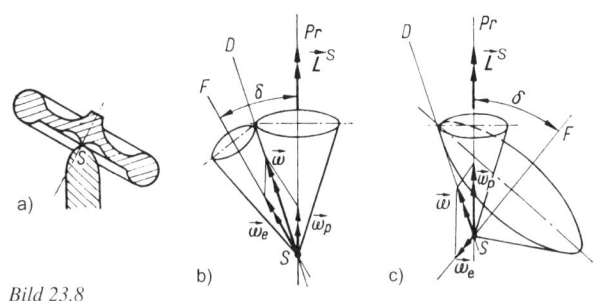

Bild 23.8
a) kräftefreier symmetrischer Kreisel; b) epiklische Bewegung ($J_I < J_{III}$); c) periklische Bewegung ($J_I > J_{III}$); D momentane Drehachse, F Figurenachse, Pr Präzessionsachse, S Schwerpunkt

Als *reguläre Präzession oder Nutation des kräftefreien Kreisels* wird eine Rotation um die Figurenachse F mit der Drehgeschwindigkeit $\omega_e =$ konst. (Eigendrehung) verstanden, wobei sich die Figurenachse mit einer Drehgeschwindigkeit $\omega_p =$ konst. (Präzessionsdrehung) um eine raumfeste Achse – die Präzessionsachse Pr – dreht (Bild 23.8b und 23.8c). Die von Präzessionsachse und Figurenachse aufgespannte Ebene heißt Präzessionsebene. In ihr liegt die momentane Drehachse D mit dem Drehgeschwindigkeitsvektor $\vec{\omega}$.

Gemäß Momentensatz (vgl. Abschnitt 23.1) ist der Drallvektor wegen $\vec{M}_S \equiv \vec{0}$ konstant, d. h. $\vec{L}^S = \vec{L}_0^S$. Wird das raumfeste Koordinatensystem $\{S; \mathbf{e}\}$ so definiert, dass die x-Richtung mit der Richtung des konstanten Drallvektors übereinstimmt, und wird weiterhin für das körperfeste Hauptachsensystem $\mathbf{e}_H = \bar{\mathbf{e}}$ vereinbart (auf die in Abschnitt 22.6 getroffene Reihung der Haupträgheitsmomente werde hier verzichtet), so gilt entsprechend Bild 23.9a bzw. 23.9b:

$$\vec{\omega} = \bar{\mathbf{e}}^T \bar{\boldsymbol{\omega}} = \omega_\xi \vec{e}_\xi + \omega_\eta \vec{e}_\eta + \omega_\zeta \vec{e}_\zeta = \omega_\xi \vec{e}_1 + \overset{*}{\omega}\vec{e}_E = \omega_e \vec{e}_1 + \omega_p \vec{e}_x$$

Der Vektor $\vec{e}_E$ kennzeichnet dabei die durch $\omega_\eta \vec{e}_{II} + \omega_\zeta \vec{e}_{III}$ definierte Richtung in der Äquatorebene. Mit $J_{II}^S = J_{III}^S$ und $\vec{M}^S \equiv \vec{0}$ folgt aus den EULER'schen Kreiselgleichungen (vgl. Abschnitt 23.2) $\omega_\xi = \omega_{\xi 0} =$ konst. und $\omega_\eta^2 + \omega_\zeta^2 =$ konst. $= \overset{*}{\omega}^2$, weshalb auch $|\vec{\omega}| =$ konst. ist.

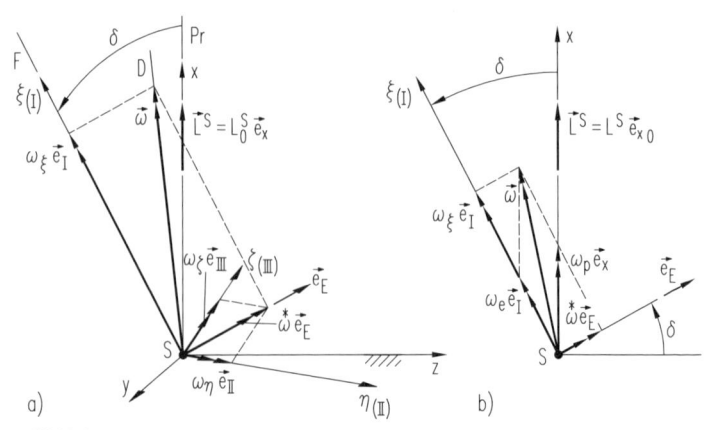

Bild 23.9

Wegen $\vec{e}_x = \cos\delta \cdot \vec{e}_I + \sin\delta \cdot \vec{e}_E$ ergeben sich aus obiger Vektorgleichung für $\vec{\omega}$ die beiden Beziehungen:

$$\omega_{\xi 0} = \omega_e + \omega_p \cos\delta; \qquad \overset{*}{\omega} = \omega_p \sin\delta,$$

woraus

$$\omega_e = \omega_{\xi 0} - \frac{\overset{*}{\omega}}{\tan\delta}$$

folgt.

Der Drallvektor liegt in der Präzessionsachse, sodass

$$\vec{L}^S = L_0^S \vec{e}_x = L_0^S \cdot (\cos\delta \cdot \vec{e}_I + \sin\delta \cdot \vec{e}_E) = J_I^S \omega_{\xi 0} \cdot \vec{e}_I + J_{III}^S \overset{*}{\omega} \cdot \vec{e}_E$$

gilt. Das liefert:

$$\left.\begin{array}{l} L_0^S \cos\delta = J_I^S \omega_{\xi 0} \\ L_0^S \sin\delta = J_{III}^S \overset{*}{\omega} \end{array}\right\} \Rightarrow \overset{*}{\omega} = \frac{J_I^S}{J_{III}^S} \omega_{\xi 0} \tan\delta$$

Damit lassen sich die Drehgeschwindigkeiten ω_e und ω_p gemäß

$$\omega_e = \omega_{\xi 0} \cdot \left(1 - \frac{J_I^S}{J_{III}^S}\right); \qquad \omega_p = \frac{\omega_{\xi 0}}{\cos\delta} \cdot \frac{J_I^S}{J_{III}^S}$$

angeben, woraus sich der Zusammenhang

$$J_I^S \omega_e = (J_{III}^S - J_I^S) \cos\delta \cdot \omega_p$$

ableitet, d. h. die Richtung der momentanen Drehachse wird durch die Größe der Hauptträgheitsmomente und durch die Anfangsbedingungen bestimmt.

Figuren- und Drehachse beschreiben Kreiskegel. Es werden *epizyklische* (Bild 23.8b) und *perizyklische* (Bild 23.8c) Bewegung je nach Größe von J_I^S und J_{III}^S unterschieden.

Bei der *erzwungenen regulären Präzession* ($\delta =$ konst.) wirkt auf den Kreisel ein äußeres Moment. Dann fällt der Drallvektor im Allgemeinen nicht mehr in die raumfeste Präzessionsachse. Ein auf dem Drallvektor $\vec{L}^S$ senkrecht stehendes Moment $\vec{M}^S$ der äußeren Kräfte bewirkt, dass ein sich mit ω_e um seine Figurenachse rotierender Kreisel mit der Drehgeschwindigkeit ω_p um die raumfeste Präzessionsachse dreht, wobei δ der (konstante) Winkel zwischen $\vec{\omega}_e$ und $\vec{\omega}_p$ ist.

Die Drehträgheit des Kreisels ruft das Kreiselmoment

$$\vec{M}_k = \vec{L}^S \times \vec{\omega}_p = -\left[J_{\mathrm{I}}^S \omega_e + (J_{\mathrm{I}}^S - J_{\mathrm{III}}^S)\omega_p \cos\delta\right] \omega_p \sin\delta \cdot (\vec{e}_E \times \vec{e}_{\mathrm{I}})$$

hervor, welches mit dem Moment der äußeren Kräfte am freigeschnittenen Kreisel im Gleichgewicht steht:

$$\vec{M}_k + \vec{M}^S = \vec{0}$$

Nach dem Satz vom gleichsinnigen Parallelismus der Drehachsen (FOUCAULT) will das Kreiselmoment die Figurenachse mit der Präzessionsachse gleichsinnig zur Deckung bringen.

Ein *schneller Kreisel* (Bild 23.10) ist ein Kreisel, der mit hoher Winkelgeschwindigkeit ω_e um eine Achse rotiert, die nahe der Figurenachse liegt. Das Kreiselmoment $\vec{M}_k$ für einen schnellen Kreisel ($\omega_e \gg \omega_p$) ergibt sich in erster Näherung zu:

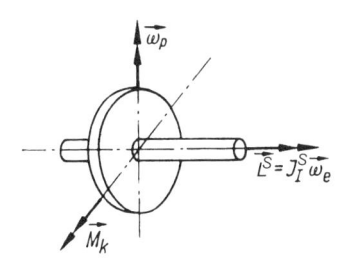

$$\vec{M}_k \approx J_{\mathrm{I}}^S (\vec{\omega}_e \times \vec{\omega}_p)$$

Bild 23.10

Liegt der Schwerpunkt des Kreisels nicht mehr im Stützpunkt, dann spricht man vom *schweren Kreisel*. Stützpunkt O und Schwerpunkt S liegen aber weiterhin auf der Figurenachse, wobei der Stützpunkt O beschleunigungsfrei vorausgesetzt wird. Die Schwerkraft mg erzeugt das äußere Moment bez. des Stützpunktes O.

Beispiel: Schief aufgekeiltes Schwungrad (Bild 23.11)

Die Berechnung der Lagerbelastungen $\boldsymbol{F}_1^* = [0, F_{1y*}, F_{1z*}]^T$ und $\boldsymbol{F}_2^* = [F_{2x*}, F_{2y*}, F_{2z*}]^T$ bei einem schief aufgekeilten Schwungrad ist ein Problem, das als Drehung eines starren Körpers um eine feste Achse (vgl. 23.2) oder als Beispiel zur Kreiselbewegung (vgl. 23.3) aufgefasst werden kann. Das x^*, y^*, z^*-System ist ein mitrotierendes körperfestes, aber kein Hauptsystem.

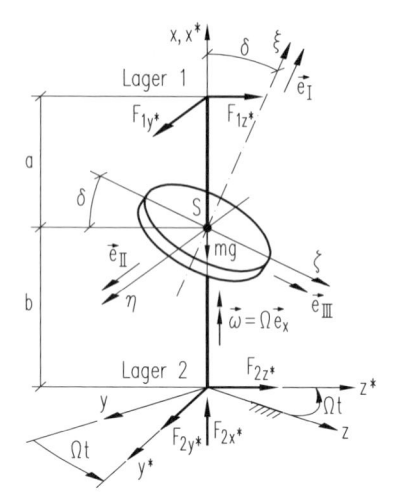

Bild 23.11

1. Fall: Berechnung als Drehung eines starren Körpers um eine feste Achse

Das Bezugssystem, dessen Ursprung im Schwerpunkt S liegt, ist ein Hauptachsensystem. Deshalb werden zur Berechnung die EULER'schen dynamischen Gleichungen angewendet.

Das Schwungrad wird als eine mit Masse belegte Kreisscheibe aufgefasst. Dadurch ergeben sich die Trägheitsmomente (siehe *Anlage D4*) zu:

$$J_\mathrm{I}^S = \frac{1}{2} m r^2 \quad \text{und} \quad J_\mathrm{II}^S = J_\mathrm{III}^S = \frac{1}{4} m r^2$$

Die Koordinaten $\overline{\omega}$ des Drehgeschwindigkeitsvektors $\vec{\omega}$ bez. des körperfesten Hauptachsensystems $\mathfrak{e}_\mathrm{H} = \overline{\vec{e}}$ (vgl. Bild 23.12) sind:

$$\overline{\omega} = [\omega_\xi, \omega_\eta, \omega_\zeta]^\mathrm{T} = [\Omega \cos \delta, 0, -\Omega \sin \delta]^\mathrm{T}$$

Die Scheibe dreht sich mit einer konstanten Winkelgeschwindigkeit Ω um die x-Achse. Deshalb gilt:

$$\dot{\overline{\omega}} = o \quad \text{und} \quad \overline{J}^S \dot{\overline{\omega}} = o$$

Aus den EULER'schen dynamischen Gleichungen ergibt sich:

$$M_\xi^S = 0$$

$$M_\eta^S = -(J_\mathrm{I}^S - J_\mathrm{III}^S)\Omega^2 \sin \delta \cos \delta = -\frac{m r^2}{4} \Omega^2 \sin \delta \cos \delta$$

$$M_\zeta^S = 0$$

Die Momente $\overline{M}^S = [M_\xi^S, M_\eta^S, M_\zeta^S]^\mathrm{T}$ resultieren aus den am freigeschnittenen Körper angreifenden Kräften. Im vorliegenden Fall sind die Lagerkräfte $\boldsymbol{F}_1^*$ und $\boldsymbol{F}_2^*$ sowie die Schwerkraft mg die am Körper angreifenden äußeren Kräfte. Für das Gleichgewicht

23.3 Kreiselbewegung

der Kräfte gilt:

$$x \uparrow\ : 0 = F_{2x*} - mg \tag{1}$$
$$y \nearrow\ : 0 = F_{1y*} + F_{2y*} \tag{2}$$
$$z \rightarrow\ : 0 = F_{1z*} + F_{2z*} \tag{3}$$

Aus den Gln. (1) bis (3) folgt:

$$F_{2x*} = mg \tag{1a}$$
$$F_{1y*} = -F_{2y*} \tag{2a}$$
$$F_{1z*} = -F_{2z*} \tag{3a}$$

Für die Komponenten der Momente ergibt sich (Bild 23.12):

$$M_\xi^S = (F_{1y*}a - F_{2y*}b)\sin\delta = 0 \tag{4}$$
$$M_\eta^S = -F_{1z*}a + F_{2z*}b = -\frac{mr^2}{4}\Omega^2 \sin\delta \cos\delta \tag{5}$$
$$M_\zeta^S = (F_{1y*}a - F_{2y*}b)\cos\delta = 0 \tag{6}$$

Aus (4) und (6) folgt mit (2a):

$$F_{1y*} = F_{2y*} = 0$$

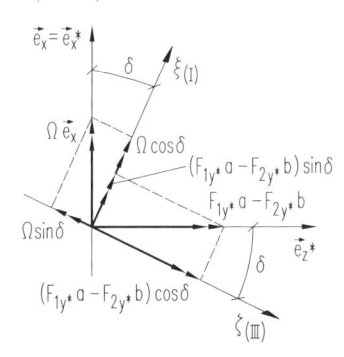

Bild 23.12

Die Gln. (5) und (3a) liefern:

$$F_{1z*} = \frac{mr^2}{4(a+b)}\Omega^2 \sin\delta \cos\delta\,; \qquad F_{2z*} = -\frac{mr^2}{4(a+b)}\Omega^2 \sin\delta \cos\delta$$

Aus den Ergebnissen ist ersichtlich, dass F_{2z} entgegen der im Bild 23.11 angegebenen Richtung wirkt.

Da das Hauptachsensystem ein körperfestes System ist, rotieren die Achsen im Sinne von $\vec{\omega} = \Omega \vec{e}_x$ um die x-Achse. Deshalb drehen sich auch die Lagerkräfte F_{1z*} und F_{2z*} im Sinne von $\vec{\omega}$ und mit der Winkelgeschwindigkeit Ω um die raumfeste x-Achse.

2. Fall: Berechnung als Kreiselbewegung

Die ξ-Achse ist die Figurenachse und die x-Achse die Präzessionsachse.

Daraus folgt:

$$\omega_e = 0 \quad \text{und} \quad \omega_p = \Omega$$

Die Drehung um die Präzessionsachse ruft ein Kreiselmoment $\vec{M}_k$ hervor, das sich hier wegen $\vec{e}_E = -\vec{e}_{III}$ und $(-\vec{e}_{III}) \times \vec{e}_I = -\vec{e}_{II} = -\vec{e}_\eta$ wie folgt ergibt:

$$\vec{M}_k = -\left(J_I^S - J_{III}^S\right) \Omega^2 \cos\delta \sin\delta \cdot (-\vec{e}_{II}) = \frac{mr^2}{4} \Omega^2 \cos\delta \sin\delta \cdot \vec{e}_{II}$$

Der Einheitsvektor $\vec{e}_{II} = \vec{e}_\eta = \vec{e}_{y^*}$ zeigt an, dass $\vec{M}_k$ nur eine Komponente in y- bzw. y^*-Richtung besitzt. Über das Momentengleichgewicht erhält man das gleiche Ergebnis wie bei der Berechnung im *Fall 1* mit den EULER'schen dynamischen Gleichungen, und die Berechnung der Lagerkräfte geht wie dort angegeben weiter. Die Lagerkräfte F_{1z^*} und F_{2z^*} liegen in der Präzessionsebene und drehen sich mit ihr um die x-Achse.

24 Einige Prinzipien der Mechanik

24.1 Impulssatz und Drallsatz

Der *Impulssatz* beschreibt die Änderung der Bewegungsgröße und damit des Bewegungszustandes der Translation beim Wirken von äußeren Kräften.

$$\vec{p} - \vec{p}_0 = m(\vec{v}_S - \vec{v}_{S0}) = \int_{t_0}^{t} \vec{F}\, dt^*$$

beziehungsweise bez. einer raumfesten kartesischen Basis $\mathbf{e}$:

$$\mathbf{p} - \mathbf{p}_0 = m(\mathbf{v}_S - \mathbf{v}_{S0}) = \int_{t_0}^{t} \mathbf{F}\, dt^*$$

$\vec{p} = \mathbf{e}^T \mathbf{p}$ Impulsvektor zur Zeit t
$\vec{v}_S = \mathbf{e}^T \mathbf{v}_S$ Vektor der Schwerpunktgeschwindigkeit zur Zeit t
$\vec{p}_0 = \mathbf{e}^T \mathbf{p}_0$ Impulsvektor zur Zeit t_0
$\vec{v}_{S0} = \mathbf{e}^T \mathbf{v}_{S0}$ Schwerpunktgeschwindigkeit zur Zeit t_0
$\vec{F} = \mathbf{e}^T \mathbf{F}$ resultierende äußere Kraft am freigeschnittenen Körper

Diese Beziehung gilt für *einen* Körper bez. Translation oder für die Punktmasse. Ein System starrer Körper muss in Einzelkörper zerlegt werden. Dabei sind bei der Berechnung die Beziehungen als Komponentengleichungen zu schreiben.

Der *Drallsatz* beschreibt die Änderung der Bewegungsgröße bei der Rotation (vgl. dazu auch Abschnitt 21.2)

$$\vec{L}^{P,S} - \vec{L}_0^{P,S} = \int_{t_0}^{t} \vec{M}^{P,S}\, dt^*$$

beziehungsweise bez. einer raumfesten kartesischen Basis **e**:

$$\boldsymbol{L}^{P,S} - \boldsymbol{L}_0^{P,S} \equiv \boldsymbol{J}^{P,S}(\boldsymbol{\omega} - \boldsymbol{\omega}_0) = \int\limits_{t_0}^{t} \boldsymbol{M}^{P,S} \mathrm{d}t^*$$

$\vec{L}^{P,S} = \mathbf{e}^{\mathrm{T}} \boldsymbol{L}^{P,S}$ Drallvektor entweder bezüglich eines raumfesten Körperpunktes P oder bezüglich des beliebig bewegten Schwerpunktes S zur Zeit t
$\vec{L}_0^{P,S} = \mathbf{e}^{\mathrm{T}} \boldsymbol{L}_0^{P,S}$ Drallvektor zur Zeit t_0
$\boldsymbol{J}^{P,S}$ Matrix der Koordinaten des Trägheitstensors bez. **e**
$\vec{\omega} = \mathbf{e}^{\mathrm{T}} \boldsymbol{\omega}$ Drehgeschwindigkeitsvektor zur Zeit t
$\vec{\omega}_0 = \mathbf{e}^{\mathrm{T}} \boldsymbol{\omega}_0$ Drehgeschwindigkeitsvektor zur Zeit t_0
$\vec{M}^{P,S} = \mathbf{e}^{\mathrm{T}} \boldsymbol{M}^{P,S}$ resultierendes Moment der äußeren Kräfte und Momente am freigeschnittenen Körper

Beispiel: Anfahren eines Aggregates

Für ein durch einen Antriebsmotor (Schwungmoment GD^2; Antriebsmoment $M_A = $ konst.) angetriebenes Aggregat (auf Motorwelle reduziertes Massenträgheitsmoment J_A) soll die Hochlaufzeit t_H aus dem Stillstand berechnet werden.

Lösung:

Bei der Berechnung der Hochlaufzeit ist das Massenträgheitsmoment des Motors zu berücksichtigen. Es ist:

$$J_{\mathrm{mot}} = \frac{GD^2}{4g} \qquad \text{(vgl. 22.2)}$$

Das gesamte Trägheitsmoment ist:

$$J_{\mathrm{ges}} = J_{\mathrm{mot}} + J_A$$

Weiter gilt:

$t_0 = 0$: $n = 0$, $\omega = 0$
$t = t_H$: $n = n_{\mathrm{nenn}}$, $\omega_{\mathrm{nenn}} = 2\pi n_{\mathrm{nenn}}$

Es soll von Bewegungswiderständen wie Reibung, Lüfterverlusten u. Ä. abgesehen werden.

Die Anwendung des Drallsatzes ergibt:

$$J_{\mathrm{ges}} \omega_{\mathrm{nenn}} = \int\limits_0^{t_H} M_A \mathrm{d}t = M_A t_H$$

Damit wird die Hochlaufzeit t_H zu:

$$t_H = \frac{J_{\mathrm{ges}} \omega_{\mathrm{nenn}}}{M_A}$$

▶ *Bemerkung*: Wenn das Massenträgheitsmoment und auch das Antriebsmoment relativ große Werte haben, dann kommt der errechnete Wert den experimentell ermittelten Werten der Hochlaufzeit bekannter Antriebssysteme sehr nahe. Bei kleineren Werten des Massenträgheitsmomentes und des Antriebsmomentes kann der Wert für die Hochlaufzeit aus obiger Formel nur als Näherung betrachtet werden, weil dann die Annahme eines konstanten Antriebsmomentes meist nicht mehr gilt und auch der Einfluss der Bewegungswiderstände nicht mehr vernachlässigbar ist. Gleiches gilt für die Berechnung eines Antriebsmomentes, wenn obige Formel umgestellt wird und die Hochlaufzeit als gegeben gilt.

24.2 Dynamisches Gleichgewicht und Prinzip von d'Alembert

Bei der Anwendung von Schwerpunktsatz und Momentensatz (vgl. Abschnitt 23.2) ist es erforderlich, die einzelnen Körper vollständig freizuschneiden. Die dabei entstehenden resultierenden Größen lassen sich in eingeprägte und solche infolge von Zwängen aufteilen (vgl. Abschnitt 18.1). Schreibt man Schwerpunkt- und Momentensatz unter Beachtung dieser Aufteilung in der Form

$$\boldsymbol{F}^{(e)} + \boldsymbol{F}^{(z)} + (-m\ddot{\boldsymbol{r}}_S) = \boldsymbol{o} \qquad \text{(raumfestes Bezugssystem } \{0; \boldsymbol{e}\}\text{)}$$

für raumfeste Richtungen $\boldsymbol{e}$:

$$\boldsymbol{M}^{S(e)} + \boldsymbol{M}^{S(z)} + (-\boldsymbol{J}^S \boldsymbol{\omega})^{\cdot} = \boldsymbol{o}$$

für körperfeste Richtungen $\overline{\boldsymbol{e}}$:

$$\overline{\boldsymbol{M}}^{S(e)} + \overline{\boldsymbol{M}}^{S(z)} + [-(\overline{\boldsymbol{J}}^S \dot{\overline{\boldsymbol{\omega}}} + \tilde{\overline{\boldsymbol{\omega}}} \overline{\boldsymbol{J}}^S \overline{\boldsymbol{\omega}})] = \boldsymbol{o}$$

so erkennt man eine Analogie zu den statischen Gleichgewichtsgleichungen, falls man am freigeschnittenen Körper die D'ALEMBERT'schen Kräfte $m\ddot{\boldsymbol{r}}_S$ und D'ALEMBERT'schen Momente $(\overline{\boldsymbol{J}}^S \dot{\overline{\boldsymbol{\omega}}} + \tilde{\overline{\boldsymbol{\omega}}} \overline{\boldsymbol{J}}^S \overline{\boldsymbol{\omega}})$ entgegen der positiv definierten Koordinatenrichtungen den eingeprägten und Zwangsgrößen hinzufügt.

Es kann also folgendes „Rezept" zur Behandlung von Aufgabenstellungen der Dynamik formuliert werden:

- Das zu untersuchende System wird in einer beliebig ausgelenkten Lage betrachtet. Zur Beschreibung dieser Lage werden zweckmäßig gewählte Koordinaten (Verschiebungen, Winkel) eingeführt und ihre positiven Richtungen festgelegt. Falls erforderlich, sind geometrische und/oder kinematische Beziehungen zwischen den Koordinaten zu formulieren (Zwangsbedingungen).
- Die einzelnen Körper des Systems werden in der betrachteten Lage vollständig freigeschnitten, d. h. es werden alle auf die jeweiligen Körper einwirkenden eingeprägten und aus Zwängen resultierenden Kräfte und Momente angetragen.
- Entsprechend obiger Gleichungen werden am freigeschnittenen Körper die D'ALEMBERT'schen Kräfte und Momente entgegen der positiv definierten Koordinatenrichtungen hinzugefügt.
- Aufstellen der Gleichgewichtsgleichungen ($\sum \boldsymbol{F}_i = \boldsymbol{o}$; $\sum \boldsymbol{M}_i = \boldsymbol{o}$)
- Gleichgewichtsgleichungen und Zwangsgleichungen bilden unter Beachtung der Kraftgesetze für die eingeprägten Größen ein gekoppeltes System von Differenzial- und algebraischen Gleichungen, das je nach Aufgabenstellung (gegebene bzw. gesuchte Größen) gelöst werden muss, um die gewünschten Informationen über das betrachtete mechanische System zu erhalten.

Für den wichtigen Sonderfall der allgemeinen ebenen Bewegung (vgl. Abschnitt 19.4.3) eines starren Körpers, für den ein körperfestes ξ, η, ζ-System wie in Bild 23.1 eingeführt wurde, erhält man unter der Voraussetzung, dass die körperfeste ζ-Achse immer parallel zur raumfesten z-Richtung ausgerichtet ist, folgende Gleichgewichtsgleichungen ($\overline{\omega} = [0, 0, \dot{\varphi}]^T$):

$$F_x^{(e)} + F_x^{(z)} - m\ddot{x}_S = 0$$
$$F_y^{(e)} + F_y^{(z)} - m\ddot{y}_S = 0$$
$$F_z^{(e)} + F_z^{(z)} = 0 \qquad (z_S = \text{konst.})$$
$$M_\xi^{S(e)} + M_\xi^{S(z)} - (J_{\xi\zeta}^S \ddot{\varphi} - J_{\eta\zeta}^S \dot{\varphi}^2) = 0$$
$$M_\eta^{S(e)} + M_\eta^{S(z)} - (J_{\eta\zeta}^S \ddot{\varphi} + J_{\xi\zeta}^S \dot{\varphi}^2) = 0$$
$$M_\zeta^{S(e)} + M_\zeta^{S(z)} - J_{\zeta\zeta}^S \ddot{\varphi} = 0$$

φ ist hierbei der zwischen positiver x- und positiver ξ-Achse liegende Drehwinkel (mathematisch positiv bez. positiver z-Richtung).

Anlage D5 zeigt am Beispiel eines bewegten Getriebegliedes die Anwendung der Methode des dynamischen Gleichgewichts.

Das D'ALEMBERT'*sche Prinzip* sagt aus, dass die Bewegung eines Körpers so erfolgt, dass die *virtuelle Arbeit* der aus Zwängen resultierenden Kräfte und Momente in jedem Augenblick null ist. Die virtuelle Arbeit ist die von den Kräften und Momenten bei einer *virtuellen Verrückung* geleistete Arbeit, wobei virtuelle Verrückungen gedachte, infinitesimale Verschiebungen oder Verdrehungen sind, die die Zwangsbedingungen erfüllen und selbst „zeitlos" sind ($\delta t \equiv 0$).

Seien δs_i die virtuellen Verschiebungen der Kraftangriffspunkte sowie $\delta \varphi_i$ die virtuellen Verdrehungen für die Momente, so gilt:

$$\delta W^{(z)} = \sum_i F_i^{(z)} \delta s_i + \sum_j M_j^{(z)} \delta \varphi_j = 0$$

Beispiel: Schwinger mit einem Freiheitsgrad (Bild 24.1)

Der Schwinger besteht aus einer Feder mit der Federzahl c und der Masse m. Der Bewegung entgegen wirkt ein geschwindigkeitsproportionaler Widerstand, der von einem Dämpfer mit der Dämpfungskonstanten b herrührt.

Eine an die ungespannte lineare Feder gehängte Masse m wird im Falle des statischen Gleichgewichtszustandes die Feder um eine Länge x_0 – die statische Auslenkung – ausdehnen. Die Ursache dafür ist die Gewichtskraft mg; die dadurch entstehende Federkraft cx_0 ist hierbei der Gewichtskraft gleich.

$$cx_0 = mg$$

Die sich so einstellende Lage der Masse m heißt *statische Ruhelage*.

Eine Auslenkung aus der statischen Ruhelage um x verursacht die Federkraft cx und die Dämpfungskraft $b\dot{x}$. Die Trägheitskraft $m\ddot{x}$ wird entgegen der positiven

Bild 24.1

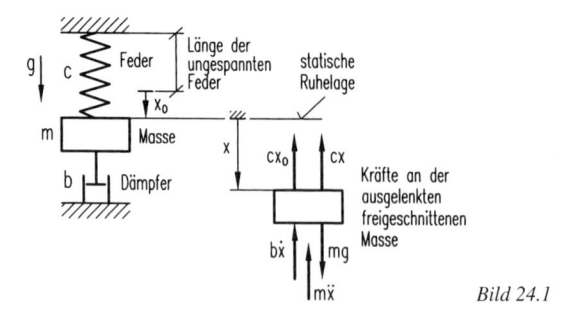

x-Richtung angetragen. Bild 24.1 zeigt die an der freigeschnittenen Masse wirkenden Kräfte. Das Gleichgewicht liefert:

$$m\ddot{x} + b\dot{x} + cx + cx_0 - mg = 0$$

oder, da sich cx_0 und mg wegheben:

$$m\ddot{x} + b\dot{x} + cx = 0$$

Das ist die Differenzialgleichung der freien Schwingungen eines linearen Schwingers mit einem Freiheitsgrad (vgl. Abschnitt 26.3.1). Die Schwingungen erfolgen um die statische Ruhelage herum.

Beispiel: Schwinger mit zwei Freiheitsgraden ohne Dämpfung (Bild 24.2)

Der Schwinger besteht aus zwei Massen m_1 und m_2 und zwei Federn mit den Federzahlen c_1 und c_2. Bei der Aufstellung der Bewegungsgleichungen wird von der statischen Ruhelage ausgegangen. Die *zwei Freiheitsgrade bedingen zwei Koordinaten* x_1 und x_2, die nicht durch Zwangsbedingungen miteinander gekoppelt sind. Nach dem *Superpositionsprinzip* kann man sich die Bewegungen der beiden Massen so vorstellen, dass erst die Masse m_1 um x_1 ausgelenkt wird. Die Masse m_2 wird sich dabei als festgehalten gedacht. Dann wird die Masse m_2 um x_2 ausgelenkt und die

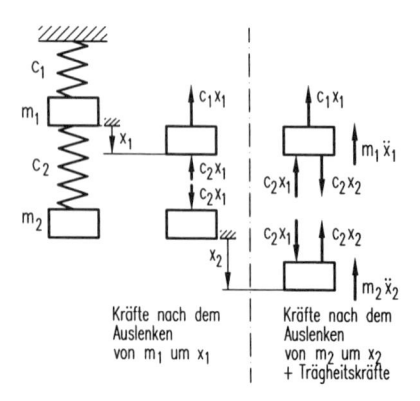

Bild 24.2

Masse m_1 festgehalten gedacht. Die dabei entstehenden Kräfte an den Massen sind in Bild 24.2 eingetragen, wobei die jeweiligen D'ALEMBERT'schen Trägheitskräfte hinzugefügt wurden. Aus dem Gleichgewicht an beiden Massen ergeben sich die Differenzialgleichungen der Bewegung:

$$m_1\ddot{x}_1 + c_1 x_1 + c_2 x_1 - c_2 x_2 = 0$$
$$m_2\ddot{x}_2 + c_2 x_2 - c_2 x_1 = 0$$

Beispiel: Gleitende Masse auf schiefer Ebene (Bild 24.3)

Eine Masse m gleitet auf einer schiefen Ebene (Neigungswinkel β) nach unten. Zwischen Masse und Ebene entsteht Gleitreibung (Reibungszahl μ). In Hangrichtung wirkt die Komponente der Gewichtskraft $mg \sin \beta$, und der Geschwindigkeit $\dot{s}$ entgegen wirkt die Reibkraft μF_N.

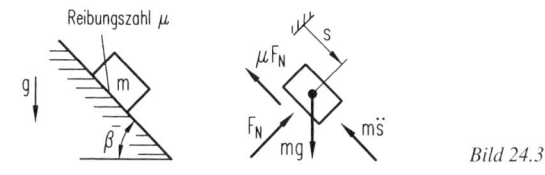

Bild 24.3

Die Normalkraft F_N ergibt sich aus dem Gleichgewicht in der senkrecht zur Koordinatenrichtung s stehenden Richtung.

$$F_N - mg\cos\beta = 0$$

Nach dem Hinzufügen der D'ALEMBERT'schen Kraft $m\ddot{s}$ entgegen der positiven s-Richtung folgt aus dem Kräftegleichgewicht in s-Richtung:

$$mg\sin\beta - m\ddot{s} - \mu F_N = 0$$

Einsetzen von F_N aus der ersten Gleichung liefert die Differenzialgleichung für die die Bewegung der Masse beschreibende Koordinate s:

$$\ddot{s} = g \cdot (\sin\beta - \mu\cos\beta); \qquad \dot{s} > 0$$

Beispiel: System starrer Körper (Bild 24.4)

Das System starrer Körper besteht aus den Massen m_1, m_2 und m_3, den festen Rollen *1* mit J_1^A und *3* mit J_3^C und der losen Rolle *2* mit der Masse m_2 und dem Trägheitsmoment J_2^S sowie der Masse m_4. Um die Bewegung der Massen und Rollen eindeutig zu beschreiben, werden unter Ausschluss des Pendelns der Massen folgende Koordinaten eingeführt:

x_1, x_2, x_3, x_4: senkrechte Verschiebungen der Massen m_1, m_2, m_3, m_4
$\varphi_1, \varphi_2, \varphi_3$: Verdrehungen der Rollen J_1^A, J_2^S, J_3^C

Die Anzahl der definierten Koordinaten ist damit $k = 7$.

Wird weiterhin vorausgesetzt, dass die Seile dehnstarr und biegschlaff sind sowie Schlupf nicht auftritt, so gelten wegen dieser Zwänge bei entsprechender Festlegung der Koordinaten-Nullpunkte die folgenden 5 geometrischen Beziehungen für die Koordinaten (Zwangsbedingungen):

$$x_1 = r_1\varphi_1$$

24 Einige Prinzipien der Mechanik

$$r\varphi_1 = x_2 + r_2\varphi_2$$
$$r\varphi_3 = x_2 - r_2\varphi_2$$
$$x_3 = r_3\varphi_3$$
$$x_4 = x_2$$

Aus der Beziehung $f = k - z$ (vgl. *Anlage D3* und Abschnitt 24.5) folgt $f = 7 - 5 = 2$, d. h. das System hat den Freiheitsgrad $f = 2$.

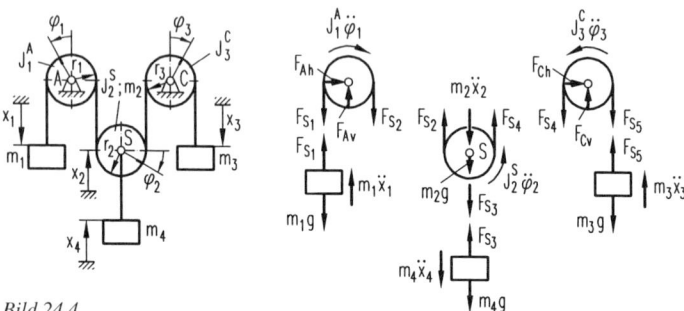

Bild 24.4

In der Skizze (vgl. Bild 24.4) sind die D'ALEMBERT'schen Kräfte und Momente entgegen den positiven Koordinatenrichtungen angetragen. Durch das Trennen des Systems starrer Körper in einzelne starre Körper werden die Seil- und Lagerkräfte zu äußeren Kräften.

Für jeden Körper muss das Kräfte- und Momentengleichgewicht erfüllt sein. Die Gleichgewichtsgleichungen liefern:

$$m_1 \uparrow \quad : m_1\ddot{x}_1 - m_1 g + F_{S1} = 0$$
$$J_1^A \rightarrow : F_{Ah} = 0$$
$$J_1^A \uparrow \quad : F_{Av} - F_{S1} - F_{S2} = 0$$
$$\circlearrowleft A \quad : (F_{S1} - F_{S2})r_1 - J_1^A \ddot{\varphi}_1 = 0$$
$$m_2 \uparrow \quad : F_{S2} + F_{S4} - m_2 g - F_{S3} - m_2\ddot{x}_2 = 0$$
$$\circlearrowleft S \quad : (F_{S4} - F_{S2})r_2 + J_2^S \ddot{\varphi}_2 = 0$$
$$m_4 \uparrow \quad : F_{S3} - m_4 g - m_4\ddot{x}_4 = 0$$
$$J_3^C \rightarrow : F_{Ch} = 0$$
$$J_3^C \uparrow \quad : F_{Cv} - F_{S4} - F_{S5} = 0$$
$$\circlearrowleft C \quad : (F_{S4} - F_{S5})r_3 + J_3^C \ddot{\varphi}_3 = 0$$
$$m_3 \uparrow \quad : F_{S5} - m_3 g + m_3\ddot{x}_3 = 0$$

Aus den 5 Zwangsbedingungen und den obigen 11 Gleichgewichtsgleichungen lassen sich alle Unbekannten berechnen.

24.3 Arbeitssatz

Der *Arbeitssatz in differenzieller Form* lautet:

$$dW^{(e)} = (W_{kin})^{\cdot} \, dt$$

Dabei kann die Arbeit bzw. die kinetische Energie von reiner Translation, Rotation bzw. auch aus einer allgemeinen Bewegung herrühren. Aus dieser Form des Arbeitssatzes erhält man die Beschleunigung eines zwangläufigen Systems, auch wenn die wirkenden Kräfte und Momente beliebige Funktionen sind. Die Integration des Arbeitssatzes in differenzieller Form führt für wegabhängige Kräfte bzw. winkelabhängige Momente auf die zeitfreie Differenzialgleichung (vgl. Abschnitt 19.1.3)

bei *Translation*:

$$v \, dv = a \, ds$$

bei *Rotation*:

$$\omega \, d\omega = \alpha \, d\varphi$$

Sind die wirkenden Kräfte und Momente konstant oder Funktionen des Weges bzw. des Winkels, dann wird der *Arbeitssatz* in folgender Form benutzt:

$$W^{(e)} = W_{kin} - W_{kin\,0}$$

$W^{(e)}$ die von den eingeprägten Kräften und Momenten geleistete Arbeit. Beim System mit einem Freiheitsgrad ist die Arbeit der inneren Kräfte gleich null. Zur Arbeit der inneren Kräfte vgl. Abschnitt 20.2
W_{kin} kinetische Energie (vgl. 23.1)
$W_{kin\,0}$ kinetische Energie im Anfangszustand ($t = t_0$)

Die Anwendung des Arbeitssatzes ist vorteilhaft, wenn das Ergebnis in der Form $v = v(s)$ oder $\omega = \omega(\varphi)$ berechnet werden soll. Greifen am System Kräfte an, die sich nicht aus einem Potenzial herleiten lassen (z. B. Reibungskräfte), aber Arbeit verrichten, dann empfiehlt sich die Anwendung des Arbeitssatzes.

Wird die Beschleunigung gesucht, dann ist der Arbeitssatz total nach der Zeit t zu differenzieren.

Er liefert für ein zwangläufiges System starrer Körper eine Gleichung.

Zwischen den einzelnen Koordinaten sind Zwangsbedingungen zu formulieren. Der Arbeitssatz kann auch für ein Teilsystem aufgestellt werden. Dann werden die inneren, die Bindungskräfte, zu äußeren Kräften und sind dementsprechend zu behandeln.

Für ein *System mit zwei oder mehreren Freiheitsgraden* ist bei der Anwendung des Arbeitssatzes darauf zu achten, dass auch die Arbeit der inneren Kräfte und Momente berücksichtigt wird. Als Arbeitssatz schreibt man dann:

$$W_{ges} = W_{kin} - W_{kin\,0}$$

W_{ges} Gesamtarbeit (vgl. 20.2)

Wird z. B. der Schwinger mit zwei Freiheitsgraden betrachtet (Bild 24.2), so ist zu erkennen, dass sowohl die Kraft in der Feder c_1 als auch die Kraft in der Feder c_2 zwischen den Massen m_1 und m_2 Arbeit verrichtet.

Außerdem benötigt man noch zusätzliche Gleichungen, die mithilfe des dynamischen Gleichgewichts, des Impulssatzes oder anders aufgestellt werden.

Reaktionskräfte können mit dem Arbeitssatz nicht ermittelt werden. Innere Kräfte bei starrer Bindung können nur dann mit dem Arbeitssatz ermittelt werden, wenn sie zu äußeren Kräften werden, d. h. der Arbeitssatz muss für Teilsysteme aufgestellt werden.

Trägheitskräfte verrichten keine Arbeit.

24.4 Energieerhaltungssatz

Für ein *konservatives Kraftfeld* (vgl. 20.3) gilt der *Energieerhaltungssatz* (oder kurz: Energiesatz) als Sonderfall des Arbeitssatzes:

$$W_{kin} + W_{pot} = W_{kin\,0} + W_{pot\,0} = \text{konst.}$$

- Für ein konservatives Kraftfeld ist zu jedem Zeitpunkt der Bewegung die Summe aus kinetischer und potenzieller Energie konstant.

Beispiel: Fall einer Masse auf eine Feder (Bild 24.5)

Eine Masse m fällt aus einer Höhe h ohne Anfangsgeschwindigkeit auf eine ungespannte Feder (Federkonstante c). Wie groß ist die maximale Zusammendrückung $\hat{x}$ der Feder?

Lösung:

Zur Berechnung der gesuchten Größe $\hat{x}$ wird der Energieerhaltungssatz benutzt. Die Aufgabe wird in zwei Teile zerlegt.

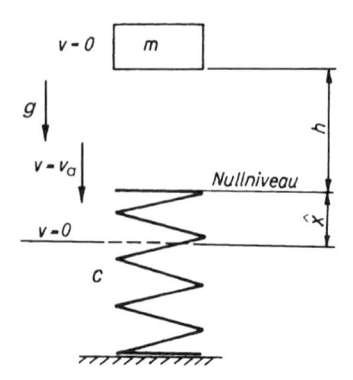

Bild 24.5

1. Freier Fall der Masse m von der Höhe h auf das Nullniveau und Bestimmen der Auftreffgeschwindigkeit v_a.

In der Ausgangslage besitzt die Masse m keine kinetische Energie ($W_{\text{kin}\,0} = 0$, da $v = 0$), aber die potenzielle Energie $W_{\text{pot}\,0} = mgh$ (siehe Beispiel zu 20.3). Beim Auftreffen auf die Feder besitzt die Masse keine potenzielle (Erreichen des Nullniveaus), jedoch die kinetische Energie $W_{\text{kin}} = \dfrac{m}{2} v_a^2$.

Damit lautet der Energiesatz

$$\frac{m}{2} v_a^2 + 0 = 0 + mgh \tag{1}$$

Daraus ergibt sich für die *Auftreffgeschwindigkeit*

$$v_a^2 = 2gh \tag{2}$$

2. Bestimmen der maximalen Zusammendrückung der Feder (in diesem Punkt hat die Masse m die Geschwindigkeit $v = 0$).

Bei maximaler Zusammendrückung $\hat{x}$ der Feder ($v = 0$) besitzt das System keine kinetische Energie, aber die potenzielle Energie $W_{\text{pot}} = \dfrac{1}{2} c \hat{x}^2 - mg\hat{x}$ (siehe Beispiele zu 20.3). Die linke Seite der Gl. (1) ist der Energiezustand zu Beginn des zweiten Bewegungsabschnitts. Damit lautet der Energiesatz für den zweiten Teil der Aufgabe

$$0 - mg\hat{x} + \frac{1}{2} c \hat{x}^2 = \frac{1}{2} m v_a^2 + 0 \tag{3}$$

Die Geschwindigkeit v_a aus (2) in (3) eingesetzt und diese Gleichung nach $\hat{x}$ aufgelöst, ergibt für die *maximale Zusammendrückung der Feder*:

$$\hat{x} = \frac{mg}{c} \cdot \left(1 + \sqrt{1 + \frac{2h}{mg/c}} \right) \tag{4}$$

Beispiel: Anwendung des Energiesatzes am Punkthaufen

Eine Masse $m_1 > m_2$ ist an einer senkrechten Führung befestigt und mit der Masse m_2 durch ein masseloses, biegeschlaffes und dehnstarres Seil (Seillänge l) verbunden (Bild 24.6). Wenn die Masse m_1 von der gezeichneten Ausgangslage losgelassen wird, dann bewegt sie sich an der Führung senkrecht nach unten und zieht dabei die Masse m_2 nach oben. Zu berechnen ist die Geschwindigkeit $\dot{x}_1$ der Masse m_1 in Abhängigkeit vom zurückgelegten Weg x_1, wenn von Reibungseinflüssen abgesehen wird.

Lösung:

Für diese Aufgabe wird der Energieerhaltungssatz benutzt, da als wirkende Kräfte nur Gewichtskräfte vorhanden sind, die sich aus einem Potenzial herleiten lassen.

Da die Massen m_1 und m_2 starr miteinander verbunden sind, haben die inneren Kräfte kein Potenzial, d. h., die potenzielle Energie der inneren Kräfte ist null. Bei der Berechnung der potenziellen Energie ist die potenzielle Energie der äußeren eingeprägten Kräfte (vgl. 20.3) zu ermitteln.

Da zu Beginn des Vorganges ($t = 0$) beide Massen in Ruhe sind, ist

$$W_{\text{kin}\,0} = 0$$

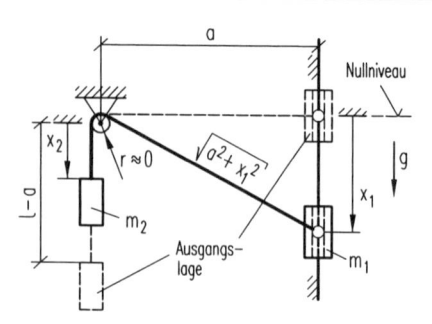

Bild 24.6

Die potenzielle Energie in der Anfangslage wird bei der gewählten Lage des Nullniveaus (vgl. Bild 24.6) nur von $m_2 g$ bestimmt:

$$W_{\text{pot}\,0} = -m_2 g \cdot (l - a)$$

Die kinetische und potenzielle Energie zu einem beliebigen Zeitpunkt $t > 0$ ist:

$$W_{\text{kin}} = \frac{m_1}{2}\dot{x}_1^2 + \frac{m_2}{2}\dot{x}_2^2; \qquad W_{\text{pot}} = -m_1 g x_1 - m_2 g x_2$$

Aus Bild 24.6 ist bei Vernachlässigung des Rollenradius der geometrische Zusammenhang

$$l = x_2 + \sqrt{a^2 + x_1^2}$$

zwischen den Koordinaten x_1 und x_2 abzulesen. Differenziert man diese Zwangsbedingung nach der Zeit t, so erhält man:

$$0 = \dot{x}_2 + \frac{x_1 \dot{x}_1}{\sqrt{a^2 + x_1^2}}$$

Einsetzen in die Ausdrücke für die Energien liefert:

$$W_{\text{kin}} = \frac{\dot{x}_1^2}{2} \cdot \left(m_1 + m_2 \frac{x_1^2}{a^2 + x_1^2} \right)$$

$$W_{\text{pot}} = -g \cdot \left[m_1 x_1 + m_2 \cdot \left(l - \sqrt{a^2 + x_1^2} \right) \right]$$

Die Anwendung des Energieerhaltungssatzes ergibt:

$$-m_2 g \cdot (l - a) = \frac{\dot{x}_1^2}{2} \cdot \left(m_1 + m_2 \frac{x_1^2}{a^2 + x_1^2} \right)$$

$$- g \cdot \left[m_1 x_1 + m_2 \cdot \left(l - \sqrt{a^2 + x_1^2} \right) \right]$$

bzw. nach der gesuchten Geschwindigkeit $\dot{x}_1$ aufgelöst:

$$\dot{x}_1 = \sqrt{2g \frac{m_1 x_1 + m_2 \cdot \left(a - \sqrt{a^2 + x_1^2} \right)}{m_1 + \dfrac{m_2 x_1^2}{(a^2 + x_1^2)}}}$$

Beispiel: Gleitende Masse auf einer schiefen Ebene

Eine Masse m gleitet auf einer schiefen Ebene (Neigungswinkel β). Zwischen Masse und Ebene entsteht Gleitreibung (Reibungszahl μ). Gesucht sind die Differenzialgleichungen der Bewegung für die Koordinate x der auf der schiefen Ebene gleitenden Masse, die Geschwindigkeit $\dot{x}$ der Masse am Ende der schiefen Ebene und die Strecke s_{max}, die die Masse auf der horizontalen Ebene noch rutscht (Bild 24.7). Hierbei sollen die durch den Übergang zur Horizontalbewegung entstehenden Energieverluste vernachlässigt werden.

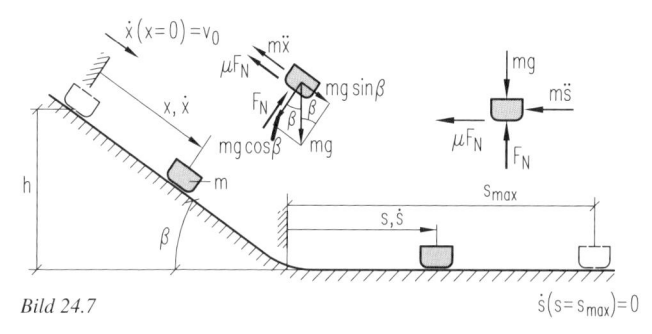

Bild 24.7

Lösung:

In Hangrichtung wirkt die Komponente der Gewichtskraft $mg \sin \beta$ und entgegen der Geschwindigkeit $\dot{x} > 0$ die Reibkraft μF_N. Die Normalkraft F_N ergibt sich aus dem Gleichgewicht in der senkrecht zur Bewegungsrichtung x stehenden Richtung. Nach dem Hinzufügen der D'ALEMBERT'schen Kraft $m\ddot{x}$ entgegen der positiven x-Richtung ergeben die Kräftegleichgewichte:

$$0 = F_N - mg \cos \beta \tag{1}$$

$$0 = mg \sin \beta - \mu F_N - m\ddot{x} \tag{2}$$

Aus (1) lässt sich die Normalkraft F_N ermitteln:

$$F_N = mg \cos \beta \tag{3}$$

F_N wird in die Gl. (2) eingesetzt, und man erhält die Differenzialgleichung der Bewegung für die Koordinate x, die die Bewegung der Masse auf der schiefen Ebene beschreibt.

$$\ddot{x} = g(\sin \beta - \mu \cos \beta); \qquad \dot{x} > 0 \tag{4}$$

Differenzialgleichung (4) integriert, ergibt die Geschwindigkeit und den Weg als Funktionen der Zeit.

Zur Bestimmung der Geschwindigkeit der Masse m nach Zurücklegen der Strecke x bei einer Anfangsgeschwindigkeit von $\dot{x}(t = 0) = v_0 > 0$ wird der Arbeitssatz benutzt. Die Anwendung des Arbeitssatzes erlaubt eine Berechnung der Geschwindigkeit als Funktion des Weges. Die Arbeit ist:

$$W = \int_0^x F_x \, dx^* \tag{5}$$

Aus (2) ergibt sich die resultierende Kraft in Wegrichtung zu (die D'ALEMBERT'sche Trägheitskraft bleibt unberücksichtigt):

$$F_x = mg \sin \beta - \mu mg \cos \beta = mg(\sin \beta - \mu \cos \beta) \tag{6}$$

Die Arbeit errechnet sich dann wegen $F_x =$ konst. zu

$$W = F_x x = mg(\sin \beta - \mu \cos \beta)x \tag{7}$$

Der Arbeitssatz lautet damit:

$$mg(\sin \beta - \mu \cos \beta)x = \frac{m}{2}\dot{x}^2 - \frac{m}{2}v_0^2 \tag{8}$$

Hieraus folgt die Geschwindigkeit als Funktion des Weges x zu

$$\dot{x}(x) = \sqrt{v_0^2 + 2g(\sin \beta - \mu \cos \beta)x} \tag{9}$$

Am Ende der schiefen Ebene – die Masse hat die Höhe h durchlaufen – hat die Masse m eine Geschwindigkeit $v_h = \dot{x}(x = h/\sin \beta)$. Mit Gl. (9) ergibt sie sich zu:

$$v_h = \sqrt{v_0^2 + 2gh(1 - \mu \cot \beta)} \tag{10}$$

Zur Berechnung des Rutschweges s_{max} wird wieder der Arbeitssatz benutzt. Es wird hierbei die Annahme getroffen, dass die Geschwindigkeit v_h die Anfangsgeschwindigkeit der Masse auf der horizontalen Ebene ist.

Arbeit leistet die entgegen $\dot{s}$ wirkende Reibkraft $F_R = \mu mg$, und es existiert eine kinetische Energie zu Beginn der horizontalen Bewegung. Es lautet dann der Arbeitssatz:

$$W = W_{kin} - W_{kin\,0} \quad \Rightarrow \quad -\mu mg s_{max} = 0 - \frac{m}{2}v_h^2 \tag{11}$$

Nach s_{max} aufgelöst, ergibt sich mit Gl. (10):

$$s_{max} = \frac{1}{2\mu g}[v_0^2 + 2gh(1 - \mu \cot \beta)] \tag{12}$$

24.5 Die Lagrange'schen Bewegungsgleichungen

Die LAGRANGE'schen Bewegungsgleichungen werden für *holonome* Systeme mit n Freiheitsgraden angegeben.

Ein System heißt *holonom*, wenn endliche Bedingungsgleichungen zwischen den Koordinaten in der Form

$$f_k(q_1, q_2, \ldots, t) = 0 \qquad k = 1, 2, \ldots, n$$

existieren. Können Bedingungsgleichungen nur in differenzieller, nichtintegrierbarer Form angegeben werden, dann heißt das System *nichtholonom*.

Die Lage eines Systems von n Freiheitsgraden ist durch die Angabe von n so genannten *verallgemeinerten* oder *generalisierten Koordinaten* $q_1, \ldots, q_n$ festgelegt. Die generalisierten Koordinaten können Längen und auch Winkel sein.

Für ein holonomes System ist die LAGRANGE*'sche Funktion*

$$L = W_{kin} - W_{pot}$$

24.5 Die Lagrange'schen Bewegungsgleichungen

eine Funktion der generalisierten Koordinaten q_k und ihrer ersten Ableitungen $\dot{q}_k$ sowie der Zeit t. Die LAGRANGE'schen Bewegungsgleichungen lauten für konservative Systeme:

$$\frac{\mathrm{d}}{\mathrm{d}t}\left(\frac{\partial L}{\partial \dot{q}_k}\right) - \frac{\partial L}{\partial q_k} = 0; \qquad k = 1, 2, \ldots, n$$

Existieren im System Kräfte, die sich nicht aus einem Potenzial herleiten lassen oder die man nicht über ein Potenzial erfassen will, so lauten sie:

$$\frac{\mathrm{d}}{\mathrm{d}t}\left(\frac{\partial L}{\partial \dot{q}_k}\right) - \frac{\partial L}{\partial q_k} = Q_k; \qquad k = 1, 2, \ldots, n$$

Q_k heißt die *generalisierte Kraft*, die die Dimension einer Kraft hat, wenn q_k eine Länge ist, bzw. die die Dimension eines Momentes hat, wenn q_k ein Winkel ist. Die generalisierten Kräfte Q_k erhält man aus einem Koeffizientenvergleich bei den virtuellen Verrückungen δq_k in der virtuellen Arbeit $\delta W^{(e)}$ der eingeprägten Größen, denn es gilt allgemein:

$$\delta W^{(e)} = \sum_{k=1}^{n} Q_k \delta q_k$$

Wenn ein System k Koordinaten und z Bedingungsgleichungen (Zwangsbedingungen) hat, dann hat es

$$f = k - z$$

unabhängige Koordinaten bzw. $f = n$ Freiheitsgrade.

Für ein System mit n Freiheitsgraden ergeben sich n Differenzialgleichungen 2. Ordnung aus den LAGRANGE'schen Bewegungsgleichungen. Die Funktion der angreifenden Kräfte und Momente ist dabei beliebig. Bei der Anwendung der LAGRANGE'schen Bewegungsgleichungen braucht das System meist nicht durch Schnitte getrennt zu werden. Mit der angegebenen Form der LAGRANGE'schen Bewegungsgleichungen können keine Zwangskräfte ermittelt werden.

Beispiel: Zahnradschwingungen /Au-66.2/ (Bild 24.8)

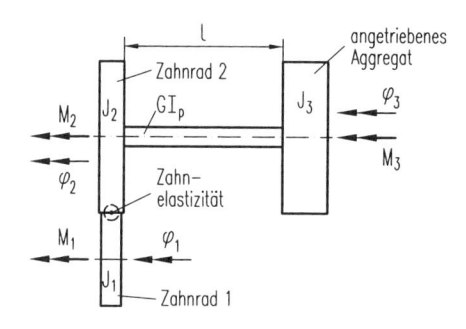

Bild 24.8

In einem über Zahnräder und eine elastische Welle angetriebenen System entstehen Schwingungen, deren Ursache die Elastizität und damit die Verformung der Zähne ist. Diese Verformung wird durch die Veränderliche χ ausgedrückt. Der Wechsel zwischen Einzel- und Doppeleingriff bedingt eine von der Zeit abhängige Steifigkeitsfunktion $C(t)$. Zwischen den Zahnrädern wirkt noch die Zahnfehlerfunktion $f(t)$, die in Bogenmaß gemessen wird und positiv ist, wenn das Zahnrad 2 voreilt.

Die eingeprägten Momente M_k ($k = 1, 2, 3$) greifen an den jeweiligen Drehmassen mit den Trägheitsmomenten J_k an. Die diesen Drehmassen zugeordneten Drehwinkel werden mit φ_k bezeichnet. Das Übersetzungsverhältnis ist $i = z_1/z_2$, wobei z_1 und z_2 die Zähnezahlen der entsprechenden Zahnräder sind. Die Federsteifigkeit der die Massen 2 und 3 verbindenden glatten Welle ist konstant und beträgt $c_T = GI_p/l$. Dabei sind G der Gleitmodul, I_p das polare Flächenträgheitsmoment und l die Länge der Welle.

Zur Aufstellung der Bewegungsgleichungen werden die LAGRANGE'schen Bewegungsgleichungen in folgender Form benutzt:

$$\frac{d}{dt}\left(\frac{\partial L}{\partial \dot{q}_k}\right) - \frac{\partial L}{\partial q_k} = Q_k; \quad k = 1, 2, 3$$

Die kinetische Energie des Systems ist:

$$W_{kin} = \frac{1}{2}\left(J_1\dot{\varphi}_1^2 + J_2\dot{\varphi}_2^2 + J_3\dot{\varphi}_3^2\right)$$

Als potenzielle Energie des Systems erhält man:

$$W_{pot} = \frac{C(t)\chi^2}{2} + \frac{1}{2}c_T \cdot (\varphi_2 - \varphi_3)^2$$

(Zur Berechnung des Potenzials vgl. Abschnitt 20.3)

Für die virtuelle Arbeit der eingeprägten Momente ist zu schreiben:

$$\delta W^{(e)} = M_1\delta\varphi_1 + M_2\delta\varphi_2 + M_3\delta\varphi_3$$

Der Anteil der potenziellen Energie, der von den Zahnkräften herrührt, ist als Funktion der die Verzahnungsdeformation beschreibenden Variable χ angegeben. Für sie gilt:

$$\chi = i\varphi_1 + f(t) + \varphi_2$$

Werden zunächst als generalisierte Koordinaten die Drehwinkel $\varphi_1, \varphi_2, \varphi_3$ gewählt, so ergeben sich die Bewegungsgleichungen zu:

$$J_1\ddot{\varphi}_1 + C(t)i \cdot (i\varphi_1 + \varphi_2 + f(t)) = M_1$$
$$J_2\ddot{\varphi}_2 + C(t) \cdot (i\varphi_1 + \varphi_2 + f(t)) + c_T \cdot (\varphi_2 - \varphi_3) = M_2$$
$$J_3\ddot{\varphi}_3 + c_T \cdot (\varphi_3 - \varphi_2) = M_3$$

Zweckmäßigerweise wird mit Gleichungen weitergerechnet, die neben dem Drehwinkel φ_1 als Veränderliche den Schwingungsausschlag χ der Zahnradschwingungen und die Verdrillung $\psi = \varphi_2 - \varphi_3$ der Welle zwischen den Drehmassen J_2 und J_3 haben.

Mit diesem neuen Satz verallgemeinerter Koordinaten φ_1, χ, ψ lauten die Bewegungsgleichungen:

$$\ddot{\varphi}_1 + \frac{C(t)}{J_1}i \cdot \chi = \frac{M_1}{J_1}$$

$$\ddot{\chi} + C(t)\left(\frac{i^2}{J_1} + \frac{1}{J_2}\right)\chi + \frac{c_2}{J_2}\psi = \frac{M_1 i}{J_1} + \frac{M_2}{J_2} + \ddot{f}(t)$$

$$\ddot{\psi} + \frac{C(t)}{J_2}\chi + c_T\left(\frac{1}{J_2} + \frac{1}{J_3}\right)\psi = \frac{M_2}{J_2} - \frac{M_3}{J_3}$$

Die letzten beiden Bewegungsgleichungen bilden ein System inhomogener HILL'scher Differenzialgleichungen, vgl. Abschnitt 26.7.

Mit diesem Beispiel sollte gezeigt werden, wie mithilfe der LAGRANGE'schen Gleichungen auf relativ einfache Art die Differenzialgleichungen der Bewegung auch für kompliziertere Probleme aufgestellt werden können.

24.6 Das Hamilton'sche Prinzip

Besitzen die eingeprägten Kräfte ein Potenzial, dann lautet das HAMILTON'sche Prinzip mit der LAGRANGE'schen Funktion L:

$$\delta \int_{t_1}^{t_2} L \, \mathrm{d}t = 0$$

Das Zeitintegral über die LAGRANGE'schen Funktion hat für die vom System in der Zeit $(t_2 - t_1)$ durchlaufene Bahn im Gegensatz zu beliebig benachbarten Bahnen mit denselben Endpunkten einen Extremwert.

Das HAMILTON'sche Prinzip als Variationsprinzip gedeutet, liefert als EULER'sche Differenzialgleichung die LAGRANGE'schen Bewegungsgleichungen als Lösung.

Wirken am System auch noch Kräfte, die nicht aus einem Potenzial herleitbar sind, dann kann die Arbeit dieser Kräfte durch ein zusätzliches Glied δW berücksichtigt werden. Das HAMILTON'sche Prinzip lautet dann:

$$\int_{t_1}^{t_2} (\delta L + \delta W) \, \mathrm{d}t = 0$$

Das HAMILTON'sche Prinzip hat den Vorteil, dass es auf Vorgänge ausgedehnt werden kann, bei denen ein Wechselspiel potenzieller und kinetischer Energien beliebiger Art auftritt.

25 Stoß fester Körper

Viele in der Technik auftretenden Stoßprobleme lassen sich auf folgende Aufgabenstellungen zurückführen:
- Bekannt ist der Geschwindigkeitszustand der stoßenden Körper vor dem Stoß, der Geschwindigkeitszustand nach dem Stoß wird gesucht.
- Ein gegebener Geschwindigkeitszustand nach dem Stoß muss erreicht werden, der dazu notwendige Geschwindigkeitszustand vor dem Stoß wird gesucht.

- Der Energieverlust (Wärme-, Verformungsenergie u. Ä) während des Stoßes wird gesucht.

Diese Aufgaben und Probleme lassen sich unter Anwendung der NEWTON'*schen Stoßhypothese* lösen. Diese Hypothese soll die Grundlage der folgenden Betrachtungen zum Stoß sein.

Die Berechnung von Stoßkraft und Stoßdauer ist mit der NEWTON'schen Stoßhypothese nicht möglich. Dazu ist die Anwendung der HERTZ'schen Stoßtheorie notwendig.

25.1 Begriffserklärungen, Klassifikation der Stöße

Stoßlinie bzw. Stoßnormale: Senkrechte zum Berührungsflächenelement (Bild 25.1).

Zentrischer bzw. zentraler Stoß: Die Stoßnormale geht durch die Schwerpunkte der stoßenden Körper (Bild 25.2).

Exzentrischer Stoß: Die Stoßnormale läuft nicht durch die Schwerpunkte der stoßenden Körper (Bild 25.3).

Gerader Stoß: Die Richtungen der Geschwindigkeiten der stoßenden Körper vor dem Stoß liegen in der Stoßnormalen (Bild 25.4).

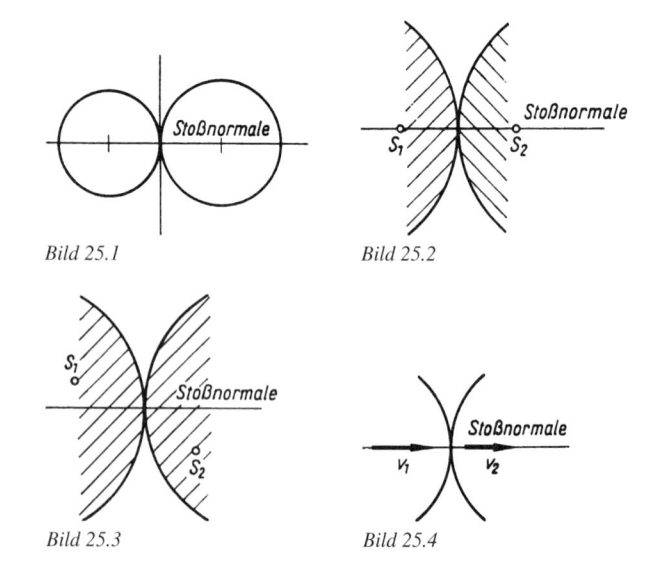

Bild 25.1

Bild 25.2

Bild 25.3

Bild 25.4

25.1 Begriffserklärungen, Klassifikation der Stöße

Schiefer Stoß: Die Richtungen der Geschwindigkeiten der stoßenden Körper vor dem Stoß liegen nicht in der Stoßnormalen (Bild 25.5).

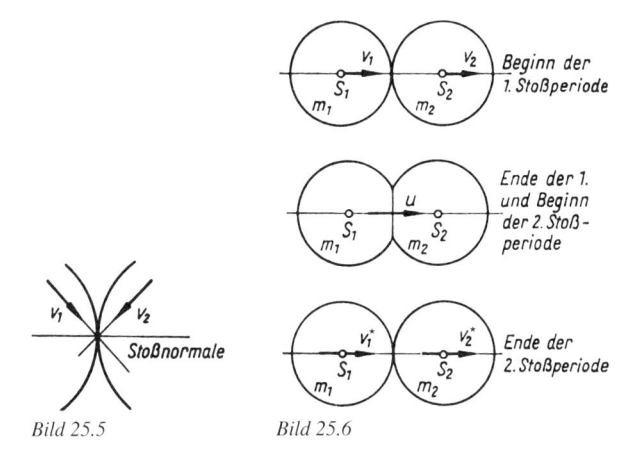

Bild 25.5

Bild 25.6

Stoßvorgang (Bild 25.6) Der Stoßvorgang kann in zwei Perioden eingeteilt werden:

Erste Periode (I): Die stoßenden Körper treffen zusammen und beginnen sich am Berührungspunkt zu verformen. Es entsteht ein Berührungsflächenelement. In dieser Periode haben die Körper noch unterschiedliche Geschwindigkeiten. Im Verlauf der ersten Periode gleichen sich die Geschwindigkeiten der stoßenden Körper immer mehr an. Gleichzeitig strebt die Stoßkraft $F_S(t)$ einem Maximum zu. Wenn Verformung und Stoßkraft ihre Maximalwerte erreicht haben, haben die stoßenden Körper eine gleiche Geschwindigkeit u. Dann beginnt die zweite Periode.

Zweite Periode (II): Die Verformung geht in dieser Periode vollständig oder teilweise zurück, und die Stoßkraft wird wieder zu null. Die Geschwindigkeiten der stoßenden Körper werden wieder unterschiedlich und streben dem Geschwindigkeitszustand der Körper nach dem Stoß zu. Mit dem Erreichen dieses Geschwindigkeitszustandes ist der Stoßvorgang beendet.

Während des Stoßvorganges werden die Wirkungen sämtlicher äußerer Kräfte vernachlässigt, da die Stoßkraft in dieser Zeit (Stoßdauer $\Delta t_S = \Delta t_{SI} + \Delta t_{SII}$) einen sehr großen Wert hat. Deshalb verändert sich die Bewegungsgröße des Systems der stoßenden Körper nicht. Es gilt:

$$\frac{d}{dt}(m_1\vec{v}_1 + m_2\vec{v}_2) = 0, \quad \text{d. h.} \quad m_1\vec{v}_1 + m_2\vec{v}_2 = m_1\vec{v}_1^* + m_2\vec{v}_2^*$$

$\vec{v}_1, \vec{v}_2$ Geschwindigkeiten der stoßenden Körper unmittelbar vor dem Stoß
$\vec{v}_1^*, \vec{v}_2^*$ Geschwindigkeiten der stoßenden Körper unmittelbar nach dem Stoß

25.2 Gerader zentraler Stoß

Es ist möglich, die Beziehung für die Impulserhaltung sowohl für die erste Periode des Stoßes als auch für die zweite Periode des Stoßes aufzustellen:

$$m_1 v_1 + m_2 v_2 = (m_1 + m_2)u \qquad \text{für die erste Periode (I)}$$
$$(m_1 + m_2)u = m_1 v_1^* + m_2 v_2^* \qquad \text{für die zweite Periode (II)}$$

Aus der Beziehung für die erste Periode errechnet sich die gemeinsame Geschwindigkeit u der beiden stoßenden Körper zu

$$u = \frac{m_1 v_1 + m_2 v_2}{m_1 + m_2}$$

Aus den beiden Beziehungen für die Impulserhaltung der beiden Stoßperioden können die Impulsänderungen der Einzelmassen in den jeweiligen Stoßperioden berechnet werden.

Ihnen entsprechen die Integrale der Stoßkraft $F_S(t)$ über die jeweiligen Stoßdauern Δt_{SI} bzw. Δt_{SII}. Demnach ergibt sich:

$$\Delta p_\mathrm{I} = m_1 \cdot (v_1 - u) = m_2 \cdot (u - v_2) = \int\limits_{t=0}^{\Delta t_{SI}} F_S(t)\,dt$$

und

$$\Delta p_\mathrm{II} = m_1 \cdot \left(u - v_1^*\right) = m_2 \cdot \left(v_2^* - u\right) = \int\limits_{t=\Delta t_{SI}}^{\Delta t_S} F_S(t)\,dt$$

Das Integral der Stoßkraft über die Stoßdauer Δt_S wird als Kraftstoß $\check{F}$ (oder Stoßimpuls) bezeichnet:

$$\check{F} = \int\limits_{t=0}^{\Delta t_S} F_S(t)\,dt$$

Bei der NEWTON'schen Stoßhypothese wird nun davon ausgegangen, dass das Verhältnis der Impulsänderungen der ersten und zweiten Periode des Stoßvorganges eine konstante Größe k ist, die nur im Idealfall gleich 1 sein wird.

Es gilt also:

$$\Delta p_\mathrm{II} = k \Delta p_\mathrm{I}; \qquad k = \text{konst.}$$

Dieses Verhältnis dient zur Berechnung der Stoßzahl k:

$$k = \frac{v_1^* - v_2^*}{v_2 - v_1} = -\frac{v_1^* - v_2^*}{v_1 - v_2}$$

- Die Relativgeschwindigkeiten unmittelbar vor und nach dem Stoß stehen in einem konstanten Verhältnis, das durch die Stoßzahl k ausgedrückt wird.

Mit der Einführung der Stoßzahl k wird es möglich, die *Geschwindigkeiten der stoßenden Körper* unmittelbar nach dem Stoß zu bestimmen:

$$v_1^* = v_1 - \frac{(v_1 - v_2)(1 + k)}{1 + \frac{m_1}{m_2}}; \qquad v_2^* = v_2 - \frac{(v_2 - v_1)(1 + k)}{1 + \frac{m_2}{m_1}}$$

Der *Energieverlust* während des Stoßes ist:

$$\Delta W_{\text{kin}} = \frac{1}{2}(m_1 v_1^2 + m_2 v_2^2 - m_1 v_1^{*2} - m_2 v_2^{*2})$$

$$= \frac{1}{2}(1 - k^2)\frac{m_1 m_2}{m_1 + m_2}(v_1 - v_2)^2$$

Stoßzahl k: Die Stoßzahl k ist nicht allein vom Material der stoßenden Körper abhängig. Sie ist eine Größe, die auch von der Form der stoßenden Körper und vom Geschwindigkeitsbereich abhängt. Die Stoßzahl k kann durch eine entsprechende Versuchsanordnung experimentell bestimmt werden (vgl. 25.2.4). Die nachfolgend angegebenen Werte für die Stoßzahl k gelten für Kugeln aus jeweils gleichem Material mit Relativgeschwindigkeiten von 2 bis 3 m/s.

Material	$k \approx$
Stahl	5/9
Kork	5/9
Elfenbein	8/9
Holz	1/2
Glas	15/16

Es gilt: $0 \leq k \leq 1$ mit den Grenzwerten

$k = 0$ vollkommen unelastischer (plastischer) Stoß

$k = 1$ vollkommen elastischer Stoß

25.2.1 Vollkommen unelastischer Stoß ($k = 0$)

Die Geschwindigkeiten nach dem Stoß ergeben sich zu

$$v_1^* = \frac{m_1 v_1 + m_2 v_2}{m_1 + m_2} = v_2^* = u$$

Die beim Stoß umgewandelte Energie ist:

$$\Delta W_{\text{kin}} = \frac{m_1 m_2}{m_1 + m_2} \frac{(v_1 - v_2)^2}{2}$$

25.2.2 Vollkommen elastischer Stoß ($k = 1$)

Die Geschwindigkeiten nach dem Stoß sind:

$$v_1^* = \frac{(m_1 - m_2)v_1 + 2m_2 v_2}{m_1 + m_2}; \qquad v_2^* = \frac{(m_2 - m_1)v_2 + 2m_1 v_1}{m_1 + m_2}$$

Die beim Stoß umgewandelte Energie ist $\Delta W_{\text{kin}} = 0$.

25.2.3 Stoß gegen eine Wand

Eine Kugel der Masse m_1 stößt mit der Geschwindigkeit v_1 gegen eine Wand. Mit welcher Geschwindigkeit v_1^* prallt sie zurück, wenn für die vorliegenden Verhältnisse die Stoßzahl k vorgegeben ist (Bild 25.7)?

Für die feste Wand gilt:

$$v_2 = 0; \quad m_2 \to \infty$$

Aus den Beziehungen für den geraden zentralen Stoß folgt für die Rückprallgeschwindigkeit:

$$v_1^* = \lim_{m_2 \to \infty} \left[v_1 - \frac{v_1(1+k)}{1+\dfrac{m_1}{m_2}} \right] = -kv_1$$

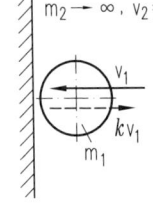

Bild 25.7

25.2.4 Versuch zur Bestimmung der Stoßzahl k

Ist die Stoßzahl einer Materialpaarung zu bestimmen, dann werden Unterlage (feste Wand) und eine Kugel daraus benötigt. Die Kugel fällt aus der Höhe H auf die Unterlage und springt die Höhe h wieder zurück. Diese Höhen sind zu messen (Bild 25.8). Mit dem Arbeitssatz (vgl. 24.3) werden die Geschwindigkeiten v_1 und v_1^* als Funktion von H bzw. h bestimmt. Luftwiderstand sei vernachlässigbar.

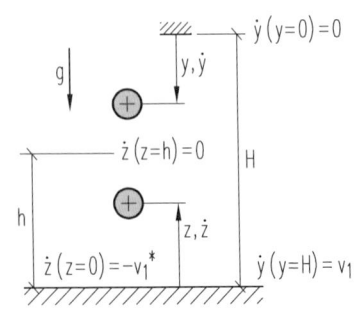

Bild 25.8

Für den freien Fall aus der Höhe H ohne Anfangsgeschwindigkeit gilt wegen $W^{(e)} = W_{kin} - W_{kin\,0}$:

$$mgH = \frac{mv_1^2}{2} - 0; \quad v_1^2 = 2gH \quad \Rightarrow \quad v_1 = \sqrt{2gH}$$

Für den Rückprall gilt:

$$-mgh = 0 - \frac{mv_1^{*2}}{2}; \quad v_1^{*2} = 2gh \quad \Rightarrow \quad v_1^* = -\sqrt{2gh} \text{ (entgegen } v_1\text{!)}$$

Die Stoßzahl k ergibt sich damit zu:

$$k = -\frac{v_1^*}{v_1} = \sqrt{\frac{h}{H}}$$

25.3 Schiefer zentraler Stoß

Es soll der Stoß zweier glatter Kugeln betrachtet werden (Bild 25.9). Dadurch treten in tangentialer Richtung keine Kräfte auf. Demzufolge werden die Geschwindigkeitskomponenten in tangentialer Richtung durch den Stoß nicht beeinflusst, d. h., es treten hier keine Geschwindigkeitsänderungen auf. Es gilt also:

$$v_1 \sin \alpha_1 = v_1^* \sin \beta_1; \quad v_2 \sin \alpha_2 = v_2^* \sin \beta_2$$

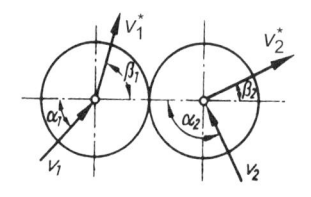

Bild 25.9

In Richtung der Stoßnormalen treten Geschwindigkeitsänderungen auf. Für sie gilt das im Zusammenhang mit der NEWTON'schen Stoßhypothese für den geraden zentralen Stoß Gesagte. In die dort angegebenen Beziehungen für die Geschwindigkeiten nach dem Stoß werden die Geschwindigkeitskomponenten in Richtung der Stoßnormalen eingesetzt.

$$v_1^* \cos \beta_1 = v_1 \cos \alpha_1 - \frac{(v_1 \cos \alpha_1 - v_2 \cos \alpha_2)(1 + k)}{1 + \frac{m_1}{m_2}}$$

$$v_2^* \cos \beta_2 = v_2 \cos \alpha_2 - \frac{(v_2 \cos \alpha_2 - v_1 \cos \alpha_1)(1 + k)}{1 + \frac{m_2}{m_1}}$$

Schiefer zentraler Stoß gegen eine feste Wand (Bild 25.10)

Eine glatte Kugel stößt gegen eine feste Wand. Die Geschwindigkeitskomponente parallel zur Wand bleibt vom Stoß unbeeinflusst.

Es gilt
$$v_1 \sin \alpha_1 = v_1^* \sin \beta_1$$
Die Normalkomponente der Geschwindigkeit verhält sich wie beim geraden zentralen Stoß gegen eine feste Wand (vgl. 25.2.3).
$$v_1^* \cos \beta_1 = -k v_1 \cos \alpha_1$$
Aus diesen Gleichungen folgt mit $\beta_1 = \pi - \gamma$:
$$\gamma = \arctan\left(\frac{\tan \alpha_1}{k}\right); \quad v_1^* = -v_1 \cos \alpha_1 \cdot \sqrt{k^2 + \tan^2 \alpha_1}$$
Für $k = 1$ ergibt das speziell:
$$\gamma = \alpha_1; \quad v_1^* = -v_1 \quad \text{(Reflexionsgesetz)}$$

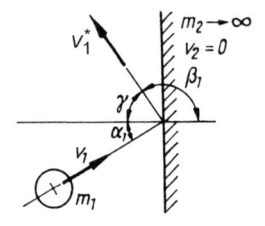

Bild 25.10

25.4 Exzentrischer Stoß

Zwei *ideal glatte* Körper führen eine ebene Bewegung aus und stoßen zusammen. Diese allgemeine ebene Bewegung der stoßenden Körper kann durch eine Translation des Schwerpunktes und eine Drehung um den Schwerpunkt beschrieben werden (Bild 25.11). Die Impulsänderungen bzw. Kraftstöße der beiden Körper sind:
$$m_1(v_{1n}^* - v_{1n}) = -\breve{F}; \quad m_2(v_{2n}^* - v_{2n}) = \breve{F}$$
(Der Index n bei den Geschwindigkeiten bezeichnet Komponenten in Richtung der Stoßnormalen n.)

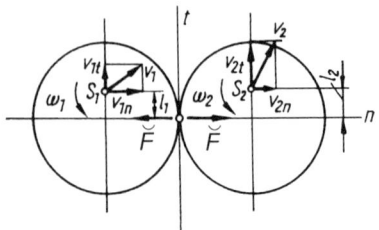

Bild 25.11

Die Komponenten der Geschwindigkeiten in tangentialer Richtung, die durch den Index t gekennzeichnet sind, werden durch den Stoß nicht beeinflusst.

$$v_{1t}^* = v_{1t}; \qquad v_{2t}^* = v_{2t}$$

Die Drehung der Körper um den Schwerpunkt wird durch den Stoß beeinflusst. Die Beziehungen für die Dralländerungen der Körper lauten:

$$J_1^S(\omega_1^* - \omega_1) = -\check{F}l_1; \qquad J_2^S(\omega_2^* - \omega_2) = \check{F}l_2$$

$J_{1,2}^S$ Trägheitsmoment der Körper bez. der Schwerpunkte $S_{1,2}$
$\omega_{1,2}; \omega_{1,2}^*$ Drehgeschwindigkeiten unmittelbar vor und nach dem Stoß
$\check{F}$ Kraftstoß bzw. Stoßimpuls
$l_{1,2}$ Hebelarme

Für die Geschwindigkeitskomponenten in Normalenrichtung gilt die NEWTON'sche Stoßhypothese. Die Stoßzahl k drückt auch hier das Verhältnis der Relativgeschwindigkeiten aus.

Führt man die Trägheitsradien bezüglich der Schwerpunkte zu $i_{1,2}^2 = J_{1,2}^S/m_{1,2}$ für beide Körper ein, dann ergeben sich folgende Beziehungen für die Geschwindigkeiten und Drehgeschwindigkeiten nach dem Stoß:

$$v_{1n}^* = v_{1n} - \frac{m_2(v_{1n} + \omega_1 l_1 - v_{2n} - \omega_2 l_2)(1+k)}{m_1\left(1 + \frac{l_2^2}{i_2^2}\right) + m_2\left(1 + \frac{l_1^2}{i_1^2}\right)}$$

$$v_{2n}^* = v_{2n} - \frac{m_1(v_{1n} + \omega_1 l_1 - v_{2n} - \omega_2 l_2)(1+k)}{m_1\left(1 + \frac{l_2^2}{i_2^2}\right) + m_2\left(1 + \frac{l_1^2}{i_1^2}\right)}$$

$$\omega_1^* = \omega_1 - \frac{m_2(v_{1n} + \omega_1 l_1 - v_{2n} - \omega_2 l_2)(1+k)}{m_1\left(1 + \frac{l_2^2}{i_2^2}\right) + m_2\left(1 + \frac{l_1^2}{i_1^2}\right)} \cdot \frac{l_1}{i_1^2}$$

$$\omega_2^* = \omega_2 - \frac{m_1(v_{1n} + \omega_1 l_1 - v_{2n} - \omega_2 l_2)(1+k)}{m_1\left(1 + \frac{l_2^2}{i_2^2}\right) + m_2\left(1 + \frac{l_1^2}{i_1^2}\right)} \cdot \frac{l_2}{i_2^2}$$

25.5 Exzentrischer Stoß drehbar befestigter Körper

Der exzentrische Stoß drehbar befestigter Körper kann als Sonderfall des exzentrischen Stoßes betrachtet werden. Durch die Lagerung bei A und B (Bild 25.12) braucht nur eine Drehung der beiden stoßenden Körper um diese Lagerpunkte berücksichtigt zu werden. Mit den Beziehungen

$$J_1^A = m_1 i_1^2 = m_1^\oplus l_1^2; \qquad J_2^B = m_2 i_2^2 = m_2^\oplus l_2^2$$

J_1^A Trägheitsmoment bezüglich des Drehpunktes A
J_2^B Trägheitsmoment bezüglich des Drehpunktes B

werden reduzierte Massen $m_1^\oplus$ und $m_2^\oplus$ eingeführt:

$$m_1^\oplus = \frac{i_1^2}{l_1^2} m_1; \qquad m_2^\oplus = \frac{i_2^2}{l_2^2} m_2$$

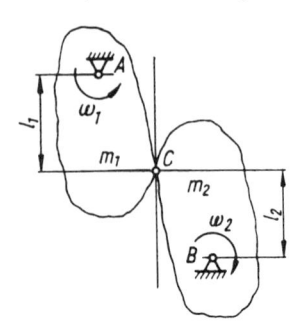

Bild 25.12

Diese Reduktion der Massen in den Stoßpunkt C erlaubt, die Beziehungen für den geraden zentralen Stoß (vgl. 25.2) zur Berechnung der Drehgeschwindigkeiten unmittelbar nach dem Stoß anzuwenden.

Die Drehgeschwindigkeiten der stoßenden Körper unmittelbar nach dem Stoß berechnen sich aus:

$$\omega_1^* l_1 = \omega_1 l_1 - \frac{(\omega_1 l_1 - \omega_2 l_2)(1+k)}{1 + \dfrac{m_1^\oplus}{m_2^\oplus}}$$

$$\omega_2^* l_2 = \omega_2 l_2 - \frac{(\omega_2 l_2 - \omega_1 l_1)(1+k)}{1 + \dfrac{m_2^\oplus}{m_1^\oplus}}$$

25.5.1 Stoß einer Punktmasse m_1 gegen einen drehbar befestigten Körper

In den Beziehungen des Stoßes zweier geführter Körper (vgl. 25.5) sind statt der reduzierten Masse $m_1^\oplus$ die Masse m_1 und statt $\omega_1 l_1$ die Auftreffgeschwindigkeit v_1 einzusetzen (Bild 25.13). Die Geschwindigkeit v_1^* der Masse m_1 und die Drehgeschwindigkeit ω_2^* des gelagerten Körpers mit der Masse m_2 nach dem Stoß sind:

$$v_1^* = v_1 - \frac{(v_1 - \omega_2 l_2)(1+k)}{1 + \dfrac{m_1}{m_2^\oplus}}$$

$$\omega_2^* l_2 = \omega_2 l_2 - \frac{(\omega_2 l_2 - v_1)(1+k)}{1 + \dfrac{m_2^\oplus}{m_1}}$$

Bild 25.13

25.5.2 Lagerbelastung beim Stoß gelagerter Körper, Stoßmittelpunkt

Der Stoß bringt beim drehbar gelagerten Körper nach Bild 25.14 zusätzliche Lagerbelastungen. Der Stoßimpuls $\check{F}$ wirkt in Richtung der Stoßnormalen, die in Bild 25.14 mit der x-Achse zusammenfällt. Da die beiden stoßenden Körper glatt sein sollen, ist nur eine Stoßwirkung in x-Richtung zu erwarten. Die dadurch hervorgerufenen Kraftstöße (bzw. Stoßimpulse) in den Lagern A und B sollen berechnet werden.

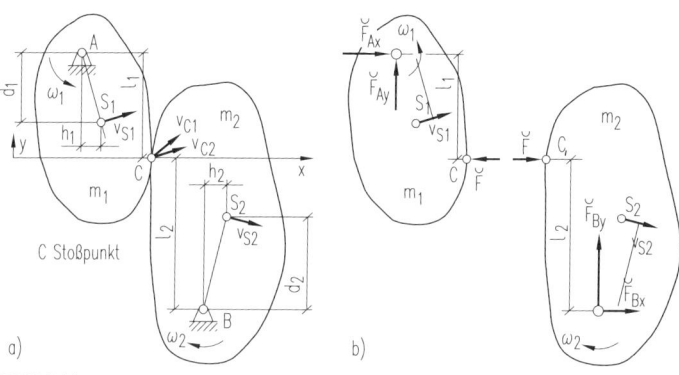

Bild 25.14

Dazu wird an den freigeschnittenen Körpern (vgl. Bild 25.14b) jeweils der Impuls- und der Drehimpulssatz angewendet.

Da sich die beiden Körper um die raumfesten Punkte A bzw. B drehen, ermitteln sich die Geschwindigkeitskomponenten der Schwerpunkte gemäß der kinematischen Relationen (vgl. Abschnitt 19.3.2):

$$v_{Six} = \omega_i d_i; \qquad v_{Siy} = \omega_i h_i \qquad (i = 1 \text{ bzw. } i = 2)$$

Damit liefert der Impulssatz:

Körper 1:
$$-\check{F} + \check{F}_{Ax} = m_1(v^*_{S1x} - v_{S1x}) = m_1 d_1(\omega^*_1 - \omega_1)$$
$$\check{F}_{Ay} = m_1(v^*_{S1y} - v_{S1y}) = m_1 h_1(\omega^*_1 - \omega_1)$$

Körper 2:
$$\check{F} + \check{F}_{Bx} = m_2(v^*_{S2x} - v_{S2x}) = m_2 d_2(\omega^*_2 - \omega_2)$$
$$\check{F}_{By} = m_2(v^*_{S2y} - v_{S2y}) = m_2 h_2(\omega^*_2 - \omega_2)$$

Die Anwendung des Drallsatzes bezüglich der Lager A und B ergibt:

Lager A:
$$-\check{F} l_1 = J^A_1(\omega^*_1 - \omega_1)$$

Lager B:
$$\check{F} l_2 = J^B_2(\omega^*_2 - \omega_2)$$

Die siebte Bestimmungsgleichung für die 7 Unbekannten ($\breve{F}$, $\breve{F}_{Ax}$, $\breve{F}_{Ay}$, $\breve{F}_{Bx}$, $\breve{F}_{By}$, ω_1^*, ω_2^*) ist die Beziehung für die Stoßzahl k, die hier das Verhältnis der Relativgeschwindigkeitskomponenten des Stoßpunktes C in x-Richtung unmittelbar nach und vor dem Stoß ist.

$$k = \frac{v_{C2x}^* - v_{C1x}^*}{v_{C1x} - v_{C2x}} = \frac{\omega_2^* l_2 - \omega_1^* l_1}{\omega_1 l_1 - \omega_2 l_2}$$

Über die Auflösung des linearen Gleichungssystems ergeben sich die in den Lagern auftretenden Kraftstöße zu:

Lager A:

$$\breve{F}_{Ax} = \left(m_1 \frac{d_1}{l_1} - m_1^\oplus \right) \frac{(\omega_2 l_2 - \omega_1 l_1)(1 + k)}{1 + \frac{m_1^\oplus}{m_2^\oplus}}$$

$$\breve{F}_{Ay} = m_1 \frac{h_1}{l_1} \frac{(\omega_2 l_2 - \omega_1 l_1)(1 + k)}{1 + \frac{m_1^\oplus}{m_2^\oplus}}$$

Lager B:

$$\breve{F}_{Bx} = \left(m_2 \frac{d_2}{l_2} - m_2^\oplus \right) \frac{(\omega_1 l_1 - \omega_2 l_2)(1 + k)}{1 + \frac{m_2^\oplus}{m_1^\oplus}}$$

$$\breve{F}_{By} = m_2 \frac{h_2}{l_2} \frac{(\omega_1 l_1 - \omega_2 l_2)(1 + k)}{1 + \frac{m_2^\oplus}{m_1^\oplus}}$$

Stoßmittelpunkt: Die Lagerbelastungen in x-Richtung werden zu null, wenn folgende Bedingungen erfüllt sind:

$$m_1 \frac{d_1}{l_1} - m_1^\oplus = 0$$

$$m_2 \frac{d_2}{l_2} - m_2^\oplus = 0$$

Daraus folgt für die Abstände der Lager vom Schwerpunkt der jeweiligen Masse:

$$d_1 = \frac{i_1^2}{l_1}$$

$$d_2 = \frac{i_2^2}{l_2}$$

Die Punkte der Körper, die diesen Bedingungen genügen, heißen *Stoßmittelpunkte*.

26 Schwingungen

Als *Schwingung* wird ein Vorgang bezeichnet, bei dem eine physikalische Größe eine Funktion der Zeit ist und sich in bestimmten Zeitabständen ähnliche Merkmale dieser Bewegungsgröße wiederholen. Im Allgemeinen nimmt diese Größe abwechselnd zu und ab (vgl. DIN 1311-1).

Die Anzahl der generalisierten Koordinaten $q_1, q_2, \ldots, q_n$, die mindestens notwendig sind, um Lage und Geschwindigkeit des schwingenden Systems (Systemzustand) zu beschreiben, entspricht dem *Freiheitsgrad* dieses Systems.

26.1 Kinematik des Schwingers

26.1.1 Periodische Schwingungen

Als *periodische Schwingung* ist eine Schwingung zu bezeichnen, bei der sich nach einer bestimmten Zeit, der *Periodendauer* T, der Vorgang vollständig und mit allen Nebenumständen wiederholt. Es gilt dann (vgl. Bild 26.1)

$$q(t + T) = q(t)$$

Eine *Periode* der Schwingung ist ein Schwingungsvorgang von der Dauer T als Teil der gesamten Schwingung.

Der Kehrwert der Periodendauer T ist die *Grundfrequenz* oder die *Schwingzahl* der Schwingung:

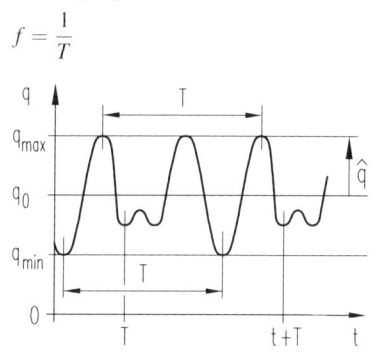

$$f = \frac{1}{T}$$

Bild 26.1

Die Grundfrequenz gibt an, wie oft sich der Schwingungsvorgang in der Zeiteinheit (meist in einer Sekunde) vollständig wiederholt.

Der zeitliche Mittelwert q_0 der Augenblicksausschläge über eine Periode ist der *lineare Mittelwert*.

$$q_0 = \frac{1}{T} \int\limits_{t}^{t+T} q \, dt^*$$

Damit gilt:
$$\int_t^{t+T} [q(t^*) - q_0]\, dt^* = 0$$

Weiter werden noch folgende Bezeichnungen verwendet:
q_{max} Gipfelwert
q_{min} Talwert
$q_{max} - q_{min} = 2\hat{q}$ Schwingungsweite

Der Abstand des Gipfelwertes vom linearen Mittelwert ist der obere Scheitelwert, und der Abstand des Talwertes vom linearen Mittelwert ist der untere Scheitelwert.

Mithilfe der *harmonischen Analyse* (*Fourier-Analyse*) lässt sich jede periodische Schwingung in eine (unendliche) Summe von Sinus- und Kosinusanteilen auflösen, d. h., es kann für eine allgemeine periodische Schwingung geschrieben werden:

$$q(t) = a_0 + \sum_{k=1}^{\infty}(a_k \cos k\omega t + b_k \sin k\omega t)$$

Es gilt der *Satz von* FOURIER:

- Jede Funktion mit der Periode 2π lässt sich durch eine unendliche Reihe darstellen.

Als Voraussetzung muss erfüllt sein, dass diese Funktion in 2π endlich und differenzierbar ist.

a_k und b_k werden als FOURIER-*Koeffizienten* bezeichnet. Sie ergeben sich aus folgenden Beziehungen:

$$a_0 = \frac{1}{2\pi}\int_0^{2\pi} q(\psi)\, d\psi$$

$$a_k = \frac{1}{\pi}\int_0^{2\pi} q(\psi)\cos k\psi\, d\psi; \qquad b_k = \frac{1}{\pi}\int_0^{2\pi} q(\psi)\sin k\psi\, d\psi$$

mit
$$\psi = \frac{2\pi}{T}t = 2\pi f t = \omega t \quad \text{und} \quad k = 1, 2, \ldots$$

ω Kreisfrequenz (vgl. 26.1.2)

Vereinfachungen bei der Berechnung der FOURIER-Koeffizienten ergeben sich, wenn
- $q(\psi)$ eine ungerade Funktion ist:
  $q(\psi) = -q(-\psi)$ (polsymmetrisch zu O)
  $\Rightarrow \quad a_0 = 0; \quad a_k = 0 \quad \forall k$

- $q(\psi)$ eine gerade Funktion ist:
  $q(\psi) = q(-\psi)$ (symmetrisch zu O)
  $\Rightarrow\ b_k = 0\ \ \forall k$
- $q(\psi)$ eine Funktion ist, die in der zweiten Periodenhälfte spiegelbildlich gleich der in der ersten Periodenhälfte ist:
  $q(\psi) = -q(\psi + \pi)$
  $\Rightarrow\ a_0 = 0;\ \ a_{2k} = b_{2k} = 0\ \ \forall k$
  (alle FOURIER-Koeffizienten gerader Ordnung verschwinden).

Beispiel: FOURIER-Analyse eines Reibungskraftverlaufes

Ein Körper schwingt auf einer rauhen Unterlage hin und her. Die Reibungskraft, die zwischen Körper und Unterlage wirkt, sei entsprechend Bild 26.2 gegeben durch:

$$F(t) = \begin{cases} F_R; & 0 \leq \omega t < \pi \\ -F_R; & \pi \leq \omega t < 2\pi \end{cases} \tag{1}$$

Die FOURIER-Koeffizienten für eine Darstellung der Funktion als FOURIER-Reihe sind zu berechnen.

Lösung:

Die in Bild 26.2 dargestellte Funktion hat folgende Eigenschaften:

Es gilt

$$q(\omega t) = -q(\omega t + \pi) \tag{2}$$

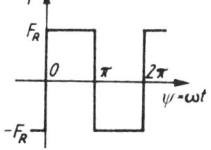

Bild 26.2

d. h., dass alle FOURIER-Koeffizienten gerader Ordnung null sind.

$$a_{2k} = b_{2k} = 0$$

Weiter ist die Funktion polysymmetrisch zu null. Demzufolge gilt:

$$a_0 = 0;\qquad a_k = 0 \tag{3}$$

Die Reihe hat also keine Kosinusanteile. Zu berechnen sind demnach die Koeffizienten b_k für $k = 1, 3, 5, \ldots$:

$$\begin{aligned}
b_k &= \frac{1}{\pi}\left[\int_0^\pi F_R \sin k\psi\,\mathrm{d}\psi + \int_\pi^{2\pi}(-F_R)\sin k\psi\,\mathrm{d}\psi\right] \\
&= \frac{1}{\pi}F_R\left[\left.-\frac{1}{k}\cos k\psi\right|_0^\pi - \left(\left.-\frac{1}{k}\cos k\psi\right|_\pi^{2\pi}\right)\right] \\
&= \frac{4}{\pi}F_R\frac{1}{k} \tag{4}
\end{aligned}$$

Damit ergibt sich:

$$F(t) = \frac{4F_R}{\pi}\left(\sin\omega t + \frac{1}{3}\sin 3\omega t + \frac{1}{5}\sin 5\omega t + \ldots\right)$$

$$= \frac{4F_R}{\pi}\sum_{k=1,3,\ldots}^{\infty}\frac{1}{k}\sin k\omega t \tag{5}$$

26.1.2 Harmonische Schwingungen

Eine *Harmonische Schwingung* ist ein Spezialfall einer periodischen Schwingung und wird entwerder durch

$$q_1(t) = \hat{q}\sin(\omega t + \varphi) = (\hat{q}\sin\varphi)\cos\omega t + (\hat{q}\cos\varphi)\sin\omega t$$

oder

$$q_2(t) = \hat{q}\cos(\omega t + \varphi) = (\hat{q}\cos\varphi)\cos\omega t + (-\hat{q}\sin\varphi)\sin\omega t$$

beschrieben.

Dabei sind die drei die Schwingung charakterisierenden Bestimmungsstücke:

$\hat{q}$ Amplitude
ω Kreisfrequenz
φ Phasenwinkel

Die *Amplitude* $\hat{q}$ gibt den Betrag des größten Ausschlages an. Die *Kreisfrequenz* ω hängt mit der Frequenz wie folgt zusammen:

$$\omega = 2\pi f$$

Beide sind dimensionsgleich, unterscheiden sich aber um den Faktor 2π. Die Frequenz f hat die Einheit Hertz (Hz).

Der *Phasenwinkel* φ gibt an, um wie viel der Nulldurchgang von q_1 bzw. das Maximum von q_2 gegenüber dem Zeitnullpunkt verschoben ist. Der Phasenwinkel ist ein geeignetes Maß zur Fixierung der zeitlichen Verschiebung zweier Schwingungen derselben Frequenz. Ein typisches Beispiel dafür ist die erregende und erzwungene Schwingung.

Zusammenhang zwischen Schwingung und Kreisbewegung: Die harmonische Schwingung kann als Projektion einer mit konstanter Winkelgeschwindigkeit vor sich gehenden Kreisbewegung auf eine Gerade gedacht werden. Ein Zeiger $\underline{q}$ (Bild 26.3) rotiert mit der konstanten Winkelgeschwindigkeit ω

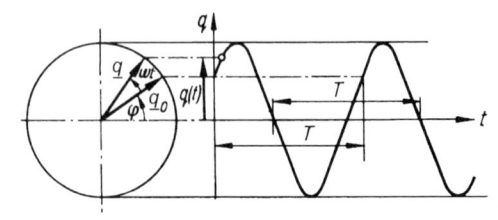

Bild 26.3

und durchläuft in der Periodendauer T den vollen Kreisumfang. Die Winkelgeschwindigkeit $\omega = 2\pi/T$ stimmt also mit der Kreisfrequenz ω der Schwingung überein.

Komplexe Darstellung der Schwingung: Der den sich bewegenden Kreispunkt im Bild 26.3 beschreibende Zeiger $\underline{q}$ kann als komplexe Zahl aufgefasst werden (Bild 26.4). Dann gilt mit $i = \sqrt{-1}$:

$$\underline{q} = \mathrm{Re}(\underline{q}) + i\,\mathrm{Im}(\underline{q})$$
$$= \hat{q} \cdot [\cos(\omega t + \varphi) + i \cdot \sin(\omega t + \varphi)]$$
$$= \hat{q} \cdot e^{i \cdot (\omega t + \varphi)} = \underline{q}_0\, e^{i\omega t}$$

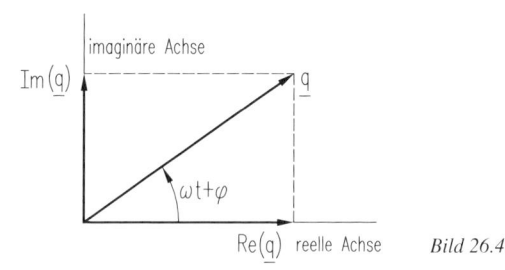

Bild 26.4

Die Größe $\underline{q}_0 = \hat{q} e^{i\varphi}$ wird als *Nullzeiger* bezeichnet, da er die Lage des Zeigers $\underline{q}$ zur Zeit $t = 0$ beschreibt. Für $\varphi = 0$ gilt speziell $\underline{q}_0 = \hat{q}$.

Die jeweilige Schwingung wird durch das Bilden des reellen oder imaginären Bestandteils der komplexen Variablen $\underline{q}(t)$ beschrieben. Deshalb gilt:

$$q_1(t) = \mathrm{Im}\left(\underline{q}(t)\right) = \mathrm{Im}\left(\underline{q}_0\, e^{i\omega t}\right) = \hat{q}\sin(\omega t + \varphi)$$

oder

$$q_2(t) = \mathrm{Re}\left(\underline{q}(t)\right) = \mathrm{Re}\left(\underline{q}_0\, e^{i\omega t}\right) = \hat{q}\cos(\omega t + \varphi)$$

Geschwindigkeit und Beschleunigung: Durch Differenzieren der Schwingungsgleichung nach der Zeit ergeben sich die Beziehungen für Geschwindigkeit und Beschleunigung.

$$q = \hat{q}\sin(\omega t + \varphi)$$
$$\dot{q} = \hat{q}\omega\cos(\omega t + \varphi); \qquad \ddot{q} = -\hat{q}\omega^2 \sin(\omega t + \varphi)$$

oder in komplexer Schreibweise:

$$\underline{q} = \underline{q}_0\, e^{i\omega t}$$
$$\underline{\dot{q}} = \underline{q}_0\, \omega\, i\, e^{i\omega t}; \qquad \underline{\ddot{q}} = -\underline{q}_0\, \omega^2\, e^{i\omega t}$$

Zusammensetzung von harmonischen Schwingungen: Als Summe von *Schwingungen gleicher Frequenz* ergibt sich die Schwingung:

$$\hat{q}_1 \sin(\omega t + \varphi_1) + \hat{q}_2 \sin(\omega t + \varphi_2) = \hat{q}_3 \sin(\omega t + \varphi_3)$$

mit
$$\hat{q}_3^2 = \hat{q}_1^2 + \hat{q}_2^2 + 2\hat{q}_1\hat{q}_2 \cos(\varphi_2 - \varphi_1)$$
und
$$\sin \varphi_3 = \frac{\hat{q}_1 \sin \varphi_1 + \hat{q}_2 \sin \varphi_2}{\hat{q}_3}; \quad \cos \varphi_3 = \frac{\hat{q}_1 \cos \varphi_1 + \hat{q}_2 \cos \varphi_2}{\hat{q}_3}$$

Bei $\varphi_1 = \pi/2$ und $\varphi_2 = 0$ erhält man:
$$\hat{q}_3 = \sqrt{\hat{q}_1^2 + \hat{q}_2^2} \quad \text{und} \quad \sin \varphi_3 = \frac{\hat{q}_1}{\hat{q}_3}; \quad \cos \varphi_3 = \frac{\hat{q}_2}{\hat{q}_3}$$

Zur Zusammensetzung von harmonischen *Schwingungen mit unterschiedlicher Frequenz* ist Folgendes zu bemerken:

Ergibt sich als Verhältnis der Kreisfrequenzen ω_1/ω_2 der Ausgangsschwingungen eine rationale Zahl (Verhältnis zweier ganzer Zahlen), so ist die Summenschwingung eine periodische Schwingung. Ergibt sich ein nichtrationales Verhältnis, dann ist die Summenschwingung nicht periodisch. Je länger jedoch eine derartige Schwingung betrachtet wird, desto mehr können Eigenschaften beobachtet werden, die eine periodische Schwingung besitzt. Das kommt daher, dass jede irrationale Zahl beliebig genau durch rationale angenähert werden kann. Diese Schwingung heißt dann *fast periodisch*.

Sinusverwandte Schwingungen: Sind die drei Bestimmungsstücke einer harmonischen Schwingung, also Amplitude, Frequenz und Phasenwinkel, nicht mehr konstant, sondern Veränderliche, die sich jedoch im Verhältnis zum Ablauf einer Einzelschwingung nur sehr langsam verändern, dann ergeben sich sinusverwandte Schwingungen. Bei Veränderlichkeit der Amplitude $\hat{q}$ heißen diese Schwingungen *amplitudenveränderlich*, wenn ω sich ändert *frequenzveränderlich* und wenn φ sich ändert *phasenveränderlich*. Es gelten dafür die Beziehungen:

$$q = \hat{q}(t) \sin(\omega t + \varphi) \quad \textit{amplitudenveränderlich}$$
$$q = \hat{q} \sin(\omega(t) \cdot t + \varphi) \quad \textit{frequenzveränderlich}$$
$$q = \hat{q} \sin(\omega t + \varphi(t)) \quad \textit{phasenveränderlich}$$

Zusammengefasst kann man die sinusverwandten Schwingungen darstellen als
$$q(t) = H(t) \sin \Phi(t)$$
mit der zeitlich veränderlichen Kreisfrequenz $\dot{\Phi}(t)$.

Sinusverwandte Schwingungen werden auch als *modulierte Schwingungen* bezeichnet.

Schwebungen: Bei der Überlagerung von Schwingungen, deren Frequenzen konstant, aber nahe benachbart sind, treten Schwebungen auf.

Fordert man, dass sich die Summenschwingung als Produkt gemäß
$$q(t) = \hat{q}_1 \sin(\omega_1 t + \varphi) + \hat{q}_2 \sin(\omega_2 t) \stackrel{!}{=} H(t) \cdot \sin \Phi(t)$$

darstellen lässt, so folgt unter Zuhilfenahme der analogen zweiten Forderung

$$\hat{q}_1 \cos(\omega_1 t + \varphi) + \hat{q}_2 \cos(\omega_2 t) \stackrel{!}{=} H(t) \cdot \cos \Phi(t)$$

für die Amplitudenfunktion:

$$H(t) = \sqrt{\hat{q}_1^2 + \hat{q}_2^2 + 2\hat{q}_1\hat{q}_2 \cos\left[(\omega_1 - \omega_2)t + \varphi\right]}$$

und für den Sinus und Kosinus von $\Phi(t)$:

$$\sin \Phi(t) = \frac{\hat{q}_1 \sin(\omega_1 t + \varphi) + \hat{q}_2 \sin \omega_2 t}{H(t)};$$

$$\cos \Phi(t) = \frac{\hat{q}_1 \cos(\omega_1 t + \varphi) + \hat{q}_2 \cos \omega_2 t}{H(t)}$$

Für den Fall, dass sich die Frequenzen nur wenig voneinander unterscheiden, sind $H(t)$ und $\Phi(t)$ langsam veränderliche Funktionen der Zeit, und $q(t)$ beschreibt eine Schwebung als eine sowohl amplituden- als auch frequenzveränderliche (bzw. phasenveränderliche) Schwingung.

Die Funktion $H(t)$ stellt die Einhüllende dar, d. h. $q(t)$ schwankt zwischen $H(t)$ und $-H(t)$.

26.2 Freie ungedämpfte Schwingungen des linearen Schwingers mit einem Freiheitsgrad

26.2.1 Schwingungsdifferenzialgleichung, Eigenfrequenz, Periodendauer

Die Differenzialgleichung der die Bewegung eines Schwingers mit einem Freiheitsgrad beschreibenden Koordinate q (*Bewegungsgl.*) lautet im einfachsten Fall:

$$m\ddot{q} + cq = 0$$

oder

$$\ddot{q} + \frac{c}{m}q = 0$$

m und c sind hierbei die auf die Koordinate q reduzierten Parameter des Schwingers.

Der Faktor bei q in der zweiten Form der Schwingungsdifferenzialgleichung ist das Quadrat der *Eigenkreisfrequenz* eines Schwingers:

$$\omega^2 = \frac{c}{m}$$

Die *Schwingungsdauer* errechnet sich aus der Eigenkreisfrequenz zu

$$T = \frac{1}{f} = \frac{2\pi}{\omega} = 2\pi\sqrt{\frac{m}{c}}$$

Hat die Koordinate q die Dimension einer Länge, dann ist m eine Masse, und die Federkonstante c ist in Kraft/Länge anzugeben; ist q ein Winkel, dann steht statt der Masse ein Massenträgheitsmoment J, und anstelle c ist eine Drehfederkonstante c_T der Dimension Kraft $\cdot$ Länge einzusetzen.

Beispiel: Bestimmung der Eigenfrequenz eines Antriebssystems (Bild 26.5)

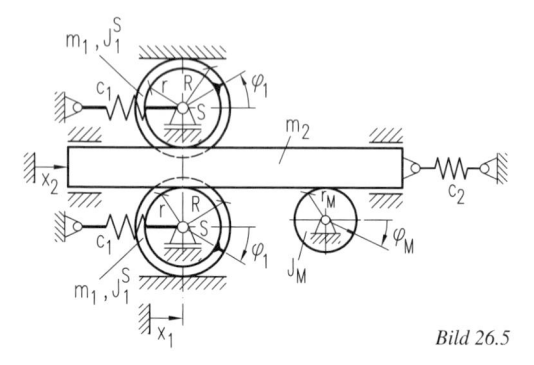

Bild 26.5

Das dargestellte Modell eines Antriebssystems besteht aus starren Körpern, die miteinander spielfrei und schlupflos über Verzahnungen verbunden sind. Die im System vorhandenen wesentlichen Elastizitäten werden durch die Federn c_1 und c_2 erfasst. Sie sind so montiert, dass sie für $x_1 = 0$ und $x_2 = 0$ kräftefrei sind. Reibung und Dämpfung seien vernachlässigbar.

Es wurden 4 Lagekoordinaten $[x_1, \varphi_1, x_2, \varphi_M]^T$ eingeführt. Zwischen ihnen existieren die 3 Zwangsbedingungen

$$x_2 = x_1 + r\varphi_1; \qquad x_1 = R\varphi_1; \qquad x_2 = r_M \varphi_M$$

Als generalisierte Koordinate soll die Verschiebung x_2 fungieren. Die Auflösung der Zwangsbedingungen liefert:

$$\varphi_M = \frac{x_2}{r_M}; \qquad x_1 = \frac{R}{r+R} x_2; \qquad \varphi_1 = \frac{x_2}{r+R}$$

Die kinetische Energie des Systems ist damit:

$$W_{kin} = \frac{1}{2}\left(2m_1 \dot{x}_1^2 + 2J_1^S \dot{\varphi}_1^2 + m_2 \dot{x}_2^2 + J_M \dot{\varphi}_M^2\right)$$
$$= \frac{\dot{x}_2^2}{2}\left[\frac{2R^2}{(r+R)^2}\left(m_1 + \frac{J_1^S}{R^2}\right) + m_2 + \frac{J_M}{r_M^2}\right]$$

Und für die potenzielle Energie der Federn ergibt sich:

$$W_{pot} = \frac{1}{2}\left(2c_1 x_1^2 + c_2 x_2^2\right) = \frac{x_2^2}{2}\left(2c_1 \frac{R^2}{(r+R)^2} + c_2\right)$$

Die Anwendung der LAGRANGE'schen Gleichungen 2. Art (vgl. Abschnitt 24.5) liefert als Bewegungsgleichung:

$$\left[\frac{2R^2}{(r+R)^2}\left(m_1 + \frac{J_1^S}{R^2}\right) + m_2 + \frac{J_M}{r_M^2}\right]\ddot{x}_2 + \left(\frac{2R^2}{(r+R)^2}c_1 + c_2\right)x_2 = 0$$

Nach Division dieser Gleichung durch den Faktor bei $\ddot{x}_2$ folgt aus einem Vergleich mit der „Standardform" der Schwingungsdifferenzialgleichung ($\ddot{q} + \omega^2 q = 0$) das Quadrat der Eigenkreisfrequenz, sodass sich die Eigenfrequenz gemäß

$$f = \frac{\omega}{2\pi} = \frac{1}{2\pi}\sqrt{\frac{\dfrac{2R^2}{(r+R)^2}c_1 + c_2}{\dfrac{2R^2}{(r+R)^2}\left(m_1 + \dfrac{J_1^S}{R^2}\right) + m_2 + \dfrac{J_M}{r_M^2}}}$$

berechnet.

Weitere Beispiele für verschiedene einfache Schwinger zeigt *Anlage D6*.

26.2.2 Rückstellkraft, Federschaltungen, Rayleigh'sches Verfahren

Der Ausdruck

$$cq = F_r(q)$$

in der Schwingungsdifferenzialgleichung ist die *Rückstellkraft*. Die Rückstellkraft will einen um q ausgelenkten Schwinger wieder in die statische Ruhelage bringen. Die Funktion $F_r(q)$ kann eine Kraft (q ist eine Länge) oder ein Moment (q ist ein Winkel) sein. Sie kann von Elastizitäten im System und/oder von Gewichts- bzw. Fliehkräften herrühren. Die zweiten Ausdrücke in den Schwingungsdifferenzialgleichungen der Schwinger in *Anlage D6* sind die Rückstellkräfte.

Ist die Rückstellfunktion $F_r(q)$ eine Gerade (Bild 26.6), dann spricht man von linearer Kennlinie. Bei Systemen, die nur in Annäherung eine Gerade als Kennlinie haben, kann für genügend kleines q die Kennlinie meist durch die Tangente ersetzt werden. Ein Beispiel dafür sind die Pendelschwingungen. Schwinger, die durch lineare Differenzialgleichungen beschrieben werden, heißen *lineare Schwinger*.

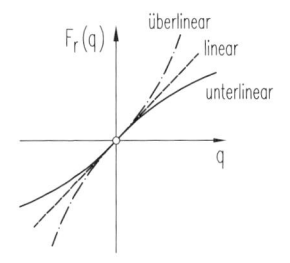

Bild 26.6

Schwinger, die keine Gerade als Kennlinie haben, nennt man *nichtlinear*, vgl. Abschnitt 26.8.

Bei vielen linearen Schwingern ist die Federzahl c eine Konstante. In diesem Fall wird sie als Federkonstante bezeichnet. Sie ist der Proportionalitätsfaktor zwischen der Rückstellkraft $F_r(q)$ und der durch sie hervorgerufenen Verformung oder Auslenkung q. Ist die Rückstellkraft eine statische Kraft F und x_0 die Auslenkung in Kraftrichtung, dann gilt für die Federkonstante c:

$$c = \frac{F}{x_0}$$

(Analoges gilt für c_T bei einem statischen Moment mit der entsprechenden Verdrehung.)

Die *Anlage D7* gibt Federzahlen an, wenn ein zylindrischer Stab als Biegefeder oder als Drehfeder wirkt und Stäbe, Seile, Riemen und Schraubenfedern die federnden Elemente sind.

Setzt sich die vorhandene Elastizität im schwingenden System aus mehreren Federn zusammen, dann kann dafür meist eine Ersatzfeder mit der Federzahl c_{ers} eingeführt werden. *Anlage D8* gibt dafür die *Federschaltungen* und Ersatzfederzahlen an.

Alle diese Betrachtungen über Federn, Federschaltungen und Ersatzfederzahlen gelten, wenn die schwingende Masse m groß gegenüber der Federmasse ist. Ist diese Bedingung erfüllt, dann kann die Eigenkreisfrequenz des Schwingers aus der Differenzialgleichung bestimmt werden. Wenn jedoch die Masse m und die Federzahl c sich nicht so einfach angeben lassen und auch die Aufstellung der Differenzialgleichung größere Schwierigkeiten bereitet, dann kann die *Eigenkreisfrequenz aus Energieausdrücken* bestimmt werden. Am elastischen Schwinger soll die Anwendung dieses Verfahrens gezeigt werden.

Für einen elastischen Schwinger (*Anlage D6*), der harmonische Schwingungen ausführt, errechnen sich die potenzielle und kinetische Energie zu:

$$W_{\text{pot}} = \frac{c}{2} q^2 \quad \text{und} \quad W_{\text{kin}} = \frac{m}{2} \dot{q}^2$$

Nach dem Energiesatz gilt

$$(W_{\text{kin}} + W_{\text{pot}})\Big|_{t=t_1} = (W_{\text{kin}} + W_{\text{pot}})\Big|_{t=t_2}$$

Dabei werden $t_1 = 0$ und $t_2 = \pi/(2\omega)$ so gewählt, dass sich für die harmonische Schwingung

$$q = \hat{q} \sin \omega t, \quad \dot{q} = \hat{q} \omega \cos \omega t$$

die Maxima der Energien ergeben:

$$W_{\text{pot max}} = W_{\text{kin max}}$$
$$\frac{c}{2} \hat{q}^2 = \frac{m}{2} \hat{q}^2 \omega^2 = E^* \omega^2$$

26.2 Freie ungedämpfte Schwingungen des linearen Schwingers

E^* wird in Analogie zur kinetischen Energie gebildet, wobei jedoch statt der Geschwindigkeit $\dot{q}$ die Amplitude $\hat{q}$ steht. Es folgt aus dem Energiesatz:

$$\omega^2 = \frac{W_{\text{pot max}}}{E^*} = \frac{\frac{c}{2}\hat{q}^2}{\frac{m}{2}\hat{q}^2} = \frac{c}{m}$$

Bei der Anwendung dieses Verfahrens müssen die Maxima der potenziellen und kinetischen Energie ermittelt werden. Dann kann E^* und damit die Eigenkreisfrequenz ω berechnet werden.

Beispiel: Schwingende Flüssigkeitssäule (Bild 26.7)

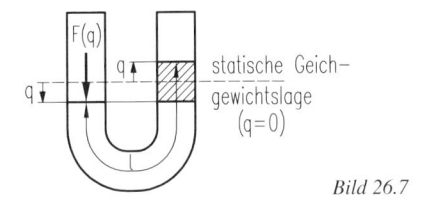

Bild 26.7

In einem U-Rohr schwingt eine Flüssigkeitssäule, deren Masse

$$m = A\varrho l \tag{1}$$

ist. Dabei sind A die konstante Querschnittsfläche des Rohres, ϱ die Dichte der Flüssigkeit und l die Länge der Flüssigkeitssäule. Die Eigenkreisfrequenz der Schwingung ist zu bestimmen.

Lösung:

Da die Aufstellung der Differenzialgleichung der Bewegung hier schwierig ist, wird die Eigenkreisfrequenz ω aus Energieausdrücken bestimmt. Dazu werden $W_{\text{pot max}}$ und E^* benötigt.

Die potenzielle Energie (vgl. 20.3) ergibt sich zu

$$W_{\text{pot}} = W_{\text{pot 0}} - W \tag{2}$$

mit $W_{\text{pot 0}}$ als potenzielle Energie der Anfangslage, die in diesem Fall null ist ($W_{\text{pot 0}} = 0$). Die Arbeit W, die geleistet wird, um die Flüssigkeitssäule in die in Bild 26.7 gezeigte Lage zu bringen, wird folgendermaßen berechnet:

Eine Kraft $F(q)$ drückt die Flüssigkeitssäule um q nach unten. Dabei entsteht im anderen Schenkel des U-Rohres eine Gewichtskraft, die wegen des statischen Gleichgewichts der Kraft $F(q)$ gleich groß, aber entgegen gerichtet ist:

$$F(q) = (A\varrho \cdot 2q)g \tag{3}$$

Die Gewichtskraft wirkt der Verschiebung entgegen und leistet folgende Arbeit:

$$W = -2A\varrho g \int_0^q q^* \, dq^* = -A\varrho g q^2 \tag{4}$$

W in (2) eingesetzt, liefert für die potenzielle Energie:

$$W_{\text{pot}} = A\varrho g q^2 \tag{5}$$

Mit der Annahme, dass die Flüssigkeitssäule eine harmonische Schwingung ausführt, die von

$$q = \hat{q} \sin \omega t \tag{6}$$

beschrieben wird, ergibt sich für die potenzielle Energie (Einsetzen von (6) in (5)):

$$U = A\varrho g \hat{q}^2 \sin^2 \omega t \tag{7}$$

Für den Zeitpunkt $t = \pi/(2\omega)$ folgt aus (7):

$$W_{\text{pot max}} = A\varrho g \hat{q}^2 \tag{8}$$

E^* wird mit der in diesem Abschnitt angegebenen Vorschrift berechnet.

$$E^* = \frac{1}{2} A \varrho l \hat{q}^2 \tag{9}$$

Mit (8) und (9) ergibt sich die Eigenkreisfrequenz:

$$\omega^2 = \frac{W_{\text{pot max}}}{E^*} = \frac{A\varrho g \hat{q}^2}{\frac{1}{2} A \varrho l \hat{q}^2} = \frac{2g}{l} \tag{10}$$

Ist die Masse der Feder bei der Berechnung der Eigenkreisfrequenz nicht mehr vernachlässigbar klein gegenüber der schwingenden Masse m, dann kann mithilfe des *Rayleighschen Verfahrens* eine Näherung $\overline{\omega}$ für die Eigenkreisfrequenz berechnet werden. Die Handhabung des RAYLEIGH'schen Verfahrens soll an einem Beispiel erklärt werden.

Eine Punktmasse m sei an einer Biegefeder der Länge l in deren Mitte befestigt (Bild 26.8).

Die Biegefeder habe eine Biegesteifigkeit $EI = \alpha(x)$ und eine Masse

$$m_{\text{f}} = \int_0^l \mu(x)\,\mathrm{d}x$$

$\mathrm{d}m_{\text{f}} = \mu(x)\,\mathrm{d}x = \varrho(x) \cdot A(x) \cdot \mathrm{d}x$ Masse eines Elementes der Länge $\mathrm{d}x$

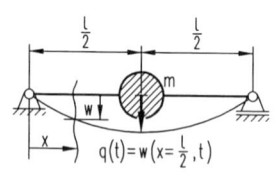

Bild 26.8

Die potenzielle Energie ergibt sich als Formänderungsarbeit bei Biegung. Dafür gilt:

$$W_{\text{pot}} = \frac{1}{2} \int_0^l \frac{M^2}{EI}\,\mathrm{d}x$$

$M = -EIw''$ Biegemoment
$w = w(x,t)$ Durchbiegung des Biegebalkens an der Stelle x zum Zeitpunkt t
$(\ )' = \partial(\ )/\partial x$

26.2 Freie ungedämpfte Schwingungen des linearen Schwingers

Die potenzielle Energie ist damit:

$$W_{\text{pot}} = \frac{1}{2} \int_0^l \alpha(x) w''^2 \, dx$$

Und für die kinetische Energie des Schwingers erhält man:

$$W_{\text{kin}} = \frac{1}{2} m \cdot \left[\dot{w}(x=l/2,t)\right]^2 + \frac{1}{2} \int_0^l \mu(x) \dot{w}^2 \, dx$$

Mit dem Produktansatz $w(x,t) = u(x) \cdot \sin \omega t$ wird E^* ermittelt:

$$E^* = \frac{1}{2} m \cdot \left[u(x=l/2)\right]^2 + \frac{1}{2} \int_0^l \mu(x) \cdot u^2(x) \, dx$$

Mit $W_{\text{pot max}}$ und E^* ergibt sich der *Rayleighsche Quotient* zu

$$\omega^2 = \frac{W_{\text{pot max}}}{E^*} = \frac{\dfrac{1}{2} \int_0^l \alpha(x) \left[u''(x)\right]^2 \, dx}{\dfrac{1}{2} m \cdot \left[u(x=l/2)\right]^2 + \dfrac{1}{2} \int_0^l \mu(x) \left[u(x)\right]^2 \, dx}$$

In den RAYLEIGH'schen Quotienten können Ortsfunktionen $u(x)$ eingesetzt werden, die eine Näherung für die Biegelinie bzw. Schwingungsform darstellen. Je besser die Schwingungsform der massebehafteten Feder durch die Funktion $u(x)$ angenähert wird, desto besser ist die Näherung $\overline{\omega}$ der Eigenkreisfrequenz. Ist $u(x)$ die tatsächliche Eigenschwingungsform, dann ist $\overline{\omega} = \omega$. Die eingeführte Funktion $u(x)$ soll die geometrischen Randbedingungen (Durchbiegung und Biegewinkel) der betrachteten Feder erfüllen. Im Falle des vorliegenden Beispiels heißt das konkret:

$$u(x=0) = u(x=l) = 0$$

Diese Randbedingungen werden z. B. von der Funktion

$$u(x) = \hat{u} \cdot \sin \frac{\pi}{l} x$$

erfüllt.

Damit wird der RAYLEIGH'sche Quotient für den Spezialfall $\mu(x) = \mu = \text{konst.}$ und $\alpha(x) = EI_0 = \text{konst.}$ zu

$$\overline{\omega}^2 = \frac{EI_0 (\pi^2/l^2)^2 \int_0^l \sin^2\left(\dfrac{\pi}{l} x\right) dx}{m + \mu \int_0^l \sin^2\left(\dfrac{\pi}{l} x\right) dx}$$

Mit

$$\int_0^l \sin^2\left(\frac{\pi}{l}x\right) dx = \frac{1}{2}l$$

folgt als Näherung für die Eigenkreisfrequenz:

$$\overline{\omega} = \sqrt{\frac{EI_0(\pi^4/2l^3)}{m + \frac{1}{2}m_\mathrm{f}}}$$

Aus der *Anlage D7* ergibt sich für die Federzahl c des Beispiels:

$$c = \frac{48EI_0}{l^3}$$

Der Zähler des RAYLEIGH'schen Quotienten ist

$$c_\mathrm{ers} \approx \frac{50EI_0}{l^3}$$

Eine Näherung für die Eigenkreisfrequenz kann also angegeben werden, wenn bei vorgegebener Federzahl des Schwingers die Federmasse, multipliziert mit einem Faktor ϑ – dem Massenzuschlagfaktor –, zur Masse m im Nenner des Bruches hinzugezählt wird. Die Eigenkreisfrequenz $\overline{\omega}$ als Näherungswert ist demnach:

$$\overline{\omega}^2 = \frac{c}{m + m_\mathrm{f}\vartheta}$$

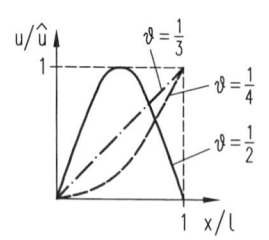

Bild 26.9

Der Massenzuschlagfaktor ϑ hängt von der Schwingungsform der Feder ab. Für drei typische Schwingungsformen (Bild 26.9) lassen sich in erster Näherung ϑ-Werte angeben. Ist die Schwingungsform eine Gerade (z. B. Seil), dann ist $\vartheta = 1/3$; ist die Schwingungsform nach der statischen Ruhelage hin konkav (angegebenes Beispiel für das RAYLEIGH'sche Verfahren: Träger auf zwei Stützen mit mittig angeordneter Masse m), dann ist $\vartheta = 1/2$, und bei einer zur statischen Ruhelage hin konvexen Schwingungsform (z. B. einseitig eingespannter Träger) ist $\vartheta = 1/4$.

26.2.3 Lösung der Schwingungsdifferenzialgleichung

Die freien Schwingungen eines ungedämpften linearen Schwingers mit konstanten Parametern sind harmonische Schwingungen.

Es kann deshalb für die Schwingungsdifferenzialgleichung folgender Lösungsansatz genutzt werden:

$$q = C_1 \cos \omega t + C_2 \sin \omega t = \hat{q} \sin(\omega t + \varphi)$$

$$\hat{q} = \sqrt{C_1^2 + C_2^2}; \qquad \sin \varphi = \frac{C_1}{\hat{q}}; \qquad \cos \varphi = \frac{C_2}{\hat{q}}$$

Die Integrationskonstanten C_1 und C_2 werden aus den Anfangsbedingungen bestimmt. Die Anfangsbedingungen sind:

$$t = 0: \quad q = q_0 \quad \text{Anfangsausschlag}$$
$$\dot{q} = v_0 \quad \text{Anfangsgeschwindigkeit}$$

Damit ergeben sich die Integrationskonstanten zu

$$C_1 = q_0 \quad \text{und} \quad C_2 = \frac{v_0}{\omega}$$

26.3 Gedämpfte Schwingungen des linearen Schwingers mit einem Freiheitsgrad

26.3.1 Geschwindigkeitsproportionale Dämpfung

Greift am Schwinger noch eine Widerstandskraft an, die der Geschwindigkeit proportional ist (vgl. Beispiel in 24.2 und Bild 24.1), dann lautet die Differenzialgleichung der Bewegung:

$$m\ddot{q} + b\dot{q} + cq = 0$$

b Dämpfungskonstante

Zur besseren Erklärung der Zusammenhänge wird ein *dimensionsloser Zeitmaßstab* $\tau = \omega t$ eingeführt. Die Ableitung nach τ wird mit „ ' " bezeichnet:

$$\frac{d(\ )}{d\tau} = (\ )'$$

Weiter wird $\dot{q} = q'\omega$ und $\ddot{q} = q''\omega^2$. Mit dem *Dämpfungsgrad* $D = b/(2\sqrt{mc})$, der auch oft mit ϑ bezeichnet wird, und dem dimensionslosen Zeitmaßstab τ wird die Schwingungsdifferenzialgleichung zu

$$q'' + 2Dq' + q = 0$$

Diese Normierung bringt vor allem Vorteile bei der Behandlung der erzwungenen Schwingungen (vgl. 26.4).

Mit dem Lösungsansatz

$$q = C \exp(\lambda \tau)$$

ergibt sich für den Eigenwert:

$$\lambda_{1,2} = -D \pm \sqrt{D^2 - 1}$$

Bei der Betrachtung der Lösungen sind drei Fälle zu unterscheiden.

1. $D^2 > 1$ *aperiodische Bewegung*
2. $D^2 = 1$ *aperiodischer Grenzfall* ($\lambda_1 = \lambda_2$)
3. $D^2 < 1$ *periodische Bewegung*

Es interessieren vom Standpunkt der Schwingungstechnik nur die Fälle 2 und 3, da die *aperiodische Bewegung* eine Kriechbewegung mit höchstens einem Nulldurchgang ist.

Für den *aperiodischen Grenzfall* ist die Lösung der Differenzialgleichung der Bewegung

$$q = e^{-D\tau}(C_1 + C_2\tau)$$

C_1 und C_2 werden aus den Anfangsbedingungen $q(0)$ und $q'(0)$ bestimmt.

Für den Fall $D^2 < 1$ ergibt sich als Lösung:

$$q = e^{-D\tau}(C_1 e^{i\nu\tau} + C_2 e^{-i\nu\tau})$$

mit $\nu = \sqrt{1 - D^2}$, oder in reeller Schreibweise:

$$q = \hat{q} e^{-D\tau} \sin(\nu\tau + \varphi)$$

Daraus ergibt sich die halbe Schwingungsdauer als zeitlicher Abstand zweier aufeinander folgender Nulldurchgänge zu

$$\frac{T}{2} = \frac{1}{2} \cdot \frac{1}{f} = \frac{\pi}{\nu\omega} = \frac{\pi}{\omega_d}$$

Der Wert $\nu\omega = \omega_d$ ist die *Eigenkreisfrequenz des gedämpften Systems*, wenn ω die des ungedämpften Systems ist. Die Dämpfung führt also zu einer Verstimmung derart, dass die Eigenkreisfrequenz des gedämpften Systems kleiner als die des ungedämpften Systems ist. In vielen praktischen Fällen ist jedoch der Einfluss der geschwindigkeitsproportionalen Dämpfung auf die Eigenkreisfrequenz und damit auch auf die Schwingungsdauer vernachlässigbar klein.

Die Lösung der Schwingungsdifferenzialgleichung kann auch wie folgt geschrieben werden:

$$q = H(\tau)\sin(\nu\tau + \varphi)$$

mit

$$H(\tau) = \hat{q} e^{-D\tau}$$

Daraus ist zu ersehen, dass die geschwindigkeitsproportional gedämpfte Schwingung eine amplitudenveränderliche Schwingung darstellt (Bild 26.10). Das *logarithmische Dekrement* Λ lässt sich aus dem Verhältnis zweier im zeitlichen Abstand nT ($n = 1, 2, \ldots$) auftretender Ausschläge (Nulldurchgänge ausgeschlossen) berechnen (zweckmäßigerweise werden Extrema genutzt). Es gilt:

$$\Lambda = \frac{1}{n}\ln\left|\frac{q(\tau_0)}{q(\tau_0 + n\omega T)}\right| = D\omega T = \frac{2\pi D}{\sqrt{1 - D^2}}$$

$$D = \frac{\Lambda}{\sqrt{4\pi^2 + \Lambda^2}}$$

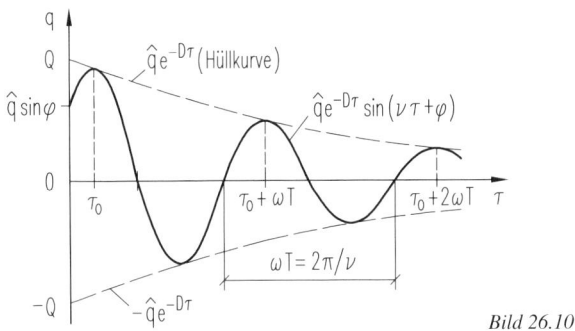

Bild 26.10

Diese Beziehung wird genutzt, um aus einer vorliegenden Ausschwingkurve den Dämpfungsgrad D zu bestimmen, vgl. /DR-94/, /DH-05/.

26.3.2 Dämpfung durch Coulomb'sche Reibung

Der einfache Reibschwinger (Masse auf rauer Unterlage) ist genau genommen nichtlinear (vgl. Abschnitt 26.8), aber da die Bewegungsgleichung stückweise linear ist, erfolgt seine Betrachtung bereits hier.

Wenn man voraussetzt, dass die Reibkraft den konstanten Wert F_R hat und F_H der maximal mögliche Haftkraftbetrag ist, dann lautet die Bewegungsgleichung für die Absolutkoordinate q:

$$m\ddot{q} = \begin{cases} -cq - F_R \cdot \text{sgn}(\dot{q}) & \text{für} \quad \dot{q} \neq 0 \\ 0 & \text{für} \quad \dot{q} = 0 \text{ und } -F_H/c \leq q \leq F_H/c \\ < 0 & \text{für} \quad \dot{q} = 0 \text{ und } q \geq F_H/c \\ > 0 & \text{für} \quad \dot{q} = 0 \text{ und } q \leq -F_H/c \end{cases} \quad (1)$$

Betrachtet man zunächst nur den Fall des Gleitens ($\dot{q} \neq 0$), so sind bei Verwendung der Abkürzung $s = F_R/c$ die beiden Gleichungen ($\omega^2 = c/m$)

$$(q \mp s)\ddot{} + \omega^2 \cdot (q \mp s) = 0 \quad \text{für} \quad \dot{q} \lessgtr 0 \quad (2)$$

zu untersuchen. Ihre Lösungen sind:

$$q = \hat{q}_1 \cos(\omega t + \varphi_1) + s \quad \text{für} \quad \dot{q} < 0 \quad (3)$$
$$q = \hat{q}_2 \cos(\omega t + \varphi_2) - s \quad \text{für} \quad \dot{q} > 0 \quad (4)$$

Seien die Anfangsbedingungen mit

$$q(t = 0) = q_0 > \frac{F_H}{c} > s \quad \text{und} \quad \dot{q}(t = 0) = 0$$

gegeben, folgt aus (1) $\ddot{q}(t=0) < 0$, d. h. $\dot{q}(t=0+0) < 0$. Also ist zuerst die Lösung nach Gl. (3) unter Beachtung der Anfangsbedingungen gültig ($\hat{q}_1 = q_0 - s$, $\varphi_1 = 0$):

$$\left.\begin{array}{l} q(t) = (q_0 - s) \cdot \cos \omega t + s \\ \dot{q}(t) = -\omega \cdot (q_0 - s) \cdot \sin \omega t \overset{!}{\leq} 0 \end{array}\right\} \quad 0 \leq \omega t \leq \pi$$

Wie man sieht, ist das die Lösung nur bis $\omega t = \pi$. Hier wird $q(\omega t = \pi) = 2s - q_0$ und $\dot{q}(\omega t = \pi) = 0$. Gilt $2s - q_0 < -F_\mathrm{H}/c$, so wird sich eine weitere, diesmal durch Gl. (4) beschriebene Bewegungsphase anschließen. Aus den Übergangsbedingungen an der Intervallgrenze

$$q(\omega t = \pi + 0) \overset{!}{=} q(\omega t = \pi - 0) = 2s - q_0$$
$$\dot{q}(\omega t = \pi + 0) = \dot{q}(\omega t = \pi - 0) = 0$$

ergibt sich jetzt $\hat{q}_2 = q_0 - 3s$ und $\varphi_2 = 0$, also ist:

$$\left.\begin{array}{l} q(t) = (q_0 - 3s) \cdot \cos \omega t - s \\ \dot{q}(t) = -\omega \cdot (q_0 - 3s) \cdot \sin \omega t \overset{!}{\geq} 0 \end{array}\right\} \quad \pi \leq \omega t \leq 2\pi$$

Diese Betrachtungen werden solange fortgesetzt, bis es einmal eine Nullstelle von $\dot{q}(t)$ gibt, bei der sich der Ausschlag q innerhalb des Intervalls $-F_\mathrm{H}/c \leq q \leq F_\mathrm{H}/c$ befindet. Dann ist die Haftkraft größer als die Federkraft, und der Schwinger bleibt stehen (schraffierter Bereich in Bild 26.11).

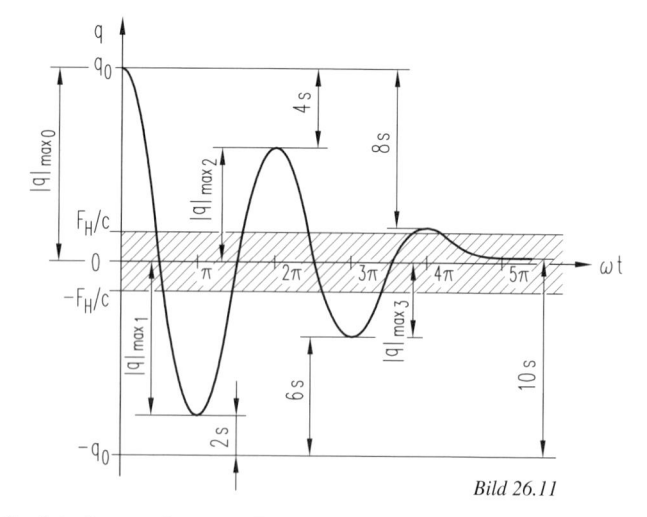

Bild 26.11

Die halbe Schwingungsdauer von Extremum zu Extremum ist konstant.

$$\frac{T}{2} = \frac{\pi}{\omega} = \pi \cdot \sqrt{\frac{m}{c}}$$

Die Folge der Betragsmaxima lässt sich als arithmetische Reihe darstellen. Es gilt:

$$|q|_{\max_k} - |q|_{\max_{k+1}} = 2s; \quad k = 0, 1, 2 \ldots$$

26.4 Erzwungene Schwingungen des Systems mit einem Freiheitsgrad

26.4.1 Stationäre Schwingungen bei harmonischer Erregung

Eine auf ein schwingungsfähiges System einwirkende harmonisch veränderliche Kraftgröße (z. B. eine Kraft $F(t) = \hat{F} \sin \Omega t$ bzw. ein Moment $M(t) = \hat{M} \sin \Omega t$) oder eine harmonisch veränderliche kinematische Erregung (z. B. eine Verschiebung $u(t) = \hat{u} \sin \Omega t$ bzw. eine Verdrehung $\alpha(t) = \hat{\alpha} \sin \Omega t$) findet in der Bewegungsgleichung ihren Niederschlag als zeitlich harmonisch veränderliche Störfunktion mit der Erregerkreisfrequenz Ω:

$$\ddot{q} + 2D\omega\dot{q} + \omega^2 q = a_c \cos \Omega t + a_s \sin \Omega t = \hat{a}\sin(\Omega t - \beta)$$

Die Koeffizienten a_c und a_s sind hierbei Funktionen der Erregeramplituden und u. U. auch der Erregerkreisfrequenz Ω (z. B. bei Erregung über einen Dämpfer oder bei Massenkrafterregung).

Mit Einführung von

$\tau = \omega t$ dimensionslose Variable für die Zeit
(ω als Eigenkreisfrequenz des ungedämpften Schwingers)

$(\ )' = \dfrac{d(\ )}{d\tau}$ Strichableitung $[(\ )\dot{} = (\ )' \cdot \omega]$

$\eta = \dfrac{\Omega}{\omega}$ Abstimmungsverhältnis

ergibt sich nach Division durch ω^2 die „Standardform" der Bewegungsgleichung:

$$q'' + 2Dq' + q = \frac{1}{\omega^2}(a_c \cos \eta\tau + a_s \sin \eta\tau) = \frac{\hat{a}}{\omega^2}\sin(\eta\tau - \beta)$$

Der stationäre Zustand des Schwingungssystems ist dadurch gekennzeichnet, dass die anfangs angestoßenen Eigenschwingungen (Lösung der homogenen Differenzialgleichung, vgl. Abschnitt 26.3.1) infolge der vorhandenen Dämpfung abgeklungen sind, d. h. es verbleibt lediglich die Partikulärlösung der inhomogenen Differenzialgleichung, und der lineare Schwinger antwortet mit der Frequenz der Erregung.

Bei Nutzung der *Vergrößerungsfunktion*

$$V = V(\eta, D) = \frac{1}{\sqrt{\left(1 - \eta^2\right)^2 + (2D\eta)^2}}$$

lautet die Lösung für den stationären Zustand:

$$q(\tau) = \frac{V^2(\eta,D)}{\omega^2}\Big\{\big[(1-\eta^2)a_c - 2D\eta a_s\big]\cos\eta\tau$$
$$+ \big[2D\eta a_c + (1-\eta^2)a_s\big]\sin\eta\tau\Big\}$$
$$= \hat{q}(\eta,D)\cdot\sin(\eta\tau - \varphi(\eta,D))$$

Hierbei ist

$$\hat{q}(\eta,D) = \frac{\hat{a}}{\omega^2}\cdot V(\eta,D)$$

die Amplitude der Schwingantwort, und für den Phasenwinkel $\varphi = \varphi(\eta,D)$ gilt:

$$\cos\varphi(\eta,D) = \frac{V(\eta,D)}{\hat{a}}\cdot\big[2D\eta a_c + (1-\eta^2)a_s\big]$$
$$\sin\varphi(\eta,D) = \frac{V(\eta,D)}{\hat{a}}\cdot\big[2D\eta a_s - (1-\eta^2)a_c\big]$$

Die Abhängigkeit $\hat{q}(\eta)$ wird oft auch als Amplitudenfrequenzgang und $\varphi(\eta)$ als Phasenfrequenzgang bezeichnet.

Die Schwingantwort eilt der Erregung um den Winkel $(\varphi - \beta)$ nach. Es ist:

$$\cos(\varphi - \beta) = (1-\eta^2)\cdot V(\eta,D); \quad \sin(\varphi - \beta) = 2D\eta\cdot V(\eta,D)$$

Im dämpfungsfreien Fall ($D = 0$) erhält man unter Beachtung von $\eta \neq 1$ (Ausschluss des Resonanzfalles):

$$q(\tau) = \frac{a_c\cos\eta\tau + a_s\sin\eta\tau}{\omega^2\cdot(1-\eta^2)}; \quad \hat{q} = \frac{\hat{a}}{\omega^2\cdot|1-\eta^2|}$$

$$\varphi - \beta = \begin{cases} 0 & \text{für } 0 \leq \eta < 1 \\ \pi & \text{für } \eta > 1 \end{cases}$$

Bild 26.12

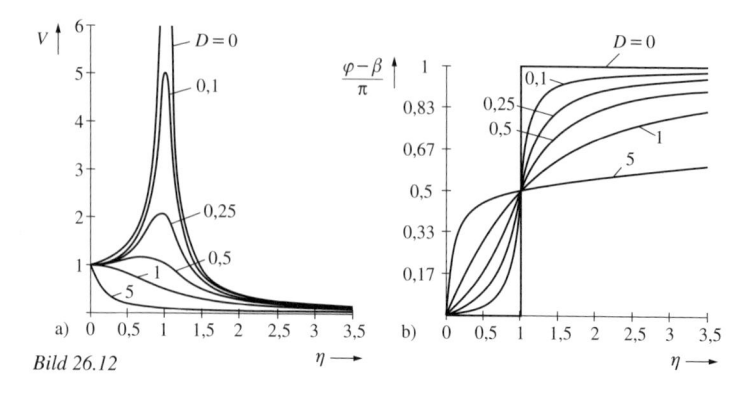

26.4 Erzwungene Schwingungen des Systems mit einem Freiheitsgrad

Bild 26.12a zeigt den Verlauf der Vergrößerungsfunktion V und Bild 26.12b den des Nacheilwinkels $\varphi - \beta$ in Abhängigkeit des Abstimmungsverhältnisses η für verschiedene Dämpfungsgrade D.

Resonanz: Bei $\eta = 1$ nimmt die Vergrößerungsfunktion V schwach gedämpfter Systeme ($D \ll 1$) sehr große Werte an. In diesem Fall ist die Eigenkreisfrequenz ω praktisch gleich der Erregerkreisfrequenz Ω ($\Omega \approx \omega$). Das wird mit *Resonanz* bezeichnet. Diese an der Resonanzstelle auftretenden großen Schwingungsausschläge sind im Maschinen- und Gerätebau meist zu vermeiden, da sie zu sehr großen Belastungen der Maschinenteile bzw. zu ihrem Bruch führen können.

Bei kleiner Dämpfung gilt als Anhaltswert, dass die Erregerkreisfrequenz Ω mindestens 10 bis 25 % kleiner bzw. größer als die Eigenkreisfrequenz ω sein soll.

Bei größeren Dämpfungswerten liegt $V_{\max}$ nicht mehr bei $\eta = 1$, sondern bei $\eta = \sqrt{1 - 2D^2}$:

$$V_{\max} = V\left(\eta = \sqrt{1 - 2D^2}\right) = \frac{1}{2D\sqrt{1 - D^2}}; \qquad V_{\max}\big|_{D \ll 1} \approx \frac{1}{2D}$$

Für $D \geqq \sqrt{2}/2 \approx 0{,}702$ hat V kein Maximum mehr, sondern wird mit wachsendem η immer kleiner.

Diese Betrachtungen zeigen, dass dem Einfluss der Dämpfung für erzwungene Schwingungen im Resonanzbereich große Beachtung geschenkt werden muss. Während die Dämpfung die Größe der Eigenfrequenz vielmals nur unbedeutend beeinflusst, ist im Resonanzgebiet die Dämpfung hinsichtlich ihres Einflusses auf die Schwingungsamplituden nicht mehr vernachlässigbar. Diese Tatsache ist bei der Modellfindung für schwingungsfähige Systeme, die der Berechnung erzwungener Schwingungen dienen, zu berücksichtigen.

Beispiel: Kinematisch erregter Schwinger (Bild 26.13)

Das Modell des Beispiels in Abschnitt 26.2.1 wird dahingehend erweitert, dass das System über die Feder mit der Steifigkeit c_2 und über den dazu parallel geschalteten Dämpfer (Dämpfungskonstante b) mit der Verschiebung $u(t) = \hat{u} \sin \Omega t$ kinematisch zu erzwungenen Schwingungen angeregt wird. Es interessiert der Amplitudenfrequenzgang $\hat{x}_2(\eta)$ für den stationären Zustand.

Die auf die Koordinate x_2 reduzierte Masse und Steifigkeit sind mit

$$m_{\text{red}} = \frac{2R^2}{(r+R)^2}\left(m_1 + \frac{J_1^S}{R^2}\right) + m_2 + \frac{J_M}{r_M^2}; \qquad c_{\text{red}} = \frac{2R^2}{(r+R)^2}c_1 + c_2$$

aus Abschnitt 26.2.1 bekannt. Zu modifizieren ist jedoch die potenzielle Energie gemäß

$$W_{\text{pot}} = \frac{1}{2}\left[2c_1 x_1^2 + c_2 \cdot (u(t) - x_2)^2\right] = \frac{1}{2}\left[c_{\text{red}} x_2^2 - 2c_2 u(t) \cdot x_2 + c_2 u^2(t)\right]$$

und die Dämpferkraft wird über die virtuelle Arbeit erfasst:

$$\delta W^{(e)} = -b \cdot (\dot{x}_2 - \dot{u}(t)) \cdot \delta x_2$$

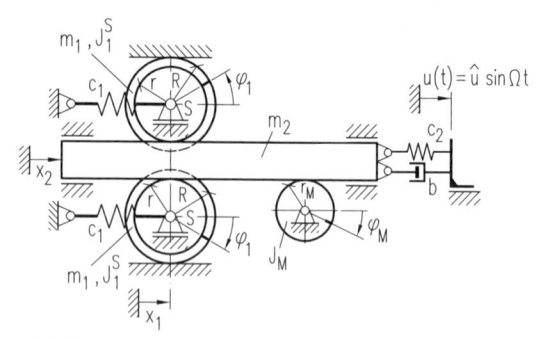

Bild 26.13

Mithilfe der LAGRANGE'schen Gleichungen 2. Art (vgl. Abschnitt 24.5) erhält man schließlich die Bewegungsgleichung:

$$m_{\text{red}}\ddot{x}_2 + b\dot{x}_2 + c_{\text{red}}x_2 = c_2 u(t) + b\dot{u}(t) = c_2 \hat{u}\sin\Omega t + b\hat{u}\Omega\cos\Omega t$$

bzw. nach Division durch m_{red} und der Umrechnung auf die „dimensionslose Zeit" $\tau = \omega t$ mit $\omega^2 = \dfrac{c_{\text{red}}}{m_{\text{red}}}$:

$$x_2'' + \frac{b}{m_{\text{red}}\omega}x_2' + x_2 = \frac{1}{\omega^2}\left(\frac{b\Omega\hat{u}}{m_{\text{red}}}\cos\eta\tau + \frac{c_2\hat{u}}{m_{\text{red}}}\sin\eta\tau\right)$$

Ein Vergleich mit der allgemeinen „Standardform" der Bewegungsgleichung liefert:

$$2D = \frac{b}{m_{\text{red}}\omega}; \qquad a_c = \frac{b\Omega\hat{u}}{m_{\text{red}}} = 2D\eta\hat{u}\omega^2; \qquad a_s = \frac{c_2\hat{u}}{m_{\text{red}}} = \frac{c_2}{c_{\text{red}}}\hat{u}\omega^2$$

Also ergibt sich für die Schwingamplitude:

$$\hat{x}_2 = \frac{\sqrt{a_c^2 + a_s^2}}{\omega^2}\cdot V = \sqrt{(2D\eta)^2 + \left(\frac{c_2}{c_{\text{red}}}\right)^2}\cdot V(\eta,D)\cdot\hat{u}$$

$$\Rightarrow \frac{\hat{x}_2}{\hat{u}} = \sqrt{\frac{(2D\eta)^2 + \left(\dfrac{c_2}{c_{\text{red}}}\right)^2}{(1-\eta^2)^2 + (2D\eta)^2}}$$

Beispiel: Unwuchterregter Biegeschwinger mit Dämpfer (Bild 26.14a)

Auf einem Körper der Masse m rotieren zwei gegenläufige Räder mit der konstant vorausgesetzten Drehgeschwindigkeit Ω. Jedes Rad besitzt die Masse $m_u/2$ sowie die Schwerpunktexzentrizität r. Die Masse der den Körper tragenden Biegebalken (Biegesteifigkeit EI) sei gegenüber m vernachlässigbar.

Unter der Voraussetzung, dass Kippschwingungen ausgeschlossen sind, sind für den stationären Zustand die Schwingantwort $q(t)$, die Amplitude $\hat{q}$ sowie die resultierende Gestellkraft $F_B(t)$ und ihre Amplitude zu ermitteln.

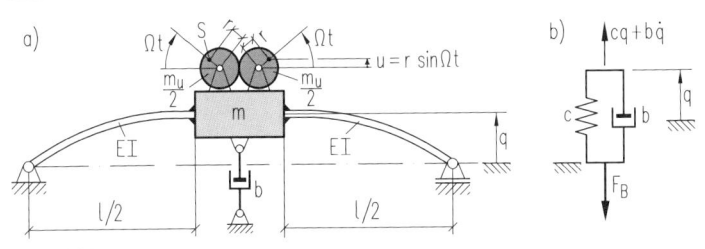

26.4 Erzwungene Schwingungen des Systems mit einem Freiheitsgrad

Bild 26.14

Die beiden Biegebalken (jeweils Länge $l/2$) wirken als zwei parallel geschaltete Federn mit einer resultierenden Gesamtsteifigkeit von $c = \dfrac{48EI}{l^3}$ (vgl. Fall 2 in Anlage D7).

Zur Aufstellung der Bewegungsgleichung wird zweckmäßigerweise wieder von den LAGRANGE'schen Gleichungen zweiter Art Gebrauch gemacht. Die Energien und die virtuelle Arbeit lauten:

$$2W_{\text{kin}} = m\dot{q}^2 + 2\frac{m_u}{2}\left[(\dot{q}+\dot{u})^2 + (-r\Omega \sin \Omega t)^2\right] + 2J_u^S \Omega^2$$

$$2W_{\text{pot}} = cq^2; \qquad \delta W^{(\text{e})} = -b\dot{q}\cdot \delta q$$

Hieraus folgt:

$$(m+m_u)\ddot{q} + b\dot{q} + cq = -m_u \ddot{u}(t) = m_u r \Omega^2 \sin \Omega t$$

bzw.:

$$q'' + \frac{b}{(m+m_u)\omega} q' + q = \frac{1}{\omega^2}\cdot \frac{m_u r \Omega^2}{m+m_u}\sin \eta \tau; \qquad \omega^2 = \frac{c}{m+m_u}$$

Der Vergleich mit der Standardform der Bewegungsgleichung liefert:

$$2D = \frac{b}{(m+m_u)\omega}; \qquad a_s = \frac{m_u r \Omega^2}{m+m_u}; \qquad a_c = 0$$

Also ergibt sich als Lösung:

$$q(\tau) = r\cdot \frac{m_u}{m+m_u}\cdot \eta^2 V^2(\eta, D) \cdot \left[(1-\eta^2)\sin \eta \tau - 2D\eta \cos \eta \tau\right]$$

mit der Amplitude (vgl. Bild 26.15a):

$$\hat{q} = r\cdot \frac{m_u}{m+m_u}\cdot \eta^2 V(\eta, D) \Rightarrow \frac{\hat{q}}{r}\cdot \frac{m+m_u}{m_u} = \frac{\eta^2}{\sqrt{\left(1-\eta^2\right)^2 + (2D\eta)^2}}$$

Das Kräftegleichgewicht am freigeschnittenen Feder-Dämpfer-Element (Bild 26.14b) liefert für die Bodenkraft:

$$F_B(\tau) = cq(\tau) + b\dot{q}(\tau) = c\cdot \bigl(q(\tau) + 2Dq'(\tau)\bigr)$$
$$= cr\frac{m_u}{m+m_u}\cdot \eta^2 V^2(\eta, D)\cdot \left[\bigl(1-\eta^2(1-4D^2)\bigr)\sin \eta \tau - 2D\eta^3 \cos \eta \tau\right]$$

Ihre Amplitude beträgt (Verlauf vgl. Bild 26.15b):

$$\hat{F}_B = cr\frac{m_u}{m+m_u}\cdot \eta^2 V^2(\eta, D)\cdot \sqrt{1+(2D\eta)^2} = c\hat{q}\cdot \sqrt{1+(2D\eta)^2}$$

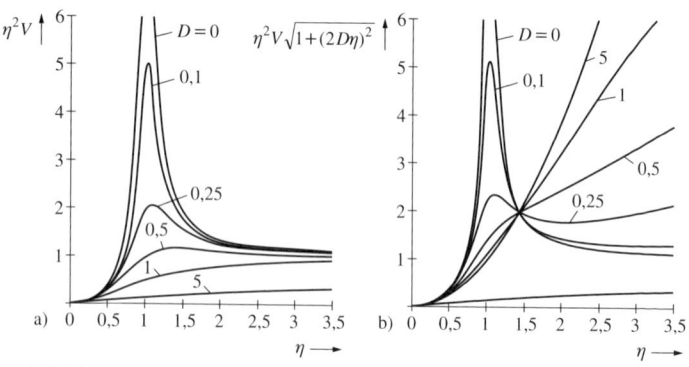

Bild 26.15

Anlage D9 zeigt einige weitere einfache Beispiele.

Die jeweiligen Amplituden-Frequenzgänge werden z. B. genutzt, um Aussagen hinsichtlich der Schwingungsisolierung und Fundamentierung von Maschinen, Bauwerken u. a. machen zu können. Hierzu sei auf die weiterführende Literatur (z. B. /DH-05/) verwiesen.

26.4.2 Instationäre Schwingungen

Wenn man stochastische oder Zufallsschwingungen ausklammert, so sind stationäre Schwingungen immer periodisch. Eine periodische Schwingantwort eines linearen Systems entsteht bei einer periodischen Erregung dann, wenn die zu Prozessbeginn angestoßenen Eigenschwingungen infolge der im System vorhandenen Dämpfung abgeklungen sind.

Instationäre Schwingungsprozesse in mechanischen deformierbaren Systemen treten auf, wenn sich die Arbeitszustände von irgendwelchen Konstruktionen noch nicht eingeschwungen haben, bei Übergangsprozessen, bei Anlauf und Auslauf, beim Auswuchten von Maschinen, bei ungleichmäßiger Einwirkung der Umgebung sowie zufälligen und impulsförmigen Belastungen.

Speziell dem Resonanzdurchgang beim Hochlauf oder Bremsen ist große Beachtung geschenkt worden, denn schon der in Resonanz erregte ($\eta = 1$) lineare ungedämpfte Schwinger besitzt keine stationäre Lösung, sondern seine Maximalausschläge wachsen linear mit der Zeit, vgl. /FS-93/.

Auch bei einem nichtperiodisch erregten linearen Schwinger, dessen Bewegung z. B. durch

$$\ddot{x} + 2D\omega\dot{x} + \omega^2 x = A(t) \cdot \sin \Phi(t)$$
$$x(t = 0) = x_0; \qquad \dot{x}(t = 0) = v_0$$

beschrieben wird, treten instationäre erzwungene Schwingungen auf.

Umfassend werden die instationären Schwingungen in /GF-71/ behandelt.
Bei der Behandlung von instationären Schwingungen empfiehlt es sich oft, die Bewegungsgleichungen numerisch zu integrieren, wofür es entsprechende Software gibt.

26.4.3 Einschaltvorgänge

Bei der Beurteilung des Schwingungsverhaltens schwingungsfähiger Systeme ist noch wichtig, wie sich diese Systeme verhalten, wenn plötzliche Erregungen auftreten. Beachtenswert ist das Problem z. B. bei der Messung dynamischer Größen. Das Verhalten des Messgerätes, das meist ein schwingungsfähiges System ist, muss bei einer plötzlichen Änderung der Messgröße untersucht werden. Dazu betrachtet man vor allen Dingen zwei spezielle Arten plötzlicher Erregung. Die dimensionslose Erregerfunktion $f(t)$ in der Bewegungsgleichung

$$\ddot{x} + 2D\omega\dot{x} + \omega^2 x = \hat{a} \cdot f(t)$$

ist einmal eine Sprungfunktion (Bild 26.16)

$$f(t) = \begin{cases} 0 & \text{bei } t < 0 \\ 1 & \text{bei } t \geq 0 \end{cases}$$

oder zum anderen eine Stoßfunktion (Einheitsstoß Bild 26.17), deren Integralwert

$$\lim_{\Delta t \to 0} \int_0^{\Delta t} \omega \cdot f(t)\,\mathrm{d}t = 1$$

ist.

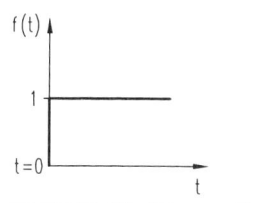

Bild 26.16 (Da $f(t)$ von null auf eins springt, wird vom Einheitssprung gesprochen.)

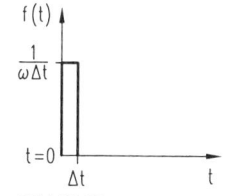

Bild 26.17

Die Reaktionen des schwingungsfähigen Systems auf diese Art der Erregung heißen *Übergangsfunktion* als Antwort auf den Einheitssprung und *Gewichtsfunktion* als Antwort auf die Stoßfunktion, die meist mithilfe der zwei Verfahren
- *Variation der Konstanten* und
- *Laplace-Transformation*

berechnet werden.

Wird mit $x = q \cdot \hat{a}/\omega^2$ die dimensionslose Koordinate q definiert und weiterhin die dimensionslose Zeit $\tau = \omega t$ (ω Eigenkreisfrequenz des ungedämpften Schwingers) verwendet, so folgt aus obiger Differenzialgleichung für $x(t)$:

$$q'' + 2Dq' + q = f(\tau); \qquad ()' = \frac{\mathrm{d}(\,)}{\mathrm{d}\tau}$$

Berechnung der Übergangsfunktion mit der Variation der Konstanten:

Mit $\nu = \sqrt{1-D^2}$ sind

$$q_1(\tau) = \mathrm{e}^{-D\tau} \sin \nu\tau \quad \text{und} \quad q_2(\tau) = \mathrm{e}^{-D\tau} \cos \nu\tau$$

die zwei Fundamental-Lösungen der homogenen Differenzialgleichung ($q'' + 2Dq' + q = 0$) und $q_{\mathrm{hom}}(\tau) = C_1 \cdot q_1(\tau) + C_2 \cdot q_2(\tau)$ ihre allgemeine Lösung.

Nutzt man nun zur Bestimmung der Partikulärlösung der inhomogenen Differenzialgleichung einen Ansatz der Gestalt

$$q_{\mathrm{p}}(\tau) = C_1(\tau) \cdot q_1(\tau) + C_2(\tau) \cdot q_2(\tau)$$

so hat man zunächst noch zwei unbekannte Funktionen $C_1(\tau)$ und $C_2(\tau)$, aber nur eine Gleichung (die inhomogene Differenzialgleichung), d. h., man kann eine zusätzliche Bedingung frei wählen.

Differenziation des Ansatzes ergibt:

$$q_{\mathrm{p}}' = C_1' q_1 + C_1 q_1' + C_2' q_2 + C_2 q_2'$$

Wählt man als Bedingung

$$C_1' q_1 + C_2' q_2 = 0 \tag{1}$$

so folgt die zweite Ableitung von q_{p} zu

$$q_{\mathrm{p}}'' = C_1' q_1' + C_1 q_1'' + C_2' q_2' + C_2 q_2''$$

Einsetzen von q_{p}' und q_{p}'' in die inhomogene Differenzialgleichung liefert dann:

$$C_1' q_1' + C_2' q_2' = f(\tau) \tag{2}$$

Die Beziehungen (1) und (2) stellen ein inhomogenes algebraisches Gleichungssystem für $C_1'(\tau)$ und $C_2'(\tau)$ dar. Dessen Auflösung ergibt die direkt integrierbaren Ausdrücke:

$$C_1' = \frac{f(\tau) \cdot q_2(\tau)}{q_1' q_2 - q_1 q_2'} = \frac{f(\tau)}{\nu} \mathrm{e}^{D\tau} \cos \nu\tau$$

$$C_2' = \frac{-f(\tau) \cdot q_1(\tau)}{q_1' q_2 - q_1 q_2'} = -\frac{f(\tau)}{\nu} \mathrm{e}^{D\tau} \sin \nu\tau$$

26.4 Erzwungene Schwingungen des Systems mit einem Freiheitsgrad

Damit erhält man die vollständige Lösung der inhomogenen Differenzialgleichung zu

$$q = e^{-D\tau}(K_1 \sin \nu\tau + K_2 \cos \nu\tau) \qquad \} \quad q_{\text{hom}}(\tau)$$

$$\left.\begin{array}{l} + \dfrac{1}{\nu} e^{-D\tau}\left[\sin \nu\tau \displaystyle\int_0^\tau [f(\bar\tau) e^{D\bar\tau} \cos \nu\bar\tau] d\bar\tau \right. \\ \left. - \cos \nu\tau \displaystyle\int_0^\tau [f(\bar\tau) e^{D\bar\tau} \sin \nu\bar\tau] d\bar\tau \right] \end{array}\right\} \quad q_{\text{p}}(\tau)$$

Die Konstanten K_1 und K_2 werden aus den Anfangsbedingungen

$$x(t=0) = x_0 \quad \Rightarrow \quad q(\tau=0) = \frac{x_0 \omega^2}{\hat{a}} = q_0$$

$$\dot{x}(t=0) = v_0 \quad \Rightarrow \quad q'(\tau=0) = \frac{v_0 \omega}{\hat{a}} = (q')_0$$

zu

$$K_1 = \frac{1}{\nu}\left(Dq_0 + (q')_0\right) \quad \text{und} \quad K_2 = q_0$$

bestimmt. Mit Nullanfangsbedingungen wird $K_1 = K_2 = 0$, und der erste Teil der vollständigen Lösung, der die freie gedämpfte Schwingung, resultierend aus den Anfangsbedingungen, darstellt, verschwindet. Der Rest der vollständigen Lösung ist die Übergangsfunktion. Die vollständige Lösung kann auch wie folgt geschrieben werden:

$$q = q_{\text{hom}} + q_{\sqcap 1}$$

$q_{\sqcap 1}$ Übergangsfunktion, wenn $f(\tau) = 1$

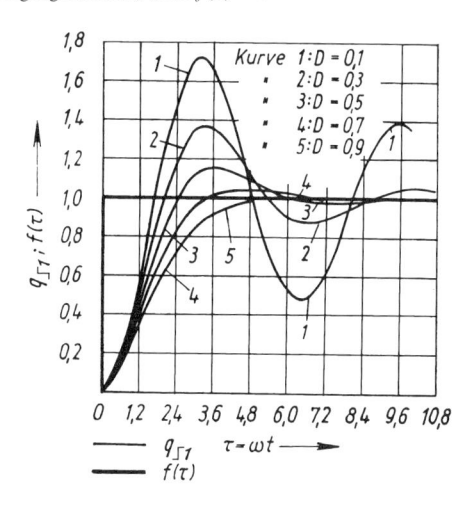

Bild 26.18

Den Wert für den Einheitssprung $f(\tau) = 1$ eingesetzt und die Integrale ausgerechnet, ergibt folgende Übergangsfunktion:

$$q_{\sqcap 1} = 1 - \frac{1}{\nu} e^{-D\tau} \cos(\nu\tau - \delta) \quad \text{mit} \quad \sin\delta = D$$

Bild 26.18 zeigt für verschiedene Werte von D den Verlauf der Übergangsfunktion.

Berechnung der Gewichtsfunktion mit der Laplace-Transformation:

Jeder periodische und auch einmalige Vorgang kann nach FOURIER durch eine unendliche Summe von sin- und cos-Funktionen (s. 26.1.1) dargestellt werden. Beim einmaligen Vorgang wird aus der Summe ein Integral; das Ergebnis ist ein kontinuierliches Spektrum. In komplexer Schreibweise ergibt sich für einmalige Vorgänge das FOURIER-Integral als Zusammenhang zwischen allgemeiner Zeitfunktion $f(t)$ und zugehörigem Spektrum $F(i\omega)$:

$$F(i\omega) = \int_{-\infty}^{+\infty} f(t) e^{-i\omega t} \, dt \qquad (i = \sqrt{-1})$$

und

$$f(t) = \frac{1}{2\pi i} \int_{-\infty}^{+\infty} F(i\omega) e^{i\omega t} \, d\omega$$

Für den Einheitssprung ergibt sich als Wert des Spektrums:

$$F(i\omega)_{\sqcap 1} = \int_0^\infty (\sqcap 1) e^{-i\omega t} \, dt = \frac{1}{i\omega}$$

und für den Einheitsstoß:

$$F(i\omega)_{\perp 1} = \int_{-\infty}^{+\infty} (\perp 1) e^{-i\omega t} \, dt = 1$$

Diesen Zusammenhang zwischen Spektrum und allgemeiner Zeitfunktion behandelt die *Laplace-Transformation*. Mit s als Veränderlicher für das Spektrum ergibt sich:

$$F(s) = L\{f(t)\}$$

(lies: $F(s)$ ist die LAPLACE-Transformierte von $f(t)$)

$$f(t) = L^{-1}\{F(s)\}$$

(Rücktransformationsbeziehung)

Die LAPLACE-Transformationen des Einheitssprunges und des Einheitsstoßes entsprechen demnach den Werten des Spektrums:

$$L\{\sqcap 1\} = \frac{1}{s}; \qquad L\{\perp 1\} = 1$$

26.4 Erzwungene Schwingungen des Systems mit einem Freiheitsgrad

Als hier anzugebende Rechenregeln sind die Regeln für die Differenziation anzusehen. Bei der Benutzung folgender Symbolik

$$f(t) \circ\!\!-\!\!\bullet F(s)$$
$$F(s) \bullet\!\!-\!\!\circ f(t)$$

ergibt sich:

$$\dot{f}(t) \circ\!\!-\!\!\bullet s \cdot F(s) - f(0)$$
$$\ddot{f}(t) \circ\!\!-\!\!\bullet s^2 \cdot F(s) - s \cdot f(0) - \dot{f}(0)$$

$f(0)$ und $\dot{f}(0)$ sind Anfangsbedingungen.

Für Differenzialgleichungen zweiter Ordnung mit konstanten Koeffizienten

$$\ddot{y} + c_1 \dot{y} + c_0 y = f(t)$$

ergibt sich bei Anwendung der Regel für die Differenziation die LAPLACE-Transformation zu

$$Y(s) = \frac{1}{s^2 + c_1 s + c_0} \cdot [F(s) + y(0) \cdot (s + c_1) + \dot{y}(0)]$$

Mit

$$p(s) = s^2 + c_1 s + c_0 = (s - a_1)(s - a_2)$$

und a_1 und a_2, den Wurzeln der Gleichung, gilt für die Rücktransformation:

$$\frac{1}{p(s)} \bullet\!\!-\!\!\circ \frac{1}{a_1 - a_2}(e^{a_1 t} - e^{a_2 t})$$

Für den Schwinger mit der Differenzialgleichung der Bewegung

$$q'' + 2Dq' + q = f(\tau); \qquad q(0) = 0, \quad q'(0) = 0$$

soll die Gewichtsfunktion ermittelt werden. Das Nennerpolynom

$$p(s) = s^2 + 2Ds + 1$$

besitzt die Wurzeln

$$a_{1,2} = -D \pm i\sqrt{1 - D^2} = -D \pm i\nu \qquad (\nu = \sqrt{1 - D^2})$$

Es ist für den Einheitsstoß $F(s) = 1$. Deshalb folgt als LAPLACE-Transformation der Differenzialgleichung unter Wirkung des Einheitsstoßes bei Nullanfangsbedingungen:

$$q(s) = \frac{1}{s^2 + 2Ds + 1}$$

Das ergibt als Rücktransformation die Gewichtsfunktion:

$$q(\tau)_{\perp 1} = \frac{e^{-D\tau}}{2i\nu}(e^{i\nu\tau} - e^{-i\nu\tau})$$

oder in reeller Schreibweise:

$$q_{\perp 1} = \frac{1}{\nu} e^{-D\tau} \sin \nu \tau$$

Für andere Probleme empfiehlt sich die Benutzung der tabellenmäßig zusammengestellten LAPLACE-Transformierten häufig vorkommender Funktionen, vgl. z. B. /Do-73/.

26.5 Freie Schwingungen des linearen Systems mit *n* Freiheitsgraden

26.5.1 Differenzialgleichungen der Bewegung, Frequenzgleichung, Schwingungsform

Die Behandlung der freien Schwingungen dient im Wesentlichen dazu, die Eigenfrequenzen und auch die Schwingungsformen des Systems mit mehreren Freiheitsgraden zu bestimmen. Der schon in Abschnitt 26.3 erwähnte, in vielen praktischen Fällen geringe Einfluss der Dämpfung auf die Größe der Eigenfrequenz erlaubt es, sich im Wesentlichen mit Systemen ohne Dämpfung zu beschäftigen.

Beim linearen *System mit mehreren Freiheitsgraden* lauten die erste und *n*-te Differenzialgleichung der Bewegung:

$$m_{11}\ddot{q}_1 + m_{12}\ddot{q}_2 + \ldots + m_{1n}\ddot{q}_n + c_{11}q_1 + c_{12}q_2 + \ldots + c_{1n}q_n = 0$$
$$m_{n1}\ddot{q}_1 + m_{n2}\ddot{q}_2 + \ldots + m_{nn}\ddot{q}_n + c_{n1}q_1 + c_{n2}q_2 + \ldots + c_{nn}q_n = 0$$

Nutzt man die Matrix-Algebra, so lässt sich dieses homogene Differenzialgleichungssystem gemäß

$$\boldsymbol{M\ddot{q} + Cq = o}$$

schreiben, wobei in der Spaltenmatrix $\boldsymbol{q} = [q_1, \ldots, q_n]^\mathrm{T}$ die Koordinaten q_k („Koordinatenvektor"), in der Massenmatrix $\boldsymbol{M}$ die Elemente $m_{jk} = m_{kj}$ und in der Steifigkeitsmatrix $\boldsymbol{C}$ die Elemente $c_{jk} = c_{kj}$ zusammengefasst werden.

Der Hauptschwingungsansatz

$$\boldsymbol{q} = B\boldsymbol{\varkappa} \cdot \sin \omega t \qquad (\text{bzw. } \boldsymbol{q} = A\boldsymbol{\varkappa} \cdot \cos \omega t)$$

überführt das homogene Differenzialgleichungssystem in ein homogenes algebraisches Gleichungssystem für $\boldsymbol{\varkappa}$ (lineares Matrix-Eigenwertproblem):

$$[\boldsymbol{C} - \omega^2 \boldsymbol{M}]\boldsymbol{\varkappa} = \boldsymbol{o}$$

Bedingung für nichttriviale Lösungen ist das Verschwinden der Koeffizientendeterminante:

$$\det[\boldsymbol{C} - \omega^2 \boldsymbol{M}] = 0$$

Die sich aus der Auflösung der Determinante ergebende Gleichung heißt *Frequenzgleichung*. Die Wurzeln der Frequenzgleichung sind die Quadrate der Eigenkreisfrequenzen $\omega_1^2 \leq \omega_2^2 \leq \ldots \leq \omega_n^2$ der *n* Hauptschwingungen. Bei $n \geq 3$ steigt der Rechenaufwand stark an, weshalb man besser handelsübliche Mathematik-Software zur Lösung linearer Matrix-Eigenwertprobleme nutzt.

Die allgemeine Lösung lautet bei Beachtung der Möglichkeit, dass die ersten *r* Eigenfrequenzen null sein können (d. h. Doppelwurzeln sind):

$$\boldsymbol{q}(t) = \sum_{i=1}^{r} \boldsymbol{\varkappa}_i \cdot (A_i + B_i t) + \sum_{i=r+1}^{n} \boldsymbol{\varkappa}_i \cdot (A_i \cos \omega_i t + B_i \sin \omega_i t)$$

Die A_i und B_i ($i = 1, \ldots, n$) stellen dabei die 2*n* Integrationskonstanten dar und werden aus Anfangsbedingungen ermittelt.

Die in der als Eigenvektor bezeichneten Spaltenmatrix $\varkappa_i = [\varkappa_{1i}, \varkappa_{2i}, \ldots, \varkappa_{ni}]^T$ stehenden Faktoren bestimmen die Ausschlagverhältnisse. Sie sind nur bis auf einen beliebigen Faktor bestimmbar, d. h., der Eigenvektor $\varkappa_i$ ist als Lösungsvektor des homogenen algebraischen Gleichungssystems für $\omega = \omega_i$ willkürlich normierbar. Bei Rechnungen „per Hand" wird meist $\varkappa_{1i} = 1$ gesetzt, sodass dann die restlichen $\varkappa_{ki}$ ($k = 2, \ldots, n$) als Lösung eines inhomogenen Systems der Ordnung $n - 1$ berechnet werden können.

Schwingungsform: Wenn das System jeweils nur mit einer Kreisfrequenz ω_i schwingt, dann heißen diese Schwingungen *Hauptschwingungen*. Die Ausschlagverhältnisse oder Formzahlen $\varkappa_{ki}$ bestimmen die *i*-te Eigenschwingungsform. Die Schwingung mit der ersten Eigenfrequenz ($i = 1$) heißt *Grundschwingung*, die anderen heißen *Oberschwingungen*.

Als Beispiel wird ein *einseitig gefesselter Torsionsschwinger* (Bild 26.19) mit zwei Freiheitsgraden betrachtet. (Ein gefesseltes System liegt dann vor, wenn eine Bewegung des entsprechenden starr gedachten Systems unmöglich ist.)

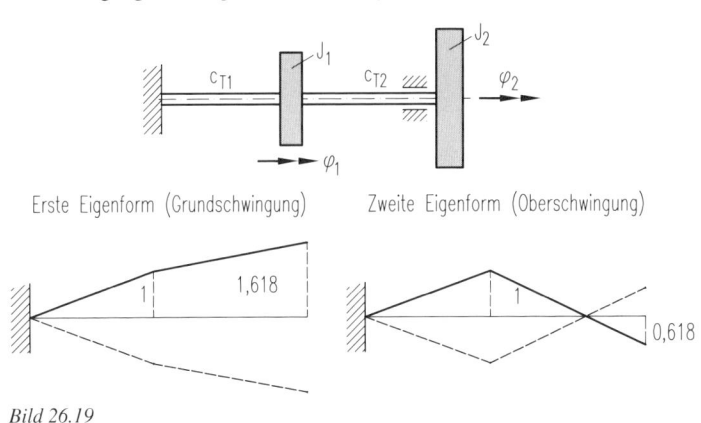

Bild 26.19

Die Bewegungsgleichungen lassen sich wie in 24.2 oder 24.5 beschrieben aufstellen und lauten:

$$J_1 \ddot{\varphi}_1 + (c_{T1} + c_{T2})\varphi_1 - c_{T2}\varphi_2 = 0$$
$$J_2 \ddot{\varphi}_2 - c_{T2}\varphi_1 + c_{T2}\varphi_2 = 0$$

Für $\boldsymbol{q} = [\varphi_1, \varphi_2]^T$ ist also:

$$\boldsymbol{M} = \begin{bmatrix} m_{11} & m_{12} \\ m_{21} & m_{22} \end{bmatrix} = \begin{bmatrix} J_1 & 0 \\ 0 & J_2 \end{bmatrix}; \quad \boldsymbol{C} = \begin{bmatrix} c_{T1} + c_{T2} & -c_{T2} \\ -c_{T2} & c_{T2} \end{bmatrix}$$

Ausrechnen der Frequenzdeterminante liefert die Frequenzgleichung

$$J_1 J_2 \omega^4 - [(c_{T1} + c_{T2})J_2 + c_{T2}J_1]\omega^2 + c_{T1}c_{T2} = 0$$

mit den Wurzeln ω_1^2 und ω_2^2 als Quadrate der Eigenkreisfrequenzen.

Die Lösung des Systems der Bewegungsgleichungen ist

$$q_k(t) = \sum_{i=1}^{2} \varkappa_{ki} \cdot (A_i \cdot \cos \omega_i t + B_i \sin \omega_i t); \qquad k = 1, 2$$

bzw. ausführlich

$$\varphi_1(t) = q_1(t) = \varkappa_{11} \cdot (A_1 \cos \omega_1 t + B_1 \sin \omega_1 t)$$
$$+ \varkappa_{12} \cdot (A_2 \cos \omega_2 t + B_2 \sin \omega_2 t)$$
$$\varphi_2(t) = q_2(t) = \varkappa_{21} \cdot (A_1 \cos \omega_1 t + B_1 \sin \omega_1 t)$$
$$+ \varkappa_{22} \cdot (A_2 \cos \omega_2 t + B_2 \sin \omega_2 t)$$

Die Konstanten $A_{1,2}$ und $B_{1,2}$ werden aus noch vorzugebenden Anfangsbedingungen bestimmt.

Die Hauptschwingungen sind:

- als *Grundschwingung*

  $q_{11} = \varkappa_{11} \sin \omega_1 t$ und $q_{21} = \varkappa_{21} \sin \omega_1 t$

- als *Oberschwingung*

  $q_{12} = \varkappa_{12} \sin \omega_2 t$ und $q_{22} = \varkappa_{22} \sin \omega_2 t$

Die Formzahlen sind:

$$\varkappa_{1i} = 1; \quad \varkappa_{2i} = \frac{c_{T1} + c_{T2} - J_1 \omega_i^2}{-c_{T2}} \quad i = 1, 2$$

In der Annahme, dass

$$J_1 = J_2 = J \quad \text{und} \quad c_{T1} = c_{T2} = c_T$$

sind, ergeben sich die Quadrate der Eigenkreisfrequenzen zu

$$\omega_1^2 = \frac{c_T}{J} \cdot \frac{1}{2} \left(3 - \sqrt{5}\right) = 0{,}382 \frac{c_T}{J}$$
$$\omega_2^2 = \frac{c_T}{J} \cdot \frac{1}{2} \left(3 + \sqrt{5}\right) = 2{,}618 \frac{c_T}{J}$$

Die zugehörigen Formzahlen sind $\varkappa_{1i} = 1$ und

$$\varkappa_{21} = 1{,}618; \qquad \varkappa_{22} = -0{,}618$$

Mit der Berechnung der Formzahlen sind die Eigenschwingungsformen festgelegt. Dabei ist zu erkennen, dass die Formzahlen konstante Werte sind, d. h., dass für Hauptschwingungen die Amplitudenverhältnisse zu allen Zeiten gleich bleiben. Dies wird für die grafische Darstellung der Eigenschwingungsformen über der Struktur des Schwingungssystems dahingehend genutzt, dass die Ausschlagverhältnisse nur für einen oder zwei Zeitpunkte ($\sin \omega_i t = 1$, $\sin \omega_i t = -1$) aufgezeichnet werden (in entsprechenden Computer-Programmen werden die Eigenformen als Animation gezeigt). Dabei sind die im Eigenvektor $\varkappa_i$ stehenden Werte in Verbindung mit den in der Systemstruktur definierten (positive Richtungen!) und in q zusammengefassten Koordinaten vorzeichenrichtig zu interpretieren.

26.5 Freie Schwingungen des linearen Systems mit n Freiheitsgraden 457

Bei Torsionsschwingern wird oft zur besseren Veranschaulichung der Drehwinkelausschlag als Strecke senkrecht zur Drehachse symbolisiert, vgl. Bild 26.19. Wie man aus der Darstellung der zweiten Eigenform erkennt, gibt es einen Punkt, der sich (bei dieser Eigenform) immer in Ruhe befindet. Ein solcher Punkt heißt Knoten.

26.5.2 Berechnung der Eigenfrequenzen der elastisch aufgestellten Maschine

Ein typisches Beispiel eines Schwingers mit mehreren Freiheitsgraden ist die mittels eines Fundamentes elastisch aufgestellte Maschine. Dieses System hat 6 Freiheitsgrade. Dabei wird die Maschine als starrer Block angenommen, der dämpfungsfrei auf Federn aufgestellt ist. Bild 26.20 zeigt die Vorderansicht und die Draufsicht des schwingenden Systems. Das definierte ξ, η, ζ-System sei ein zentrales Hauptachsensystem der Maschine (Masse m; Trägheitsmomente $J_\mathrm{I}^S, J_\mathrm{II}^S, J_\mathrm{III}^S$).

Die Wirkungen der Federn in den Abstützpunkten *1*, *2*, *3*, *4* in Richtung der Hauptachsen werden durch die Angabe der Steifigkeiten c_I, c_II und c_III dargestellt. Die Lage der Abstützpunkte wird durch ihre Koordinaten ξ_{cj}, η_{cj} und ζ_{cj} ($j = 1, \ldots, 4$) festgelegt. Es wird sich ein System von 6 Differenzialgleichungen der Bewegung ergeben. Unter der Voraussetzung kleiner Winkelausschläge der Drehfreiheitsgrade hat das System 6 von null verschiedene Eigenfrequenzen. Sie werden entweder über die Lösung des entsprechenden linearen Matrix-Eigenwertproblems oder mithilfe der Frequenzdeterminante berechnet. Diese ist symmetrisch, weshalb hier nur das untere Dreieck von ihr angegeben wird (die auftretenden Summen laufen jeweils von $j = 1$ bis $j = 4$):

$$\begin{vmatrix} \sum_j c_{\mathrm{I}j} - m\omega^2 & & & & & \\ 0 & \sum_j c_{\mathrm{II}j} - m\omega^2 & & & & \\ 0 & 0 & \sum_j c_{\mathrm{III}j} - m\omega^2 & & & \\ 0 & -\sum_j c_{\mathrm{II}j}\xi_{cj} & \sum_j c_{\mathrm{III}j}\eta_{cj} & \sum_j c_{\mathrm{III}j}\eta_{cj}^2 + \sum_j c_{\mathrm{II}j}\zeta_{cj}^2 - J_\mathrm{I}^S\omega^2 & & \\ \sum_j c_{\mathrm{I}j}\zeta_{cj} & 0 & -\sum_j c_{\mathrm{III}j}\xi_{cj} & -\sum_j c_{\mathrm{III}j}\xi_{cj}\eta_{cj} & \sum_j c_{\mathrm{I}j}\zeta_{cj}^2 + \sum_j c_{\mathrm{III}j}\xi_{cj}^2 - J_\mathrm{II}^S\omega^2 & \\ -\sum_j c_{\mathrm{I}j}\eta_{cj} & \sum_j c_{\mathrm{II}j}\xi_{cj} & 0 & -\sum_j c_{\mathrm{II}j}\xi_{cj}\zeta_{cj} & -\sum_j c_{\mathrm{I}j}\eta_{cj}\zeta_{cj} & \sum_j c_{\mathrm{I}j}\eta_{cj}^2 + \sum_j c_{\mathrm{II}j}\xi_{cj}^2 - J_\mathrm{III}^S\omega^2 \end{vmatrix} = 0$$

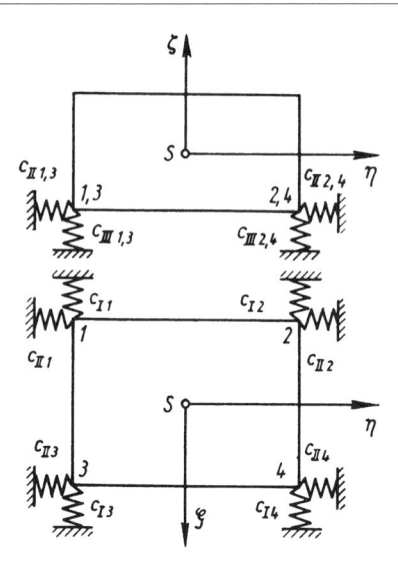

Bild 26.20

Durch konstruktive Maßnahmen, wie die Anwendung symmetrischer Abstützungen, zerfällt das allgemeine Gleichungssystem in kleinere Gleichungssysteme, die geschlossen lösbar sind und bei denen die Berechnung der Eigenfrequenzen relativ einfach möglich ist. Eine derartige Entkoppelung führt auf drei Systeme mit jeweils zwei Freiheitsgraden:
1. eine Translation in ξ-Richtung und eine Drehung um η
2. eine Translation in η-Richtung und eine Drehung um ξ
3. eine Translation in ζ-Richtung und eine Drehung um ζ

Für den Fall, dass die vorausgesetzte Symmetrie nur näherungsweise erfüllt ist, unterscheiden sich die 6 Eigenfrequenzen sicher von denen, die man mit dem ursprünglichen, beliebig gekoppelten System erhalten würde, wobei diese Unterschiede aber meist gering sind. Die sechs Eigenkreisfrequenzen lassen sich dann unter der Annahme von Symmetrie aus den folgenden Beziehungen berechnen:

$$\begin{vmatrix} \sum_j c_{\mathrm{I}j} - m\omega^2 & \sum_j c_{\mathrm{I}j}\zeta_{cj} \\ \sum_j c_{\mathrm{I}j}\zeta_{cj} & \sum_j c_{\mathrm{I}j}\zeta_{cj}^2 + \sum_j c_{\mathrm{III}j}\xi_{cj}^2 - J_{\mathrm{II}}^S\omega^2 \end{vmatrix} = 0$$

$$\begin{vmatrix} \sum_j c_{\mathrm{II}j} - m\omega^2 & -\sum_j c_{\mathrm{II}j}\zeta_{cj} \\ -\sum_j c_{\mathrm{II}j}\zeta_{cj} & \sum_j c_{\mathrm{III}j}\eta_{cj}^2 + \sum_j c_{\mathrm{II}j}\zeta_{cj}^2 - J_{\mathrm{I}}^S\omega^2 \end{vmatrix} = 0$$

$$\sum_j c_{\mathrm{III}j} - m\omega^2 = 0$$
$$\sum_j c_{\mathrm{I}j}\eta_{cj}^2 + \sum_j c_{\mathrm{II}j}\zeta_{cj}^2 - J_{\mathrm{III}}^S \omega^2 = 0$$

Weiterführende Betrachtungen zur Ausbildung und Berechnung von Fundamenten sind in /DH-05/ und /DR-94/ zu finden.

26.5.3 Torsions-, Längs- und Biegeschwingungen

Lineare diskrete Torsions-, Längs- und Biegeschwingungssysteme sind jeweils eine spezielle Untermenge der linearen Systeme mit n Freiheitsgraden. Schon die Bezeichnung dieser Schwinger macht deutlich, dass die maßgeblichen Beanspruchungsarten (Torsion, Zug/Druck, Biegung) der einzelnen elastischen Modellelemente als Unterscheidungsmerkmal dienen. Dass diese speziellen Schwingungssysteme trotzdem oft separat betrachtet werden, hat seinen Grund in ihrer großen Bedeutung für die ingenieurtechnische Praxis (Torsionsschwingungen in Antriebssystemen, Biegeschwingungen in Tragsystemen usw.).

Während die Modelle diskreter Längsschwinger im Wesentlichen aus starren Massen und masselosen Längsfedern (Stäbe, Seile, Riemen, Schraubenfedern u. a.) aufgebaut sind, treten bei Torsionssystemen starre Drehmassen (Massenträgheitsmomente) und masselose Torsionsfedern (oft Wellen, Torsionsstäbe) an ihre Stelle.

Die diskreten Biegeschwingungssysteme sind meist Modelle, deren Elastizitäten von masselos vorausgesetzten Biegebalken herrühren, die sowohl mit Punktmassen als auch mit starren Körpern besetzt sein können.

Eine tiefergehende und ausführlichere Betrachtung der hier angeführten Schwingungssysteme findet man z. B. in /DH-05/.

Da Längs- und Torsionsschwinger durch analoge Beziehungen beschrieben werden, die Torsionssysteme aber eine i. Allg. größere praktische Bedeutung besitzen (z. B. Antriebsdynamik), wird sich hier auf Torsionsschwinger beschränkt.

Torsionsschwingungssysteme können unterschiedliche Strukturen aufweisen:

Es sind sowohl glatte Wellenstränge, Wellensysteme mit starren und spielfreien Übersetzungen als auch verzweigte und vermaschte Strukturen möglich.

Als Beispiel soll das in Bild 26.21 gezeigte Modell eines Antriebsstranges dienen. Es besteht aus 6 Drehmassen (die Drehträgheit eines Ritzels sei gegenüber den anderen vernachlässigbar), die miteinander entweder über starre, spielfreie Verzahnungen oder über die 4 als glatt und masselos vorausgesetzten Wellen aus Stahl (Gleitmodul G) verbunden sind. Einflüsse von Passfedern, Presssitzen oder anderen Verbindungs- bzw. Übertragungselementen seien ausgeschlossen.

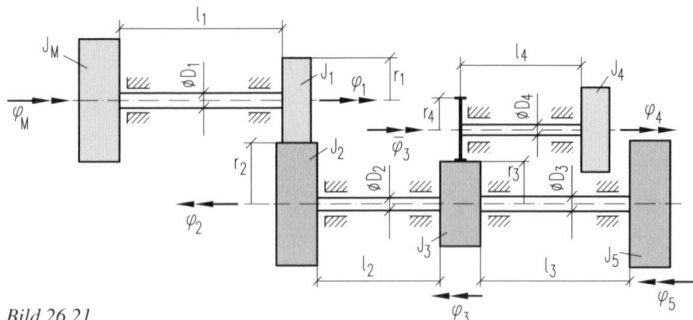

Bild 26.21

Die Torsionssteifigkeiten resultieren damit ausschließlich aus den elastischen Eigenschaften der einzelnen Wellen mit Kreisquerschnitt ($I_t = I_p = \dfrac{\pi D^4}{32}$), d. h. es ist:

$$c_{Tj} = \frac{G \cdot I_{tj}}{l_j} = \frac{G\pi}{32} \cdot \frac{D_j^4}{l_j}; \qquad j = 1, \ldots, 4$$

Zur Beschreibung der Bewegung werden 7 (absolute) Drehwinkel eingeführt (vgl. Bild 26.21). Sie werden so definiert, dass sie im undeformierten Zustand des Systems alle gleichzeitig ihren Nullpunkt erreichen.

Aufgrund der zwei Übersetzungen existieren die beiden Zwangsbedingungen

$$r_1 \varphi_1 = r_2 \varphi_2; \qquad r_3 \varphi_3 = r_4 \bar{\varphi}_3$$

sodass dieses System den Freiheitsgrad $n = 5$ hat.

Mit
$$\boldsymbol{q} = [\varphi_M, \varphi_1, \varphi_3, \varphi_4, \varphi_5]^T$$

wird die Spaltenmatrix der generalisierten Koordinaten („Koordinatenvektor") festgelegt.

Über die kinetische Energie

$$2W_{kin} = J_M \dot{\varphi}_M^2 + J_1 \dot{\varphi}_1^2 + J_2 \dot{\varphi}_2^2 + J_3 \dot{\varphi}_3^2 + J_4 \dot{\varphi}_4^2 + J_5 \dot{\varphi}_5^2$$

$$= J_M \dot{q}_1^2 + \left[J_1 + J_2 \cdot \left(\frac{r_1}{r_2} \right)^2 \right] \dot{q}_2^2 + J_3 \dot{q}_3^2 + J_4 \dot{q}_4^2 + J_5 \dot{q}_5^2 \stackrel{!}{=} \dot{\boldsymbol{q}}^T \boldsymbol{M} \dot{\boldsymbol{q}}$$

lässt sich die Massenmatrix $\boldsymbol{M}$ und über die potenzielle Energie der Federn

$$2W_{pot} = c_{T1} \cdot (\varphi_1 - \varphi_M)^2 + c_{T2} \cdot (\varphi_3 - \varphi_2)^2$$
$$\qquad + c_{T3} \cdot (\varphi_5 - \varphi_3)^2 + c_{T4} \cdot (\varphi_4 - \bar{\varphi}_3)^2$$

$$= c_{T1} \cdot (q_2 - q_1)^2 + c_{T2} \cdot \left(q_3 - \frac{r_1}{r_2} q_2 \right)^2$$

$$\qquad + c_{T3} \cdot (q_5 - q_3)^2 + c_{T4} \cdot \left(q_4 - \frac{r_3}{r_4} q_3 \right)^2 \stackrel{!}{=} \boldsymbol{q}^T \boldsymbol{C} \boldsymbol{q}$$

lässt sich die Steifigkeitsmatrix C z. B. durch Anwendung der LAGRANGE'schen Gln. 2. Art ermitteln. Es ergibt sich:

$$M = \mathrm{diag}\left[J_\mathrm{M}, \quad J_1 + J_2 \cdot \left(\frac{r_1}{r_2}\right)^2, \quad J_3, \quad J_4, \quad J_5\right]$$

$$C = \begin{bmatrix} c_{\mathrm{T}1} & & & & \\ -c_{\mathrm{T}1} & c_{\mathrm{T}1} + \left(\dfrac{r_1}{r_2}\right)^2 c_{\mathrm{T}2} & & \mathrm{symm.} & \\ 0 & -\dfrac{r_1}{r_2}c_{\mathrm{T}2} & c_{\mathrm{T}2} + c_{\mathrm{T}3} + \left(\dfrac{r_3}{r_4}\right)^2 c_{\mathrm{T}4} & & \\ 0 & 0 & -\dfrac{r_3}{r_4}c_{\mathrm{T}4} & c_{\mathrm{T}4} & \\ 0 & 0 & -c_{\mathrm{T}3} & 0 & c_{\mathrm{T}3} \end{bmatrix}$$

Nun kann wie in Abschnitt 26.5.1 beschrieben mit der Lösung des allgemeinen linearen Matrix-Eigenwertproblems zur Ermittlung von Eigenfrequenzen und Eigenschwingungsformen fortgesetzt werden (Nutzung entsprechender Mathematik-Software!).

Da es sich bei dem hier betrachteten Torsionsschwinger um ein ungefesseltes System handelt (C ist singulär), ergibt sich der erste Eigenwert zu null und die zugehörige „Schwingform" (Eigenvektor) beschreibt die starr gedachte Rotation des Systems.

Für die praktische Anwendung (z. B. in der Antriebsdynamik) existieren eine Reihe spezieller Computer-Programme, die natürlich für größere und komplexere Systeme vorteilhaft eingesetzt werden.

Diskrete *Biegeschwingungssysteme* können sehr komplexe Strukturen aufweisen, z. B. große Tragwerke und Gestellkonstruktionen. Für deren Berechnung werden moderne Verfahren und Methoden wie z. B. die Methode der finiten Elemente (FEM, vgl. z. B. /Li-02/ und Abschnitt 11.3.1.3) benutzt, auf die aber hier nicht weiter eingegangen werden kann.

Im Vergleich zu Längs- und Torsionsfedern ist es für Biegebalken schwieriger, ihre potenzielle Energie in Abhängigkeit der verallgemeinerten Koordinaten zu formulieren, um dann daraus die Steifigkeitsmatrix zu bestimmen. Einfacher ist es, zunächst die Nachgiebigkeitsmatrix C^{-1} über elastostatische Betrachtungen in der Weise zu ermitteln, dass man in Richtung der generalisierten Koordinaten q_k entsprechende (zunächst statische) Kräfte Q_k auf das System wirken lässt und den Zusammenhang zwischen ihnen in der Form

$$Q = C^{-1} q$$

sucht (die Elemente der Nachgiebigkeitsmatrix C^{-1} werden auch als Einflusszahlen bezeichnet). Dazu eignen sich z. B. die Differenzialgleichung der Biegelinie (vgl. Abschnitt 11.3), tabellarisch erfasste Standardfälle für Biegelinien (vgl. Anlage F12) oder auch der Satz von CASTIGLIANO/MENABREA (vgl. Abschnitt 15.3). Ist C^{-1} ermittelt, so liefert ihre Invertierung die gesuchte Steifigkeitsmatrix C. Die Massenmatrix M wird wieder zweckmäßigerweise aus der kinetischen Energie des Systems bestimmt.

Als einfaches Beispiel werde eine statisch bestimmt gelagerte Welle mit zwei Punktmassen betrachtet, die über ihre gesamte Länge die konstante Biegesteifigkeit EI aufweist (Bild 26.22).

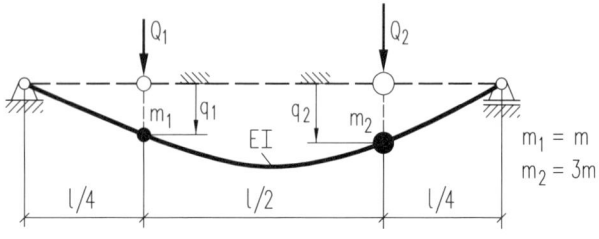

Bild 26.22

Mithilfe der in Anlage F12 angegebenen Beziehungen für die Durchbiegung der entsprechenden Lagerungs- und Lastfälle findet man:

$$q = \begin{bmatrix} q_1 \\ q_2 \end{bmatrix} = \frac{l^3}{768EI} \begin{bmatrix} 9 & 7 \\ 7 & 9 \end{bmatrix} \cdot \begin{bmatrix} Q_1 \\ Q_2 \end{bmatrix} = C^{-1}Q$$

$$\Rightarrow \quad C = \frac{24EI}{l^3} \begin{bmatrix} 9 & -7 \\ -7 & 9 \end{bmatrix}$$

Aus der kinetischen Energie

$$W_{kin} = \frac{1}{2}\left(m_1 \dot{q}_1^2 + m_2 \dot{q}_2^2\right) \stackrel{!}{=} \dot{q}^T M \dot{q}$$

folgt die Massenmatrix für dieses Beispiel zu

$$M = \begin{bmatrix} m_1 & 0 \\ 0 & m_2 \end{bmatrix} = m \cdot \begin{bmatrix} 1 & 0 \\ 0 & 3 \end{bmatrix}$$

Die weitere Rechnung ist hier noch „per Hand" durchführbar. Das lineare homogene Gleichungssystem $(C - \omega^2 M)\varkappa = 0$ ergibt nach Division durch $\dfrac{24EI}{l^3}$ mit der dimensionslosen Größe $\lambda = \dfrac{ml^3\omega^2}{24EI}$ (Eigenwert) ausführlich:

$$\begin{bmatrix} 9 - \lambda & -7 \\ -7 & 9 - 3\lambda \end{bmatrix} \cdot \begin{bmatrix} \varkappa_1 \\ \varkappa_2 \end{bmatrix} = \begin{bmatrix} 0 \\ 0 \end{bmatrix} \qquad (*)$$

Die Bedingung, dass für nichttriviale Lösungen die Koeffizientendeterminante verschwinden muss, führt auf

$$(9 - \lambda)(9 - 3\lambda) - 49 \stackrel{!}{=} 0$$

Aus den Wurzeln dieser quadratischen Gleichung ergeben sich die Quadrate der beiden Eigenkreisfrequenzen:

$$\lambda_{1,2} = 6 \mp \sqrt{\frac{76}{3}} \approx \begin{cases} 0{,}966\,78 \\ 11{,}033\,22 \end{cases} \quad \Rightarrow \quad \omega_{1,2}^2 = \lambda_{1,2} \cdot \frac{24EI}{ml^3}$$

Mit der Normierung $\varkappa_{1i} = 1$ folgen für $\lambda = \lambda_i$ ($i = 1$ bzw. $i = 2$) aus der (willkürlich gewählten) ersten Gleichung des Gleichungssystems (∗) die Formzahlen

$$\varkappa_{2i} = \frac{9 - \lambda_i}{7} \approx \begin{cases} 1{,}147\,6 & \text{für } i = 1 \\ -0{,}290\,46 & \text{für } i = 2 \end{cases}$$

Damit liegen die den beiden Eigenfrequenzen zugeordneten Eigenschwingungsformen fest. Sie können bei Bedarf wie Biegelinien dargestellt werden.

Sind bei den Biegeschwingern die starren Körper nicht mehr als Punktmassen, sondern als Scheiben anzusetzen, dann ist bei Berücksichtigung der Drehträgheit der Scheiben schon eine Welle mit einer Scheibe ein System mit zwei Freiheitsgraden, wobei dann Durchbiegung und Biegewinkel die Koordinaten sind. Falls die Welle noch rotiert, ist zu prüfen, ob die Kreiselwirkung bei der Bestimmung der Eigenfrequenzen des Systems zu berücksichtigen ist, vgl. z. B. /DH-05/. Die den Biege-Eigenfrequenzen zugeordneten Drehzahlen werden kritische Drehzahlen genannt.

26.6 Erzwungene Schwingungen linearer Systeme mit *n* Freiheitsgraden bei harmonischer Erregung

Während sich die Untersuchung der freien Schwingungen vorwiegend auf die Bestimmung von Eigenfrequenzen und -formen beschränkt, richtet sich das Augenmerk bei der Behandlung erzwungener Schwingungen hauptsächlich auf die durch die erzwungenen Schwingungsausschläge entstehenden Belastungen der Bauteile oder auf die Beeinträchtigung des Arbeitsergebnisses (z. B. Oberflächengüte beim Schleifen). Es sei hier noch einmal darauf hingewiesen, dass bei der Berechnung der Amplituden erzwungener Schwingungen die Dämpfung vor allem in Resonanznähe zu berücksichtigen ist.

Wird in Analogie zur Massen- und Steifigkeitsmatrix (vgl. Abschnitt 26.5.1) eine Dämpfungsmatrix $\boldsymbol{B}$ eingeführt, so lauten die Bewegungsgleichungen bei harmonischer Erregung mit der Erregerkreisfrequenz Ω:

$$\boldsymbol{M}\ddot{\boldsymbol{q}} + \boldsymbol{B}\dot{\boldsymbol{q}} + \boldsymbol{C}\boldsymbol{q} = \boldsymbol{Q}(t) = \boldsymbol{Q}_c^* \cos \Omega t + \boldsymbol{Q}_s^* \sin \Omega t$$

Hierbei sind $\boldsymbol{Q}_c^*$ und $\boldsymbol{Q}_s^*$ zeitlich konstante Spaltenmatrizen mit n Elementen, die die Erregung innerhalb der Struktur beschreiben.

Beschränkt man sich auf den stationären Zustand (durch Anfangsbedingungen verursachte Eigenschwingungen sind abgeklungen), so führt der Ansatz

$$\boldsymbol{q}(t) = \boldsymbol{q}_c^* \cos \Omega t + \boldsymbol{q}_s^* \sin \Omega t$$

mit den zeitlich konstanten Spaltenmatrizen $\boldsymbol{q}_c^*$ und $\boldsymbol{q}_s^*$ auf ein inhomogenes algebraisches lineares Gleichungssystem der Ordnung $2n$ für diese Unbekannten, das für jede vorgegebene Erregerkreisfrequenz Ω zu lösen ist.

Falls die Erregerkreisfrequenz mit einer der Eigenkreisfrequenzen ω_i des zugehörigen ungedämpften Systems übereinstimmt, spricht man von Resonanz. Die Amplituden

$$\hat{q}_k = \sqrt{q_{kc}^{*2} + q_{ks}^{*2}}; \qquad k = 1, \ldots, n$$

können an diesen n Resonanzstellen (bzw. auch in ihrer unmittelbaren Umgebung) sehr stark anwachsen, wobei der Einfluss der Dämpfung wesentlich ist.

Die Erscheinung der *Schwingungstilgung* /DH-05/, /MP-02/ soll am Beispiel eines ungedämpften linearen Schwingers mit zwei Freiheitsgraden erklärt werden. Unter der Annahme, dass die harmonische Erregung in Richtung der beiden Koordinaten q_1 und q_2 phasengleich erfolgt, lauten die Bewegungsgleichungen:

$$m_{11}\ddot{q}_1 + m_{12}\ddot{q}_2 + c_{11}q_1 + c_{12}q_2 = \hat{Q}_1 \cos \Omega t$$
$$m_{12}\ddot{q}_1 + m_{22}\ddot{q}_2 + c_{12}q_1 + c_{22}q_2 = \hat{Q}_2 \cos \Omega t$$

(Es ist vorausgesetzt, dass $m_{12} = m_{21}$ und $c_{12} = c_{21}$ gilt.)

Als Lösung für den stationären Schwingungszustand ergeben sich

$$q_1(t) = q_{1c}^* \cos \Omega t; \qquad q_2(t) = q_{2c}^* \cos \Omega t$$

mit

$$q_{1c}^* = \frac{(c_{22} - m_{22}\Omega^2)\hat{Q}_1 - (c_{12} - m_{12}\Omega^2)\hat{Q}_2}{(m_{11}m_{22} - m_{12}^2)(\Omega^2 - \omega_1^2)(\Omega^2 - \omega_2^2)} \qquad \text{und}$$

$$q_{2c}^* = \frac{(c_{12} - m_{12}\Omega^2)\hat{Q}_1 - (c_{11} - m_{11}\Omega^2)\hat{Q}_2}{(m_{11}m_{22} - m_{12}^2)(\Omega^2 - \omega_1^2)(\Omega^2 - \omega_2^2)}$$

ω_1 und ω_2 sind die Eigenkreisfrequenzen des Systems. Die Fälle $\Omega = \omega_1$ und $\Omega = \omega_2$ (Resonanz) lassen die Schwingungsamplituden $\hat{q}_1 = |q_{1c}^*|$ und $\hat{q}_2 = |q_{2c}^*|$ wegen der fehlenden Dämpfung unbeschränkt wachsen. Von *Scheinresonanz* (vgl. auch /MP-02/) wird gesprochen, wenn neben dem Nenner des Bruches für q_{kc}^* auch noch der Zähler zu null wird.

Für das Beispiel nach Bild 26.23, das kinematisch über die Feder c_1 erregt wird (Federkrafterregung), gilt:

$$m_{11} = m_1; \qquad m_{12} = 0; \qquad m_{22} = m_2$$
$$c_{11} = c_1 + c_2; \qquad c_{12} = -c_2; \qquad c_{22} = c_2; \qquad \hat{Q}_1 = c_1\hat{u}; \qquad \hat{Q}_2 = 0$$

und damit werden die Differenzialgleichungen der Bewegung zu

$$m_1\ddot{q}_1 + (c_1 + c_2)q_1 - c_2q_2 = c_1\hat{u}\cos\Omega t$$
$$m_2\ddot{q}_2 - c_2q_1 + c_2q_2 = 0$$

Daraus ergeben sich die Amplituden $\hat{q}_1$ und $\hat{q}_2$ der erzwungenen Schwingungen:

$$\hat{q}_1 = \left| \frac{(c_2 - m_2\Omega^2)c_1\hat{u}}{m_1 m_2(\Omega^2 - \omega_1^2)(\Omega^2 - \omega_2^2)} \right|$$

$$\hat{q}_2 = \left| \frac{-c_2 c_1 \hat{u}}{m_1 m_2(\Omega^2 - \omega_1^2)(\Omega^2 - \omega_2^2)} \right|$$

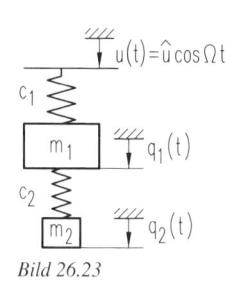

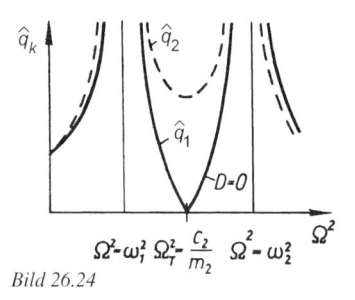

Bild 26.23

Bild 26.24

Für den Fall $c_2 = m_2\Omega^2$ und damit

$$\Omega^2 = \Omega_T^2 = \frac{c_2}{m_2}$$

wird der Zähler des Bruches für $\hat{q}_1$ zu null, weshalb auch die Amplitude $\hat{q}_1$ zu null wird (vgl. Bild 26.24), und die Masse m_1 bleibt trotz vorhandener Erregung in Ruhe. Die Masse m_2 schwingt. Diese Erscheinung heißt *Tilgung* und kann bewusst zur Schwingungsminderung benutzt werden. Es werden an schwingenden Systemen Zusatzschwinger angebracht (*Tilgermassen, Tilgerpendel*), die das ursprüngliche System „beruhigen" sollen. Wie aber soeben gezeigt wurde, kann die vollständige Tilgung von Schwingungen nur für eine bestimmte Erregerfrequenz Ω_T wirksam werden. Durch konstruktive Maßnahmen kann erreicht werden, dass der Verlauf der Amplitudenfunktion (Bild 26.24) in der Nähe der Frequenz Ω_T etwas flacher wird, um dadurch einen Bereich kleiner Ausschläge zu bekommen. Dämpfung beeinflusst den Nulleffekt negativ, d. h. der Ausschlag $\hat{q}_1$ wird dann auch für $\Omega = \Omega_T$ nicht mehr null.

26.7 Rheolineare Schwingungen

Sind in einer linearen Schwingungsdifferenzialgleichung einer oder mehrere ihrer Koeffizienten gegebene Funktionen der Zeit, dann heißen die Schwingungen *rheolinear* oder *parametererregt*, vgl. /Scm-75/. Eine der interessantesten Eigenschaften rheolinearer Schwinger ist das Auftreten von Instabilitätsbereichen, in denen ein beliebig kleiner Anfangsausschlag mit der Zeit unbeschränkt anwächst. Die Bestimmung der Instabilitätsbereiche (Bereiche kinetischer Instabilität /Bo-61/) ist eines der zentralen Probleme der Behandlung rheolinearer Schwingungen. Im Maschinenbau treten derartige Probleme z. B. bei Zahnradschwingungen, bei Problemen der Knickbiegung sowie in der Getriebedynamik auf.

Bei Benutzung des dimensionslosen Zeitmaßstabes $\tau = \Omega t$ (man beachte den Unterschied in der Definition von τ gegenüber der in den vorangegangenen Abschnitten!) ist

$$q'' + \eta^{-2} \Phi(\tau) q = 0$$

$\eta = \Omega/\omega$ Kehrwert des Abstimmungsverhältnisses
Ω Kreisfrequenz der Parameterschwankung
$(\ )' = \dfrac{d(\ )}{d\tau}$ Strichableitung; $(\ )^{\cdot} = (\ )' \cdot \Omega$

mit der Periodizitätsbedingung

$$\Phi(\tau) = \Phi(\tau + 2\pi)$$

eine homogene *Hill'sche Differenzialgleichung*.

Zwei wichtige Fälle der Koeffizientenfunktion $\eta^{-2} \Phi(\tau)$ sind die Koeffizientenfunktion der *Meissner'schen Differenzialgleichung* (Bild 26.25)

$$\eta^{-2} \Phi(\tau) = \begin{cases} \lambda + \gamma & \text{für} \quad -\dfrac{\pi}{2} < \tau \leq \dfrac{\pi}{2} \\ \lambda - \gamma & \text{für} \quad \dfrac{\pi}{2} \leq \tau < \dfrac{3\pi}{2} \end{cases}$$

und die Koeffizientenfunktion der *Mathieu'schen Differenzialgleichung* (Bild 26.26)

$$\eta^{-2} \Phi(\tau) = \lambda + \gamma \cos \tau$$

Das führt zu den Differenzialgleichungen

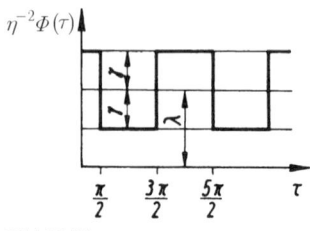

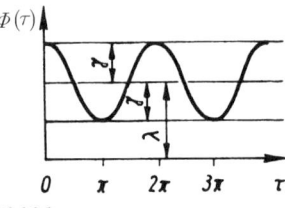

$$q'' + (\lambda \pm \gamma) q = 0 \qquad \textit{Meissner'sche Differenzialgleichung}$$

und

$$q'' + (\lambda + \gamma \cos \tau) q = 0 \qquad \textit{Mathieu'sche Differenzialgleichung}$$

Bild 26.25

Bild 26.26

26.7.1 Freie rheolineare Schwingungen

Für die *Berechnung der Instabilitätsbereiche* sollen zwei Verfahren angegeben werden.

Das erste Verfahren beruht auf der Anwendung des FLOQUET'*schen Theorems* und auf der Kenntnis so genannten FLOQUET'*scher Lösungen*. Die Handhabung dieses Verfahrens soll am Beispiel der MEISSNER'schen Differenzialgleichung erläutert werden.

Für eine bestimmte Form der Koeffizientenfunktion $\eta^{-2}\Phi(\tau)$ nach Bild 26.27 gibt es Lösungen der MEISSNER'schen Differenzialgleichung mit begrenztem Geltungsbereich.

$$q_1 = A_1 \sin \omega_1 t + B_1 \cos \omega_1 t \quad \text{für} \quad 0 < \tau \leq \tau_1$$

mit

$$\omega_1^2 = \lambda + \gamma$$

und

$$q_2 = A_2 \sin \omega_2 t + B_2 \cos \omega_2 t \quad \text{für} \quad \tau_1 \leq \tau < 2\pi$$

mit

$$\omega_2^2 = \lambda - \gamma$$

Mit den Übergangsbedingungen

$$q_1(\tau_1) = q_2(\tau_1)$$
$$q_1'(\tau_1) = q_2'(\tau_1)$$

und den Stetigkeitsbedingungen

$$\varrho q_1(0) = q_2(2\pi)$$
$$\varrho q_1'(0) = q_2'(2\pi)$$

ergibt sich bei Einsetzen der Teillösungen q_1 und q_2 ein System von 4 Gleichungen. Diese Gleichungen haben nur dann für die Konstanten A_1, B_1, A_2 und B_2 nichttriviale Lösungen, wenn die Koeffizientendeterminante null wird. Aus dieser Bedingung kann der Faktor ϱ als Funktion von λ, γ und τ_1 berechnet werden. Dabei gilt:

$$\varrho > 1 \quad \text{Wachsen der Lösung – Instabilität}$$
$$\varrho = 1 \quad \text{beschränkte Lösung – Stabilität}$$
$$\varrho < 1 \quad \text{abklingende Lösung – Stabilität}$$

Bei $\varrho = 1$ ergibt sich die Grenze des Stabilitätsbereiches.

Eine *Stabilitätskarte* für den Verlauf der Koeffizientenfunktion nach Bild 26.26 zeigt Bild 26.28. Die Berechnung der Stabilitätskarte für ein System mit Dämpfung ist in /Au-66.1/ angegeben. Dort wird für das in 24.5 angegebene Beispiel die Berechnung der Instabilitätsbereiche vorgeführt.

Die Anwendung des FLOQUET'schen Theorems, die Stabilität mit Hilfe des Faktors ϱ zu bestimmen, setzt immer die Kenntnis von Teillösungen voraus.

Bild 26.27   *Bild 26.28*

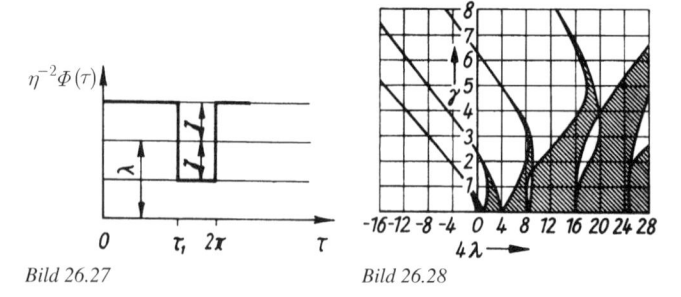

Ein anderes Verfahren geht von einer Eigenschaft der Lösungen für die Grenzkurven aus (ausführlich in /Bo-61/ erläutert).

Die Instabilitätsbereiche werden von den Stabilitätsbereichen durch periodische Lösungen mit der Periode $T = 2\pi$ und $2T = 4\pi$ getrennt. Zwei Lösungen mit derselben Periode begrenzen einen *Instabilitätsbereich*, zwei Lösungen mit verschiedenen Perioden einen *Stabilitätsbereich*. Demzufolge lässt sich das Bestimmen der Grenzen von stabilen und instabilen Bereichen auf das Aufsuchen von Bedingungen zurückführen, unter denen die vorgegebene Differenzialgleichung periodische Lösungen mit den Perioden $2T$ und T hat. Um diese Bedingungen zu ermitteln, werden FOURIER-Reihen als Lösungsansätze benutzt. Der Ansatz für die Lösung mit der Periode $2T$ ist

$$q(\tau) = \sum_{k=1,3,5}^{\infty} \left(a_k \sin \frac{k\tau}{2} + b_k \cos \frac{k\tau}{2} \right)$$

und der für die Lösung mit der Periode T ist

$$q(\tau) = b_0 + \sum_{k=2,4,6}^{\infty} \left(a_k \sin \frac{k\tau}{2} + b_k \cos \frac{k\tau}{2} \right)$$

Das Einsetzen eines dieser Lösungsansätze in die Differenzialgleichung und ein Koeffizientenvergleich für $\sin(k\tau/2)$ und $\cos(k\tau/2)$ liefert ein lineares Gleichungssystem für die Koeffizienten a_k und b_k. Es entstehen also wegen der zwei Lösungsansätze vier Gleichungssysteme. Das Verschwinden der Koeffizientendeterminante liefert die Bedingung zum Bestimmen der Grenzkurve, die die stabilen und instabilen Bereiche voneinander trennt. Die dabei entstehenden unendlichen Determinanten können in die Form

$$\begin{vmatrix} a_1 & 1 & 0 & 0 & \ldots \\ 1 & a_2 & 1 & 0 & \ldots \\ 0 & 1 & a_3 & 1 & \ldots \\ 0 & 0 & 1 & a_4 & \ldots \\ \ldots & \ldots & \ldots & \ldots & \ldots \end{vmatrix} = 0$$

gebracht werden. Die eingezeichneten Linien deuten an, dass die unendlichen Determinanten in Determinanten erster, zweiter, dritter, ... Ordnung aufgelöst werden können. Die Berechnung dieser endlichen Unterdeterminanten bringt Näherungswerte, aus deren Differenz ein praktisches Maß für die Genauigkeit der Rechnung gewonnen werden kann.

Die Anwendung dieses Verfahrens kann für beliebige periodische Koeffizientenfunktionen durchgeführt werden. Die Form der Koeffizientenfunktion bestimmt den Rechenaufwand bei der Aufstellung der Koeffizientendeterminante. Die beschriebene Möglichkeit der Berechnung von Determinanten niedrigerer Ordnung bringt eine Vereinfachung der Rechnung und Näherungswerte. Außerdem kann die unendliche Determinante in einen unendlichen Kettenbruch umgeformt werden. Das ermöglicht die Anwendung des Verfahrens der sukzessiven Approximation, vgl. /Bo-61/.

26.7.2 Erzwungene rheolineare Schwingungen

Ist die HILL'sche Differenzialgleichung wie im Beispiel von Abschnitt 24.5 inhomogen, dann treten neben den freien noch erzwungene rheolineare Schwingungen auf. Diese Schwingungen haben die Eigenschaft, nicht nur im Resonanzpunkt stark anzuwachsen, sondern es existieren auch noch an anderen Stellen Bereiche des starken Anwachsens der Schwingungsausschläge. Da diese Bereiche der Instabilität der erzwungenen Schwingungen nicht mit denen der freien Schwingungen zusammenfallen, ist es notwendig, beide Instabilitätsbereiche zu bestimmen. In /Au-67/ ist ein Verfahren zur Berechnung rheolinearer erzwungener Schwingungen beschrieben. Durch die Anwendung von Vergrößerungsfunktionen ist die Berücksichtigung von Dämpfung möglich. In der angegebenen Literaturstelle ist das Beispiel von 24.5 gelöst.

26.8 Nichtlineare Schwingungen

Die ausführliche Beschäftigung mit den linearen Schwingungssystemen in den vorhergehenden Abschnitten ist begründet in ihrer großen Wichtigkeit zur Beschreibung von Schwingungserscheinungen in vielen Gebieten der Physik und der Ingenieurwissenschaften. Oft kann die lineare Näherung bei der Analyse dieser Schwingungssysteme als gegeben betrachtet werden. Wenn jedoch die Notwendigkeit besteht, sich detaillierter mit den Schwingungserscheinungen zu beschäftigen, wird man feststellen, dass die Naturerscheinungen im Allgemeinen nichtlinear sind, d. h. durch nichtlineare Differenzialgleichungen beschrieben werden.

Beim Übergang von den linearen auf nichtlineare Systeme muss man feststellen, dass eine ganze Reihe von gebräuchlichen Ergebnissen der linearen Schwingungstechnik nicht auf nichtlineare Systeme übertragbar sind. Sehr wichtig ist die Tatsache, dass das Superpositionsprinzip nicht auf nichtlineare Differenzialgleichungen anwendbar ist. Wenn zwei Einzellösungen eines nichtlinearen Systems bekannt sind, dann ist im Allgemeinen die Summe beider Einzellösungen keine Lösung. Diese Tatsache erschwert die Verallgemeinerung der Lösungen nichtlinearer Systeme. Im Grunde genommen muss jedes Problem als spezieller Fall behandelt werden. Deshalb ist eine große Anzahl von Lösungstechniken für die Behandlung nichtlinearer Probleme entwickelt worden, wozu es eine Vielzahl von Veröffentlichungen gibt. Als Beispiele werden das Standardwerk von KAUDERER /Ka-58/ sowie die Bücher /FS-93/, /Hag-78/ angegeben. Sie alle haben ausführliche Hinweise auf weitere Literaturstellen.

26.8.1 Phasendiagramm

Eines der weit verbreiteten Darstellungsmittel für nichtlineare Schwingungen ist ihre Darstellung in der *Phasenebene*, deren Achsen der *Schwingungsausschlag* q und die *Schwinggeschwindigkeit* $\dot{q}$ sind.

Unter Benutzung des Energiesatzes (vgl. Abschnitt 24.4)

$$W_{\text{kin}} + W_{\text{pot}} = \text{konst.} = W_{\text{ges}}$$

W_{ges} Gesamtenergie des sich in einem konservativen Kraftfeld bewegenden Schwingers

kann mit

$$W_{\text{kin}} = \frac{m}{2}\dot{q}^2$$

m schwingende Masse

eine Beziehung für die Geschwindigkeit $\dot{q}$ angegeben werden:

$$\dot{q}(q) = \pm\sqrt{\frac{2}{m}[W_{\text{ges}} - W_{\text{pot}}(q)]}$$

Weil $W_{\text{pot}}(q)$ im Allgemeinen bei nichtlinearen Schwingern eine komplizierte Funktion ist, ergibt sich nur sehr selten ein analytischer Ausdruck für $\dot{q}(q)$. Deshalb ist es notwendig, verschiedene Näherungsverfahren anzuwenden. Es ist aber relativ leicht, ein qualitatives Bild des Phasendiagramms bei der Bewegung in einem konservativen Kraftfeld zu erhalten. Es wird z. B. ein Schwingungssystem betrachtet, das für $q < 0$ *weich* und für $q > 0$ *hart* ist. Das drückt der Verlauf der Rückstellkraft (Bild 26.29) aus. Ist keine Dämpfung vorhanden, dann ist $\dot{q}$ dem Ausdruck $\sqrt{W_{\text{ges}} - W_{\text{pot}}(q)}$ proportional. Demzufolge wird sich ein Phasendiagramm wie in Bild 26.29 ergeben. Die zwei gezeichneten Phasenkurven entsprechen zwei verschiedenen Gesamtenergien des schwingenden Systems. Wenn das System gedämpft ist, dann beschreibt der Schwinger in der Phasenebene eine *Spirale*, die nach innen führt, und es ist möglich, dass der Schwinger in einer Gleichgewichtslage bei $q = 0$ zur Ruhe kommt.

Für den Fall (Bild 26.29), dass die Gesamtenergie W_{ges} kleiner ist als der größte Wert, den das Potenzial auf einer der beiden oder auf beiden Seiten von $q = 0$ annehmen kann, wirkt der Nulldurchgang des Radikanden ($W_{\text{ges}} - W_{\text{pot}}(q)$) als *Potenzialbarriere*. An dieser Barriere (bei $q(\dot{q} = 0)$) kehrt der Körper seine Bewegungsrichtung um. Der Punkt $q = 0$ ist eine *Position stabilen*

Gleichgewichts (eine Gleichgewichtslage ist stabil, wenn eine kleine Störung nur zu einer lokal begrenzten Bewegung führt). Das ist klar für den Fall des Potenzials, den Bild 26.29 zeigt.

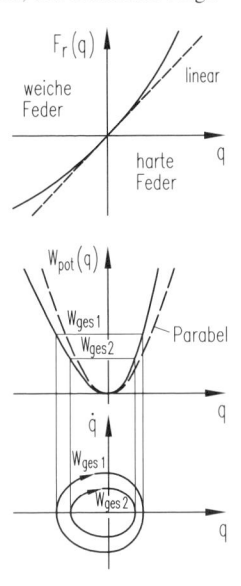

Bild 26.29

In der Nähe eines Maximums eines Potenzials ergibt sich ein qualitativ anderer Typ der Bewegung (Bild 26.30). Hier ist der Punkt $q = 0$ eine *Position instabilen Gleichgewichts*, weil eine kleine Störung der sich an diesem Punkt in Ruhe befindlichen Masse eine lokal unbegrenzte Bewegung verursachen würde. Angenommen, der Verlauf der Potenzialfunktion in Bild 26.30 wäre eine Parabel (z. B. bei $W_{pot}(q) = -cq^2/2 + W_{pot\,0}$), dann wären die Phasenkurven, die der Gesamtenergie $W_{ges\,0}$ entsprechen, *gerade Linien*. Die Phasenkurven, die den Gesamtenergien $W_{ges\,1}$ und $W_{ges\,2}$ entsprächen, wären *Hyperbeln*. Die Phasenkurven für $W_{ges\,0}$ bilden daher die Grenze, der sich die Phasenkurven nähern, wenn der nichtlineare Term im Potenzial sich in seiner Größe verkleinert.

Mit dem Bezug auf die Phasenkurven für die Potenziale gemäß der Bilder 26.29 und 26.30 ist es möglich, Phasendiagramme für alle möglichen Potenziale zu konstruieren.

Ein wichtiger Typ einer nichtlinearen Differenzialgleichung ist die von VAN DER POL untersuchte Gleichung (ausführlichere Untersuchungen der VAN-DER-POL'*schen Differenzialgleichung* sind in /Ka-58/ angegeben). Diese Differenzialgleichung hat die Form:

$$\ddot{q} - \mu(q_0^2 - q^2)\dot{q} + \omega^2 q = 0$$

472   26 Schwingungen

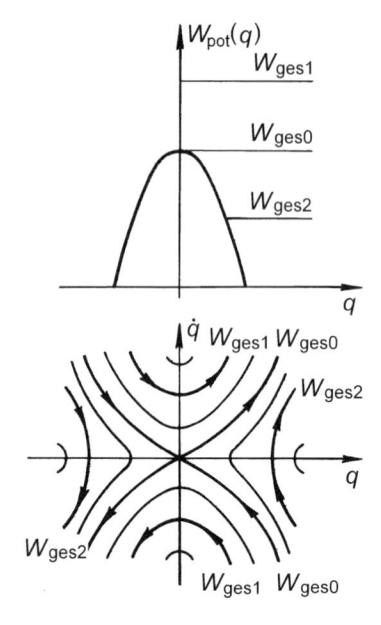

Bild 26.30

Dabei ist μ ein kleiner positiver Parameter. Ein Schwingungssystem, das von der VAN-DER-POL'schen Differenzialgleichung beschrieben wird, hat folgende interessante Eigenschaften. Wenn der Ausschlag $|q|$ den kritischen Wert $|q_0|$ überschreitet, dann ist der Koeffizient von $\dot{q}$ positiv, und das System ist gedämpft. Im anderen Fall, wenn $|q| < |q_0|$ ist, dann besitzt das System negative Dämpfung, und der Schwingungsausschlag wächst. Daraus folgt, dass es eine Stelle geben muss, an der der Schwingungsausschlag in der Zeit weder wächst noch kleiner wird. Diese Kurve heißt *Grenzzykel* (vgl. Bild 26.31). Phasenkurven, die außerhalb des Grenzzykels liegen, führen spiralenförmig nach innen, während jene innerhalb des Grenzzykels spiralenförmig auswärts führen. Durch den Grenzzykel, der eine lokal begrenzte Bewegung definiert, ist das System stabil.

Ein System, das von der VAN-DER-POL'schen Gleichung beschrieben wird, ist *selbststabilisierend*. Bei einer Bewegung unter Bedingungen, die zum Wachsen des Schwingungsausschlages führen, wird der Ausschlag automatisch am Wachsen gehindert. Es ist ersichtlich, dass das für den Fall der (positiven) Dämpfung zutrifft, aber es gilt auch im Allgemeinen bei nichtlinearen Systemen bei Fehlen von Dämpfung. Wird z. B. ein Schwinger betrachtet, bei dem bei kleinen Schwingungsausschlägen die Rückstellkraft $F_r(q) = cq$ ist und der in der Eigenfrequenz ω erregt wird, dann wird der Schwingungsausschlag zu wachsen beginnen. Beim ungedämpften, ideal linearen Schwinger wächst dann der Schwingungsausschlag ohne Grenze. Enthält die Rückstell-

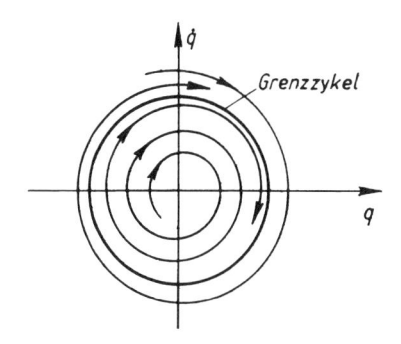

Bild 26.31

kraft nichtlineare Terme, dann verursachen diese während des Wachsens des Schwingungsausschlages eine Verschiebung der Eigenfrequenz ω. Der Schwinger befindet sich dann nicht länger in Resonanz mit der Erregung, und der Schwingungsausschlag wird nicht grenzenlos wachsen.

26.8.2 Freie Schwingungen des nichtlinearen Schwingers

Die Lösung von bestimmten Typen nichtlinearer Schwingungs-Differenzialgleichungen lässt sich in geschlossener Form bei Benutzung von elliptischen Integralen ausdrücken. Ein Beispiel dafür ist das mathematische Pendel (*Anlage D6*). Die Differenzialgleichung des mathematischen Pendels in generalisierten Koordinaten lautet:

$$\ddot{q} + \omega^2 \sin q = 0$$

mit

$$\omega^2 = \frac{g}{l}$$

Wenn das Pendel mit kleinen Ausschlägen schwingt, dann ist

$$\sin q \approx q$$

und die Differenzialgleichung wird zur Bewegungsgleichung für einen harmonischen Schwinger:

$$\ddot{q} + \omega^2 q = 0$$

Diese Näherung hat eine Schwingungsdauer T von

$$T = 2\pi \sqrt{\frac{l}{g}}$$

Zur Betrachtung der exakten Pendelgleichung wird der Energiesatz verwendet. Die kinetische und potenzielle Energie in allgemeiner Lage sind

$$W_{\text{kin}} = \frac{1}{2} J \dot{q}^2 = \frac{1}{2} m l^2 \dot{q}^2; \qquad W_{\text{pot}} = mgl(1 - \cos q)$$

Im höchsten Punkt der Pendelbewegung ($q = q_0$) sind

$W_{\text{kin}} = 0; \qquad W_{\text{pot}} = W_{\text{ges}} = mgl(1 - \cos q_0)$

Mit der trigonometrischen Beziehung

$$\cos q = 1 - 2\sin^2\left(\frac{q}{2}\right)$$

ergibt sich für die Gesamtenergie und für die potenzielle Energie in allgemeiner Lage:

$$W_{\text{ges}} = 2mgl\sin^2\left(\frac{q_0}{2}\right); \qquad W_{\text{pot}} = 2mgl\sin^2\left(\frac{q}{2}\right)$$

Bei Beachtung, dass die kinetische Energie die Differenz zwischen Gesamtenergie und potenzieller Energie ist, ergibt sich:

$$\frac{1}{2}ml^2\dot{q}^2 = 2mgl\left[\sin^2\left(\frac{q_0}{2}\right) - \sin^2\left(\frac{q}{2}\right)\right]$$

oder

$$\dot{q} = \frac{dq}{dt} = 2\sqrt{\frac{g}{l}} \cdot \left[\sin^2\left(\frac{q_0}{2}\right) - \sin^2\left(\frac{q}{2}\right)\right]^{\frac{1}{2}}$$

woraus man nach Trennung der Variablen und Integration in den Grenzen von 0 bis q_0 ein Viertel der Schwingungsdauer erhält:

$$\frac{T}{4} = \frac{1}{2}\sqrt{\frac{l}{g}}\int_0^{q_0}\left[\sin^2\left(\frac{q_0}{2}\right) - \sin^2\left(\frac{q}{2}\right)\right]^{-\frac{1}{2}}dq$$

Hieraus folgt:

$$T = 4\sqrt{\frac{l}{g}}\,K\left(\frac{q_0}{2}\right)$$

wobei $K(q_0/2)$ ein vollständiges *elliptisches Integral erster Gattung* ist (z. B. in /JE-66/ tabelliert).

Da q_0 den Maximalausschlag der Pendelbewegung darstellt, erkennt man, dass die *Schwingungsdauer der freien Schwingungen eines nichtlinearen Schwingers ausschlagabhängig* ist.

26.8.3 Erzwungene Schwingungen des nichtlinearen Schwingers

In diesem Abschnitt soll die erzwungene Schwingung eines nichtlinearen Schwingers mit einem *symmetrischen harten Potenzial* der Form

$$W_{\text{pot}}(q) = \frac{1}{2}cq^2 + \frac{1}{4}m\varepsilon q^4; \qquad 0 < \varepsilon \ll \frac{c}{mq_{\text{max}}^2}$$

betrachtet werden. Dieses Potenzial hat eine Rückstellkraft

$$F_{\text{r}}(q) = cq \cdot \left(1 + \varepsilon\frac{m}{c}q^2\right)$$

zur Folge, sodass sich die Bewegungsgleichung bei harmonischer Erregung mit konstanter Kraftamplitude $\hat{F}$ gemäß

$$\ddot{q} + \omega^2 q \cdot \left(1 + \frac{\varepsilon}{\omega^2} q^2\right) = \hat{a} \cdot \cos \Omega t; \qquad \omega^2 = \frac{c}{m}, \quad \hat{a} = \frac{\hat{F}}{m}$$

schreiben lässt, wobei ε ein kleiner Parameter ist, der die Nichtlinearität kennzeichnet.

Um eine brauchbare Näherung zu erhalten, wird zunächst der Ansatz

$$q(t) \approx q_0(t) = q_0^* \cos \Omega t$$

der für $\varepsilon = 0$ die exakte stationäre Lösung liefert, in die nach dem linearen Term umgestellte und als Iterationsvorschrift geschriebene Bewegungsgleichung

$$q_{k+1}(t) = \frac{1}{\omega^2} \cdot \left(\hat{a} \cos \Omega t - \ddot{q}_k(t) - \varepsilon \cdot q_k^3(t)\right); \qquad k = 0, 1, \ldots$$

eingesetzt. Das ergibt mit $\cos^3 x = \frac{1}{4}(3 \cos x + \cos 3x)$:

$$q_1(t) = \frac{1}{\omega^2} \left[\left(\hat{a} + q_0^* \Omega^2 - \frac{3}{4} \varepsilon q_0^{*3}\right) \cos \Omega t - \frac{1}{4} \varepsilon q_0^{*3} \cos 3\Omega t\right]$$

Man sieht, die Näherung $q_1(t)$ enthält neben der ersten auch die dritte Harmonische, was dem Einfluss der Nichtlinearität geschuldet ist. Die Fortsetzung des Iterationsprozesses liefert als nächste Näherung ein Ergebnis, das Glieder mit den Frequenzen Ω, 3Ω, 5Ω, 7Ω und 9Ω enthält. Es wird sich also eine Summe von ungeraden Harmonischen bez. der Erregerkreisfrequenz Ω ergeben.

Um die Diskussion zu vereinfachen, soll jedoch nur ein Ansatz mit der ersten und dritten Harmonischen betrachtet werden:

$$q(t) \approx q_{11}^* \cos \Omega t + \varepsilon q_{13}^* \cos 3\Omega t$$

Dieser wird in die ursprüngliche Bewegungsgleichung eingesetzt, und es ergibt sich mit $\eta = \dfrac{\Omega}{\omega}$ bei Vernachlässigung aller Summanden, die ε-Potenzen größer eins enthalten:

$$\cos \Omega t \cdot \left[\left(1 - \eta^2\right) \omega^2 q_{11}^* - \hat{a} + \frac{3}{4} \varepsilon q_{11}^{*3}\right]$$
$$+ \cos 3\Omega t \cdot \left[\left(1 - 9\eta^2\right) \omega^2 q_{13}^* + \frac{1}{4} q_{11}^{*3}\right] \cdot \varepsilon = 0$$

Hieraus folgt:

$$\frac{3}{4} \varepsilon q_{11}^{*3} + \left(1 - \eta^2\right) \omega^2 q_{11}^* - \hat{a} = 0 \qquad (*)$$

und

$$q_{13}^* = -\frac{q_{11}^{*3}}{4\omega^2 \cdot \left(1 - 9\eta^2\right)}$$

Die Näherungslösung ist also:

$$q(t) \approx q_{11}^* \cos \Omega t - \frac{\varepsilon \cdot q_{11}^{*3}}{4\omega^2 \cdot (1 - 9\eta^2)} \cos 3\Omega t; \qquad \eta \neq \frac{1}{3}$$

bzw. bei Nutzung von Gl. (∗):

$$q(t) \approx q_{11}^* \cos \Omega t + \frac{(1 - \eta^2) q_{11}^* - \dfrac{\hat{a}}{\omega^2}}{3(1 - 9\eta^2)} \cos 3\Omega t$$

Man erkennt, dass diese Näherung für Kreisfrequenzen Ω, die in der Nähe von $\omega/3$ liegen, ihre Gültigkeit verliert.

Diese Eigenart tritt auf, weil in der Ansatzfunktion nur zwei Glieder der Reihe für $q(t)$ berücksichtigt wurden. Bei einer Erweiterung der Ansatzfunktion um weitere Glieder ungerader Harmonischer würde diese Eigenart der Lösung verschwinden.

Der noch unbekannte Faktor q_{11}^* muss als Wurzel der kubischen Gl. (∗) bestimmt werden. Dazu wird Gl. (∗) wie folgt geschrieben:

$$y_1(q_{11}^*) \equiv \frac{3\varepsilon}{4\omega^2} q_{11}^{*3} = \frac{\hat{a}}{\omega^2} + (\eta^2 - 1) q_{11}^* \equiv y_2(q_{11}^*, \eta)$$

Lösungen sind also Schnittpunkte der kubischen Parabel $y_1(q_{11}^*)$ mit der hinsichtlich q_{11}^* linearen Funktion $y_2(q_{11}^*, \eta)$, vgl. Bild 26.32.

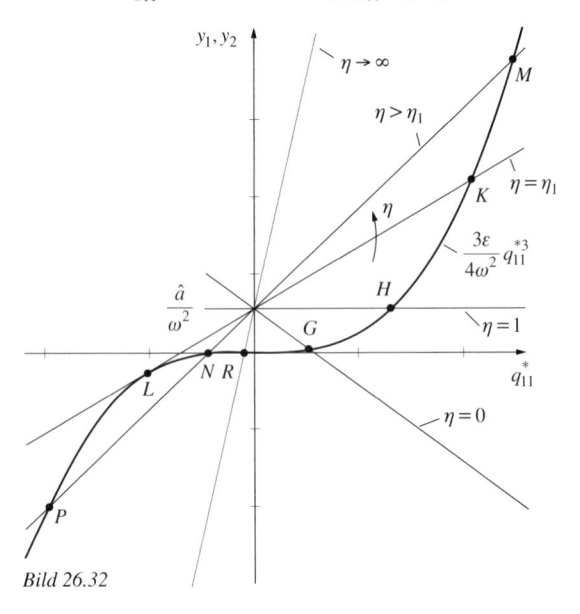

Bild 26.32

26.8 Nichtlineare Schwingungen

Variiert man η von $\eta = 0$ bis $\eta \to \infty$, so lassen sich die den Schnittpunkten der jeweiligen Geraden y_2 mit der kubischen Parabel y_1 zugeordneten Lösungen $q_{11}^*(\eta)$ in einem Diagramm für $|q_{11}^*(\eta)|$ auftragen, sodass sich der in Bild 26.33 gezeigte qualitative Verlauf ergibt. Zum besseren Verständnis wurden die mit Großbuchstaben gekennzeichneten speziellen Punkte aus Bild 26.32 mit übertragen. Charakteristisch ist, dass es im Bereich $0 \leq \eta \leq \eta_1$ jeweils nur eine Lösung gibt, für $\eta = \eta_1$ genau zwei und für $\eta > \eta_1$ jeweils drei Lösungen existieren. Dass die Gl. (∗) für $\eta \to \infty$ zwei unendlich groß werdende Wurzeln hat, beruht darauf, dass bei der Näherungslösung nur die Grundschwingung und die dritte Harmonische berücksichtigt wurden. Bei Berücksichtigung von Gliedern höherer Ordnung in der Näherungslösung verschwindet diese Eigenheit. Es ist sicher, dass die Amplitude endlich bleibt, auch bei Abwesenheit von Dämpfung, da die nichtlinearen Schwingungen selbstbegrenzend sind (vgl. Abschnitt 26.8.1 zum Problem der Selbststabilisierung von nichtlinearen Schwingern). Die beiden ins Unendliche führenden Arme der Kurve für $|q_{11}^*|$ oberhalb der Schnittpunkte M und N werden sich vereinigen. Der tatsächliche Verlauf von $|q_{11}^*(\eta)|$ ist in Bild 26.33 dünn eingezeichnet.

Bei der *Betrachtung eines weichen Systems* (unterlineare Kennlinie der Feder s. Bild 26.6), z. B. bei $\varepsilon < 0$, können ähnliche Betrachtungen durchgeführt werden. Die Resonanzkurve ist in diesem Fall zur Seite der niedrigeren Frequenzen hingewandt (s. Bild 26.34).

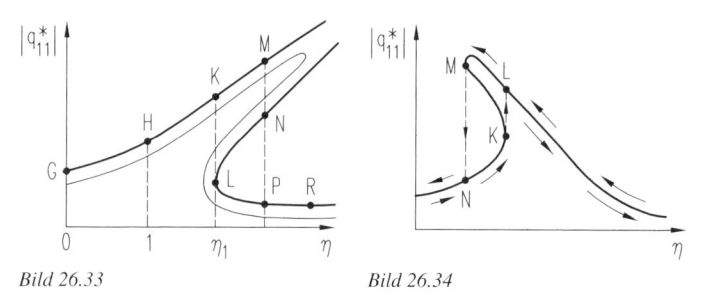

Bild 26.33 *Bild 26.34*

Eine Möglichkeit, den Verlauf von $|q_{11}^*(\eta)|$ auch quantitativ zu bestimmen, erhält man durch Auflösen von Gl. (∗) nach dem Abstimmungsverhältnis η:

$$\eta(q_{11}^*) = \sqrt{1 - \frac{\hat{a}}{q_{11}^* \omega^2} + \frac{3}{4}\frac{\varepsilon q_{11}^{*2}}{\omega^2}}$$

Führt man noch die dimensionslose Variable $\chi = \dfrac{q_{11}^* \omega^2}{\hat{a}}$ und den dimensionslosen Parameter $p = \dfrac{\varepsilon \hat{a}^2}{\omega^6}$ ein, so folgt daraus:

$$\eta(\chi, p) = \sqrt{1 - \frac{1}{\chi} + \frac{3}{4} p \chi^2}$$

Mit Variation von χ kann nun $|\chi|$ über $\eta(\chi, p)$ für verschiedene Parameterwerte mittels handelsüblicher Grafik- oder Mathematik-Software grafisch dargestellt werden, vgl. Bild 26.35.

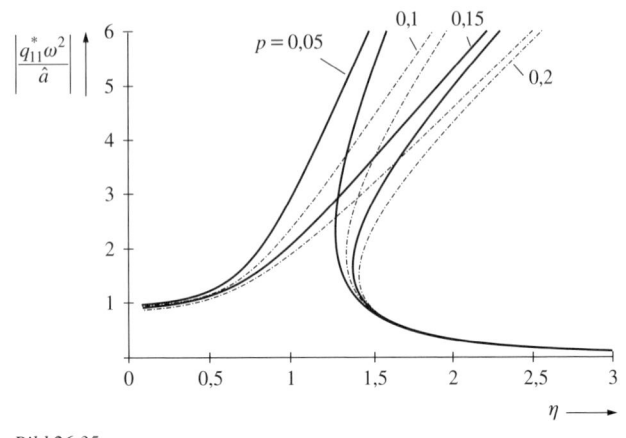

Bild 26.35

Eine Erscheinung, die typisch für nichtlineare Schwinger ist, soll an der Resonanzkurve auf Bild 26.34 erklärt werden. Wenn die Erregerfrequenz Ω (und damit η), von null beginnend, sehr langsam größer wird, dann wächst $|q_{11}^*|$ stetig bis zum Punkt K (längs der Pfeile unter der Resonanzkurve). Ein weiteres (langsames) Wachsen der Erregerfrequenz führt zu einem Sprung zum Punkt L. Dieses *Springen der Amplitude* wird *Kippung* genannt. Eine weitere Erhöhung der Frequenz führt zu einer Verminderung von $|q_{11}^*|$. Im anderen Fall, wenn die Frequenz, ausgehend von einem großen Wert für Ω, kleiner wird, dann wächst $|q_{11}^*|$ bis zu einem Maximum und wird kleiner bis zum Punkt M. Dort springt der Wert für $|q_{11}^*|$ zum Punkt N (längs der Pfeile über der Resonanzkurve), um sich von da an stetig zu verkleinern.

Anlagen

Anlage A1: Zur benutzten Notation für Matrizen, Vektoren und Tensoren zweiter Stufe

Die hier verwendete Symbolik lehnt sich an bekannte Schreibweisen an. Hinsichtlich der Beziehungen zwischen Vektoren und Matrizen wird sich auf die in /SW-99/ bzw. /RWW-93/ benutzte Darstellung gestützt.

Größen wie Skalare, Variablen und Parameter werden im Normaldruck kursiv geschrieben.

Matrizen

Matrizen werden in der ausführlichen Schreibweise (d. h. in ihrer Blockstruktur) als in eckige Klammern eingefasste Variablen- bzw. Zahlenschemata, symbolisch mittels fettgedruckter Buchstaben (Ausnahme s. u.) sowie in der Indexdarstellung als ein in eckige Klammern gesetztes allgemeines Element geschrieben, z. B.:

$$\boldsymbol{r} = \begin{bmatrix} r_x \\ r_y \\ r_z \end{bmatrix} = \begin{bmatrix} r_x, r_y, r_z \end{bmatrix}^\mathrm{T} = [r_\nu]; \quad \boldsymbol{q} = \begin{bmatrix} q_1 \\ q_2 \\ \vdots \\ q_n \end{bmatrix} = \begin{bmatrix} q_1, q_2, \cdots q_n \end{bmatrix}^\mathrm{T} = [q_i]$$

$$\boldsymbol{J}^O = \begin{bmatrix} J^O_{xx} & J^O_{xy} & J^O_{xz} \\ J^O_{yx} & J^O_{yy} & J^O_{yz} \\ J^O_{zx} & J^O_{zy} & J^O_{zz} \end{bmatrix} = [J^O_{\mu\nu}]; \quad \boldsymbol{A} = \begin{bmatrix} A_{11} & A_{12} & \cdots & A_{1n} \\ A_{21} & A_{22} & \cdots & A_{2n} \\ \vdots & \vdots & \ddots & \vdots \\ A_{m1} & A_{m2} & \cdots & A_{mn} \end{bmatrix} = [A_{ij}]$$

Eine quadratische Matrix $\boldsymbol{A}$ ist symmetrisch, falls $\boldsymbol{A} = \boldsymbol{A}^\mathrm{T}$ bzw. $[A_{ij}] = [A_{ji}]$ gilt. Als Einheitsmatrix wird die fettgedruckte Ziffer „eins" verwendet:

$$\boldsymbol{1} = \mathrm{diag}\,[1, 1, \ldots, 1] = \begin{bmatrix} 1 & 0 & \cdots & 0 \\ 0 & 1 & \cdots & 0 \\ \vdots & \vdots & \ddots & \vdots \\ 0 & 0 & \cdots & 1 \end{bmatrix}$$

Die Regeln der Matrixalgebra werden als bekannt vorausgesetzt (vgl. z. B. /Ba-01/, /ZF-97/).

Vektoren

Vektoren (Tensoren erster Stufe) im dreidimensionalen Ortsraum werden durch einen Pfeil über einem in Kursivdruck angegebenen Buchstaben gekennzeichnet, also z. B. $\vec{r}, \vec{v}, \vec{F}$ usw. Für die Darstellung der Vektoren bez. einer vorgegebenen Basis ist es im Hinblick auf die Nutzung der Matrixalgebra nützlich, spezielle Spaltenmatrizen einzuführen, deren Elemente die jeweiligen Basisvektoren sind, z. B.:

$$\mathfrak{e} = \begin{bmatrix} \vec{e}_x \\ \vec{e}_y \\ \vec{e}_z \end{bmatrix} = \begin{bmatrix} \vec{e}_x, \vec{e}_y, \vec{e}_z \end{bmatrix}^\mathrm{T} \quad \text{für ein kartesisches Koordinatensystem } \{O, \mathfrak{e}\}$$

oder

$$\mathbf{e}_{\text{zyl}} = \begin{bmatrix} \vec{e}_R \\ \vec{e}_\varphi \\ \vec{e}_z \end{bmatrix} = \begin{bmatrix} \vec{e}_R, & \vec{e}_\varphi, & \vec{e}_z \end{bmatrix}^{\text{T}} \qquad \text{für Zylinderkoordinaten } \{O, \mathbf{e}_{\text{zyl}}\} \text{ (vgl. Bild 18.4)}$$

jeweils mit dem Ursprung O.

Sofern nicht eine spezielle Kennzeichnung erfolgt (wie z. B. „zyl" als Index), wird immer eine kartesische Basis zugrunde gelegt.

Ein Vektor $\vec{v}$ lässt sich dann bei Nutzung des Matrizenprodukts wie folgt zerlegen und darstellen:

$$\vec{v} = v_x \vec{e}_x + v_y \vec{e}_y + v_z \vec{e}_z = \mathbf{e}^{\text{T}} \boldsymbol{v} = \boldsymbol{v}^{\text{T}} \mathbf{e}$$
$$= \mathbf{e}_{\text{zyl}}^{\text{T}} \boldsymbol{v}_{\text{zyl}} = \boldsymbol{v}_{\text{zyl}}^{\text{T}} \mathbf{e}_{\text{zyl}} = v_R \vec{e}_R + v_\varphi \vec{e}_\varphi + v_z \vec{e}_z$$

Die Spaltenmatrizen

$$\boldsymbol{v} = \begin{bmatrix} v_x \\ v_y \\ v_z \end{bmatrix} \qquad \text{und} \qquad \boldsymbol{v}_{\text{zyl}} = \begin{bmatrix} v_R \\ v_\varphi \\ v_z \end{bmatrix}$$

enthalten hierbei die für die jeweils zugrunde gelegten Basis geltenden Koordinaten des Vektors $\vec{v}$. Als Komponenten des Vektors $\vec{v}$ werden seine Projektionen auf die jeweilige Basis bezeichnet, also z. B. $v_x \vec{e}_x$ oder $v_\varphi \vec{e}_\varphi$ usw. Im Ingenieurbereich wird manchmal auf die korrekte begriffliche Trennung von Komponenten und Koordinaten eines Vektors verzichtet, d. h. man spricht von Komponenten auch dann, wenn lediglich die Koordinaten gemeint sind. Manchmal wird die Spaltenmatrix $\boldsymbol{v}$ einfach als Vektor bezeichnet. Dies ist jedoch nur dann erlaubt, wenn sich die Betrachtungen auf dieselbe Basis (meist $\mathbf{e}$) beziehen.

Das Skalarprodukt (auch Punktprodukt) der kartesischen Basisvektoren mit sich selbst liefert die Einheitsmatrix:

$$\mathbf{e} \cdot \mathbf{e}^{\text{T}} = \begin{bmatrix} \vec{e}_x \cdot \vec{e}_x & \vec{e}_x \cdot \vec{e}_y & \vec{e}_x \cdot \vec{e}_z \\ \vec{e}_y \cdot \vec{e}_x & \vec{e}_y \cdot \vec{e}_y & \vec{e}_y \cdot \vec{e}_z \\ \vec{e}_z \cdot \vec{e}_x & \vec{e}_z \cdot \vec{e}_y & \vec{e}_z \cdot \vec{e}_z \end{bmatrix} = \text{diag}\,[1] = \mathbf{1}$$

Auch für das Skalarprodukt der Basisvektoren $\mathbf{e}_{\text{zyl}}$ ist dies gültig (orthonormierte Basis):

$$\mathbf{e}_{\text{zyl}} \cdot \mathbf{e}_{\text{zyl}}^{\text{T}} = \mathbf{1}$$

Damit ergibt sich das Skalarprodukt der beiden Vektoren $\vec{u} = \boldsymbol{u}^{\text{T}} \mathbf{e}$ und $\vec{v} = \mathbf{e}^{\text{T}} \boldsymbol{v}$ zu:

$$\vec{u} \cdot \vec{v} = \boldsymbol{u}^{\text{T}} \mathbf{e} \cdot \mathbf{e}^{\text{T}} \boldsymbol{v} = \boldsymbol{u}^{\text{T}} \boldsymbol{v} = u_x v_x + u_y v_y + u_z v_z$$

Analog gilt:

$$\vec{u} \cdot \vec{v} = \boldsymbol{u}_{\text{zyl}} \mathbf{e}_{\text{zyl}} \cdot \mathbf{e}_{\text{zyl}}^{\text{T}} \boldsymbol{v}_{\text{zyl}} = \boldsymbol{u}_{\text{zyl}}^{\text{T}} \boldsymbol{v}_{\text{zyl}} = u_R v_R + u_\varphi v_\varphi + u_z v_z$$

Zur Realisierung des Vektor- bzw. Kreuzprodukts $\vec{u} \times \vec{v}$ wird der sogen. Tildeoperator eingeführt, der aus der Spaltenmatrix $\boldsymbol{u} = \begin{bmatrix} u_x & u_y & u_z \end{bmatrix}^{\text{T}}$ die schiefsymmetrische Matrix

$$\tilde{\boldsymbol{u}} = \begin{bmatrix} 0 & -u_z & u_y \\ u_z & 0 & -u_x \\ -u_y & u_x & 0 \end{bmatrix} = -\tilde{\boldsymbol{u}}^{\text{T}}$$

„erzeugt".

Damit lässt sich das Vektorprodukt als Matrizenprodukt schreiben:

$$\vec{u} \times \vec{v} = \mathbf{e}^T \tilde{u} v = \begin{bmatrix} \vec{e}_x, & \vec{e}_y, & \vec{e}_z \end{bmatrix} \begin{bmatrix} -u_z v_y + u_y v_z \\ u_z v_x - u_x v_z \\ -u_y v_x + u_x v_y \end{bmatrix} = v^T \tilde{u}^T \mathbf{e}$$

Insbesondere gilt:

$$\tilde{u} v = -\tilde{v} u, \quad \tilde{u} u = o$$

Tensoren

Die Koordinaten von Tensoren zweiter Stufe (z. B. Spannungs-, Verzerrungs- und Trägheitstensor) bez. einer kartesischen Basis $\mathbf{e}$ werden in einer quadratischen Matrix zusammengefasst:

$$\boldsymbol{\sigma} = \begin{bmatrix} \sigma_{xx} & \sigma_{xy} & \sigma_{xz} \\ \sigma_{yx} & \sigma_{yy} & \sigma_{yz} \\ \sigma_{zx} & \sigma_{zy} & \sigma_{zz} \end{bmatrix}$$

Gilt $\sigma_{ij} = \sigma_{ji}$ ($i, j = x, y, z$), d. h. $\boldsymbol{\sigma}^T = \boldsymbol{\sigma}$, so liegt ein symmetrischer Tensor vor.

Transformationsbeziehungen

Ist die Transformationsvorschrift zwischen den Basisvektoren zweier Systeme bekannt, lassen sich die Koordinatenumrechnungen sofort angeben. Zum Beispiel gilt zwischen kartesischen und Zylinderkoordinaten

$$\mathbf{e}_{zyl} = A_{zyl} \mathbf{e}, \qquad \mathbf{e}_{zyl}^T = \mathbf{e}^T A_{zyl}^T$$

die Transformationsmatrix

$$A_{zyl} = A_{zyl}(\varphi) = \begin{bmatrix} \cos\varphi & \sin\varphi & 0 \\ -\sin\varphi & \cos\varphi & 0 \\ 0 & 0 & 1 \end{bmatrix};$$

$$A_{zyl}^{-1} = A_{zyl}^T \quad \text{(orthogonale Matrix)}$$

Hiermit folgt aus

$$\vec{v} = \mathbf{e}^T v = \mathbf{e}_{zyl}^T v_{zyl} = \mathbf{e}^T A_{zyl}^T v_{zyl}$$

die Vorschrift für die Umrechnung der Koordinaten ein und desselben Vektors:

$$v = A_{zyl}^T v_{zyl} \quad \text{bzw.} \quad v_{zyl} = A_{zyl} v$$

Analoge Beziehungen bestehen für zwei gegeneinander gedrehte kartesische Koordinatensysteme mit den Basisvektoren $\mathbf{e} = [\vec{e}_x, \vec{e}_y, \vec{e}_z]^T$ und $\bar{\mathbf{e}} = [\vec{e}_\xi, \vec{e}_\eta, \vec{e}_\zeta]^T$, wenn

$$\mathbf{e} = A\bar{\mathbf{e}}, \quad \bar{\mathbf{e}} = C\mathbf{e} \quad \text{mit} \quad A^{-1} = A^T = C$$

gilt, wobei $A = C^T$ die Drehtransformationsmatrix ist.

Für die Umrechnung der Koordinaten eines Tensors zweiter Stufe ist dann die Vorschrift

$$\boldsymbol{\sigma} = A\bar{\boldsymbol{\sigma}} A^T = C^T \bar{\boldsymbol{\sigma}} C \quad \text{bzw.} \quad \bar{\boldsymbol{\sigma}} = A^T \boldsymbol{\sigma} A = C \boldsymbol{\sigma} C^T$$

gültig.

Anlage A2: Abkürzungen (für Singular und Plural)

BGl(n)	Bewegungsgleichnung(en)
DGl(n)	Differenzialgleichung(en)
ESZ	ebener Spannungszustand
EVZ	ebener Verzerrungszustand
FKB(r)	Freikörperbild(er)
FTM(e)	Flächenträgheitsmoment(e)
GGB(n)	Gleichgewichtsbedingung(en)
Gl(n.)	Gleichung(en)
HA(n)	Haupt(trägheits)achse(n)
HAS(e)	Hauptachsensystem(e)
KS(e)	Koordinatensystem(e)
LR(n)	Lagerreaktion(en)
MTM(e)	Massenträgheitsmoment(e)
PdvA	Prinzip der virtuellen Arbeit
RB(n)	Rand- und Übergangsbedingung(en)
SNL	Spannungs-Null-Linie
SR(n)	Schnittreaktion(en)
WL(n)	Wirkungslinie(n)
ZB(n)	Zwangsbedingung(en)

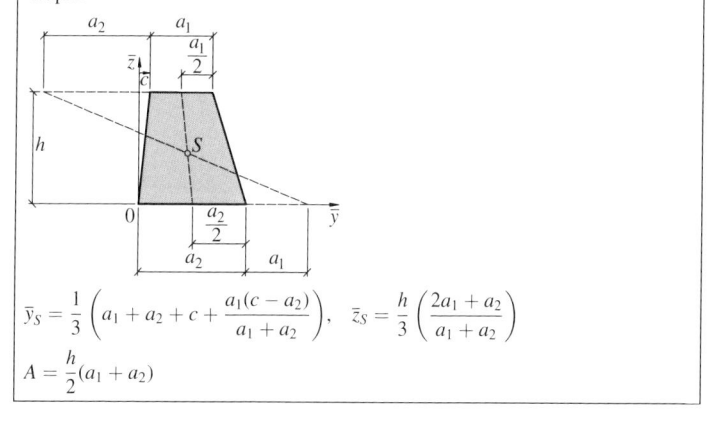

Anlage S1: Schwerpunkte ebener Flächen und Linien

Flächen		
rechtwinkliges Dreieck $\bar{y}_S = \dfrac{b}{3}, \ \bar{z}_S = \dfrac{h}{3}$ $A = \dfrac{1}{2}bh$	Kreisabschnitt $\bar{z}_S = \dfrac{4R \sin^3 \alpha}{3(2\alpha - \sin 2\alpha)},$ $A = \dfrac{R^2}{2}(2\alpha - \sin 2\alpha)$	Halbkreis $\bar{z}_S = \dfrac{4R}{3\pi},$ $A = \dfrac{1}{2}\pi R^2$
allgemeines Dreieck $\bar{y}_S = \dfrac{b+c}{3}, \ \bar{z}_S = \dfrac{h}{3}$ $A = \dfrac{1}{2}bh$	Kreisringausschnitt $\bar{z}_S = \dfrac{2(R^3 - r^3) \sin \alpha}{3(R^2 - r^2)\alpha},$ $A = (R^2 - r^2)\alpha$	Viertelkreisring $\bar{y}_S = \bar{z}_S = \dfrac{4(R^3 - r^3)}{3(R^2 - r^2)\pi},$ $A = (R^2 - r^2)\dfrac{\pi}{4}$

Trapez

$$\bar{y}_S = \frac{1}{3}\left(a_1 + a_2 + c + \frac{a_1(c - a_2)}{a_1 + a_2}\right), \quad \bar{z}_S = \frac{h}{3}\left(\frac{2a_1 + a_2}{a_1 + a_2}\right)$$

$$A = \frac{h}{2}(a_1 + a_2)$$

Anlage S1: Schwerpunkte ebener Flächen und Linien (Fortsetzung)

Linien		
Kreisbogen	Halbkreisbogen	Viertelkreisbogen
$\bar{z}_S = \dfrac{r \cdot \sin \alpha}{\alpha}$ $l = 2r\alpha$	$\bar{z}_S = \dfrac{2r}{\pi}$ $l = \pi r$	$\bar{z}_S = \dfrac{2r}{\pi}$ $l = \dfrac{1}{2}\pi r$

Anlage S2: Reibungszahlen für Haft- und Gleitreibung (Richtwerte)

Werkstoffpaarung	Flächenzustand	μ_0	μ
Stahl/Stahl	trocken	0,15...0,3	0,06...0,12
	geschmiert	0,11	0,01
Stahl/Gusseisen	trocken	0,18...0,2	0,16...0,2
	geschmiert	0,1	0,01
Stahl/Bronze	trocken	0,18...0,2	0,16...0,2
Gusseisen/Gusseisen	trocken	0,3	0,15...0,22
Metall/Holz	trocken	0,5...0,6	0,2 ...0,5
	geschmiert	0,1	0,03...0,08
	geschmiert mit Wasser	—	0,22...0,26
Leder/Holz	trocken	0,47	0,27
Holz/Holz	trocken	0,57...0,65	0,3...0,5
	geschmiert	0,2	0,04...0,16
	geschmiert mit Wasser	0,7	0,25
Leder/Metall	trocken	0,6	0,25...0,3
	geschmiert	0,2	0,12...0,14
	geschmiert mit Wasser	0,6	0,28...0,38
Stahl/Eis	—	0,027	0,014
Gummireifen/	trocken	0,7	0,3 ...0,5
Fahrbahn	mit Wasser	—	0,15...0,2

Umrechnung der Reibungszahlen bei symmetrischer Prismenführung, Öffnungswinkel 2δ

Beispiel: Keilriemenscheibe

$$\mu_0' = \frac{\mu_0}{\sin \delta}$$

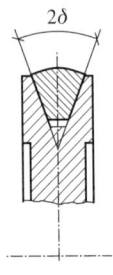

Anlage S3: Hebelarme der Rollreibung (Richtwerte)

	f in mm
Gusseisen/Stahl	0,5
Stahl/Stahl	0,5
Schienenfahrzeuge: Räder auf trockener Fahrbahn	0,5
Hebezeuge: je nach Fahrbahnbeschaffenheit	0,5 ... 1,0
Wälzlager	0,005...0,01

Anlage F1: Elastizitätsmodul E, Wärmeausdehnungskoeffizient α und Dichte ϱ für einige metallische Werkstoffe

Werkstoff	E in 10^3 N/mm^2	α in 10^{-6} K^{-1}	ϱ in kg/dm^3
Stahl	210	11	7,85
Stahlguss GS	200	11	7,85
Gusseisen GG	175	10	7,2
GL	105	9	7,2
Kupfer	125	16	8,9
Messing	90	18	8,5
Aluminium	71	23	2,7
AlMg	69	23	2,65
AlCuMg	72	23	2,8
GAlMg	70	23	2,7
GAlSiMg	75	23	2,65
Mg-Legierungen	36...47	25	1,8

Anlage F2: Werte der Zugfestigkeit R_m und der Streckgrenze R_e für ausgewählte Stähle

Bezeichnung	vergleichbare frühere Bezeichnungen		Zugfestigkeit	Streckgrenze[1]	
	Werkstoff-Nr.	Kurzname	R_m in N/mm²	R_e in N/mm²	
S235JR	1.0037	St 37-2	360	235	allgemeine
S275JR	1.0044	St 44-2	430	275	Baustähle nach
E295	1.0050	St 50-2	490	295	DIN EN 10 025
S355J0	1.0052	St 52-3	510	355	(früher DIN 17 100)
E335	1.0060	St 60-2	590	335	
E360	1.0070	St 70-2	690	360	
S275N	—	—	370	275	schweißgeeignete
S355N	1.0562	StE 355	470	355	Feinkornbaustähle
S420N	1.8902	StE 420	520	420	nach DIN EN 10 113
S460N	1.8901	StE 460	550	460	(früher DIN 17 102)
Ck15			750	430	Einsatzstähle im
17Cr3			1050	750	blindgehärteten
16MnCr5			900	630	Zustand nach
2OMnCr5			1100	730	DIN 17 210
2OMoCrS4			900	630	
18CrNiMo7-6			1150	830	
1 C 22, 2 C 2			500	340	Vergütungsstähle im
1 C 25			550	370	vergüteten Zustand
1 C 30			600	400	nach DIN EN 10 083
1 C 35			630	430	
1 C 40			650	460	
1 C 45, 2 C 4			700	490	
1 C 50			750	520	
1 C 60			850	580	
46Cr2			900	650	
41Cr4			1000	800	
34CrMo4			1000	800	
42CrMo4			1100	900	
SOCrMo4			1100	900	
36CrNiMo4			1100	900	
3OCrNiMoB			1250	1050	
34CrNiMoB			1200	1000	
31CrMo12			1000	800	Nitrierstähle nach
31CrMoV9			1000	800	DIN 17 211
1SCrMoV59			900	750	
34CrAlMo5			800	600	
34CrAlNi7			850	650	

[1] Dehn- ($R_{p0,2}$) bzw. Streckgrenze (R_e)

Anlage F3: Werte der Zugfestigkeit R_m und der Streckgrenze R_e für ausgewählte Gusseisenwerkstoffe

Bezeichnung	frühere Bezeichnung	Elastizitätsmodul E in 10^4 N/mm²	Dichte ϱ in kg/m³	Zugfestigkeit R_m in N/mm²	Streckgrenze R_e in N/mm²	
GS 38			7850	380	200	unlegierter Stahlguss nach DIN 1681
GS 45				450	230	
GS 52				520	260	
GS 60				600	300	
EN-GJL-150	GG-15	7,8…10,3	7100	150…250	98…165	Gusseisen mit Lamellengraphit nach DIN EN 1561
EN-GJL-200	GG-20	8,8…11,3	7150	200…300	130…195	
EN-GJL-250	GG-25	10,3…11,8	7200	250…350	165…228	
EN-GJL-300	GG-30	10,8…13,7	7250	300…400	195…260	
EN-GJL-350	GG-35	12,3…14,3	7300	350…450	228…285	
EN-GJMW-350-4	GTW-35-04		7850	350	—	Temperguss nach DIN EN 1562
EN-GJMW-360-1	GTW-S38-12			360	190	
EN-GJMW-d00-S	GTW-40-05			400	220	
EN-GJMW-d50-7	GTW-45-07			450	260	
EN-GJMW-550-4	—	21,0		550	340	
EN-GJMB-350-1	GTS-35-10			350	200	
EN-GJMB-450-4	GTS-45-06			450	270	
EN-GJMB-500-5	—			500	300	
EN-GJMB-5S0-4	GTS-55-04			550	340	
EN-GJMB-600-3	—			600	390	
EN-GJMB-650-2	GTS-65-02			650	430	
EN-GJMB-700-2	GTS-70-02			700	530	
EN-GJMB-800-1	—			800	600	

Anlage F3: Werte der Zugfestigkeit R_m und der Streckgrenze R_e für ausgewählte Gusseisenwerkstoffe (Fortsetzung)

Bezeichnung	frühere Bezeichnung	Elastizitätsmodul E in 10^4 N/mm²	Dichte ϱ in kg/m³	Zugfestigkeit R_m in N/mm²	Streckgrenze R_e in N/mm²	
EN-GJS-350-22	GGG-35.3	16,9	7100	350	220	Gusseisen mit Kugelgraphit nach DIN EN 1563
EN-GJS-400-15	GGG-40			400	250	
EN-GJS-450-10	—			450	310	
EN-GJS-500-7	GGG-50			500	320	
EN-GJS-600-3	GGG-60	17,4	7200	600	370	
EN-GJS-700-2	GGG-70			700	420	
EN-GJS-800-2	GGG-80	17,6	7200	800	480	
EN-GJS-900-2	—			900	600	

Anlage F4: Flächenträgheits- und -deviationsmomente einiger Flächen

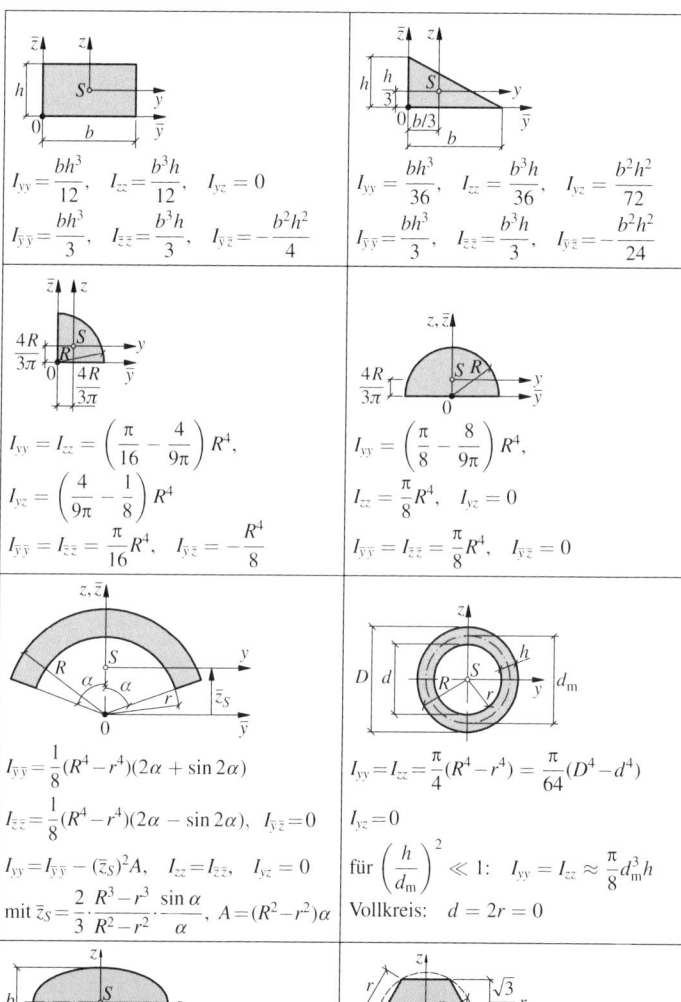

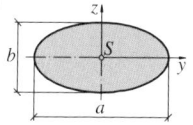

Rechteck:
$$I_{yy} = \frac{bh^3}{12}, \quad I_{zz} = \frac{b^3 h}{12}, \quad I_{yz} = 0$$
$$I_{\bar{y}\bar{y}} = \frac{bh^3}{3}, \quad I_{\bar{z}\bar{z}} = \frac{b^3 h}{3}, \quad I_{\bar{y}\bar{z}} = -\frac{b^2 h^2}{4}$$

Dreieck:
$$I_{yy} = \frac{bh^3}{36}, \quad I_{zz} = \frac{b^3 h}{36}, \quad I_{yz} = \frac{b^2 h^2}{72}$$
$$I_{\bar{y}\bar{y}} = \frac{bh^3}{3}, \quad I_{\bar{z}\bar{z}} = \frac{b^3 h}{3}, \quad I_{\bar{y}\bar{z}} = -\frac{b^2 h^2}{24}$$

Viertelkreis:
$$I_{yy} = I_{zz} = \left(\frac{\pi}{16} - \frac{4}{9\pi}\right) R^4,$$
$$I_{yz} = \left(\frac{4}{9\pi} - \frac{1}{8}\right) R^4$$
$$I_{\bar{y}\bar{y}} = I_{\bar{z}\bar{z}} = \frac{\pi}{16} R^4, \quad I_{\bar{y}\bar{z}} = -\frac{R^4}{8}$$

Halbkreis:
$$I_{yy} = \left(\frac{\pi}{8} - \frac{8}{9\pi}\right) R^4,$$
$$I_{zz} = \frac{\pi}{8} R^4, \quad I_{yz} = 0$$
$$I_{\bar{y}\bar{y}} = I_{\bar{z}\bar{z}} = \frac{\pi}{8} R^4, \quad I_{\bar{y}\bar{z}} = 0$$

Kreisringsegment:
$$I_{\bar{y}\bar{y}} = \frac{1}{8}(R^4 - r^4)(2\alpha + \sin 2\alpha)$$
$$I_{\bar{z}\bar{z}} = \frac{1}{8}(R^4 - r^4)(2\alpha - \sin 2\alpha), \quad I_{\bar{y}\bar{z}} = 0$$
$$I_{yy} = I_{\bar{y}\bar{y}} - (\bar{z}_S)^2 A, \quad I_{zz} = I_{\bar{z}\bar{z}}, \quad I_{yz} = 0$$
mit $\bar{z}_S = \frac{2}{3} \cdot \frac{R^3 - r^3}{R^2 - r^2} \cdot \frac{\sin \alpha}{\alpha}, \quad A = (R^2 - r^2)\alpha$

Kreisring:
$$I_{yy} = I_{zz} = \frac{\pi}{4}(R^4 - r^4) = \frac{\pi}{64}(D^4 - d^4)$$
$$I_{yz} = 0$$
für $\left(\frac{h}{d_m}\right)^2 \ll 1: \quad I_{yy} = I_{zz} \approx \frac{\pi}{8} d_m^3 h$
Vollkreis: $d = 2r = 0$

Ellipse:
$$I_{yy} = \frac{\pi}{64} ab^3, \quad I_{zz} = \frac{\pi}{64} a^3 b, \quad I_{yz} = 0$$
$(A = \pi ab)$

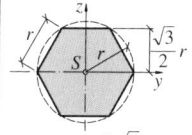

Sechseck:
$$I_{yy} = I_{zz} = \frac{5\sqrt{3}}{16} r^4, \quad I_{yz} = 0$$
$(A = (3\sqrt{3}/2) r^2)$

27

*Anlage F5: Warmgewalzte I-Träger DIN 1025-1: 1995-05 (Auszug);
Schmale I-Träger mit geneigten inneren Flanschflächen*

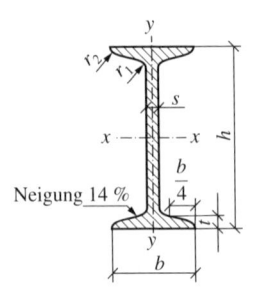

Norm-Bezeichnung in folgender Reihe:
- Benennung (I-Profil)
- DIN-Hauptnummer (DIN 1025)
- Kurzname oder Werkstoffnummer der Stahlsorte
- Kurzzeichen (siehe Tabelle)

Kurzzeichen I	Maße für						Querschnitt in cm^2	Masse in kg/m	Mantelfläche in m^2/m
	h	b	s	t	r_1	r_2			
80	80	42	3,9	5,9	3,9	2,3	7,57	5,94	0,304
100	100	50	4,5	6,8	4,5	2,7	10,6	8,34	0,370
120	120	58	5,1	7,7	5,1	3,1	14,2	11,1	0,439
140	140	66	5,7	8,6	5,7	3,4	18,2	14,3	0,502
160	160	74	6,3	9,5	6,3	3,8	22,8	17,9	0,575
180	180	82	6,9	10,4	6,9	4,1	27,9	21,9	0,640
200	200	90	7,5	11,3	7,5	4,5	33,4	26,2	0,709
220	220	98	8,1	12,2	8,1	4,9	39,5	31,1	0,775
240	240	106	8,7	13,1	8,7	5,2	46,1	36,2	0,844
260	260	113	9,4	14,1	9,4	5,6	53,3	41,9	0,906
280	280	119	10,1	15,2	10,1	6,1	61,0	47,9	0,966
300	300	125	10,8	16,2	10,8	6,5	69,0	54,2	1,03
320	320	131	11,5	17,3	11,5	6,9	77,7	61,0	1,09
340	340	137	12,2	18,3	12,2	7,3	86,7	68,0	1,15
360	360	143	13,0	19,5	13,0	7,8	97,0	76,1	1,21
380	380	149	13,7	20,5	13,7	8,2	107	84,0	1,27

Anlage F5: (Fortsetzung)

Kurz-zeichen I	Für die Biegeachse [1]						S_x [2]	s_x [3]
	x–x			y–y				
	I_x in cm^4	W_x in cm^3	i_x in cm	I_y in cm^4	W_y in cm^3	i_y in cm	in cm^3	in cm
80	77,8	19,5	3,20	6,29	3,00	0,91	11,4	6,84
100	171	34,2	4,01	12,2	4,88	1,07	19,9	8,57
120	328	54,7	4,81	21,5	7,41	1,23	31,8	10,3
140	573	81,9	5,61	35,2	10,7	1,40	47,7	12,0
160	935	117	6,40	54,7	14,8	1,55	68,0	13,7
180	1 450	161	7,20	81,3	19,8	1,71	93,4	15,5
200	2 140	214	8,00	117	26,0	1,87	125	17,2
220	3 060	278	8,80	162	33,1	2,02	162	18,9
240	4 250	354	9,59	221	41,7	2,20	206	20,6
260	5 740	442	10,4	288	51,0	2,32	257	22,3
280	7 590	542	11,1	364	61,2	2,45	316	24,0
300	5 800	653	11,9	451	72,2	2,56	381	25,7
320	12 510	782	12,7	555	84,7	2,67	457	27,4
340	15 700	923	13,5	674	98,4	2,80	540	29,1
360	19 610	1 090	14,2	818	114	2,90	638	30,7
380	24 010	1 260	15,0	975	131	3,02	741	32,4

[1] *I* Flächenmoment 2. Grades
   W Widerstandsmoment
   i Trägheitshalbmesser, jeweils bezogen auf die zugehörige Biegeachse
[2] S_x Statisches Moment des halben Querschnittes
[3] $s_x = I_x : S_x$ Abstand der Druck- und Zugmittelpunkte

Werkstoff: Vorzugsweise aus Stahlsorten nach DIN EN 10 025 mit dem Kurznamen S235JR oder 1.0037 (siehe *Anlage F2*)

Anlage F6: Warmgewalzte I-Träger DIN 1025-5: 1994-03 (Auszug); Mittelbreite I-Träger, IPE-Reihe

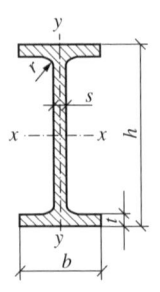

Norm-Bezeichnung in folgender Reihe:
- Benennung (I-Profil)
- DIN-Hauptnummer (DIN 1025)
- Kurzname oder Werkstoffnummer der Stahlsorte
- Kurzzeichen (siehe Tabelle)

Kurz-zeichen IPE	Maße für					Quer-schnitt in cm^2	Masse in kg/m	Mantel-fläche in m^2/m
	h	b	s	t	r			
80	80	46	3,8	5,2	5	7,64	6,0	0,328
100	100	55	4,1	5,7	7	10,3	8,1	0,400
120	120	64	4,4	6,3	7	13,2	10,4	0,475
140	140	73	4,7	6,9	7	16,4	12,9	0,551
160	160	82	5,0	7,4	9	20,1	15,8	0,623
180	180	91	5,3	8,0	9	23,9	18,8	0,698
200	200	100	5,6	8,5	12	28,5	22,4	0,768
220	220	110	5,9	9,2	12	33,4	26,2	0,848
240	240	120	6,2	9,8	15	39,1	30,7	0,922
270	270	135	6,6	10,2	15	45,9	36,1	1,04
300	300	150	7,1	10,7	15	53,8	42,2	1,16
330	330	160	7,5	11,5	18	62,6	49,1	1,25
360	360	170	8,0	12,7	18	72,7	57,1	1,35
400	400	180	8,6	13,5	21	84,5	66,3	1,47

Anlage F6: (Fortsetzung)

Kurz-zeichen IPE	Für die Biegeachse[1]						S_x[2]	s_x[3]
	x–x			y–y				
	I_x in cm⁴	W_x in cm³	i_x in cm	I_y in cm⁴	W_y in cm³	i_y in cm	in cm³	in cm
80	80,1	20,2	3,24	8,49	3,69	1,05	11,6	6,90
100	171	34,2	4,07	15,9	5,79	1,24	19,7	8,68
120	318	53,0	4,90	27,7	8,65	1,45	30,4	10,5
140	541	77,3	5,74	44,9	12,3	1,65	44,2	12,3
160	869	109	6,58	68,3	16,7	1,84	61,9	14,0
180	1 320	146	7,42	101	22,2	2,05	83,2	15,8
200	1 940	194	8,26	142	28,5	2,24	110	17,6
220	2 770	252	9,11	205	37,3	2,48	143	19,4
240	3 890	324	9,97	284	47,3	2,69	183	21,2
270	5 790	429	11,2	420	62,2	3,02	242	23,9
300	8 360	557	12,5	604	80,5	3,35	314	26,6
330	11 770	713	13,7	788	98,5	3,55	402	29,3
360	16 270	904	15,0	1 040	123	3,79	510	31,9
400	23 130	1 160	16,5	1 320	146	3,95	654	35,4

[1] I Flächenmoment 2. Grades
 W Widerstandsmoment
 i Trägheitshalbmesser, jeweils bezogen auf die zugehörige Biegeachse
[2] S_x Statisches Moment des halben Querschnittes
[3] $s_x = I_x : S_x$ Abstand der Druck- und Zugmittelpunkte

Werkstoff: Vorzugsweise aus Stahlsorten nach DIN EN 10 025 mit dem Kurznamen S235JR oder 1.0037 (siehe *Anlage F2*)

Anlage F7: Warmgewalzter rundkantiger U-Stahl DIN 1026: 1963-10 (Auszug)

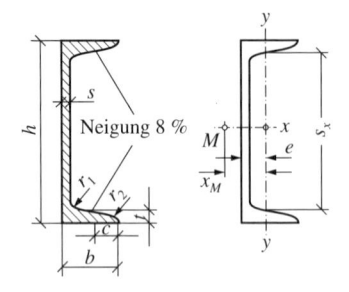

Norm-Bezeichnung in folgender Reihe:
- Benennung (U-Stahl)
- DIN-Hauptnummer (DIN 1026)
- Kurzname oder Werkstoffnummer der Stahlsorte
- Kurzzeichen (siehe Tabelle)

Kurz-zeichen U	Abmessungen in mm						Quer-schnitt in cm^2	Masse in kg/m	Mantel-fläche in m^2/m
	h	b	s	t	r_1	r_2			
50	50	38	5	7	7	3,5	7,12	5,59	0,232
65	65	42	5,5	7,5	7,5	4	9,03	7,09	0,273
80	80	45	6	8	8	4	11,0	8,64	0,312
100	100	50	6	8,5	8,5	4,5	13,5	10,6	0,372
120	120	55	7	9	9	4,5	17,0	13,4	0,434
140	140	60	7	10	10	5	20,4	16,0	0,489
160	160	65	7,5	10,5	10,5	5,5	24,0	18,8	0,546
180	180	70	8	11	11	5,5	28,0	22,0	0,611
200	200	75	8,5	11,5	11,5	6	32,2	25,3	0,661
220	220	80	9	12,5	12,5	6,5	37,4	29,4	0,718
240	240	85	9,5	13	13	6,5	42,3	33,2	0,775
260	260	90	10	14	14	7	48,3	37,9	0,834
300	300	100	10	16	16	8	58,8	46,2	0,950

Anlage F7: (Fortsetzung)
Statische Werte

Kurz-zeichen U	e in cm	für die Achse x–x			für die Achse y–y			S_x in cm^3	s_x in cm	x_M in cm
		I_x in cm^4	W_x in cm^3	i_x in cm	I_y in cm^4	W_y in cm^3	i_y in cm			
50	1,37	26,4	10,6	1,92	9,12	3,75	1,13	6,50	4,35	2,47
65	1,42	57,5	17,7	2,52	14,1	5,07	1,25	10,8	5,33	2,60
80	1,45	106	26,5	3,10	19,4	6,36	1,33	15,9	6,65	2,67
100	1,55	206	41,2	3,91	29,3	8,49	1,47	24,5	8,42	2,93
120	1,60	364	60,7	4,62	43,2	11,1	1,59	36,3	10,0	3,03
140	1,75	605	86,4	5,45	62,7	14,8	1,75	51,4	11,8	3,37
160	1,84	925	116	6,21	85,3	18,3	1,89	68,8	13,3	3,56
180	1,92	1 350	150	6,95	114	22,4	2,02	89,6	15,1	3,75
200	2,01	1 910	191	7,70	148	27,0	2,14	114	16,8	3,94
220	2,14	2 690	245	8,48	197	33,6	2,30	146	18,5	4,20
240	2,23	3 600	300	9,22	248	39,6	2,42	179	20,1	4,39
260	2,36	4 820	371	9,99	317	47,7	2,56	221	21,8	4,66
300	2,70	8 030	535	11,7	495	67,8	2,90	316	25,4	5,41

Werkstoff: Vorzugsweise aus Stahlsorten nach DIN EN 10 025 mit dem Kurznamen S235JR oder 1.0037 (siehe *Anlage F2*)

Anlage F8: Warmgewalzter rundkantiger Z-Stahl DIN 1027: 1963-10 (Auszug)

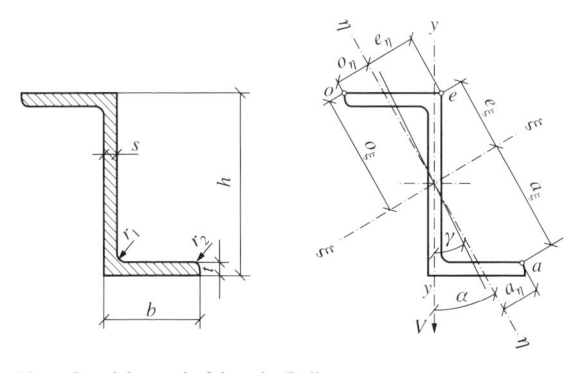

Norm-Bezeichnung in folgender Reihe:
- Benennung (Z-Stahl)
- DIN-Hauptnummer (DIN 1027)
- Kurzname oder Werkstoffnummer der Stahlsorte
- Kurzzeichen (siehe Tabelle)

Anlage F8: (Fortsetzung)

Kurz-zeichen ⌐	Abmessungen in mm						Quer-schnitt in cm²	Masse in kg/m	Mantel-fläche in m²/m
	h	b	s	t	r_1	r_2			
30	30	38	4	4,5	4,5	2,5	4,32	3,39	0,198
40	40	40	4,5	5	5	2,5	5,43	4,26	0,225
50	50	43	6	5,5	5,5	3	6,77	5,31	0,253
60	60	45	5	6	6	3	7,91	6,21	0,282
80	80	50	6	7	7	3,5	11,1	8,71	0,339
100	100	55	6,5	8	8	4	14,5	11,4	0,397
120	120	60	7	9	9	4,5	18,2	14,3	0,454
140	140	65	8	10	10	5	22,9	18,0	0,511
160	160	70	8,5	11	11	5,5	27,5	21,6	0,569

Kurz-zeichen ⌐	Lage der Achse	Abstände der Achsen $\xi-\xi$ und $\eta-\eta$					
	$\eta-\eta$ $\tan \alpha$	o_ξ in cm	o_η in cm	e_ξ in cm	e_η in cm	a_ξ in cm	a_η in cm
30	1,655	3,86	0,58	0,61	1,39	3,54	0,87
40	1,181	4,17	0,91	1,12	1,67	3,82	1,19
50	0,939	4,60	1,24	1,65	1,89	4,21	1,49
60	0,779	4,98	1,51	2,21	2,04	4,56	1,76
80	0,558	5,83	2,02	3,30	2,29	5,35	2,25
100	0,492	6,77	2,43	4,34	2,50	6,24	2,65
120	0,433	7,75	2,80	5,37	2,70	7,16	3,02
140	0,385	8,72	3,18	6,39	2,89	8,08	3,39
160	0,357	9,74	3,51	7,39	3,09	9,04	3,72

Anlage F8: (Fortsetzung)

Kurz-zeichen ∟	Statische Werte für die Biegeachse													Zentrifugal-moment
	x–x			y–y			ξ–ξ			η–η			
	J_x in cm⁴	W_x in cm³	i_x in cm	J_y in cm⁴	W_y in cm³	i_y in cm	J_ξ in cm⁴	W_ξ in cm³	i_ξ in cm	J_η in cm⁴	W_η in cm³	i_η in cm	J_{xy} in cm⁴
30	5,96	3,97	1,17	13,7	3,80	1,78	18,1	4,69	2,04	1,54	1,11	0,60	7,35
40	13,5	6,75	1,58	17,6	4,66	1,80	28,0	6,72	2,27	3,05	1,83	0,75	12,2
50	26,3	10,5	1,97	23,8	5,88	1,88	44,9	9,76	2,57	5,23	2,76	0,88	19,6
60	44,7	14,9	2,38	30,1	7,09	1,95	67,2	13,5	2,81	7,60	3,73	0,98	28,8
80	109	27,3	3,13	47,4	10,1	2,207	142	24,4	3,58	14,7	6,44	1,15	55,6
100	222	44,4	3,91	72,5	14,0	2,24	270	39,8	4,31	24,6	9,26	1,30	97,2
120	402	67,0	4,70	106	18,8	2,42	470	60,6	5,08	37,7	12,5	1,44	158
140	676	96,6	5,43	148	24,3	2,54	768	88,0	5,79	56,4	16,6	1,57	239
160	1060	132	6,20	204	31,0	2,72	1180	121	6,57	79,5	21,4	1,70	349

Werkstoff: Vorzugsweise aus Stahlsorten nach DIN EN 10025 mit dem Kurznamen S235JR oder 1.0037 (siehe *Anlage F2*)

Anlage F9: Warmgewalzter rundkantiger hochstegiger T-Stahl DIN 1024: 1982-03 (Auszug)

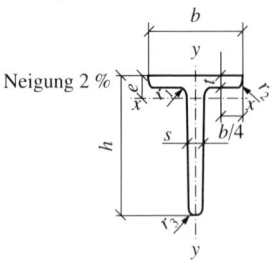

Norm-Bezeichnung in folgender Reihe:
- Benennung (T-Stahl)
- DIN-Hauptnummer (DIN 1024)
- Kurzname oder Werkstoffnummer der Stahlsorte
- Kurzzeichen (siehe Tabelle)

Kurz-zeichen T	Abmessungen in mm					Quer-schnitt in cm^2	Masse in kg/m	e in cm
	$b = h$	$s = t$	r_1	r_2	r_3			
20	20	3	3	1,5	1	1,12	0,88	0,58
25	25	3,5	3,5	2	1	1,64	1,29	0,73
30	30	4	4	2	1	2,26	1,77	0,85
35	35	4,5	4,5	2,5	1	2,97	2,33	0,99
40	40	5	5	2,5	1	3,77	2,96	1,12
50	50	6	6	3	1,5	5,66	4,44	1,39
60	60	7	7	3,5	2	7,94	6,23	1,66
70	70	8	8	4	2	10,6	8,32	1,94
80	80	9	9	4,5	2	13,6	10,7	2,22
100	100	11	11	5,5	3	20,9	16,4	2,74

Kurz-zeichen T	Für die Biegeachse					
	x–x			y–y		
	I_x in cm^4	W_x in cm^3	i_x in cm	I_y in cm^4	W_y in cm^3	i_y in cm
20	0,38	0,27	0,58	0,20	0,20	0,42
25	0,87	0,49	0,73	0,43	0,34	0,51
30	1,72	0,80	0,87	0,87	0,58	0,62
35	3,10	1,23	1,04	1,57	0,90	0,73
40	5,28	1,84	1,18	2,58	1,29	0,83
50	12,1	3,36	1,46	6,6	2,42	1,03
60	23,8	5,48	1,73	12,2	4,07	1,24
70	44,5	8,79	2,05	22,1	6,32	1,44
80	73,7	12,8	2,33	37,0	9,25	1,65
100	179	24,6	2,92	88,3	17,7	2,05

Werkstoff: Vorzugsweise aus Stahlsorten nach DIN EN 10 025 mit dem Kurznamen S235JR oder 1.0037 (siehe *Anlage F2*)

Anlage F10: Warmgewalzter gleichschenkliger rundkantiger Winkelstahl DIN 1028: 1994-03 (Auszug)

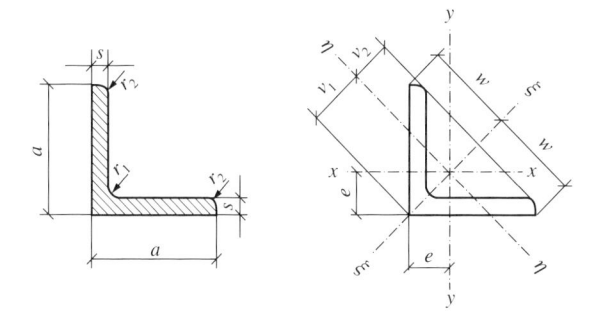

Norm-Bezeichnung in folgender Reihe:
- Benennung (Winkel)
- DIN-Hauptnummer (DIN 1028)
- Kurzname oder Werkstoffnummer der Stahlsorte
- Nennmaße: Schenkellänge × Schenkelbreite
  (siehe Tabelle)

Nenn-maße	Abmessungen in mm				Quer-schnitt in cm^2	Masse in kg/m	Mantel-fläche in m^2/m
	a	s	r_1	r_2			
20 × 3	20	3	3,5	2	1,12	0,88	0,077
25 × 3	25	3	3,5	2	1,42	1,12	0,097
30 × 3	30	3	5	2,5	1,74	1,36	0,116
35 × 4	35	4	5	2,5	2,67	2,1	0,136
40 × 4	40	4	6	3	3,08	2,42	0,155
45 × 5	45	5	7	3,5	4,3	3,38	0,174
50 × 5	50	5	7	3,5	4,8	3,77	0,194
60 × 6	60	6	8	4	6,91	5,42	0,233
70 × 7	70	7	9	4,5	9,4	7,38	0,272
80 × 8	80	8	10	5	12,3	9,66	0,311

Anlage F10: (Fortsetzung)

Nenn maße	Abstände der Achsen				Statische Werte für die Biegeachse								
					x–$x = y$–y			ξ–ξ			η–η		
	e in cm	w in cm	v_1 in cm	v_2 in cm	I_x in cm^4	W_x in cm^3	i_x in cm	I_ξ in cm^4	i_ξ in cm	I_η in cm^4	W_η in cm^3	i_η in cm
---	---	---	---	---	---	---	---	---	---	---	---	---
20 × 3	0,60	1,41	0,85	0,70	0,39	0,28	0,59	0,62	0,74	0,15	0,18	0,37
25 × 3	0,73	1,77	1,03	0,87	0,79	0,45	0,75	1,27	0,95	0,31	0,30	0,47
30 × 3	0,84	2,12	1,18	1,04	1,41	0,65	0,90	2,24	1,14	0,57	0,48	0,57
35 × 4	1,00	2,47	1,41	1,24	2,96	1,18	1,05	4,68	1,33	1,24	0,88	0,68
40 × 4	1,12	2,83	1,58	1,40	4,48	1,55	1,21	7,09	1,52	1,86	1,18	0,78
45 × 5	1,28	3,18	1,81	1,58	7,83	2,43	1,35	12,4	1,70	3,25	1,80	0,87
50 × 5	1,40	3,54	1,98	1,76	11,0	3,05	1,51	17,4	1,90	4,59	2,32	0,98
60 × 6	1,69	4,24	2,39	2,11	22,8	5,29	1,82	36,1	2,29	9,43	3,95	1,17
70 × 7	1,97	4,95	2,79	2,47	42,4	8,43	2,12	67,1	2,67	17,6	6,31	1,37
80 × 8	2,26	5,66	3,20	2,82	72,3	12,6	2,42	115	3,06	29,6	9,25	1,55

Werkstoff: Vorzugsweise aus Stahlsorten nach DIN EN 10025 mit dem Kurznamen S235JO oder 1.0114 (siehe *Anlage F2*)

Anlage F11: Warmgewalzter ungleichschenkliger L-Stahl DIN EN 10056-1 (Ersatz für DIN 1029, Auszug)

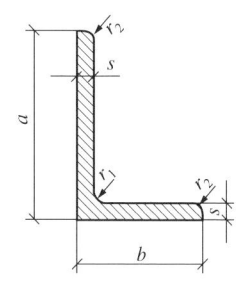

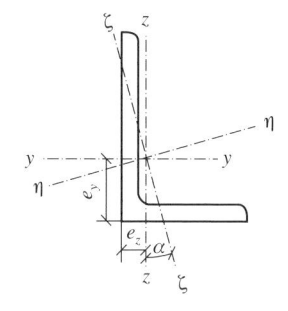

Kurz-zeichen L	Abmessungen in mm					Quer-schnitt in cm^2	Masse in kg/m	e_y in cm	e_z in cm	$\tan \alpha$
	a	b	s	r_1	r_2					
$30 \times 20 \times 3$	30	20	3	4	2	1,43	1,12	0,99	0,502	0,427
$40 \times 20 \times 4$	40	20	4	4	2	2,26	1,77	1,47	0,48	0,252
$40 \times 25 \times 4$	40	25	4	4	2	2,46	1,93	1,36	0,623	0,380
$45 \times 30 \times 4$	45	30	4	4,5	2,25	2,87	2,25	1,48	0,74	0,436
$50 \times 30 \times 5$	50	30	5	5	2,5	3,78	2,96	1,73	0,741	0,352
$60 \times 30 \times 5$	60	30	5	5	2,5	4,28	3,36	2,17	0,684	0,257
$60 \times 40 \times 5$	60	40	5	6	3	4,79	3,76	1,96	0,972	0,434
$65 \times 50 \times 5$	65	50	5	6	3	5,54	4,35	1,99	1,25	0,577
$70 \times 50 \times 6$	70	50	6	7	3,5	6,89	5,41	2,23	1,25	0,500
$75 \times 50 \times 6$	75	50	6	7	3,5	7,19	5,65	2,44	1,21	0,435
$80 \times 40 \times 6$	80	40	6	7	3,5	6,89	5,41	2,85	0,884	0,258
$80 \times 60 \times 7$	80	60	7	8	4	9,38	7,36	2,51	1,52	0,546
$100 \times 50 \times 6$	100	50	6	8	4	8,71	6,84	3,51	1,05	0,262
$100 \times 65 \times 7$	100	65	7	10	5	11,2	8,77	3,23	1,51	0,415
$100 \times 75 \times 8$	100	75	8	10	5	13,5	10,6	3,10	1,87	0,547
$120 \times 80 \times 8$	120	80	8	11	5,5	15,5	12,2	3,83	1,87	0,437
$125 \times 75 \times 8$	125	75	8	11	5,5	15,5	12,2	4,14	1,68	0,360
$135 \times 65 \times 8$	135	65	8	11	5,5	15,5	12,2	4,78	1,34	0,245
$150 \times 75 \times 9$	150	75	9	12	6	19,6	15,4	5,26	1,57	0,261
$150 \times 90 \times 10$	150	90	10	12	6	23,2	18,2	5,00	2,04	0,360
$150 \times 100 \times 10$	150	100	10	12	6	24,2	19,0	4,81	2,34	0,438
$200 \times 100 \times 10$	200	100	10	15	7,5	29,2	23,0	6,93	2,01	0,263
$200 \times 150 \times 12$	200	150	12	15	7,5	40,8	32,0	6,08	3,61	0,552

Anlage F11: (Fortsetzung)

Kurz-zeichen L	Für die Biegeachse									
	y–y			z–z			η–η		ζ–ζ	
	I_y in cm⁴	W_y in cm³	i_y in cm	I_z in cm⁴	W_z in cm³	i_z in cm	I_η in cm⁴	i_η in cm	I_ζ in cm⁴	i_ζ in cm
30 × 20 × 3	1,25	0,62	0,935	0,437	0,292	0,553	1,43	1,00	0,26	0,424
40 × 20 × 4	3,59	1,42	1,26	0,600	0,393	0,514	3,80	1,30	0,39	0,417
40 × 25 × 4	3,89	1,47	1,26	1,16	0,619	0,687	4,35	1,33	0,70	0,534
45 × 30 × 4	5,78	1,91	1,42	2,05	0,91	0,85	6,65	1,52	1,18	0,64
50 × 30 × 5	9,36	2,86	1,57	2,51	1,11	0,816	10,3	1,65	1,54	0,639
60 × 30 × 5	15,6	4,07	1,91	2,63	1,14	0,784	16,5	1,97	1,71	0,633
60 × 40 × 5	17,2	4,25	1,89	6,11	2,02	1,13	19,7	2,03	3,54	0,86
65 × 50 × 5	23,2	5,14	2,05	11,9	3,19	1,47	28,8	2,28	6,32	1,07
70 × 50 × 6	33,4	7,01	2,20	14,2	3,78	1,43	3917	2140	7,92	1,07
75 × 50 × 6	40,5	8,01	2,37	14,4	3,81	1,42	46,6	2,55	8,36	1,08
80 × 40 × 6	44,9	8,73	2,55	7,59	2,44	1,05	47,6	2,63	4,93	0,845
80 × 60 × 7	59,0	10,7	2,51	28,4	6,34	1,74	72,0	2,77	15,4	1,28
100 × 50 × 6	89,9	13,8	3,21	15,4	3,89	1,33	95,4	3,31	9,92	1,07
100 × 65 × 7	113	16,6	3,17	37,6	7,53	1,83	128	3,39	22,0	1,40
100 × 75 × 8	133	19,3	3,14	64,1	11,4	2,18	162	3,47	34,6	1,60
120 × 80 × 8	226	27,6	3,82	80,8	13,2	2,28	260	4,10	46,6	1,74
125 × 75 × 8	247	29,6	4,00	67,6	11,6	2,09	274	4,21	40,9	1,63
135 × 65 × 8	291	33,4	4,34	45,2	8,75	1,71	307	4,45	29,4	1,38
150 × 75 × 9	455	46,7	4,82	77,9	13,1	1,99	483	4,96	50,2	1,60
150 × 90 × 10	533	53,3	4,80	146	21,0	2,51	591	5,05	88,3	1,95
150 × 100 × 10	553	54,2	4,79	199	25,9	2,87	637	5,13	114	2,17
200 × 100 × 10	1220	93,2	6,146	210	26,3	2,68	1290	6,65	135	2,15
200 × 150 × 12	1650	119	6,36	803	70,5	4,44	2030	7,04	430	3,25

Anlage F12: Biegelinien und -winkel

Nr.	Lagerung und Belastung	Funktionsverläufe	spezielle Funktionswerte
1		$u(x) = \dfrac{Fl^3}{3EI}\left[1 - \dfrac{3}{2}\left(\dfrac{x}{l}\right) + \dfrac{1}{2}\left(\dfrac{x}{l}\right)^3\right]$ $u'(x) = \dfrac{Fl^2}{2EI}\left[-1 + \left(\dfrac{x}{l}\right)^2\right]$	$u_A = \dfrac{1}{3}\dfrac{Fl^3}{EI}$ $\varphi_A = \dfrac{1}{2}\dfrac{Fl^2}{EI}$
2		$u(x) = \dfrac{Ml^2}{2EI}\left[1 - 2\left(\dfrac{x}{l}\right) + \left(\dfrac{x}{l}\right)^2\right]$ $u'(x) = \dfrac{Ml}{EI}\left[-1 + \left(\dfrac{x}{l}\right)\right]$	$u_A = \dfrac{Ml^2}{2EI}$ $\varphi_A = \dfrac{Ml}{EI}$
3		$u(x) = \dfrac{ql^4}{24EI}\left[3 - 4\left(\dfrac{x}{l}\right) + \left(\dfrac{x}{l}\right)^4\right]$ $u'(x) = \dfrac{ql^3}{6EI}\left[-1 + \left(\dfrac{x}{l}\right)^3\right]$	$u_A = \dfrac{1}{8}\dfrac{ql^4}{EI}$ $\varphi_A = \dfrac{1}{6}\dfrac{ql^3}{EI}$
4		$u(x) = \dfrac{q_0 l^4}{120EI}\left[4 - 5\left(\dfrac{x}{l}\right) + \left(\dfrac{x}{l}\right)^5\right]$ $u'(x) = \dfrac{q_0 l^3}{24EI}\left[-1 + \left(\dfrac{x}{l}\right)^4\right]$	$u_A = \dfrac{1}{30}\dfrac{q_0 l^4}{EI}$ $\varphi_A = \dfrac{1}{24}\dfrac{q_0 l^3}{EI}$
5		$u(x) = \dfrac{q_0 l^4}{120EI}\left[11 - 15\left(\dfrac{x}{l}\right) + 5\left(\dfrac{x}{l}\right)^4 - \left(\dfrac{x}{l}\right)^5\right]$ $u'(x) = \dfrac{q_0 l^3}{24EI}\left[-3 + 4\left(\dfrac{x}{l}\right)^3 - \left(\dfrac{x}{l}\right)^4\right]$	$u_A = \dfrac{11}{120}\dfrac{q_0 l^4}{EI}$ $\varphi_A = \dfrac{1}{8}\dfrac{q_0 l^3}{EI}$

Anlage F12: Biegelinien und -winkel (Fortsetzung)

Nr.	Lagerung und Belastung	Funktionsverläufe	spezielle Funktionswerte
6	(Balken auf zwei Stützen mit Einzelkraft F an Stelle C; Abschnitte a und b, Gesamtlänge l; φ_A, φ_B, u_{max}, u_C)	$u_1(x_1) = \dfrac{Fab^2}{6EI}\left[\dfrac{x_1}{l} + \dfrac{x_1}{b} - \dfrac{x_1^3}{lab}\right]$ $u_2(x_2) = \dfrac{Fa^2b}{6EI}\left[\dfrac{b-x_2}{l} + \dfrac{b-x_2}{a} - \dfrac{(b-x_2)^3}{lab}\right]$ $u_1'(x_1) = \dfrac{Fab^2}{6EIl}\left[1 + \dfrac{l}{b} - \dfrac{3x_1^2}{ab}\right]$ $u_2'(x_2) = \dfrac{Fa^2b}{6EIl}\left[-1 - \dfrac{l}{a} + \dfrac{(b-x_2)^2}{ab}\right]$	$u_C = \dfrac{Fa^2b^2}{3lEI}$ $u_{max} = u_C \dfrac{1+b}{3b}\sqrt{\dfrac{l+b}{3a}} \quad (a \geqq b)$ $\varphi_A = \dfrac{u_C(l+b)}{2ab}, \quad \varphi_B = \dfrac{u_C(l+a)}{2ab}$ Sonderfall $a = b = l/2$: $u_{max} = u_C = \dfrac{1}{48}\dfrac{Fl^3}{EI}$ $\varphi_A = \varphi_B = \dfrac{1}{16}\dfrac{Fl^2}{EI}$
7	(Balken auf zwei Stützen mit konstanter Streckenlast q; Länge l; φ_A, φ_B, u_{max})	$u(x) = \dfrac{ql^4}{24EI}\left[\left(\dfrac{x}{l}\right) - 2\left(\dfrac{x}{l}\right)^3 + \left(\dfrac{x}{l}\right)^4\right]$ $u'(x) = \dfrac{ql^3}{24EI}\left[1 - 6\left(\dfrac{x}{l}\right)^2 + 4\left(\dfrac{x}{l}\right)^3\right]$	$u_{max} = \dfrac{5}{384}\dfrac{ql^4}{EI}$ $\varphi_A = \varphi_B = \dfrac{1}{24}\dfrac{ql^3}{EI}$
8	(Balken auf zwei Stützen mit Dreieckslast q_0; Länge l; φ_A, φ_B, u_{max} bei x_0)	$u(x) = \dfrac{q_0 l^4}{360EI}\left[7\left(\dfrac{x}{l}\right) - 10\left(\dfrac{x}{l}\right)^3 + 3\left(\dfrac{x}{l}\right)^5\right]$ $u'(x) = \dfrac{q_0 l^3}{360EI}\left[7 - 30\left(\dfrac{x}{l}\right)^2 + 15\left(\dfrac{x}{l}\right)^4\right]$	$u_{max} \approx \dfrac{q_0 l^4}{153{,}323EI}$ bei $x = x_0 = \left(\sqrt{1 - \sqrt{\dfrac{8}{15}}}\right) l$ $\varphi_A = \dfrac{7}{360}\dfrac{q_0 l^3}{EI}, \quad \varphi_B = \dfrac{1}{45}\dfrac{q_0 l^3}{EI}$

Anlage F12: Biegelinien und -winkel (Fortsetzung)

Nr.	Lagerung und Belastung	Funktionsverläufe	spezielle Funktionswerte
9	(Skizze: Träger mit Kragarm, Lager A und B, Kraft F an C, φ_A, $u_{1\text{max}}$, φ_B, u_2, u_C, φ_C, Länge l und a)	$u_1(x_1) = \dfrac{Fl^2 a}{6EI}\left[\left(\dfrac{x_1}{l}\right)^3 - \left(\dfrac{x_1}{l}\right)\right]$ $u_2(x_2) = \dfrac{Fl^2 a}{6EI}\left[2\left(\dfrac{x_2}{l}\right) + 3\left(\dfrac{x_2}{l}\right)^2 - \dfrac{x_2^3}{al^2}\right]$ $u_1'(x_1) = \dfrac{Fla}{6EI}\left[3\left(\dfrac{x_1}{l}\right)^2 - 1\right]$ $u_2'(x_2) = \dfrac{Fla}{6EI}\left[2 + 6\left(\dfrac{x_2}{l}\right) - 3\dfrac{x_2^2}{al}\right]$	$u_{1\text{max}} = \dfrac{1}{9\sqrt{3}}\dfrac{Fl^2 a}{EI}$ bei $x_1 = \dfrac{1}{\sqrt{3}}l$ $\varphi_A = \dfrac{1}{6}\dfrac{Fla}{EI}, \quad \varphi_B = \dfrac{1}{3}\dfrac{Fla}{EI}$ $u_C = \dfrac{Fa^2(a+l)}{3EI}$ $\varphi_C = \dfrac{Fa(3a+2l)}{6EI}$
10	(Skizze: Träger mit Kragarm, Moment M an C, φ_A, u_1, u_2, φ_B, Längen a und l)	$u_1(x_1) = \dfrac{Ml^2}{6EI}\left[\left(2 - 6\left(\dfrac{a}{l}\right) + 3\left(\dfrac{a}{l}\right)^2\right)\left(\dfrac{x_1}{l}\right) + \left(\dfrac{x_1}{l}\right)^3\right]$ $u_2(x_2) = \dfrac{Ml^2}{6EI}\left[\left(\dfrac{a+x_2}{l}\right)^3 - 3\left(\dfrac{a+x_2}{l}\right)^2 \right.$ $\left. + \left(2 + 3\left(\dfrac{a}{l}\right)^2\right)\left(\dfrac{a+x_2}{l}\right) - 3\left(\dfrac{a}{l}\right)^2\right]$ $u_1'(x_1) = \dfrac{Ml}{6EI}\left[2 - 6\left(\dfrac{a}{l}\right) + 3\left(\dfrac{a}{l}\right)^2 + 3\left(\dfrac{x_1}{l}\right)^2\right]$ $u_2'(x_2) = \dfrac{Ml}{6EI}\left[3\left(\dfrac{a+x_2}{l}\right)^2 - 6\left(\dfrac{a+x_2}{l}\right) \right.$ $\left. + 3\left(\dfrac{a}{l}\right)^2 + 2\right]$	$u_C = \dfrac{Mla}{3EI}\left[1 - 3\left(\dfrac{a}{l}\right) + 2\left(\dfrac{a}{l}\right)^2\right]$ $\varphi_A = \dfrac{Ml}{6EI}\left[2 - 6\left(\dfrac{a}{l}\right) + 3\left(\dfrac{a}{l}\right)^2\right]$ $\varphi_B = \dfrac{Ml}{6EI}\left[1 - 3\left(\dfrac{a}{l}\right)^2\right]$

Anlage F13: Querschnittskennwerte zur Torsionsbeanspruchung

Querschnitt	W_t	I_t	Bemerkungen
Ellipse $n = \dfrac{b}{a} \geq 1$	$\dfrac{\pi}{16} a^2 b$ $\dfrac{\pi}{16} a^3 n$	$\dfrac{\pi}{16} \dfrac{a^3 b^3}{a^2 + b^2}$ $\dfrac{\pi}{16} \dfrac{n^3 a^4}{n^2 + 1}$	$\tau_{t\,max}$ tritt in den Endpunkten der kleinen Achse auf. In den Endpunkten der großen Achse wird $\tau_t = \dfrac{\tau_{t\,max}}{n}$
Elliptischer Ring $n = \dfrac{b}{a} = \dfrac{b_i}{a_i} \geq 1$	$\dfrac{\pi}{16} \dfrac{b(a^4 - a_i^4)}{a^2}$ $\dfrac{\pi}{16} \dfrac{n(a^4 - a_i^4)}{a}$	$\dfrac{\pi}{16} \dfrac{b^3(a^4 - a_i^4)}{a(a^2 + b^2)}$ $\dfrac{\pi}{16} \dfrac{n^3(a^4 - a_i^4)}{n^2 + 1}$	Spannungsverteilung wie bei der Ellipse
Rechteck $n = \dfrac{l}{h} \geq 1$	$\dfrac{c_1}{c_2} h^2 l$ $\dfrac{c_1}{c_2} nh^3$	$c_1 h^3 l$ $c_1 n h^4$	In der Mitte der langen Seiten tritt $\tau_{t\,max}$ auf. In der Mitte der kurzen Seiten wird $\tau_t = c_3 \tau_{t\,max}$. In den Ecken ist $\tau_t = 0$.

Beiwerte:
$$c_1 = \dfrac{1}{3}\left(1 - \dfrac{0{,}630}{n} + \dfrac{0{,}052}{n^5}\right)$$
$$c_1 \approx \dfrac{1}{3}\left(1 - \dfrac{0{,}630}{n}\right), \text{ wenn } n > 4$$
$$c_2 = 1 - \dfrac{0{,}65}{1 + n^3},$$
$$c_2 \approx 1, \text{ wenn } n > 4$$

$n = \dfrac{l}{h} \geq 1$	1	1,5	2	3	4	6	8	10	$>10\ldots\infty$ Platte
c_1	0,141	0,196	0,229	0,263	0,281	0,298	0,307	0,312	0,333
c_2	0,675	0,852	0,928	0,977	0,990	0,997	0,999	1,000	1,000
c_3	1,000	0,858	0,796	0,753	0,745	0,743	0,743	0,743	0,743

Anlage F13: Querschnittskennwerte zur Torsionsbeanspruchung (Fortsetzung)

Querschnitt	W_t	I_t	Bemerkungen
Quadrat	$0{,}208 a^3$	$0{,}141 a^4$ $\dfrac{a^4}{7{,}11}$	In der Mitte der Quadratseiten tritt $\tau_{t\,max}$ auf. In den Ecken ist $\tau_t = 0$.
gleichseitiges Dreieck	$\dfrac{a^3}{20} \approx \dfrac{h^3}{13}$	$\dfrac{a^4}{46{,}19} \approx \dfrac{h^4}{26}$	$\tau_{t\,max}$ tritt in der Mitte der Seiten auf. In den Ecken und im Schwerpunkt ist $\tau_t = 0$.
gleichschenkliges Dreieck, spitzer Winkel kleiner als $15°$	$a^2\left(\dfrac{h}{12} - 0{,}105a\right)$ $\dfrac{I_t}{a}$	$a^3\left(\dfrac{h}{12} - 0{,}105a\right)$	$\tau_{t\,max}$ tritt in den langen Seiten in der Nähe der Grundlinie auf. In den Ecken ist $\tau_t = 0$.
regelmäßiges Sechseck	$0{,}436 r_i A$ $1{,}511 r_i^3$	$0{,}533 r_i^2 A$ $1{,}847 r_i^4$	$\tau_{t\,max}$ tritt in der Mitte der Seiten auf. $A = 3{,}464 r_i^2$
regelmäßiges Achteck	$0{,}447 r_i A$ $1{,}481 r_i^3$	$0{,}52 r_i^2 A$ $1{,}726 r_i^4$	$\tau_{t\,max}$ tritt in der Mitte der Seiten auf. $A = 3{,}313\,71 r_i^2$

Anlage F14: Dauerfestigkeitsschaubilder nach SMITH *für E295 (St 50)*

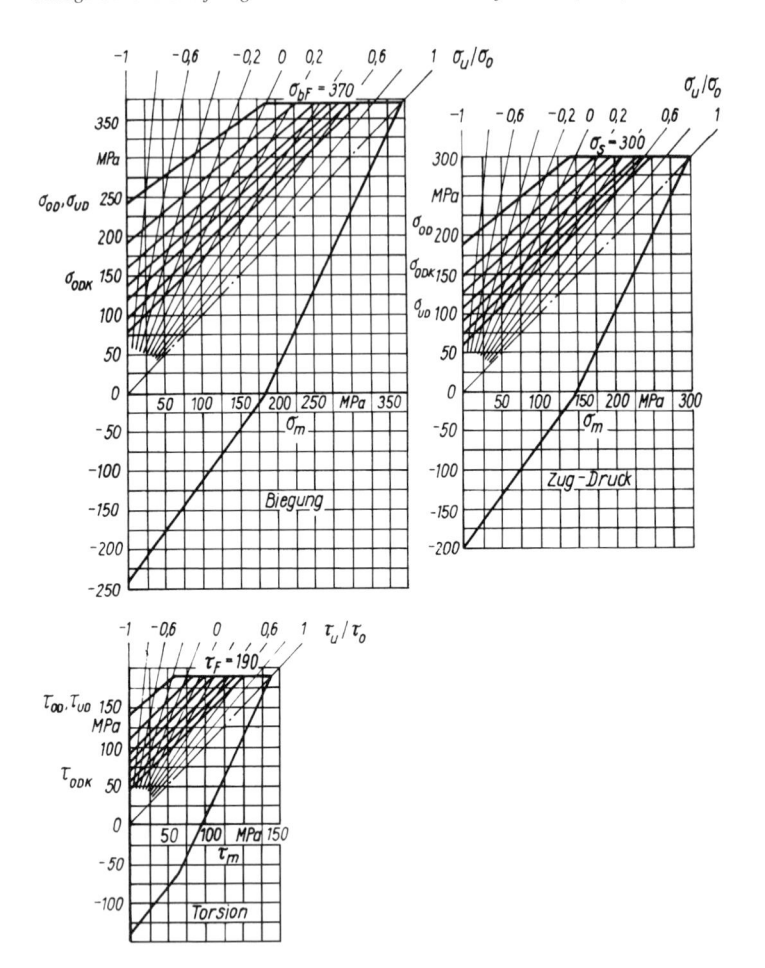

Anlage F15: Festigkeitswerte ausgewählter Stähle (vgl. auch Anlage F2)

Die Werte gelten für den jeweils angegebenen Bezugsdurchmesser d_B; $R_m = R_m(d_B)$, $R_e = R_e(d_B)$ usw. und stellen Mindestwerte dar.

$$E \approx 2{,}1 \cdot 10^5 \text{ N/mm}^2; \quad G = \frac{E}{2(1+\nu)} \approx 8 \cdot 10^4 \text{ N/mm}^2$$

$\varrho = 7{,}85 \text{ g/cm}^3; \quad \nu = 0{,}3$

Festigkeitswerte für allgemeine Baustähle nach DIN EN 10025 ($d_B \leq 16$ mm)

Kurzname	R_m in N/mm²	R_e in N/mm²	σ_{zdW} [1] in N/mm²	σ_{bW} [1] in N/mm²	τ_{tW} [1] in N/mm²
S235JR	360	235	**140**	**180**	**105**
S275JR	430	275	**170**	**215**	**125**
E295	490	295	**195**	**245**	**145**
S355JO	510	355	**205**	**255**	**150**
E335	590	335	**235**	**290**	**180**
E360	690	360	**275**	**345**	**205**

[1] Erfahrungswerte

Festigkeit für schweißgeeignete Feinkornbaustähle nach DIN EN 10113 ($d_B \leq 16$ mm)

Kurzname	R_m in N/mm²	R_e in N/mm²	σ_{zdW} [1] in N/mm²	σ_{bW} [1] in N/mm²	τ_{tW} [1] in N/mm²
S275N	370	275	**150**	**185**	**110**
S355N	470	355	**190**	**235**	**140**
S420N	520	420	**210**	**260**	**155**
S460N	550	460	**220**	**275**	**165**

[1] Erfahrungswerte

Kernfestigkeitswerte für Einsatzstähle (entspricht blindgehärtetem Zustand) nach DIN EN 10084 ($d_B \leq 11$ mm)

Kurzname [1]	σ_B [3] in N/mm²	σ_S [3] in N/mm²	σ_{zdW} [2] in N/mm²	σ_{bW} [2] in N/mm²	τ_{tW} [2] in N/mm²
C10E	500	310	**200**	**250**	**150**
17Cr3	800	545	**320**	**400**	**240**
16MnCr5	1 000	695	**400**	**500**	**300**
20MnCr5	1 100	775	**440**	**550**	**330**
20MoCrS4	1 100	775	**440**	**550**	**330**
18CrNiMo7-6 [4]	1 200	850	**480**	**600**	**360**

[1] Nach DIN EN 10084
[2] Richtwerte
[3] Richtwerte
[4] $d_B \leq 16$ mm

Anlage F15: Festigkeitswerte ausgewählter Stähle (Fortsetzung)

Festigkeitswerte für Vergütungsstähle im vergüteten Zustand nach DIN EN 10083 ($d_B \leq 16$ mm)

Kurzname	R_m in N/mm²	R_e in N/mm²	σ_{zdW}[1] in N/mm²	σ_{bW}[1] in N/mm²	τ_{tW}[1] in N/mm²
1 C 22, 2 C 22	500	340	**200**	**250**	**150**
1 C 25	550	370	**220**	**275**	**165**
1 C 30	600	400	**240**	**300**	**180**
1 C 35	630	430	**250**	**315**	**190**
1 C 40	650	460	**260**	**325**	**200**
1 C 45, 2 C 45	700	490	**280**	**350**	**210**
1 C 50	750	520	**300**	**375**	**220**
1 C 60	850	580	**340**	**425**	**250**
46Cr2	900	650	**360**	**450**	**270**
41Cr4	1 000	800	**400**	**500**	**300**
34CrMo4	1 000	800	**400**	**500**	**300**
42CrMo4	1 100	900	**440**	**550**	**330**
50CrMo4	1 100	900	**440**	**550**	**330**
36CrNiMo4	1 100	900	**440**	**550**	**330**
30CrNiMo8	1 250	1 050	**500**	**625**	**375**
34CrNiMo6	1 200	1 000	**480**	**600**	**360**

[1] Erfahrungswerte

Festigkeitswerte für Nitrierstähle nach DIN 17 211 ($d_B \leq 100$ mm)

Kurzname	R_m in N/mm²	R_e in N/mm²	σ_{zdW}[1] in N/mm²	σ_{bW}[1] in N/mm²	τ_{tW}[1] in N/mm²
31CrMo12	1 000	800	**400**	**500**	**300**
31CrMoV9	1 000	800	**400**	**500**	**300**
15CrMoV59	900	750	**360**	**450**	**270**
34CrAlMo5	800	600	**320**	**400**	**240**
34CrAlNi7	850	650	**340**	**425**	**255**

[1] Erfahrungswerte

Anlage F16: Festigkeitswerte ausgewählter Gusseisenwerkstoffe (vgl. auch Anlage F3)

Festigkeitswerte für Stahlguss, unlegiert nach DIN 1681 ($s \leq 100$ mm)

Kurz-name	E in N/mm²	ϱ in g/cm³	R_m in N/mm²	R_e in N/mm²	σ_zdW [1] in N/mm²	σ_bW [1] in N/mm²	τ_tW [1] in N/mm²
GS 38	$2{,}1 \cdot 10^5$	7,85	380	200	**150**	**150**	**85**
GS 45	$2{,}1 \cdot 10^5$	7,85	450	230	**180**	**180**	**100**
GS 52	$2{,}1 \cdot 10^5$	7,85	520	260	**210**	**210**	**120**
GS 60	$2{,}1 \cdot 10^5$	7,85	600	300	**240**	**240**	**140**

[1] Erfahrungswerte

Festigkeitswerte für Gusseisen mit Lamellengraphit nach DIN EN 1561 ($d_\text{B} = 30$ mm)

Kurzname	E in 10^4 N/mm²	ϱ in g/cm³	R_m in N/mm²	R_e in N/mm²	σ_zdW [1] in N/mm²	σ_bW [1] in N/mm²	τ_tW [1] in N/mm²
EN-GJL-150	7,8 … 10,3	7,10	150 … 250	98 … 165	**25 … 40**	**50 … 80**	**40 … 60**
EN-GJL-200	8,8 … 11,3	7,15	200 … 300	130 … 195	**40 … 60**	**80 … 120**	**60 … 100**
EN-GJL-250	10,3 … 11,8	7,20	250 … 350	165 … 228	**60 … 80**	**120 … 160**	**100 … 120**
EN-GJL-300	10,8 … 13,7	7,25	300 … 400	195 … 260	**80 … 110**	**160 … 220**	**120 … 160**
EN-GJL-350	12,3 … 14,3	7,30	350 … 450	228 … 185	**115 … 150**	**220 … 280**	**180 … 230**

[1] Erfahrungswerte

Festigkeitswerte für Temperguss nach DIN EN 1562 ($d_\text{B} = 12$ mm)

Kurzname	E in N/mm²	ϱ in g/cm³	R_m in N/mm²	R_e in N/mm²	σ_zdW [1] in N/mm²
EN-GJMW-400-5	$2{,}1 \cdot 10^5$	7,85	400	220	**120 … 190**
EN-GJMW-450-7	$2{,}1 \cdot 10^5$	7,85	450	260	**150 … 240**
EN-GJMW-550-4	$2{,}1 \cdot 10^5$	7,85	550	340	**190 … 290**
EN-GJMB-350-10	$2{,}1 \cdot 10^5$	7,85	350	200	**100 … 170**
EN-GJMB-450-6	$2{,}1 \cdot 10^5$	7,85	450	270	**130 … 120**
EN-GJMB-550-4	$2{,}1 \cdot 10^5$	7,85	550	340	**190 … 300**
EN-GJMB-650-4	$2{,}1 \cdot 10^5$	7,85	650	430	**220 … 350**

[1] Erfahrungswerte

Anlage F16: Festigkeitswerte ausgewählter Gusseisenwerkstoffe (Fortsetzung) (vgl. auch Anlage F3)

Festigkeitswerte für Gusseisen mit Kugelgraphit nach DIN EN 1563 ($s \leq 30$ mm)

Kurz-name	E in N/mm²	ϱ in g/cm³	R_m in N/mm²	R_e in N/mm²	σ_{zdW} [1] in N/mm²	σ_{bW} [2] in N/mm²	τ_{tW} [1] in N/mm²
EN-GJS-350-22	$1{,}69 \cdot 10^5$	7,1	350	220	**100**	**180**	**100**
EN-GJS-400-15	$1{,}69 \cdot 10^5$	7,1	400	250	**140**	**195**	**140**
EN-GJS-450-10	$1{,}69 \cdot 10^5$	7,1	450	310	**170**	**210**	**160**
EN-GJS-500-7	$1{,}69 \cdot 10^5$	7,1	500	320	**180**	**224**	**170**
EN-GJS-600-3	$1{,}74 \cdot 10^5$	7,2	600	370	**190**	**248**	**175**
EN-GJS-700-2	$1{,}76 \cdot 10^5$	7,2	700	420	**210**	**280**	**185**
EN-GJS-800-2	$1{,}76 \cdot 10^5$	7,2	800	480	**240**	**304**	**210**
EN-GJS-900-2	$1{,}76 \cdot 10^5$	7,2	900	600	**270**	**317**	**240**

[1] Erfahrungswerte
[2] $d_B \leq 10{,}6$ mm

Anlage F17: *Experimentell ermittelte Kerbwirkungszahlen*

Kerbwirkungszahlen für Keilwellen, Kerbzahnwellen und Zahnwellen bei Torsion

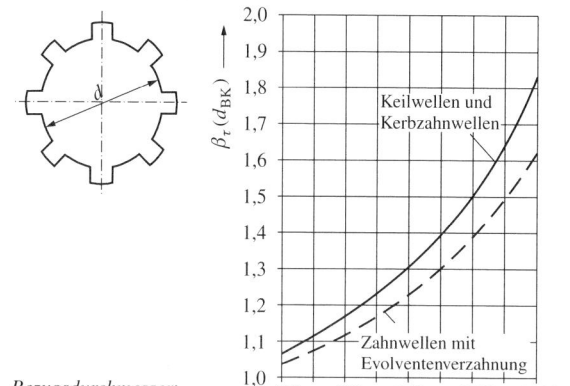

Bezugsdurchmesser:
$d_{BK} = d = 29$ mm

$\sigma_B(d) \approx K_1(d_{eff}) \cdot \sigma_B(d_B)$ in N/mm²

Nennspannungen für Vollwelle		
Torsion	$\tau_n = \dfrac{16 \cdot T}{\pi \cdot d^3}$	
Biegung	$\sigma_n = \dfrac{32 \cdot M_b}{\pi \cdot d^3}$	
Kerbwirkungszahlen		
$\beta_\tau^*(d_{BK}) = \exp\left[4{,}2 \cdot 10^{-7} \cdot \left(\dfrac{\sigma_B(d)}{\text{N/mm}^2}\right)^2\right]$		
Torsion	Keilwellen und Kerbzahnwellen:	$\beta_\tau(d_{BK}) = \beta_\tau^*(d_{BK})$
	Zahnwellen mit Evolventenverzahnung:	$\beta_\tau(d_{BK}) = 1 + 0{,}75 \cdot (\beta_\tau^*(d_{BK}) - 1)$
Biegung	Keilwellen:	$\beta_\sigma(d_{BK}) = 1 + 0{,}45 \cdot (\beta_\tau^*(d_{BK}) - 1)$
	Kerbzahnwellen:	$\beta_\sigma(d_{BK}) = 1 + 0{,}65 \cdot (\beta_\tau^*(d_{BK}) - 1)$
	Zahnwellen mit Evolventenverzahnug:	$\beta_\sigma(d_{BK}) = 1 + 0{,}49 \cdot (\beta_\tau^*(d_{BK}) - 1)$
Zug/Druck	Für Zug/Druck gelten näherungsweise dieselben Werte wie für Biegung	
Einflussfaktor der Oberflächenrauheit		
$K_{F\tau} = 1$ oder $K_{F\sigma} = 1$		

Einsatzstähle einsatzgehärtet: $\beta_\tau(d_{BK}) = 1{,}0$; $\beta_\sigma(d_{BK}) = 1{,}0$; $K_V = 1$

Die Kerbwirkungszahlen können bei relativ steifer Nabe und ungünstiger Gestaltung aufgrund der konzentrierten Lasteinleitung am Übergang Welle-Nabe wesentlich größer sein. Die Werte gelten für die Welle ohne Nabeneinfluss.

Anlage F17: *Experimentell ermittelte Kerbwirkungszahlen (Fortsetzung)*

Kerbwirkungszahlen für Rundstäbe mit umlaufender Spitzkerbe bei Zug/Druck, Biegung oder Torsion

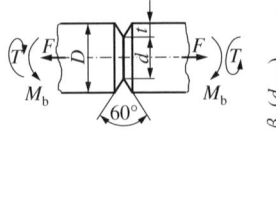

Bezugsdurchmesser:
$d_{BK} = d = 15$ mm
Radius im Kerbgrund:
$r = 0,1$ mm
mittlere Rauheit der Kerbe:
$R_{zB} = 20$ µm

$\sigma_B(d) \approx K_1(d_{eff}) \cdot \sigma_B(d_B)$ in N/mm²

Nennspannungen	
Zug/Druck	$\sigma_n = \dfrac{4 \cdot F}{\pi \cdot d^2}$
Biegung	$\sigma_n = \dfrac{32 \cdot M_b}{\pi \cdot d^3}$
Torsion	$\tau_n = \dfrac{16 \cdot T}{\pi \cdot d^3}$
Kerbwirkungszahlen	
Zug/Druck	$\beta_\sigma(d_{BK}) = 0,109 \cdot \dfrac{\sigma_B(d)}{100 \text{ N/mm}^2} + 1,074$
Biegung	$\beta_\sigma(d_{BK}) = 0,0923 \cdot \dfrac{\sigma_B(d)}{100 \text{ N/mm}^2} + 0,985$
Torsion	$\beta_\tau(d_{BK}) = 0,80 \cdot \beta_{\sigma\,\text{Biegung}}(d_{BK})$
$t/d = 0,05$ bis $0,20$; für andere Werte weichen die Kerbwirkungszahlen von diesen Angaben ab	

Anlage F17: Experimentell ermittelte Kerbwirkungszahlen (Fortsetzung)
Kerbwirkungszahl für umlaufende Rechtecknut für Wellen nach DIN 471

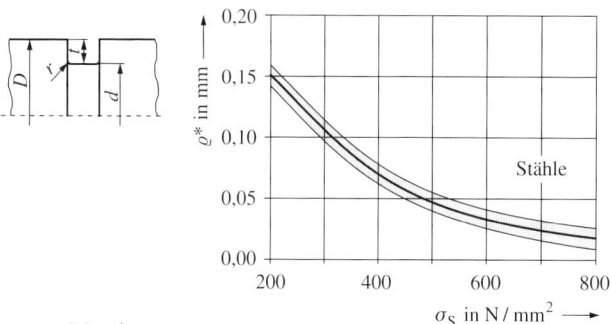

$r_f = r + 2{,}9 \cdot \varrho^*$
$\varrho^* = 10^{-(0{,}514 + 0{,}00152 \cdot \sigma_S(d))}$
(Stähle)

ϱ^* Strukturradius nach Neuber
$(\sigma_S(d) = \sigma_S(d_B) \cdot K_1(d_{eff}))$

Nennspannungen	
Zug/Druck	$\sigma_n = \dfrac{4 \cdot F}{\pi \cdot d^2}$
Biegung	$\sigma_n = \dfrac{32 \cdot M_b}{\pi \cdot d^3}$
Torsion	$\tau_n = \dfrac{16 \cdot T}{\pi \cdot d^3}$
Kerbwirkungszahlen	
Zug/Druck	$\beta_\sigma^* = 0{,}9 \cdot (1{,}27 + 1{,}17 \cdot \sqrt{t/r_f})$
Biegung	$\beta_\sigma^* = 0{,}9 \cdot (1{,}14 + 1{,}08 \cdot \sqrt{t/r_f})$
Torsion	$\beta_\tau^* = 1{,}48 + 0{,}45 \cdot \sqrt{t/r_f}$
$m/t \geqq 1{,}4$:	$\beta_{\sigma,\tau} = \beta_{\sigma\tau}^*$
$m/t < 1{,}4$:	$\beta_{\sigma,\tau} = \beta_{\sigma\tau}^* \cdot 1{,}08 \cdot (m/t)^{-0{,}2}$

Ergibt sich bei Zug/Druck oder Biegung $\beta_\sigma > 4$, ist mit $\beta_\sigma = 4$ zu rechnen. Ergibt sich bei Torsion $\beta_\tau > 2{,}5$, ist mit $\beta_\tau = 2{,}5$ zu rechnen.

Anlage F18: Formzahlen

Formzahlen für gekerbte Rundstäbe bei Zug

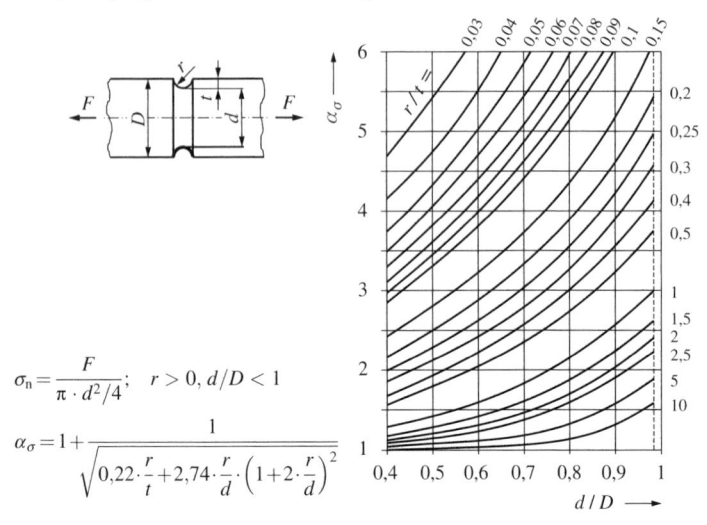

$$\sigma_n = \frac{F}{\pi \cdot d^2/4}; \quad r > 0, d/D < 1$$

$$\alpha_\sigma = 1 + \frac{1}{\sqrt{0{,}22 \cdot \frac{r}{t} + 2{,}74 \cdot \frac{r}{d} \cdot \left(1 + 2 \cdot \frac{r}{d}\right)^2}}$$

Formzahlen für gekerbte Rundstäbe bei Biegung

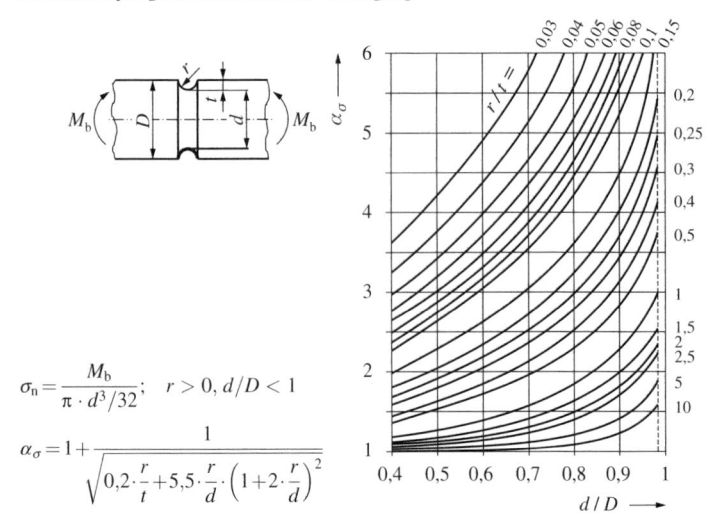

$$\sigma_n = \frac{M_b}{\pi \cdot d^3/32}; \quad r > 0, d/D < 1$$

$$\alpha_\sigma = 1 + \frac{1}{\sqrt{0{,}2 \cdot \frac{r}{t} + 5{,}5 \cdot \frac{r}{d} \cdot \left(1 + 2 \cdot \frac{r}{d}\right)^2}}$$

Anlage F18: Formzahlen (Fortsetzung)
Formzahlen für gekerbte Rundstäbe bei Torsion

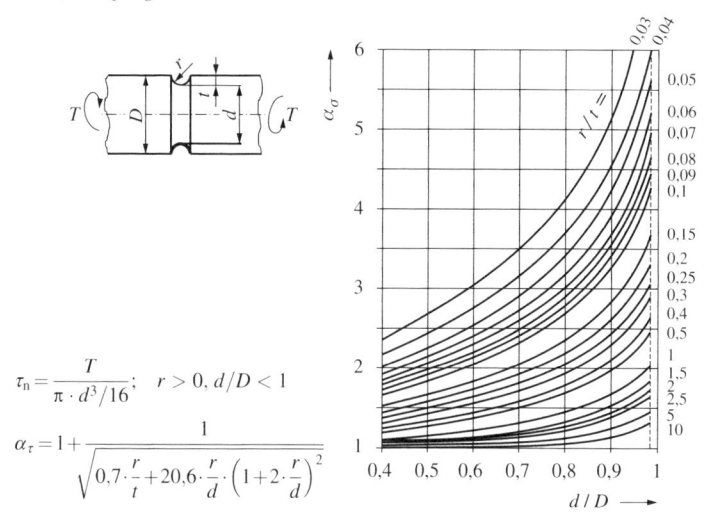

$$\tau_n = \frac{T}{\pi \cdot d^3/16}; \quad r > 0, d/D < 1$$

$$\alpha_\tau = 1 + \frac{1}{\sqrt{0{,}7 \cdot \frac{r}{t} + 20{,}6 \cdot \frac{r}{d} \cdot \left(1 + 2 \cdot \frac{r}{d}\right)^2}}$$

Zug/Druck und Biegung:

$$\alpha_{\sigma F} = (\alpha_{\sigma R} - \alpha_{\sigma A}) \cdot \sqrt{\frac{D_1 - d}{D - d}} + \alpha_{\sigma A}$$

Torsion:

$$\alpha_{\tau F} = 1{,}04 \cdot \alpha_{\tau A}$$

Die Kerbwirkungszahl β ist mit G' für Absatz zu bestimmen.

Anlage F18: Formzahlen (Fortsetzung)

Formzahlen für Rundstäbe mit Querbohrung bei Zug/Druck, Biegung oder Torsion

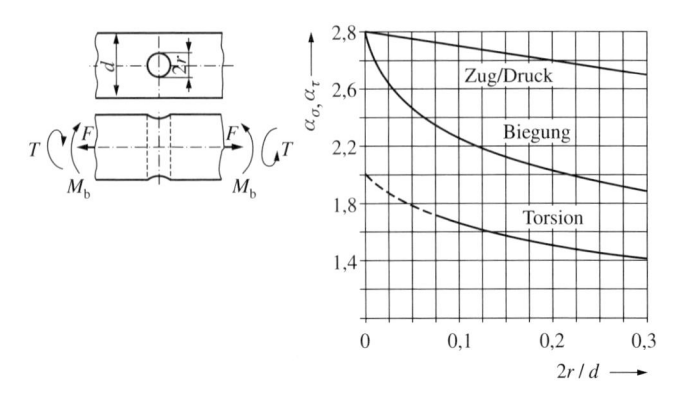

Nennspannungen		
Zug/Druck	$\sigma_n = \dfrac{F}{\pi \cdot \dfrac{d^2}{4} - 2rd}$	$G' = \dfrac{2,3}{r}$
Biegung	$\sigma_n = \dfrac{M_b}{\pi \cdot \dfrac{d^3}{32} - r \cdot \dfrac{d^2}{3}}$	$G' = \dfrac{2,3}{r} + \dfrac{2}{d}$
Torsion	$\tau_n = \dfrac{T}{\pi \cdot \dfrac{d^3}{16} - r \cdot \dfrac{d^2}{3}}$	$G' = \dfrac{1,15}{r} + \dfrac{2}{d}$
Formzahlen		
Zug/Druck	$\alpha_\sigma = 3 - \left(2 \cdot \dfrac{r}{d}\right)$	
Biegung	$\alpha_\sigma = 1,4 \cdot \left(2 \cdot \dfrac{r}{d}\right) + 3 - 2,8\sqrt{2 \cdot \dfrac{r}{d}}$	
Torsion	$\alpha_\tau = 2,023 - 1,125 \cdot \sqrt{2 \cdot \dfrac{r}{d}}$	

Anlage D1: Kinematische Grundaufgaben

1	2	3	4	5	6	7	8
Nr.	Vorhandene Funktion	Lösungsansatz	Trennung der Variablen und Integration	Ergebnisse aus Integration bzw. Differenziation	durch Umkehrung	durch Einsetzen in bereits bekannte Funktionen	Weiterrechnung bei
1	$a = k$ $=$ konst.	$\dfrac{dv}{dt} = k$	$\displaystyle\int_{v_0}^{v} d\bar{v} = k \int_{t_0}^{t} d\bar{t}$	$v = v_0 + k(t - t_0)$ $v = v(t)$			6, 7, 8
2	$a = a(t)$	$\dfrac{dv}{dt} = a(t)$	$\displaystyle\int_{v_0}^{v} d\bar{v} = \int_{t_0}^{t} a(\bar{t}) d\bar{t}$	$v = v(t)$	$\to t = t(v)$	(2, 6) in (2, 2) $\Rightarrow a = a(v)$	6, 7, 8
3	$a = a(v)$	$\dfrac{dv}{dt} = a(v)$	$\displaystyle\int_{t_0}^{t} d\bar{t} = \int_{v_0}^{v} \dfrac{1}{a(\bar{v})} d\bar{v}$	$t = t(v)$	$\to v = v(t)$	(3, 6) in (3, 2) $\Rightarrow a = a(t)$	6, 7, 8
4	$a = a(v)$	$a(v)\,ds = v\,dv$	$\displaystyle\int_{s_0}^{s} d\bar{s} = \int_{v_0}^{v} \dfrac{\bar{v}}{a(\bar{v})} d\bar{v}$	$s = s(v)$	$\to v = v(s)$	(4, 6) in (4, 2) $\Rightarrow a = a(s)$	9, 10, 11
5	$a = a(s)$	$a(s)\,ds = v\,dv$	$\displaystyle\int_{s_0}^{s} a(\bar{s}) d\bar{s} = \int_{v_0}^{v} \bar{v}\, d\bar{v}$	$v = v(s)$	$\to s = s(v)$	(5, 6) in (5, 2) $\Rightarrow a = a(v)$	9, 10, 11
6	$v = v(t)$	$\dfrac{ds}{dt} = v(t)$	$\displaystyle\int_{s_0}^{s} d\bar{s} = \int_{t_0}^{t} v(\bar{t}) d\bar{t}$	$s = s(t)$	$\to t = t(s)$	(6, 6) in (6, 2) $\Rightarrow v = v(s)$	
7					$s = s(v)$	(7, 6) in (8, 7) $\Rightarrow a = a(v)$	
8		$a = \dfrac{dv(t)}{dt}$		$a = a(t)$		(6, 6) in (8, 5) $\Rightarrow a = a(s)$	

Anlage D1: Kinematische Grundaufgaben (Fortsetzung)

1	2	3	4	5	6	7	8
Nr.	Vorhandene Funktion	Lösungsansatz	Trennung der Variablen und Integration	Ergebnisse aus Integration bzw. Differenziation	durch Umkehrung	durch Einsetzen in bereits bekannte Funktionen	Weiterrechnung bei
9	$v = v(s)$	$\dfrac{ds}{dt} = v(s)$	$\displaystyle\int_{t_0}^{t} d\bar{t} = \int_{s_0}^{s} \dfrac{1}{v(\bar{s})} d\bar{s}$	$t = t(s)$	$\to s = s(t)$	$(9,6)$ in $(9,2) \Rightarrow v = v(t)$	
10					$\to s = s(v)$		
11		$a = v(s)\dfrac{dv(s)}{ds}$	—	$a = a(s)$		$(10,6)$ in $(11,5) \Rightarrow a = a(v)$ $(9,6)$ in $(11,5) \Rightarrow a = a(t)$	
12	$s = s(t)$	$v = ds(t)/dt$	—	$v = v(t)$		$(13,6)$ in $(12,5) \Rightarrow v = v(s)$	
13					$\to t = t(s)$		
14	$s = s(v)$				$\to v = v(s)$		9, 10, 11
15	$s = s(v)$	$v = ds(v)/dt$ $\dfrac{ds(v)}{dt} = \dfrac{dv}{dt}$ $a = \dfrac{v}{ds(v)/dv}$		$a = a(v)$		$(14,6)$ in $(15,5) \Rightarrow a = a(s)$	9, 10, 11
16	$f_s(s) = f_v(v)$				$\to v = v(s)$		9, 10, 11
17					$\to s = s(v)$		14
18		$\dfrac{df_s}{ds}\dfrac{ds}{dt} = \dfrac{df_v}{dv}\dfrac{dv}{dt}$ $a = v\dfrac{df_s/ds}{df_v/dv}$	—		$\to a = a(s, v)$	$(16,6)$ in $(18,6) \Rightarrow a = a(s)$ $(17,6)$ in $(18,6) \Rightarrow a = a(v)$	

Anlage D2: Einige häufig auftretende Bindungen

Abrollen eines Rades
auf Gerade
$\dot{x}_1 = \dot{x}_2 - r\dot{\varphi}$
auf Außenkreis
Zwang: Relativgeschwindigkeit im Kontaktpunkt P gleich Null
$R\dot{\psi} = R\dot{\varphi} - r\dot{\chi}$
auf Innenkreis
$R\dot{\psi} = R\dot{\varphi} + r\dot{\chi}$
Zwei über dehnstarres Zugmittel (Zm) verbundene Rollen
Zwang: immer straff gespanntes Zugmittel
$\dot{x}_1 + R\dot{\varphi} = \dot{x}_2 + r\dot{\psi}$

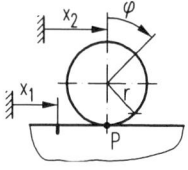

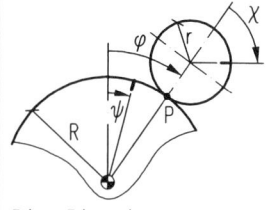

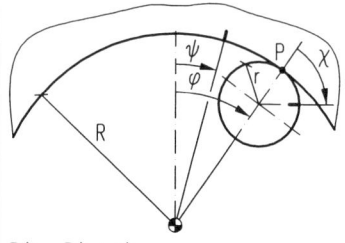

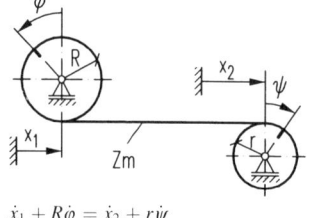

Anlage D2: Einige häufig auftretende Bindungen (Fortsetzung)

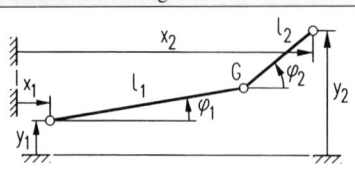

Ebener Zweischlag

Zwang:
Gelenk G ist gemeinsamer Punkt

$x_1 + l_1 \cos \varphi_1 = x_2 - l_2 \cos \varphi_2$

$y_1 + l_1 \sin \varphi_1 = y_2 - l_2 \sin \varphi_2$

Paarung Kurvenscheibe – Rolle

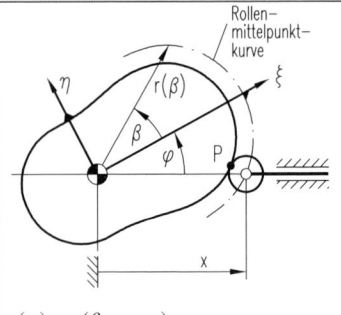

Zwang:
immer Kontakt in P

$x(\varphi) = r(\beta = -\varphi)$

$\dot{x} = -\left.\dfrac{\mathrm{d}r}{\mathrm{d}\beta}\right|_{\beta=-\varphi} \cdot \dot{\varphi}$

$r = r(\beta)$: Gl. der Rollenmittelpunktkurve

Keilschubgetriebe

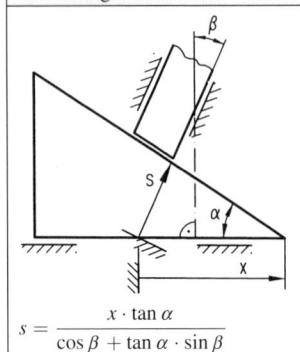

Zwang:
ständiger Kontakt zwischen den Gleitflächen

$s = \dfrac{x \cdot \tan \alpha}{\cos \beta + \tan \alpha \cdot \sin \beta}$

Anlage D3: Beispiele für Zwangsbedingungen

Feste Rolle

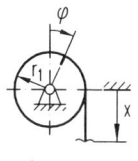

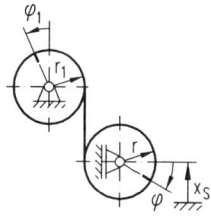

Voraussetzungen:
- Seile undehnbar und biegeschlaff
- Schlupf sei ausgeschlossen

$\dot{x} = r_1 \dot{\varphi}$

System mit 2 Freiheitsgraden ($f = 2$)
$r_1 \dot{\varphi}_1 = \dot{x}_S + r \dot{\varphi}$
$k = 3 \quad (x_S, \varphi, \varphi_1)$
$z = k - f = 3 - 2 = 1$

Kombination von Rollen

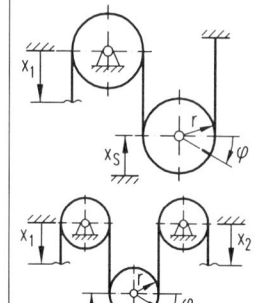

System mit einem Freiheitsgrad ($f = 1$)
$\dot{x}_1 = \dot{x}_S + x \dot{\varphi}$
$\dot{x}_S = r \dot{\varphi}$
$k = 3 \quad (x_1, x_S, \varphi)$
$z = k - f$
$z = 3 - 1 = 2$

System mit 2 Freiheitsgraden ($f = 2$)
$\dot{x}_1 = \dot{x}_S + r \dot{\varphi}$
$\dot{x}_2 = \dot{x}_S - r \dot{\varphi}$
$k = 4 \quad (x_1; x_S; x_2; \varphi)$
$z = k - f$
$z = 4 - 2 = 2$

Stirn- und Kegelradgetriebe

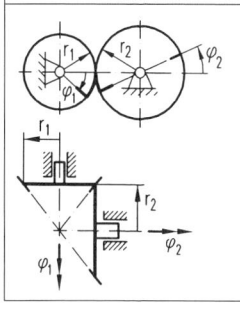

System mit einem Freiheitsgrad ($f = 1$)

$r_1 \dot{\varphi}_1 = r_2 \dot{\varphi}_2$
$k = 2 \quad (\varphi_1, \varphi_2)$
$z = k - f = 2 - 1 = 1$

Anlage D3: Beispiele für Zwangsbedingungen (Fortsetzung)

Umlaufrädergetriebe

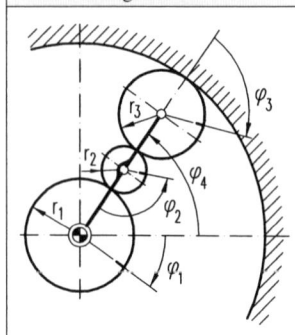

$r_1 \cdot (\dot\varphi_1 + \dot\varphi_4) = r_2 \dot\varphi_2$
$r_2 \dot\varphi_2 = r_3 \dot\varphi_3$
$r_3 \dot\varphi_3 = [r_1 + 2 \cdot (r_2 + r_3)]\dot\varphi_4$
$k = 4 \quad (\varphi_1, \varphi_2, \varphi_3, \varphi_4)$
$z = 3$
$f = k - z = 1$

Schneckengetriebe

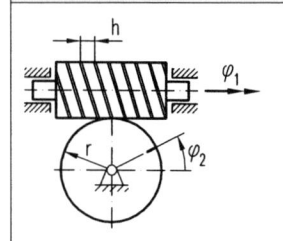

$r\dot\varphi_2 = h \cdot \dfrac{\dot\varphi_1}{2\pi}$
$k = 2 \quad (\varphi_1, \varphi_2)$
$z = 1$
$f = k - z = 1$

Schraubgetriebe

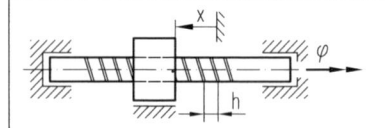

$\dot x = h \cdot \dfrac{\dot\varphi}{2\pi}$
$k = 2 \quad (x, \varphi)$
$z = 1$
$f = k - z = 1$

Exzentrische Schubkurbel

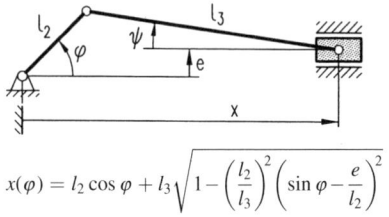

$x = l_2 \cos\varphi + l_3 \cos\psi$
$l_2 \sin\varphi = e + l_3 \sin\psi$
$k = 3 \quad (\varphi, \psi, x)$
$z = 2$
$f = k - z = 1$

$x(\varphi) = l_2 \cos\varphi + l_3 \sqrt{1 - \left(\dfrac{l_2}{l_3}\right)^2 \left(\sin\varphi - \dfrac{e}{l_2}\right)^2}$

Anlage D4: Massenträgheitsmomente homogener Körper

Kreiszylinder

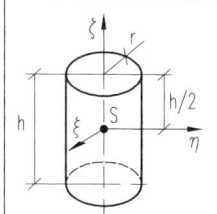

$m = \pi \varrho r^2 h$

$J_{\xi\xi}^S = J_{\eta\eta}^S = \dfrac{1}{4} m \left(r^2 + \dfrac{h^2}{3} \right)$

$J_{\zeta\zeta}^S = \dfrac{1}{2} m r^2$

Hohl-Kreiszylinder

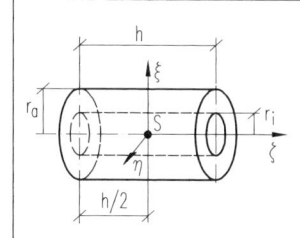

$m = \pi \varrho h (r_a^2 - r_i^2)$

$J_{\xi\xi}^S = J_{\eta\eta}^S = \dfrac{1}{4} m (r_a^2 + r_i^2) + \dfrac{1}{12} m h^2$

$J_{\zeta\zeta}^S = \dfrac{1}{2} m (r_a^2 + r_i^2)$

Dünnwandiger (δ) Hohlzylinder

$r_i \approx r_a \approx r, \quad m = 2\pi \varrho r h \delta$

$J_{\xi\xi}^S = J_{\eta\eta}^S = \dfrac{1}{2} m \left(r^2 + \dfrac{h^2}{6} \right)$

$J_{\zeta\zeta}^S = m r^2$

Kugel

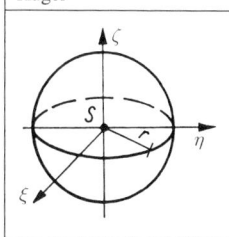

$m = \dfrac{4}{3} \pi \varrho r^3$

$J_{\xi\xi}^S = J_{\eta\eta}^S = J_{\zeta\zeta}^S = \dfrac{2}{5} m r^2$

Hohlkugel

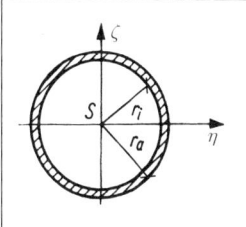

$m = \dfrac{4}{3} \pi \varrho (r_a^3 - r_i^3)$

$J_{\xi\xi}^S = J_{\eta\eta}^S = J_{\zeta\zeta}^S = \dfrac{2}{5} \dfrac{m(r_a^5 - r_i^5)}{(r_a^3 - r_i^3)}$

Dünnwandige (δ) Hohlkugel

$r_i \approx r_a \approx r, \quad m = 4\pi \varrho r^2 \delta$

$J_{\xi\xi}^S = J_{\eta\eta}^S = J_{\zeta\zeta}^S = \dfrac{2}{3} m r^2$

Anlage D4: Massenträgheitsmomente (Fortsetzung)

Torus (Ring mit Kreisquerschnitt)

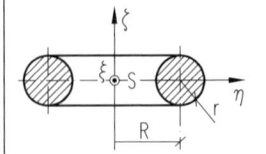

$$m = 2\pi^2 \varrho R r^2$$

$$J_{\xi\xi}^S = J_{\eta\eta}^S = \frac{m}{2}\left(R^2 + \frac{5}{4}r^2\right)$$

$$J_{\zeta\zeta}^S = m\left(R^2 + \frac{3}{4}r^2\right)$$

Kreiskegel

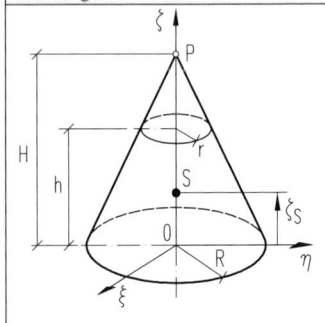

Gerader Kreiskegel

$$m = \frac{1}{3}\pi\varrho R^2 H, \quad \zeta_S = \frac{H}{4}$$

$$J_{\xi\xi}^S = J_{\eta\eta}^S = \frac{3}{20}m\left(R^2 + \frac{1}{4}H^2\right)$$

$$J_{\xi\xi}^P = J_{\eta\eta}^P = \frac{3}{5}m\left(\frac{1}{4}R^2 + H^2\right)$$

$$J_{\zeta\zeta}^S = J_{\zeta\zeta}^P = \frac{3}{10}mR^2$$

Dünnwandiger (δ) gerader Hohlkegel

$$m = \varrho\pi r\delta\sqrt{R^2 + H^2}, \quad J_{\zeta\zeta}^S = \frac{1}{2}mR^2$$

Abgestumpfter gerader Kreiskegel

$$m = \frac{1}{3}\pi\varrho h(R^2 + Rr + r^2)$$

$$J_{\zeta\zeta}^S = \frac{3}{10}m\frac{R^5 - r^5}{R^3 - r^3}, \quad \zeta_S = \frac{h}{4}\frac{(R+r)^2 + 2r^2}{(R+r)^2 - r^2}$$

Dünnwandiger (δ) abgestumpfter gerader Kreiskegel

$$m = \varrho\pi \cdot (R+r)\sqrt{(R-r)^2 + h^2} \cdot \delta$$

$$J_{\zeta\zeta}^S = \frac{1}{2}m(R^2 + r^2)$$

Rotationskörper

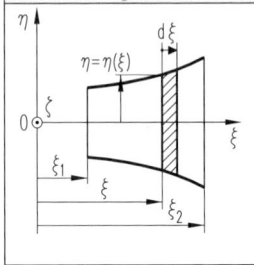

(Endflächen parallel zur η, ζ-Ebene)

$$m = \pi\varrho \int_{\xi_1}^{\xi_2} \eta^2 \, d\xi$$

$$J_{\xi\xi}^O = \frac{\pi\varrho}{2} \int_{\xi_1}^{\xi_2} \eta^4 \, d\xi$$

$$J_{\eta\eta}^O = J_{\zeta\zeta}^O = \frac{\pi\varrho}{4} \int_{\xi_1}^{\xi_2} (\eta^4 + 4\eta^2\xi^2) \, d\xi$$

Anlage D4: Massenträgheitsmomente (Fortsetzung)

Gerade Pyramide
$m = \dfrac{1}{3}\varrho abh$ $J_{\zeta\zeta}^{S} = \dfrac{1}{20}m(a^2 + b^2)$ $J_{\xi\xi}^{S} = \dfrac{1}{80}m(4b^2 + 3h^2)$ $J_{\eta\eta}^{S} = \dfrac{1}{80}m(4a^2 + 3h^2)$

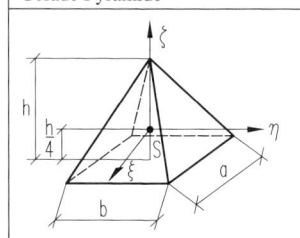

Dünner Stab der Masse m
$J_{\xi\xi}^{S} = J_{\xi\xi}^{P} \approx 0$ $J_{\eta\eta}^{S} = J_{\zeta\zeta}^{S} = \dfrac{1}{12}ml^2$ $J_{\eta\eta}^{P} = J_{\zeta\zeta}^{P} = \dfrac{1}{3}ml^2$

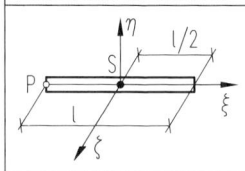

Mit Masse m belegte Kreisfläche
$J_{\xi\xi}^{S} = J_{\eta\eta}^{S} = \dfrac{1}{4}mr^2$ $J_{\zeta\zeta}^{S} = \dfrac{1}{2}mr^2$

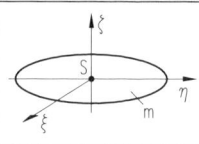

Mit Masse m belegte Rechteckfläche
$J_{\xi\xi}^{S} = \dfrac{1}{12}mh^2 \quad J_{\eta\eta}^{S} = \dfrac{1}{12}mb^2$ $J_{\zeta\zeta}^{S} = \dfrac{1}{12}m(b^2 + h^2)$ $J_{A} = \dfrac{1}{6}m\dfrac{h^2 b^2}{h^2 + b^2}$

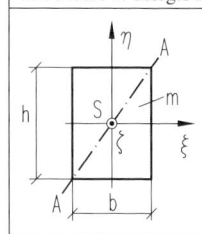

Quader
$m = \varrho abc$ $J_{\xi\xi}^{S} = \dfrac{1}{12}m(b^2 + c^2)$ $J_{\eta\eta}^{S} = \dfrac{1}{12}m(a^2 + c^2)$ $J_{\zeta\zeta}^{S} = \dfrac{1}{12}m(a^2 + b^2)$

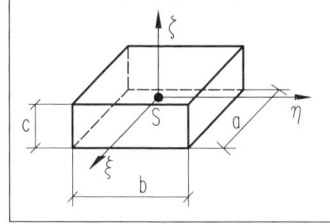

Anlage D5: Anwendung von Schnittprinzip und dynamischem Gleichgewicht am Beispiel der allgemeinen ebenen Bewegung eines Getriebegliedes

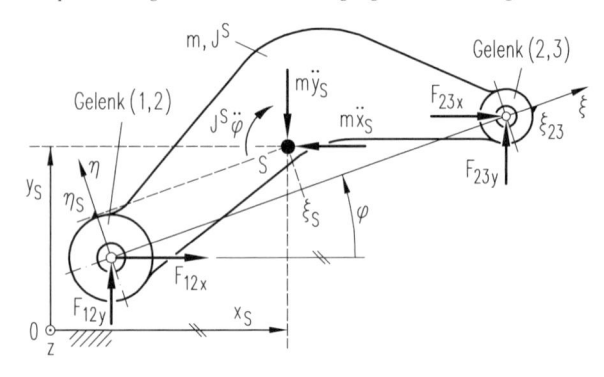

1. Schritt:

Freischneiden des Gliedes in einer allgemeinen Lage

2. Schritt:

Definition der zur Beschreibung der Bewegung erforderlichen Koordinaten:
x_S, y_S Verschiebungen des Schwerpunktes
φ \quad Drehwinkel
(ξ, η gliedfestes Koordinatensystem)

3. Schritt:

D'ALEMBERTsche Kräfte ($m\ddot{x}_S, m\ddot{y}_S$) und D'ALEMBERTsches Moment ($J^S\ddot{\varphi}$) entgegen der positiv definierten Koordinatenrichtungen antragen

4. Schritt:

Aufstellen der Gleichgewichtsgleichungen

$\rightarrow \quad F_{12x} + F_{23x} - m\ddot{x}_S = 0$

$\uparrow \quad F_{12y} + F_{23y} - m\ddot{y}_S = 0$

$\circlearrowleft S \quad F_{12x} \cdot (\xi_S \sin\varphi + \eta_S \cos\varphi) - F_{12y} \cdot (\xi_S \cos\varphi - \eta_S \sin\varphi)$
$\quad + F_{23y} \cdot [(\xi_{23}-\xi_S)\cos\varphi + \eta_S \sin\varphi] - F_{23x} \cdot [(\xi_{23}-\xi_S)\sin\varphi - \eta_S \cos\varphi]$
$\quad - J^S\ddot{\varphi} = 0$

Anlage D6: Schwinger und Schwingungsdifferenzialgleichungen

	Elastischer Schwinger	Torsionsschwinger	Fadenpendel (Mathematisches Pendel)	Physikalisches Pendel
q	Länge x	Winkel φ	Winkel φ	Winkel φ
DGl.	$m\ddot{x} + cx = 0$	$J\ddot{\varphi} + c_T\varphi = 0$	$ml^2\ddot{\varphi} + mgl\sin\varphi = 0$	$J^O\ddot{\varphi} + mgl_S\sin\varphi = 0$
$F_r(q)$	cx	$c_T\varphi$	$mgl\sin\varphi$	$mgl_S\sin\varphi$
ω^2	$\dfrac{c}{m}$	$\dfrac{c_T}{J}$	für kleine Schwingungen $\sin\varphi \approx \varphi$ $\dfrac{g}{l}$	$\dfrac{mgl_S}{J^O}$

Anlage D7: Federzahlen

Zylindrischer Stab (I Flächenträgheitsmoment, E Elastizitätsmodul, $l = a + b$)	
(Kragträger mit Masse am Ende, Länge l)	$c = \dfrac{3EI}{l^3}$
(beidseitig gelenkig gelagert, Masse bei a, b)	$c = \dfrac{3EIl}{a^2 b^2}$
(eingespannt links, gelenkig rechts)	$c = \dfrac{12EIl^3}{a^3 b^2 (3l + b)}$
(beidseitig eingespannt)	$c = \dfrac{3EIl^3}{a^3 b^3}$
(eingespannt links, Stütze bei a, Masse am Ende)	$c = \dfrac{3EI}{(a+b)b^2}$

Stab, Seil, Riemen (A Querschnittsfläche, l Länge)	
(hängender Stab mit Masse)	$c = \dfrac{EA}{l}$

Schraubenfeder mit kreisförmigem Querschnitt (G Gleitmodul, i Anzahl der Windungen, d Drahtdurchmesser, D Windungsdurchmesser)	
	$c \approx \dfrac{Gd^4}{8iD^3}$

Zylindrischer Stab (d_a Außendurchmesser, d_i Innendurchmesser)	
(Torsionsstab mit Massenträgheitsmoment J, Länge l)	Kreisquerschnitt $c_T = \dfrac{\pi G d^4}{32 l}$ Kreisringquerschnitt $c_T = \dfrac{\pi G}{32 l}(d_a^4 - d_i^4)$

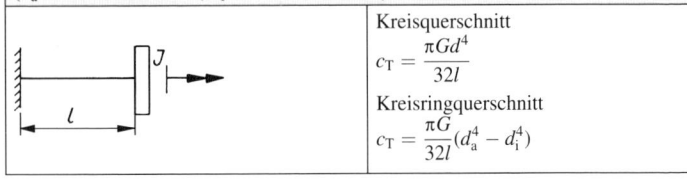

Anlage D8: Federschaltungen

Wirkliches System	Ersatzsystem	2 Federn	n Federn
Parallelschaltung		$c_{\text{ers}} = c_1 + c_2$	$c_{\text{ers}} = \sum_{k=1}^{n} c_k$
Reihenschaltung		$\dfrac{1}{c_{\text{ers}}} = \dfrac{1}{c_1} + \dfrac{1}{c_2}$	$\dfrac{1}{c_{\text{ers}}} = \sum_{k=1}^{n} \dfrac{1}{c_k}$
$(d\alpha_k \approx 0)$		$c_{\text{ers}} = c_1 \cos^2 \alpha_1 \\ \phantom{c_{\text{ers}} =} + c_2 \cos^2 \alpha_2$	$c_{\text{ers}} = \sum_{k=1}^{n} c_k \cos^2 \alpha_k$

Anlage D9: *Beispiele für Erregungsarten,*
Differenzialgleichung der Bewegungen und Amplituden (stationärer Zustand)
$\left[u(t) = \hat{u}\sin\Omega t;\ F(t) = \hat{F}\sin\Omega t;\ V(\eta,D) = [(1-\eta^2)^2 + (2D\eta)^2]^{-1/2}\right]$

Art der Erregung	Differenzialgleichung der Bewegung	Amplitude
Erregung mit konstanter Kraftamplitude $\hat{F}$	$m\ddot{q} + b\dot{q} + cq = F(t)$	$\hat{q} = \dfrac{\hat{F}}{c} \cdot V(\eta,D)$ Bodenkraftamplitude: $\hat{F}_B = \hat{F} \cdot \sqrt{1+(2D\eta)^2}\cdot V(\eta,D)$
Kinematische Erregung über Feder (Federkrafterregung)	$m\ddot{q} + b\dot{q} + (c_1+c_2)q = c_2 u(t)$	$\hat{q} = \dfrac{c_2}{c_1+c_2} \cdot \hat{u} \cdot V(\eta,D)$
Kinematische Erregung über Dämpfer (Dämpfungskrafterregung)	$m\ddot{q} + (b_1+b_2)\dot{q} + cq = b_2\dot{u}(t)$	$\hat{q} = \dfrac{b_2}{b_1+b_2} \cdot \hat{u} \cdot 2D\eta \cdot V(\eta,D)$
Kinematische Erregung über Feder und Dämpfer („Stützenerregung")	$m\ddot{q} + b\dot{q} + cq = b\dot{u}(t) + cu(t)$	$\hat{q} = \hat{u} \cdot \sqrt{1+(2D\eta)^2} \cdot V(\eta,D)$

Literaturverzeichnis

/Au-66.1/ *Aurich, H.*: Methode zur Berechnung rheolinearer erzwungener Schwingungen. (Diss.) Technische Hochschule Lodz, 1966

/Au-66.2/ *Aurich, H.*: Schwingungsverhalten von Zahnradgetrieben. – Würzburg: Maschinenmarkt 72 (1966), Nr. 45

/Au-67/ *Aurich, H.*: Methode zur Berechnung rheolinearer erzwungener Schwingungen. In: IV. IKM: Berichte. Bd. 1; – Berlin: Verlag für Bauwesen, 1967

/Ba-01/ *Bartsch, H.-J.*: Taschenbuch mathematischer Formeln. – 20. Auflage. – Leipzig: Fachbuchverlag, 2004

/BG-53/ *Biezeno, C. B.; Grammel, R.*: Technische Dynamik. – Berlin; Göttingen; Heidelberg: Springer-Verlag, 1953

/BM-67/ *Bogoljubow, N. N.; Mitropolski, J. A.*: Asymptotische Methoden in der Theorie der nichtlinearen Schwingungen. – Berlin: Akademie-Verlag, 1967

/Bo-61/ *Bolotin, W. W.*: Kinetische Stabilität elastischer Systeme. – Berlin: Deutscher Verlag der Wissenschaften, 1961

/DD-95/ *Dankert, H.; Dankert, J.*: Technische Mechanik. – computergestützt. – 2. Auflage. – Stuttgart: B. G. Teubner-Verlag, 1995

/DIR-92/ *Dieker, St.; Reimerdes, H.-G.*: Elementare Festigkeitslehre im Leichtbau. – Bremen: Donat-Verlag, 1992

/Di-94/ *Dietrich, H. (Hrsg.)*: Mechanische Werkstoffprüfung. – 2. Auflage. – Renningen-Malmsheim: expert-Verlag, 1994

/Do-73/ *Doetsch, G.*: Handbuch der Laplace-Transformation (3 Bde.). – Basel: Birkhäuser-Verlag, 1973

/DH-05/ *Dresig, H.; Holzweißig, F.*: Maschinendynamik. – 6. Auflage. – Berlin; Heidelberg: Springer-Verlag, 2005

/DR-94/ *Dresig, H.; Rockhausen, L.*: Aufgabensammlung Maschinendynamik. – Leipzig: Fachbuchverlag, 1994

/FS-93/ *Fischer, U.; Stephan, W.*: Mechanische Schwingungen. – 3. Auflage – Leipzig: Fachbuchverlag, 1993

/Fr-93/ *Friemann, H.*: Schub und Torsion in geraden Stäben. – 3. Auflage – Düsseldorf: Werner-Verlag, 1993

/FS-72/ *Fischer, U.; Stephan, W.*: Prinzipien und Methoden der Dynamik. – Leipzig: Fachbuchverlag, 1972

/GÖ-91/ *Göldner, H. (Hrsg.)*: Lehrbuch Höhere Festigkeitslehre. Bd. 1. – Leipzig: Fachbuchverlag, 1991

/GH-90/ *Göldner, H.; Holzweißig, F.*: Leitfaden der Technischen Mechanik. – Leipzig: Fachbuchverlag, 1990

/GW-93/ *Göldner, H.; Witt, D.*: Technische Mechanik I, Statik und Festigkeitslehre. – Leipzig: Fachbuchverlag, 1993

/GF-71/ *Goloskokow, E. G.; Filippow, A. P.*: Instationäre Schwingungen mechanischer Systeme. – Berlin: Akademie-Verlag, 1971

/GHS-03/	Gross, D.; Hauger, W.; Schnell, W.: Technische Mechanik, 1–3. – 7. Auflage. – Wien: Springer-Verlag, 2002–2003
/GF-05/	Grote, K.; Feldhusen, J. (Hrsg.): Taschenbuch für den Maschinenbau/Dubbel. – 21. Auflage. – Berlin: Springer-Verlag, 2005
/Hag-78/	Hagedorn, P.: Nichtlineare Schwingungen. – Wiesbaden: Akademische Verlagsgesellschaft, 1978
/Hah-93/	Hahn, H. G.: Technische Mechanik fester Körper. – 2. Auflage.– München; Wien: Carl Hanser Verlag, 1993
/HHS-97/	Hardtke, H.-J.; Heimann, B.; Sollmann, H.: Lehr- und Übungsbuch Technische Mechanik. Band II: Kinematk / Kinetik – Systemdynamik – Mechatronik. – Leipzig: Fachbuchverlag, 1997
/HMS-02/	Holzmann, G.; Meyer, H.; Schumpich, G.: Technische Mechanik, 1–3. – 8. bzw. 9. Auflage. – Stuttgart: Teubner-Verlag, 2000–2002
/JE-66/	Jahnke, E.; Emde, F.: Tafeln höherer Funktionen. – Leipzig: B.G. Teubner-Verlag, 1966
/Ka-58/	Kauderer, H.: Nichtlineare Mechanik. – Berlin; Göttingen; Heidelberg: Springer-Verlag, 1958
/Kl-05/	Klein, B.: Leichtbau – Konstruktion. – Wiesbaden: Vieweg & Sohn, 2005
/Kl-88/	Klotter, K.: Technische Schwingungslehre. – Berlin: Springer-Verlag, 1988
/Li-02/	Link, M.: Finite Elemente in der Statik und Dynamik. – 3. Auflage. – Stuttgart; Leipzig; Wiesbaden: B. G. Teubner-Verlag, 2002
/Lui-91/	Lui, J.: Beitrag zur Verbesserung der Dauerfestigkeitsberechnung bei mehrachsiger Beanspruchung. Diss. TU Clausthal, Fak. für Bergbau, Hüttenwesen und Maschinenwesen, 1991
/MM-90/	Magnus, K.; Müller, H. H.: Grundlagen der Technischen Mechanik. – 6. Auflage. – Stuttgart: B. G. Teubner-Verlag, 1990
/MP-02/	Magnus, K. ; Popp, K.: Schwingungen. – 6. Auflage. – Stuttgart: B.G. Teubner-Verlag, 2002
/Ma-04/	Mathiak, F. H.: Technische Mechanik II (Festigkeitslehre). – Aachen: Shaker-Verlag, 2004
/Ma-03/	Mayr, M.: Technische Mechanik. – 4. Auflage. – München; Wien: Carl Hanser Verlag, 2003
/Ne-85/	Neuber, H.: Kerbspannungslehre. – Berlin: Springer-Verlag, 1985
/Pf-92/	Pfeiffer, F.: Einführung in die Dynamik. – 2. Auflage. – Stuttgart: B. G. Teubner-Verlag, 1992
/RWW-93/	Riemer, M.; Wauer, J.; Wedig, W.: Mathematische Methoden der Technischen Mechanik. – Berlin; Heidelberg; New York: Springer-Verlag, 1993
/RHB-03/	Rösler, J.; Harders, H.; Bäker, M.: Mechanisches Verhalten der Werkstoffe. – Wiesbaden: B. G. Teubner-Verlag, 2003
/Sci-04/	Schiehlen, W. O.: Technische Dynamik. – 2. Auflage. – Stuttgart: B. G. Teubner-Verlag, 2004
/Sch-74/	Schlechte, E.: Festigkeitslehre für Bauingenieure. – Berlin: Verlag für Bauwesen, 1974
/Scm-75/	Schmidt, G.: Parametererregte Schwingungen. – Berlin: Deutscher Verlag der Wissenschaften, 1975

/SW-99/ *Schwertassek, R.; Wallrapp, O.*: Dynamik flexibler Mehrkörpersysteme. – Braunschweig; Wiesbaden: Friedr. Vieweg & Sohn Verlagsgesellschaft mbH, 1999

/WP-01/ *Wittenburg, J.; Pestel, E.*: Festigkeitslehre. Ein Lehr- und Übungsbuch. – Berlin: Springer-Verlag, 2001

/ZF-97/ *Zurmühl, R.; Falk, S.*: Matrizen und ihre Anwendungen 1. – 7. Auflage. – Berlin: Springer-Verlag, 1997

Weiterführende Literatur

/GR-04/ *Gabbert, U.; Raecke, I.*: Technische Mechanik für Wirtschaftsingenieure. – 2. Auflage. – Leipzig: Fachbuchverlag, 2004

/HM-02/ *Hering, E.; Modler, K.-H.*: Grundwissen des Ingenieurs. – 13. Auflage. – Leipzig: Fachbuchverlag, 2002

/Ka-03/ *Kabus, K.*: Mechanik und Festigkeitslehre. – 5. Auflage. – München; Wien: Carl Hanser Verlag, 2003

/MF-04/ *Müller, W. H.; Ferber, F.*: Technische Mechanik für Ingenieure. – 2. Auflage. – Leipzig: Fachbuchverlag: 2004

/Zi-03/ *Zimmermann, K.*: Technische Mechanik – multimedial. – 2. Auflage. – Leipzig: Fachbuchverlag, 2003

Sachwortverzeichnis

A

Abplattung 163
Absolutbeschleunigung 349
absolute Bewegung 349
allgemeine Bewegung 325
–, ebene 325
allgemeine oder schiefe Biegung 170
allgemeines Kraftsystem 22
Amplitude 428
–, ertragbare 317
–, Springen der 478
Anfangsbedingung 325, 439
Anhalteweg 334
anisotrop 117
Antimetriebedingung 187
aperiodischer Grenzfall 440
Äquatorebene 393
Äquivalenzprinzip 20, 27
Arbeit 87, 279, 363
–, äußere 279
– eines Momentes 364
–, komplementäre 279
–, virtuelle 401, 411
Arbeitsdifferenzial 87
Arbeitssatz 405
Aufgabenstellung, aufbereitete technische 188
äußere Arbeit 279
–, Differenzial 279
äußere Kraft 16
Ausschlagverhältnis 455
Ausschwingkurve 441
Aussparung, *siehe* negativer Teilkörper
Axialverschiebung 233
Axiom 18

B

Bahngeschwindigkeit 346
Bahnkoordinate 328, 344
Bahnpunkt 338
Basisvektor 17
Beanspruchung 95
Beanspruchungscharakteristik 306
Belastungsamplitude 305
Belastungsintensität 70
Berechnungsmodell 322, 325

Bereichseinteilung 185
BERNOULLI'sche Hypothese 171
Beschleunigung 322, 327, 329
Beschleunigungsvektor 338, 343 ff.
Beulen 292
Bewegung, absolute 349
–, allgemeine 325, 384
–, allgemeine ebene 325, 401
–, aperiodische 440
–, ebene 344, 350
–, epizyklische 393
–, geradlinige 328
–, gezwungene 343
–, gleichförmige 329
–, gleichmäßig beschleunigte 329
–, krummlinige 338
–, perizyklische 393
–, ungleichmäßig beschleunigte 330
Bewegungsdiagramm 328
Bewegungsgleichung 356
Bewegungswiderstand 78
Bewegungszustand 328
Biegelinie 183
Biegemoment 63, 70
Biegeschwingungen 459
Biegeverschiebung 183
Biegewinkel 183
Biegung 169
–, allgemeine oder schiefe 170
–, einfache 170
–, Hauptachsen- 170
– mit Längskraft 170
–, Querkraft- 169, 210
–, reine 169
Bindung 367
Binormaleneinheitsvektor 344
BOLTZMANN'sches Superpositionsprinzip 121
BREDT'sche Formel, 1. 253
–, 2. 254
Bremsweg 332
Bremszeit 333

C

CORIOLIS-Beschleunigung 349
COULOMB'sche Reibung 441

D

D'ALEMBERT'sche Kraft 400
D'ALEMBERT'sches Moment 400
D'ALEMBERT'sches Prinzip 401
Dämpfung, geschwindigkeitsproportionale 439
Dämpfungsgrad 439
Dämpfungsmatrix 463
Dauerbruch 308
Dauerfestigkeitsschaubild nach SMITH 305
Deformation 95, 108
Deformationszustand 113
deformierbares Kontinuum 117
Dehnsteifigkeit 150
Dehnung 110, 149
–, thermische 120
–, Längs- 119
–, mittlere 114
–, Quer- 119
–, Volumen- 114, 123
Deviationsmoment 131, 373
Differenzial, der äußeren Arbeit 279
– der Ergänzungsarbeit 280
Differenzialgleichung, zeitfreie 331
diskrete Verbindung 215
Doppelpendelung 381
Drall 369
Drallsatz 398
Drallvektor 382
Drehbewegung, gleichförmige 346
Drehgeschwindigkeitsvektor 348
Drehimpulssatz 370
Drehtransformationsmatrix 350, 378
Dreigelenkbogen 53
Drillung 233
Druck 146
Duktilität 270
dünnwandiger Querschnitt 144
dünnwandiges Profil 222
Durchbiegung 183
dynamische Grundaufgabe 355
dynamisches Grundgesetz 355, 368

E

ebene Bewegung 344, 350
ebener Spannungszustand 102
ebenes Fachwerk 54
ebenes Problem 73
Eigenkraftgruppe 147
Eigenkreisfrequenz 431
– des gedämpften Systems 440
Eigenvektor 455
Eigenwertproblem, lineares Matrix- 454
einachsiger Spannungszustand 147
eindimensionales Bauteil 31
einfache Biegung 170
Einflussfaktor 270
– bei Bauteilen 306
eingeprägte Kraft 15, 324
Einschaltvorgang 449
Einschnürbereich 119
Einstabaufhängung 381
elastisch aufgestellte Maschine 457
elastische Grundgleichung der ST. VENANT'schen Torsion 238
elastisches Knicken 297
Elastizitätsmatrix 123
Elastizitätskonstante 122
elliptisches Integral 474
Energie, kinetische 356, 370 f., 384
–, potenzielle 293, 366, 370
–, potenzielle, einer Feder 367
Energieerhaltungssatz 406
Energiesatz 366
Energieverlust 417
Ergänzungsarbeit 279
Ergänzungsenergie 281
Ergänzungsenergiedichte 281
Ermüdungsbruch 268
Ermüdungserscheinung 307
Ersatzfederzahl 434
ertragbare Amplitude 317
erzwungene Schwingung 463
ESZ 102
EULER-EYTELWEIN'sche Gleichung 85
EULER-Hyperbel 297
EULER-Knickfälle 296
EULER'sche dynamische Gleichungen 390
EULER'sche kinematische Gleichungen 348
EULER'sche Knicklast 296

EULER'sche Kreiselgleichungen 390
extremale Schubspannung 100

F

Fachwerk, ebenes 54
Federkonstante 434
Federkraft 357, 367
Federkrafterregung 464
Federschaltung 434
FEM 188
Festigkeitshypothese 268
–, Einteilung 272
Festigkeitskennwert 122
Festigkeitsnachweis 208
Figurenachse 393
Finite-Elemente-Methode 188
FKB 31
flächenhafte Verbindung 215
Flächenmoment, erster Ordnung 130
– zweiter Ordnung 130
Flächenpressung 159
–, zulässige 160
Flächenträgheitsmoment 130 f.
–, äquatoriales 131
–, Definition 131
–, polares 140, 238
–, Tensor 131
–, Transformationsbeziehungen 132
Flächentragwerk 47
Fliehkraft 389
Fließbedingung nach V. MISES 274
Fließbereich 119
Fließen 268
FLOQUET'sches Theorem 467
Formänderungsenergie 279 f.
Formänderungsenergiedichte 274, 280
Formzahl 148, 314, 455
FOURIER-Analyse 426
FOURIER-Koeffizient 426
freie Schwingungen 454
freier Vektor 23
Freiheitsgrad 47, 322, 343, 348, 425
Freikörperbild 31
Frequenzdeterminante 455
Frequenzgleichung 454
Führungsbewegung 349

G

Gabellager 234
GALILEI'sches Trägheitsgesetz 354
gebundener Vektor 16
Gelenk 51
Gelenktyp 51
generalisierte Kraft 411
geradlinige Bewegung 328
Gesamteinflussfaktor 314
Geschwindigkeit 322, 327, 329
geschwindigkeitsproportionale
  Dämpfung 439
Geschwindigkeitsvektor 338, 343, 345
Gestaltänderungsenergiedichte 274
Gestaltänderungsenergiehypothese 274
Gestaltfestigkeit 314
Gewaltbruch 268
Gewichtsfunktion 449, 453
gezwungene Bewegung 343
gleichförmige Bewegung 329
gleichförmige Drehbewegung 346
Gleichgewicht, indifferentes 292
–, labiles 292
–, stabiles 292
Gleichgewichtsbedingung 33
Gleichgewichtsgleichung 400
Gleichgewichtsgruppe 31, 48
Gleichheit der zugeordneten
  Schubspannungen 211
gleichmäßig beschleunigte Bewegung
  329
Gleitbruch 271
Gleitmodul 121
Gleitreibung 80
Gleitreibungskoeffizient 80
Gleitung 110
Gravitationskonstante 360
Grenzfall, aperiodischer 440
Grenzhaften 80
Grenzzykel 472
Größeneinflussfaktor, geometrischer
  308
–, technologischer 308
Grundfrequenz 425
Grundschwingung 455
GULDIN'sche Regeln 42

H

Haftkoeffizient 80
Haftkraft 80, 364
Haftreibung 80
Haftung 80
harmonische Analyse 426
harmonische Schwingungen 428, 439
Hauptachse 99
Hauptachsenbiegung, zweifache 170
Hauptschwingungsansatz 454
Hauptspannung 99
Hauptspannungshypothese 272
Hauptträgheitsachse 373, 379
Hauptträgheitsmoment 379
–, zentrales 380
Hauptzentralachse 380
Hebelarm der Rollreibung 167
HERTZ'sche Pressung 163
Hilfskraft 284
Hilfsmoment 284
HILL'sche Differenzialgleichung 466
Hochlaufzeit 399
Hohlprofil, mehrzelliges 255
homogen 117
homogener Körper 38
homogener Spannungszustand 99, 147
HOOKE'sches Gesetz,
 verallgemeinertes 122

I

Impuls 322, 354, 382
– des Punkthaufens 368
Impulssatz 355, 398
Inertialsystem 323, 355
inhomogen 117
innere Kraft 16
Integrationskonstante 454
Invarianten des Spannungstensors 105
isotrop 117
isotropes Material 115
Isotropie, mechanische 119
–, thermische 120

K

kartesische Koordinaten 323
Kerbe, konstruktive 148
Kerbspannung 148
Kerbung 307
Kerbwirkungszahl 310
Kinematik 321
kinematische Größe 322
Kinetik 321
kinetische Energie 356, 370 f., 384
kinetische Instabilität 466
Kippen 292
Knicken 292
–, elastisches 297
Knickform 296
Knicklänge 296
Knickspannung 297
Knickspannung nach TETMAJER 298
Knoten 54
Knotenpunktbedingung 224
Knotenschnittverfahren 56
Kollergang 391
Kompatibilitätsbedingung 114
komplementäre Arbeit 279
Komponente, skalare 17
–, vektorielle 17
konservatives Kraftfeld 366
konstruktive Kerbe 148
Kontaktbedingung 32
Kontinuum, deformierbares 117
–, starres 117
Koordinaten 17
–, generalisierte 410, 425
–, kartesische 323
–, natürliche 323, 344
–, Polar- 323
–, Zylinder- 323, 342
Koordinatensystem 130, 323
–, lokales 63
Koordinatentransformation 100
Koordinatenvektor 454
Kraft 15
– als Vektor 16
–, äußere 16, 363
–, eingeprägte 15, 354
–, generalisierte 411
–, innere 16, 354, 363, 367
–, resultierende 20
Kräftepaar 22
Kraftfluss 60
Kreisbewegung 346

Kreisel 392
–, kräftefreier 393
–, schneller 395
–, schwerer 395
–, symmetrischer 392
Kreisfrequenz 426, 428
Kreisquerschnitt 237
Kreisringquerschnitt 237
kritische Drehzahl 463
krummlinige Bewegung 338
Krümmungsradius 344

L

Längsdehnung 119
Lagerart 48
Lagerbelastung 423
Lagerung 48
LAGRANGE'sche Bewegungsgleichung 410
LAGRANGE'sche Funktion 410, 413
Längenänderung 150
Längskraft 62
Längsschwingungen 459
LAPLACE-Transformation 452
Leistung 365
linear-elastischer Bereich 118
linearer Schwinger 433
lineares Matrix-Eigenwertproblem 454
Linienelement, materielles 110
linienflüchtiger Vektor 16
Linienlast 44
Linienschwerpunkt 39
Linientragwerk 47
logarithmisches Dekrement 440
lokales Koordinatensystem 63
Lösung dynamischer Aufgaben 325

M

Maschine, elastisch aufgestellte 457
Maschinendynamik 325
Masse, reduzierte 372
Massenmatrix 454
Massenträgheitsmoment 371, 525
Massenzuschlagfaktor 438
Materialgesetz 116
mathematisches Pendel 473
MATHIEU'sche Differenzialgleichung 466

Matrix-Eigenwertproblem, lineares 379
mechanische Isotropie 119
mehrachsiger Spannungszustand 100
Mehrfadenaufhängung 381
MEISSNER'sche Differenzialgleichung 466
Mittelspannung 305
Mittelspannungsempfindlichkeit 317
Mittelwert, linearer 425
mittlere Dehnung 114
mittlere Schubspannung 206
Moment 22
–, statisches 39, 130, 212
Momentanzustand 110
Momentensatz 384, 388, 400

N

Näherung, für unverzweigte Profile 261
–, für verzweigte Profile 261
–, für Walzprofile 261
Näherungsverfahren, numerisches 188
natürliche Koordinaten 323, 344
NAVIER'sche Formeln 174
NAVIER'sches Geradliniengesetz 172
negativer Teilkörper 38
Neigung 183
Neigungswinkel 183
Nennspannung 148
NEWTON'sche Stoßhypothese 414
NEWTON'sches Axiom 18
– zweites 322, 355
NEWTON'sches Gravitationsgesetz 360
Normalbeschleunigung 345 f.
Normaleneinheitsvektor 344
Normalkraft 32, 79
Normalspannung 98, 173
– bei Biegung mit Längskraft 172
numerisches Näherungsverfahren 188

O

Oberflächenrauheit 307 f.
Oberflächenverfestigungsfaktor 310
Oberschwingung 455
Oberspannung 305
örtliche Spannung 314

Ortsungsabhängigkeit 117
Ortsvektor 327, 338, 343 f., 347

P

Partikulärlösung 450
Pendel, physikalisches 385
Periodendauer 425
periodische Schwingung 425
Periodizitätsbedingung 466
Phasendiagramm 359, 470
Phasenebene 470
Phasenkurve 359
Phasenwinkel 428
physikalisches Pendel 385
polares Flächenträgheitsmoment 140
Polarkoordinaten 323
positives Schnittufer 62
Potenzial 366
Potenzialbarriere 470
Potenzialfunktion 366
potenzielle Energie 293, 366, 370
– einer Feder 367
PRANDTL'sches Membrangleichnis 248
Präzession 393
–, reguläre 393, 395
Präzessionsachse 393
Prinzip der virtuellen Arbeit 88
– für starre Körper 86
Prinzip von SAINT-VENANT 147
Profil, aus Rechtecken zusammengesetzt 261
–, dünnwandig geschlossenes 251
–, mehrzelliges 257
Profilkoordinate 223
Profilmittellinie 222
Punkthaufen 323, 367
–, Impuls des 368
Punktmasse 323, 354

Q

Querdehnung 119
Querkontraktionszahl 120
Querkraft 63, 70
Querkraftbiegung 169, 210
Querkraftschubspannung 204

Querschnitt, dünnwandig offener 258
–, dünnwandiger 144
–, wölbfrei 234

R

Randbedingung 150, 186
–, geometrische 186
–, statische 186
Randspannung 174
räumliches Problem 73
RAYLEIGH'scher Quotient 437
Reaktionskraft 15
reduzierte Masse 372
Referenzsystem 349
reguläre Präzession 393, 395
Reibschwinger 441
Reibung 78, 80
reibungsfreier Kontakt 32
Reibungskraft 78, 80
reine Biegung 169
reines Rollen 165
Relativbewegung 349
relative Verdrehung 254
Resonanz 445, 464
Resonanzkurve 477
Restfläche 211
Resultierende 20
resultierende Kraft 20
resultierende Spannung 269
rheolineare Schwingungen 465
Richtungsabhängigkeit 117
Richtungskosinus 347
Rollen, reines 165
Rollreibung 165
–, Hebelarm 167
Rollreibungskoeffizient 166
Rollreibungsmoment 166
Rotation 324
Rotationskörper 42
Rückstellkraft 357, 433

S

Satz von CASTIGLIANO 279, 282 ff.
Satz von der Gleichheit der zugeordneten Schubspannungen 98
Satz von FOURIER 426
Satz von MENABREA 279, 282 f.
Satz von STEINER 132

Scheibe 51
Scheinresonanz 464
Scheitelwert 426
Scherfestigkeit 204
Scherspannung 204
schiefe Ebene 403
schiefer Wurf 339
Schlankheitsgrad 297
Schnittgröße 232
Schnittprinzip 30
Schnittreaktion 60
– am Balken 73
Schnittufer 31
–, positives 62
Schubfluss 223 ff., 252
Schubmittelpunkt 226
–, Koordinaten 227
Schubmodul 121
Schubspannung 98, 232
–, extremale 100
–, Gleichheit der zugeordneten 211
–, Größtwert 213
–, Mittelwert 213
–, mittlere 206
Schubspannungshypothese 273
Schubspannungslinie 237
Schubspannungsring 211
Schubverteilungszahl 213
Schwebung 430
Schwereachse 37
Schwerefeld 367
Schwerpunkt 37, 368, 393
– aus homogenen Teilkörpern 38
Schwerpunktsatz 368, 384, 388, 400
Schwinger, linearer 433
Schwingspiel 305
Schwingungen 425
–, erzwungene 443, 463
–, erzwungene rheolineare 469
–, fast periodisch 430
–, freie 454
–, harmonische 428, 439
–, instationäre 448
–, modulierte 430
–, parametererregte 465
–, periodische 425
–, rheolineare 465

–, sinusverwandte 430
–, stationäre 443
Schwingungsdauer 431, 440, 442
Schwingungsdifferenzialgleichung 465
Schwingungsform 437, 455
Schwingungstilgung 464
Schwingungsweite 426
Schwungmoment 372
Seil 31
Seilhaftung 84
Seilreibung 84
Sicherheitsabstand 335
skalare Komponente 17
Spannung, Definition 97
– im Schrägschnitt 148
–, Indizierung 97
–, Normal- 98
–, resultierende 269
–, Schub- 98, 100
Spannungsausschlag 305
Spannungs-Dehnungs-Diagramm 118
Spannungsfeld 99
Spannungs-Spaltenmatrix 123
Spannungstensor 98, 147
–, Invarianten 105
Spannungszustand 98
–, ebener 102
–, einachsiger 147
–, homogener 99, 147
–, mehrachsiger 100
–, zweiachsiger 105
Springen der Amplitude 478
Sprungfunktion 449
St. Venant 232
Stab 31, 146
Stabilitätskarte 467
starre Bindung 364
starrer Körper 15, 323
–, System 403
–, System 323
starres Kontinuum 117
Starrkörperverschiebung 110
Statik 15
stationärer Zustand 463
statisch bestimmt 48
statisch unbestimmt 49
statische Bestimmtheit 48
statische Unbestimmtheit, Grad 186

statisches Moment 39, 130
- der Restfläche 212
Steifigkeitsmatrix 454
Steigdauer 340
STEINER'scher Satz 371, 376
Stetigkeitsbedingung 467
Stoffgesetz 116
Stoß 413
-, exzentrischer 414, 420
-, gerader 414
-, gerader zentraler 416
-, Lagerbelastung 423
-, schiefer 415
-, schiefer zentraler 419
-, zentrischer 414
Stoßfunktion 449
Stoßkraft 415
Stoßmittelpunkt 424
Stoßnormale 414
Stoßvorgang 415
Stoßzahl 416, 418
Stoßzeit 415
Streckenlast, Intensität 44
-, Zusammenfassung zu einer resultierenden Einzelkraft 45
Strömungsgleichnis von THOMSON 248
Superpositionsgesetz 106
Superpositionsprinzip 187
-, BOLTZMANN'sches 121
Symmetriebedingung 187
System, holonomes 410
System starrer Körper 323, 403

T

Tangenteneinheitsvektor 344
Tangentialbeschleunigung 345 f.
Technische Mechanik 15
Temperaturänderung 120
Tensor, Transformation 102
TETMAJER, Knickspannung 298
Theorie zweiter Ordnung 295
thermische Dehnung 120
thermischer Isotropie 120
TM 15
Torsion 237
Torsionsfederzahl 240
Torsionsflächenmoment 257, 260

Torsionsmoment 253
Torsionsschwingungen 459
Torsionssteifigkeit 239
Torsionswinkel 233
Tragfähigkeitsberechnung 308
Trägheitsmoment 371
Trägheitsradius 140, 371
Trägheitstensor 373
Tragsystem, mechanisches Modell 30
Tragwerk 46
-, einteiliges 48
-, mehrteiliges ebenes 51
-, statisch unbestimmt 49
Transformation, eines Tensors 2. Stufe 102
- von Vektoren 100
Transformationsmatrix 101
Translation 323 f.
Trennbruch 271

U

Übergangsbedingung 150, 186, 442, 467
Übergangsfunktion 449, 452
Überlagerungsprinzip 187
ungleichmäßig beschleunigte Bewegung 330
Unterspannung 305

V

VAN-DER-POL'sche Differenzialgleichung 471
Variation der Konstanten 450
Vektor, freier 23
-, gebundener 16
-, linienflüchtiger 16
-, Transformation 100
vektorielle Komponente 17
Verbindung, diskrete 215
-, flächenhafte 215
Verbindungstechnik 205
Verdrehung 232
-, relative 254
Verdrehwinkel 233
Verfestigungsbereich 119
Verformung 108
Verformungsbetrachtung 155
Verformungskennwert 122

Vergleichsmittelspannung 317
Vergleichsspannung 269
Verschiebung 109, 149
Verschiebungsfeld 110
Verschiebungsfunktion 150
Versetzungsmoment 27
Verträglichkeitsbedingung 114
Verwölbung 232, 234
Verzerrung 108
Verzerrungs-Spaltenmatrix 123
Verzerrungstensor 113
Verzerrungs-Verschiebungs-Beziehung 149
Verzerrungs-Verschiebungs-Beziehungen 112
Verzerrungszustand 113
virtuelle Arbeit 87
virtuelle Verrückung 87, 401
Volumenänderungsenergiedichte 274
Volumendehnung 114, 123
Volumenschwerpunkt 38

W

Wechselfestigkeit 314
Wechselwirkungsprinzip 31
Weg 322, 329 f.
Wegelement 328
Weg-Geschwindigkeits-Beziehung 332
Werkstoffkennwert 122, 268
Werkstoffverhalten 270
–, sprödes 118
–, zähes 118
Werkstoffwiderstand 268

Wertigkeit, eines Lagers 48, 73
Widerstandsmoment 139
–, polares 239
Winkelbeschleunigung 346
Winkelgeschwindigkeit 324, 346
WÖHLER-Linie 305
wölbfrei 234
Wölbkrafttorsion 232
Wölbmoment 232
Wurfparabel 340
Wurfweite 340
–, maximale 340, 342
Wurfzeit 340

Z

Zahnradschwingung 411
zeitfreie Differenzialgleichung 331
Zeit-Geschwindigkeits-Beziehung 331
Zeit-Weg-Beziehung 331
zentrales Kräftesystem 19
Zentrifugalkraft 389
Zentrifugalmoment 373
Zug 146
Zugversuch 118
zulässige Flächenpressung 160
Zwangsbedingung 156, 325, 343
Zwangskraft 354, 364
zweiachsiger Spannungszustand, bei Linientragwerken 105
zweifache Hauptachsenbiegung 170
Zylinder, allgemeiner 374
Zylinderkoordinaten 323, 342